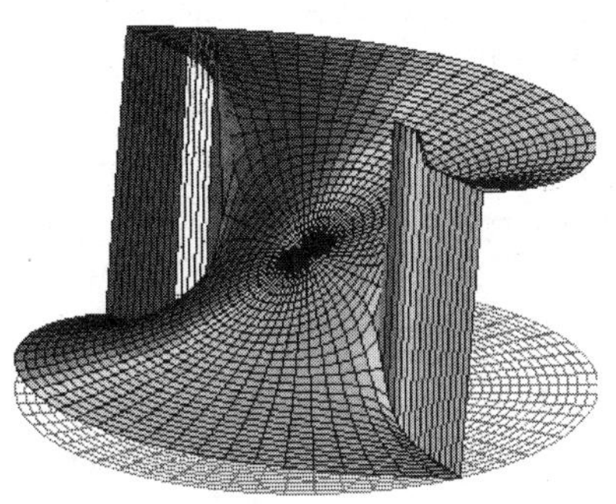

MATLAB 通信系统建模与仿真（第2版）

◎ 邓奋发　编著

清華大學出版社
北京

内容简介

本书以 MATLAB R2016a 为平台，以工程实例为背景，通过专业技术与大量实例相结合的形式，深入浅出地介绍 MATLAB 与 Simulink 通信系统建模与仿真。全书共 9 章，前 8 章主要介绍 MATLAB R2016a、Simulink 及通信系统的基础知识、MATLAB/Simulink 建模与仿真、信源与信道、滤波器、调制与解调、锁相环与扩频等，帮助读者快速掌握 MATLAB/Simulink，并进一步深入利用 MATLAB/Simulink 进行通信系统建模与仿真，可使读者领略到 MATLAB/Simulink 的强大功能。第 9 章介绍通信系统的实际应用，帮助读者利用 MATLAB/Simulink 解决实际通信问题。

本书可作为高等学校相关专业本科生和研究生的教学用书，也可作为相关专业科研人员、学者、工程技术人员的参考用书。

图书在版编目(CIP)数据

MATLAB 通信系统建模与仿真/邓奋发编著. —2 版. —北京：清华大学出版社，2018 (2022. 7重印)
(精通 MATLAB)
ISBN 978-7-302-48402-8

Ⅰ. ①M… Ⅱ. ①邓… Ⅲ. ①Matlab 软件－应用－通信系统－系统仿真 ②Matlab 软件－应用－通信系统－系统建模 Ⅳ. ①TN914

中国版本图书馆 CIP 数据核字(2017)第 219910 号

责任编辑：刘 星
封面设计：刘 键
责任校对：白 蕾
责任印制：杨 艳

出版发行：清华大学出版社
网　　址：http://www.tup.com.cn，http://www.wqbook.com
地　　址：北京清华大学学研大厦 A 座　　**邮　　编**：100084
社 总 机：010-83470000　　**邮　　购**：010-62786544
投稿与读者服务：010-62776969，c-service@tup.tsinghua.edu.cn
质量反馈：010-62772015，zhiliang@tup.tsinghua.edu.cn
课件下载：http://www.tup.com.cn，010-83470236
印 装 者：北京富博印刷有限公司
经　　销：全国新华书店
开　　本：185mm×260mm　　**印　　张**：29.25　　**字　　数**：691 千字
版　　次：2015 年 11 月第 1 版　2017 年12月第 2 版　　**印　　次**：2022 年 7 月第 7 次印刷
印　　数：3601～4100
定　　价：89.00 元

产品编号：073062-01

前言

现代工程的许多问题往往都可以通过各种数学模型以科学的方法表示出来，在这些数学模型的基础上诞生了各种相应的理论和算法。但是，影响工程实际问题的因素往往很多，理论的模型也只是一些近似的结论。在这种近似的情况下，单纯通过理论分析和逻辑推导，并不能达到数值计算更好的结果，甚至有时会出现谬误。随着计算机性能的不断提高，人们发现工程上的许多问题可以通过计算机强大的计算功能来辅助完成，MATLAB 软件就是这样一款辅助软件。

MATLAB 是美国 MathWorks 公司出品的商业数学软件，用于算法开发、数据可视化、数据分析以及数值计算的高级技术计算语言和交互式环境，主要包括 MATLAB 和 Simulink 两大部分。MATLAB 是 matrix 和 laboratory 两个词的组合，意为矩阵工厂（矩阵实验室），是美国 MathWorks 公司发布的主要面对科学计算、可视化以及交互式程序设计的高科技计算环境。它将数值分析、矩阵计算、科学数据可视化以及非线性动态系统的建模和仿真等诸多强大功能集成在一个易于使用的视窗环境中，为科学研究、工程设计以及必须进行有效数值计算的众多科学领域提供了一种全面的解决方案，并在很大程度上摆脱了传统非交互式程序设计语言（如 C 语言、FORTRAN 语言）的编辑模式，代表了当今国际科学计算软件的先进水平。

Simulink 是 MATLAB 重要功能之一，是 MathWorks 公司开发的用于动态系统和嵌入式系统的多领域仿真和基于模型的设计工具，该工具包括多种不同功能的模块库。Simulink 具有适应面广、结构和流程清晰及仿真精细、贴近实际、效率高、灵活等优点。基于以上优点，Simulink 已广泛应用于控制理论、数字信号、通信系统等复杂仿真与设计。对于学生而言，最有效的学习途径是结合某一专业课程来学习和掌握 Simulink。

目前，网络通信是一个非常热门的领域，无论是有线网络还是无线网络，都逐渐应用到生活的各个方面，通信系统正向着宽带化方向迅速发展。使用 MATLAB/Simulink 进行通信系统建模与仿真设计，已经成为大量通信工程师必须研究掌握的技术之一。

本书以通信原理为主线，从 MATLAB 的基础入手，先介绍 MATLAB/Simulink 的强大功能，进而让读者对通信系统有一个基本概念，然后再详细介绍系统建模原理和仿真的数值计算方法，图文巧妙地紧密结合，让读者对通信系统完成从量到质的认识。

本书具有以下特点：

(1) 深入浅出，循序渐进。本书先对 MATLAB 软件进行概要介绍，让读者对 MATLAB 强大功能有一定认识，接着介绍 Simulink，让读者认识到 Simulink 可读性强，适应面广，再利用 MATLAB/Simulink 实现通信系统的建模与仿真，让读者领略到利用 MATLAB/Simulink 实现通信系统建模与仿真的简便与强大。

(2) 内容新颖，步骤详尽。本书结合 MATLAB 与 Simulink 解决通信系统中的各种实际问题，详尽地介绍 MATLAB/Simulink 的使用方法与技巧。在讲解过程中辅以相应的图片，使读者在阅读时一目了然，从而快速掌握书中内容。

前言

(3) 实用性强。书中每介绍一个概念或函数都给出相应的用法及实例进行说明，使读者快速掌握 MATLAB/Simulink，并利用 MATLAB/Simulink 快速实现通信仿真与建模。

通过本书的学习，读者不仅可以全面掌握 MATLAB/Simulink 建模与仿真，还可以提高快速分析和解决实际问题的能力，从而能够在最短的时间内高效率地解决在实际通信系统中遇到的问题。

全书共分为 9 章，主要内容包括：

第 1 章　介绍了 MATLAB R2016a 初识，主要包括 MATLAB 特性与组成、MATLAB 工作环境、MATLAB 工具项等内容。

第 2 章　介绍通信系统初识，主要包括通信方式、通信系统组成、通信分类以及仿真技术与通信仿真等内容。

第 3 章　介绍 MATLAB 基本操作，主要包括 MATLAB 基本元素、MATLAB 流程控件、MATLAB 图形绘制、图形对象属性等内容。

第 4 章　介绍 MATLAB/Simulink 系统建模与仿真，主要包括 Simulink 工作原理、Simulink 组成、MATLAB/Simulink 建模、MATLAB/Simulink 动态分析系统、Simulink 子系统等内容。

第 5 章　介绍通信系统的信源与信道，主要包括通信系统的基本模型、MATLAB 通信仿真函数、信号与信道、信噪等内容。

第 6 章　介绍通信系统的滤波器，主要包括滤波器结构、滤波器 MATLAB 函数、滤波器设计模块等内容。

第 7 章　介绍通信系统的调制与解调，主要包括模拟线性调制、模拟角度调制、数字信号基带传输、载波提取分析等内容。

第 8 章　介绍通信系统的锁相环与扩频，主要包括锁相环 Simulink 模块、扩频通信系统的仿真、蒙特卡罗仿真的精度分析等内容。

第 9 章　介绍通信系统的实际应用，主要包括设计通信系统、MIMO 系统等内容。

本书主要由邓奋发编写，其中第 4 章由刘志为编写，此外参加编写的还有栾颖、周品、曾虹雁、邓俊辉、陈添威、邓耀隆、高永崇、李嘉乐、梁朗星、梁志成、梁平、许兴杰、张金林、钟东山、李伟平、宋晓光和何正风。

本书可以作为相关专业在校本科生和研究生的学习用书，也可以作为相关专业科研人员、学者、工程技术人员的参考用书。

由于时间仓促，加之作者水平有限，书中不足和疏漏之处在所难免。在此，诚恳地期望得到专家和广大读者的批评指正，有兴趣的读者请发送邮件到 workemail6@163.com。

作　者

2017 年 10 月

目录

目录

目录

目录

第1章 MATLAB R2016a初识

MATLAB是一种功能强大、运算效率极高的数值计算软件,其主要面对科学计算、可视化以及交互式程序设计的高科技计算环境。它将数值分析、矩阵计算、科学数据可视化以及非线性动态系统的建模和仿真等诸多强大功能集成在一个易于使用的视窗环境中,代表了当今国际科学计算软件的先进水平。

MATLAB和Mathematica、Maple并称为三大数学软件。它在数学类科技应用软件数值计算方面首屈一指。MATLAB的基本数据单位是矩阵,它的指令表达式与数学、工程中常用的形式十分相似,故用MATLAB来解算问题要比用C、FORTRAN等语言完成相同的任务简捷得多,并且MATLAB也吸收了Maple等软件的优点,使MATLAB成为一个强大的数学软件。

1.1 MATLAB概述

MATLAB可以进行矩阵运算、绘制函数和数据、实现算法、创建用户界面、连接其他编程语言的程序等,主要应用于工程计算、控制设计、信号处理与通信、图像处理、信号检测、金融建模设计与分析等领域。

1.1.1 MATLAB的发展史

MATLAB最早始于20世纪70年代,是用FORTRAN语言编写的。1984年由Little、Moler、Steve Bangert合作成立了的MathWorks公司,正式把MATLAB推向市场。到20世纪90年代,MATLAB已成为国际控制界的标准计算软件。

MATLAB的发展历程如表1-1所示。

表1-1 MATLAB的发展历程

版本号	建造编号	发布时间
MATLAB 1.0	—	1984
MATLAB 2	—	1986
MATLAB 3	—	1987

续表

版 本 号	建 造 编 号	发 布 时 间
MATLAB 3.5	—	1990
MATLAB 4	—	1992
MATLAB 4.2C	R7	1994
MATLAB 5.0	R8	1996
MATLAB 5.1	R9	1997
MATLAB 5.1.1	R9.1	1997
MATLAB 5.2	R10	1998
MATLAB 5.2.1	R10.1	1998
MATLAB 5.3	R11	1999
MATLAB 5.3.1	R11.1	1999
MATLAB 6.0	R12	2000
MATLAB 6.1	R12.1	2001
MATLAB 6.5	R13	2002
MATLAB 6.5.1	R13SP1	2003
MATLAB 6.5.2	R13SP2	2005
MATLAB 7	R14	2004
MATLAB 7.0.1	R14SP1	2004
MATLAB 7.0.4	R14SP2	2005
MATLAB 7.1	R14SP3	2005
MATLAB 7.2	R2006a	2006
MATLAB 7.3	R2006b	2006
MATLAB 7.4	R2007a	2007
MATLAB 7.5	R2007b	2007
MATLAB 7.6	R2008a	2008
MATLAB 7.7	R2008b	2008
MATLAB 7.8	R2009a	2009.3
MATLAB 7.9	R2009b	2009.9
MATLAB 7.10	R2010a	2010.3
MATLAB 7.11	R2010b	2010.9
MATLAB 7.12	R2011a	2011.4
MATLAB 7.13	R2011b	2011.9
MATLAB 7.14	R2012a	2012.3
MATLAB 8.0	R2012b	2012.9
MATLAB 8.1	R2013a	2013.3
MATLAB 8.2	R2013b	2013.9
MATLAB 8.3	R2014a	2014.3
MATLAB 8.4	R2014b	2014.10
MATLAB 8.6	R2015a	2015.3
MATLAB 8.8	R2015b	2015.9
MATLAB 9.0	R2016a	2016.3
MATLAB 9.1	R2016b	2016.9
MATLAB 9.2	R2017a	2017.3
MATLAB 9.3	R2017b	2017.10

1.1.2 MATLAB的优势

一种语言之所以能够如此迅速地普及和应用，显示出如此旺盛的生命力，是由于它有着不同于其他语言的特点。MATLAB软件最突出的特点包括简洁、开放式、便捷等，提供了更为直观、符合人们思维习惯的代码，同时给用户带来最直观、最简洁的程序开发环境。

与其他的计算机高级语言相比，MATLAB具有以下几方面的优势：

(1) MATLAB具有高效的数值计算及符号计算功能，能使用户从繁杂的数学运算分析中解脱出来；

(2) MATLAB具有完备的图形处理功能，能够实现计算结果和编程的可视化；

(3) MATLAB具有友好的用户界面及接近数学表达式的自然化语言，使学者易于学习和掌握；

(4) MATLAB具有功能丰富的应用工具箱(如信号处理工具箱、通信工具箱等)，为用户提供了大量方便实用的处理工具。

1.1.3 MATLAB的特点

MATLAB软件在多种编程语言中脱颖而出，代表当今国际科学计算软件的先进水平，与其自身特点是分不开的。

1. 简单的编程环境

MATLAB由一系列工具组成。这些工具方便用户使用MATLAB的函数和文件，其中许多工具采用的是图形用户界面，包括MATLAB桌面和命令行窗口、历史命令记录窗口、编辑器和调试器、路径搜索和用于用户浏览帮助、工作空间、文件的浏览器。

随着MATLAB的商业化以及软件本身的不断升级，MATLAB的用户界面也越来越精致，更加接近Windows的标准界面，人机交互性更强，操作更简单。而且新版本的MATLAB提供了完整的联机查询、帮助系统，极大地方便了用户的使用。简单的编程环境提供了比较完备的调试系统，程序不必经过编译就可以直接运行，而且能够及时地报告出现的错误并进行出错原因分析。

2. 简单易用

MATLAB是一个高级的矩阵/阵列语言，它包含控制语句、函数、数据结构、输入与输出，具有面向对象编程特点。用户可以在命令行窗口中将输入语句与执行命令同步，也可以先编写好一个较大的复杂的应用程序(M文件)后再一起运行。新版本的MATLAB语言是基于最为流行的C++语言基础上的，因此语法特征与C++语言极为相似，而且更加简单，更加符合科技人员书写数学表达式的格式，使之更利于非计算机专业的科技人员使用。这种语言可移植性好,可拓展性极强,这也是 MATLAB 能够深入到科学研究及工程计算各个领域的重要原因。

3. 强处理能力

MATLAB是一个包含大量计算算法的集合,拥有 600 多个工程中要用到的数学运算函数,可以方便地实现用户所需的各种计算功能。函数中所使用的算法都是科研和工程计算中的最新研究成果,并且经过了各种优化和容错处理。

在通常情况下,可以用 MATLAB 来代替底层编程语言,如 C 语言和 C++语言。在计算要求相同的情况下,使用 MATLAB 的编程工作量会大大减少。MATLAB 的这些函数集包括从最简单、最基本的函数到诸如矩阵、特征向量、快速傅里叶变换的复杂函数。函数所能解决的问题大致包括矩阵运算和线性方程组的求解、微分方程及偏微分方程组的求解、符号运算、傅里叶变换和数据的统计分析、工程中的优化问题、稀疏矩阵运算、复数的各种运算、三角函数和其他初等数学运算、多维数组操作以及建模动态仿真等。

4. 丰富的图形处理功能

MATLAB 自产生之日起就具有方便的数据可视化功能,可以将向量和矩阵用图形表现出来,并且可以对图形进行标注和打印。高层次的作图包括二维和三维的可视化、图像处理、动画和表达式作图,可用于科学计算和工程绘图。新版本的 MATLAB 对整个图形处理功能做了很大的改进和完善,使它不仅在一般数据可视化软件都具有的功能(例如二维曲线和三维曲面的绘制和处理等)方面更加完善,而且对于一些其他软件所没有的功能(例如图形的光照处理、色度处理以及四维数据的表现等),同样表现了出色的处理能力。同时对一些特殊的可视化要求,例如图形对话等,MATLAB 也有相应的功能函数,保证了用户不同层次的要求。另外,新版本的 MATLAB 还着重在图形用户界面(GUI)的制作上做了很大的改善,对这方面有特殊要求的用户也可以得到满足。

5. 专门的内部函数

MATLAB 对许多专门的领域都开发了功能强大的模块集和工具箱。一般来说,它们都是由特定领域的专家开发的,用户可以直接使用工具箱学习、应用和评估不同的方法而不需要自己编写代码。在诸如数据采集、数据库接口、概率统计、样条拟合、优化算法、偏微分方程求解、神经网络、小波分析、信号处理、图像处理、系统辨识、控制系统设计、LMI 控制、鲁棒控制、模型预测、模糊逻辑、金融分析、地图工具、非线性控制设计、实时快速原型及半物理仿真、嵌入式系统开发、定点仿真、DSP 与通信、电力系统仿真等领域中,MATLAB 都占有一席之地。

6. 新颖的程序接口

新版本的 MATLAB 可以利用 MATLAB 编译器和 C/C++数学库和图形库,将自己的MATLAB程序自动转换为独立于MATLAB运行的C和C++代码。允许用户编写可以和MATLAB进行交互的C或C++语言程序。另外，MATLAB网页服务程序还允许在Web应用中使用自己的MATLAB数学和图形程序。MATLAB的一个重要特色就是具有一套程序扩展系统和一组称为工具箱的特殊应用子程序。工具箱是MATLAB函数的子程序库，每一个工具箱都是为某一类学科专业和应用而定制的，主要包括信号处理、控制系统、神经网络、模糊逻辑、小波分析和系统仿真等方面的应用。

7. Simulink

Simulink是MATLAB附带的软件，是对非线性动态系统进行仿真的交互式系统。在Simulink交互式系统中，可先利用直观的方框图构建动态系统，然后采用动态仿真的方法得到结果。

1.1.4 MATLAB R2016a的新增功能

MATLAB R2016a的新功能主要包括以下几个方面。

(1) MATLAB产品系列新增功能。

- MATLAB：Raspberry Pi和网络摄像头硬件支持包。
- Optimization Toolbox：混合整数线性规划(MILP)解算器。
- Statistics Toolbox：对于对象具有多个测量值的数据进行重复测量数据建模。
- Image Processing Toolbox：使用MATLAB Coder为25个函数生成C代码，为5个函数实现GPU加速。
- Econometrics Toolbox：状态空间模型、缺失数据情况下自校准的卡尔曼滤波器，以及ARIMA/GARCH模型性能增强。
- Financial Instruments Toolbox：对偶曲线构建，用于计算信用敞口和敞口概况的函数，以及利率上限、利率下限和掉期期权的布莱克模型定价。
- SimBiology：提供用于模型开发的模型估算和桌面增强的统一函数。
- System Identification Toolbox：递归最小二乘估算器和在线模型参数估算模块。
- MATLAB Production Server：实现客户端与服务器之间的安全通信以及动态请求创建。

(2) Simulink产品系列新增功能。

- Simulink：用于定义和管理与模型关联的设计数据的数据字典，用于多核处理器和FPGA的算法分割和定位的单一模型工作流程，用于为LEGO MINDSTORMS EV3、Arduino Due和Samsung Galaxy Android设备提供内置支持。
- Stateflow：提供了上下文相关的Tab键自动补全功能来完成状态图。
- Simulink Real-Time：仪表板、高分辨率目标显示器和FlexRay协议支持，以及合并了xPCTarget和xPC Target Embedded Option的功能。

- SimMechanics：STEP 文件导入和接口的总约束力计算。
- Simulink Report Generator：用于在 Simulink 视图中丰富显示内容的对象检查器和通知程序。

(3) 系统工具箱(System Toolbox)新增功能为 Computer Vision System Toolbox、立体视觉和光学字符识别(OCR)。

(4) 功能代码生成新增功能

- Embedded Coder：支持将 AUTOSAR 工具的变更合并到 Simulink 模型中。
- Embedded Coder：ARM Cortex-A 使用 Ne10 库，优化了代码生成。
- HDL Coder：枚举数据类型支持和时钟频率驱动的自动流水线操作。
- HDL Verifier：通过 JTAG 对 Altera 硬件进行 FPGA 仿真。

1.2 MATLAB 安装、启动与卸载

1.2.1 MATLAB 安装与激活

MATLAB R2016a 的安装与激活主要有以下步骤：

(1) 将 MATLAB R2016a 的安装盘放入 CD-ROM 驱动器，系统将自动运行程序，进入初始化界面。

(2) 启动安装程序后显示的 MathWorks 安装界面如图 1-1 所示。选择"使用文件安装密钥"单选按钮，再单击"下一步"按钮。

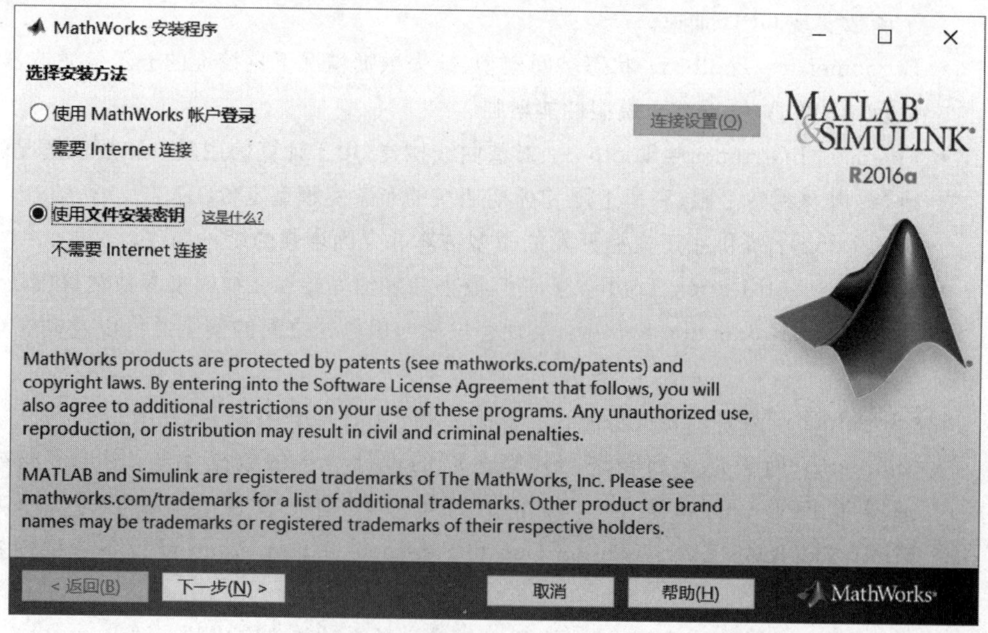

图 1-1 MathWorks 安装界面

(3) 弹出如图 1-2 所示的“许可协议”对话框，如果同意 MathWorks 公司的安装许可协议，选择“是”单选按钮，单击“下一步”按钮。

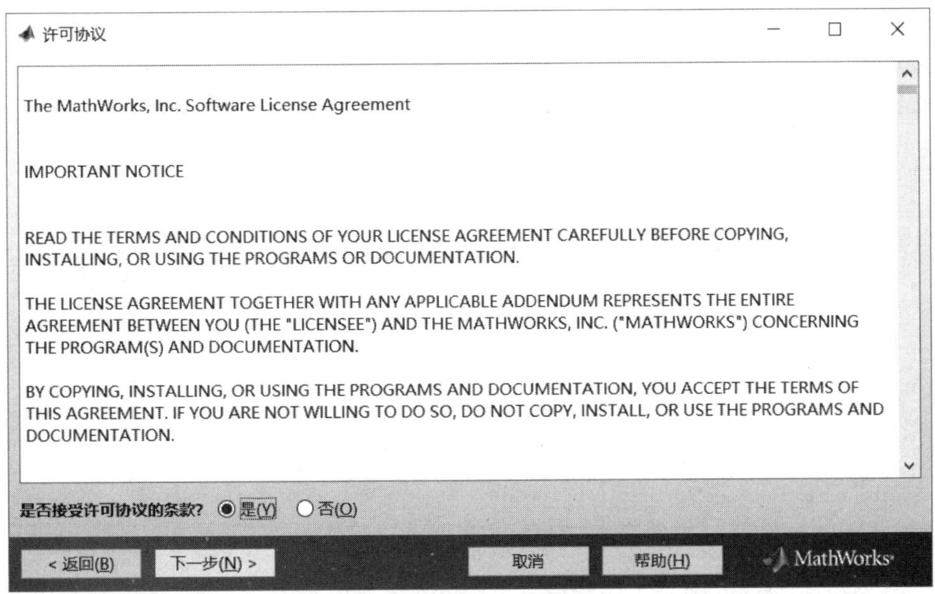

图 1-2 “许可协议”对话框

(4) 弹出如图 1-3 所示的“文件安装密钥”对话框，选择“我已有我的许可证的文件安装密钥”单选按钮，单击“下一步”按钮。

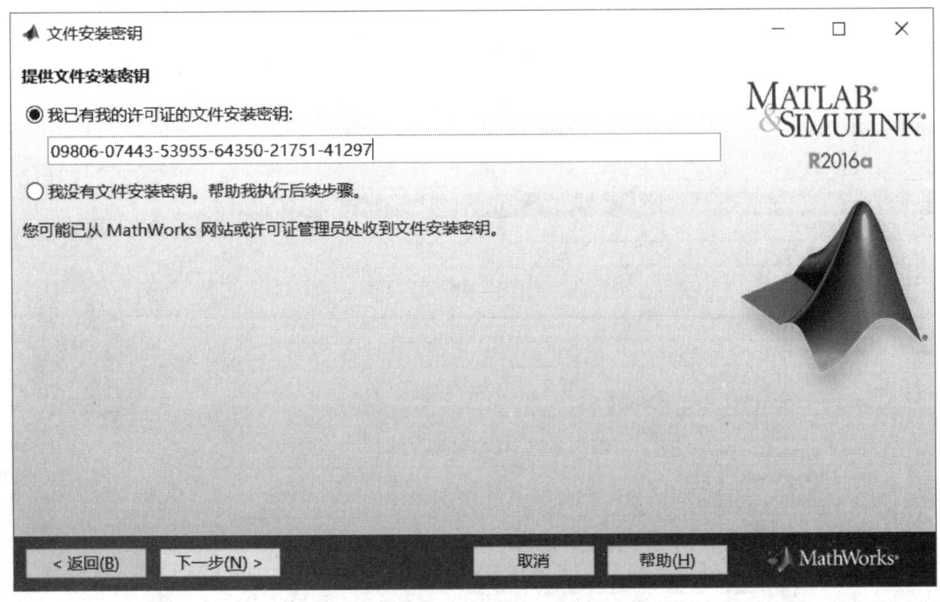

图 1-3 “文件安装密钥”对话框

(5) 如果输入正确的钥匙，系统将弹出如图 1-4 所示的“文件夹选择”对话框，可以将 MATLAB 安装在默认路径中，也可自定义路径。如果需要自定义路径，单击“选择安装文件夹”下面的文本框右侧的“浏览”按钮，即可选择所需要的路径实现安装，再单击“下一步”按钮。

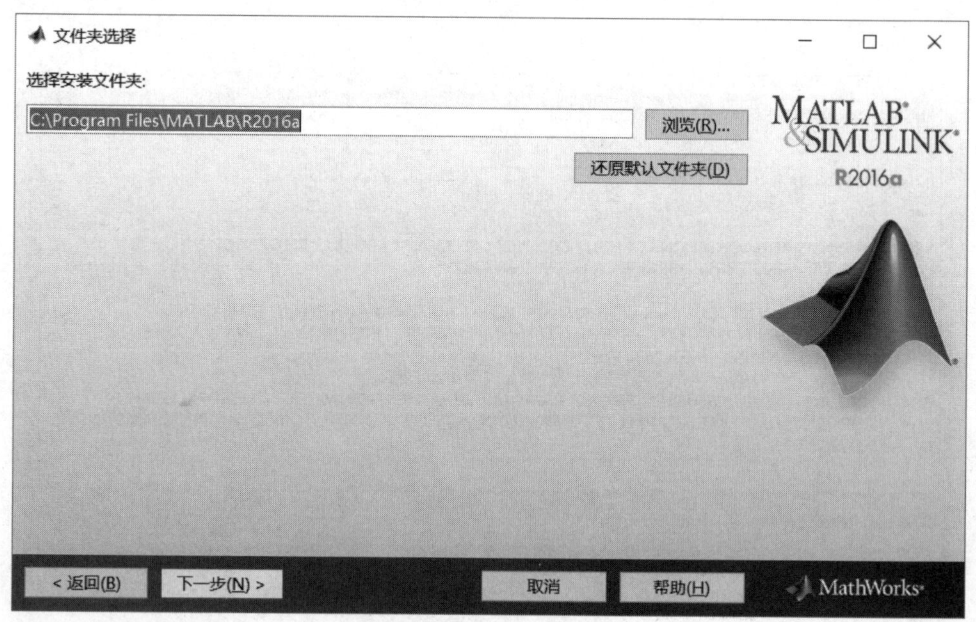

图 1-4 “文件夹选择”对话框

(6) 确定安装路径并单击“下一步”按钮，系统将弹出如图 1-5 所示的“产品选择”对话框，可以看到用户所默认安装的 MATLAB 组件、安装文件夹等相关信息。再单击“下一步”按钮。

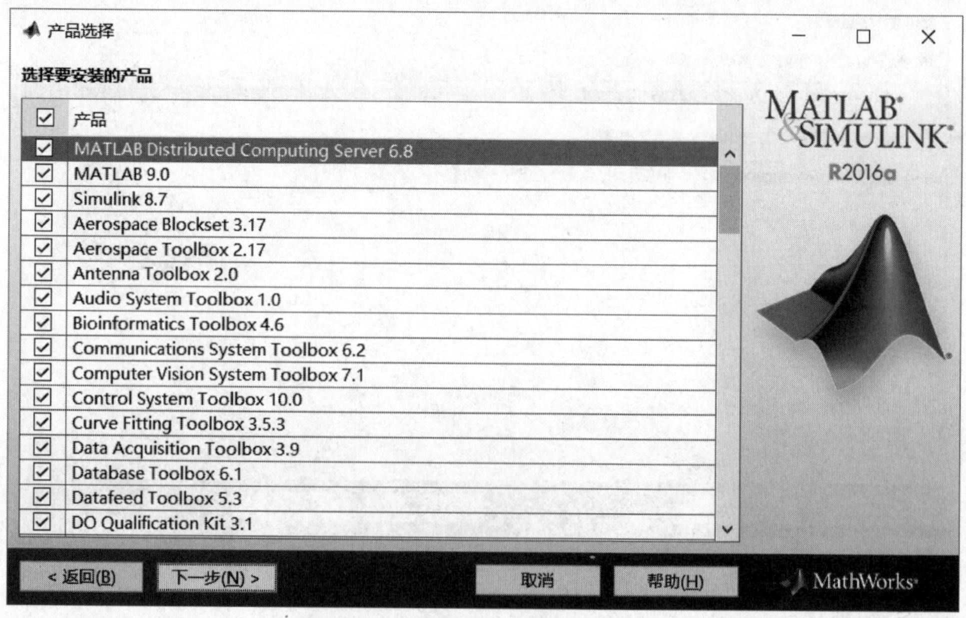

图 1-5 “产品选择”对话框

(7) 选择好相关的安装产品后，即弹出如图 1-6 所示的“确认”对话框。在该界面中，列出了前面所选择的内容，包括路径、安装文件的大小、安装的产品等，确认无误后，单击“安装”按钮进行安装。

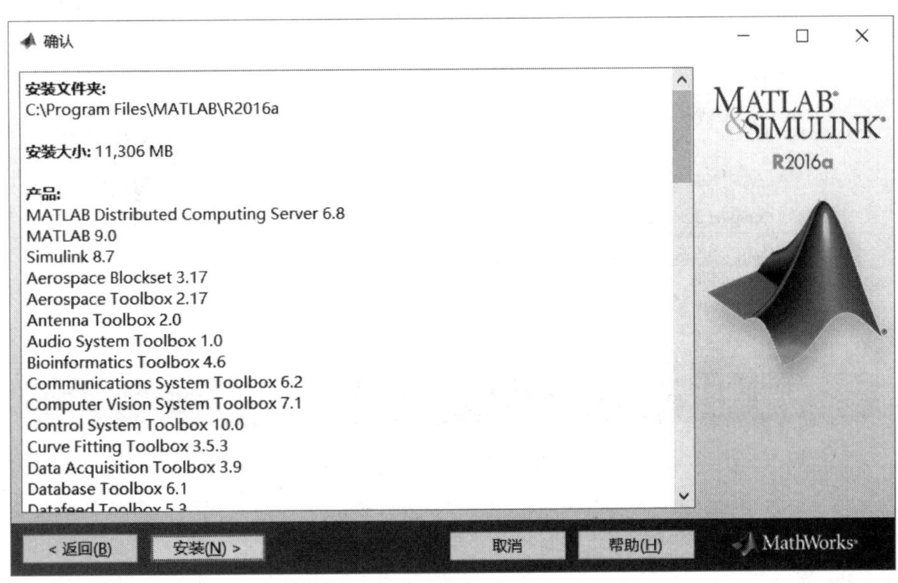

图 1-6 “确认”对话框

(8) 软件在安装过程中，将显示安装进度条，如图 1-7 所示，用户需要等待产品组件安装完成。安装完成后弹出如图 1-8 所示的“产品配置说明”对话框。

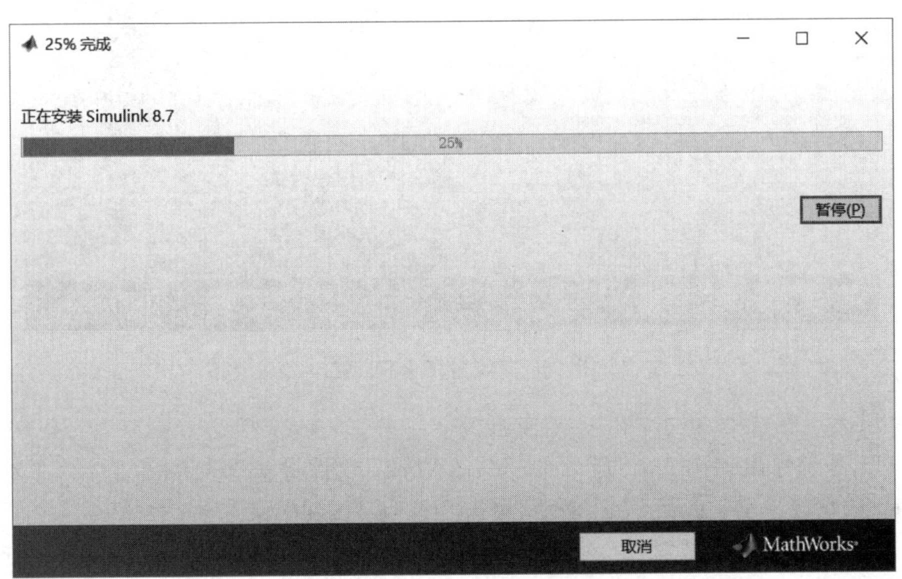

图 1-7 “安装进度条”对话框

(9) 单击“下一步”按钮，即弹出“安装完毕”对话框，如图 1-9 所示。

(10) MATLAB R2016a 版本是需要激活的，所以在“安装完毕”对话框中，选中“激

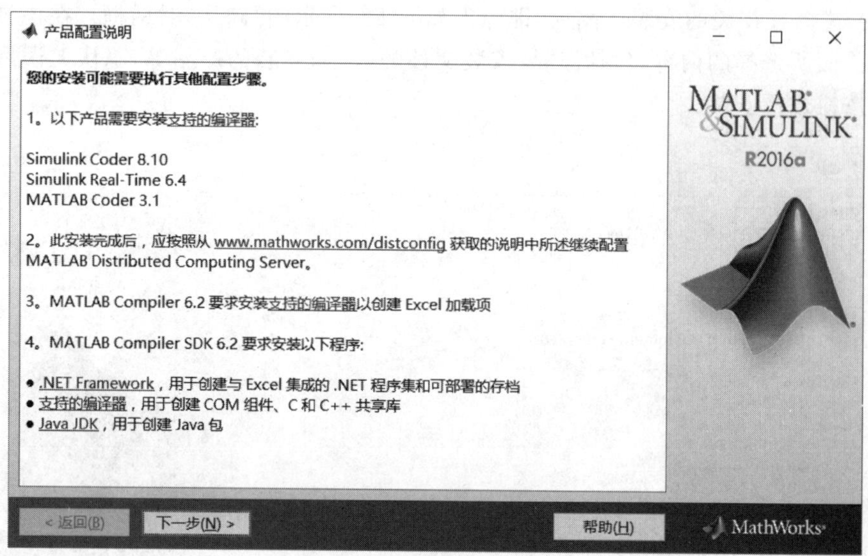

图 1-8 “产品配置说明”对话框

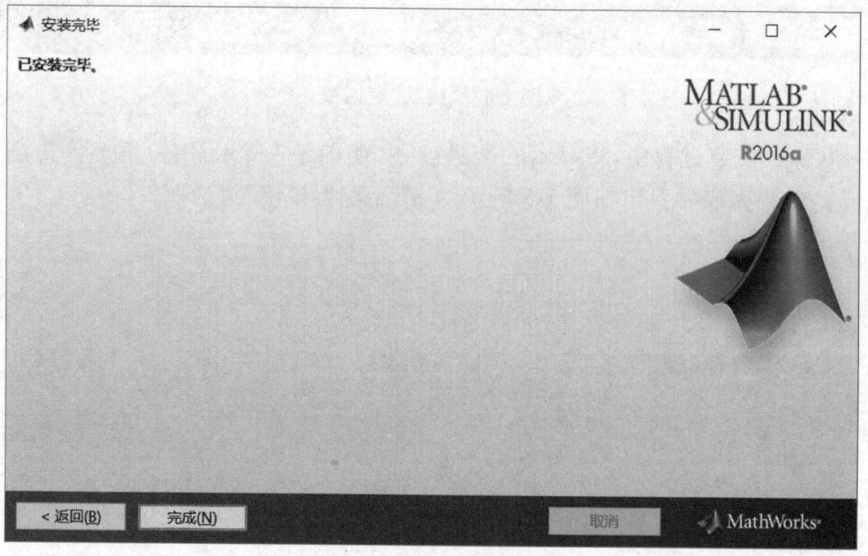

图 1-9 “安装完毕”对话框

活 MATLAB”复选框，单击“下一步”按钮。

(11) 系统弹出如图 1-10 所示的“MathWorks 软件激活”对话框，选择“在不使用 Internet 的情况下手动激活”方式激活，单击“下一步”按钮。

(12) 在弹出的“离线激活”对话框中，选择“输入许可证文件的完整路径(包括文件名)”，单击右侧的“浏览”按钮，找到许可文件的完整路径(license. lic 文件在 serial 目录下)，如图 1-11 所示。单击“下一步”按钮。

(13) 弹出如图 1-12 所示的“激活完成”对话框，单击右下角的“完成”按钮，即可完成 MATLAB R2016a 的安装与激活。

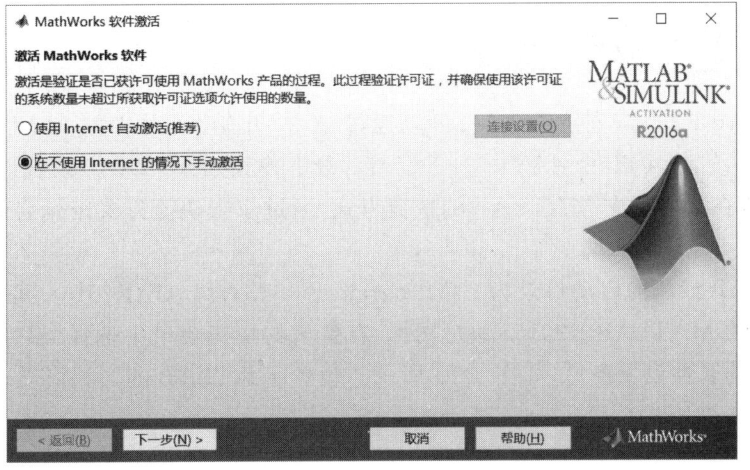

图 1-10 “MathWorks 软件激活”对话框

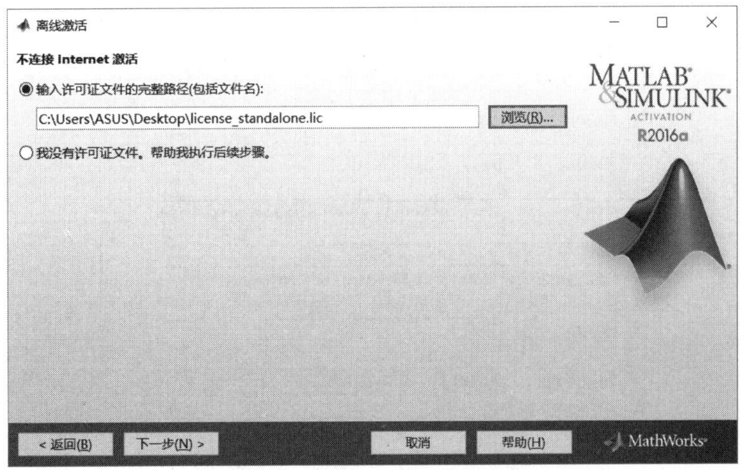

图 1-11 “离线激活”对话框

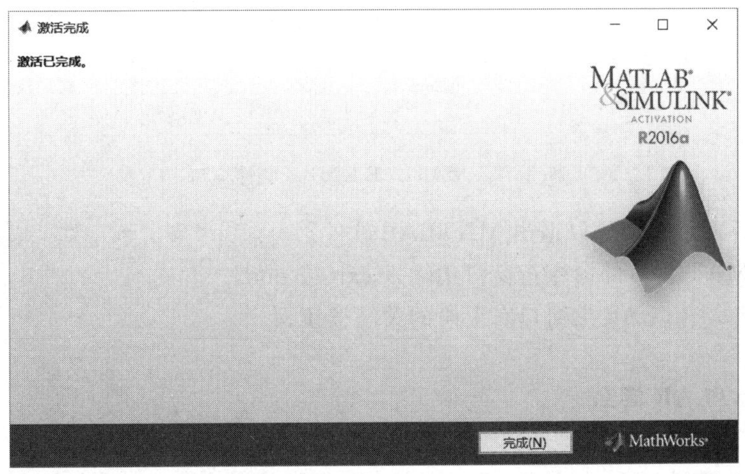

图 1-12 “激活完成”对话框

1.2.2 MATLAB 启动与退出

MATLAB R2016a 安装结束后，可以通过单击“开始”菜单中的 MATLAB 来启动 MATLAB 系统，也可以在 MATLAB 的安装目录下找到 MATLAB. exe，然后双击运行。此外，还可以在桌面建立 MATLAB 的快捷方式，通过双击快捷方式图标启动 MATLAB 系统。

MATLAB 默认的启动目录为 C:\Program File\MATLAB\R2016a，可以进行修改。右击桌面上的 MATLAB R2016a 快捷图标，在弹出的快捷菜单中选择“属性”选项，会弹出快捷菜单的属性设置窗口，如图 1-13 所示。设置 MATLAB 的“目标”为 C:\Program File\MATLAB\R2016a\bin\matlab. exe。

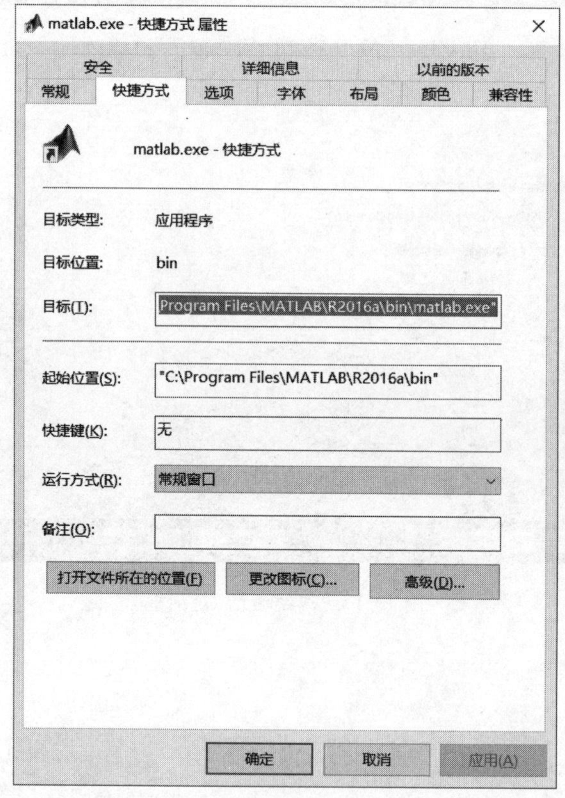

图 1-13　MATLAB R2016a 属性窗口

采用以下两种方法可以退出 MATLAB 软件。

(1) 在 MATLAB 的命令行窗口中输入 exit 或 quit。

(2) 单击 MATLAB 主窗口右上角的关闭按钮。

1.2.3 MATLAB 卸载

如果想卸载 MATLAB 软件，可以通过 Window 控制面板中的“卸载或更改程序”来卸载 MATLAB 软件，如图 1-14 所示。

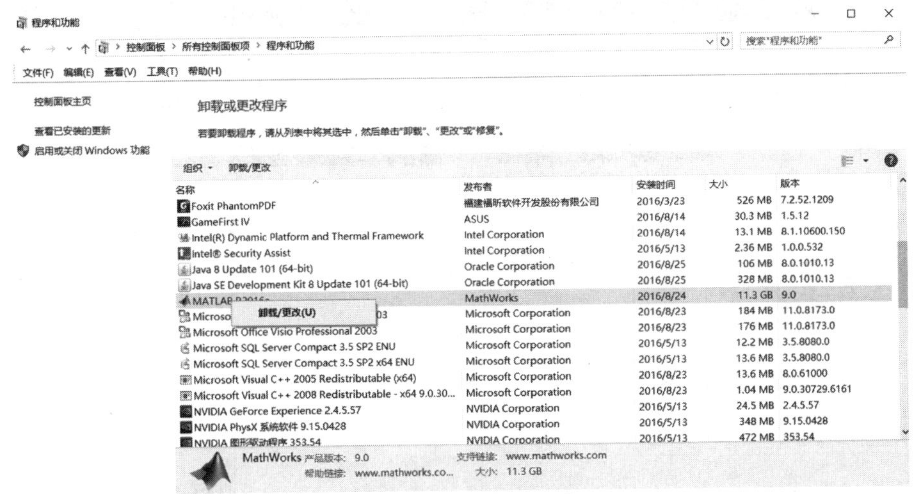

图 1-14 控制面板的“卸载/更改”选项

在图 1-14 中，选中 MATLAB R2016a 并右击，选择弹出的“卸载/更改”选项，弹出如图 1-15 所示的对话框，可以在其中选择要卸载的程序或工具箱，系统默认全部程序和工具箱都为选中状态。单击“卸载”按钮，可进行 MATLAB 的卸载。

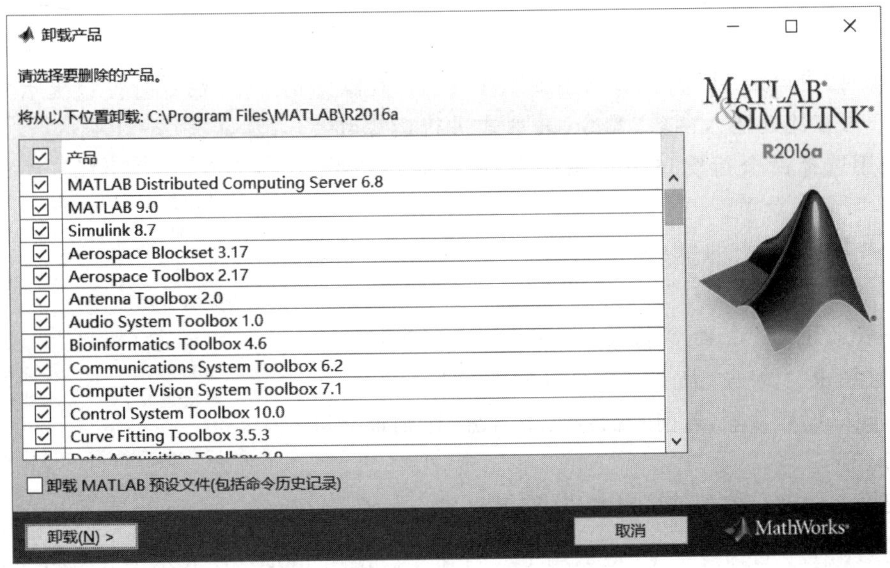

图 1-15 “卸载产品”对话框

1.3 MATLAB 工作环境

MATLAB R2016a 的工作界面如图 1-16 所示，主要包括工具栏选项、当前工作目录、命令行窗口、工作区窗口和命令历史记录窗口等。

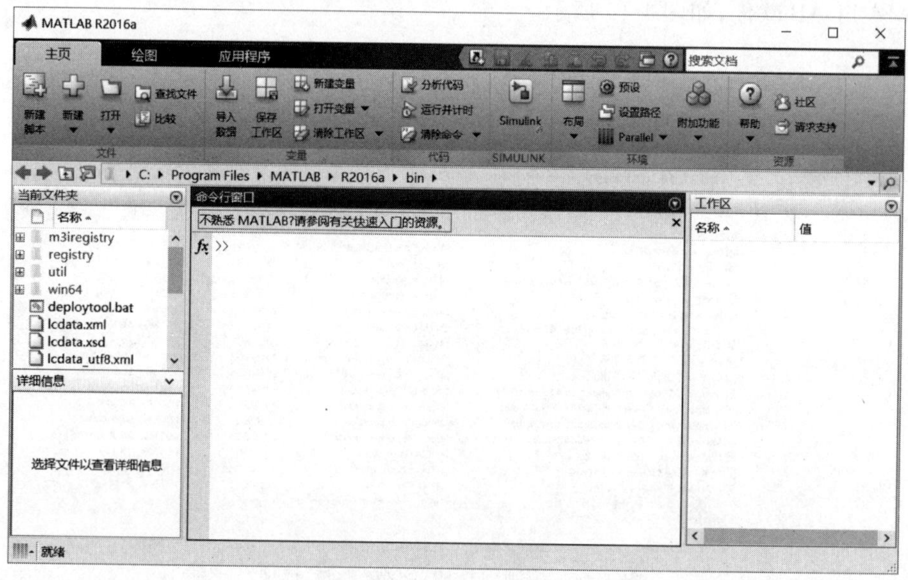

图 1-16　MATLAB 的工作界面

下面分别对 MATLAB 窗口的主要组成部分进行介绍。

1.3.1　命令行窗口

命令行窗口是 MATLAB 的主要工作界面。在默认情况下,命令行窗口提示“>>”符号,用户可在此处输入函数、命令、表达式进行运算和操作。当用选择命令行窗口右上角的 ⊙ 按钮时,得到如图 1-17 所示的菜单。

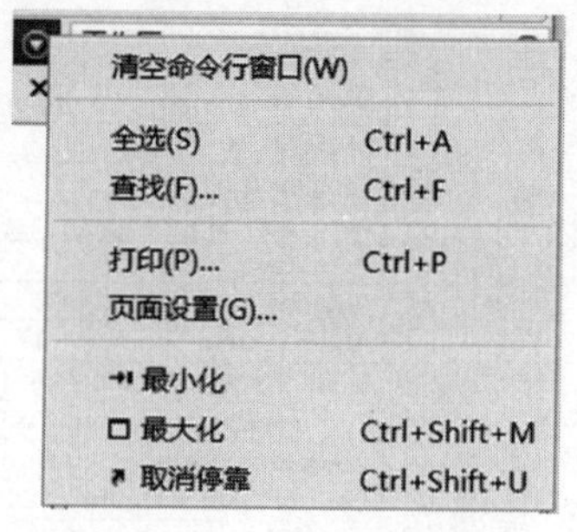

图 1-17　命令行窗口操作菜单

选择图 1-17 中的“取消停靠”项,即可得到独立的“命令行窗口”,如图 1-18 所示。

一般来说,一个命令行输入一条命令,命令行以 Enter 键结束。但一个命令行也可以输入若干条命令,各命令之间以逗号分隔,若前一命令后带有分号,则逗号可以省略。

使用方向键和控制键可以编辑、修改已输入的命令,“↑”键回调上一行命令,“↓”键回调下一行命令。使用 more off 表示不允许分页,more on 表示允许分页,more(n)表示指定每页输出的行数。Enter 键前进一行,空格键显示下

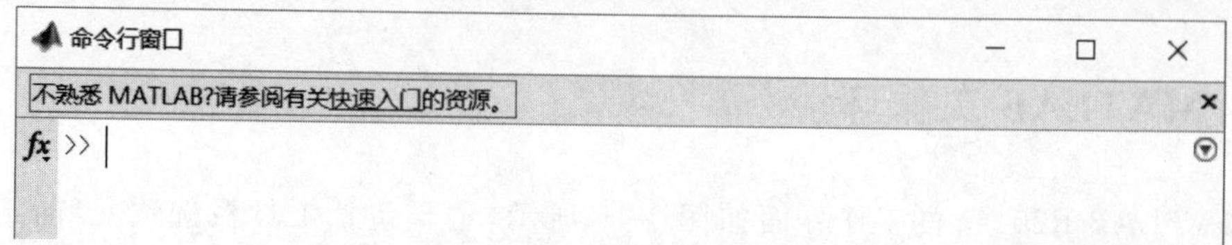

图 1-18　独立的“命令行窗口”

一页,q 结束当前显示。

在 MATLAB 中的三个小黑点即为“续行号”,表示一条语句可分几行编写。而分号“;”作用是不在命令行窗口中显示中间结果,但定义的变量将驻留在内存中。

MATLAB 命令行窗口中常用的命令及功能如表 1-2 所示。

表 1-2　MATLAB 命令行窗口中常用的命令及功能

命　令	功　能
cls	擦去一页命令行窗口,光标回屏幕左上角
clear	清除工作空间中所有的变量
clear all	从工作空间清除所有变量和函数
clear 变量名	清除指定的变量
clf	清除图形窗口内容
delete <文件名>	从磁盘中删除指定的文件
help <命令名>	查询所列命令的帮助信息
which <文件名>	查找指定文件的路径
who	显示当前工作空间中所有变量的一个简单列表
whos	列出变量的大小、数据格式等详细信息
what	列出当前目录下的.m 文件和.mat 文件
load name	下载 name 文件中的所有变量到工作空间
load name x y	下载 name 文件中的变量 x,y 到工作空间
save name	保存工作空间变量到文件 name.mat 中
save name x y	保存工作空间变量 x,y 到文件 name.mat 中
pack	整理工作空间内存
size(变量名)	显示当前工作空间中变量的尺寸
length(变量名)	显示当前工作空间中变量的长度
↑或 Ctrl+P	调用上一行的命令
↓或 Ctrl+N	调用下一行的命令
←或 Ctrl+B	退后一格
→或 Ctrl+F	前移一格
Ctrl+←	向左移一个单词
Ctrl+→	向右移一个单词
Home 或 Ctrl+A	光标移到行首
End 或 Ctrl+E	光标移到行尾
Esc 或 Ctrl+U	清除一行
Del 或 Ctrl+D	清除光标后字符
Backspace 或 Ctrl+H	清除光标前字符
Ctrl+K	清除光标至行尾字
Ctrl+C	中断程序运行

1.3.2　工作区窗口

工作空间是 MATLAB 用于存储各种变量和结果的内存空间。在工作区窗口中显示工作空间中所有变量的名称、值、最小值和最大值,可对变量进行观察、编辑、保存和删除。独立的“工作区”窗口如图 1-19 所示。

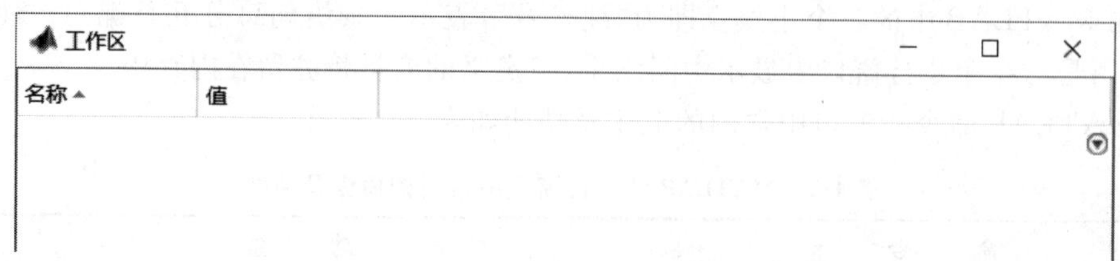

图 1-19 独立的“工作区”窗口

当单击“工作区”窗口右侧的按钮时,可打开如图 1-20 所示的操作菜单。

新建(N) Ctrl+N
保存(S) Ctrl+S
清空工作区(O)
刷新(R) F5
选择列(C)
排序依据(S)
粘贴(P) Ctrl+V
全选(S) Ctrl+A
打印(P)... Ctrl+P
页面设置(G)...
最小化
最大化 Ctrl+Shift+M
停靠 Ctrl+Shift+D
关闭 Ctrl+W

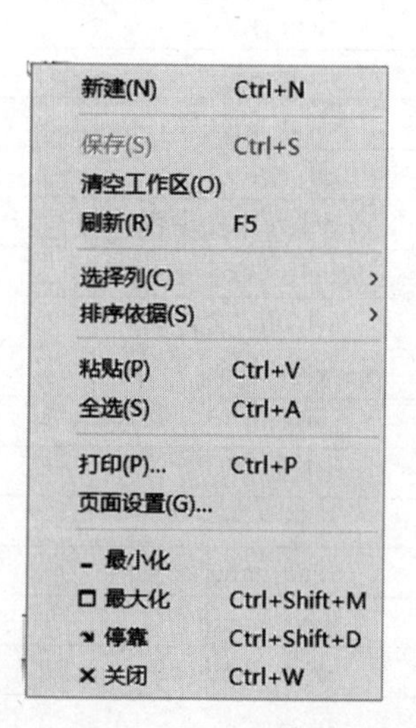

图 1-20 “工作区”窗口操作菜单

1.3.3 命令历史记录窗口

命令历史记录窗口记录着用户在命令行窗口中输入过的所有命令,独立的“命令历史记录”窗口如图 1-21 所示。

当单击“命令历史记录”窗口右侧的按钮时,可打开如图 1-22 所示的操作菜单。

在“命令历史记录”窗口中可以完成多种操作。右击,在弹出的菜单中可以选择相应的命令进行操作:

(1) 复制和粘贴命令。选中命令历史记录窗口中的一行或多行命令,命令历史记录窗口将会高亮显示这些命令。右击,在弹出的菜单选择复制命令,可以完成复制操作。复制后的命令文本可以粘贴在工作空间中运行或粘贴在其他文本编辑器中。

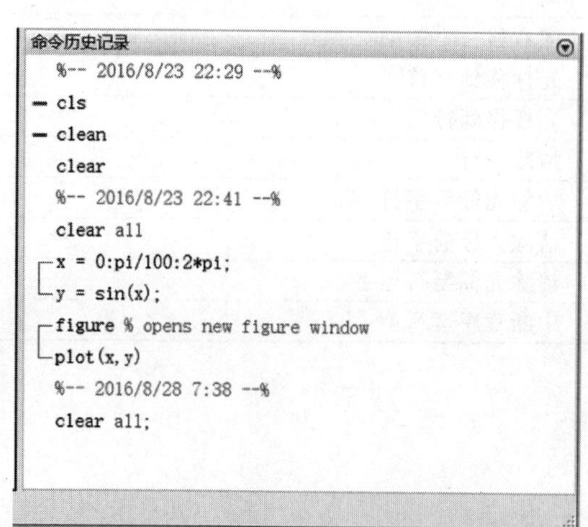

图 1-21 “命令历史记录”窗口

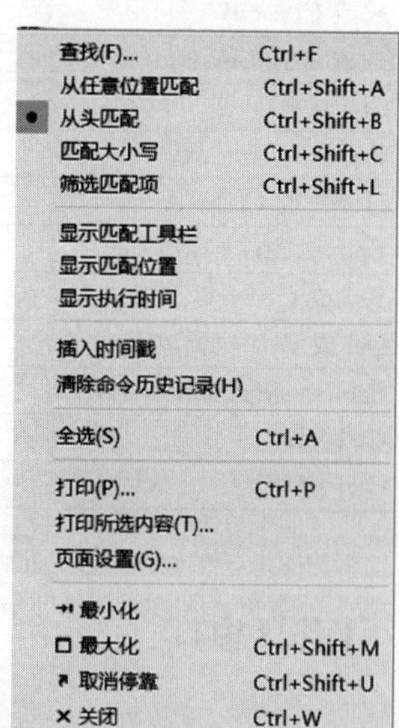

图 1-22 “命令历史记录”窗口操作菜单

(2) 创建脚本。对于所执行的历史命令,如有必要也可以编写为M脚本文件或函数文件。此时,可以在命令历史记录窗口中选择需要创建的命令后右击,在弹出的快捷菜单中选择创建脚本命令,即可将所执行的历史命令中的一部分创建M文件。当选择该命令后,系统将弹出M文件编辑器,所有选择的命令将作为M文件的一部分内容自动输入到M文件编辑器中。此时,可以按照M文件保存、执行和调试。

(3) 日志文件创建。在"命令行窗口"中,输入diary命令,可以将当前命令行窗口中的所有内容都写入日志,包括命令和计算结果等。文件以ASCII码格式保存,因此,可以很容易地使用文本阅读器阅读这些文件。默认情况下,diary保存的日志文件路径为当前的工作目录。通过日志命令diary增加日志名称并开始记录命令行窗口中的内容,然后执行相关的函数命令,最后通过日志命令diaryoff结束日志内容的记录。需要注意的是,通过日志命令记录时,并不能记录图形文件。记录结束后,可以在当前工作文件路径下找到日志文件。

1.3.4 当前文件夹窗口

当前文件夹是指MATLAB运行时的工作目录文件夹,只有在当前目录或搜索路径下的文件,函数才可以被运行或调用。如果没有特殊指明,数据文件也将存放在当前文件夹下。为了便于管理文件和数据,用户可以将自己的工作目录设置成当前目录文件,从而使得用户的操作都在当前文件夹中进行。

"当前文件夹"窗口也称为路径浏览器。它可以内嵌在MATLAB主窗口中,也可以浮动在主窗口上,浮动的当前目录窗口如图1-23所示。在"当前文件夹"窗口中可以显示或改变当前文件夹,还可以显示当前文件夹的搜索功能。通过文件夹下拉列表框可以选择已经访问过的文件。

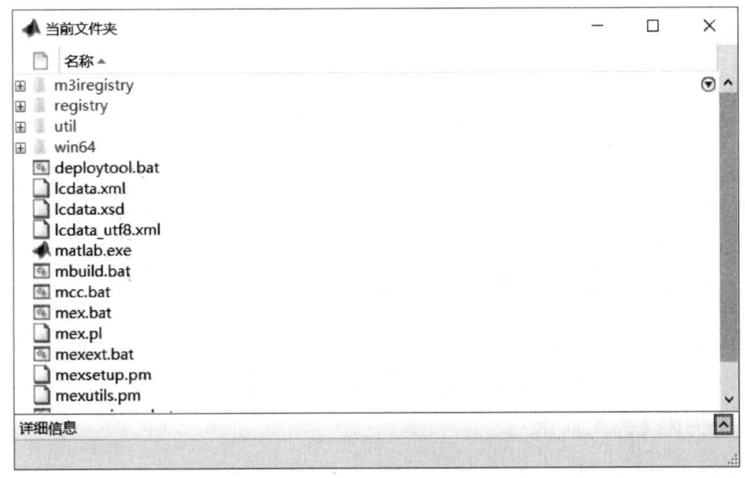

图1-23 "当前文件夹"窗口

1.3.5 编辑器窗口

MATLAB的编辑器窗口是用于编写MATLAB程序的脚本文件窗口,在该窗口中可以编写程序,并执行对应的程序,也可对所编辑的代码进行保存、发布、设置断点、绘制视图等。在 MATLAB 工作界面中的"主页"选项中选择 命令项或选择 项下的子菜单"脚本"选项,即弹出如图 1-24 所示的"编辑器"窗口。

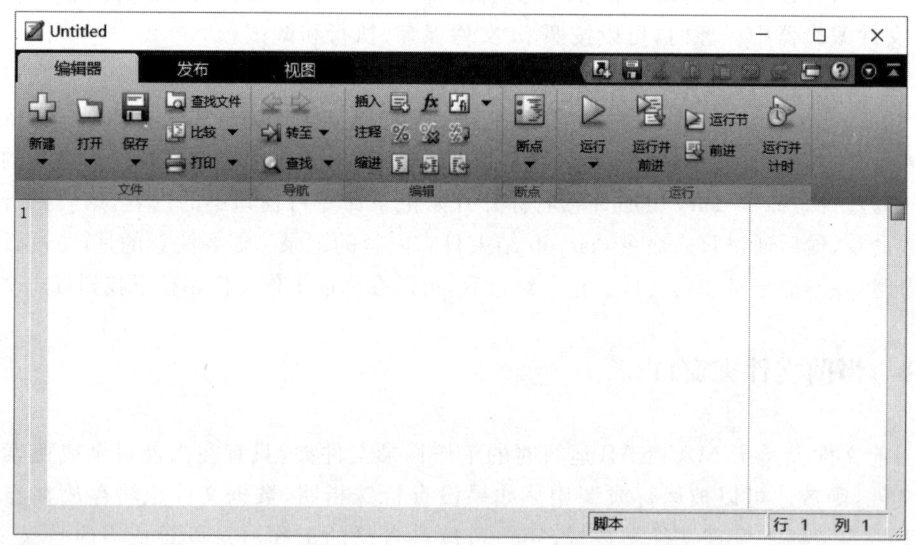

图 1-24 "编辑器"窗口

1.3.6 设置路径窗口

在 MATLAB 中,所有的文件都通过一组比较严谨的目录文件夹结构进行管理。在进行文件、函数和数据搜索时,MATLAB 系统将会按照已经设定的搜索路径进行搜索。检查的次序大致为:首先检查搜索的内容是否为变量;如果不是变量,那么检查是否为内置函数;如果不是内置函数,那么检查当前目录中是否有 M 文件形式的搜索目标;如果没有,则在 MATLAB 设置的其他搜索路径中进行搜索。

如果有多个文件需要和 MATLAB 系统进行信息交换,或经常需要进行数据交换,那么可将这些文件放在 MATLAB 的搜索路径上,保证这些文件可以在搜索路径上被调用。如果某个目录需要运行产生的数据和文件,那么还需要将该目录设置为当前目录。实际运行时,如果运行环境和当前目录不一致,那么系统会提示进行路径修改。

如果需要设置新的路径,可在命令行窗口中输入 pathtool 命令,或在"主页"工具项中单击 设置路径 命令项。输入命令或选择命令后,弹出如图 1-25 所示的"设置路径"窗口。

图 1-25 中的按钮含义如下:

- 添加文件夹:添加新的文件路径。
- 添加并包含子文件夹:在搜索路径上添加子文件夹目录。
- 移至顶端:将选中的目录移到搜索路径顶端。
- 上移:将选中的目录在搜索路径中上移一位。
- 下移:将选中的目录在搜索路径中下移一位。
- 移至底端:将选中的目录移到搜索路径底端。

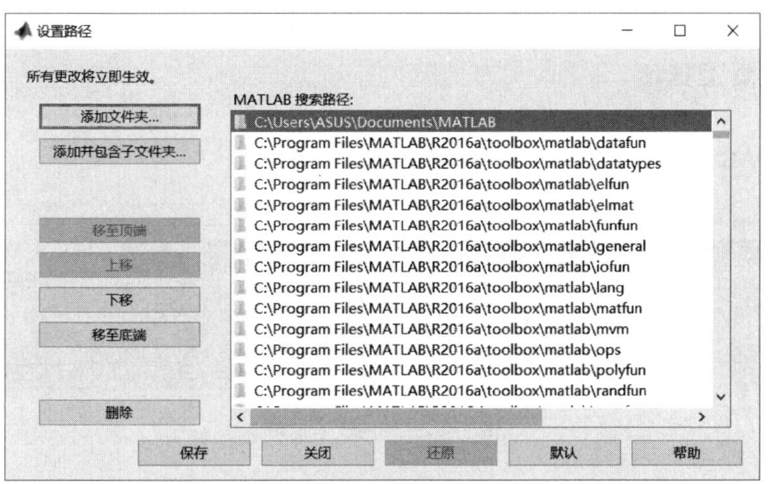

图 1-25 “设置路径”窗口

- 删除：将选中的目录移出搜索路径。
- 默认：恢复到原始的 MATLAB 默认路径。
- 还原：恢复上次改变搜索路径前的设置。
- 保存：保存前面的文件夹。
- 关闭：关闭文件设置窗口。
- 帮助：打开 MATLAB 的帮助文档。

如果在“命令行窗口”中输入命令 path 可得到 MATLAB 的所有搜索路径，如：

```
>> path
        MATLABPATH
    C:\Users\ASUS\Documents\MATLAB
    C:\Program Files\MATLAB\R2016a\toolbox\matlab\datafun
    C:\Program Files\MATLAB\R2016a\toolbox\matlab\datatypes
    C:\Program Files\MATLAB\R2016a\toolbox\matlab\elfun
    C:\Program Files\MATLAB\R2016a\toolbox\matlab\elmat
    C:\Program Files\MATLAB\R2016a\toolbox\matlab\funfun
    C:\Program Files\MATLAB\R2016a\toolbox\matlab\general
    C:\Program Files\MATLAB\R2016a\toolbox\matlab\iofun
    …
    C:\Program Files\MATLAB\R2016a\toolbox\matlab\external\interfaces\webservices\wsdl
    C:\Program Files\MATLAB\R2016a\toolbox\rtw\targets\xpc\xpc
    C:\Program Files\MATLAB\R2016a\toolbox\rtw\targets\xpc\target\build\xpcblocks\thirdpartydrivers
    C:\Program Files\MATLAB\R2016a\toolbox\rtw\targets\xpc\target\build\xpcblocks
    C:\Program Files\MATLAB\R2016a\toolbox\rtw\targets\xpc\target\build\xpcobsolete
    C:\Program Files\MATLAB\R2016a\toolbox\rtw\targets\xpc\xpc\xpcmngr
    C:\Program Files\MATLAB\R2016a\toolbox\rtw\targets\xpc\xpcdemos
```

1.4 MATLAB 工具项

自 MATLAB R2013a 开始，MATLAB 的工作界面窗口主要由三部分工具项组成，分为“主页”工具项、“绘图”工具项及“应用程序”工具项。下面分别对这三个工具项进行介绍。

1.4.1 主页工具项

MATLAB R2016a 的“主页”工具项如图 1-26 所示。

图 1-26 “主页”工具项

在“主页”中实现的 MATLAB 的主要操作有：

(1) 新建脚本：该按钮主要实现在 MATLAB 中新建一个脚本编辑器。

(2) 新建：单击该按钮，即弹出对应的子菜单项，如图 1-27 所示。在该子菜单项中可以实现脚本编辑器的创建、自定义函数框架、变量定义框架、类定义框架、系统对象类型、新建一个 Figure 窗口(如图 1-28 所示)、打开快捷方式编辑器(如图 1-29 所示)、打开图形用户界面(如图 1-30 所示)、新建 Simulink Model(如图 1-31 所示)、打开 Stateflow Chart (Stateflow 图)(如图 1-32 所示)。

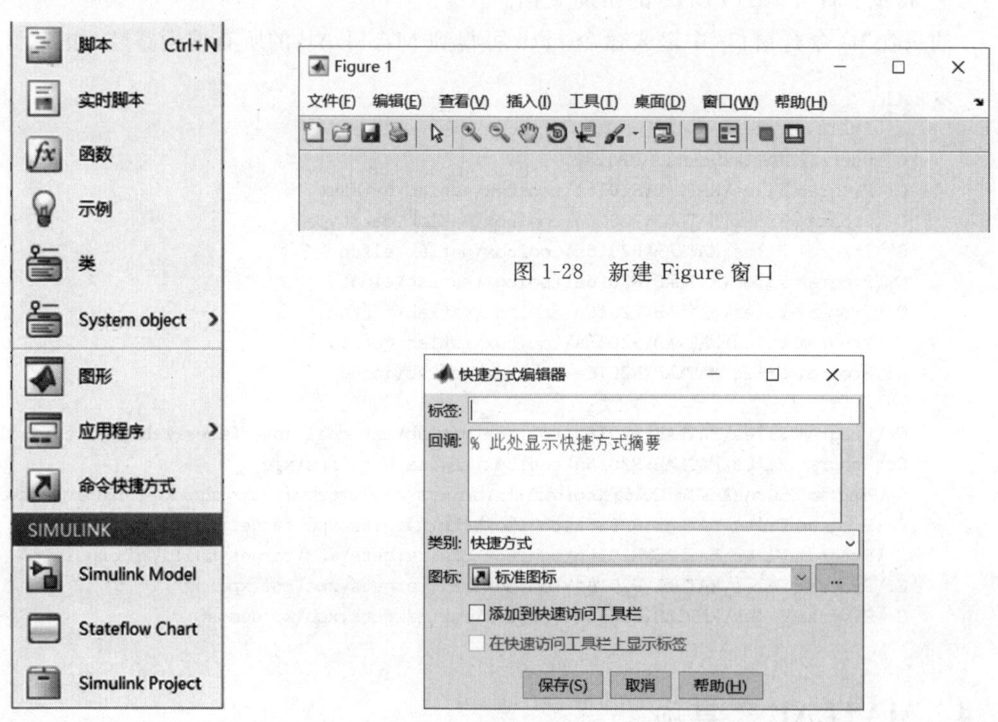

图 1-28 新建 Figure 窗口

图 1-27 “新建”子菜单项

图 1-29 创建工具项快捷方式

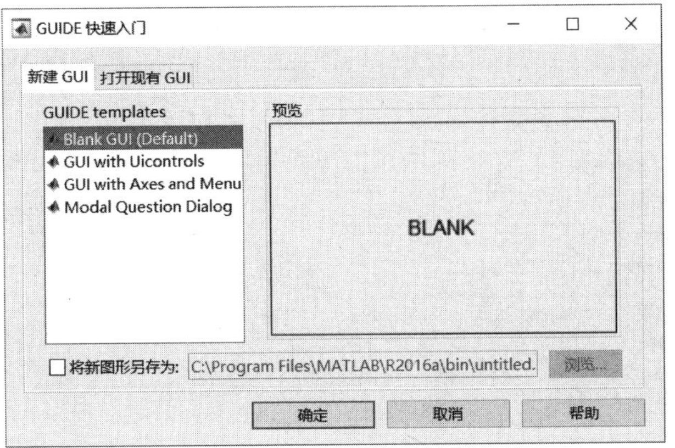

图 1-30 图形用户界面

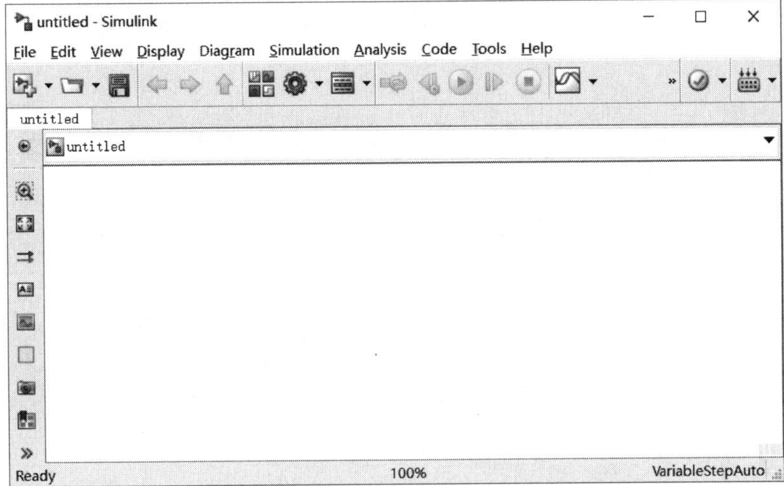

图 1-31 仿真编辑窗口

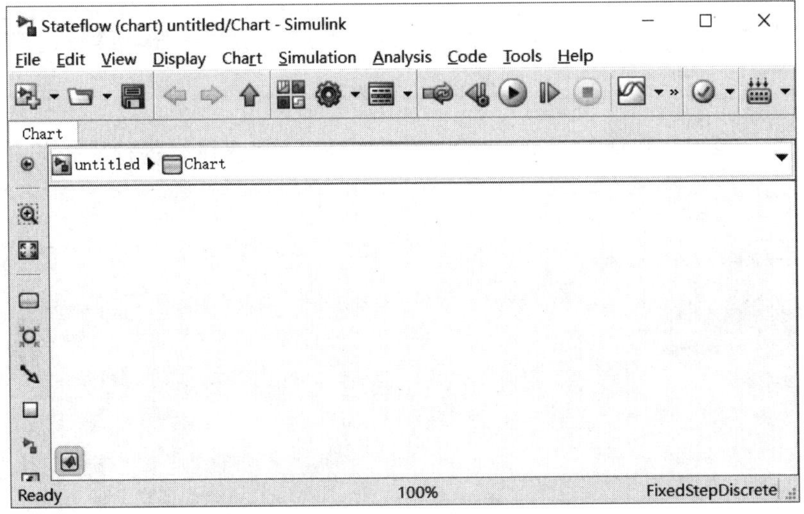

图 1-32 Stateflow Chart 编辑窗口

(3) 打开：选择该选项，即可打开 MATLAB 的 M 文件保存路径，如图 1-33 所示。

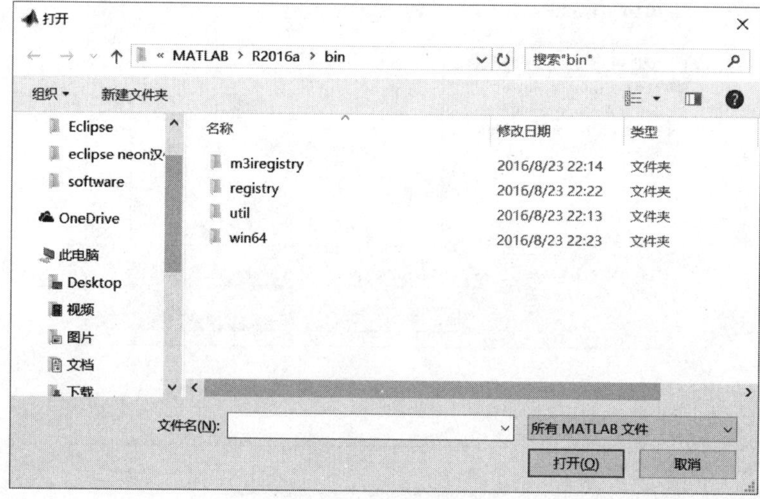

图 1-33　打开 M 文件

(4) 查找文件：单击该按钮，即可弹出如图 1-34 所示的窗口，在窗口中输入对应的文件名即可快速查找文件。

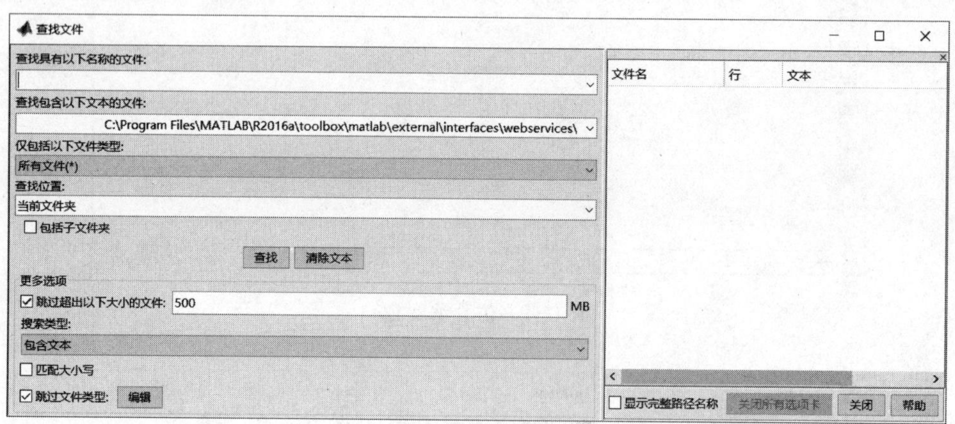

图 1-34　查找文件

(5) 比较：单击该快捷按钮可弹出如图 1-35 所示的“选择要进行比较的文件或文件夹”窗口。

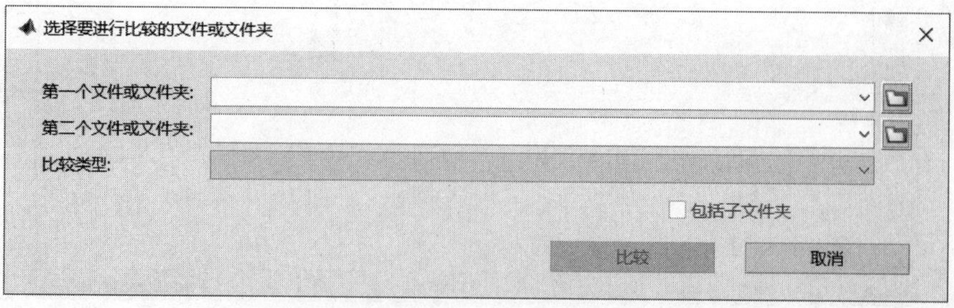

图 1-35　两文件比较

(6) 导入数据：单击该快捷按钮即可弹出如图 1-36 所示的"导入数据"窗口，选择对应的文件即可导入相应的数据。

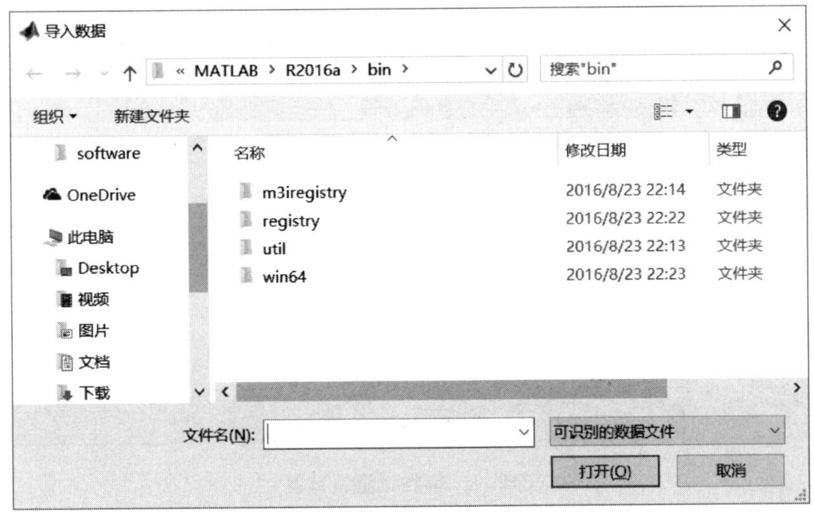

图 1-36 "导入数据"窗口

(7) 保存工作区：单击该快捷按钮即可弹出如图 1-37 所示的"另存为"窗口，文件保存类型为.mat 文件。

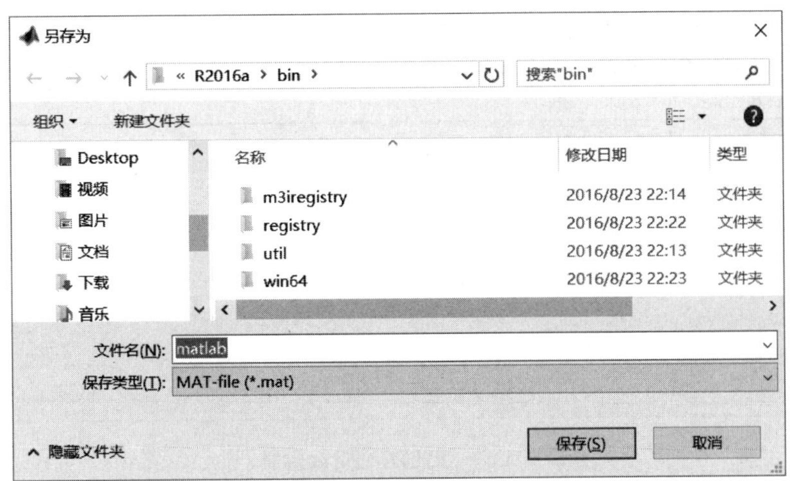

图 1-37 "另存为"窗口

(8) 新建变量：单击该快捷按钮，即可打开一个新建变量编辑器窗口，如图 1-38 所示。在该窗口中，可定义变量的变量名、变量值、变量的行数、列数等。

(9) 打开变量：单击该快捷按钮，即可打开一个已创建的变量编辑器，在该窗口中可以重新编辑变量的名称、大小、值等。例如，在命令行窗口中新建一矩阵 A，如：

```
A = [1 3 8;6 9 44;0 7 13]
```

打开的变量编辑器效果如图 1-39 所示。

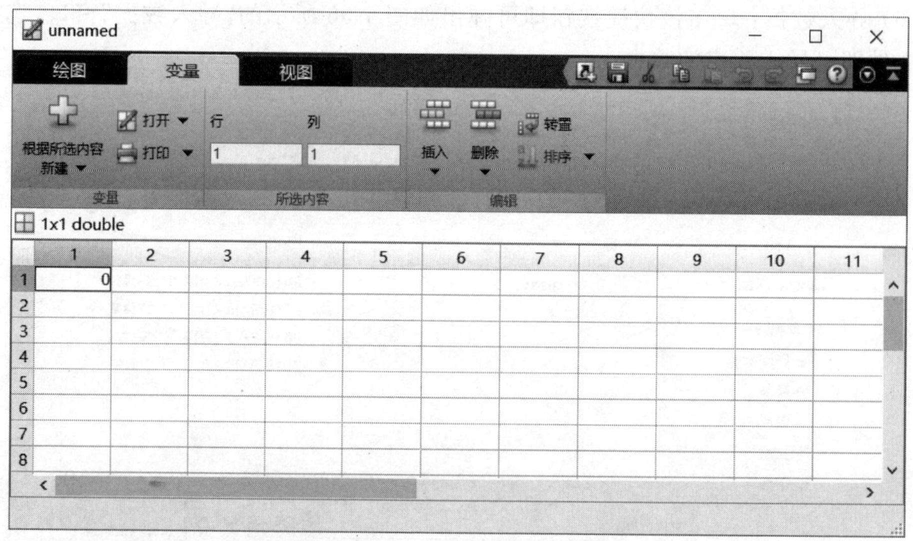

图 1-38　新建变量编辑器

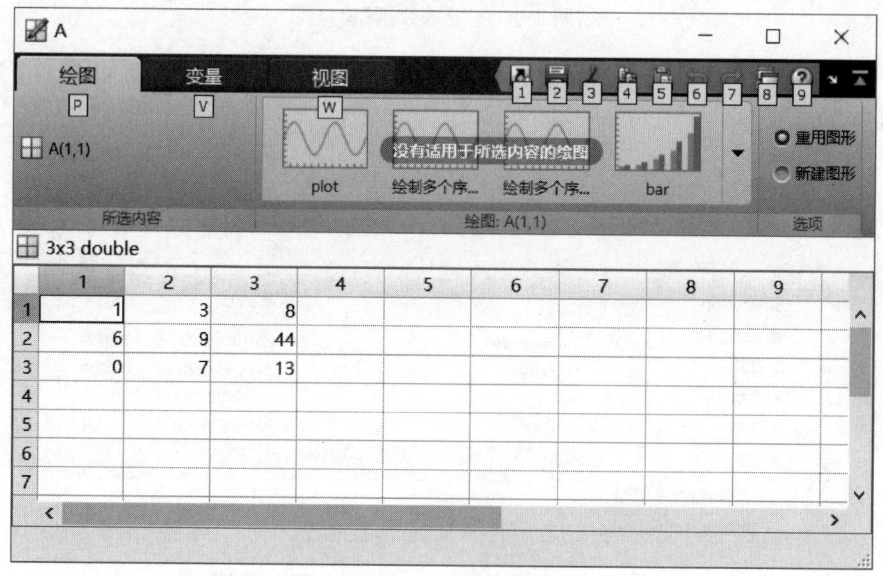

图 1-39　已创建变量编辑器

(10) 清除工作空间：单击该快捷按钮，即可清除已存在于工作空间中的变量，与 clear 命令的功能相同。

(11) 分析代码：单击该快捷按钮，即可打开“代码分析器报告”窗口，在该窗口中可以查看代码的运行报告，效果如图 1-40 所示。

(12) 运行和计时器：单击该快捷按钮即可弹出 MATLAB 的改善性能的“探查器”窗口，如图 1-41 所示，单击界面中的链接即可了解到怎样使用探查器。

(13) 清除命令：在该选择中包括两个功能，一个是清除命令行窗口，功能与 clf 命令类似，另一个是清除历史记录功能。

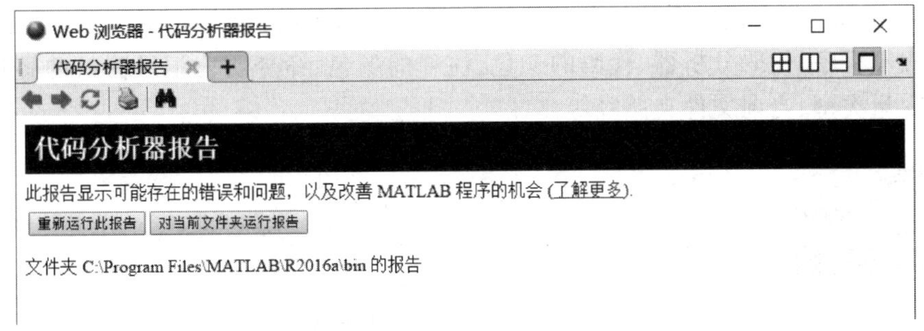

图 1-40 “代码分析器报告”窗口

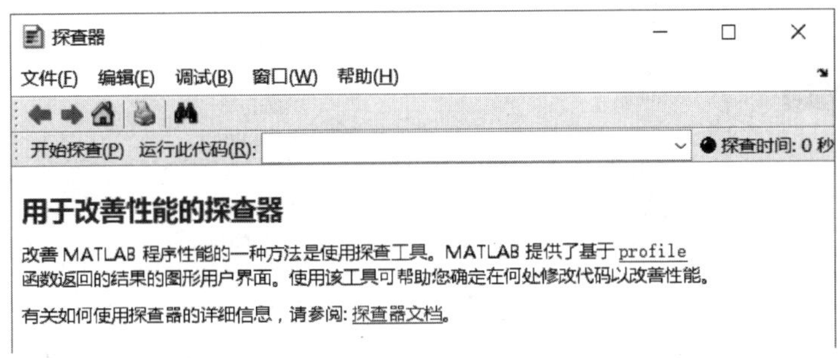

图 1-41 “探查器”窗口

(14) Simulink 库：单击该快捷按钮，即可弹出 Simulink 集成开始界面，如图 1-42 所示。在 Simulink 界面中，单击第三个窗口，即可建立一个空白的 Simulink 编辑窗口，选择窗口菜单 Tool|Library Browser，即可弹出 Simulink 的库窗口。

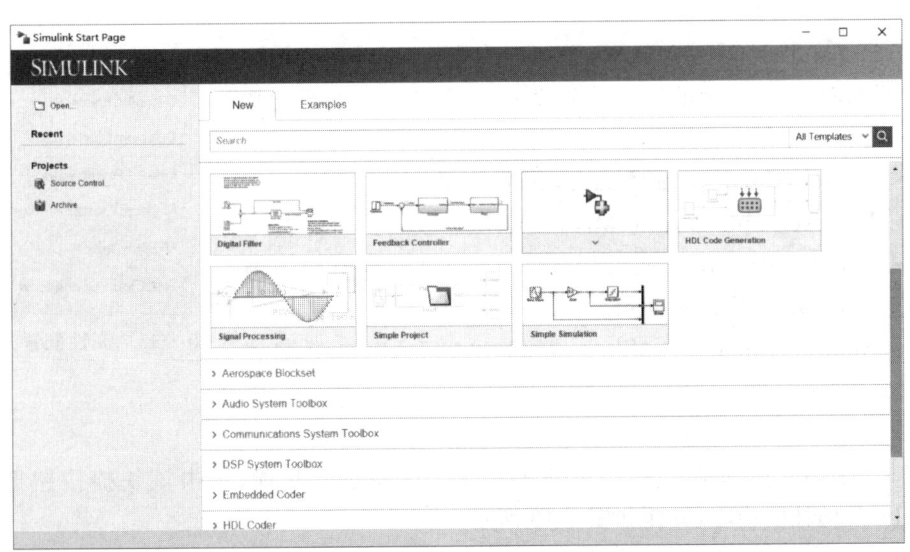

图 1-42 Simulink 集成开始界面

(15) 布局：单击该快捷按钮即可弹出对应的子菜单项，如图 1-43 所示。在该子菜单项中可实现 MATLAB 窗口的各种操作，包括窗口的排放、列数、工具条显示状态等操作。

(16) 预设：单击该快捷按钮即可弹出如图 1-44 所示的“预设项”窗口，在该窗口中可以预设应用程序、代码分析器、代码的颜色、注释的颜色、命令历史记录窗口的容量、命令行窗口变量类型、当前文件夹路径等。

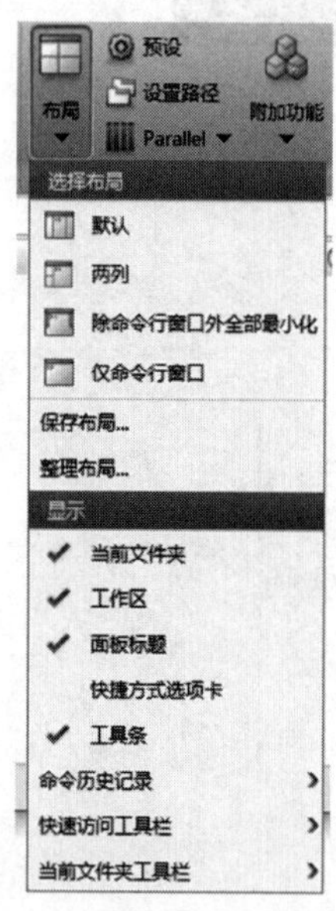

图 1-43 “布局”子菜单项

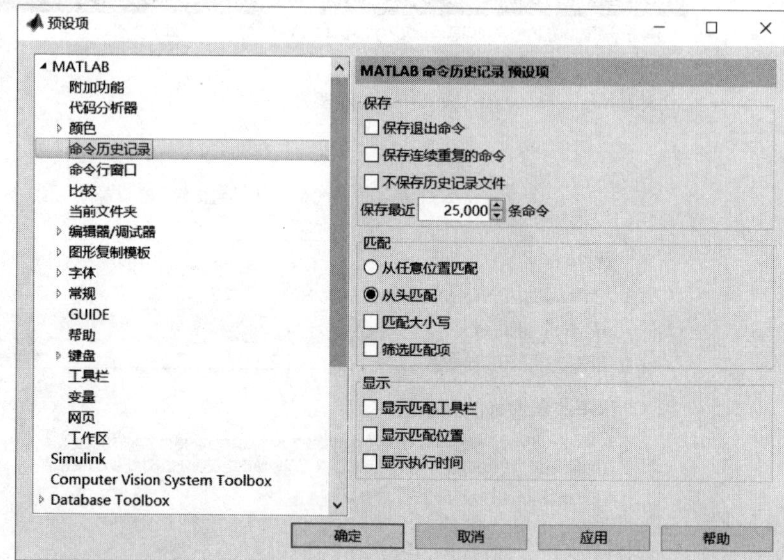

图 1-44 “预设项”窗口

(17) 设置路径：单击该快捷按钮即可弹出设置文件路径窗口，效果如图 1-25 所示。

(18) Parallel：对 MATLAB 属性进行配置，单击该快捷按钮，打开如图 1-45 所示的属性配置菜单。子菜单项主要功能如下：

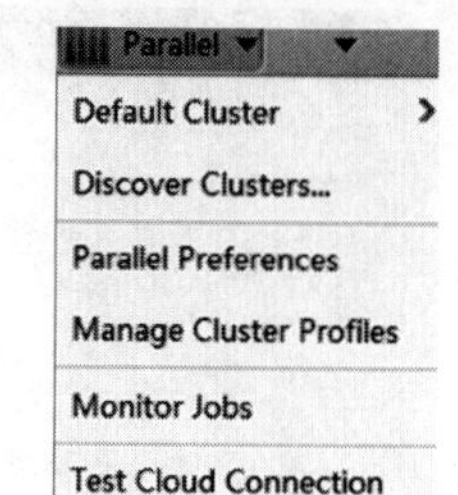

图 1-45 属性配置菜单

- Default Cluster：选择默认的集群配置文件。
- Discover Clusters：对 MATLAB 集群文件进行配置。
- Parallel Preferences：打开的 MATLAB 的预设项窗口，效果如图 1-44 所示。
- Manage Cluster Profiles：管理 MATLAB 集群配置文件。
- Monitor Jobs：在机器或集群上查看和处理工作。

(19) 社区：该功能项是 MATLAB R2016a 特有的功能，单击该快捷按钮即进入 MATLAB 的社区中心，界面如图 1-46 所示。

(20) 帮助：单击图 1-26 中的 ? 按钮，即可弹出 MATLAB 的帮助文档，如图 1-47 所示。在该文件中可以实现函数、实例的查询。

单击“帮助”按钮下的“倒三角”符，即可弹出“帮助”按钮的对应子菜单项，如图 1-48 所示。

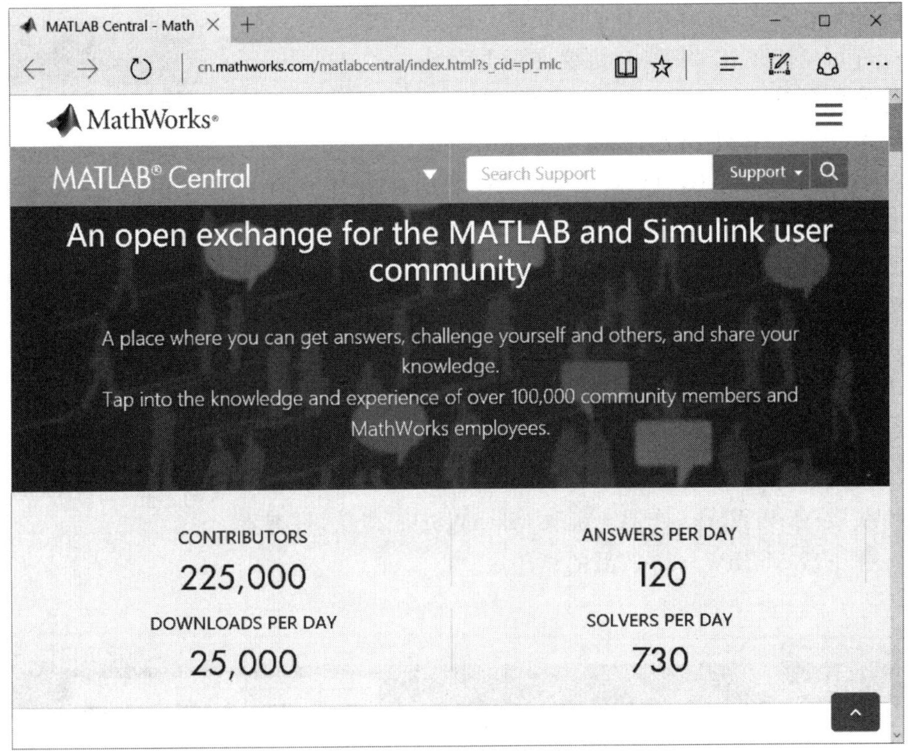

图 1-46　MATLAB社区中心界面

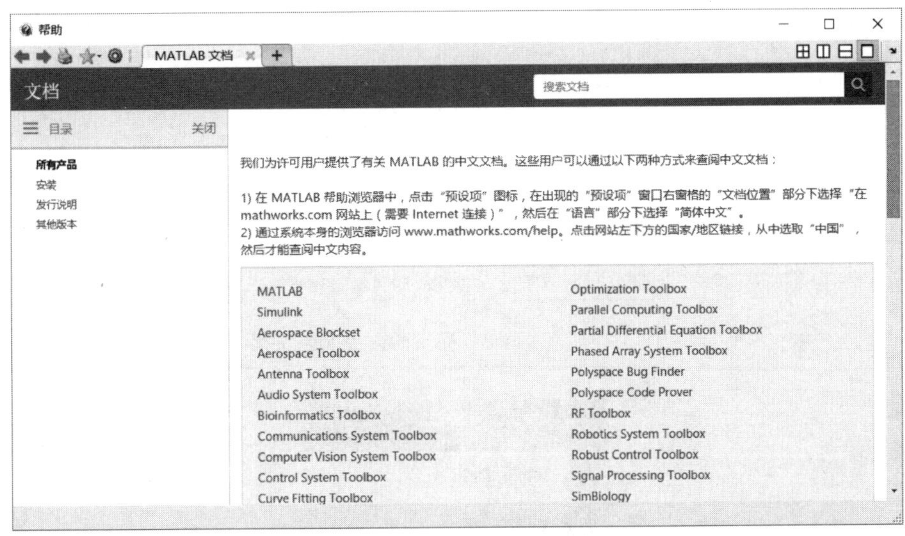

图 1-47　帮助文档

各子菜单项的主要含义为：

- 文档：打开 MATLAB 联机帮助文档的首页，如图 1-48 所示。
- 示例：打开 MATLAB 提供的内置实例页面，如图 1-49 所示。
- 请求支持：打开 MathWorks 的账户登录界面。
- 支持网站：打开 MATLAB 在线服务页面。

- 培训：打开 MATLAB 的在线培训服务页面。
- 许可：打开 MATLAB 协议许可页面。
- 使用条款：打开 MATLAB 使用条款页面。
- 专利：打开 MATLAB 使用专利页面。
- 关于 MATLAB：显示 MATLAB 的版本及用户登记信息。

图 1-48 “帮助”子菜单

(21) 附加功能：单击该快捷按钮，即弹出如图 1-50 所示的子菜单项。其各子菜单项的含义为：

- 获取更多应用程序：单击该选项，即弹出 MATLAB 的 MathWorks 界面，获取更多的 MATLAB 应用。
- Get Hardware Support Packages：获取 MATLAB 硬件支持包。
- 获取 MathWorks 产品：获取 MathWorks 产品，可查看并下载 MathWorks 产品的试用版。

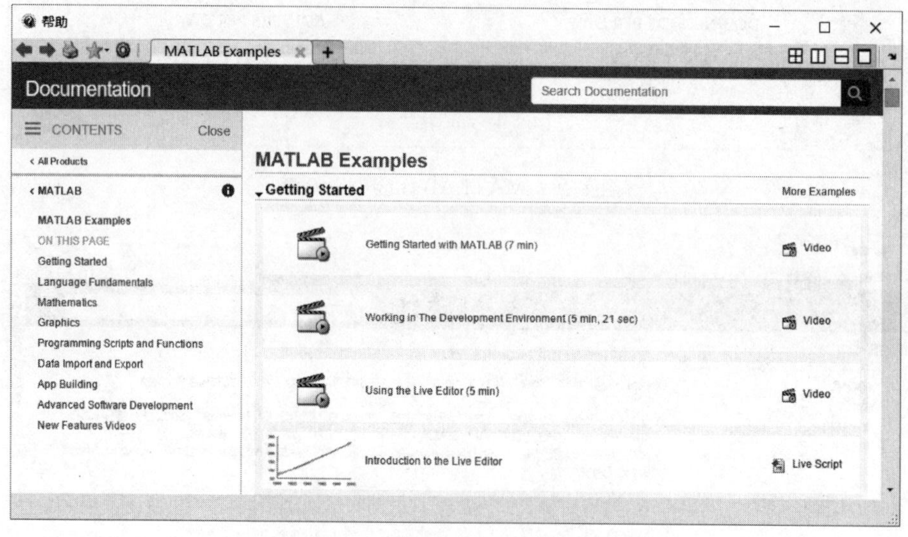

图 1-49 MATLAB 提供的内置实例页面

图 1-50 “附加功能”子菜单

1.4.2 绘图工具项

“绘图”工具项如图 1-51 所示，具有 MATLAB 特有的绘图功能，在 MATLAB R2013a 之后的版本中，直接给出绘制 MATLAB 的二维、三维、四维图形的快捷按钮。选中某个变量，然后需要绘制哪种图形，直接单击对应的快捷按钮即可。

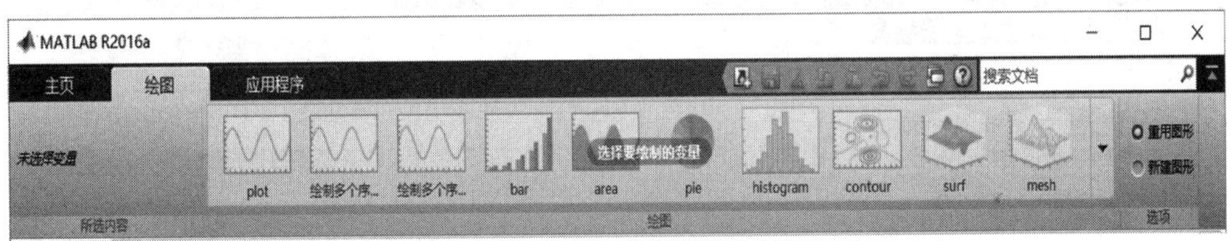

图 1-51 “绘图”工具项

- plot：MATLAB 的基本绘图函数。
- bar：绘制 MATLAB 的条形图。
- area：绘制 MATLAB 的面积图。
- pie：绘制 MATLAB 的饼形图。
- hist：绘制 MATLAB 的直方图。
- contour：绘制 MATLAB 等高线图。
- surf：绘制 MATLAB 三维曲线图。
- mesh：绘制 MATLAB 三维曲面图。
- semilogx：绘制 MATLAB 的 x 对数坐标系图。
- semilogy：绘制 MATLAB 的 y 对数坐标系图。
- loglog：绘制 MATLAB 的对数坐标系图。
- stem：绘制 MATLAB 的火柴杆图。
- 重用图形：擦除图形痕迹在原图上绘制新图形。
- 新建图形：重新建一个图形。

1.4.3 应用程序工具项

“应用程序”工具项如图 1-52 所示。

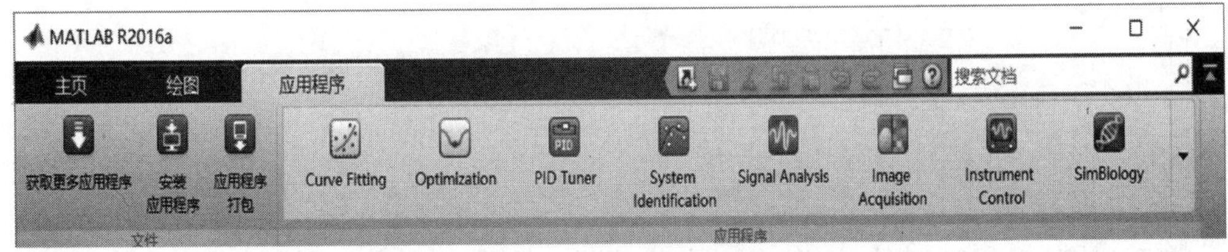

图 1-52 “应用程序”工具项

(1) 获得更多应用程序：选择该快捷项可打开更多的 MATLAB 在线应用界面。

(2) 安装应用程序：选择该快捷项可打开 MATLAB 安装应用程序窗口。

(3) 应用程序打包：选择该快捷项可打开 MATLAB 的“应用程序打包”窗口，如图 1-53 所示。

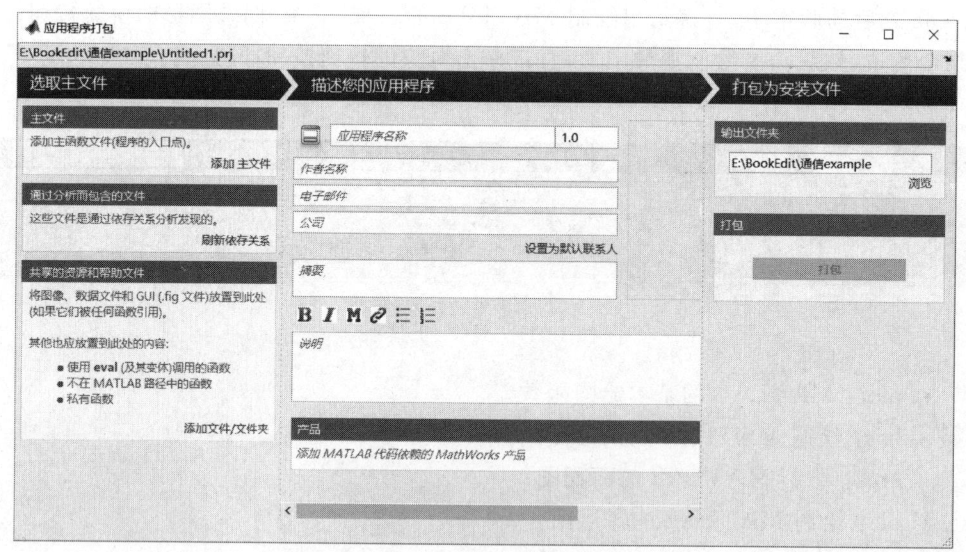

图 1-53 “应用程序打包”窗口

(4) Curve Fitting Tool：选择该快捷项可打开 MATLAB 曲线拟合工具窗口，如图 1-54 所示。

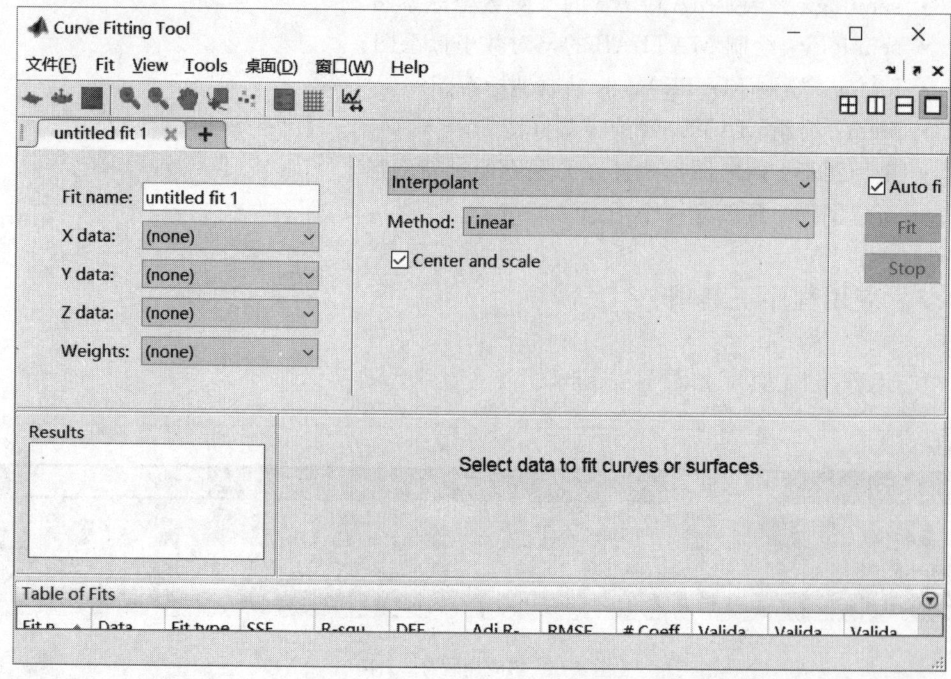

图 1-54 曲线拟合工具窗口

(5) Optimization Tool：选择该快捷项可打开 MATLAB 的优化工具窗口，效果如图 1-55 所示。

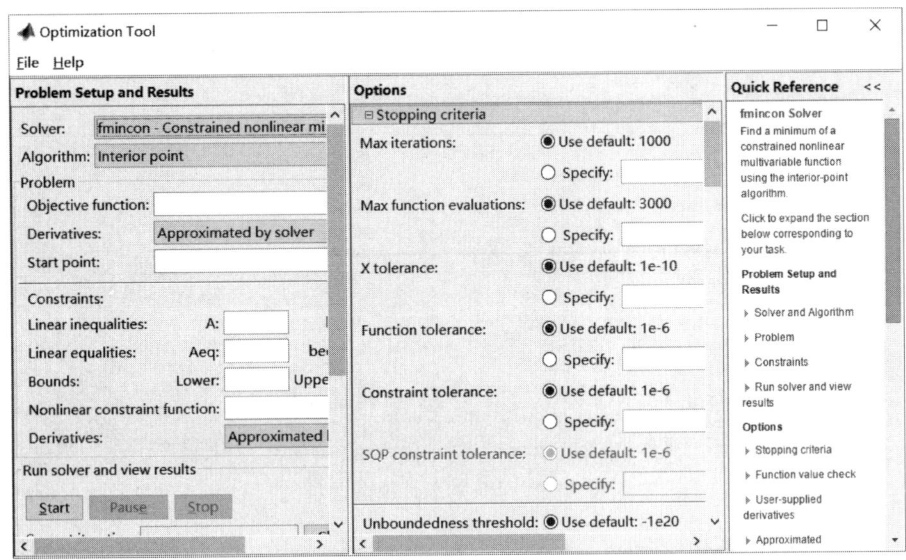

图 1-55 优化工具窗口

(6) Classification Learner：打开线性分类器窗口，效果如图 1-56 所示。该窗口用于对给定的数据分类。

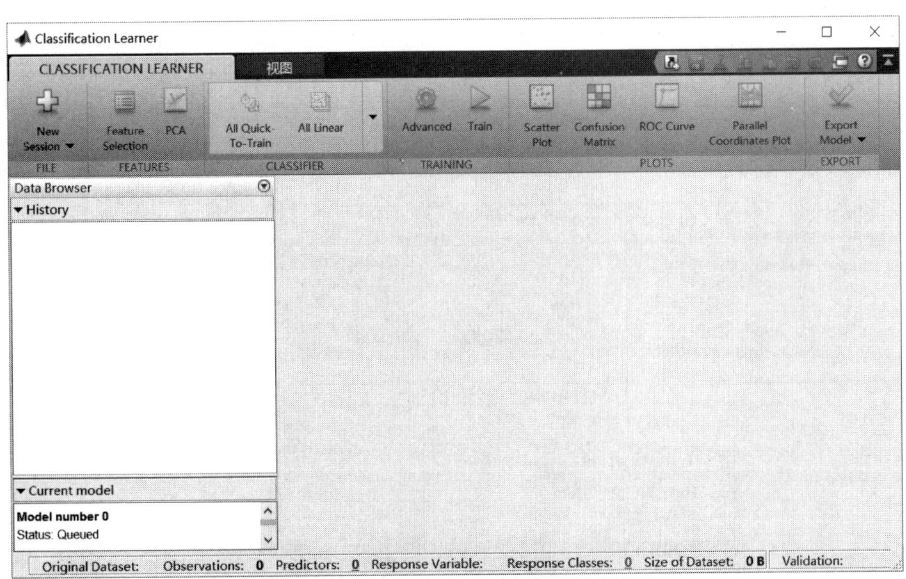

图 1-56 线性分类器窗口

(7) PID Tuner：打开 MATLAB 内置的 PID 调节器工具窗口，效果如图 1-57 所示。

(8) System Identification：打开 MATLAB 系统识别工具窗口，效果如图 1-58 所示。

(9) SPTool：打开 MATLAB 信号分析窗口，效果如图 1-59 所示。

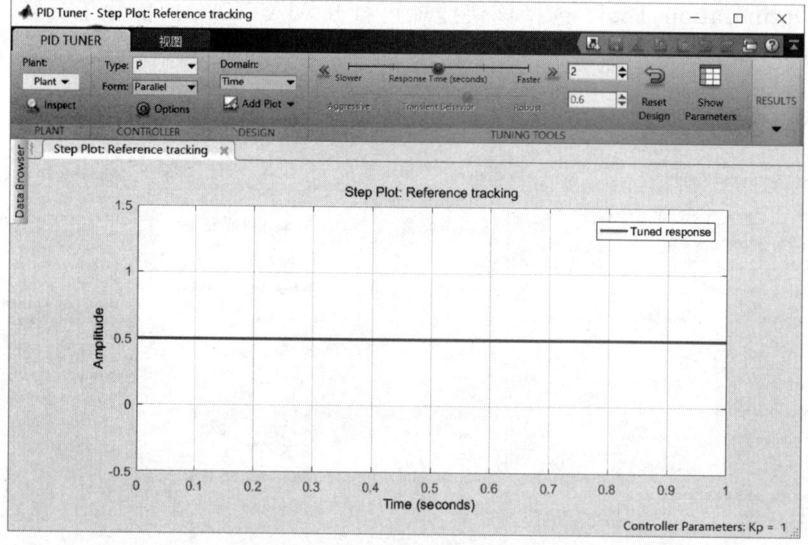

图 1-57　PID 调节器工具窗口

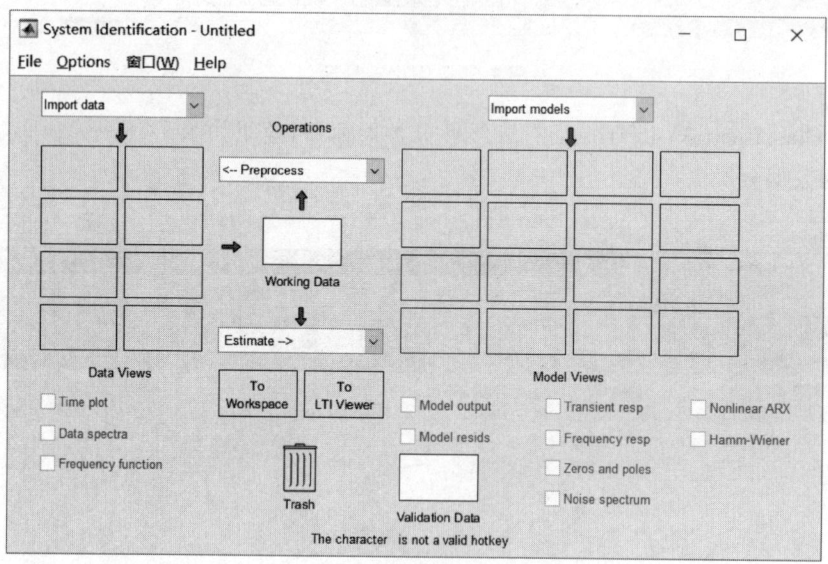

图 1-58　系统识别工具窗口

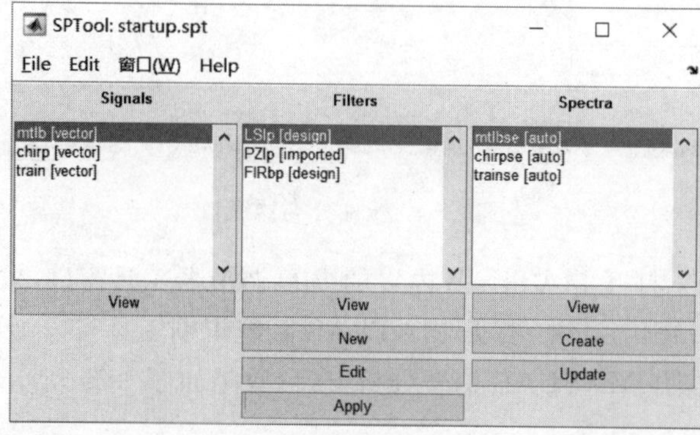

图 1-59　信号分析窗口

(10) Image Acquisition Tool：打开MATLAB内置的图像采集工具窗口，效果如图1-60所示。

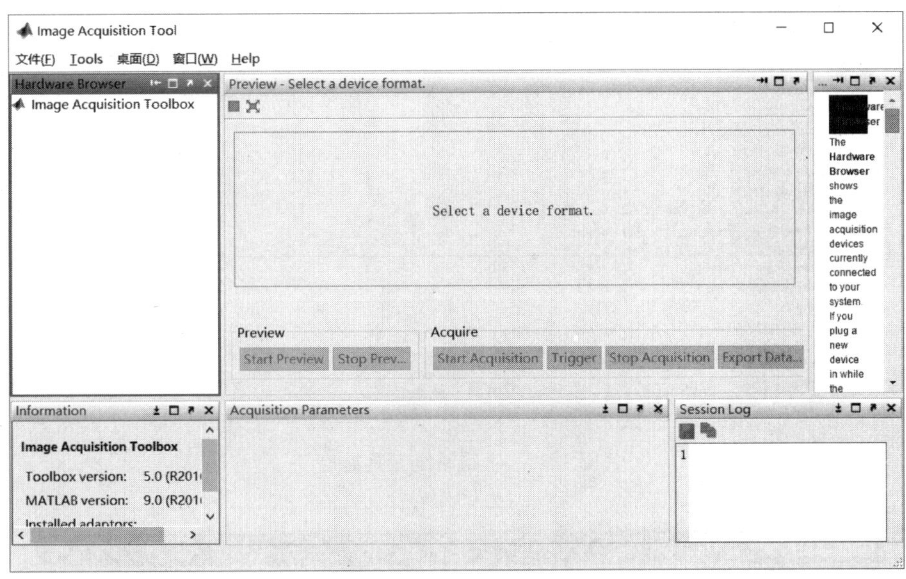

图1-60　图像采集工具

(11) Instrument Control Toolbox：打开MATLAB的测试与测量工具窗口，效果如图1-61所示。

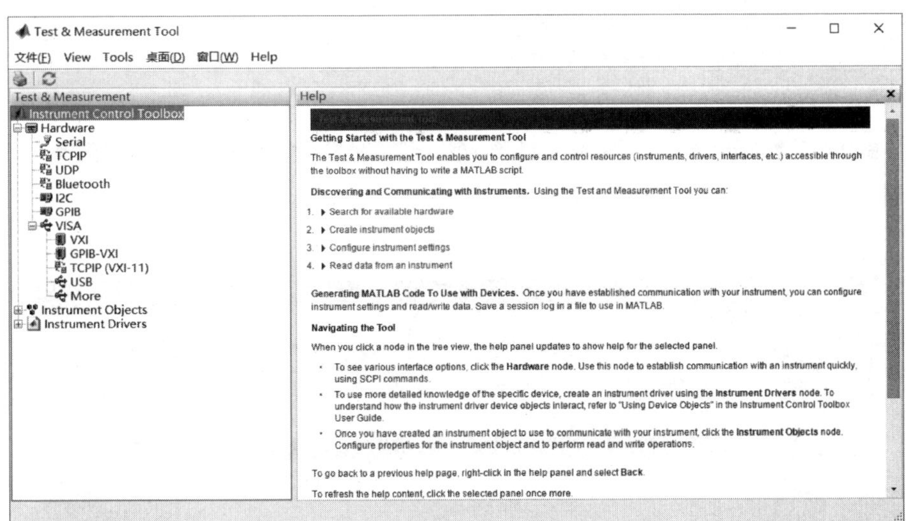

图1-61　测试与测量工具窗口

(12) SimBiology：该快捷项为一种可用于集成图形环境中建模、仿真和分析生物系统的工具，打开后的效果如图1-62所示。

(13) MATLAB Coder：打开MATLAB编码器项目窗口，效果如图1-63所示。

(14) Appication information：打开MATLAB应用程序编辑窗口，效果如图1-64所示。

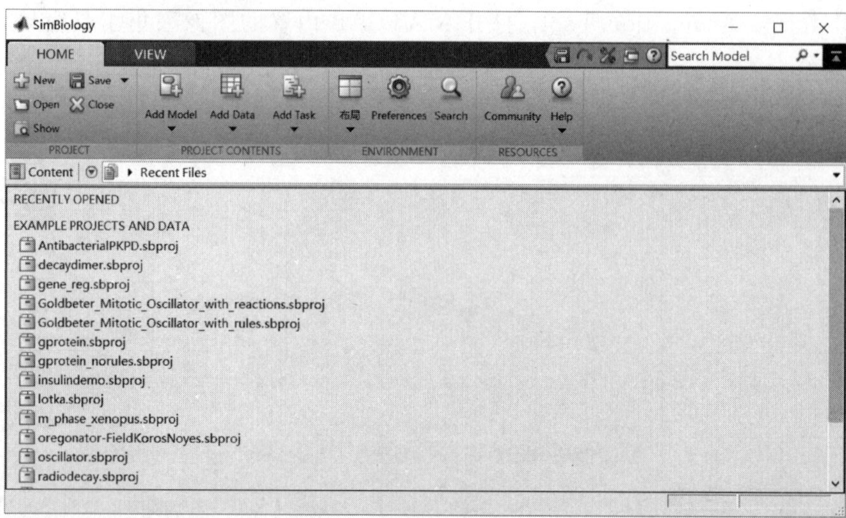

图 1-62　生物系统工具窗口

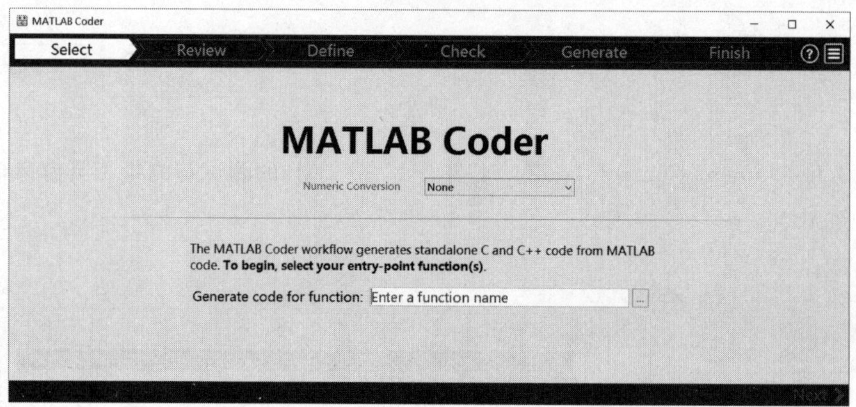

图 1-63　编码器项目窗口

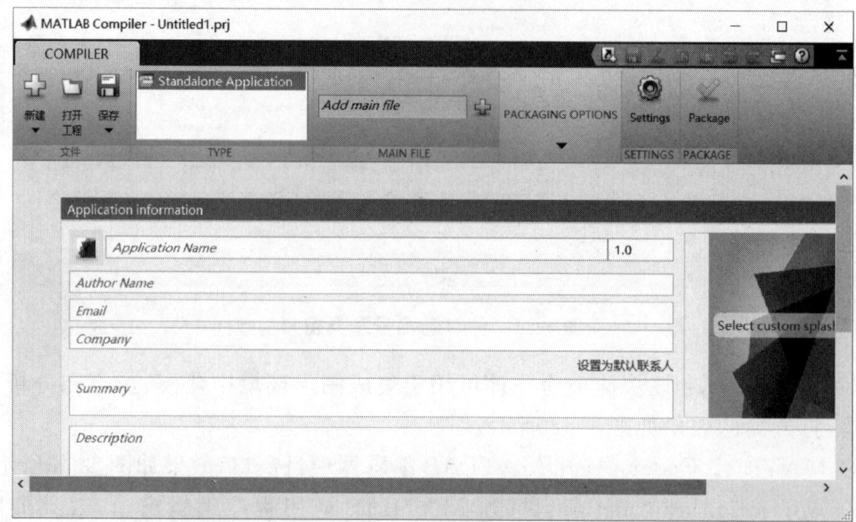

图 1-64　应用程序编辑窗口

(15) Distribution Fitting Tool：打开 MATLAB 分布拟合窗口，效果如图 1-65 所示。

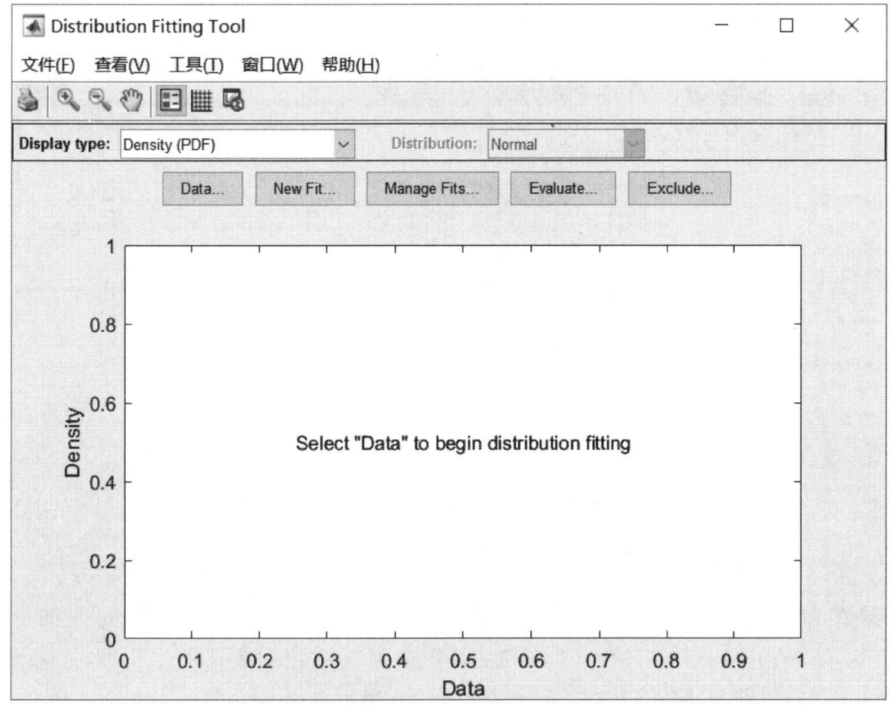

图 1-65　MATLAB 分布拟合窗口

1.5　MATLAB 帮助系统

作为一个优秀的软件，MATLAB 为广大用户提供了有效的帮助系统，其中有联机帮助系统、远程帮助系统、演示程序、命令查询系统等多种方式。这些帮助系统无论是对入门读者还是对经常使用 MATLAB 的人员都是十分有用的。经常查阅 MATLAB 帮助文档，可以帮助我们更好地掌握 MATLAB。

获得帮助的主要工具为帮助浏览器，它提供了所有已安装产品的帮助文档，以帮助使用者全面了解 MATLAB 功能。如果 Internet 连接可用，还可观看在线帮助和功能演示的视频。

1.5.1　帮助浏览器

帮助浏览器整合 html 形式的帮助文档于 MATLAB 桌面环境中，安装 MATLAB 软件时会自动安装所安装产品的帮助文件和演示程序。

用户可以在主界面的“主页”工具项下单击 快捷按钮，或在命令行窗口输入 doc 命令后，在浏览器中打开 MATLAB 的帮助系统，如图 1-47 所示。

MATLAB R2016a 的帮助系统和以前版本的帮助系统有很大的差别。在 MATLAB 命令行窗口中输入 doc ver，或在图 1-47 中的“搜索文档”文本框中输入 ver，可以查询函数 ver 的帮助信息,如图 1-66 所示。

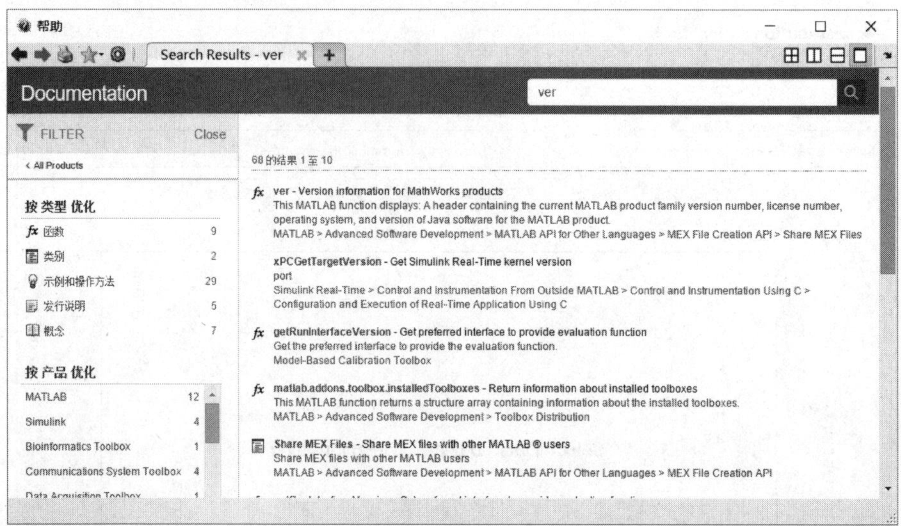

图 1-66　利用帮助系统进行函数查询

如果在命令行窗口中输入 helpwin 命令,可得 MATLAB R2016a 的查询界面,如图 1-67 所示。在图 1-67 中,MATLAB 的命令或函数按照列表进行了分类。例如,单击 matlab\demos,将获得 MATLAB 系统的实例,效果如图 1-68 所示。如果在命令行窗口中输入 help demos,将会在命令行窗口中显示 MATLAB 系统的通用命令。

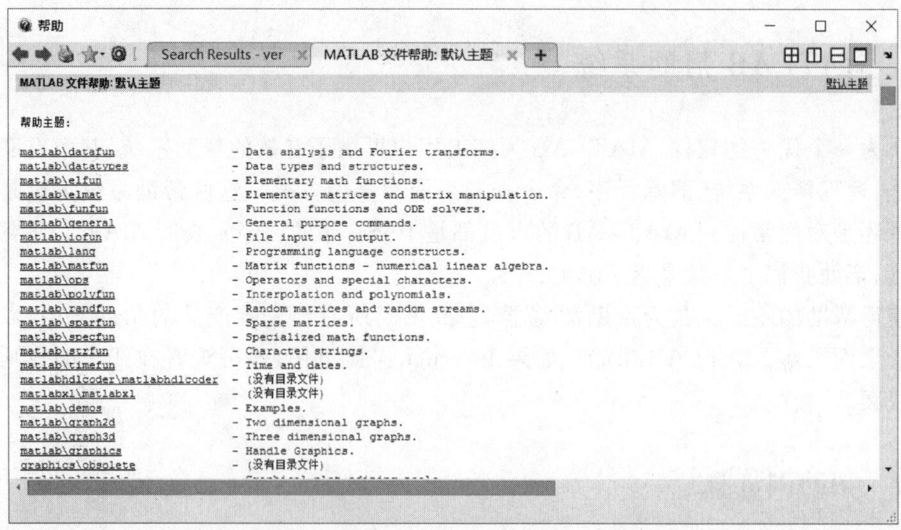

图 1-67　输入 helpwin 命令后的查询界面

在图 1-68 中单击"查看 demo 的代码"链接项,打开一个脚本编辑窗口,在该窗口中 MATLAB 自定义了 demo 函数的代码,如图 1-69 所示;如果选择"转至 demo 的在线文档",即可打开 demo 的在线帮助页面,如图 1-70 所示,在该页面中可查询该函数的用法,调用格式、类似的函数以及相对应的实例。

帮助

MATLAB 文件帮助: demo

MATLAB 文件帮助: demo　　查看 demo 的代码　　转至 demo 的在线文档　　默认主题

demo

```
demo Access examples via Help browser.

  demo opens the Help browser to MATLAB Examples.

  demo TYPE NAME opens the examples for the product matching NAME of
  and TYPE, as defined in that product's info.xml or demos.xml
  file.

  Examples:
      demo 'matlab'
      demo 'toolbox' 'signal'
```

See also
doc.

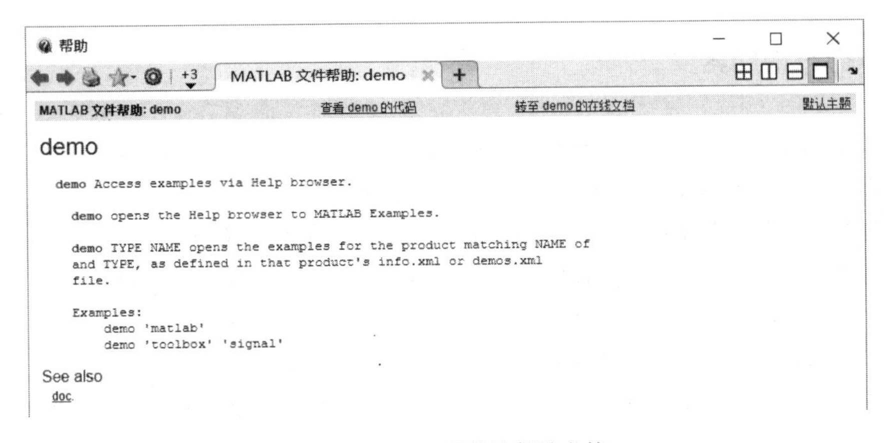

图 1-68　demo 函数的帮助文档

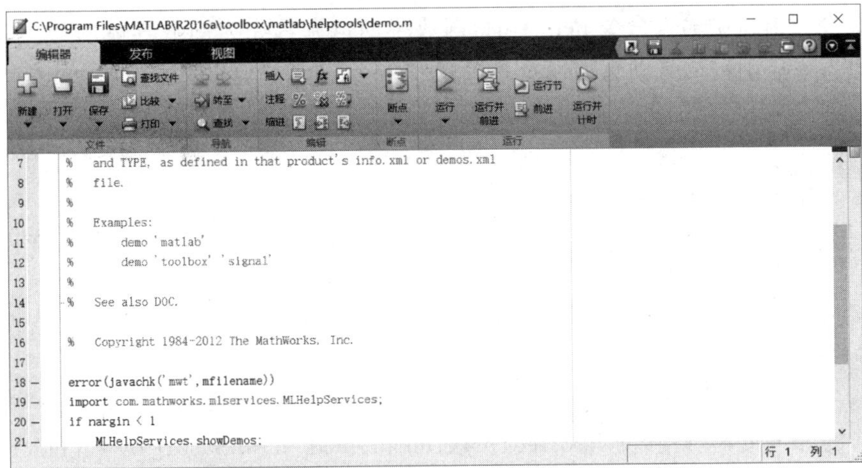

图 1-69　demo 函数的 M 代码

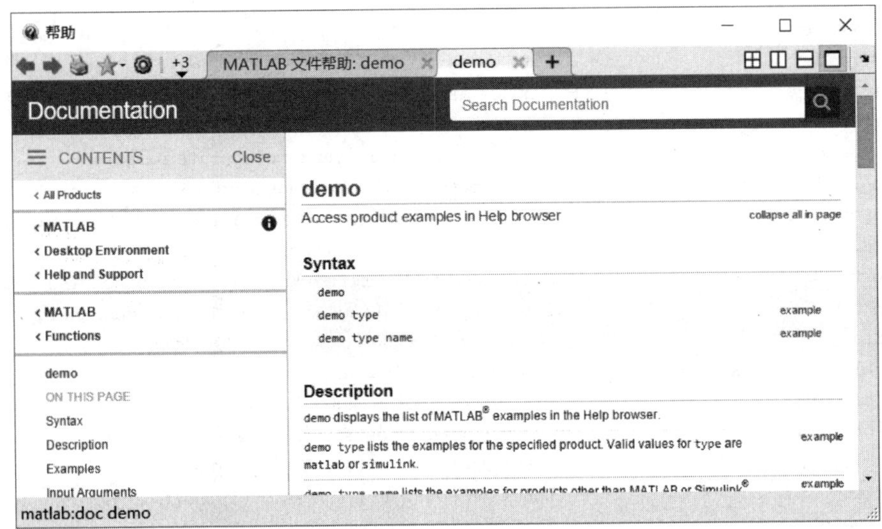

图 1-70　demo 的在线帮助文档

1.5.2 命令帮助系统

命令帮助系统提供在命令行窗口中输入帮助命令来获取相关函数或软件的帮助信息。命令帮助系统是获取指定函数帮助信息的最为便捷的途径，提供的帮助信息主要为相应程序.m文件中的帮助信息，同时在命令行窗口中获取的帮助信息包含帮助浏览器相应内容的链接，可以进一步查看更为完整的帮助信息。经常在命令行窗口中查阅函数的帮助文档，对于MATLAB使用是极为有益的。

MATLAB帮助系统主要使用的函数命令有help和lookfor。help funname显示相关函数帮助注释区内容，lookfor funname显示包含函数名的相关内容，查询条件比较宽松，只要包含funname即可。

【例1-1】 用help命令查看sort函数的帮助信息。

在命令行窗口中输入命令help sort，函数帮助信息首先为函数具体用法，之后以一个链接进入sort函数的帮助页面以及相关函数issorted、max、mean、median、min、sortrows、unique的帮助链接，最后进入名为sort的其他函数链接页面，如下所示：

```
>> help sort
sort - Sort array elements
    This MATLAB function sorts the elements of A in ascending order along the first
    array dimension whose size does not equal 1.
    B = sort(A)
    B = sort(A,dim)
    B = sort(____,mode)
    [B,I] = sort(____)
```

sort的参考页，另请参阅issorted、max、mean、median、min、sortrows、unique。名为sort的其他函数为fixedpoint/sort，symbolic/sort。

【例1-2】 在命令行窗口中利用lookfor显示sort帮助信息。

```
>> lookfor sort
issorted                    - TRUE for sorted vector and matrices.
sort                        - Sort in ascending or descending order.
sortrows                    - Sort rows in ascending order.
cplxpair                    - Sort numbers into complex conjugate pairs.
dee_find_system             - Get a sorted list of DEE related systems.
graphtopoorder              - performs topological sort of a directed acyclic graph.
rtmdlsortflds               - is a RTW support function.
dsort                       - Sort complex discrete eigenvalues in descending order.
esort                       - Sort complex continuous eigenvalues in descending order.
sorted                      - Locate sites with respect to meshsites.
dspblkGetSortDTRowInfo      - dspblkGetSortTRowInfo
dspblksort                  - DSP System Toolbox sort block helper function.
uisortdata                  - GUI for sorting matrices by row.
xreglvsorter                - Function to sort items in listview
sortiv                      - function [out,err] = sortiv(in,sortflg,nored,epp)
pdemgeom                    - Sort out geometry.
isorthw                     - True for an orthogonal wavelet.
```

1.6 MATLAB 的应用

MATLAB 的应用范围非常广，包括信号和图像处理、通信、控制系统设计、测试和测量、财务建模和分析，以及计算生物学等众多应用领域。附加的工具箱(单独提供的专用 MATLAB 函数集)扩展了 MATLAB 环境，以解决这些应用领域内特定类型的问题。

MATLAB 包括拥有数百个内部函数的主包和三十几种工具包。工具包又可以分为功能性工具包和学科工具包。功能工具包用来扩充 MATLAB 的符号计算、可视化建模仿真、文字处理及实时控制等功能。学科工具包是专业性比较强的工具包，控制工具包、信号处理工具包、通信工具包等都属于此类。

开放性使 MATLAB 广受用户欢迎。除内部函数外，所有 MATLAB 主包文件和各种工具包都是可读、可修改的文件，用户可以通过对源程序的修改或加入自己编写的程序构造新的专用工具包。

下面通过几个实例来演示 MATLAB 在各领域中的应用。

【例 1-3】 利用 MATLAB 实例动画效果。

在 MATLAB 命令行窗口中输入：

```
>> lorenz
```

效果如图 1-71 所示，当单击界面中的“开始”按钮时，即实现动画效果，如图 1-72 所示。

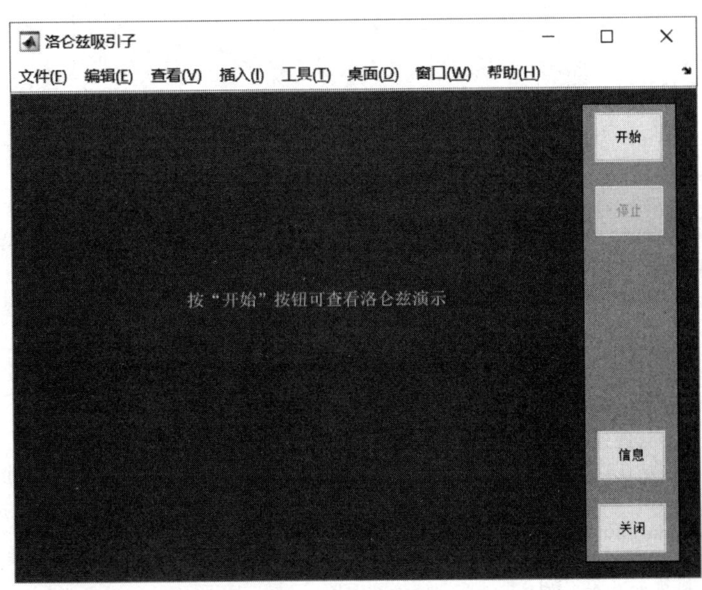

图 1-71 默认初始界面

在命令行窗口中输入：

```
>> Type lorenz
```

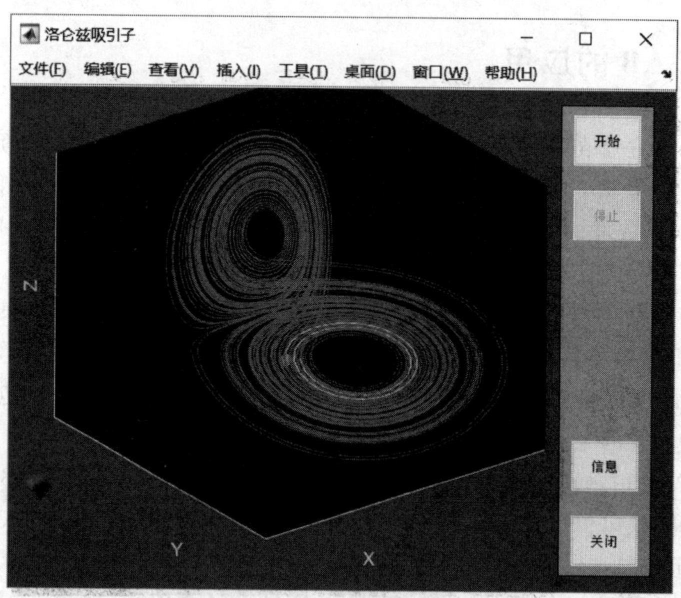

图 1-72 动画效果

即可显示 lorenz 函数的代码,该代码用于实现动画效果,如下所示:

```
function lorenz(action)
global SIGMA RHO BETA
SIGMA = 10.;
RHO = 28.;
BETA = 8./3.;
play = 1;
if nargin<1,
    action = 'initialize';
end
switch action
    case 'initialize'
        oldFigNumber = watchon;
        figNumber = figure( ...                'Name',getString(message('MATLAB:demos:lorenz:
TitleLorenzAttractor')),...
            'NumberTitle','off',...
            'Visible','off');
        colordef(figNumber,'black')
        axes( ...
            'Units','normalized',...
            'Position',[0.05 0.10 0.75 0.95],...
            'Visible','off');            text(0,0,getString(message('MATLAB:demos:lorenz:
LabelPressTheStartButton')),...
            'HorizontalAlignment','center');
        axis([-1 1 -1 1]);
        % 所有按钮的信息

    ...

            if ~ishandle(axHndl)
                return
            end
```

```
        end                     % 主循环
         % 演示结束
        set([startHndl closeHndl infoHndl],'Enable','on');
        set(stopHndl,'Enable','off');
    case 'info'
        helpwin(mfilename);
end
% lorenzeq 函数的代码
function ydot = lorenzeq(t,y)
% LORENZEQ Equation of the Lorenz chaotic attractor.
global SIGMA RHO BETA
A = [ - BETA     0      y(2)
    0   - SIGMA   SIGMA
    - y(2)    RHO      - 1   ];
ydot = A * y;
```

【例 1-4】 利用 MATLAB 说明如何分析和可视化现实世界的地震数据。

```
% 这些数据是乔尔耶林在查尔斯 F. 里氏地震实验室查证的
% 首先加载数据
>> load quake e n v
  whos e n v              % 查询变量的详细信息
  Name      Size            Bytes   Class     Attributes
  e         10001x1         80008   double
  n         10001x1         80008   double
  v         10001x1         80008   double
% 通过重力加速度缩放数据,创建第四个变量
>> g = 0.0980;
e = g * e;
n = g * n;
v = g * v;
delt = 1/200;
t = delt * (1:length(e))';
% 绘制重力加速度缩放数据
>> yrange = [ - 250 250];
limits = [0 50 yrange];
subplot(3,1,1),plot(t,e,'b'),axis(limits),title('东西方向加速')
subplot(3,1,2),plot(t,n,'g'),axis(limits),title('南北方向加速')
subplot(3,1,3),plot(t,v,'r'),axis(limits),title('垂直加速度')
```

得到数据效果,在图形窗口中选择“编辑”|“复制图形”选项,即可复制图像,效果如图 1-73 所示。

```
% 画黑线在选定的时间 8~15s,所有后续的计算将涉及此区间
>> t1 = 8 * [1;1];
t2 = 15 * [1;1];
subplot(3,1,1),hold on,plot([t1 t2],yrange,'k','LineWidth',2);
hold off     % 关闭重绘制图像
subplot(3,1,2),hold on,plot([t1 t2],yrange,'k','LineWidth',2);
hold off
subplot(3,1,3),hold on,plot([t1 t2],yrange,'k','LineWidth',2);
hold off
```

运行程序,效果如图 1-74 所示。

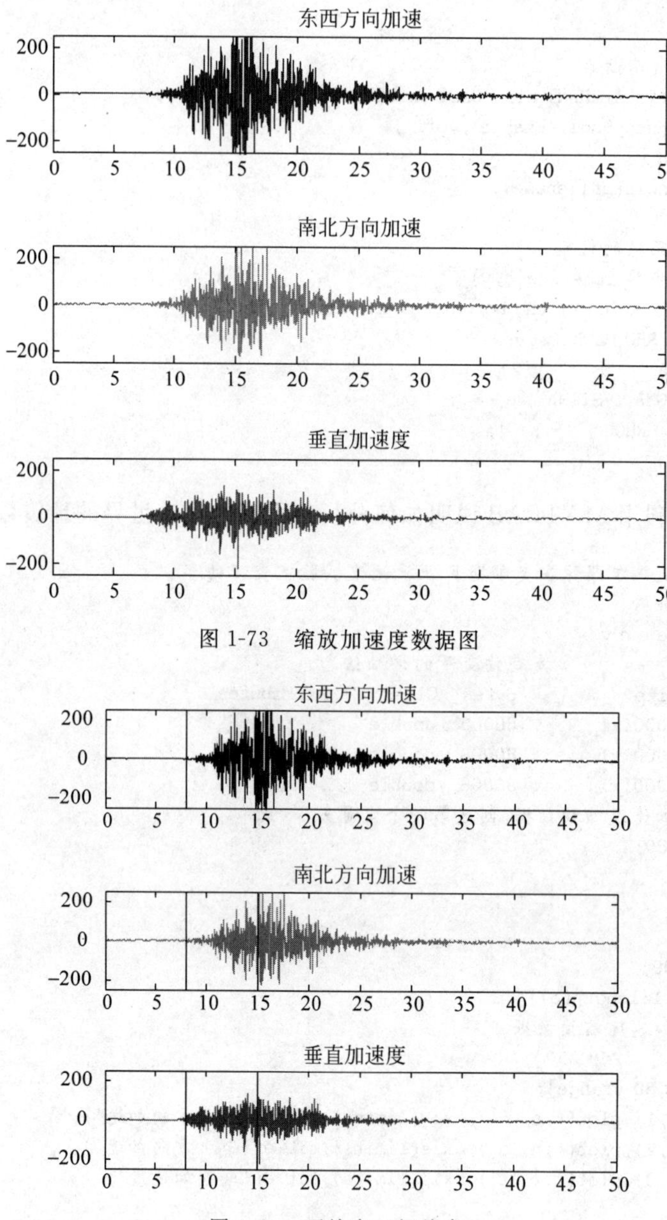

图 1-73　缩放加速度数据图

图 1-74　画给定区间线条

```
%放大所选择的时间间隔
>> trange = sort([t1(1) t2(1)]);
k = find((trange(1) == t) & (t == trange(2)));
e = e(k);
n = n(k);
v = v(k);
t = t(k);
ax = [trange yrange];
subplot(3,1,1),plot(t,e,'b'),axis(ax),title('东西方向加速')
subplot(3,1,2),plot(t,n,'g'),axis(ax),title('南北方向加速')
subplot(3,1,3),plot(t,v,'r'),axis(ax),title('垂直加速度')
```

运行程序,效果如图 1-75 所示。

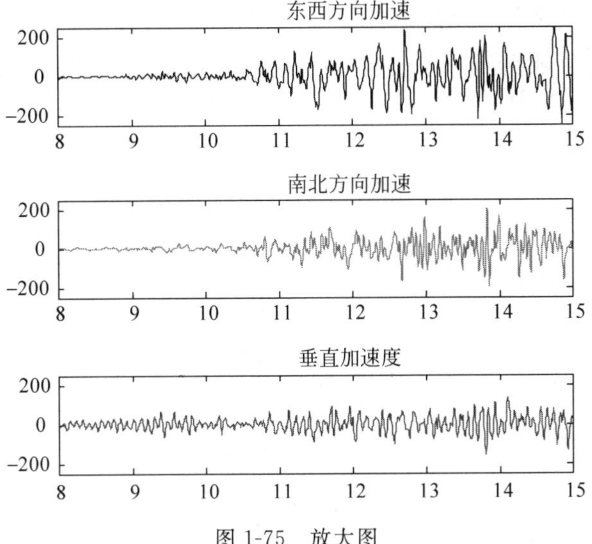

图 1-75 放大图

```
%展示1s内,各方向的数据分布情况
>> subplot(1,1,1)
k = length(t);
k = round(max(1,k/2 - 100):min(k,k/2 + 100));
plot(e(k),n(k),'. - ')
xlabel('东'),ylabel('北');
title('周期为一秒钟数据的分布情况');
```

运行程序,效果如图 1-76 所示。

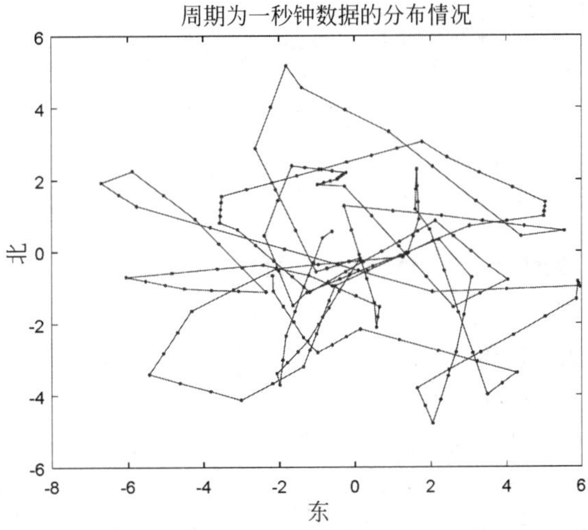

图 1-76 1s内数据的分布情况图

```
%集成加速度两次来计算点的3-D空间的速度和位置图
>> edot = cumsum(e) * delt; edot = edot - mean(edot);
ndot = cumsum(n) * delt; ndot = ndot - mean(ndot);
vdot = cumsum(v) * delt; vdot = vdot - mean(vdot);
epos = cumsum(edot) * delt; epos = epos - mean(epos);
npos = cumsum(ndot) * delt; npos = npos - mean(npos);
```

```
vpos = cumsum(vdot) * delt; vpos = vpos - mean(vpos);
subplot(2,1,1);
plot(t,[edot + 25 ndot vdot - 25]); axis([trange min(vdot - 30) max(edot + 30)])
xlabel('时间'),ylabel('水平 - 北 - 东'),title('速度')
subplot(2,1,2);
plot(t,[epos + 50 npos vpos - 50]);
axis([trange min(vpos - 55) max(epos + 55)])
xlabel('时间'),ylabel('水平 - 北 - 东'),title('位置')
```

运行程序,效果如图 1-77 所示。

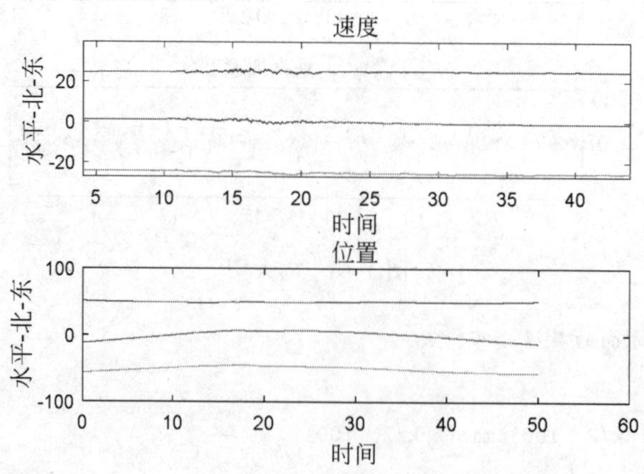

图 1-77　速度与位置图

```
%由该位置数据所限定的轨迹可以显示三种不同的二维投影
>> cla;     %擦除图形
plot(npos,vpos,'b');
na = max(abs(npos)); na = 1.05 * [ - na na];
ea = max(abs(epos)); ea = 1.05 * [ - ea ea];
va = max(abs(vpos)); va = 1.05 * [ - va va];
axis([na va]); xlabel('北'); ylabel('水平');
nt = ceil((max(t) - min(t))/6);
k = find(fix(t/nt) == (t/nt))';
for j = k,
    text(npos(j),vpos(j),['o ' int2str(t(j))]);
end
```

运行程序,效果如图 1-78 所示。

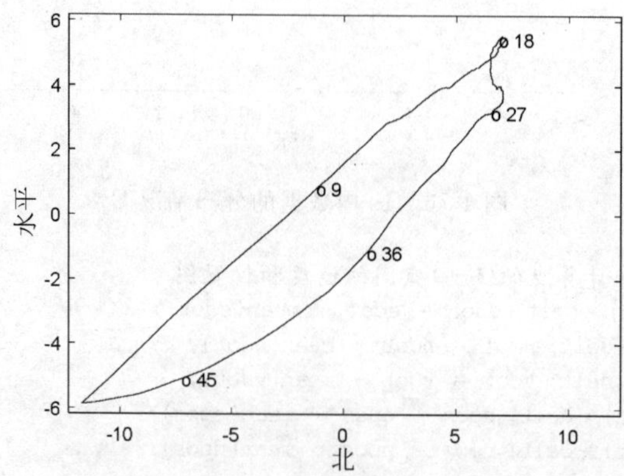

图 1-78　三种不同的二维投影图

```
%从不同视角观察分布图
>> subplot(2,2,2)
plot(epos,vpos,'g');
for j = k;
    text(epos(j),vpos(j),['o ' int2str(t(j))]);
end
axis([ea va]); xlabel('东'); ylabel('水平');
subplot(2,2,3)
plot(npos,epos,'r');
for j = k; text(npos(j),epos(j),['o ' int2str(t(j))]); end
axis([na ea]); xlabel('北'); ylabel('东');
```

运行程序,效果如图 1-79 所示。

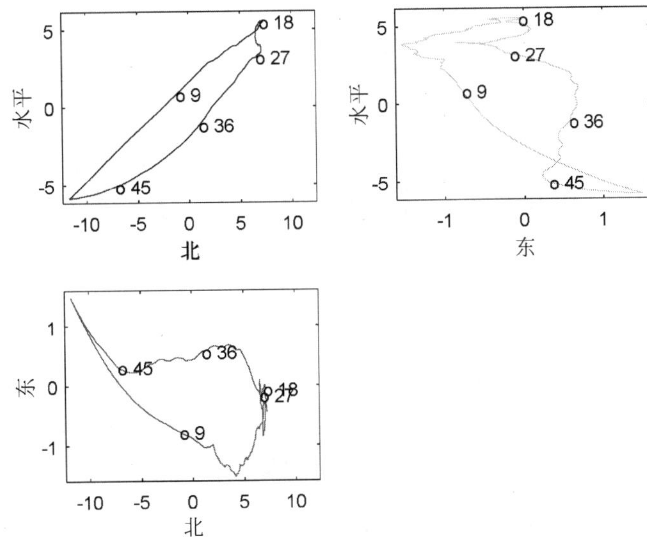

图 1-79　不同视觉观察分布图

```
%第四副区是轨迹的 3-D 视图
>> subplot(2,2,4)
plot3(npos,epos,vpos,'k')
for j = k;
    text(npos(j),epos(j),vpos(j),['o ' int2str(t(j))]);
end
axis([na ea va]); xlabel('北'); ylabel('东'),zlabel('水平');
box on
```

运行程序,效果如图 1-80 所示。

```
%绘制积点,在每个第十名的位置图与点之间的间距表示速度
>> subplot(1,1,1)
plot3(npos,epos,vpos,'r')
hold on
step = 10;
plot3(npos(1:step:end),epos(1:step:end),vpos(1:step:end),'.')
hold off
```

```
box on
axis tight
xlabel('南 - 北')
ylabel('东 - 西')
zlabel('水平')
title('位置 (cms)')
```

运行程序,效果如图 1-81 所示。

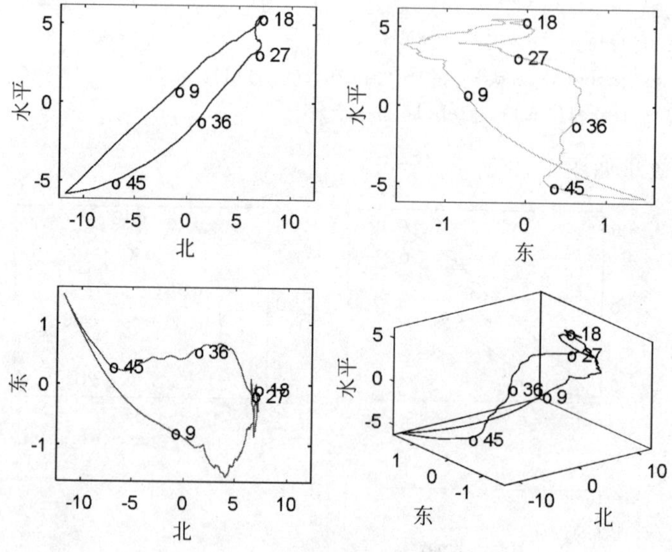

图 1-80　第四副区的三维视图

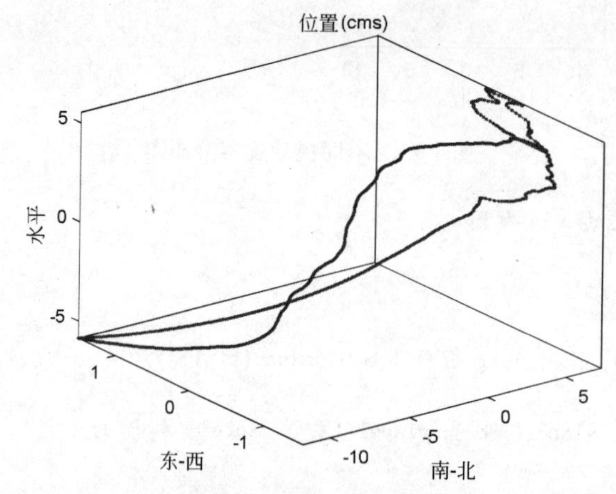

图 1-81　积点的第十点位置图

【例 1-5】 利用 MATLAB 实现跳球戏法。

在 MATLAB 命令行窗口中输入:

```
>> juggler
```

即可弹出 GUI 图,如图 1-82 和图 1-83 所示。

图 1-82　Scope 仿真图

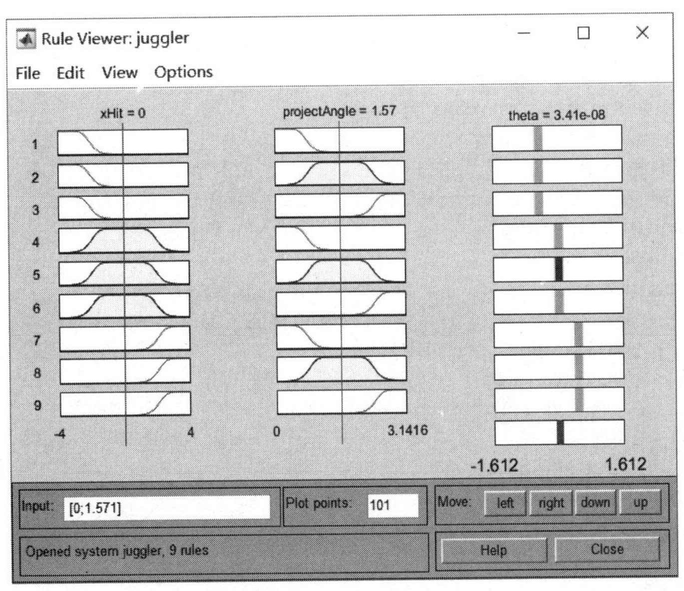

图 1-83　模糊结果图

单击图 1-82 中的 Start Animation 按钮，即可实现跳球戏法，而且随着小球的跳动，在图 1-83 的模糊结果图中出现相应的变量。

在 MATLAB 命令行窗口中输入：

```
>> type juggler
```

即可弹出 juggler 函数的代码如下：

```
function [o1,o2,o3] = juggler(x_prev,y_prev,v_prev,delta_t,action)
if nargin == 0,
    action = 'initialize';
end
global JugFigH figNum JugFigTitle JugAxisH
global JugAnimRunning JugAnimStepping JugAnimPause JugAnimClose
global JugUpdateBoard JugCount
global JugBallRadius xMin xMax ProjAngle theta
global DesiredPos SamplingTime xNextHit g
global JugFisMat
if strcmp(action,'next_pos'), % Returns [x,y,v] at the next point
    o1 = x_prev + real(v_prev) * delta_t;
    o2 = y_prev + imag(v_prev) * delta_t - 0.5 * g * delta_t ^2;
    o3 = real(v_prev) + j * (imag(v_prev) - g * delta_t);
elseif strcmp(action,'single_loop'),
    % 获得动画对象
   if ~ishghandle(JugFigH)
      return;
   end
    ud = get(JugFigH,'userdata');
    ballH = ud(3,1);
    plateH = ud(3,2);
    refH = ud(3,3);
    countH = ud(1,6);
    ball = get(ballH,'userdata');
    controllerH = ud(2,1);
    which_controller = get(controllerH,'value');
    plate = get(plateH,'userdata');
    ref = get(refH,'userdata');
    % 得到状态变量
    …
elseif strcmp(action,'close'),
    if JugAnimRunning == 1,
        JugAnimClose = 1;          % close via main_loop
    else                           % 当动画已停止或暂停关闭
        ud = get(JugFigH,'userdata');
        if ishghandle(JugFigH)
            delete(JugFigH);
        end
        if ishghandle(figNum)
            delete(figNum);
        end
    end
% 扩展 UI 控件
else
    fprintf('Action string = %s\n',action);
    error('Unknown action string!');
end
```

以上只列出了几个简单的 MATLAB 应用实例，其实随着计算机技术的发展，MATLAB 在各领域中的应用越来越广泛，本书主要向读者介绍 MATLAB 在通信系统中的应用。

第2章 通信系统初识

通信系统是用来完成信息传输过程的技术系统的总称。现代通信系统主要借助电磁波在自由空间的传播或在导引媒体中的传输机理来实现，前者称为无线通信系统，后者称为有线通信系统。

2.1 通信方式

来自信源的消息（语言、文字、图像或数据）在发信端先由末端设备（如电话机、电传打字机、传真机或数据末端设备等）变换成电信号，然后经发端设备编码、调制、放大并发射后，把基带信号变换成适合在传输媒介中传输的形式；经传输媒介传输，在收信端经收端设备进行反变换恢复成消息提供给收信者。这种点对点的通信大都是双向传输的。因此，在通信对象所在的两端均备有发端和收端设备。

2.2 通信系统组成

通信是将信息从发信者传递给在另一个时空点的收信者。由于完成这一信息传递的通信系统的种类繁多，因此它们的具体设备和业务功能可能各不相同，经过抽象概括，通信流程可用如图2-1所示的基本模型图来表示。整个流程是由信源、发送设备、信道（或传输媒质）、接收设备和信宿（收信者）五部分组成。

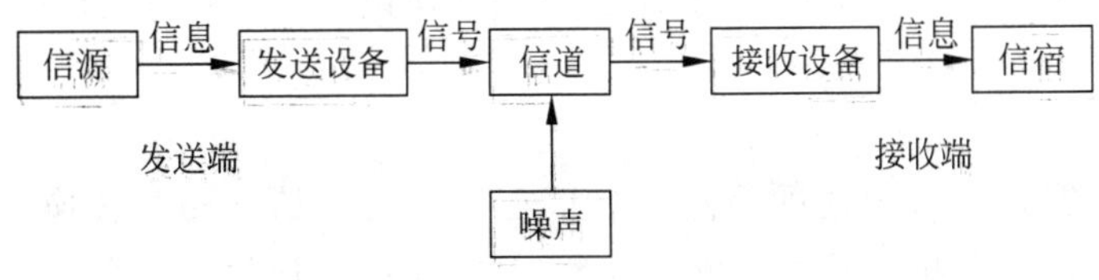

图2-1 通信系统的基本模型图

上述模型概括地反映了通信系统的共性。根据我们的研究对象及所关心的不同问题，将会使用不同形式的较具体的通信系统模型。

2.2.1 信源

信源是信息的产生者或信息的形成者。根据信源所产生信号的性质不同,可分为模拟信源和离散信源。

模拟信源(如电话机和电视摄像机等)输出幅度连续的信号;离散信源(如电传机、计算机等)输出离散的符号序列或文字。模拟信源可通过采样和量化转换为离散信源。随着信源和接收者的不同,信息的速率将在很大范围内变化。例如,一台电传打字机的速率为50bps,而彩色电视的速率为270Mbps,由于信源产生的种类和速率不同,因而对传输系统的要求也各不相同。

2.2.2 信道

信道是指信号传输的媒介,信号是经过信道传送到接收设备的。传输媒介既可以是有线的,也可以是无线的,二者都有多种物理传输媒介。

在信号传输过程中,必然会引入发送设备、接收设备和传输媒介的热噪声及各种干扰和衰减,即信号在信道中传输时,会产生信道噪声。

媒介的固有特性和干扰特性会直接影响变换方式的选取,如通过电导体传播的有线信道和通过自由空间传播的无线信道,其信号变换方式是不同的。不同频段的无线电波在空间传播的途径、性能和衰减(衰落)也是不同的。

2.2.3 信宿

信宿将复原的原始信号转换成相应的消息。

应当指出,上述模型是点对点的单向通信系统。对于双向通信,通信双方都要有发送设备和接收设备。对于多个用户之间的双向通信,为了能实现信息的有效传输,必须进行信息的交换和分发,由传输系统和交换系统组成的一个完整的通信系统或通信网络来实现。其中,交换系统完成不同地址信息的交换,交换系统中的每一台交换机组成了通信网络中的各个节点。

一个实际的通信系统往往由终端设备、传输链路和交换设备三大部分组成。

1. 终端设备

终端设备的主要功能是把待传送的信息与在信道上传送的信号相互转换。这就要求有发送传感器和接收传感器将信号恢复成能被利用的信息,还应该有处理信号的设备以便能与信道匹配。另外,还需要能产生和识别通信系统内所需的信令信号或规约。对应不同的电信业务有不同的信源和信宿,也就有着不同的变换和反变换设备,因此,对应不同的电信业务也就有不同的终端设备,如电话业务的终端设备就是电话机,传真业务的终端设备就是传真机,数据业务的终端设备就是数据终端机等。

2. 传输链路

传输链路是连接源点和终点的媒介和通路，除对应于通信系统模型中信道部分之外，还包括一部分变换和反变换设备。

传输链路的实现方式主要有以下几种：

- 物理传输媒介本身就是传输链路，如实线和电缆；
- 采用传输设备和物理传输媒介一起形成的传输链路，如载波电路和光通信链路；
- 传输设备利用大气传输链路，如微波和卫星通信链路。

3. 交换设备

交换设备是现代通信网络的核心，其基本功能是完成接入交换节点的链路的汇集、转换和分配。对不同电信业务网络的转接，交换设备的性能要求也不相同。例如，电话业务网的交换设备实时性强，因此，目前电话业务网主要采用直接接续通话电路的交换方式。

对于主要用于计算机通信的数据业务网，由于数据终端或计算机可有各种不同的速率，为了提高链路利用率，可将流入信息流进行分组、存储，然后再转发到所需链路上去，这种方式称为分组交换方式。例如，分组数据交换机就按这种方式进行交换，这种方式可以比较高效地利用传输链路。

2.2.4 发送与接收设备

1. 发送设备

发送设备的基本功能是将信源和传输媒介匹配起来，即将信源产生的消息信号变换为有利于传送的信号形式送往传输媒介。变换方式是多种多样的，在需要频率搬移时，调制是最常见的变换方式。发送设备还包括为达到某种特殊要求所进行的各种处理，如多路复用、保密处理和纠错编码处理等。

2. 接收设备

接收设备的主要作用是将来自信道的带有干扰的发送信号加以处理，并从中提取原始信息，完成发送变换过程的逆变换——解调和译码。由于接收的消息信号存在噪声和传输损伤，接收设备还可能使用趋近理想恢复的某些措施和方法。

2.3 通信分类

根据形式进行分类，通信可分为以下几大类。

2.3.1 按信源分类

通信中的信号是指携带信息的某一物理量，在数学上一般表示为时间 t 的函数

$f(t)$。根据函数类型的不同可以将信号划分为模拟信号、数字信号、时间连续信号、时间离散信号等。如果信号在定义域(时间)上是连续的,称为时间连续信号,反之称为时间离散信号。如果一个时间连续信号的值域也是连续的,则称为模拟信号。而如果一个时间离散信号在值域上也是离散的,则称为数字信号。注意,不同的信号可以用来表达相同的消息,而不同消息也可以用相同的信号来表示,消息到信号的映射关系是通信收发双方事先协调认可的。不同信号类型之间可以相互转化,例如,声音通过话筒转换为以电量表示的模拟信号,再通过时间取样转化为时间离散信号,如果再对这个时间离散信号的值域,也就是幅度进行离散化,就得到了数字信号。数字信号可以通过编码表示二进制序列,这样的二进制序列也是数字信号。而数字调制可将数字信号映射为随时间连续变化的电波形,从波形函数的角度看,调制过程又将数字信号转化成了模拟信号。

按照链路层通信系统仿真模型中流通的信号类型不同,可以将其划分为连续时间系统、离散时间系统、模拟系统、数字系统以及混合系统等。例如,把输入量和输出量都是时间 t 的连续函数的系统称为连续时间系统,而将输入量和输出量都是时间离散信号的系统称为离散时间系统。如果在系统中流通的信号类型不只一种,则该系统称为混合系统。

2.3.2 按信号特征分类

在链路层通信系统模型中,人们关心的是给定输入的情况下系统的输出是什么,系统输出与输入以及系统本身的参数有什么联系等问题,而不关心系统的内部构造和具体实现。

如果描述系统的参数不随时间的变化而变化,称这类系统为恒参系统;如果系统参数是随时间而变化,则称为变参系统或时变系统。如果系统参数的变化是确知的,即系统参数是时间的确定函数,那么就称这类系统为确定系数;反之,若系统参数是服从某种随机分布的随机过程,则称为随机系统。

在数学上,系统模型一般采用系统输出(响应)、输入(激励)以及系统固有参数之间的函数关系来表达。如果系统当前时刻的输出仅仅取决于当前时刻的系统输入,而与系统以往的输入无关,则这样的系统称为无记忆系统;反之,如果系统的当前输出与输入信号的历史值有关,则称为有记忆系统或动态系统。无记忆系统的输入 $x(t)$ 与输出 $y(t)$ 之间的关系可以表示为时间 t 的代数函数,即 $y(t)=f(x(t))$。例如增益为 k 的线性放大器是无记忆系统,表示为 $y(t)=kx(t)$。而对于有记忆系统,如果输入输出信号是时间离散的,则系统输入输出关系必须用差分方程来描述,称为离散有记忆系统。如果输入输出是连续时间信号,那么就要用微分方程来描述。系统参数就是所描述的微分或差分方程的系数,如果这些系统是不随时间变化的常数,那么相应的系统就是恒参系统。

系统的输入和输出信号可以是一个,也可以是多个。按照输入输出信号的数目可以将系统划分为单输入单输出的、单输入多输出的、多输入单输出和多输入多输出的。对于一般的有记忆系统,输入输出信号中还可能既存在连续信号,又存在离散信号,这种情况下,需要联合微分方程组以及差分方程组来刻画系统行为。数学上,通过变量代换,这些刻画系统的微分或差分方程(组)可以用一组一阶微分或差分方程来表示,方程组中的未知变量称为系统的状态。相应地，将以系统状态作为变量的方程组称为系统的状态方程。如果其中微分或差分方程是线性常系统的，则称为系统的线性状态方程。

为了简化数学表达式，可以用一个向量函数来表示多个信号，也可以用矩阵来表达线性状态方程，从而建立起基于矩阵表示的一般线性系统的数学模型。对一般由记忆确定系统的仿真，实质上就是对其状态方程组的数值求解过程。

2.3.3 按传输媒介分类

广义而言，通信系统可以指一个全球通信网络，也可以指地球同步卫星系统、地面微波传输系统或安装了网卡或调制解调器的个人计算机等。为了清楚地说明通信系统，往往将系统进行分层次描述。通信系统的最高层次描述是对通信网络层次的描述，在网络层次模型上，通信系统由通信节点（信号处理点）以及链接这些节点的通信链路和传输系统组成。在网络层次模型中，信息流量控制和分配成为研究和设计的主要目标，而不关心通信信号具体的处理和传输过程。传输协议的设计、优化和验证是网络层次模型分析和仿真的主要工作。

在网络层次之下，是对通信节点和链路以及传输信号的具体化，称为链路层次模型。通信链路由调制器、编码器、滤波器、放大器、传输信道、解码器、解调器等元素构成。这些元素负责具体的信号处理和传输工作。在链路层次上，研究和考察的对象是信号的传输过程、信号处理的算法对传输质量指标的影响，而不关心算法和传输过程的具体实现方法。编解码算法、调制算法的有效性、传输可靠性、传输容量分析、传输错误率分析等是链路层次模型分析和仿真的主要任务。

现代通信系统中，通信链路中的各元素可以由硬件实现，也可以是具有相同功能的软件实体或软件硬件的混合体，而不再仅仅指传统的电路或纯硬件系统。对链路层次模型中元素的具体化就是电路实现层次的模型。例如用于处理信号的模拟电路、数字电路、植入数字信号处理芯片中的算法等。在电路实现层次的通信模型中，我们关心的是功能的具体实现问题，例如硬件电路的设计、算法的设计和程序设计等，而通信系统性能指标，如传输错误率等则不作为考察对象。

总之，对网络层次通信系统的建模和研究所要解决的是系统规划和通信网全局性能设计问题，具体就是通信协议的设计和研究、如何协调网络流量、信息负载均衡以及网络效益最大化问题，而不关心通信节点之间的具体信号传输方式。对链路层次上的通信系统建模和研究所解决的是节点传输性能问题，具体就是采用什么样的调制解调方式，什么样的编解码方案，能够达到的传输性能指标如何等诸如此类的问题，而不关心信号处理的具体实现方式，也不关心通信网整体性能问题。而在电路层次的通信模型中，研究的对象是信号处理单元的具体实现和优化问题，如采用什么硬件、什么算法，如何优化实现模块的输入输出波形和指标要求等，在电路层次的通信模型中不关心其上层的系统性能指标。

针对不同层次的模型，建模和仿真技术也有所不同。

在网络层次上，一般通过一个事件驱动的仿真器（软件）来仿真消息流或数据包流在网络中的流动过程，并通过仿真来估计诸如网络吞吐量、响应时间、资源利用率等指标，以作为设计节点处理器速度、节点缓冲区大小、链路容量等网络参数的设计依据。通过网络层次的仿真可以对节点信息处理标准、通信协议以及通信链路拓扑结构进行设计和验证工作。

链路层次上研究的是针对不同物理信道中的信息承载波形的传输问题。物理信道包含自由空间、有线信道、光纤信道、无线衰落信道等。对于数字通信系统,仿真评估的系统指标通常是比特错误率、传输速率等。在仿真模型中的模块,如调制器、编码器、滤波器、放大器、信道等仅仅是功能性描述,通过对输入输出波形或符号的仿真,来验证链路设计是否满足由网络层次仿真所要求的链路质量指标。

电路实现层次的仿真器,如模拟电路仿真语言 Spice 和数字系统仿真语言 HDL 等,用来设计和验证电路系统是否达到了链路层次系统所要求的功能指标。在实现层的仿真用于提供支持链路层系统的行为模型。例如,链路层给出了滤波器的带宽、衰减等指标,电路实现层就研究如何实现满足要求的滤波器并通过仿真来验证是否达到设计目标。

2.4 模拟/数字通信

通信可分为模拟通信和数字通信。

2.4.1 模拟通信

模拟通信是利用正弦波的幅度、频率或相位的变化,或者利用脉冲的幅度、宽度或位置变化来模拟原始信号,以达到通信的目的,故称为模拟通信。

1. 模拟通信定义

模拟信号指幅度的取值是连续的(幅值可由无限个数值表示),例如,时间上连续的模拟信号、连续变化的图像(电视、传真)信号等。时间上离散的模拟信号是一种采样信号。

模拟通信是一种以模拟信号传输信息的通信方式。非电的信号(如声、光等)输入到变换器(如送话器、光电管),使其输出连续的电信号,使电信号的频率或振幅等随输入的非电信号而变化。普通电话所传输的信号为模拟信号,电话通信是最常用的一种模拟通信。模拟通信系统主要由用户设备、终端设备和传输设备等部分组成。其工作过程是:在发送端,先由用户设备将用户送出的非电信号转换成模拟电信号,再经终端设备将它调制成适合信道传输的模拟电信号,然后送往信道传输。到了接收端,经终端设备解调,然后由用户设备将模拟电信号还原成非电信号,送至用户。

2. 模拟通信特点

模拟通信与数字通信相比,模拟通信系统设备简单,占用频带窄,但通信质量、抗干扰能力和保密性能等不及数字通信。从长远观点看,模拟通信将逐步被数字通信所替代。

模拟通信的优点是直观且容易实现，但存在以下几个缺点：

(1) 保密性差。模拟通信，尤其是微波通信和有线明线通信，很容易被窃听。只要收到模拟信号，就容易得到通信内容。

(2) 抗干扰能力弱。电信号在沿线路的传输过程中会受到外界的和通信系统内部的各种噪声干扰，噪声和信号混合后难以分开，从而使得通信质量下降。线路越长，噪声的积累也就越多。

(3) 设备不易大规模集成化。

(4) 不适于飞速发展的计算机通信要求。

2.4.2 数字通信

数字信号指幅度的取值是离散的，幅值表示被限制在有限个数值之内。二进制码就是一种数字信号，其受噪声的影响小，易于由数字电路进行处理，所以得到了广泛的应用。

数字通信是指在信道上把数字信号从信源传送到信宿的一种通信方式。与模拟通信相比，其优点为：抗干扰能力强，没有噪声积累；可以进行远距离传输并能保证质量；能适应各种通信业务要求，便于实现综合处理；传输的二进制数字信号能直接被计算机接收和处理；便于采用大规模集成电路实现，通信设备利于集成化；容易进行加密处理，安全性更容易得到保证。

2.5 系统类型

系统主要有多路系统、有线系统、微波系统、卫星系统、电话系统、电报系统及数据系统等。

2.5.1 多路系统

为了充分利用通信信道、扩大通信容量和降低通信费用，很多通信系统采用多路复用方式，即在同一传输途径上同时传输多个信息。多路复用技术分为频率分割、时间分割和码分割多路复用等。在模拟通信系统中，将划分的可用频段分配给各个信息而共用一个共同传输媒质，称为频分多路复用；在数字通信系统中，分配给每个信息一个时隙(短暂的时间段)，各路依次轮流占用时隙，称为时分多路复用；码分多路复用则是在发信端使各路输入信号分别与正交码波形发生器产生的某个码列波形相乘，然后相加而得到多路信号。完成多路复用功能的设备称为多路复用终端设备，简称终端设备。多路通信系统由末端设备、终端设备、发送设备、接收设备和传输媒介等组成。

2.5.2 有线系统

有线系统是用于长距离电话通信的载波通信系统，是按频率分割进行多路复用的通信系统。它由载波电话终端设备、增音机、传输线路和附属设备等组成。其中,载波电话终端设备是把话频信号或其他群信号搬移到线路频谱或将对方传输来的线路频谱加以反变换,并能适应线路传输要求的设备;增音机能补偿线路传输衰耗及其变化,沿线路每隔一定距离装设一部。

2.5.3 微波系统

微波系统是长距离大容量的无线电通信系统,因传输信号占用频带宽,一般工作于微波或超短波波段。在这些波段,一般仅在视距范围内具有稳定的传输特性,因而在进行长距离通信时须采用接力(也称中继)通信方式,即在信号由一个终端站传输到另一个终端站所经的路由上,设立若干个邻接的转送信号的微波接力站(又称中继站),各站间的空间距离为20～50km。接力站又可分为中间站和分转站。微波接力通信系统的终端站所传信号在基带上可与模拟频分多路终端设备或与数字时分多路终端设备相连接。前者称为模拟接力通信系统;后者称为数字接力通信系统。由于具有便于加密和传输质量好等优点,数字微波接力通信系统日益得到人们的重视。除上述接力通信系统外,利用对流层散射传播的超视距散射通信系统,也可通过接力方式作为长距离中容量的通信系统。

2.5.4 卫星系统

在微波通信系统中,若以地球静止轨道上的通信卫星为中继转发器,转发各地球站的信号,则构成一个卫星通信系统。卫星通信系统的特点是覆盖面积很大,在卫星天线波束覆盖的大面积范围内可根据需要灵活地组织通信联络,有的还具有一定的变换功能,故已成为国际通信的主要手段,也是许多国家国内通信的重要手段。卫星通信系统主要由通信卫星、地球站、测控系统和相应的终端设备组成。卫星通信系统既可作为一种独立的通信手段(特别适用于对海上、空中的移动通信业务和专用通信网),又可与陆地的通信系统结合、相互补充,构成更完善的传输系统。

用上述载波、微波接力、卫星等通信系统作传输分系统,与交换分系统相结合,可构成传送各种通信业务的通信系统。

2.5.5 电话系统

电话通信的特点是通话双方要求实时对话,因而要在一个相对短暂的时间内在双方之间临时接通一条通路,故电话通信系统应具有传输和交换两种功能。这种系统通常由用户线路、交换中心、局间中继线和干线等组成。电话通信网的交换设备采用电路交换方式,由接续网络(又称交换网络)和控制部分组成。话路接续网络可根据需要临时向用户接通通话用的通路,控制部分是用来完成用户通话建立全过程中的信号处理并控制接续网络。在设计电话通信系统时,一方面以接收话音的响度来评定通话质量,在规定发送、接收和全程参考当量后即可进行传输衰耗的分配;另一方面根据话务量和规定的服务等级(即用户未被接通的概率——呼损率)来确定所需机、线设备的能力。

由于移动通信业务的需要日益增长,移动通信得到了迅速的发展。移动通信系统由车载无线电台、无线电中心(又称基地台)和无线交换中心等组成。车载电台通过固定配置的无线电中心进入无线电交换中心,可完成各移动用户间的通信联络;还可由无线电交换中心与固定电话通信系统中的交换中心(一般为市内电话局)连接,实现移动用户与固定用户间的通话。

2.5.6 电报系统

电报系统是为使电报用户之间互通电报而建立的通信系统。它主要利用电话通路传输电报信号。公众电报通信系统中的电报交换设备采用存储转发交换方式(又称电文交换),即将收到的报文先存入缓冲存储器中,然后转发到去向路由,这样可以提高电路和交换设备的利用率。在设计电报通信系统时,服务质量是以通过系统传输一份报文所用的平均时延来衡量的。对于用户电报通信业务则仍采用电路交换方式,即将双方间的电路接通,而后由用户双方直接通报。

2.5.7 数据系统

数据通信是伴随着信息处理技术的迅速发展而发展起来的。数据通信系统由分布在各点的数据终端和数据传输设备、数据交换设备和通信线路互相连接而成。利用通信线路把分布在不同地点的多个独立的计算机系统连接在一起的网络,称为计算机网络,这样可使广大用户共享资源。在数据通信系统中多采用分组交换(或称包交换)方式,这是一种特殊的电文交换方式,在发信端把数据分割成若干长度较短的分组(或称包)后进行传输,在收信端再加以合并。它的主要优点是可以减少时延和充分利用传输信道。

2.6 仿真技术与通信仿真

仿真是衡量系统性能的工具,通过仿真模型的结果来推断原系统的性能,从而为新系统的建立和原系统的改造提供可靠的参考。仿真是科学研究和工程建设中不可缺少的方法。

实际的通信系统是一个功能结构相当复杂的系统,对这个系统做出的任何改变都可能影响到整个系统的性能和稳定。因此,在对原有的通信系统做出改进或建立一个新系统之前,通常先对这个系统进行建模和仿真,通过仿真结果衡量方案的可行性,从中选择最合理的系统配置和参数设置,然后再应用到实际系统中。这个过程称为通信仿真。

2.6.1 仿真技术

仿真技术是以相似原理、系统技术、信息技术以及仿真应用领域的有关技术为基础,以计算机系统、与应用有关的物理效应设备及仿真器为工具,利用模型对系统(已有的或设想的)进行研究的一门多学科的综合性技术。

仿真本质上是一种知识处理的过程。典型的系统仿真过程包括系统模型建立、仿真模型建立、仿真程序设计、模型确认、仿真实验和数据分析处理等,涉及很多领域的知识和经验。系统仿真可以有很多种分类方法。按模型的类型,可以分为连续系统仿真、离散系统仿真、连续离散(时间)混合系统仿真和定性系统仿真;按仿真的实现方法和手段,可以分为物理仿真、计算机仿真、硬件在回路中仿真(半实物仿真)和人在回路中的仿真;按设备的真实程度,可以分为实况仿真、虚拟仿真和构造仿真。

2.6.2 计算机仿真步骤

仿真在实现方法上可以分为多种。而本书介绍的Simulink仿真技术则属于计算机仿真的一种。计算机仿真的主要步骤为:

(1) 描述仿真问题,明确仿真目的。

(2) 项目计划、方案设计与系统定义。根据仿真相应的结构,规定相应仿真系统的边界条件与约束条件。

(3) 数据建模。根据系统的先验知识、实验数据及其机理研究,按照物理原理或者采取系统辨识的方法,确定模型的类型、结构及参数。注意,要确保模型的有效性和经济性。

(4) 仿真建模。根据数学模型的形式、计算机类型、采用的高级语言或其他仿真工具,将数学模型转换成能在计算机上运行的程序或其他模型。

(5) 实验。设定实验环境条件和记录数据,进行实验并记录数据。

(6) 仿真结果分析。根据实验要求和仿真目的对实验结果进行分析处理,根据分析结果修正数学模型、仿真模型、仿真程序或修正改变原型系统,以进行新的实验。模型是否能够正确地表示实际系统,并不是一次完成的,而是需要比较模型和实验系统的差异,不断地修正和验证才能完成。

下面通过对自由落体的仿真实验来说明计算机仿真的过程。

【例 2-1】 试对空气中在重力作用下不同质量物体的下落过程进行建模和仿真。已知重力加速度 $g=9.8\text{m/s}^2$,在初始时刻 $t_0=0\text{s}$ 时物体由静止开始坠落。空气的影响可以忽略不计。

1) 建立数学模型

根据物理条件建立自由落体的数学模型。在空气阻力可忽略不计时,质量为 m 的物体在自由坠落过程中受到竖直向下的恒定重力作用,由牛顿第二定律可知,重力 F、加速度 a 以及物体质量 m 间的关系为:

$$F = ma \tag{2-1}$$

其中,加速度即为重力加速度,即 $a=g$。

根据题设,初始时刻 $t_0=0\text{s}$,物体的初始速度为 $v(t_0)=0$,并设物体下落的瞬时速度为 $v(t)$。设物体在 t 时刻的位移为 $s(t)$,并设初始位移为零,即 $s(t_0)=0$。根据加速度、速度、位移三者间的微积分关系,可得一组数学方程为:

$$a = \frac{\mathrm{d}v}{\mathrm{d}t} \tag{2-2}$$

$$v = \frac{\mathrm{d}s}{\mathrm{d}t} \tag{2-3}$$

以及初始条件(也称为方程的边界条件)：

$$v(t_0) = 0 \tag{2-4}$$

$$s(t_0) = 0 \tag{2-5}$$

此处需要得出不同时刻物体的运动状态，即物体的瞬时速度和瞬时位移。到此，完成了自由落体的数学描述。

2）数学模型的解析

数学模型建立后，可尝试对其进行解析求解。解析结果可以帮助读者验证仿真数值结果。对于这个数学模型，其求解十分简单，只要对加速度方程、速度方程进行积分并代入初始条件，即有：

$$v(t) = v(t_0) + \int_{t_0}^{t} a\mathrm{d}t = v(t_0) + a(t - t_0) = at \tag{2-6}$$

以及：

$$s(t) = s(t_0) + \int_{t_0}^{t} v(t)\mathrm{d}t = \int_{t_0}^{t} a\mathrm{d}t = \frac{1}{2}at^2 \tag{2-7}$$

3）根据数学模型建立计算机仿真模型

计算机仿真就是对数学模型的数值求解。下面将微分方程进行形式上的变换以便于数值求解。由式(2-2)及式(2-3)得：

$$v(t + \mathrm{d}t) = v(t) + \mathrm{d}v = v(t) + a\mathrm{d}t \tag{2-8}$$

及：

$$s(t + \mathrm{d}t) = s(t) + \mathrm{d}s = s(t) + v(t)\mathrm{d}t \tag{2-9}$$

注意，这种变形只是将方程转换为一种在自变量(时间)上的“递推”表达式，并没有进行解析求解。利用式(2-8)和式(2-9)，在已知当前时刻 t 的瞬时位移、瞬时速度和加速度的情况下，即可推知下一个无限邻近的时刻 $t+\mathrm{d}t$ 上物体新的瞬时位移、瞬时速度和加速度，这也就是微分方程数值求解的基本思想。在数值求解中，无穷小量 $\mathrm{d}t$ 需要用一个很小的数值 Δt 来近似，Δt 称为微分方程的数值求解步长，通常也称为仿真步进。显然，这种微分方程的递推求解总是近似的，求解精度与步长有关。下面用程序来实现这个求解过程。仿真时间范围设置为 0～2s，为了使仿真计算的误差明显点，可采用较大的仿真步长 $\Delta t=0.1$(也可自己修改仿真步长来观察计算精度的变化情况)。

4）执行仿真和结果分析

实现 MTALAB 仿真程序的代码为：

```
>> clear all;
g = 9.8;                          %重力加速度
v = 0;                            %设定初始速度条件
s = 0;                            %设定初始位移条件
t = 0;                            %设定初始时间
dt = 0.1;                         %设定计算步长
N = 21;                           %设置仿真递推次数,仿真时间等于 N 与 dt 的乘积
```

```
for k = 1:N
    v = v + g * dt;                          % 计算新时刻的速度
    s(k + 1) = s(k) + v * dt;                % 新位移
    t(k + 1) = t(k) + dt;                    % 时间更新
end
% 理论计算,以便与仿真结果对照
t_th = 0:0.1:N * dt;                         % 设置解析计算的时间点
v_th = g * t_th;                             % 解析计算的瞬时速度
s_th = 1/2 * g * t_th.^2;                    % 解析计算的瞬时位移
% 绘制仿真结果与解析结果对比
t = 0:dt:N * dt;
plot(t,s,'+',t_th,s_th,':');
xlabel('时间/s');ylabel('位移/m');
legend('仿真结果','理论结果');
```

运行程序,效果如图 2-2 所示。从图中可知,仿真得出的位移与理论结果间存在差别,这种差别是由于微分方程数值求解的算法和采用步长较大而引起的。事实上,此处采用的数值求解算法是最简单的矩形积分法,精度不高,只是为了说明仿真过程。现代仿真技术和数值计算方法中已经开发出许多更好的微分方程求解算法,可供直接使用。

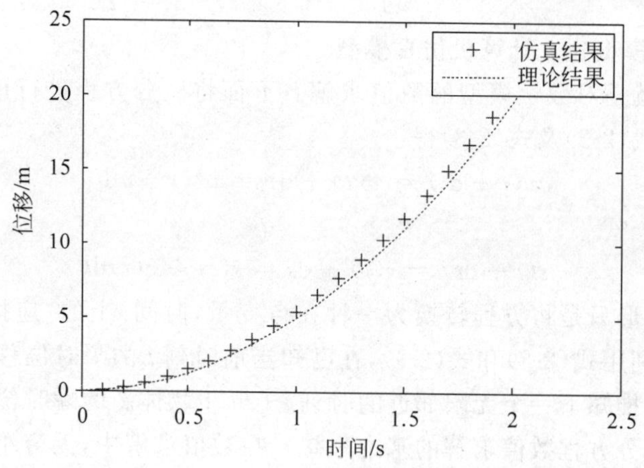

图 2-2　自由落体位移理论曲线与仿真结果对比

以上代码中采用了循环语句来实现对微分方程的递推求解,每次循环就将计算时刻向前推进一个步长。全部循环执行完后,得到了一系列时刻上物体的瞬时速度和瞬时位移值,最后通过数据曲线表达出来。

如果希望以动态方式来观察物体坠落的过程,可通过设计仿真程序,使得在数值求解的过程中能将求解结果以图形方式输出出来。这样,在数值求解不断更新的过程中,输出图形也随之同步更新,形成一种“动画”的效果。这种一边计算一边输出可视化结果的方式更加形象直观,更便于展示物理系统的工作过程,同时也方便演示、数学讲解和学术交流。

可将绘图语句放在递推计算循环内,并设置即时作图刷新方式,从而得到这种“动画”仿真效果。实现代码为:

```
>> clear all;
g = 9.8;                              % 重力加速度
for L = 1:5                           % 仿真重复 5 次以便观察
    v = 0;                            % 设定初始速度条件
    s = 0;                            % 设定初始位移条件
    t = 0;                            % 设定初始时间
    dt = 0.1;                         % 设定计算步长
for k = 1:200
    v = v + g * dt;                   % 计算速度
    s = s + v * dt;                   % 位移
    t = t + dt;                       % 时间
    plot(0, - s,'ro');
    axis([ - 2 2 - 20 0]);            % 设置坐标范围值
    text(0.5, - 1,['当前时间:t = ',num2str(t)]);
    text(0.5, - 2,['当前速度:v = ',num2str(v)]);
    text(0.5, - 3,['当前位移:s = ',num2str(s)]);
    set(gcf,'DoubleBuffer','on');     % 双缓冲避免作图闪烁
    drawnow;                          % 即时作图
  end
end
```

在程序中，将计算步进重新设置为 0.01，并且重复仿真多次以便于演示。在仿真途中可按 Ctrl+C 组合键来终止程序执行。程序执行过程中将显示出物体坠落的动画效果，图 2-3 所示为其中的一个帧。

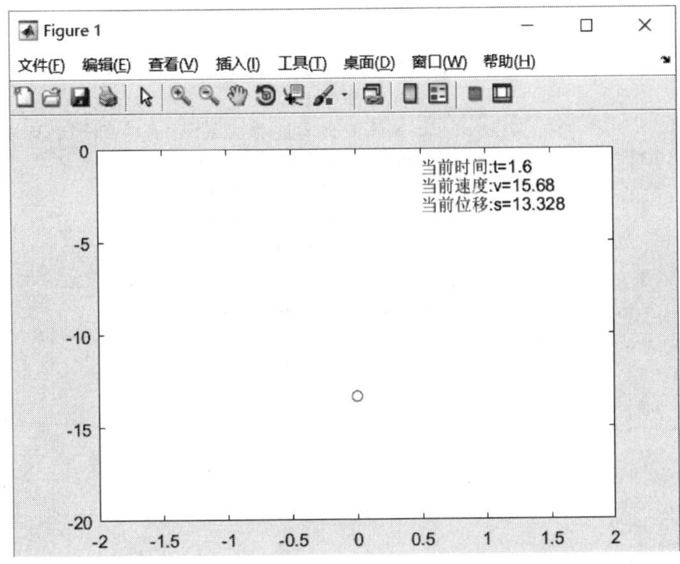

图 2-3　自由落体坠落过程

如果考虑到落体受到空气的阻力，且阻力与下落速度成正比，试修改数学模型和相应的仿真程序。在考虑阻力的情况下，在相同高度同时下落的质量不同的物体仍然同时落地吗？通过以下验证来解释。

设空气的阻力为 f，与下落速度 v 成正比，设正比例系数为 k，则有：

$$f = kv$$

于是根据加速度 a,速度 v 和位移 s 的关系,可得考虑落体受到空气阻力的数学模型为:

$$\begin{cases} f = kvas \\ a = \dfrac{\mathrm{d}v}{\mathrm{d}t} \\ v = \dfrac{\mathrm{d}s}{\mathrm{d}t} \\ F = ma = mg + kv \end{cases}$$

其中,F 为落体所受合力,g 为重力速度。落体初始条件为:

$$\begin{cases} v(t_0) = 0 \\ s(t_0) = 0 \end{cases}$$

将以上微分方程变形为时间 $\mathrm{d}t$ 的递推式,以便程序求解,即:

$$\begin{cases} v(t+\mathrm{d}t) = v(t) + a(t)\mathrm{d}t \\ s(t+\mathrm{d}t) = s(t) + v(t)\mathrm{d}t \\ a(t) = g + \dfrac{kv(t)}{m} \end{cases}$$

在程序中设空气阻力系数 $k=-1$,仿真了 3 种质量的落体 $m=1,3,12$;并计算了无空气阻力时自由落体的轨迹。

```
>> clear all;
g = 9.8;                               %重力加速度
k =- 1;                                %空气阻力系数
dt = 0.1;                              %计算步长
N = 21;                                %设置仿真递推次数,仿真时间等于 N 与 dt 的乘积
for m = [1,3,12]                       %3 种落体质量
    v = 0;                             %设定初始速度条件
    s = 0;                             %设定初始位移条件
    t = 0;                             %设定初始时间
    for i = 1:N
        a = g + k/m * v;               %计算加速度
        v = v + a * dt;                %计算速度
        s(i + 1) = s(i) + v * dt;      %新位移
        t(i + 1) = t(i) + dt;          %时间更新
    end
    plot(t,s,'o');
    hold on;
end
%理论计算,便于与仿真结果对比
t_th = 0:0.1:N * dt;                   %设置解析计算的时间点
v_th = g * t_th;                       %解析计算的瞬时速度
s_th = 1/2 * g * t_th.^2;              %解析计算的瞬时位移
%绘制仿真结果与解析结果对比
t = 0:dt:N * dt;
plot(t_th,s_th,'k');
xlabel('时间/s');ylabel('位移/m');
```

运行程序,效果如图 2-4 所示。

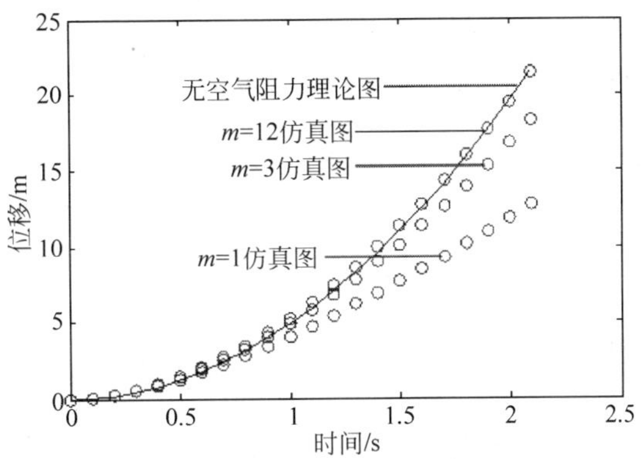

图 2-4 随时间变化落体的位移

从图 2-4 仿真结果可看出，由于存在空气阻力，落体的下落速度减缓了，在空气阻力系数一定的条件下，质量较小的物体速率受空气阻力影响较大，其速率逐渐趋近于匀速。而质量较大的落体则接近于理想自由落体。因此，在考虑空气阻力的情况下，在相同高度同时下落的质量不同的物体不是同时落地，质量较小的物体将最后落地。

如果再考虑空气对物体的浮力，将如何进一步建立数学模型和相应的仿真程序呢？通过以下验证来解释。

解析：浮力与重力方向相反，且浮力大小与落体体积有关，等于落体体积所排除的空气质量。设空气密度为 ρ，落体体积为 V，则浮力 f_1 为：

$$f_1 = \rho V g$$

因此落体动力方程为：

$$\begin{cases} a = \dfrac{\mathrm{d}v}{\mathrm{d}t} \\ v = \dfrac{\mathrm{d}s}{\mathrm{d}t} \\ F = ma = mg + kv - \rho V g \end{cases}$$

即落体加速度方程为：

$$a(t) = g + \frac{kv(t)}{m} - \frac{\rho V g}{m}$$

仍设空气阻力系数为 $k=-1\mathrm{N/(m/s)}$，落体质量 $m=1\mathrm{kg}$。落体体积 V 分别为 $0.1\mathrm{m}^3$、$0.6\mathrm{m}^3$、$1\mathrm{m}^3$。代码如下：

```
>> clear all;
g = 9.8;                          % 重力加速度
k =- 1;                           % 空气阻力系数
dt = 0.1;                         % 计算步长
N = 21;                           % 设置仿真递推次数,仿真时间等于 N 与 dt 的乘积
m = 1;                            % 落体质量
rho = 1.29;                       % 空气密度
for V = [0.1,0.6,1]               % 3 种落体的体积
    v = 0;                        % 设定初始速度条件
    s = 0;                        % 设定初始位移条件
    t = 0;                        % 设定初始时间
```

```
    for i = 1:N
        a = g + k/m * v - rho/m * V * g;     %计算加速度
        v = v + a * dt;                      %计算速度
        s(i + 1) = s(i) + v * dt;            %新位移
        t(i + 1) = t(i) + dt;                %时间更新
    end
    plot(t,s,'o');
    hold on;
end
%理论计算,便于与仿真结果对比
t_th = 0:0.1:N * dt;                         %设置解析计算的时间点
v_th = g * t_th;                             %解析计算的瞬时速度
s_th = 1/2 * g * t_th.^2;                    %解析计算的瞬时位移
%绘制仿真结果与解析结果对比
t = 0:dt:N * dt;
plot(t_th,s_th,'k');
xlabel('时间/s');ylabel('位移/m');
```

运行程序,效果如图 2-5 所示。

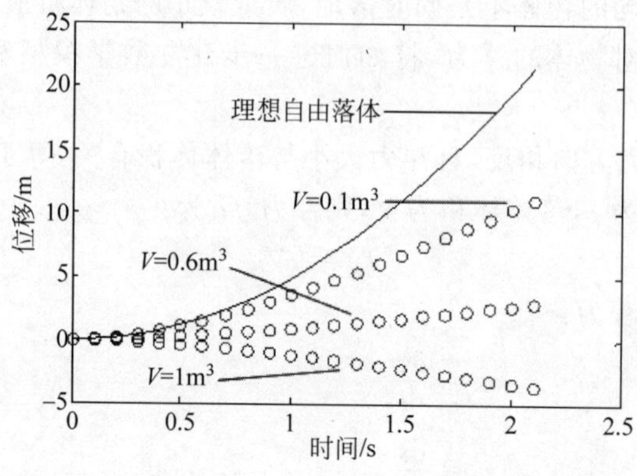

图 2-5　随时间变化落体的位移

从图 2-5 可见,落体体积增加,则所受到的空气浮力亦增加,当落体体积达到 $1m^3$ 时,浮力大于重力,这时物体竖直向上浮起,而不是下落。在此忽略了空气密度随高度的变化。因此,仿真结果是实际结果的一种近似。

2.6.3　通信仿真步骤

通信系统仿真一般分为 3 个步骤,即仿真建模、仿真实验和仿真分析。应该注意的是,通信仿真是一个螺旋式发展的过程,因此,这 3 个步骤可能需要循环执行多次之后才能够获得令人满意的仿真结果。

1. 仿真建模

仿真建模是根据实际通信系统建立仿真模型的过程,是整个通信仿真过程中的一个关键步骤,因为仿真模型的好坏直接影响着仿真的结果以及仿真结构的真实性和可靠性。

仿真模型是对实际系统的一种模拟和抽象。过于简单的仿真模型会忽略实际系统的细节，在一定程度上会影响仿真结果的可靠性。但过于复杂的仿真模型则会产生很多相互影响的因素，从而大大延长仿真时间和增加仿真结果分析的复杂度。因此，仿真模型的建立需要综合考虑其可行性和简单性。在仿真建模过程中，可以先建立一个相对简单的仿真模型，然后再根据仿真结果和仿真过程的需要逐步增加仿真模型的复杂度。

在仿真建模过程中，首先需要分析实际系统存在的问题或设立系统改造的目标，并把这些问题和目标转化成数学变量和公式。确定了仿真目标后，下一步是获取实际通信系统的各种运行参数，如通信系统占用的带宽及其频率分布、系统对于特定的输入信号产生的输出等。

在以上工作准备好后，就是仿真软件的选择了。除了使用传统的编程语言外，目前工程技术人员比较倾向于更加专业和方便使用的专门仿真软件，比较常见的包括MATLAB、OPNET和NS2等。

使用仿真软件建立好仿真模型后，仿真建模的这一步就基本完成了。值得注意的是，在进行下一步工作前，要做好仿真模型文档说明，这有利于使仿真工作条理更加清楚，在调试过程中能够很容易找出错误所在并及时纠正。

2. 仿真实验

仿真实验是一个或一系列针对仿真模型的测试。在仿真实验过程中，通常需要多次改变仿真模型输入信号的数值，以观察和分析仿真模型对这些输入信号的反应，以及仿真系统在这个过程中表现出来的性能。值得强调的一点是，仿真过程中使用的输入数据必须具有一定的代表性，即能够从各种角度显著地改变仿真输出信号的数值。

在明确了仿真系统对输入输出信号的要求后，最好把这些设置整理成一份简单的文档。编写文档是一个好习惯，它能够帮助回忆起仿真设计过程中的一些细节。当然，文档的编写不一定要求很规范，并且文档大小应该视仿真设计的规模而定。

对于需要较长时间的仿真，应该尽可能地使用批处理方式，使得在完成一种参数配置的仿真后，能够自动启动针对下一个仿真参数配置的下一次仿真。这种方式减少了仿真过程中的人工干预，提高了系统利用率和仿真效率。

3. 仿真分析

仿真分析是一个完整通信仿真流程的最后一个步骤。在仿真分析过程中，用户已经从仿真过程中获得了足够多的关于系统性能的信息，但是这些信息只是一些原始数据，一般还需要经过数值分析和处理才能够获得衡量系统性能的尺度，从而获得对仿真性能的一个总体评价。常用的系统性能尺度包括平均值、方差、标准差、最大值和最小值等，它们从不同的角度描绘了仿真系统的性能。

值得注意的是，即使仿真过程中收集的数据正确无误，由此得到的仿真结果也并不一定就是准确的。其原因可能是输入信号恰好与仿真系统的内部特性吻合，或输入的随机信号不具有足够的代表性。

图表是最简洁的说明工具，具有很强的直观性，便于分析和比较，因此，仿真分析的结果一般都制成图表形式。而且,一般使用的仿真工具都具有很强的绘图功能,能够便捷地绘制各种类型的图表。

以上就是通信系统的一个循环。应强调的是,仿真分析并不一定意味着通信仿真过程的完全结束。如果仿真分析得到的结果达不到预期的目标,用户还需要重新修改通信仿真模型,这时仿真分析就成为一个新循环的开始。

下面通过一个实例来演示通信系统仿真的一般步骤。

【例 2-2】 对乒乓球的弹跳过程进行仿真。忽略空气对球的影响,乒乓球垂直下落,落点为光滑的水平面,乒乓球接触落点立即反弹。如果不考虑弹跳中的能量损耗,则反弹前后的瞬时速率不变,但方向相反。如果考虑撞击损耗,则反弹速率有所降低。目的是通过仿真得出乒乓球位移随时间变化的关系曲线,并进行弹跳过程的"实时"动画显示。

1) 数学模型

首先对乒乓球弹跳过程进行一些理想化假设。设球是刚性的,质量为 m,垂直下落,碰击面为水平光滑平面。在理想情况下碰击无能量损耗。如果考虑碰击面损耗,则碰击前后速度方向相反,大小按比例系数 K,$0<K\leqslant 1$ 下降。在 t 时刻的速度设为 $v=v(t)$,位移设为 $y=y(t)$,并以碰击点为坐标原点,水平方向为坐标横轴建立直角坐标系。球体的速度以竖直向上方向为正方向。重力加速度为 $g=9.8\text{m/s}^2$。

初始条件假设:设初始时刻 $t_0=0$,球体的初始速度为 $v_0=v(t_0)$,初始位移为 $y_0=y(t_0)$。

受力分析:在空中时小球受重力 $F=mg$ 作用$\left(g=\dfrac{\mathrm{d}v}{\mathrm{d}t}\right)$,则在 $t+\mathrm{d}t$ 时刻小球的速度为(注意,其中负号是考虑了速度的方向):

$$v(t+\mathrm{d}t)=v(t)-g\mathrm{d}t \tag{2-10}$$

在 $t+\mathrm{d}t$ 时刻小球的位移为:

$$y(t+\mathrm{d}t)=y(t)+v(t)\mathrm{d}t \tag{2-11}$$

在小球撞击水平的瞬间,即 $y(t)=0$ 的时刻,它的速度方向改变,大小按比例 K 衰减。当 $K=1$ 时,就是无损耗弹跳情况。因此,小球反弹瞬间($t+\mathrm{d}t$ 时刻)的速度为:

$$v(t+\mathrm{d}t)=-Kv(t)-g\mathrm{d}t,\quad 0<K\leqslant 1 \tag{2-12}$$

反弹瞬间的位移为:

$$y(t+\mathrm{d}t)=y(t)-Kv(t)\mathrm{d}t=-Kv(t)\mathrm{d}t \tag{2-13}$$

2) 仿真模型设计

从数学模型中可见,小球在空中自由运动时刻与撞击时刻的动力方程不同。通过小球所处位置(位移)是否为零可判定小球处于何种状态。程序中采用 if 语句来做出判断,以决定使用式(2-10)还是式(2-12)来计算。其实现的 MATLAB 程序代码如下:

```
>> clear all;
g = 9.8;                                    %重力加速度
v0 = 0;                                     %初始速度
y0 = 1.2;                                   %初始位置
m = 1.8;                                    %小球质量
t0 = 0;                                     %起始时间
K = 0.85;                                   %弹跳的损耗系数
n = 5000;                                   %仿真的总步长
```

```
dt = 0.001;                        % 仿真步长
v = v0;                            % 初状态
y = y0;
for k = 1:n
    if(y > 0)|(v > 0)              % 小球在空中的动力方程计算
        v = v - g * dt;
        y = y + v * dt;
    else                           % 如果碰击作如下计算
        y = y - K. * v * dt;
        v =- K. * v - g * dt;
    end
    s(k) = y;                      % 当前位移记录到 s 数组中以便作图
end
t = t0:dt:dt * (n - 1);            % 仿真时间
plot(t,s,'r:');
xlabel('时间/s');
ylabel('位移 y(t)/m');
axis([0 5 0 1.2]);
```

运行程序,效果如图 2-6 所示。图 2-6 中分别做出了碰击误差系数 $K=1$ 和 $K=0.85$ 两种情况下的小球弹跳位移曲线。

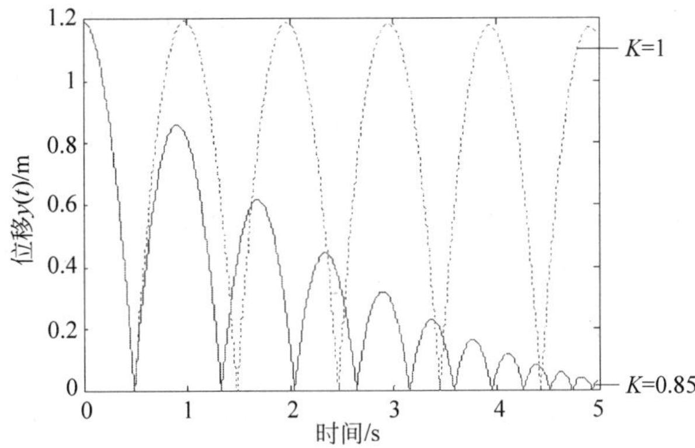

图 2-6 碰击衰减系数 $K=0.85$ 和 $K=1$ 情况下的小球弹跳位移效果

对程序稍加修改就可以得到显示小球弹跳过程的动画。有兴趣的读者可以修改程序,观察不同的碰击衰减系数下的小球弹跳过程。修改后的代码如下:

```
>> clear all;
g = 9.8;                           % 重力加速度
v0 = 0;                            % 初始速度
y0 = 1.2;                          % 初始位置
m = 1.8;                           % 小球质量
t0 = 0;                            % 起始时间
K = 0.85;                          % 弹跳的损耗系数
n = 5000;                          % 仿真的总步长
dt = 0.005;                        % 仿真步长
v = v0;                            % 初状态
y = y0;
for k = 1:n
    if(y > 0)                      % 小球在空中的动力方程计算
```

```
        v = v - g * dt;
        y = y + v * dt;
    else                                    % 如果碰击作如下计算
        y = y - K. * v * dt;
        v =- K. * v - g * dt;
    end
    plot(t,s,'ro');
    axis([ - 2 2 0 1]);
    set(gcf,'DoubleBuffer','on');
    drawnow;
end
```

2.6.4 蒙特卡罗法步骤

蒙特卡罗方法(Monte Carlo method),也称统计模拟方法,是20世纪40年代中期由于科学技术的发展和电子计算机的发明,而被提出的一种以概率统计理论为指导的一类非常重要的数值计算方法,是指使用随机数(或更常见的伪随机数)来解决很多计算问题的方法。与它对应的是确定性算法。蒙特卡罗方法在金融工程学、宏观经济学、计算物理学(如粒子输运计算、量子热力学计算、空气动力学计算)等领域应用广泛。

当所求解问题是某种随机事件出现的概率,或者是某个随机变量的期望值时,通过某种"实验"的方法,以这种事件出现的频率估计这一随机事件的概率,或者得到这个随机变量的某些数字特征,并将其作为问题的解。

蒙特卡罗方法的解题过程可以归结为三个主要步骤:构造或描述概率过程;实现从已知概率分布采样;建立各种估计量。

1. 构造或描述概率过程

对于本身就具有随机性质的问题,如粒子输运问题,主要是正确描述和模拟这个概率过程;对于本来不是随机性质的确定性问题,比如计算定积分,就必须事先构造一个人为的概率过程,它的某些参量正好是所要求问题的解,即要将不具有随机性质的问题转化为随机性质的问题。

2. 实现从已知概率分布采样

构造了概率模型以后,由于各种概率模型都可以看作是由各种各样的概率分布构成的,因此产生已知概率分布的随机变量(或随机向量),就成为实现蒙特卡罗方法模拟实验的基本手段,这也是蒙特卡罗方法被称为随机采样的原因。最简单、最基本、最重要的一个概率分布是(0,1)上的均匀分布(或称矩形分布)。随机数就是具有这种均匀分布的随机变量。随机数序列就是具有这种分布的总体的一个简单子样,也就是一个具有这种分布的相互独立的随机变数序列。产生随机数的问题,就是从这个分布的采样问题。在计算机上,可以用物理方法产生随机数,但价格昂贵,不能重复,使用不便。还有一种方法是用数学递推公式产生随机序列。这样产生的序列,与真正的随机数序列不同,所以称为伪随机数,或伪随机数序列。不过,经过多种统计检验表明,它与真正的随机数,或随机数序列具有相近的性质,因此可把它作为真正的随机数来使用。由已知分布随机采样有各种方法,与从(0,1)上均匀分布采样不同,这些方法都是借助于随机序列来实现的,也就是说,都是以产生随机数为前提的。由此可见,随机数是实现蒙特卡罗模拟的基本工具。

3. 建立各种估计量

一般说来,构造了概率模型并能从中采样后,即实现模拟实验后,就要确定一个随机变量,作为所要求的问题的解,我们称它为无偏估计。建立各种估计量,相当于对模拟实验的结果进行考察和登记,从中得到问题的解。

通常蒙特卡罗方法通过构造符合一定规则的随机数来解决数学上的各种问题。对于那些由于计算过于复杂而难以得到解析解或者根本没有解析解的问题,蒙特卡罗方法是一种有效的求出数值解的方法。一般蒙特卡罗方法在数学中最常见的应用就是蒙特卡罗积分。

在建模和仿真中,应用蒙特卡罗方法主要有以下两部分工作:

- 用蒙特卡罗方法模拟某一过程,产生所需要的各种概率分布的随机变量。
- 用统计方法把模型的数字特征估计出来,从而得到问题的数值解,即仿真结果。

下面给出一个用来计算圆面积的蒙特卡罗方法仿真示例。

【例 2-3】 试用蒙特卡罗方法求出半径为 1 的圆的面积,并与理论值对比。

1) 数学模型

设有两个相互独立的随机变量 x,y,服从$[0,2]$上的均匀分布。那么,由它们所确定的坐标点(x,y)是均匀分布于边长为 2 的一个正方形区域中,该正方形的内接圆的半径为 1,如图 2-7 所示。显然,坐标点(x,y)落入圆中的概率 p 等于该圆面积 S_c 与正方形面积 S 之比,即:

$$S_c = pS \tag{2-14}$$

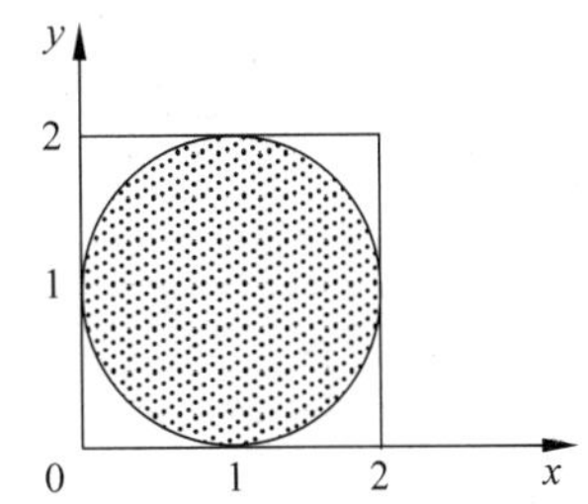

图 2-7 用蒙特卡罗方法求圆面积

因此,只要通过随机试验统计出落入圆点的频度,即可计算出圆的近似面积来。当随机试验的次数充分大的时候,计算结果就趋近于理论真值。

2) 仿真实验

其实现的 MATLAB 程序代码如下:

```
>> clear all;
s = 0:0.01:2 * pi;
x = sin(s);
y = cos(s);                    %计算半径为 1 的圆周上的点,以便做出圆周观察
m = 0;                         %在圆内在落点计数器
x1 = 2 * rand(999,1) - 1;      %产生均匀分布于[ - 1 1]范围内的两个独立随机数 x1,y1
y1 = 2 * rand(999,1) - 1;
N = 999;                       %设置试验次数
for n = 1:N                    %循环进行重复试验并统计
    p1 = x1(1:n);
    q1 = y1(1:n);
```

```
    if(x1(n) * x1(n) + y1(n) * y1(n))< 1    %计算落点到坐标原点的距离,误差落点是否在圆内
    m = m + 1;                              %如果落入圆中,计数器加 1
    end
    plot(p1,q1,'.',x,y,'-k',[-1 -1 1 1 -1],[-1 1 1 -1 -1],'-k');
    axis equal;                         %坐标纵横比例相同
    axis([-2 2 -2 2]);                  %固定坐标范围
    text(-1,-1.2,['试验总次数 n=',num2str(n)]);   %显示试验结果
    text(-1,-1.4,['落入圆中数 m=',num2str(m)]);
    text(-1,-1.6,['近似圆面积 Sc=',num2str(m/n * 4)]);
    set(gcf,'DoubleBuffer','on');
    drawnow;
end
```

程序执行中,将动态显示随机落点情况和当前的统计计算结果。图 2-8 为重复落点 288 次时的计算结果。随着试验次数增加,计算结果将趋近于半径为 1 的圆面积的真值 π。

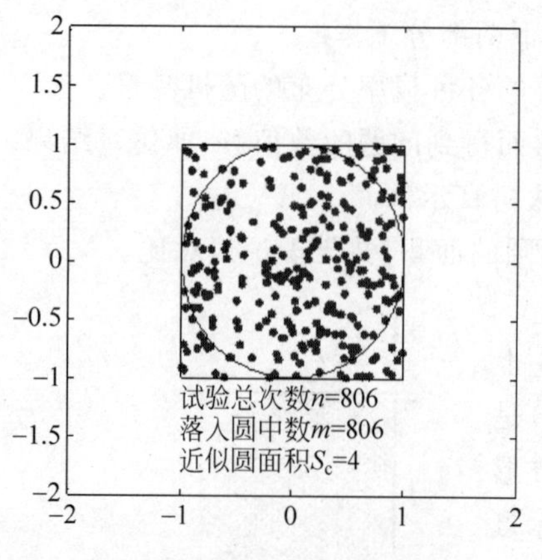

图 2-8　蒙特卡罗法随机试验计算圆面积的过程

动画模式适合于原理演示。但是,如果要提高程序效率,就应该取消仿真过程中的可视化显示,并利用 MATLAB 的矩阵运算机制来改造程序。下面的程序将随机试验次数提高到了 1000 万次,计算得到的圆面积(也即圆周率)精度提高到了小数点后大约2 位。程序中同时使用了矩阵运算机制和循环结构来负责完成重复随机试验,其目的是为了兼顾计算速度和程序内存占用量。矩阵运算是一种并行计算机制,计算速度快,但是矩阵越大,内存占用就越多;而循环结构则可重复使用相同的内存区域,尽管速度较慢。这是 MATLAB 语言固有的特点,在编程中应当就具体问题做出权衡。

```
>> tic                                      %启动计时器
n = 10000;                                  %每次随机落点 10 000 个
for k = 1:1000                              %重复试验 1000 次
    x1 = 2 * rand(n,1) - 1;
    y1 = 2 * rand(n,1) - 1;
    m(k) = sum((x1. * x1 + y1. * y1)< 1);   %求落入圆中的点数和
end
Sc = mean(m). * 4./n                        %计算并显示结果
time = toc                                  %显示耗时
```

由于是随机试验,重复运行的结果也不完全相同,且不同计算机配置上的运行耗时也不一样,运行结果如下:

```
Sc =
    3.1422
time =
  238.8182
```

2.6.5 混合方法步骤

在实践中,我们往往首先根据研究目的、系统结构以及所需要得出的系统参数等指标来建立相应的仿真模型。如果系统属于动态系统,在数学上即用状态方程描述,那么对该系统的仿真过程就是求解该微分方程组的过程。然而,许多时候人们希望考察系统在具有随机性的环境中表现,例如研究系统的老化过程、热稳定性以及系统对噪声的处理情况等,这时系统模型的参数(例如输入信号、方程系数等)将含有随机成分,那么对系统的仿真就是在具有随机变量条件下的微分方程数值求解问题,这样的仿真方法就称为混合方法,因为仿真同时使用了基于数值计算的状态方程求解方法和基于统计计算的蒙特卡罗方法。由于通信系统是一种工作在随机噪声环境下的动态系统,所以对通信系统的一般仿真方法就是确定方程求解与统计计算相互结合的混合方法。

这里需要指出,并非任何计算数值求解过程都可以看作系统的仿真过程。如果计算是对理论所得出的解析公式的数值计算,那么这种计算就不是仿真。例如,欲求解某动态系统的阶跃响应,可以先建立该系统的状态方程,然后通过数学方法(例如,若是线性时不变系统,可用拉普拉斯变换方法求解)求出系统的阶跃响应的解析表达公式,再通过计算机编程计算得出解析公式的数值结果,并画出曲线,但是这仅仅是对理论解的数值计算而已。如果在建立了系统的状态方程之后,定义输入信号为阶跃函数,然后直接对状态方程作数值计算得出结果,那么这就是一个仿真过程。又如,在加性高斯信道条件下,数字通信系统的传输误码率与信噪比之间的关系可以通过概率分析方法得到解析公式,根据误码率解析公式计算得出结果(曲线)的过程仅仅是解析数值计算过程,不是系统仿真的过程。而通过蒙特卡罗方法对传输进行试验并进行误码统计得出结果(曲线)的过程就是仿真过程。

如果解析数值计算和仿真过程都是正确的,那么在误差范围内,两者所得出的结果必然是一致的,这样就可以通过仿真结果与解析结果之间的对比来检验程序的正确性。可见,对系统的仿真只需要建立系统的数学模型,而不需要对模型的理论求解(在实际问题中,往往理论求解是不可能的或不存在的,例如将上述系统的输入信号变为随机噪声,或者将上述系统变为一个时变系统或非线性系统)。因此,当验证了仿真计算过程的正确性之后,可以将之推广到更为复杂或更加接近实际的情况,从而得出通过解析方法难以得到的数值结果。

下面通过一个实例来演示通信系统仿真的混合方法。

【例 2-4】 实际物理实验中,当一个乒乓球垂直下落到一个完全水平的玻璃板上后,乒乓球不断弹跳,直到能量耗尽。假定空气是静止的,没有风,但弹跳中的乒乓球在玻璃板上的落点仍不会是同一点,这说明在乒乓球运动过程中受到微弱的水平面方向力的作用,产生了水平方向上的漂移。这些水平力在例 2-2 中被忽略不计,所以那里仿真的结果中小球落点总是在坐标原点处。如果要建立更加接近真实物理环境的弹跳模型,就必须考虑这些被忽视的微小的扰动因素。通过物理实验观察,我们可以做这样的合理假设:水平面方向上对乒乓球的微弱作用力可能来自多种因素的综合,其中各因素对合力的贡献甚小。根据大数定理,在数学上就可以将水平作用力建模为一个高斯随机变量。为简单起见，这里仍然忽略了空气对小球的其他作用因素，如球运动中的阻力、空气的浮力等。

同时，将例 2-2 推广到三维空间中的情况。

设水平面为 xz 坐标平面，y 轴指向为垂直方向。小球在 x 方向上的受力 $F_x(t)$ 是一个零均值独立高斯随机过程。小球在 z 方向上的受力 $F_z(t)$ 与 $F_x(t)$ 具有相同的分布，但两者相互独立，即：

$$F_x(t) \sim \mathrm{N}(0,\sigma^2) \tag{2-15}$$

$$F_z(t) \sim \mathrm{N}(0,\sigma^2) \tag{2-16}$$

x、z 方向相应的加速度、速度和位移分别用 a_x、a_z、v_x、v_z、s_x、s_z 表示，小球的质量为 m。由牛顿第二运动定律，可得出以下运动方程。

$$\begin{cases} a_x(t) = F_x(t)/m \\ \mathrm{d}v_x(t) = a_x(t)\mathrm{d}t \\ \mathrm{d}s_x(t) = v_x(t)\mathrm{d}t \end{cases} \tag{2-17}$$

z 方向的运动方程与上面类似，其实现的 MATLAB 程序代码为：

```
>> clear all;
g = 9.8;                                  %重力加速度
v0 = 0;                                   %初始速度
y0 = 1.2;                                 %初始位置
m = 0.4;                                  %小球质量
t0 = 0;                                   %起始时间
K = 0.85;                                 %弹跳的损耗系数
n = 5000;                                 %仿真的总步长
dt = 0.005;                               %仿真步长
v = v0;                                   %初状态
y = y0;
vx = 0;
vz = 0;
sx = 0;
sz = 0;
for k = 1:n
   if y > 0                               %小球在空中的动力方程计算
       v = v - g * dt;
       y = y + v * dt;
   else                                   %如果碰击作如下计算
       y = y - K. * v * dt;
       v =- K. * v - g * dt;
   end
  Fx = randn;                             %x 水平方向的随机力,方差为 1
  ax = Fx./m;                             %Fx 导致的 x 水平方向的加速度
  vx = vx + ax * dt;                      %小球在 x 水平方向的瞬时速度
  sx = sx + vx * dt;                      %小球在 x 水平方向上的位移
  Fz = randn;                             %z 水平方向的随机力,方差为 1
  az = Fz./m;                             %Fz 导致的 z 水平方向的加速度
  vz = vz + az * dt;                      %小球在 z 水平方向的瞬时速度
  sz = sz + vz * dt;                      %小球在 z 水平方向上的位移
  plot3(sx,sz,y,'r.');
  grid on;hold on;
  axis([ - 2 2 - 2 2 0 1]);               %坐标范围固定
```

```
    set(gcf,'DoubleBuffer','on');          %双缓冲避免作图闪烁
    xlabel('水平方向 x');ylabel('水平方向 z');
    zlabel('垂直方向 y');title('小球的弹跳过程');
    drawnow;
end
```

仿真以动画方式进行,以便于观察。图 2-9 是程序运行的结果。图中显示了小球的运动轨迹,弹跳的落点是随机的。修改小球的质量,弹跳落点的概率特性也会发生变化,质量大的球落点相对集中。读者也可将空气阻力考虑到数学模型中,从而仿真出比较真实的弹跳过程。

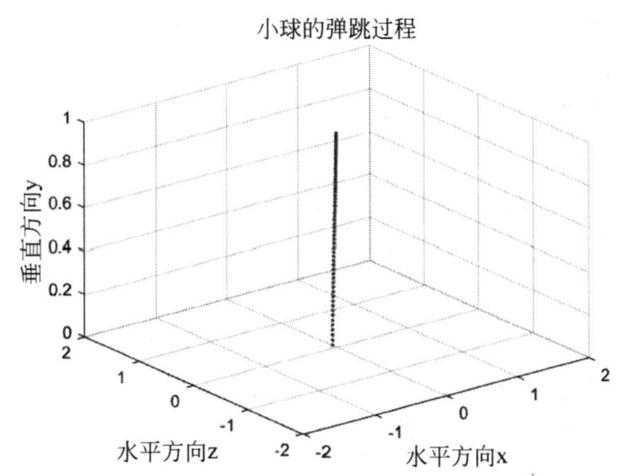

图 2-9　考虑了水平面扰动微力作用后的小球弹跳轨迹

从该例中可以看出,计算机仿真方法可以使人们在不知道解析解的情况下通过"计算机实验"来研究事物的变化规律,方便人们研究更真实、更复杂的物理系统。往往这些考虑了多种因素的物理系统是很难进行解析分析的,这时,仿真方法几乎就成为唯一能够获得求解的方法。在这个例子中,既用到了确定系统的微分方程求解,也用到了随机统计试验,这就是一种混合的仿真方法。

2.7　通信系统仿真的优点

计算机仿真具有经济、安全、可靠、试验周期短等优点,在工程领域得到了越来越广泛的应用。通信领域与计算机领域的固有联系使得通信领域的计算机仿真应用更为活跃。

现代通信系统和电子系统通常是复杂的大规模系统,在噪声和各种随机因素的影响下,一般很难通过解析方法求得系统的精确数学描述。即便对于一些相对较简单的问题,能够写出数学表达式,但往往也难以使用解析法求解,这种情况下系统仿真手段就成为了一个极为有效的工具。利用仿真技术往往可以绕过复杂的甚至是不可能的数学解析求解,较为容易地获得问题的数值结果。

随着计算机硬件技术和仿真软件的发展,计算速度大大提高,编程的复杂性也大大简化,计算机仿真技术已经成为了现代电子系统和现代通信系统研究的主要手段。

另外,在对现代通信系统新协议、新算法和新的体系结构的设计和性能评估中,直接进行实验测试几乎是不可能的,因为这些新系统根本就还没有实现,在这种情况下只能

通过仿真来检验所考察的对象,以验证有关的假设、评价算法的性能。此外,在学习通信系统理论的过程中,仿真技术也是理解原理、验证理论、进行探索和发现的有效途径。

2.8 通信系统仿真的局限性

在2.7节中列举了通信系统仿真的种种优点,那么它有没有缺点呢?结论是肯定的。对于计算机仿真技术在实际应用中存在的一些不足和需要注意的问题,应加以重视。

(1) 模型的建立、验证和确认比较困难。在系统分析和设计的初始阶段,往往对系统的认识还不深,对实际对象的抽象以及模型的有效性又没有明确的衡量指标,因此难以识别真伪所产生的虚假结果。

(2) 对实际系统的建模方法不正确,或者建模时的假设条件、参数的选取、模型的简化使得与实际系统的差别较大。

(3) 建模过程中忽略了部分次要因素,使得模型仿真结果偏离实际系统。在建模中哪些因素可以忽略往往是凭借建模者的经验主观取舍的,这就不可避免地会造成模型与实际系统之间的差异。

(4) 运行仿真的次数过少,试验时间太短,将得不到足够的统计样本数据,从而给结果分析带来较大误差。例如,在通信系统接收误码率的试验中,当信噪比较高时,要得到高置信度的误码率数据必须试验足够长的传输数据。即便现代计算机的运算速度已经大大提高,但与理论计算相比较,对计算机而言,蒙特卡罗仿真仍是一项极为耗时的工作。

(5) 随机变量的概率分布类型或参数选取不当。通信系统的仿真模型中,噪声是利用伪随机数来表示的,这些随机变量服从一定的概率分布。如果实际系统中的噪声分布与仿真中所用的随机变量分布存在较大差异,那么必然造成仿真结果的误差。

(6) 仿真输出结果的统计误差。对仿真输出数据的分析有严格的要求,对于不同的仿真模型所适用的统计方法也可能有所不同。

(7) 计算机字长、编码和算法应用也会影响仿真结果。在Simulink中应特别注意所选用的求解算法的适用性。

总之,在考察复杂系统时,这些系统往往具有随机性和复杂性,因而无法用准确的数学方程描述出来,更不用说用解析方法求解。当找不到其他更好的办法时,才借助计算机仿真技术来分析研究问题。而当问题存在解析解答时,仿真一方面用来验证理论的正确性和在实际环境中的适用性,另一方面也用于验证仿真模型自身的有效性和正确性。

然而,计算机仿真并不能完全代替传统的数学解析分析或传统实验测量技术。实际上,仿真模型是否合理、仿真结果是否有效最终是通过物理实验测量以及与数学分析结果相对比来检验的。将仿真方法同数学分析手段、硬件测试相结合可以发挥更强大的作用。通过不断重复的仿真实验可以使我们更加深入地了解系统的工作原理,确定系统中的关键结构和关键参数,从而简化系统设计;而通常简化的设计又可能利用数学解析分析方法来描述和求解系统。总之,解析分析、仿真以及实际系统测试相互结合、相互补充、相互印证是系统研究、系统设计和优化的基本途径。

第3章 MATLAB基本操作

数值计算是 MATLAB 中最重要、最有特色的功能之一，也是 MATLAB 软件的基础。MATLAB 强大的数值计算功能使其成为诸多数学计算软件中的佼佼者。而数组和矩阵是数值计算的最基本运算单元，在 MATLAB 中，向量可看作一维数组，而矩阵则可看作二维数组。数组和矩阵在形式上没有区别，但二者的运算性质却有很大的不同，数组运算强调的是元素对元素的运算，而矩阵运算则采用线性代数的运算方式。

3.1 MATLAB 数据类型

MATLAB 的基本数据单位是矩阵，而 MATLAB 数据类型的最大特点是每一种类型都以数组为基础。

数据类型是掌握任何一门编程语言都必须首先了解的内容。MATLAB R2016a 的数据类型主要有逻辑、数值、字符串、矩阵、元胞、Java、函数句柄、稀疏及结构等。数值型又分为单精度型、双精度型及整数型。而整数型里又分为无符号型（uint8、uint16、uint32、uint64）和符号型（int8、int16、int32、int64）两种，它们间的层次关系如图 3-1 所示。在 MATLAB 中，所有的数据不管是属于什么类型，都是以数组或矩阵的形式保存的。

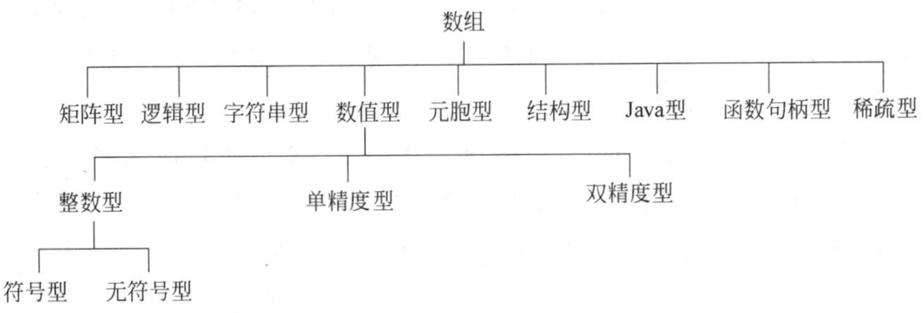

图 3-1　数据类型的层次结构图

3.2 MATLAB 基本元素

本节介绍常量、变量和矩阵这三种最常用的 MATLAB 基本元素以及赋值语句的基本形式。

3.2.1 常量

常量,在 MATLAB 中习惯称为特殊变量,即系统自定义的变量。它们在 MATLAB 启动以后驻留在内存中。在 MATLAB 中常用的特殊变量如表 3-1 所示。

表 3-1 MATLAB 常用特殊变量表

特殊变量	取 值
ans	MATLAB 中运行结果的默认变量名
pi	圆周率 π
eps	计算机中的最小数
flops	浮点运算数
inf	无穷大,如 1/0
NaN	不定值,如 0/0,∞/∞,0 * ∞
i 或 j	复数中的虚数单位,$i=j=\sqrt{-1}$
nargin	函数输入变量数目
narout	函数输出变量数目
realmax	最大的可用正实数
realmin	最小的可用正实数

在 MATLAB R2016a 的命令行窗口中输入一个表达式或者一组数据,系统将会自动把计算的结果赋值给 ans 变量。

注意:A 和 a 表示的是不同的变量,读者编程时必须注意。

3.2.2 变量

变量是任何程序设计语言的基本元素之一,MATLAB 语言当然也不例外。与常规的程序设计语言不同的是,MATLAB 并不要求事先对所使用的变量进行声明,也不需要指定变量类型,MATLAB 语言会自动依据所赋予变量的值或对变量进行的操作来识别变量的类型。在赋值过程中,如果赋值变量已存在,则 MATLAB 将使用新值代替旧值,并以新值类型代替旧值类型。在 MATLAB 中变量的命名应遵循以下规则:

- 变量名必须以字母开头,之后可以是任意的字母、数字或下画线。
- 变量名区分字母的大小写。
- 变量名不超过 31 个字符,第 31 个字符以后的字符将被忽略。

与其他的程序设计语言相同,在 MATLAB 语言中也存在变量作用域的问题。在未加特殊说明的情况下,MATLAB 语言将所识别的一切变量视为局部变量,即仅在其使用的 M 文件内有效。如果要将变量定义为全局变量,则应当对变量进行说明,即在该变量前加关键字 global。一般来说,全局变量均用大写的英文字符表示。

3.2.3 赋值语句

MATLAB采用命令行形式的表达式语言，每一个命令行就是一条语句，其格式与书写的数学表达式十分相近，非常容易掌握。读者在命令行窗口中输入语句并按Enter键确认后，该语句就由MATLAB系统解析运行，并给出运行结果。MATLAB赋值语句有以下两种结构。

1. 直接赋值语句

直接赋值语句的基本结构为：

赋值变量=赋值表达式

其中，等号右边的表达式由变量名、常数、函数和运算符构成。直接赋值语句把右边表达式的值直接赋给了左边的赋值变量，并将返回值显示在MATLAB命令行窗口中。

【例3-1】 对A赋值，实现A=3*27。

在MATLAB命令行窗口中输入语句并按Enter键。

```
>> A = 3 * 27
A =
    81
```

注意：

(1) 如果赋值语句后面没有分号"；"，MATLAB命令行窗口将显示表达式的运算结果；如果不想显示运算结果，则应该在赋值语句末尾加上分号"；"。

(2) 如果省略赋值语句左边的赋值变量和等号，则表达式运算结果将默认赋值给系统保留变量ans。

(3) 如果等式右边的赋值表达式不是数值，而是字符串，则字符串两边应加单引号。

2. 函数调用语句

函数调用语句的基本结构为：

[返回变量列表]=函数名(输入变量列表)

其中，等号右边的函数名对应于一个存放在合适路径中的MATLAB文本文件。函数可以分为两大类：一类是MATLAB内核中已经存在的内置函数；另一类是用户根据需要自定义的函数。

返回变量列表和输入变量列表均可由若干变量名组成。

注意： 如果返回变量个数大于1，则它们之间应该用逗号或空格分隔；如果输入变量个数大于1，则它们之间只能用逗号分隔。

【例3-2】 调用cos函数求$a=\cos\left(\frac{\pi}{2}\right)$的值。

在MATLAB命令行窗口中输入语句并按Enter键：

```
>> a = cos(pi/2)
a =
   6.1232e-17
```

注意：

(1) 函数名的命名规则与变量名命名规则一致，用户在命名自定义函数时也必须避免与 MATLAB 已有的内置函数重名。

(2) 对于内置函数，用户可直接调用；对于自定义函数，该函数所对应的 M 文件应当存在并且保存在 MATLAB 可搜索到的目录中。

3.2.4 矩阵及元素

在 MATLAB 中，最基本的数据结构为元素，这是一个二维的矩形数据结构。它能够存储多个数据元素，具有非常易存取的特点。数据元素可以是数字、字符、逻辑真或假，甚至另外类型的结构。

1. 矩阵的表示

用 MATLAB 语言表示一个矩阵非常容易。在 MATLAB 命令行窗口中输入以下代码并按 Enter 键：

```
>> A = [1 3;4 7]
A =
     1     3
     4     7
>> B = [1 7;4 6]
B =
     1     7
     4     6
>> C = [1;2;3]
C =
     1
     2
     3
```

可见矩阵变量 A、B、C 被成功赋值，可以在后续命令和函数中任意调用这几个矩阵。在输入矩阵过程中必须遵循以下规则：

(1) 必须使用方括号“[]”包括矩阵的所有元素；

(2) 矩阵不同的行之间必须用分号或 Enter 键隔开；

(3) 矩阵同一行的各元素之间必须用逗号或空格隔开。

为了方便用户使用，提高编程效率，除了最基本的直接输入方法外，MATLAB 还提供给用户一些可以直接调用的内置基本矩阵函数，有时可以成为创建矩阵的捷径。

表 3-2 为 MATLAB 提供的主要内置基本矩阵函数。

表 3-2 MATLAB 主要内置基本矩阵函数

函 数	功 能	函 数	功 能
compan	创建伴随矩阵	magic	创建魔方矩阵
diag	创建对角矩阵	ones	创建全 1 矩阵
eye	创建单位矩阵，即主对角线元素为 1，其余元素全为 0	rand	创建均匀分布随机矩阵
gallery	创建测试矩阵	randn	创建正态分布随机矩阵
hadamard	创建 Hadamard 矩阵	rosser	创建经典对称特征值测试矩阵
hilb	创建 Hilbert 矩阵	wilkinson	创建 Wilkinson 特征值测试矩阵
invhilb	创建 Hilbert 矩阵转置	zeros	创建全 0 矩阵

【例 3-3】 调用 MATLAB 内置函数创建矩阵。

```
>> A = rand(3,4)                  % 创建一个 3 行 4 列的随机矩阵
A =
    0.8147    0.9134    0.2785    0.9649
    0.9058    0.6324    0.5469    0.1576
    0.1270    0.0975    0.9575    0.9706
>> B = ones(2,4)                  % 创建一个 2 行 4 列的全 1 矩阵
B =
     1     1     1     1
     1     1     1     1
>> C = zeros(2,2)                 % 创建一个二维全 0 矩阵
C =
     0     0
     0     0
>> D = magic(3)                   % 创建一个三维魔方矩阵
D =
     8     1     6
     3     5     7
     4     9     2
>> E = eye(3,4)                   % 创建一个 3 行 4 列的单位矩阵
E =
     1     0     0     0
     0     1     0     0
     0     0     1     0
```

注意：向量是矩阵的一种特例，前面介绍的有关矩阵的表示方法完全适用于向量，只是表示矩阵的行列数，有一个为 1。

【例 3-4】 创建一个行向量 a 和一个列向量 b。

```
>> a = [1 4 7]                    % 行向量
a =
     1     4     7
>> b = [1;4;7]                    % 列向量
b =
     1
     4
     7
```

MATLAB还提供了一个便利且高效的表达式来给等步长的行向量赋值，即冒号表达式。冒号表达式的格式为：

```
X = N1 :step:N2
```

用于创建一维行向量X，第一个元素为N_1，然后每次递增(step>0)或递减(step<0)step，直到最后一个元素与N_2的差的绝对值小于等于step的绝对值为止。当不指定step时，系统默认step=1。

【例3-5】 利用冒号法创建向量。

```
>> A = 1:5
A =
     1     2     3     4     5
>> B = 2.6:2:11.2                    %通过冒号创建数组
B =
        2.6         4.6         6.6         8.6         10.6
>> C = 2.4:1.5:10
C =
      2.4       3.9       5.4       6.9       8.4       9.9
```

在程序中，通过冒号创建一组矩阵，如果不指定step，则系统默认为1；如果step>0，则每次递增step，但是如果$N_1>N_2$则返回空数组；如果step<0，则每次递减step，但是如果$N_1<N_2$，则返回空数组。

在MATLAB中还提供两个内置函数用于创建向量，分别为linspace及logspace函数。linspace创建一维矩阵，和冒号的功能类似；logspace建立一维矩阵，和函数linspace的功能类似。

【例3-6】 利用logspace及linspace函数创建向量。

```
>> A = linspace(1,5,8)              %创建数组
A =
  1.0000    1.5714    2.1429    2.7143    3.2857    3.8571    4.4286    5.0000
>> A1 = logspace(1,7,9)
A1 =
   1.0e + 07 *
  0.0000   0.0000   0.0000   0.0002   0.0010   0.0056   0.0316   0.1778   1.0000
```

2. 矩阵元素表示与赋值

矩阵元素的行号和列号称为该元素的下标，是通过"()"中的数字(行、列的标号)来标识的。矩阵元素可以通过其下标来引用，如A(i,j)表示矩阵A第i行第j列的元素。

【例3-7】 获取矩阵A=[1 5 6;3 9 7]第2行全部元素。

```
>> A = [1 5 6;3 9 7]
A =
     1     5     6
     3     9     7
>> B = [A(2,1),A(2,2),A(2,3)]
B =
     3     9     7
```

注意：冒号"："在此也能发挥很大作用。A(2,:)表示矩阵A第2行全部元素，A(:,2)表示矩阵A第2列全部元素，A(1,1:2)表示矩阵A第1行第1～2列的全部元素。如：

```
>> B1 = A(2,:)
B1 =
     3     9     7
>> B2 = A(:,3)
B2 =
     6
     7
>> B3 = A(1,1:2)
B3 =
     1     5
```

3.3 矩阵运算

矩阵运算是MATLAB最重要的运算，因为MATLAB的运算大部分都建立在矩阵运算的基础之上。MATLAB有三种矩阵运算类型：矩阵的代数运算、矩阵的关系运算和矩阵的逻辑运算。其中，矩阵的代数运算应用最广泛。

根据不同的应用目的，矩阵的代数运算又包括两种重要的运算形式：按矩阵整体进行运算、按矩阵单个元素的元素群运算。

3.3.1 矩阵的代数运算

1. 矩阵的算术运算

矩阵算术运算的书写格式与普通算术运算相同，包括优先顺序规则，但其乘法和除法的定义和方法与标量截然不同。

表3-3为MATLAB矩阵的算术运算符及说明。

表3-3 MATLAB矩阵的算术运算符及说明

运算符	名称	实例	说明
+	加	A+B	如果A、B为同维数矩阵，则表示A与B对应元素相加；如果其中一个矩阵为标量，则表示另一个矩阵的所有元素加上该标量
−	减	A−B	如果A、B为同维数矩阵，则表示A与B对应元素相减；如果其中一个矩阵为标量，则表示另一矩阵的所有元素减去该标量
*	乘	A*B	矩阵A与B相乘，A和B均可为向量或标量，但A和B的维数必须符合矩阵乘法的定义
\	左除	A\B	方程A*X=B的解X
/	右除	A/B	方程X*A=B的解X
^	乘方	A^B	当A、B均为标量时，表示A的B次方幂；当A为方阵，B为正整数时，表示矩阵A的B次乘积；当A、B均矩阵时，无定义

注意：当运算失败时MATLAB会提示出错。

【例 3-8】 矩阵的代数运算。

```
>> A = [1,2,4;3,9,7;5,4,6]
A =
     1     2     4
     3     9     7
     5     4     6
>> B = [1:3;0,11,2;6:8]
B =
     1     2     3
     0    11     2
     6     7     8
>> A + B                          % 矩阵的加运算
ans =
     2     4     7
     3    20     9
    11    11    14
>> A - B                          % 矩阵的减法
ans =
     0     0     1
     3    -2     5
    -1    -3    -2
>> A * B                          % 矩阵乘法
ans =
    25    52    39
    45   154    83
    41    96    71
>> A\B                            % 矩阵左除
ans =
    1.4722    0.8056    1.2500
   -0.6528    1.1806   -0.8750
    0.2083   -0.2917    0.8750
>> C = [1,3;5,6];
>> A\C                            % 矩阵左除
```

错误使用"\",矩阵维度必须一致。

```
>> A/B                            % 矩阵右除
ans =
    1.6600   -0.0500   -0.1100
    1.3200    0.4000    0.2800
   -0.2200   -0.1500    0.8700
>> A/C
```

错误使用"/",矩阵维度必须一致。

```
>> A^B
```

错误使用"^",输入必须为标量和方阵。要按元素进行 POWER 计算,请改用 POWER (.^)。

```
>> A^3
ans =
         345         546         612
         995        1633        1767
         677        1060        1182
```

注意：

(1) 如果 A、B 两矩阵进行加、减运算，则 A、B 必须维数相同，否则系统提示出错；

(2) 如果 A、B 两矩阵进行运算，则前一矩阵的列数必须等于后一矩阵的行数(内维数相等)；

(3) 如果 A、B 两矩阵进行右除运算，则两矩阵的列数必须相等(实际上，$X=B/A=A\times B^{-1}$)；

(4) 如果 A、B 两矩阵进行左除运算，则两矩阵的行数必须相等(实际上，$X=A\backslash B=A^{-1}\times B$)。

2. 矩阵的运算函数

在 MATLAB 中除了提供运算符实现运算外，还专门提供一些常用的矩阵运算函数，熟悉这些函数将对读者非常有用。

表 3-4 列出了部分常用的矩阵运算函数。

表 3-4 常用的矩阵运算函数

函数	说明
size(A)	获得矩阵 A 的行数和列数
A'	计算矩阵 A 的转置矩阵
inv(A)	计算矩阵 A 的逆矩阵
length(A)	计算矩阵 A 的长度(列数)
sum(A)	如果 A 为向量，则计算 A 所有元素之和；如果 A 为矩阵，则产生一行向量，其元素分别为矩阵 A 各列元素之和
max(A)	如果 A 为向量，则求出 A 所有元素的最大值；如果 A 为矩阵，则产生一行向量，其元素分别为矩阵 A 各列元素的最大值
min(A)	如果 A 为向量，则求出 A 所有元素的最小值；如果 A 为矩阵，则产生一行向量，其元素分别为矩阵 A 各列元素的最小值

【例 3-9】 常用矩阵运算函数实例。

```
>> clear all;                    %清除工作空间中的所有变量
>> X = [5,3.4,72,28/4,3.61,17 94 89];
length(X)
ans =
     8
>> size(X)
ans =
     1     8
>> inv(X)
```

错误使用 inv，矩阵必须为方阵。

```
>> A = magic(3)
A =
     8     1     6
     3     5     7
     4     9     2
```

```
>> inv(A)
ans =
      0.1472    -0.1444     0.0639
     -0.0611     0.0222     0.1056
     -0.0194     0.1889    -0.1028
>> A'
ans =
      8    3    4
      1    5    9
      6    7    2
>> max(X)
ans =
     94
```

3. 矩阵元素群运算

元素群运算,是指矩阵中的所有元素按单个元素进行运算。为了与矩阵作为整体的运算符号相区别,元素群运算约定:在矩阵运算符"*"、"/"、"\"、"^"前加一个点符号"."，以表示在做元素群运算,而非矩阵运算。元素群加、减运算的效果与矩阵加、减运算是一致的,运算符也相同。

表 3-5 为矩阵元素群运算符及说明。

表 3-5 矩阵元素群运算符及说明

运算符	名称	实例	说　明
.*	元素群乘	A.*B	矩阵 A 与 B 对应元素相乘,A 和 B 必须为同维矩阵或其中之一为标量
.\	元素群左除	A.\B	矩阵 B 除以矩阵 A 的对应元素,A 和 B 必须为同维矩阵或其中之一为标量
./	元素群右除	A./B	矩阵 A 除以矩阵 B 的对应元素,A 和 B 必须为同维矩阵或其中之一为标量
.^	元素群乘方	A.^B	矩阵 A 的各元素与矩阵 B 的对应元素的乘方运算,运算结果 C=A.^B,其中 C(i,j)=A(i,j)^B(i,j),A 和 B 必须为同维矩阵

【例 3-10】 矩阵元素群运算实例。

```
>> A=[3 8;2 7];
>> B=[3 9;11,2];
>> A.*B
ans =
      9    72
     22    14
>> A.\B
ans =
     1.0000    1.1250
     5.5000    0.2857
>> A./B
ans =
     1.0000    0.8889
     0.1818    3.5000
```

```
>> A.^3
ans =
    27    512
     8    343
```

4. 元素群函数

MATLAB提供了几乎所有初等函数，包括三角函数、对数函数、指数函数和复数运算函数等。大部分的MATLAB函数运算都是分别作用于函数变量（矩阵）的每一个元素，这意味着这些函数的自变量可以是任意阶的矩阵。

表3-6列出了MATLAB常用初等函数名及说明。

表3-6 MATLAB常用初等函数名及说明

函数名	说明
sin	正弦函数（角度单位为rad）
cos	余弦函数（角度单位为rad）
tan	正切函数（角度单位为rad）
abs	求实数绝对值或复数的模
sqrt	平方根函数
angle	求复数的复角
real	求复数的实部
imag	求复数的虚部
conj	求复数的共轭
exp	自然指数函数（以e为底）
log	自然对数函数（以e为底）
log10	以10为底的对数函数

【例3-11】 元素群的函数实例。

```
>> x = [0,pi/6,pi/4,pi/3];
>> y = tan(x)
y =
         0    0.5774    1.0000    1.7321
>> y1 = cos(x)
y1 =
    1.0000    0.8660    0.7071    0.5000
>> log10(x)
ans =
      - Inf   - 0.2810   - 0.1049    0.0200
>> Z = [ 1 - 1i   2 + 1i   3 - 1i   4 + 1i
         1 + 2i   2 - 2i   3 + 2i   4 - 2i
         1 - 3i   2 + 3i   3 - 3i   4 + 3i
         1 + 4i   2 - 4i   3 + 4i   4 - 4i ];      %复数矩阵
>> angle(Z)
ans =
   - 0.7854    0.4636   - 0.3218    0.2450
     1.1071   - 0.7854    0.5880   - 0.4636
   - 1.2490    0.9828   - 0.7854    0.6435
     1.3258   - 1.1071    0.9273   - 0.7854
```

```
>> imag(Z)
ans =
    -1     1    -1     1
     2    -2     2    -2
    -3     3    -3     3
     4    -4     4    -4
>> abs(Z)
ans =
    1.4142    2.2361    3.1623    4.1231
    2.2361    2.8284    3.6056    4.4721
    3.1623    3.6056    4.2426    5.0000
    4.1231    4.4721    5.0000    5.6569
```

3.3.2 矩阵的关系运算

关系运算符主要用于比较数、字符串、矩阵之间的大小或不等式关系，其返回值为 0 或 1。常用的关系运算符如表 3-7 所示。

表 3-7 MATLAB 语言的关系运算符

关系操作符	说 明	对应的函数
==	等于	eq(A,B)
~=	不等于	ne (A,B)
<	小于	lt(A,B)
>	大于	gt(A,B)
<=	小于等于	le(A,B)
>=	大于等于	ge(A,B)

注意：表 3-7 中的比较运算符都是双操作数运算符，两个操作数是大小相同的数组，或者其中一个为标量。例如，A>a、a>A(a 为标量)都是有效的，其意义为 A 中所有元素分别与 a 作比较。

【例 3-12】 比较矩阵 A、B 与标量 a 的大小关系。

```
>> clear all;
>> A = [1 2 3;4 5 8;9 7 6];
>> B = [1 4 7;2 5 8;3 6 9];
>> a = 2;
>> A == B                          %比较矩阵大小
ans =
     1     0     0
     0     1     1
     0     0     0
>> A == a                          %比较矩阵 A 与标量 a 关系
ans =
     0     1     0
     0     0     0
     0     0     0
>> B == a                          %比较 A 与标量 a 关系
ans =
```

```
     0     0     0
     1     0     0
     0     0     0
>> A > B                          % 比较 A、B 大小关系
ans =
     0     0     0
     1     0     0
     1     1     0
```

3.3.3 矩阵的逻辑运算

逻辑运算符主要用于逻辑表达式和进行逻辑运算，参与运算的逻辑量以“0”代表“假”，以任意非“0”元素代表“真”。逻辑表达式和逻辑函数的值以“0”表示“假”，以“1”表示“真”。常用的逻辑运算符如表 3-8 所示。

表 3-8 MATLAB 中的逻辑操作符

逻辑操作符	说　　明	对应的函数
&	逻辑与	and(A,B)
|	逻辑或	or(A,B)
~	逻辑非	nor(A,B)
||	先决或	—
&&	先决与	—

注意：&、|、&&、||、~的操作数也可以是非逻辑矩阵的数值矩阵，但是，MATLAB 会首先将其转换为逻辑矩阵，非 0 元素转换为逻辑 1，0 转换为逻辑 0，然后按照逻辑运算法则进行运算。逻辑运算符同样支持矩阵与标量的逻辑运算，其意义为各元素与标量分别作逻辑运算。

&、&& 执行相同的运算，都是逻辑与，其结果相同，但两者运算方式不同。A&B 首先分别计算出 A、B，然后进行逻辑与；A&&B 首先计算 A，如 A 的某一元素为 0，则结果的对应元素为 0，而不用计算 B 的对应元素。当 A 计算比较简单、B 很复杂时，采用 && 会提高运算效率。|、||的区别与之类似。

【例 3-13】 矩阵的逻辑运算。

```
>> clear all;
A = [5 4 3;0 8 9;3 6 7];B = [1 5 7;3 9 7;0 2 4];
A|B                               % 同维矩阵的逻辑或运算
ans =
     1     1     1
     1     1     1
     1     1     1
>> a = 4;A = [3 4;5 9];a&A        % 标量与矩阵的逻辑与运算
ans =
     1     1
     1     1
>> ~A
ans =
```

```
     0     0     0
     1     0     0
     0     0     0
```

3.4 MATLAB 流程控件

作为计算机语言,编程是必需的。编程靠的是程序控制语句。计算机语言程序控制模式主要有三大类:顺序结构、循环结构和选择结构。这一点 MATLAB 与其他编程语言完全一致。

3.4.1 顺序结构

MATLAB 程序结构中最基本的结构即是顺序结构,这种结构不需要任何流程控制语句,完全是依照从前到后的自然顺序执行代码。顺序结构符合一般的逻辑思维顺序习惯,简单易读、容易理解。所有的实际程序代码中都会出现顺序结构。

【例 3-14】 使用 MATLAB 顺序结构,计算两数的和、差。

```
>> clear all;
 %输入第一个数值
num1 = 9;
 %输入第二个数值
num2 = 12;
 %计算两个数的和
disp('两个数的和为: ')
s = num1 + num2
 %计算两个数的差
disp('两个数的差为: ')
d = num1 - num2
```

运行程序,输出如下:

```
两个数的和为:
s =
    21
两个数的差为:
d =
    -3
```

3.4.2 循环结构

循环结构是指重复执行某一段相同的语句,用循环控制结构。如果已知循环次数,用 for 语句;如果未知循环次数,但有循环条件,则用 while 语句。

1. for 循环语句

for 循环语句的结构如下:

```
for index = values
```

```
    program statements
            ⋮
end
```

其中，index 表示循环变量，values 一般为使用冒号进行步进的等差数列[start：increment：end]，statements 为循环体，最后是关键字 end。通过 for 循环语句的基本结构，可以看出，使用 for 语句控制循环结构，其循环次数是一定的，由 values 列数决定，即(end-start)/increment。

【例 3-15】 从自然数 1 开始累加，加数为自然数的质数因子最小数，直到累加和达到 99 时停止累加，返回累加和于停止的位置。

```
>> clear all;
for m = 1:k
    for n = 1:k
        if m == n
            a(m,n) = 2;
        elseif abs(m - n) == 2
            a(m,n) = 1;
        else
            a(m,n) = 0;
        end
    end
end
```

当 k=6 时，得到一个矩阵：

```
a =
    2    0    1    0    0    0
    0    2    0    1    0    0
    1    0    2    0    1    0
    0    1    0    2    0    1
    0    0    1    0    2    0
    0    0    0    1    0    2
```

2. while 循环语句

与 for 循环以固定次数求一组命令的值相反，while 循环以不定的次数求一组语句的值。while 循环的一般调用格式为：

```
while expression
    statements
end
```

当表达式 expression 的结果为真时，就执行循环语句，直到表达式 expression 的结果为假，才退出循环。

如果表达式 expression 是一个数组 A，则相当于判断 all(A)。注意空数组被当做逻辑假，循环不执行。

【例 3-16】 利用 while 循环结构求方程 x^3-2x-5 的解。

```
>> clear all;
a = 0;
```

```
fa = -Inf;
b = 3;
fb = Inf;
while b-a > eps*b
   x = (a+b)/2;
   fx = x^3-2*x-5;
   if fx == 0
      break
   elseif sign(fx) == sign(fa)
      a = x; fa = fx;
   else
      b = x; fb = fx;
   end
end
disp('方程的解为:')
disp(x)
```

运行程序,输出如下:

```
方程的解为:
    2.0946
```

3. break 语句和 continue 语句

与循环结构相关的语句还有 break 语句和 continue 语句。它们一般与 if 语句配合使用。

break 语句用于终止循环的执行。当在循环体内执行到该语句时,程序将跳出循环,继续执行循环语句的下一语句。

continue 语句控制跳过循环体中的某些语句。当在循环体内执行到该语句时,程序将跳过循环体中所有剩下的语句,继续下一次循环。

【例 3-17】 编写求 0～50 范围内 3 与 5 的公倍数的程序。

```
>> clear all;
%输出0～50范围内3和5的公倍数
disp('输出0～50范围内能同时被3和5整除的数')
for n = 0:50
    if mod(n,3) == 0;          %当n不能整除时,跳出if语句
        if mod(n,5) ~= 0
            continue           %当n可以被3整除时,但不能被5整除,跳出此行if语句
        end
        disp(n)
    end
end
```

运行程序,输出如下:

```
输出0～50范围内能同时被3和5整除的数
    0
    15
    30
    45
```

【例 3-18】 求解经典的鸡兔同笼问题，在笼子中有头 36 个，脚有 100 只，求鸡、兔各几只。其实现的 MATLAB 代码如下：

```
>> clear all;
i = 1;
while i > 0
    if rem(100 - i * 2,4) == 0&(i + (100 - i * 2)/4) == 36;
        break;
    end
    i = i + 1;
    n1 = i;
    n2 = (100 - 2 * i)/4;
end
fprintf('The number of chicken is %d.\n',n1);
fprintf('The number of rabbit is %d.\n',n2);
```

运行程序，输出如下：

```
The number of chicken is 22.
The number of rabbit is 14.
```

3.4.3 选择结构

在 MATLAB 中选择结构程序有两种形式，分别为 if 形式和 switch 形式。

1. if 条件选择结构

在编写程序时，往往需要根据一定的条件进行一定的选择来执行不同的语句，此时，需要使用分支语句来控制程序的进程。在 MATLAB 中，使用 if-else-end 结构来实现这种控制。

if-else-end 结构的使用形式有以下三种。

1）只有一种选择情况

此时的 if 程序结构如下：

```
if 表达式
    执行语句
end
```

这是 if 结构最简单的一种应用形式，其只有一个判断语句，当表达式为真时，即执行 if 和 end 间的执行语句；否则不予执行。

2）有两种选择情况

假如有两种选择，if-else-end 的结构如下：

```
if 表达式
    执行语句 1
else
    执行语句 2
end
```

3) 有三种或三种以上选择

当有三种或三种以上选择时,if-else-end 结构采用形式如下:

```
if 表达式 1
    表达式为真时的执行语句 1
elseif 表达式 2
    表达式 2 为真时的执行语句 2
elseif 表达式 3
    表达式 3 为真时的执行语句 3
elseif …
    …

else
    所有表达式都为假时的执行语句
end
```

注意:

(1) else 子句不能单独使用,必须与 if 配对使用;

(2) if 条件选择结构可以嵌套使用。

【例 3-19】 利用分支语句 if-else 语句实现输入一个百分制成绩,要求输出成绩的等级为 A、B、C、D、E。其中,90~100 分为 A,80~89 分为 B,70~79 分为 C,60~69 分为 D,60 分以下为 E。

```
>> clear;
disp(' if_else 语句!')
x = input('请输入分数:');
if (x <= 100 & x >= 90)
    disp('A')
elseif (x>= 80 & x <= 89)
    disp('B')
elseif (x >= 70 & x <= 79)
    disp('C')
elseif (x >= 60 & x <= 69)
    disp('D')
elseif (x < 60)
    disp('E')
end
```

运行程序,输出如下:

```
if_else 语句!
请输入分数:55
E
```

2. switch 条件选择结构

switch…case 语句适用于条件多而且比较单一的情况,类似于一个数控的多个开关。它的基本组成结构的语法格式为:

```
switch 条件表达式
    case 常量 1
    语句组 1
```

```
    case{常量 1,常量 2}
    语句组 2
    …
    otherwise
    语句组 n+1
end
```

执行过程：首先计算表达式的值，并与各 case 语句中的常量比较，然后选择第一个与之匹配的 case 语句组执行，完成后立即跳出语句；若没有找到与条件表达式值相匹配的 case 语句，则执行 otherwise 后的语句组，并退出 switch 语句。

【例 3-20】 用 switch…case 实现输入一个百分制成绩，要求输出成绩的等级为 A、B、C、D、E。其中，90～100 分为 A，80～89 分为 B，70～79 分为 C，60～69 分为 D，60 分以下为 E。

```
>> clear all;
disp(' switch 语句!')
c = input('请输入成绩:');
 switch c
  case num2cell(90:100),
      disp('A');
  case num2cell(80:89),
      disp('B');
  case num2cell(70:79),
      disp('C');
  case num2cell(60:69),
      disp('D');
  otherwise
disp('E');
 end
```

运行程序，输出如下：

```
switch 语句!
请输入成绩:100
A
```

注意：MATLAB 中，switch 条件选择结构只执行第一个匹配的 case 对应的语句组，因此不需要 break。

3.5 M 文件

M 文件可分为脚本 M 文件（简称脚本文件）和函数 M 文件（简称函数文件）两大类，其特点和适用领域均不同。

3.5.1 脚本文件

MATLAB 命令类似于 DOS 命令，而脚本文件类似于 DOS 系统中的.bat 批处理文件。脚本文件是一连串 MATLAB 命令，可以将烦琐的计算或操作放在一个 M 文件里面,每当调用这一连串命令时,只需输入 M 文件名即可,从而简化了操作。运行脚本文件后,所产生的变量都保存在 MATLAB 的工作空间中,除非用户使用 clear 函数清除或关闭 MATLAB,否则这些变量将一直保存在工作空间中。

命令脚本文件包括两部分:注释部分与程序部分。其中注释部分必须在符号"%"之后,MATLAB 不对其进行计算,只帮助程序设计人员和读者理解程序。程序部分即为程序中一般的命令行和程序段,MATLAB 要对其进行编译和计算。

【例 3-21】 编写脚本文件,实现图像的绘制,效果如图 3-2 所示。

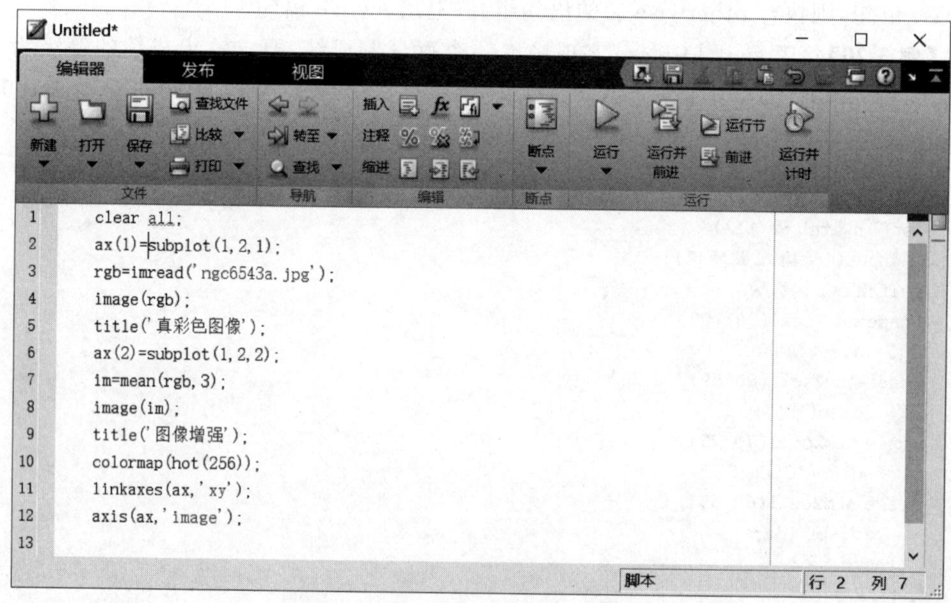

图 3-2 新建脚本文件并输入语句

选中所编写的文件并右击,在弹出的快捷菜单中选择"执行所选内容"选项,即可运行程序,效果如图 3-3 所示。

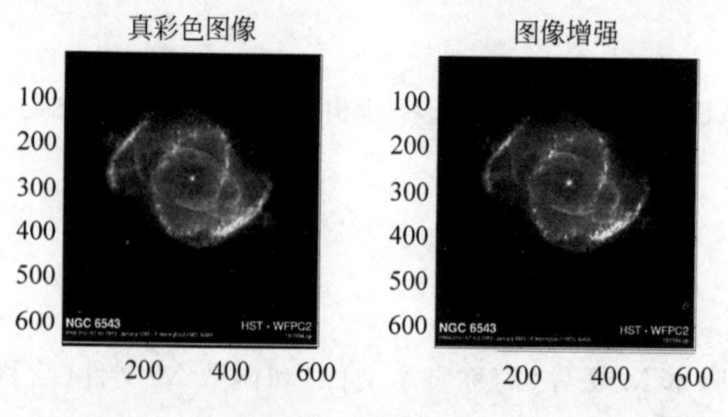

图 3-3 图像绘制

3.5.2 函数文件

MATLAB 用户可以根据编辑需要,编写所需要的 M 文件,它可以像 MATLAB 提供的库函数一样方便调用。这种用 MATLAB 语言创建与定义新函数的功能,体现了

MATLAB 语言强大的扩展性。

用户自定义的 M 函数有输入与输出变量,其一般格式为:

```
function     返回变量 = 函数名(输入变量)
% 注释说明语句
程序段
```

注意:M 函数文件第一行必须以关键字 function 作为引导,文件名必须为 *.m。程序中的变量不保存在工作空间中,只在函数运行期间有效。

【例 3-22】 自定义函数用于判断读入图像的格式。

```
function imageData = readImage(filename)
try
   imageData = imread(filename);
catch exception
    % 无法找到该文件
   if ~exist(filename,'file')
        % 检查扩展中常见的拼写错误
      [~,~,extension] = fileparts(filename);
      switch extension
         case '.jpg'
            altFilename = strrep(filename,'.jpg','.jpeg');
         case '.jpeg'
            altFilename = strrep(filename,'.jpeg','.jpg');
         case '.tif'
            altFilename = strrep(filename,'.tif','.tiff');
         case '.tiff'
            altFilename = strrep(filename,'.tiff','.tif');
         otherwise
            rethrow(exception);
      end
      % 与修改过的文件名再试一次
      try
         imageData = imread(altFilename);
      catch exception2
         % 重新抛出原来的错误
         rethrow(exception)
      end
   else
      rethrow(exception)
   end
end
```

函数文件具有如下特点:

1) 函数声明行

函数声明行定义了函数的名称。函数首行以关键字 function 开头,并在首行中列出全部输入、输出参量以及函数名。函数名应置于等号右侧,虽没作特殊要求,但一般函数名与对应的 M 文件名相同。输出参量紧跟在 function 之后,常用方括号括起来(若仅有一个输出参量则无须方括号);输入参量紧跟在函数名之后,用圆括号括起来。如果函数有多个输入或输出参数,输入变量之间用“,”分隔,返回变量用“,”或空格分隔。与输入或输出参数相关的两个特殊变量是 varargin 和 varargout,它们都是单元数组,分别获取输入和输出的各元素内容。这两个参数对可变输入或输出参数特别有用。

2）H1行

H1行是函数帮助文本的第一行，以“%”开头，用来概要说明该函数的功能。在MATLAB中用命令 lookfor 查找某个函数时，查找到的就是函数 H1 行及其相关信息。

3）函数帮助文本

在H1行之后而在函数体之前的说明文本就是函数的帮助文本。它可以有多行，每行均以“%”开头，用于比较详细地对该函数进行注释，说明函数的功能与用法、函数开发与修改的日期等。在MATLAB中用命令“help＋函数名”查询帮助时，就会显示函数H1行与帮助文本的内容。

4）函数体

函数体是函数的主要部分，是实现该函数功能、进行运算所有程序代码的执行语句。

5）函数注释

函数体中除了进行运算外，还包括函数调用与程序调用的必要注释。注释语句段每行用“%”引导，“%”后的内容不执行，只起注释作用。

此外，函数结构中一般都应有变量检测部分。如果输入或返回变量格式不正确，则应该给出相应的提示。输入和返回变量的实际个数分别用 nargin 和 nargout 两个 MATLAB保留变量给出，只要进入函数，MATLAB就将自动生成这两个变量。nargin 和 nargout 可以实现变量检测。

如其他程序语言一样，MATLAB也有子函数(subfunction)的概念。一个M文件中的第一个函数为主函数，其函数名就是调用M文件的文件名，而同一个文件中的其他函数则为子函数，这些子函数只对同一个文件中的主函数和其他子函数有效。

3.6 MATLAB图形绘制

MATLAB除了强大的数值分析功能外，还具有方便的绘图功能。利用MATLAB丰富的二维、三维图形函数和多种修饰方法，只要指定绘图方式并提供绘图数据，就可以绘制出理想的图形。由于MATLAB的图形系统是建立在诸如线、面等图形对象的集合基础之上，因此用户可以对任何一个图形元素进行单独的修改，而不影响图形的其他部分。

3.6.1 二维图形绘制

在MATLAB中，对于一般绘图及特殊绘图都提供了相应的内置函数，并为图形的修饰提供了函数，下面分别给予介绍。

1. 基本绘图函数

MATLAB中最常用的绘图函数为 plot，它用于绘制二维曲线，根据函数输入参数不同，其调用格式也不相同，其调用格式主要有：

plot(Y)：其中输入参数 Y 就是 Y 轴的数据，一般习惯输入向量，则 plot(Y)可以用以绘制索引值所对应的行向量 Y,若 Y 为复数,则 plot(Y)等于 plot(real(Y),image(Y))。在其他几种使用方式中,如果有复数出现,则复数的虚数部分将不被考虑。

plot(X1,Y1,…,Xn,Yn):当 Xi、Yi 均为实数向量,且为同维向量(可以不是同型向量),则 plot 先描出点(X(i),Y(i)),然后用直线依次相连;若 Xi、Yi 为复数向量,则不考虑虚数部分。若 Xi、Yi 均为同型实数矩阵,则 plot(Xi,Yi)依次画出矩阵的几条线段;若 Xi、Yi 一个为向量,另一个为矩阵,且向量的维数等于矩阵的行数或列数,则矩阵按向量的方向分解成几个向量,再与向量配对分别画出,矩阵可分解成几个向量就有几条线。在上述的几种使用形式中,若有复数出现,则复数的虚数部分将不被考虑。

plot(X1,Y1,LineSpec,…,Xn,Yn,LineSpec):LineSpec 为选项(开关量)字符串,用于设置曲线颜色、线型、数据点等;LineSpec 的标准设定值见表 3-9,前 7 种颜色依序(蓝、绿、红、青、品红、黄、黑)自动着色。

表 3-9 MATLAB 中的绘图选项

选　项	含　义	选　项	含　义
-	实线	.	用点号标出数据点
--	虚线	O	用圆圈标出数据点
:	点线	x	用叉号标出数据点
-.	点划线	+	用加号标出数据点
r	红色	s	用小正方形标出数据点
g	绿色	D	用菱形标出数据点
b	蓝色	V	用下三角标出数据点
y	黄色	^	用上三角标出数据点
m	洋红	<	用左三角标出数据点
c	青色	>	用右三角标出数据点
w	白色	H	用六角形标出数据点
k	黑色	P	用五角形标出数据点
*	用星号标出数据点	—	—

plot(X1,Y1,LineSpec,'PropertyName',PropertyValue):对所有用 plot 函数创建的图形进行属性值设置,常用属性如图 3-10 所示。

表 3-10 plot 函数常用属性

属　性　名	含　义	属　性　名	含　义
LineWidth	设置线的宽度	MarkerEdgeColor	设置标记点的边缘颜色
MarkerSize	设置标记点的大小	MarkerFaceColor	设置标记点的填充颜色

h = plot(X1,Y1,LineSpec,'PropertyName',PropertyValue):返回绘制函数的句柄值 h。

loglog 函数、semilogx 函数与 semilogy 函数的用法与 plot 函数的用法类似。

【例 3-23】 用三种不同的线型、标记符号和颜色分别绘制正余弦曲线。

```
>> clear all;                    %清除工作空间中变量
x = linspace( - 2 * pi,2 * pi);
```

```
y1 = sin(x);
y2 = cos(x);
figure
h = plot(x,y1,x,y2);
```

运行程序,效果如图 3-4 所示。

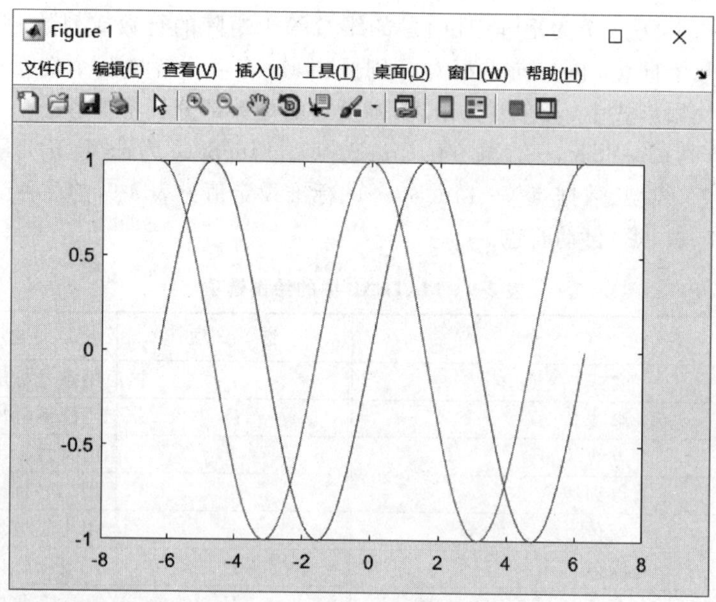

图 3-4 正余弦曲线

注意:

(1) 用来绘制图形的数据必须已经存储在工作空间中,也就是说在执行 plot 函数前,当前工作空间中必须有可用来绘制图形的数据。

(2) 对应的 x 轴和 y 轴的数据长度必须相同。

(3) 如果省略选项 option,系统将按默认的格式绘制曲线。

(4) option 中的属性可以多个连用,如选项"--r"表示红色的虚线。

(5) 执行 Figure 命令时,绘图结果将出现在一个新的窗口中。如图 3-4 所示,Figure 1 显示的为例 3-23 绘制的结果,如同一般的窗口,它有自己的菜单栏和工具栏。

(6) 如果对已绘制的图形不满意,提出更具体的要求,如坐标轴范围、绘制网格等,可通过以下代码实现:

```
>> axis([0 10 -2 2]);
>> grid on;
```

运行程序,效果如图 3-5 所示。

2. 修饰图形

如果对图形还不太满意,可对图形进行一些修改,在 MATLAB 中,提供了多种图形函数,用于图形的修饰。常用的图形修饰函数名称及说明如表 3-11 所示。

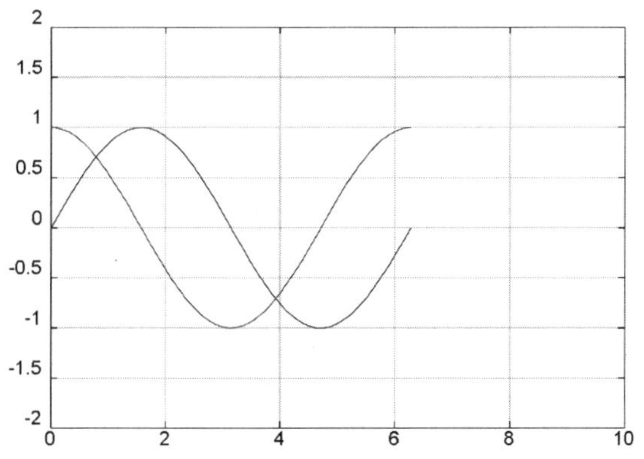

图 3-5　修改后的图形

表 3-11　常用图形修改函数及说明

函　　数	说　　明
axis([Xmin,Xmax,Ymin,Ymax])	x、y 坐标轴范围的调整
xlabel('string')	标注 x 轴名称
ylabel('string')	标注 y 轴名称
title('string')	标注图形标题
legend('string1','string2',…)	标注图形标注
grid on	给图形增加网格
grid off	给图形取消网格
gtext('string')	在图形中加入普通文本标注

【例 3-24】 对例 3-23 的图形进行修饰，实现以下要求：

(1) 将图形的 x 轴大小范围限定在[0,2π]，y 轴的大小范围限定在[−1,1]；

(2) x、y 轴分别标注为"弧度值"、"函数值"；

(3) 图形标题标注为"正余弦曲线"；

(4) 添加图例标注，标注字符分别为 y1，y2；

(5) 属性两条曲线的线型、线条大小；

(6) 在两条曲线上分别标注文本 y1=sin(x)，y2=cos(x)；

(7) 给图形添加网格。

其实现的 MATLAB 代码为：

```
>> clear all;                    %清除工作空间中变量
x = linspace( - 2 * pi,2 * pi);
y1 = sin(x);
y2 = cos(x);
figure
h = plot(x,y1,x,y2);
set(h(1),'LineWidth',2);
set(h(2),'Marker',' * ');
axis([0,2 * pi, - 1,1]);
xlabel('弧度值');
ylabel('函数值');
```

```
title('正余弦曲线');
legend('y1','y2');
grid
gtext('y1 = sin(x)');
gtext('y2 = cos(x)');
```

运行程序,效果如图 3-6 所示。

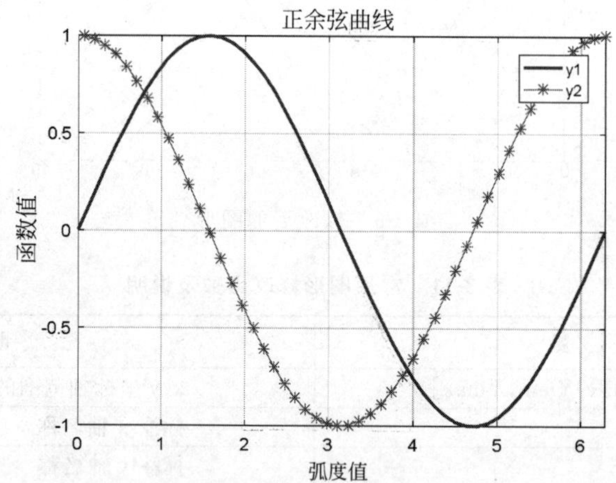

图 3-6　输出图形(未添加文本说明)

如图 3-6 所示,脚本在执行第一个 gtext 命令时,需要在图形窗口 Figure 1 中确定该文本的位置。

Figure 1 上可以看到一个跟随鼠标移动的十字形指针,将鼠标拖动到对应曲线附近,然后单击,字符串 y1＝sin(x)即可添加到此处。

同理,在执行第二个 gtext 命令时,仍需要进行类似的操作,将字符串 y2＝cos(x)添加到图形中,最终效果如图 3-7 所示。

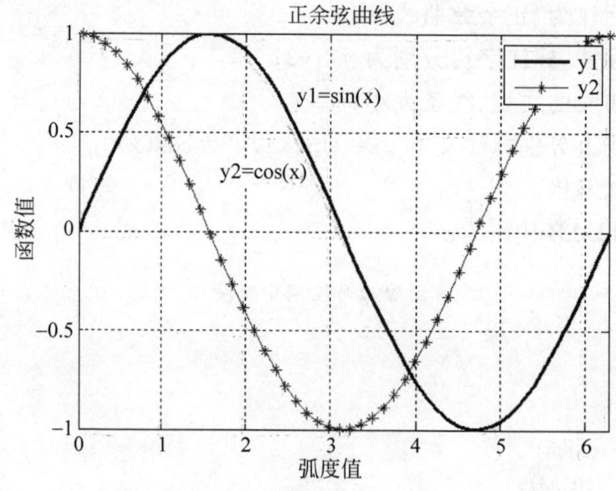

图 3-7　最终输出图形

3. 特殊二维曲线绘图

在 MATLAB 中，除了可以通过函数 plot 等绘制图形外，还有一些函数可以绘制特殊的图形，例如条形图、直方图等。

表 3-12 列出了 MATLAB 自带的常用的特殊二维图形函数及说明。

表 3-12　MATLAB 特殊二维图形函数及说明

函　数	说　明
bar/barh	bar 函数用于绘制垂直条形图，barh 用于绘制水平二维条形图
hist	用于绘制直方图
are	用于绘制面积图
pie	用于绘制二维饼图
scatter	用于绘制散点图
pareto	用于绘制排列图(累托图)
compass	用于绘制罗盘图
feather	用于绘制羽毛图
quiver	用于绘制二维向量图
stem	用于绘制火柴杆图
stairs	用于绘制阶梯图
polar	用于绘制极坐标图
contour	用于绘制二维等高线图
contourf	用于绘制带填充的二维等高线图
clabel	为指定的等高线添加数据标签
errorbar	用于绘制曲线误差形图

【例 3-25】　利用 MATLAB 提供的特殊函数绘制特殊二维图形。

其实现的 MATLAB 代码为：

```
>> clear all;
y = [75.995,91.972,105.711,123.203,131.669,...
     150.697,179.323,203.212,226.505,249.633,281.422];
subplot(231); bar(y);
title('垂直等高线图');axis square;
subplot(232); barh(y);
title('水平等高线图');axis square;
rng(0,'twister');
theta = linspace(0,2 * pi,300);
x = sin(theta) + 0.75 * rand(1,300);
y1 = cos(theta) + 0.75 * rand(1,300);
s = 40;subplot(233);
scatter(x,y1,s,'MarkerEdgeColor','b','MarkerFaceColor','c','LineWidth',1.5);
title('散点图');axis square;
theta = ( - 90:10:90) * pi/180;
r = 2 * ones(size(theta));
[u,v] = pol2cart(theta,r);
subplot(234);feather(u,v);
title('羽毛图');axis square;
[X1,Y1] = meshgrid( - 2:.2:2);
```

```
Z = X1. * exp( - X1.^2 - Y1.^2);
[DX,DY] = gradient(Z,.2,.2);
subplot(235);contour(X1,Y1,Z) %等高线图
hold on
quiver(X1,Y1,DX,DY)             %向量图
colormap hsv;
title('带等高线的向量图');axis square;
X2 = linspace(0,2 * pi,25)';
Y2 = (cos(2 * X2));subplot(236);
stem(X2,Y2,'LineStyle','-.','MarkerFaceColor','red','MarkerEdgeColor','green');
title('火柴杆图');axis square;
```

运行程序,效果如图 3-8 所示。

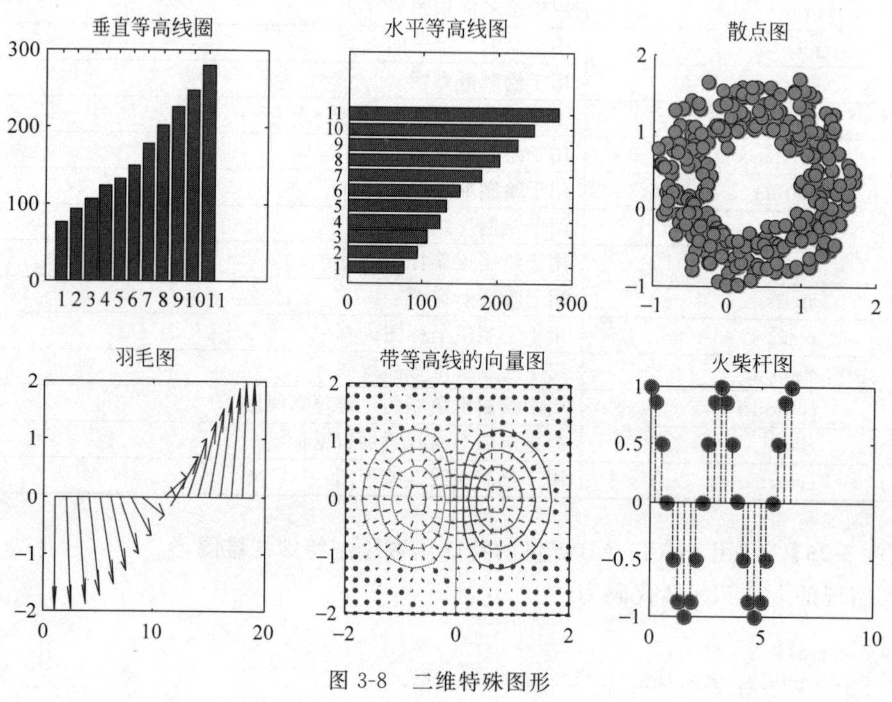

图 3-8　二维特殊图形

4. 图形窗口控制

MATLAB 提供了一系列专门的图形窗口控制函数,通过这些函数,可以创建或者关闭图形窗口,也可以同时打开几个窗口,还可以在一个窗口内绘制若干子图。这些函数及说明如表 3-13 所示。

表 3-13　MATLAB 图形窗口控制函数及说明

函　数	说　明
figure	每调用一次就打开一个新的图形窗口
figure(n)	创建或打开第 n 个图形窗口,使之成为当前窗口
clf	清除当前图形窗口
hold on	保留当前窗口的图形不被后续图形覆盖,可实现在同一坐标系中多幅图形的重叠
hold off	解除 hold on 命令,一般与 hold on 成对使用

续表

函　数	说　明
subplot(m,n,p)	将当前绘图窗口分割成 m 行、n 列,并在第 p 个区域绘图
close	关闭当前图形窗口
close all	关闭所有图形窗口

注意:

(1) 第一个绘图命令(如 plot)运行后,将自动创建一个名为 Figure 1 的图形窗口。这个窗口将被当作当前窗口,接着的所有绘图命令(包括绘图修饰和再一次的 plot 等命令)均在该图形窗口中执行,后续绘图指令会覆盖原图形或叠加在原图形上。

(2) 使用 subplot 命令时,各个绘图区域以"从左到右、先上后下"的原则来编号。MATLAB 允许每个绘图区域以不同的坐标系单独绘制图形。

【例 3-26】 取三个不同的 x 值,x1＝0:pi/20:pi,x2＝pi/2:pi/20:3 * pi/2,x3＝pi:pi/20:2 * pi,在同一坐标系下绘制 y1＝sin(x),y2＝sin(x－0.25),y3＝sin(x－0.5)的图形,并利用 hold on 绘图。

其实现的 MATLAB 代码为:

```
>> clear all;                        %清除工作空间中变量
x1 = 0:pi/20:pi;
x2 = pi/2:pi/20:3 * pi/2;
x3 = pi:pi/20:2 * pi;
y1 = sin(x1);
y2 = sin(x2 - 0.25);
y3 = sin(x3 - 0.5);
figure
hold on;
plot(x1,y1,'-.r*');
plot(x2,y2,'--mo');
plot(x3,y3,':bs');
hold off;
%图形修饰
axis([0,2.2 * pi, -1,1]);
xlabel('弧度值');
ylabel('函数值');
title('三条不同相位的正弦曲线');
legend('y1','y2');
grid
gtext('y1 = sin(x)');
gtext('y2 = sin(x - 0.25)');
gtext('y3 = sin(x - 0.5)');
```

运行程序,效果如图 3-9 所示。

注意:在程序中,绘制三条曲线的命令不同之处在于使用了配对的 hold on 和 hold off,然后分别使用了三次 plot 函数。这与直接使用 plot 绘制三条曲线效果一致,只需给出 plot(x1,y1,x2,y2,x3,y3,'option')即可。如果去掉 hold on 会得到如图 3-10 所示的结果,只显示最后一个 plot 绘制结果,也即 y3。

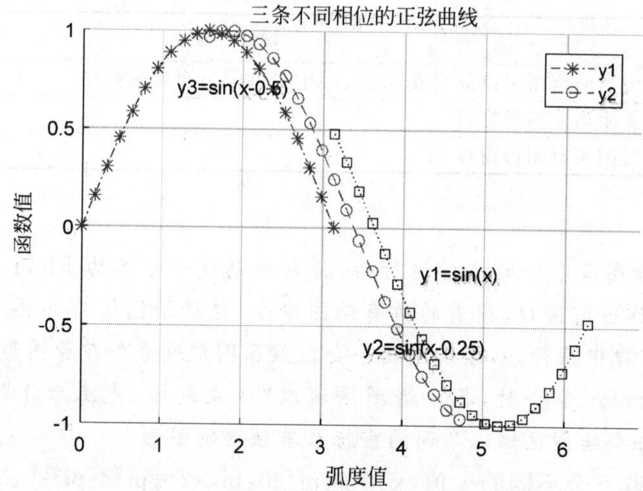

图 3-9 绘图结果

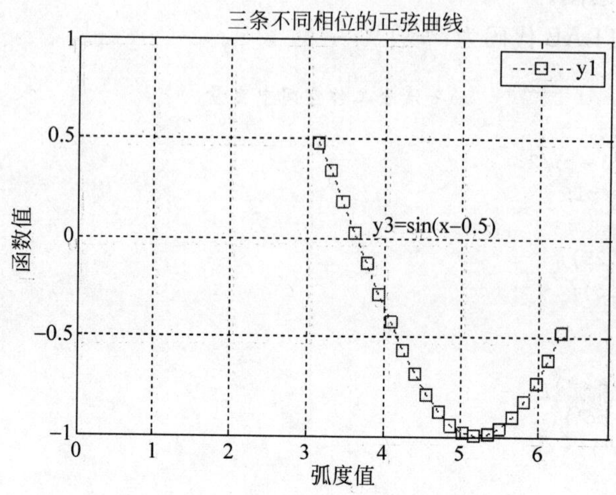

图 3-10 去掉 hold on 的绘图效果

3.6.2 三维图形绘制

除了常用的二维图形外，MATLAB 还提供了三维数据的绘制函数，可以在三维空间绘制曲线或曲面。

1. 三维曲线的绘制

在 MATLAB 中，提供了 plot3 函数用于绘制三维曲线图，其函数用法与二维曲线绘制函数 plot 类似。函数 plot3 的调用格式为：

(1) plot3(X1,Y1,Z1,…)：以默认线型属性绘制三维点集(Xi,Yi,Zi)确定的曲线。Xi、Yi、Zi 为相同大小的向量或矩阵。

(2) plot3(X1,Y1,Z1,LineSpec,…)：以参数 LineSpec 确定的线型属性绘制三维点集(Xi,Yi,Zi)确定的曲线。Xi、Yi、Zi 为相同大小的向量或矩阵。

(3) plot3(…,'PropertyName',PropertyValue,…)：绘制三维曲线，根据指定的属性值设定曲线的属性。

(4) h = plot3(…)：返回绘制的曲线图的句柄值向量 h。

【例 3-27】 利用 plot3 函数绘制以下参数方程的三维曲线。

$$\begin{cases} x = t \\ y = \cos t \\ z = \sin 2t \end{cases}$$

其实现的 MATLAB 代码如下：

```
>> clear all;
x = 0:0.01:50;
y = cos(x);
z = sin(2 * x);
plot3(x,y,z,'r-.');
grid on;
title('三维曲线');
```

运行程序，效果如图 3-11 所示。

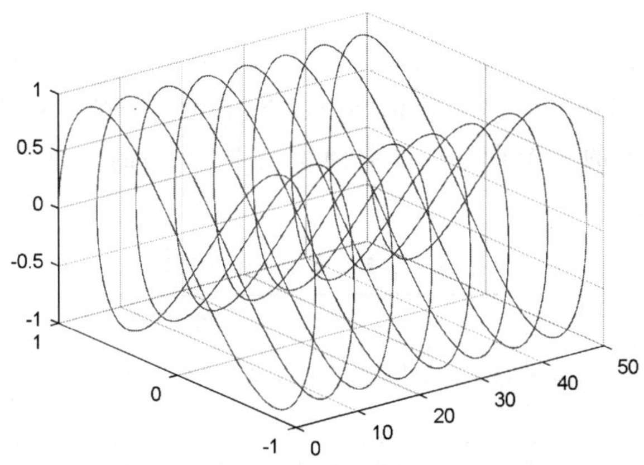

图 3-11 三维曲线的绘制

三维曲线修饰与二维图形的图形修饰函数类似，但比二维图形的修饰函数多了一个 z 轴方向，如 axis([Xmin,Xmax,Ymin,Ymax,Zmin,Zmax])、zlabel('String')。

例如，为图 3-11 添加标注，代码为：

```
>> clear all;                        %清除工作空间中变量
x = 0:0.01:50;
y = cos(x);
z = sin(2 * x);
plot3(x,y,z,'r-.');
grid on;
title('三维曲线');
```

```
xlabel('x 轴');
ylabel('y 轴');
zlabel('z 轴');
axis([0,60,-1.5,1.5,-1,1]);
```

运行程序,效果如图 3-12 所示。

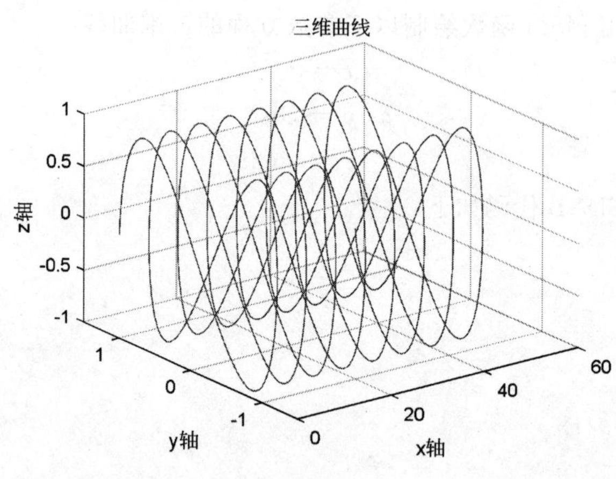

图 3-12　添加标注

2. 三维曲面的绘制

三维曲面方程存在两个自变量 x、y 和一个因变量 z。因此,绘制三维曲面图形必须先在 xy 平面上建立网络坐标,每一个网络坐标点,和它对应的 z 坐标所确定的一组三维数据就定义了曲面上的一个点。三维曲面绘制中,常用的三个函数及说明如表 3-14 所示。

表 3-14　三维曲面绘制函数及说明

函　数	说　明
[X,Y]=meshgrid(x,y)	根据(x,y)二维坐标数据生成 xy 网格点坐标数据,其中,x、y 为向量,X、Y 为矩阵
mesh(X,Y,Z)	绘制三维网络曲面,通过直接连接相邻的点构成三维曲面
surf(X,Y,Z)	绘制三维阴影曲面,通过平面连接相邻的点构成三维曲面

【例 3-28】 绘制三维网格图实例。

```
>> clear all;                        %清除工作空间中的所有变量
[X,Y] = meshgrid(-8:.5:8);
R = sqrt(X.^2 + Y.^2) + eps;
Z = sin(R)./R;
subplot(231);mesh(Z);
title('绘制数据 Z 的网格图');
subplot(232);mesh(X,Y,Z);
axis([-8 8 -8 8 -0.5 1]);
```

```
title('绘制三维网格图')
C = gradient(Z);
subplot(233);mesh(X,Y,Z,C);
title('颜色由C指定')
C = del2(Z);
subplot(234);mesh(Z,C,'FaceLighting','gouraud','LineWidth',0.3);
title('设置网格图属性');
subplot(235);meshz(Z);
title('meshz 绘制网格图');
subplot(236);meshc(Z);
title('meshc 绘制网格图');
```

运行程序，效果如图 3-13 所示。

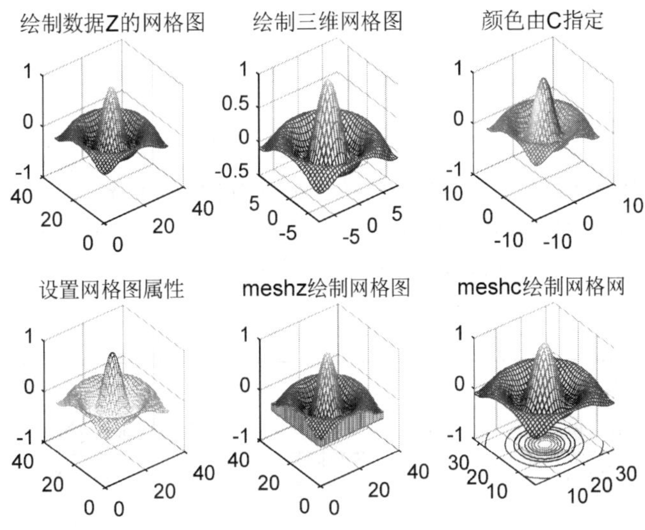

图 3-13　三维网格图

【例 3-29】 利用 surf 绘制三维表面图。

```
>> clear all;                        % 清除工作空间中的所有变量
[x,y] = meshgrid( - 3:1/8:3);
z = peaks(x,y);
subplot(221);surf(z);
title('surf(z)绘图形式');
subplot(222);surf(x,y,z);
title('surf(x,y,z)绘图形式')
subplot(223);surfl(x,y,z);
title('surfl(x,y,z)绘图形式')
subplot(224);surfc(x,y,z);
title('surfc(x,y,z)绘图形式');
```

运行程序，效果如图 3-14 所示。

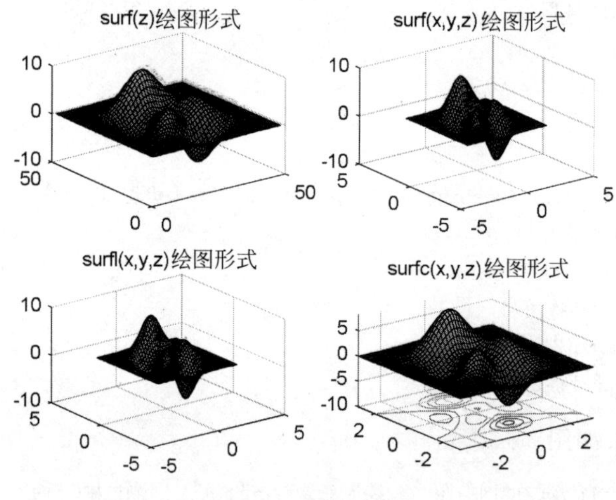

图 3-14　三维表面图

3. 三维特殊绘图

在科学研究中,有时也需要绘制一些特殊的三维图形,如统计学中三维直方图、圆柱体图、饼形图等。MATLAB 中提供了用于绘制这些特殊三维图形的函数,表 3-15 列出了 MATLAB 常用的三维特殊图形绘图函数及说明。

表 3-15　三维特殊图形函数及说明

函　数	说　明
bar3、barh3	绘制三维垂直(水平)柱状图
cylinder	绘制三维柱面图
sphere	用于绘制球面图
contour3	用于绘制三维等高线图
pie3	用于绘制三维饼图
scatter3	用于绘制三维散点图
stem3	用于绘制三维火柴杆图
quiver3	用于绘制三维向量图
comet3	用于绘制三维彗星图
fill3	用于绘制三维填充图
ribbon	用于绘制三维彩带图
patch	绘制三维片块图

【例 3-30】 绘制特殊三维图形。

其实现的 MATLAB 程序代码为:

```
>> clear all;
t = 0:pi/10:2 * pi;
[X1,Y1,Z1] = cylinder(2 + cos(t));
```

```
subplot(231);surf(X1,Y1,Z1)
axis square;title('三维柱面图');
subplot(232);sphere
axis equal;title('三维球体');
x1 = [1 3 0.5 2.5 2];
explode = [0 1 0 0 0];
subplot(233);pie3(x1,explode)
title('三维饼图');axis equal;
X2 = [0 1 1 2;1 1 2 2;0 0 1 1];
Y2 = [1 1 1 1;1 0 1 0;0 0 0 0];
Z2 = [1 1 1 1;1 0 1 0;0 0 0 0];
C = [0.5000 1.0000 1.0000 0.5000;
     1.0000 0.5000 0.5000 0.1667;
     0.3330 0.3330 0.5000 0.5000];
subplot(234);fill3(X2,Y2,Z2,C);
colormap hsv
title('三维填充图');axis equal;
[x2,y2] = meshgrid(-3:.5:3,-3:.1:3);
z2 = peaks(x2,y2);
subplot(235);ribbon(y2,z2)
colormap hsv
title('三维彩带图');axis equal;
[X3,Y3] = meshgrid(-2:0.25:2,-1:0.2:1);
Z3 = X3.*exp(-X3.^2 - Y3.^2);
[U,V,W] = surfnorm(X3,Y3,Z3);
subplot(236);quiver3(X3,Y3,Z3,U,V,W,0.5);
hold on
surf(X3,Y3,Z3);
colormap hsv
view(-35,45);
title('三维向量场图');axis equal;
set(gcf,'color','w');
```

运行程序,效果如图 3-15 所示。

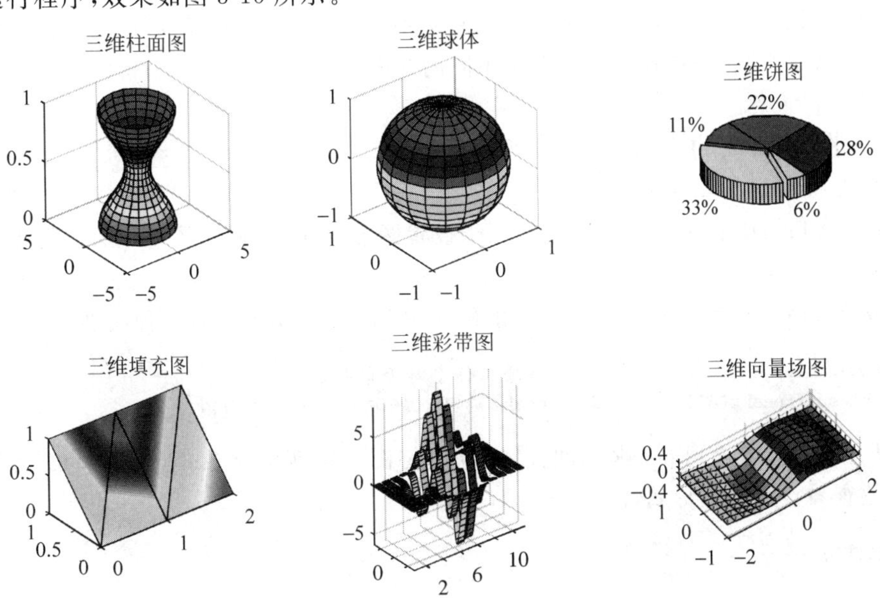

图 3-15　特殊三维效果图

3.7 图形对象属性

3.7.1 图形对象及属性

前面提到,任何一个图形元素,都可以对其进行单独修饰,而不影响图形的其他部分,这种独立的图形元素称为图形对象。图形对象的修改通过调整其属性来完成。

表 3-16 列出了 MATLAB 中常用的图形对象及属性。

表 3-16 MATLAB 中常用的图形对象及属性

图形对象	说明	属性
root(根对象)	一切对象的根对象	无须设置属性
figure(图形窗口对象)	root 对象的下级,子对象	figurename(图形窗口的名称) figurecolor(图形窗口的颜色)
axis(坐标轴对象)	figure 对象的下级,子对象	title(图形标注),label(坐标轴标注),limit(坐标轴范围),color(坐标轴颜色),grid(是否加网格线)
line(线对象)	axis 对象的下级,子对象	linetype(曲线线型,如 line、bar、stem、stirs),color(曲线颜色),lineweight(曲线线宽),data(数据),Marker(曲线上的标记类型)
text(字符对象)	axis 对象的下级,子对象	string(字符串内容),fontname(字体名称),fontsize(字体大小),color(字符颜色)

当调用 plot 命令绘制二维曲线时,MATLAB 的执行过程大致为:

(1) 使用 figure 命令,在 root 根对象上生成一个 figure 图形窗口对象;

(2) 使用 axis 命令,在图形窗口内生成一个绘图区域(axis 对象);

(3) 最后用 line 命令在 axis 指定的区域内绘制线条(line 对象)。

因此,MATLAB 所绘制的图形是由基本的图形对象组合而成,可以通过改变图形对象的属性来设置所绘制的图形,以满足不同的绘图需求。

3.7.2 图形属性的设置

在 MATLAB 中,提供了 set 函数用于设置图形的属性,提供了 get 函数用于获取图形的属性。

【例 3-31】 绘制 peaks 函数的三角图形,并通过 set 函数查看各种属性。

```
>> clear all;                     %清除工作空间所有变量
 H1 = surf(peaks(45));            %peaks 为 MATLAB 内置的绘制山峰图
```

以上命令行可得到 peask 的曲面图,同时将图形句柄保存在变量 H1 中。接着通过 set 函数查看设置的图形属性。

```
set(H1)
ans =
                      AlphaData: {}
```

```
    AlphaDataMapping: {3x1 cell}
               CData: {}
        CDataMapping: {2x1 cell}
         DisplayName: {}
           EdgeAlpha: {2x1 cell}
           EdgeColor: {3x1 cell}
           FaceAlpha: {3x1 cell}
           FaceColor: {4x1 cell}
           LineStyle: {5x1 cell}
           LineWidth: {}
              Marker: {14x1 cell}
     MarkerEdgeColor: {3x1 cell}
     MarkerFaceColor: {3x1 cell}
          MarkerSize: {}
           MeshStyle: {3x1 cell}
               XData: {}
               YData: {}
               ZData: {}
        FaceLighting: {4x1 cell}
        EdgeLighting: {4x1 cell}
    BackFaceLighting: {3x1 cell}
     AmbientStrength: {}
     DiffuseStrength: {}
    SpecularStrength: {}
    SpecularExponent: {}
SpecularColorReflectance: {}
       VertexNormals: {}
          NormalMode: {2x1 cell}
       ButtonDownFcn: {}
            Children: {}
            Clipping: {2x1 cell}
           CreateFcn: {}
           DeleteFcn: {}
          BusyAction: {2x1 cell}
    HandleVisibility: {3x1 cell}
             HitTest: {2x1 cell}
       Interruptible: {2x1 cell}
            Selected: {2x1 cell}
  SelectionHighlight: {2x1 cell}
                 Tag: {}
       UIContextMenu: {}
            UserData: {}
             Visible: {2x1 cell}
              Parent: {}
           XDataMode: {2x1 cell}
         XDataSource: {}
           YDataMode: {2x1 cell}
         YDataSource: {}
           CDataMode: {2x1 cell}
         CDataSource: {}
         ZDataSource: {}
```

以上结果中，如果某项属性值为空，例如“LineWidth：{}”表示用户不能对该图形对象设置 LineWidth 属性；如果对应的属性值不为空，用户则可以在对应的属性值列表中设置相应的属性。

```
>> set(H1,'Marker')
[ + | o | * | . | x | square | diamond | v | ^ | > | < | pentagram | hexagram | {none} ]
```

从以上结果可看出,可以从 Marker 属性的 14 个选项中选择任何一个来设置图形标记的属性。

【例 3-32】 利用 get 函数查看创建对象的属性值。

```
>> clear all;                  %清除工作空间中的变量
patch;                         %绘制色块图形
surface;                       %绘制表面图
text;                          %标注文字
line;                          %绘制线条
```

运行程序,效果如图 3-16 所示。

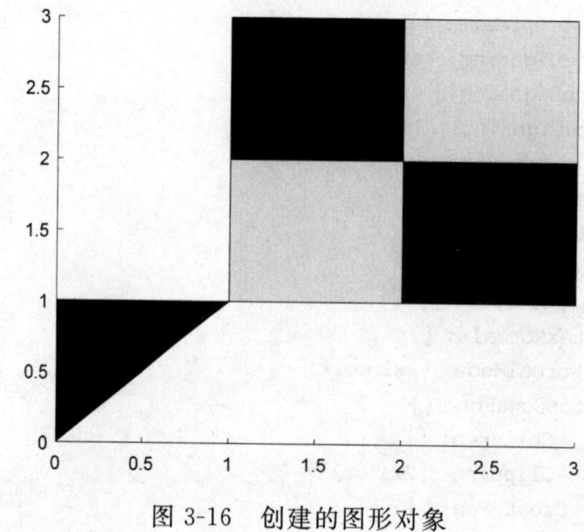

图 3-16　创建的图形对象

利用 get 函数查看所创建对象的属性值。

```
>> get(gca)
    ActivePositionProperty = outerposition
    ALim = [0.1 10]
    ALimMode = auto
    AmbientLightColor = [1 1 1]
    Box = off
    CameraPosition = [1.5 1.5 9.16025]
    CameraPositionMode = auto
    CameraTarget = [1.5 1.5 0.5]
    CameraTargetMode = auto
    CameraUpVector = [0 1 0]
    CameraUpVectorMode = auto
    CameraViewAngle = [6.60861]
    CameraViewAngleMode = auto
     …
    BeingDeleted = off
    ButtonDownFcn =
    Children = [ (4 by 1) double array]
    Clipping = on
```

```
CreateFcn =
DeleteFcn =
BusyAction = queue
HandleVisibility = on
HitTest = on
Interruptible = on
Parent = [1]
Selected = off
SelectionHighlight = on
Tag =
Type = axes
UIContextMenu = []
UserData = []
Visible = on
```

3.7.3 图形可视编辑工具

MATLAB 执行绘图函数后，将出现一个图形窗口。该窗口除了简单的显示图形功能外，其本身还是一个功能强大的图形可视编辑工具，可实现的功能主要有：

(1) 通用的图形文件管理功能，如保存、打开、新建图形文件等；

(2) 通用的图形效果编辑功能，如图形放大、缩小、旋转、对齐等；

(3) 图形对象插入功能，如插入坐标轴名称、图形标题、图例标注、线段、文字等；

(4) 独立展示窗口中各图形对象属性功能，如线段的类型、颜色、粗细等。

图形对象插入功能可通过选择菜单命令"插入"后，再选择相应的对象选项来完成，如图 3-17 所示。

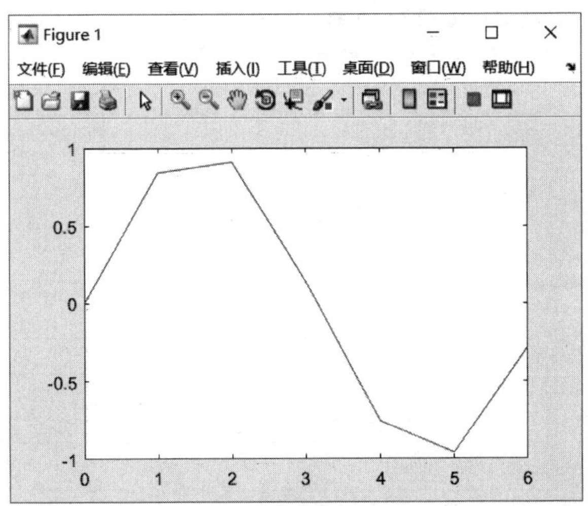

图 3-17 绘制的正弦曲线

在图 3-17 中，选择菜单命令"插入"|"标题"，效果如图 3-18 所示。该菜单项与 title('string')功能一致。菜单命令"插入"|"图例"与 legend('string1','string2',…)功能一致。

显然，使用菜单命令比在 MATLAB 命令行窗口输入函数命令要简便得多，且更具可视性。

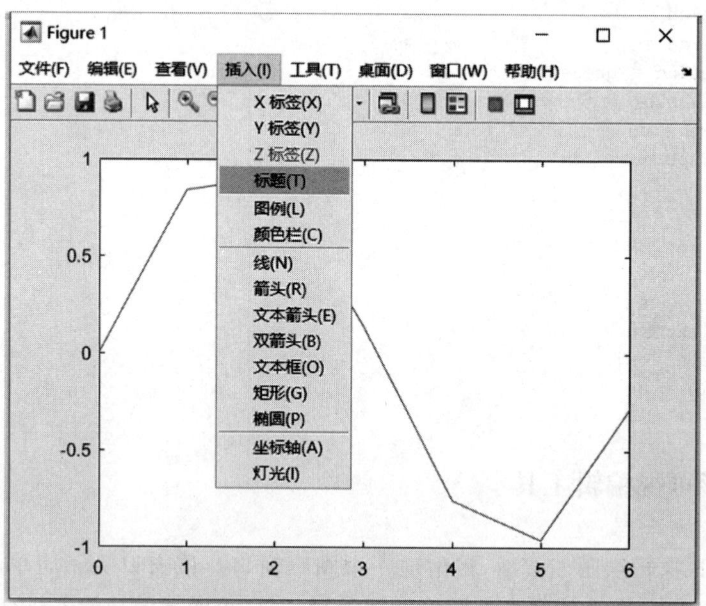

图 3-18 图形窗口及菜单功能

图形对象属性的设置可以通过以下两种方法实现：

(1) 选择菜单命令“查看”|“属性编辑器”，如图 3-19 所示，在图形正文出现了一个“属性编辑器”窗口。

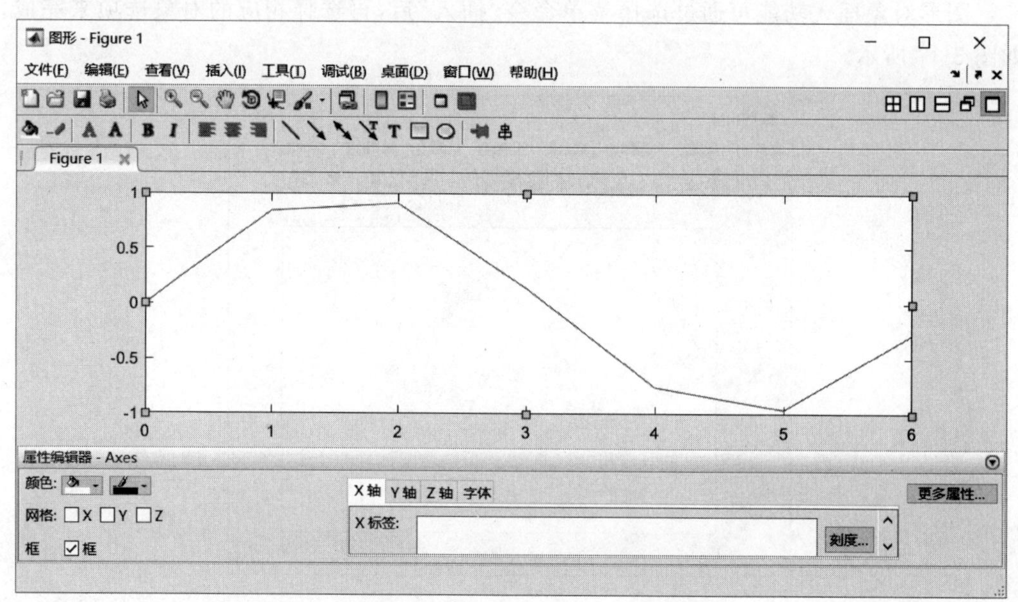

图 3-19 第一种方法打开“属性编辑器”窗口

(2) 选择菜单命令“工具”|“编辑图形”，如图 3-20 所示，鼠标移到需要修改的对象上双击，或者选中后再右击，在弹出的菜单中选择“显示属性编辑器”项，将显示属性编辑窗口。

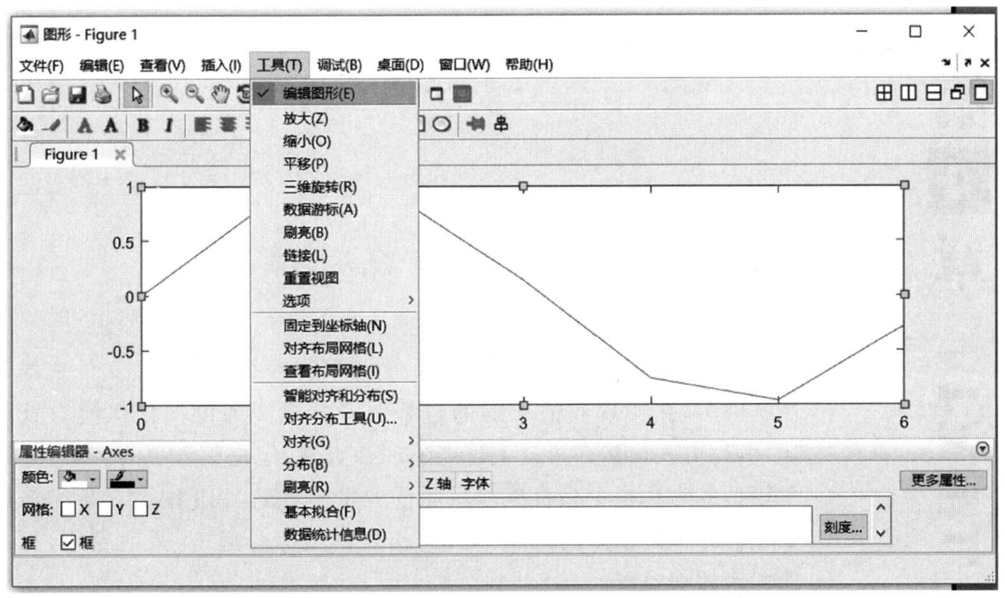

图 3-20 第二种方法打开“属性编辑器”窗口

这两种方法都可以使“编辑图形”按钮高亮化，同时图形窗口下方会出现“属性编辑器”窗口。在该窗口下，可以进行坐标、线段、标题等项目的颜色、字体、网格、范围的设置。

选中一个对象后，再单击右下角的“更多属性”按钮，将出现该对象更加详细的属性编辑窗口，如图 3-21 所示。

检查器: matlab.gra...

属性	值
AlignVertexCenters	Off
BeingDeleted	Off
BusyAction	queue
ButtonDownFcn	
Clipping	On
Color	
CreateFcn	
DeleteFcn	
DisplayName	
HandleVisibility	on
HitTest	On
Interruptible	On
LineJoin	round
LineStyle	-
LineWidth	0.5
Marker	none
MarkerEdgeColor	auto
MarkerFaceColor	none
MarkerSize	6.0
PickableParts	visible
SelectionHighlight	On

图 3-21 更多属性编辑窗口

第4章 MATLAB/Simulink系统建模与仿真

MATLAB 编程仿真过程就是用编写脚本文件或函数文件来描述数学模型,并实现数值求解的过程。与方框图的可视化建模方式相比,编程方式虽然在形式上可能不那么直观,但是编程更为基础,对数学模型的表达也更为直接。后面读者将会看到,在 MATLAB 中将可视化的方框图模型与编程形式的仿真模型综合起来,灵活应用,可以使两者相得益彰。

由于 MATLAB 语言本身程序结构非常简单,语法接近于自然数学描述形式,所以用它进行计算机模型实现的难度不在于程序设计本身,而在于对数学模型的理解。由于实际系统行为的多样性,在数学模型中,描述系统行为的方程形式也是多种多样的,相应的数值求解方法也不同。我们把外界对系统产生作用的物理量称为输入信号或激励,把系统内部储存的能量称为系统的状态,而将系统对外界的作用物理量称为系统的输出信号或响应。设计人员经常面对的系统仿真问题是研究系统随时间推进而发生变化的行为,这种情况下,对系统的激励信号、系统自身的状态变量以及系统对激励的响应等都是随时间变化的函数。例如,对一个运动中的物体施加一个变化的力,考察其速度和位置的变化。将这个物体看作一个系统,它的质量以及运动情况就是系统的状态,而所观察到的物体的速度、位置变化就是系统对外界的输出信号。系统的输入、状态以及输出可能是单个变量,也可能是一组变量,在这个例子中,有速度和位置这两个输出信号。

以下将集中讨论这一类基于时间的系统模型。对于更一般的系统,其数学模型中自变量可以具有任意的物理意义,但与基于时间的系统求解方程是相同的。

在一类物理系统中,所需要研究的系统响应只与系统当前时刻的输入有关,而与系统的状态以及过去或未来的输入信号无关,这样的系统就称为静态系统,也称为无记忆系统。举例来说,若把作用在质量为 m 的物体上的力 $f(t)$ 看作输入信号,将该力在物体上产生的加速度 $a(t)$ 视为系统的输出响应,显然,输入和输出满足牛顿第二运动定律,即 $a(t)=f(t)/m$,输出信号 $a(t)$ 只与当前输入信号 $f(t)$ 有关,因此系统是静态的。又如阻值为 R 的电阻两端的电压 $u(t)$ 和流过该电阻的电流$i(t)$服从欧姆定律，即 $u(t)=i(t)R$，将两者分别视为系统的输入输出，那么系统也是无记忆的。通信系统中常见的调幅调制器也是无记忆系统，载波频率为 f_c 的双边带调幅的调制输出信号 $v(t)$ 与输入被调信号 $m(t)$ 之间的关系描述为 $v(t)=m(t)\cos 2\pi f_c t$。通常，无记忆系统的数学描述是代数方程(组)。

另外一类物理系统的输出响应不仅与当前的输入信号有关，而且还是系统状态的函数，这类系统称为动态系统或有记忆系统。例如，若将作用在质量为 m 的物体上的力 $f(t)$ 看作输入信号，而将物体当前的运动速度 $v(t)$ 当作输出信号，显然，当前物体的速度不仅与当前作用力有关，而且还与过去时刻的物体运动状态有关，是无限邻近"过去"时刻的状态(速度 $v(t-\mathrm{d}t)$)以及激励(受力 $f(t-\mathrm{d}t)$)的结果，用微分方程表示就是

$$f(t)=m\frac{\mathrm{d}v(t)}{\mathrm{d}t}$$

也即

$$v(t)=v(t-\mathrm{d}t)+\frac{f(t-\mathrm{d}t)}{m}\mathrm{d}t$$

从这个例子可知，对于同一个物理实体，如果研究所定义的输入输出物理量不同，那么所得出的系统模型也就不同，可能是无记忆系统，也可能是有记忆系统。通常，连续有记忆系统的数学描述是微分方程(组)，离散有记忆系统的数学描述是差分方程(组)。

如果系统当前输出信号是未来输入信号或未来系统状态的函数，换句话说，即"现在"的激励和状态能够影响系统的"过去"，那么这样的系统称为非因果系统；反之，称为因果系统或物理可实现的系统。非因果系统是物理不可实现的，但非因果系统往往是物理系统理想化的结果，具有数学意义。例如，实际中的滤波器总是因果的，但其理想化的数学模型——理想低通滤波器，则是非因果的。

在现代通信系统中，通常以随时间变化的物理量电压或者电流(统称电平)来表示信号，称为电信号。动态电系统的状态是指系统中的储能情况，也以电容、电感等储能元件上的电压或者电流来表示。系统中的独立状态数称为系统的阶数，数量上等于描述该系统的微分或差分方程的阶数。系统状态、输入输出信号在数学上都是时间的函数，工程上也把电信号称为电波形。

4.1 Simulink 主要特点

Simulink 是 MATLAB 提供的用于对动态系统进行建模、仿真和分析的工具包。Simulink 提供了专门用于显示输出信号的模块，可以在仿真过程中随时观察仿真结果。同时，通过 Simulink 的存储模块，仿真数据可以方便地以各种形式保存到工作空间或文件中，以供用户在仿真结束之后对数据进行分析和处理。另外，Simulink 把具有特定功能的代码组织成模块的方式，并且这些模块可以组织成具有等级结构的子系统，因此具有内在的模块化设计要求。基于以下优点，Simulink 作为一种通用的仿真建模工具，广泛用于通信仿真、数字信号处理、模糊逻辑、神经网络、机械控制和虚拟现实等领域中。

作为一款专业仿真软件，Simulink 具有以下特点：

(1) 基于矩阵的数值计算；

(2) 高级编程语言以及可视化的图形操作界面；

(3) 包含各个领域的仿真工具箱，使用方便、快捷并可以扩展；

(4) 丰富的数据 I/O 接口；

(5) 提供与其他高级语言的接口；

(6) 运行多平台(PC/UNIX)。

根据输出信号与输入信号的关系，Simulink 提供 3 种类型的模块：连续模块、离散模块和混合模块。连续模块是指输出信号随着输入信号发生连续变化的模块；离散模块则是输出信号固定间隔变化的模块。对于连续模块，Simulink 采用积分方式计算输出信号的数值，因此，连续模块主要涉及数值的计算及其积分。离散模块的输出信号在下一个采样到来之前保持恒定，这时，Simulink 只需要以一定的间隔计算输出信号的数值。混合模块是根据输入信号的类型来确定信号类型的，它既能够产生连续输出信号，也能够产生离散输出信号。

如果一个仿真模型中只包含离散模块，这时，Simulink 采用固定步长的方式进行仿真(即每隔一定的间隔计算一次输出信号)。当所有的离散模块都有相同的采样间隔时，Simulink 只需要按照这个间隔实施仿真；否则，Simulink 采用多速率方式进行仿真。多速率仿真模式的一种方案是选取一个最大可用间隔，使之适用于所有的离散模块。这个间隔一般是各个离散模块采样间隔的最大公约数。对于可变步长方式，多速率仿真模型按照各个模块的采样间隔列出系统可能的仿真时刻，在仿真时刻到来的时候，只对相应的离散模块实施仿真，从而在一定程度上提高了仿真的效率。

如果仿真模型中包含了连续模块，Simulink 将采用连续方式对模块进行仿真。如果模块中既包括连续模块，又包含离散模块，Simulink 采用两种仿真步长进行仿真。对于其中的离散模块，Simulink 可以按照离散模块的方式进行仿真，这个仿真步长称为主步长。在每个步长仿真中，Simulink 使用小步长间隔，通过积分运算得到连续状态的当前输出信号。

4.2 Simulink 工作原理

4.2.1 动态系统计算机仿真

为了能全面、正确地理解系统仿真，需要简要了解系统仿真所研究的对象。下面对系统与系统模型进行简单的介绍。

1. 系统

系统是指具有某些特定功能并且相互联系、相互作用的元素集合。此处的系统是指广义的系统，泛指自然界的一切现象与过程。它具有两个基本特征：整体性和相关性。整体性是指系统作为一个整体存在而表现出某项特定的功能，它是不可分割的。

对于任何系统的研究都必须从如下 3 个方面考虑：

• 实体：组成系统的元素、对象。
• 属性：实体的特征。
• 活动：系统由一个状态到另一个状态的变化过程。

组成系统的实体之间相互作用而引起的实体属性的变化，通过状态变量来描述。研究系统主要研究系统的动态变化。除了研究系统的实体属性活动外，还需要研究影响系统活动的外部条件，这些外部条件称为环境。

2. 系统模型

系统模型是对实际系统的一种抽象，是对系统本质（或系统的某种特性）的一种描述。模型可视为对真实世界中物体或过程的信息进行形式化的结果。模型具有与系统相似的特性，可以以各种形式给出用户所感兴趣的信息。

模型可以分为实体模型和数学模型。实体模型又称为物理效应模型，是根据系统之间的相似性而建立起来的物理模型。实体模型最常见的是比例模型，如风筒吹风实验常用的翼型或建筑模型。

数学模型包括原始系统数学模型和仿真系统数学模型。原始系统数学模型是对系统的原始数学描述。

仿真系统数学模型是一种适合在计算机上演算的模型，主要是指根据计算机的运算特点、仿真方式、计算方法、精度要求，将原始系统数学模型转换为计算机程序。

数学模型可以分为许多类型。按照状态变化可分为动态模型和静态模型。用以描述系统状态变化过程的数学模型称为动态模型；而静态模型仅仅反映系统在平衡状态下系统特征值间的关系，这种关系常用代数方程来描述。

按照输入和输出的关系可将模型分为确定模型和随机模型。如果一个系统的输出完全可以用它的输入来表示，则称为确定系统；如果系统的输出是随机的，即对于给定的输入存在多种可能的输出，则该系统是随机系统。

离散系统是指系统的操作和状态变化仅在离散时刻产生的系统，如交通系统、电话系统、通信网络系统等，常常用各种概率模型来描述。

连续系统模型还可分为集中参数和分布参数、线性和非线性、时变和时不变、时域和频域、连续时间和离散时间等。表 4-1 列出了各种类型的数学模型及数学描述。

表 4-1　数学模型分类

模型类型	静态系统模型	动态系统模型			
		连续系统模型			离散系统模型
		集中参数	分布参数	离散时间	
数学描述	代数方程	微分方程 状态方程 传递函数	偏微分方程	差分方程 离散状态方程	概述分布排队论

归纳起来，仿真技术的主要用途主要有如下几方面：

(1) 优化系统设计。在实际系统建立前，通过改变仿真模型结构和调整系统参数来优化系统设计。如控制系统、数学信号处理系统的设计经常要靠仿真来优化系统性能。

(2) 系统故障再现，发现故障原因。实际系统故障的再现必然会带来某种危害性，这样做是不安全的和不经济的，而利用仿真来再现系统故障则是安全的和经济的。

(3) 验证系统设计的正确性。

(4) 对系统或其子系统进行性能评价和分析。多为物理仿真，如飞机的疲劳试验。

(5) 训练系统操作员。常见于各种模拟器，如飞行模拟器、坦克模拟器等。

(6) 为管理决策和技术提供支持。

4.2.2 Simulink 求解器

Simulink 求解器是 Simulink 进行动态系统仿真的核心所在，因此欲掌握 Simulink 系统仿真的原理，必须对 Simulink 的求解器有所了解。

1. 离散求解器

离散系统的动态行为一般可以由差分方程描述。众所周知，离散系统的输入与输出仅在离散的时刻上取值，系统状态每隔固定的时间才更新一次，而 Simulink 对离散系统的仿真核心是对离散系统差分方程的求解。因此，Simulink 可以做到对离散系统的绝对精确(除有限的数据截断误差外)。

在对纯粹的离散系统进行仿真时，需要选择离散求解器对其进行求解。打开求解器的方法如图 4-1 所示。用户只需选择 Simulink 的 Parameters 对话框中的 Solver(求解器)选项卡中的 discrete(no continuous states)选项，即没有连续状态的离散求解器，即可以对离散系统进行精确的求解与仿真。离散求解器的设置如图 4-2 所示。

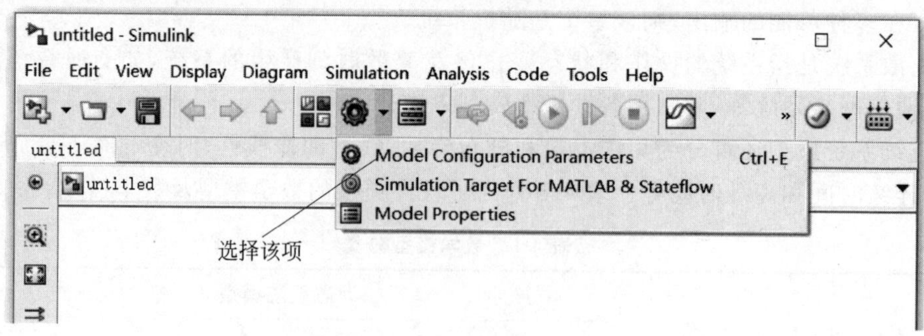

图 4-1 打开求解器操作

2. 连续求解器

与离散系统不同，连续系统具有连续的输入与输出，并且系统中一般都存在连续的状态设置。连续系统中存在的状态变量往往是系统中某些信号的微分或积分，因此，连续系统一般由微分方程或与之等价的其他方式进行描述。这就决定了使用数字计算机不可能得到连续系统的精确解，而只能得到系统的数字解(即近似解)。

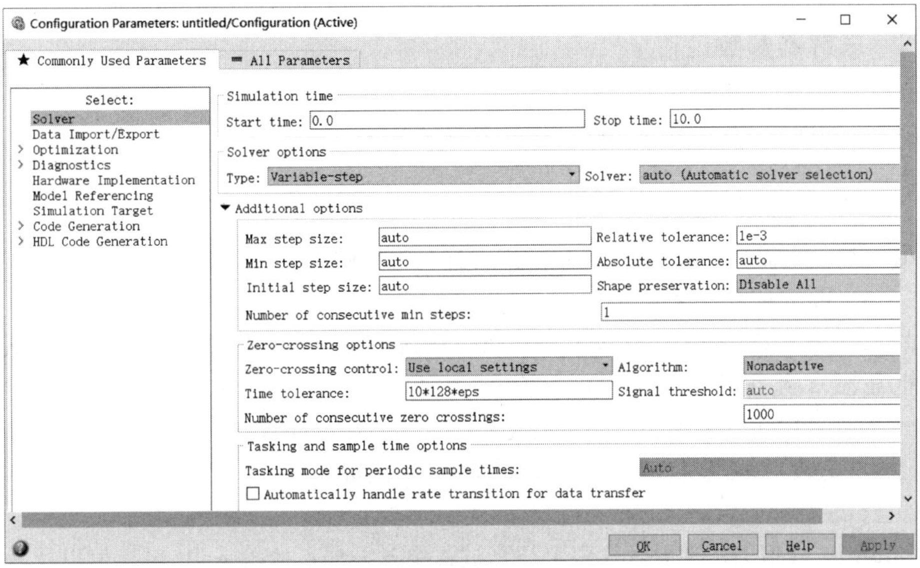

图 4-2　离散求解器的设置

Simulink 在对连续系统进行求解仿真时，其核心是对系统微分或偏微分方程进行求解。因此，使用 Simulink 对连续系统进行求解仿真时所得到的结果均为近似解，只要此近似解在一定的误差范围内即可。

对微分方程的数字求解有不同的近似解，因此，Simulink 的连续求解器有多种不同的形式，如变步长求解器 ode45、ode23、ode113，以及定步长求解器 ode5、ode4、ode3 等。

采用不同的连续求解器会对连续系统的仿真结果与仿真速度产生不同的影响，但一般不会对系统的性能分析产生较大的影响，因为用户通过设置具有一定的误差范围的连续求解器进行相应的控制。连续求解器的设置如图 4-3 所示。

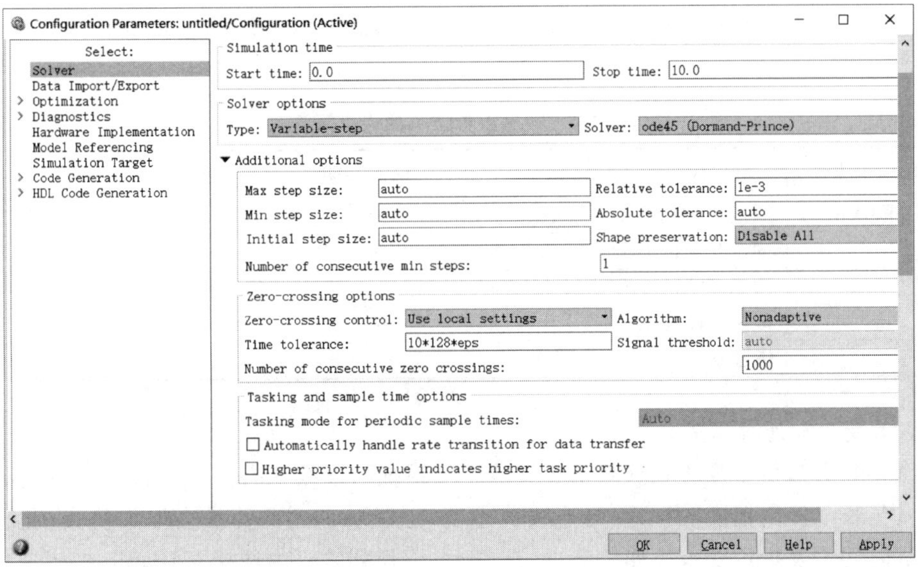

图 4-3　连续求解器的设置

4.2.3 求解器参数设置

图 4-2 和图 4-3 中的各参数设计主要有以下几种。

1. Sovler 项

在 Solver 里需要设置仿真起始与终止时间、选择解法器并设置相关的参数。

1) Simulation time 区域

在 Start time 和 Stop time 文本框内可以输入仿真的起始时间和终止时间,默认的起始时间为 0.0s,终止时间为 10.0s。实际上,仿真时间与实际的时钟时间并不是相同的。例如,运行 10s 的仿真过程实际并不会花费 10s,机器运行的时间取决于很多因素,包括模型的复杂程度、算法步长的大小以及计算机的速度等。

2) Solver options

Simulink 模型的仿真要计算整个仿真过程中各采样点的输入值、输出值以及状态变量值,Simulink 利用用户选择的算法来执行这个操作。当然,一种算法不可能适应所有的模型,因此 Simulink 对算法进行了分类,每一种算法用来解决不同的模型类型。用户可以选择的算法有 4 类:定步长连续算法、变步长连续算法、定步长离散算法和变步长离散算法。

用户可以在 Type 下拉列表框中指定仿真的步长方式,可供选择的有 Variable-step(变步长)和 Fixed-step(固定步长)两种方式。

(1) 定步长连续算法。

该算法在整个仿真过程中以相等的时间间隔计算模型的连续状态,算法使用数值积分方法来计算系统的连续状态,每个算法使用不同的积分方法,因此,用户可以选择最适合自己模型的计算方法。为了选择定步长连续算法,首先在 Type 列表框内选择 Fixed-step 选项,然后在相邻的积分方法列表中选择算法,可以选择的固定步长连续算法如表 4-2 所示。

表 4-2 固定步长仿真的连续算法

算　法	说　明
ode5 (默认值)	固定步长的高阶龙格-库塔法,适用于大多数连续或离散系统,不适用于刚性系统
ode4	固定步长的四阶龙格-库塔法,具有一定的计算精度
ode3	固定步长的二/三阶龙格-库塔法,与 ode45 类似,但算法精度没有 ode45 高
ode2	改进的欧拉法
ode1	欧拉法

(2) 变步长连续算法。

Simulink 提供了变步长连续仿真算法。当系统的连续状态变化很快时,这些算法减小仿真步长以提高精度,当系统的连续状态变化较慢时,这些算法会增加仿真步长以节省仿真时间。要指定变步长连续算法,在 Type 下拉列表框内选择 Variable-step 选项,然后在相邻的积分方法列表中选择算法,可以选择的变步长连续算法如表 4-3 所示。

表 4-3　变步长仿真的连续算法

算　　法	说　　明
ode45（默认值）	四/五阶龙格-库塔法，适用于大多数连续或离散系统，但不适用于刚性系统
ode23	二/三阶龙格-库塔法，与 ode45 类似，但算法精度没有 ode45 高
ode113	即 adams 项算法
ode15s	即 NDF 算法，适用于刚性系统
ode23s	基于龙格-库塔法的一种算法，专门应用于刚性系统
ode23t	若是刚性系统，且不要求有衰减，可以使用这个方法
ode23tb	即 TR-BDF2 实现，类似于 ode23s，这个算法比 ode15s 更精确

（3）定步长离散算法。

Simulink 提供了一种不执行积分运算的定步长算法，适用于求解非线性连续状态模型和只有离散状态的模型。

（4）变步长离散算法。

Simulink 提供了一种变步长离散算法，如果用户未指定固定步长离散算法，而且模型又没有连续状态，那么 Simulink 默认使用这个算法。

2. Data Import/Export 项

Data Import/Export 项主要用于向 MATLAB 工作空间输出模型仿真结果数据或者从 MATLAB 工作空间读入数据到模型，其效果如图 4-4 所示，主要完成以下工作：

（1）Load from workspace：从 MATLAB 工作空间向模型导入数据，作为输入与系统的初始状态。

（2）Save to workspace or file：向 MATLAB 工作空间输出仿真时间、系统状态、系统输出与系统最终状态。

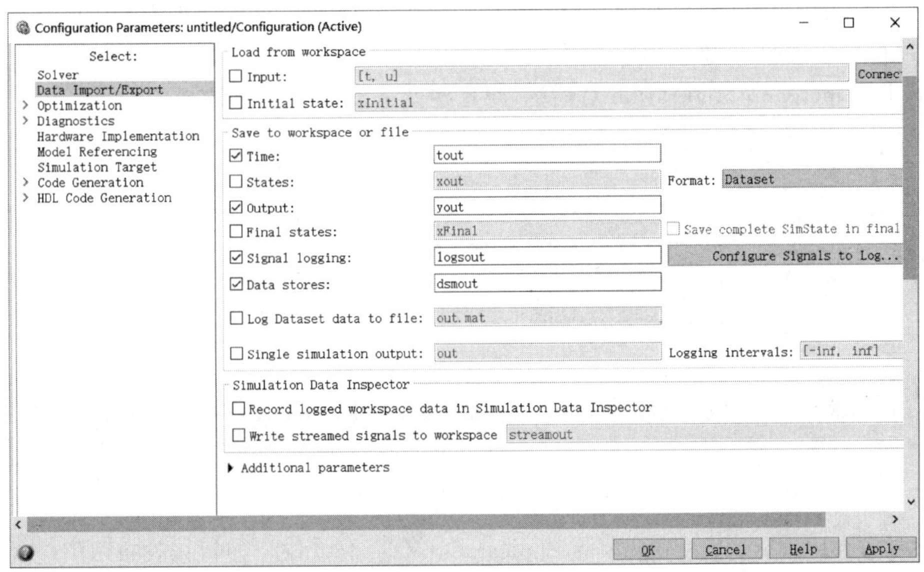

图 4-4　Data Import/Export 项

(3) Save options：向MATLAB工作空间输出数据的输出格式、数据量、存储数据的变量名及生成附加输出信号数据等。

3. Optimization 项

Optimization 项用于设置各种选项来提高仿真性能和由模型生成代码的性能，其页面如图 4-5 所示。

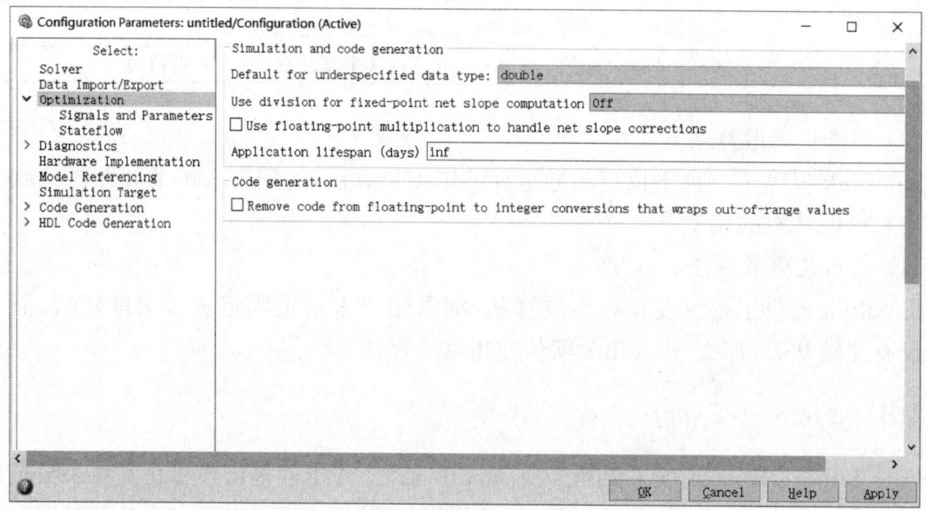

图 4-5　Optimization 项

Optimization 项主要完成以下操作：

(1) Block reduction：设置用时钟同步模块来代替一组模块，以加速模型的运行。

(2) Conditional input branch execution：用来优化模型的仿真与代码的生成。

(3) Signal and Parameters：选中该选项，如图 4-6 所示，可以使得模型的所有参数在仿真过程中不可调。如果用户想使某些变量参数可调，可以单击 Configure 按钮打开 Model Parameter Configuration 对话框，将这些变量设置为全局变量。

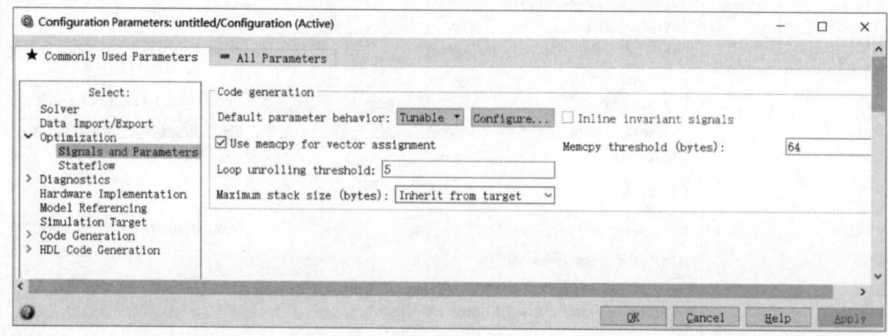

图 4-6　信号及参数窗口

(4) Implement logic singals as Boolean data(vs. double)：使得接收布尔值输入的模块只能接收布尔类型，如果该项没有被选，则接收布尔输入的类型也能接收 double 类型的输入。

4. Diagnostics 项

Diagnostics 项主要用于设置当模块在编译与仿真遇到突发情况时，Simulink 采用哪种诊断动作，如图 4-7 所示。该面板还将各种突发情况的出现原因分类列出。

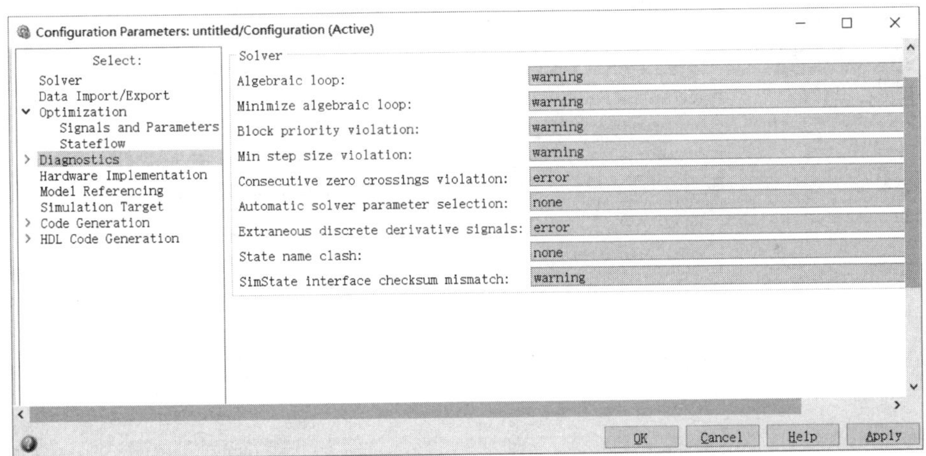

图 4-7　Diagnostics 项

5. Hardware Implementation 项

Hardware Implementation 项主要用于定义硬件的特性，这里的硬件是指将来用来运行模型的物理硬件。这些设置可以帮助用户在模型实际运行于目标系统(硬件)之前，通过仿真检测到以后目标系统上运行可能出现的问题，如图 4-8 所示。

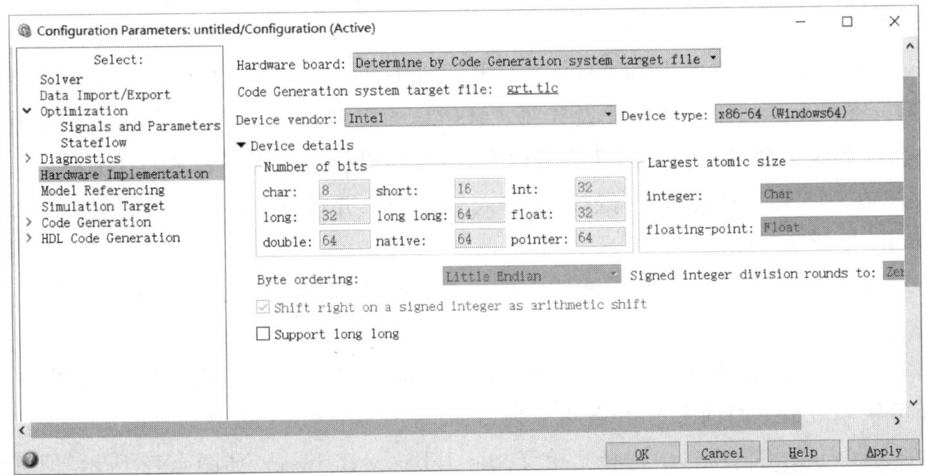

图 4-8　Hardware Implementation 项

6. Model Reference 项

Model Reference 项用于生成目标代码、建立仿真以及定义当此模型中包含其他模型或者其他模型引用该模型时的一些选项参数值,如图 4-9 所示。

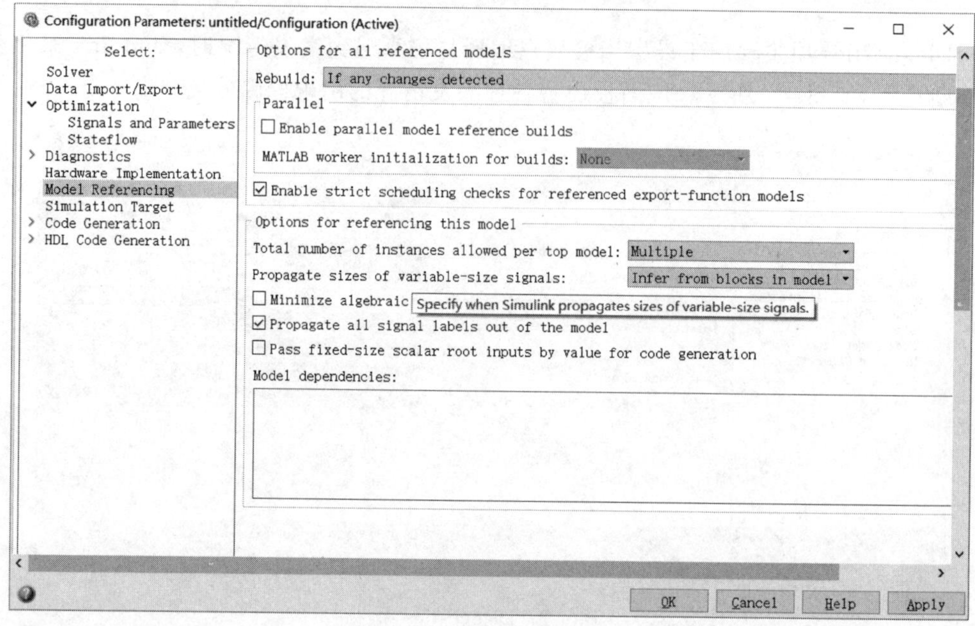

图 4-9　Model Reference 项

4.3　Simulink 组成

Simulink 的一个重要特点是它完全建立在 MATLAB 的基础上,因此,MATLAB 丰富的应用工具箱也可以完全应用于 Simulink 环境,这无疑大大扩展了 Simulink 的建模和分析能力。

Simulink 主要用来实现对工程问题的模型化及动态仿真,其本身具有良好的图形交互界面。Simulink 体现了模块化设计和系统仿真的思想,采用模块组合的方法使用户能够快速、准确地创建动态系统的计算机模型,使得建模仿真如同搭积木一样简单。

(1) 在 MATLAB 的命令行窗口中输入 simulink 并按 Enter 键,弹出如图 4-10 所示的 Simulink 开始页面。

(2) 单击 MATLAB 窗口工具栏中的 Simulink 库按钮,也可以打开 Simulink 开始页面。

(3) 在图 4-10 的界面中选中 Simulink 下面的第一个 Blank Model 项,如图 4-11 所示,即可新建一个空白的 Simulink 编辑窗口。

在 Simulink 编辑窗口中选择菜单 Tools|Library Browser,如图 4-12 所示,即可打开 Simulink 模块库浏览器窗口,如图 4-13 所示。

单击 Simulink 模块库浏览器窗口的 Libraries(模块库)窗口中各模块库名前的空心三角可展开二维子模块库的目录。“模块窗口”中显示的是用户在 Libraries 中选中的模块库所包含的模块图标。

从 MATLAB 窗口进入 Simulink 仿真平台的方法有以下两种:

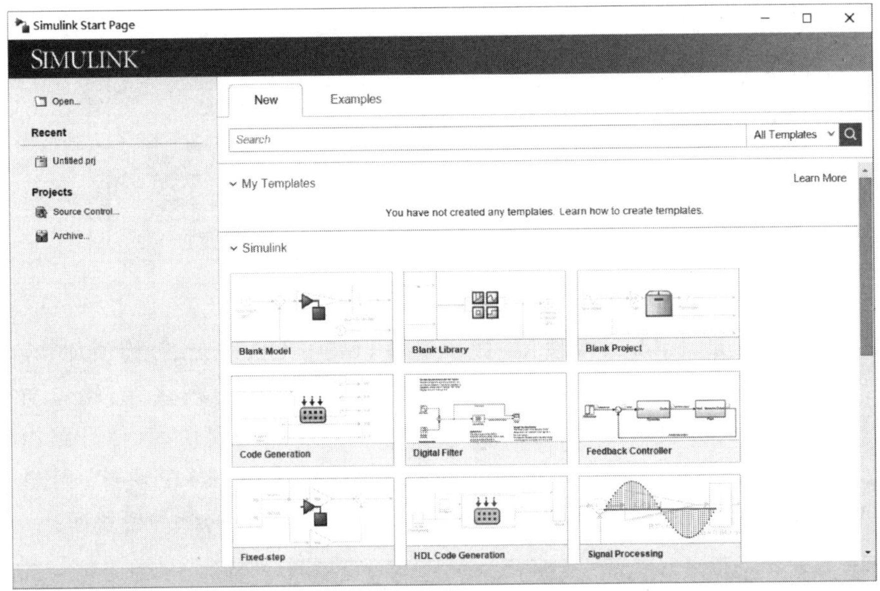

图 4-10 Simulink 开始界面

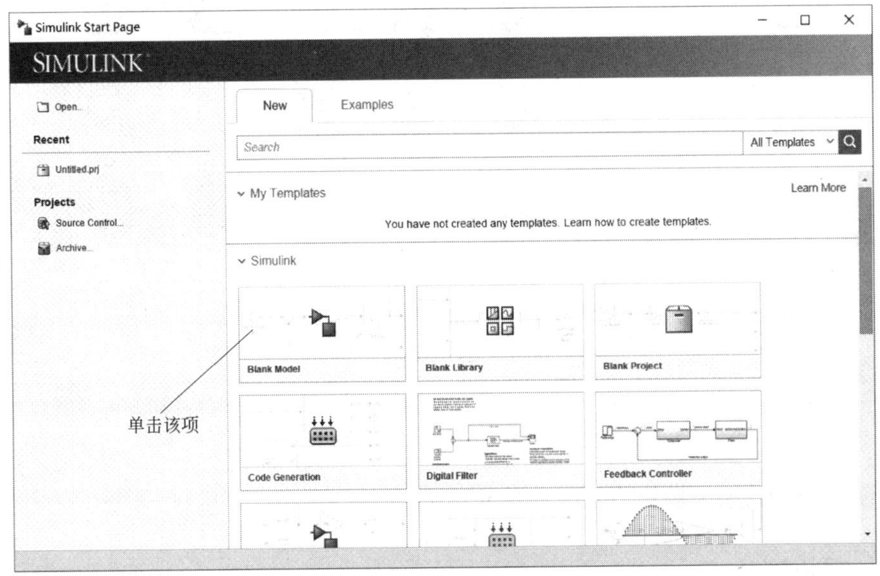

图 4-11 新建一个 Simulink 编辑窗口

(1) 执行 MATLAB 菜单栏中的“主页”|“新建”|Simulink Model 选项。

(2) 单击 Simulink 模块库浏览器窗口工具栏上的 New Model(新模型)按钮。

进入如图 4-12 所示的 Simulink 仿真平台界面。仿真平台标题栏上的 untitled 表示一个还未命令的新模型文件。

如图 4-13 所示，Simulink 的基本模块按功能进行分类主要包括：常用(Commonly Used Blocks)模块库、连续(Continuous)模块库、仪表板(Dashboard)模块库、不连续(Discontinuities)模块库、离散(Discrete)模块库、逻辑与位操作(Logic and Bit Operations)模

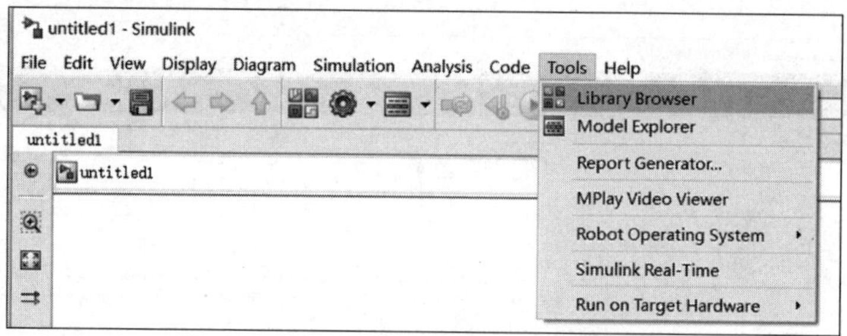

图 4-12　选择菜单 Tools|Library Browser

块库、查找表(Lookup Tables)模块库、数学运算(Math Operations)模块库、模型验证(Model Verification)模块库、模型扩充(Model-Wide Utilities)模块库、端口与子系统(Ports & Subsystems)模块库、信号属性(Signal Attributes)模块库、信号路由(Signal Routing)模块库、信号接收器(Sinks)模块库、输入源(Sources)模块库、用户自定义(User-Defined Functions)模块库、扩展(Additional Math & Discrete)模块库。

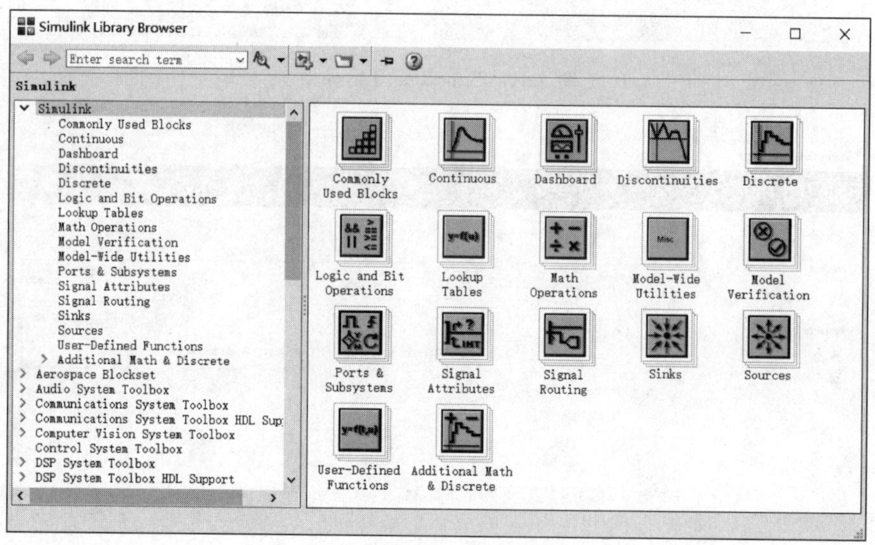

图 4-13　Simulink 模块库浏览器窗口

下面分别对几大类模块库进行简单介绍。

4.3.1　常用模块库

在 Simulink 模块浏览库中选中 Commonly Used Blocks(常用模块)并右击,选择弹出的快捷菜单项,即可独立显示 Commonly Used 模块,效果如图 4-14 所示。因为常用模块库中包含的子模块,在以下介绍的模块库中都有涉及,在此不展开介绍。

4.3.2　连续模块库

在 Simulink 模块浏览库中选中 Continous(连续模块)并右击,选择弹出的快捷菜单项,即可独立显示 Continous 模块,效果如图 4-15 所示。

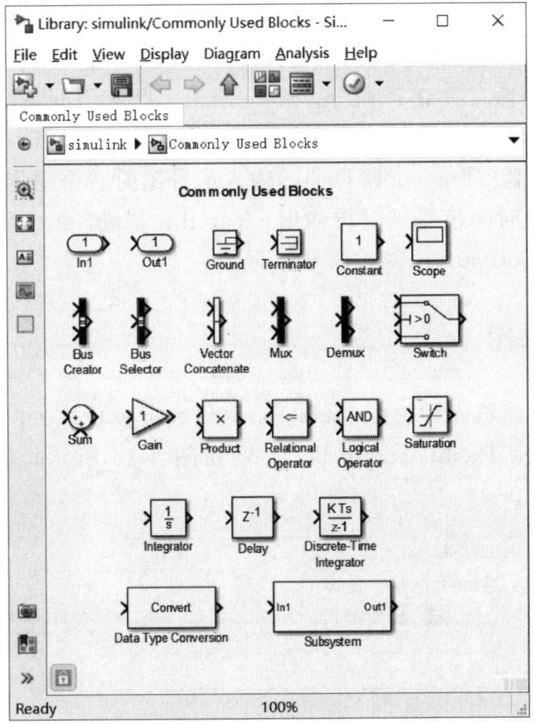

图 4-14　常用模块库

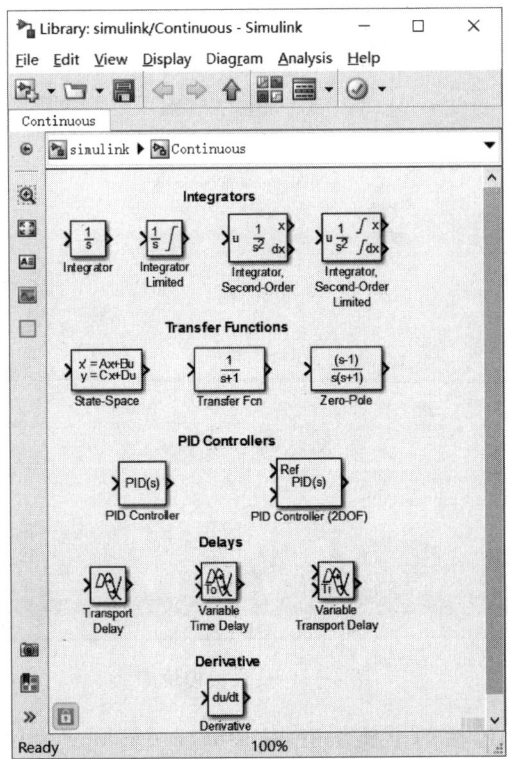

图 4-15　连续模块库

Continous 模块中包括的子模块有：Integrator，输入信号积分；Integrator Limited，输入有限信号积分；Integrator Second-Order，输入二阶信号积分；Integrator Second-Order Limited，输入有限二阶信号积分；State-Space，状态空间系统模型；Transfer Fcn，传递函数模型；Zero-Pole，零极点模型；PID Controller，PID 控制；PID Controller (2DOF)，二维 PID 控制；Transport Delay，输入信号延时一个固定时间再输出；Variable Time Delay，输入可变时间信号延时再输出；Variable Transport Delay，输入信号延时一个可变时间再输出；Derivative，输入信号微分。

4.3.3 仪表板模块库

在 Simulink 模块浏览库中选中 Dashboard(仪表板模块库)并右击，选择弹出的快捷菜单项，即可独立显示 Dashboard 模块，效果如图 4-16 所示，该模块库是 MATLAB R2016a 特有的模块库。

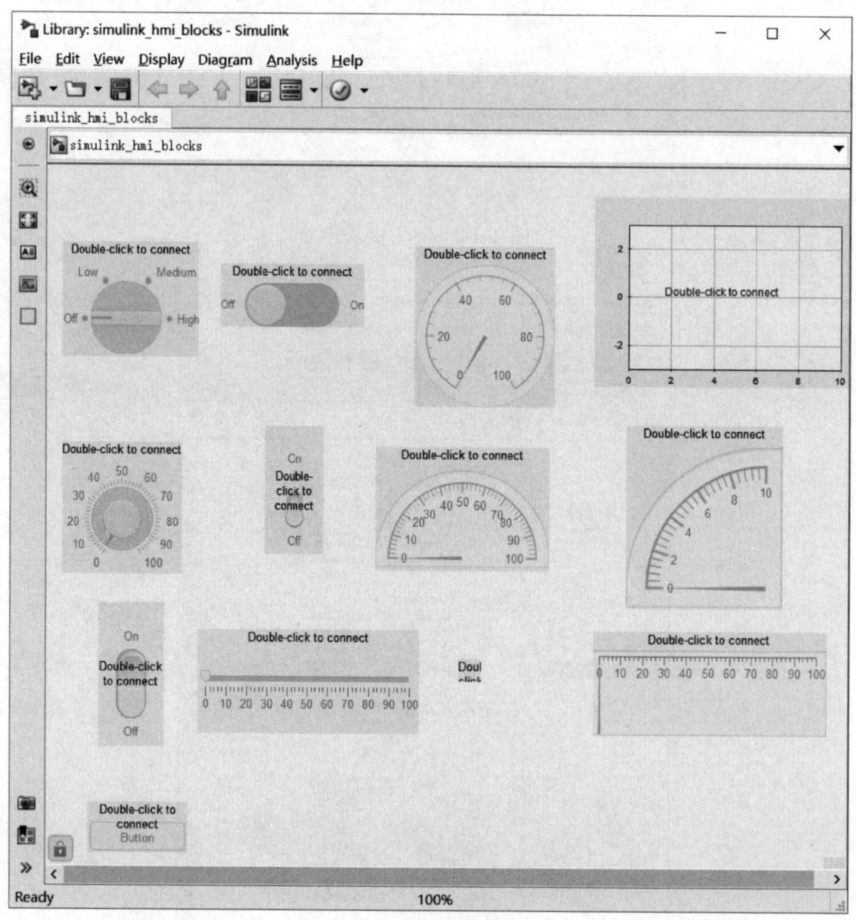

图 4-16 仪表板模块库

Dashboard 模块中包括的子模块有：Dashboard Scope 为仪表屏，用于显示仪表；Gauge 为计量器，用于直接测出被测对象量值的装置；Half Gauge 为半计量器，用于与其他工具一起测量被测对象；Knob 为旋钮，是一个可旋转操作手柄控件，可以用于模拟旋钮、开关、仪表等调节设备；Lamp 为照射灯，是一组用来搭建动态网站或服务器的开源软件；Linear Gauge 为直线仪表器，用于线性显示仪表数据；Push Button 为推动按钮；Quarter Gauge 为季度计，用于对比季度的增量；Rocker Switch 为摇臂开关，通过手动开与关控制控件，功能与家用控件电灯开关一样；Rotary Siwtch 为旋动式开关；Slider Switch 为滑动开关；Toggle Switch 为钮子开关，是一种手动控制开关，主要用于交直流电源电路的通断控制。

4.3.4 不连续模块库

在 Simulink 模块浏览库中选中 Discontinuous（不连续模块库）并右击，选择弹出的快捷菜单项，即可独立显示 Discontinuous 模块，效果如图 4-17 所示。

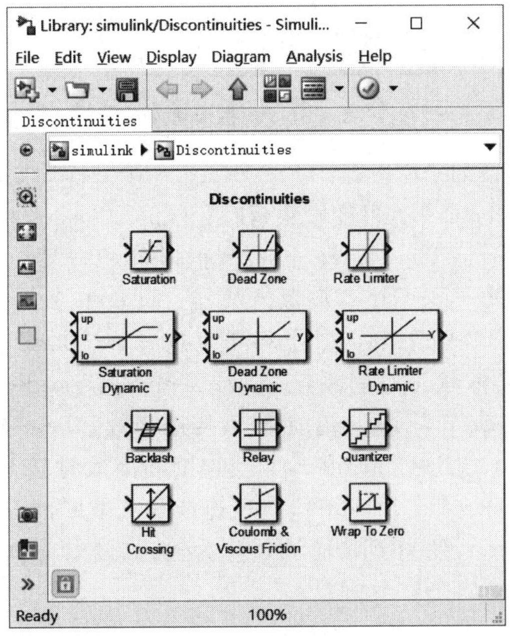

图 4-17　不连续模块库

Discontinuous 模块包括的子模块有：Saturation，饱和输出，让输出超出某一值时能够饱和；Dead Zone，死区非线性；Rate Limiter，静态限制信号的变化速率；Saturation Dynamic，动态饱和输出；Dead Zone Dynamic，动态死区非线性；Rate Limiter Dynamic，动态限制信号的变化速率；Backlash，间隙非线性；Relay，滞环比较器，限制输出值在某一范围内变化；Quantizer，量化非线性；Hit Crossing，冲激非线性；Coulomb&Viscous Friction，库仑与黏度摩擦非线性；Wrap To Zero，环零非线性。

4.3.5 离散模块库

在 Simulink 模块浏览库中选中 Discrete（离散模块）并右击，选择弹出的快捷菜单项，即可独立显示 Discrete 模块，效果如图 4-18 所示。

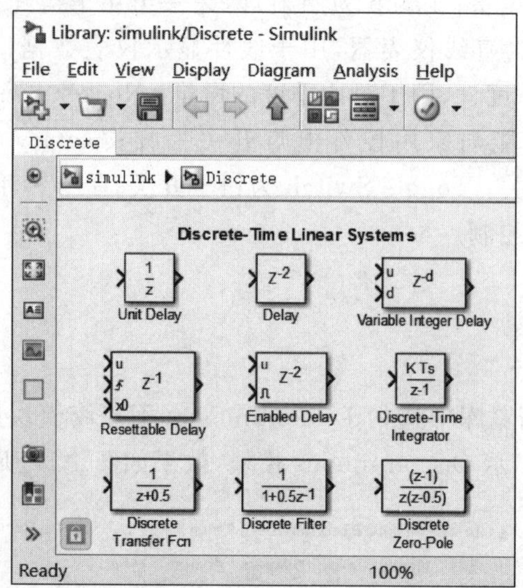

图 4-18　离散模块库

Discrete 模块中包括的子模块有：Unit Delay，一个采样周期的延时；Delay，采样周期延时；Variable Integer Delay，可变整数延时；Tapped Delay，抽头延时线；Resettable Delay，复位延时；Discrete-Time Integrator，离散时间积分器；Discrete Transfer Fcn，离散传递函数模型；Discrete Filter，离散滤波器；Discrete Zero-Pole，以零极点表示的离散传递函数模型；Difference，差分环节；Discrete Derivative，离散微分环节；Discrete State-Space，离散状态空间系统模型；Transfer Fcn First Order，离散一阶传递函数；Transfer Fcn Lead or Lag，超前-滞后传递函数；Transfer Fcn Real Zero，离散零点传递函数；Discrete PID Controller，实现连续和离散时间 PID 控制算法和先进的功能；Discrete PID Controller (2DOF)，实现连续和离散时间设定值加权的 PID 控制算法；Discrete FIR Filter，使用 FIR 滤波器作为输入，随着时间的推移独立过滤每个信道。

4.3.6　逻辑与位操作模块库

在 Simulink 模块浏览库中选中 Logic and Bit Operations(逻辑与位操作模块)并右击，选择弹出的快捷菜单项，即可独立显示 Logic and Bit Operations 模块，效果如图 4-19 所示。

Logic and Bit Operations 模块中包括的子模块有：Logical Operatior，逻辑操作符；Relational Operator，关系操作符；Interval Test，检测开区间；Interval Test Dynamic，动态检测开区间；Combinatiorial Logic，组合逻辑；Compare To Constant，和常量比较；Compare To Zero，和零比较；Bit Clear，位清零；Bit Set，位设置；Bitwise Operator，逐位操作；Detect Change，检测跳变；Detect Decrease，检测递减；Detect Fall Negative，检测负下降沿；Detect Fall Nonpositive，检测非负下降沿；Detect Increase，检测递增；Detect Rise Nonnegative，检测非负上升沿；Detect Rise Positive，检测正上升沿；Extract Bits，提取位；Shift Arithmetic，移位运算。

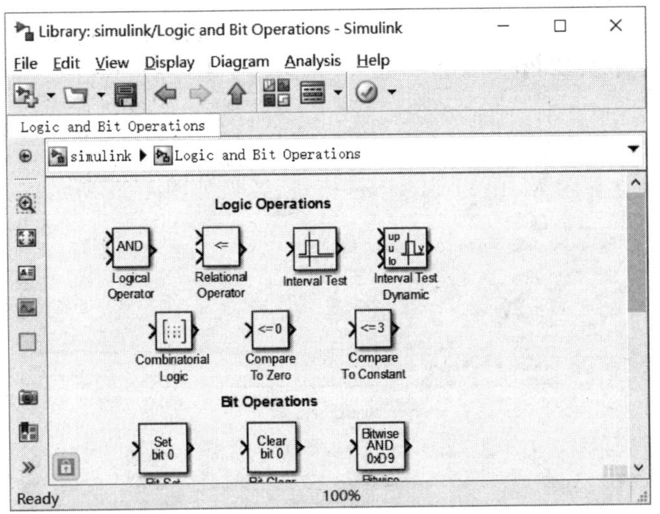

图 4-19　逻辑与位操作模块库

4.3.7　查找表模块库

在 Simulink 模块浏览库中选中 Lookup Table(查找表模块)并右击，选择弹出的快捷菜单项，即可独立显示 Lookup Table 模块，效果如图 4-20 所示。

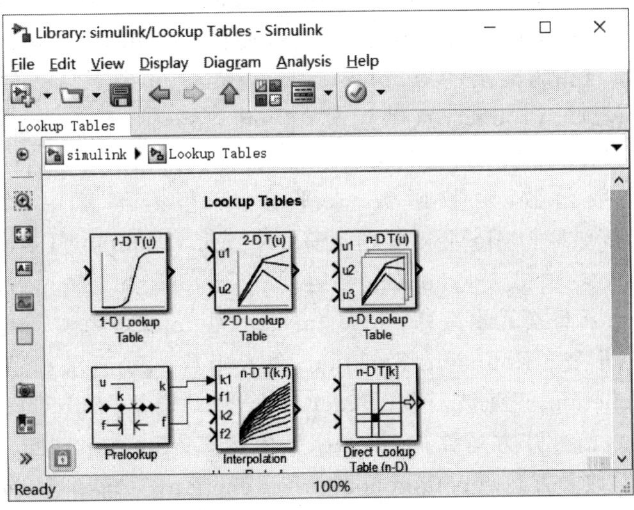

图 4-20　查找表模块库

Lookup Table 模块中包括的子模块有：1-D Lookup Tables，一维输入信号的查询表(线性峰值匹配)；2-D Lookup Table，二维输入信号的查询表(线性峰值匹配)；n-D Lookup Table，n 维输入信号的查询表(线性峰值匹配)；Direct Lookup Tabel(n-D)，n 个输入信号的查询表(直接匹配)；Interpolation Using Prelookup，n 个输入信号的预插值；Lookup Table Dynamic，动态查询表；Prelookup Index Search，预查询索引搜索；Sine，正弦函数查询表；Cosine，余弦函数查询表。

4.3.8 数学运算模块库

在 Simulink 模块浏览库中选中 Math Operations(数学模块)并右击,选择弹出的快捷菜单项,即可独立显示 Math Operations 模块,效果如图 4-21 所示。

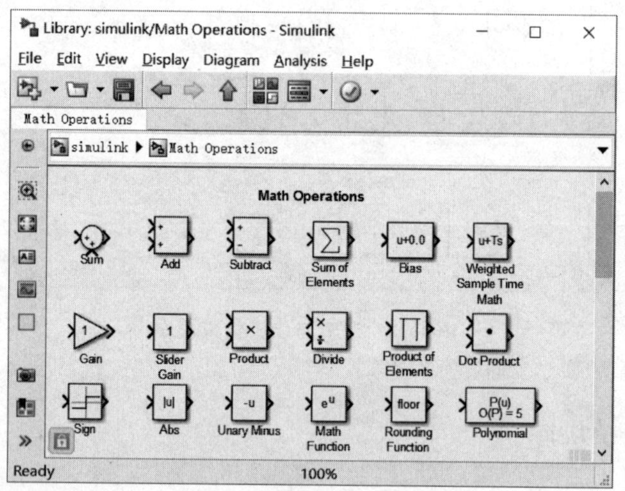

图 4-21 数学运算模块库

Math Operations 模块中包括的子模块有: Add,加法; Abs,取绝对值; Algebraic Constraint,代数约束; Assignment,赋值; Bias,偏移; Complex to M agitude-Angle,由复数输入转为幅值与相角输出; Complex to Real-Imag,由复数输入转为实部与虚部输出; Divide,除法; Dot Product,点乘运算; Find Nonzero Elements,查找非零元素; Gain,增益运算; Magnitude-Angle to Complex,由幅值与相角输入合成复数输出; Math Function,包括指数函数、对数函数、求平方、开根号等常用数学函数; Matrix Concatenation,矩阵级联; MinMax,最值运算; MinMax Running Resetable,最大最小值运算; Ploynomial,多项式; Product,乘运算; Product of Elements,元素乘运算; Permute Dimensions,替换元素运算; Real-Imag to Complex,由实部与虚部输入合成复数输出; Reshape,取整; Rounding Function,舍入函数; Sum,求和运算; Sign,符号函数; Sine Wave Function,正弦波函数; Slider Gain,滑动增益; Subtract,减法; Sqrt,开方运算; Signed Sqrt,信号开方运算; Squeeze,插值运算; Sum of Elements,元素和运算; Reciprocal Sqrt,倒数开方运算; Trigonometric Function,三角函数,包括正弦、余弦、正切等函数; Unary Minus,一元减法; Weighted Sample Time Math,权值采样时间运算; Vector Concatenate,向量级数。

4.3.9 模型验证模块库

在 Simulink 模块浏览库中选中 Model Verification(模型验证)并右击,选择弹出的快捷菜单项,即可独立显示 Model Verification 模块,效果如图 4-22 所示。

Model Verification 模块中包括的子模块有: Assertion,确定操作; Check Discrete

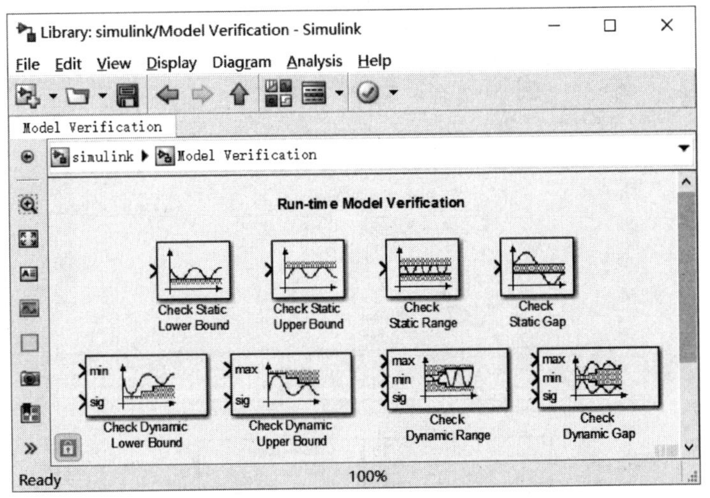

图 4-22　模型验证模块库

Gradient，检查离散梯度；Check Dynamic Gap，检查动态偏差；Check Dynamic Lower Bound，检查动态下限；Check Dynamic Range，检查动态范围；Check Dynamic Upper Bound，检查动态上限；Check Input Resolution，检查输入精度；Check Static Gap，检查静态偏差；Check Static Lower Bound，检查静态下限；Check Static Range，检查静态范围；Check Static Upper Bound，检查静态上限。

4.3.10　模型扩充模块库

在 Simulink 模块浏览库中选中 Model-Wide Utilities(模型扩充模块)并右击，选择弹出的快捷菜单项，即可独立显示 Model-Wide Utilities 模块，效果如图 4-23 所示。

Model-Wide Utilities 模块中包括的子模块有：DOC，文档模块；Model Info，模型信息；Time-Based Linearization，时间线性分析；Trigger-Based Linearization，触发线性分析。

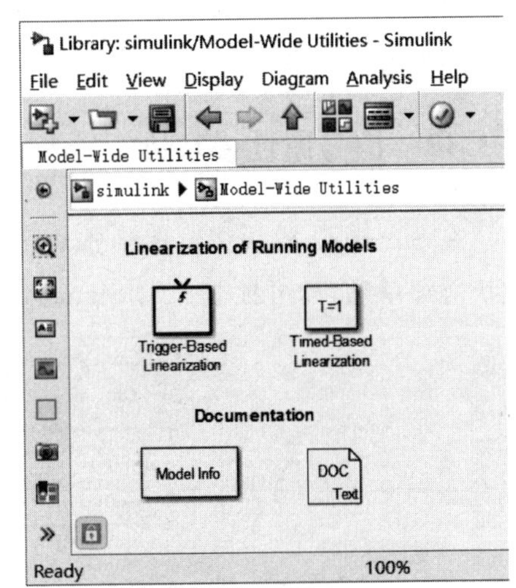

图 4-23　模型扩充模块库

4.3.11　端口与子系统模块库

在 Simulink 模块浏览库中选中 Port & Subsystems(端口与子系统模块)并右击，选择弹出的快捷菜单项，即可独立显示 Port & Subsystems 模块，效果如图 4-24 所示。

Port & Subsystems 模块中包括的子模块有：In1，输入端口；Out1，输出端口；Trigger，触发操作；Enable，使能；Function-Call Generator，函数响应生成器；Function-Call Split，函数响应进进器；Function-Call Subsystem，函数响应子系统；Subsystem，子系统；Subsystem Examples，子系统例子；CodeReuse Subsystem，代码重用子系统；Atomic Subsystem，单元子系统；Model，模型；Model Variants，参考指定的模型；Function-Call

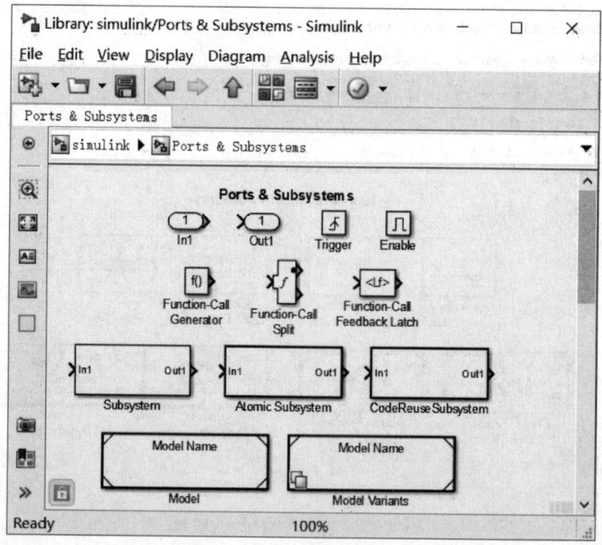

图 4-24 端口与子系统模块库

Subsystem,调用函数的子系统; Configurable Subsystem,结构子系统; Variant Subsystem,变体子系统; Enable and Triggered Subsystem,使能和触发子系统; Enable Subsystem,使能子系统; For Iterator Subsystem,重复操作子系统; If,假设操作; If Action Subsystem,假设动作子系统; Switch Case,转换事件; Switch Case Action Subsystem,转换事件子系统; Triggered Subsystem,触发子系统; While Iterator Subsystem,重复子系统。

4.3.12 信号属性模块库

在 Simulink 模块浏览库中选中 Signal Attibutes(信号属性模块)并右击,选择弹出的快捷菜单项,即可独立显示 Signal Attibutes 模块,效果如图 4-25 所示。

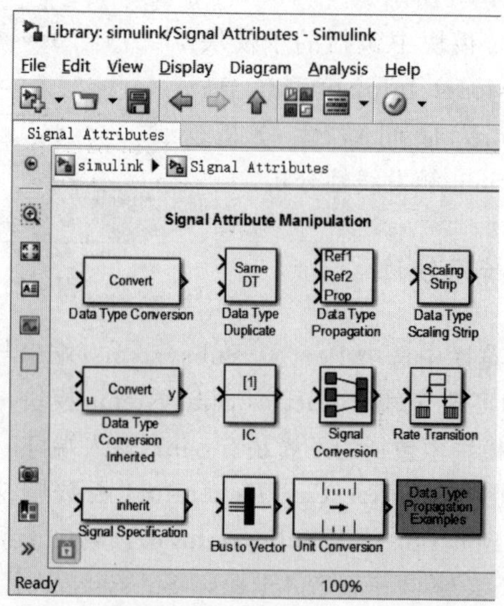

图 4-25 信号属性模块库

Signal Attibutes 模块中包括的子模块有：Bus to Vector，向量总线；Data Type Conversion，数据类型转换；Data Type Conversion Inherited，继承的数据类型转换；Data Type Duplicate，数据类型复制；Data Type Propagation，数据类型继承；Data Type Propagation Examples，数据类型继承例子；Data Type Scaling Strip，数据类型缩放；IC，信号输入属性；Probe，探针点；Rate Transition，比率变换；Signal Conversion，信号转换；Signal Specification，信号特征说明；Weighted Sample Time，权值采样时间；Width，信号宽度。

4.3.13 信号路由模块库

在 Simulink 模块浏览库中选中 Signal Routing（信号路线模块）并右击，选择弹出的快捷菜单项，即可独立显示 Signal Routing 模块，效果如图 4-26 所示。

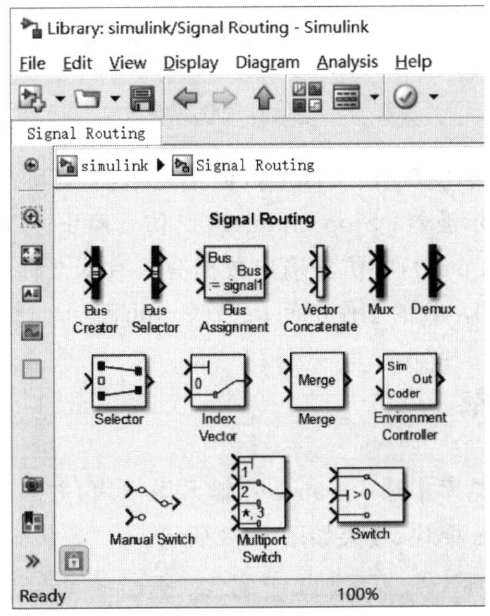

图 4-26 信号路由模块库

Signal Routing 模块中包括的子模块有：Bus Assignment，总线分配；Bus Creator，总线生成；Bus Seletor，总线选择；Demux，将一个复合输入转化为多个单一输出；Enviromnment Controller，环境控制器；From，信号来源；Goto，信号去向；Goto Tag Visibility，标签可视化；Index Vector，索引向量；Manual Switch，手动选择开关；Merge，信号合并；Multiport Switch，多端口开关；Mux，将多个单一输入转化为一个复合输出；Selector，信号选择器；Switch，开关选择，当第二个输入端大于临界值时，输出由第一个输入端而来，否则输出由第三个输入端而来。

4.3.14 信号接收器模块库

在 Simulink 模块浏览库中选中 Sinks（信号接收器模块）并右击，选择弹出的快捷菜单项，即可独立显示 Sinks 模块，效果如图 4-27 所示。

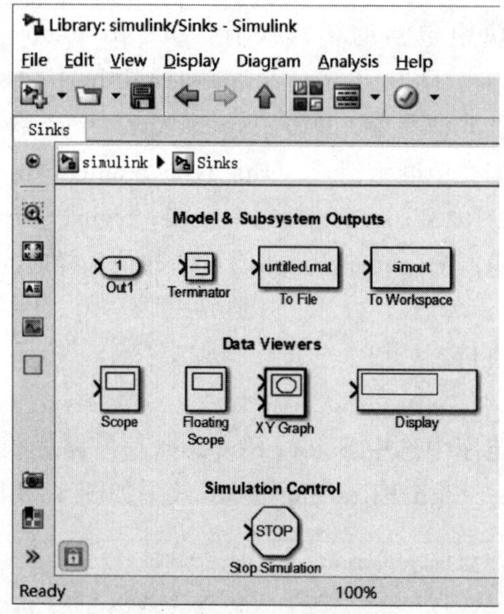

图 4-27　信号接收器模块库

Sinks 模块中包括的子模块有：Display，数字显示器；Floating Scope，浮动观察器；Out1，输出端口；Scope，示波器；Stop Simulation，仿真停止；Terminator，连接到没有连接到的输出端；To File(.mat)，将仿真输出数据写入数据文件保存；To Workspace，将仿真输出数据写入 MATLAB 的工作空间；XY Graph，显示二维图形。

4.3.15　输入源模块库

在 Simulink 模块浏览库中选中 Sources(输入源模块)并右击，选择弹出的快捷菜单项，即可独立显示 Sources 模块，效果如图 4-28 所示。

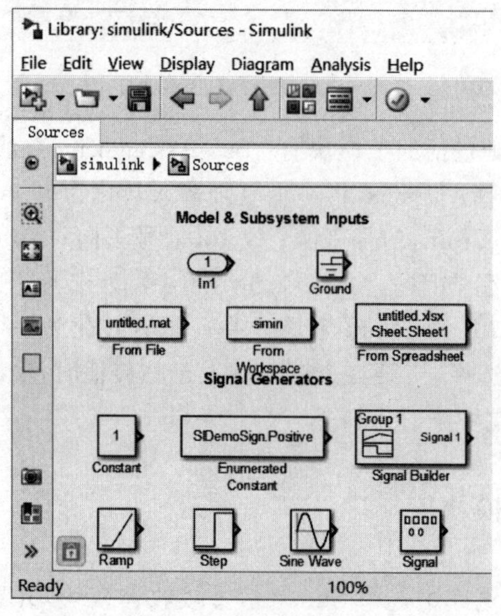

图 4-28　输入源模块库

Sources 模块中包括子模块有：Band-Limited White Noise，带限白噪声；Chirp Signal，产生一个频率不断增大的正弦波；Clock，显示与提供仿真时间；Constant，常数信号；Counter Free-Running，无限计数器；Counter Limited，有限计数器；Digital Clock，在规定的采样间隔产生仿真时间；Enumerated Constant，枚举常数信号；From File(. mat)，来自数据文件；From Workspace，来自 MATLAB 的工作空间；Ground，接地信号；In1，输入信号；Pulse Generator，脉冲发生器；Ramp，斜坡输入；Random Number，产生正态分布的随机数；Repeation Sequence，产生规律重复的任意信号；Repeating Sequence Interpolated，重复序列内插值；Repeating Sequence Stair，重复阶梯序列；Signal Builder，信号创建器；Signal Generator，信号发生器，可以产生正弦、方波、锯齿波及随意波；Sine Wave，正弦波信号；Step，阶跃信号；Uniform Random Number，一致随机数。

4.3.16 用户自定义模块库

在 Simulink 模块浏览库中选中 User-Defined Functions(用户自定义函数模块)并右击，选择弹出的快捷菜单项，即可独立显示 User-Defined Functions 模块，效果如图 4-29 所示。

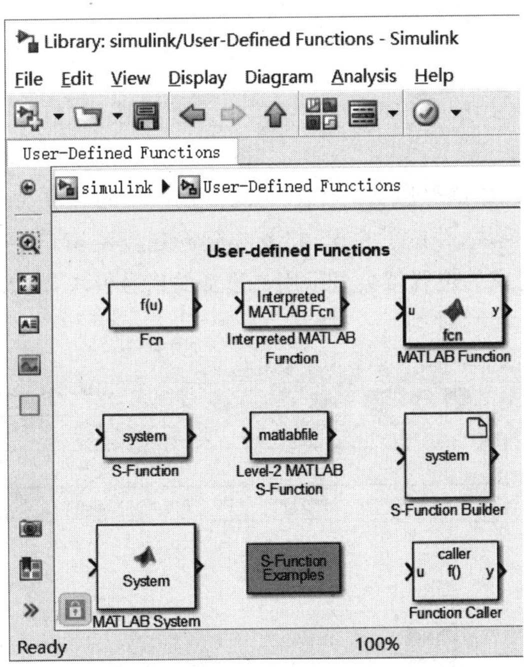

图 4-29 输入源模块库

User-Defined Functions 模块中包括子模块有：MATLAB Function，嵌入的 MATLAB 函数；Fcn，用自定义的函数(表达式)进行运算；Level-2 MATLAB S-Function，使用 MATLAB 的 S 函数 API 编写用户自定义的块。Interpreted MATLAB Fcn，利用 MATLAB 的现有函数进行运算；S-Function，调用自编的 S 函数的程序进行运算；S-Function Builder，S 函数建立器；S-Function Examples，S 函数例子。

4.3.17 扩展模块库

如同众多的应用工具箱扩展了 MATLAB 的应用范围一样，Mathworks 公司为 Simulink 提供了各种专门的模块库来扩展 Simulink 的建模和仿真能力。这些模块库涉及通信系统、控制系统、DSP 系统等不同领域，满足了 Simulink 对不同系统仿真的需要。

这些模块库包括：Communications System Toolbox，通信系统工具箱；Control System Toolbox，控制系统工具箱；Gauges Blockset，仪表模块集；DSP System Toolbox，DSP 系统工具箱；Fuzzy Logic Toolbox，模糊逻辑工具箱；Neural Network Blockset，神经网络模块集；Real-Time Windows Target，实时窗口目标模块库；Stateflow，状态流库；Simulink Extras，Simulink 附加模块库。

4.4 一个 Simulink 实例

本节介绍一个简单的仿真系统，演示创建 Simulink 仿真系统的典型过程。

1. 添加模块

其实现步骤为：

(1) 单击 Simulink Library Browser 窗口中的新建按钮，打开一个空白模型窗口，如图 4-12 所示。

(2) 选择 Chirp Signal 信号源。选择图 4-13 左侧区域的 Sources 模块库，然后在右侧窗口中选择 Chirp Signal 模块，并按下左键，将其拖到新建模型窗口中，拖到新建模型中合适位置后，松开左键，在对应的位置就会显示用户添加的信号模块，效果如图 4-30 所示。

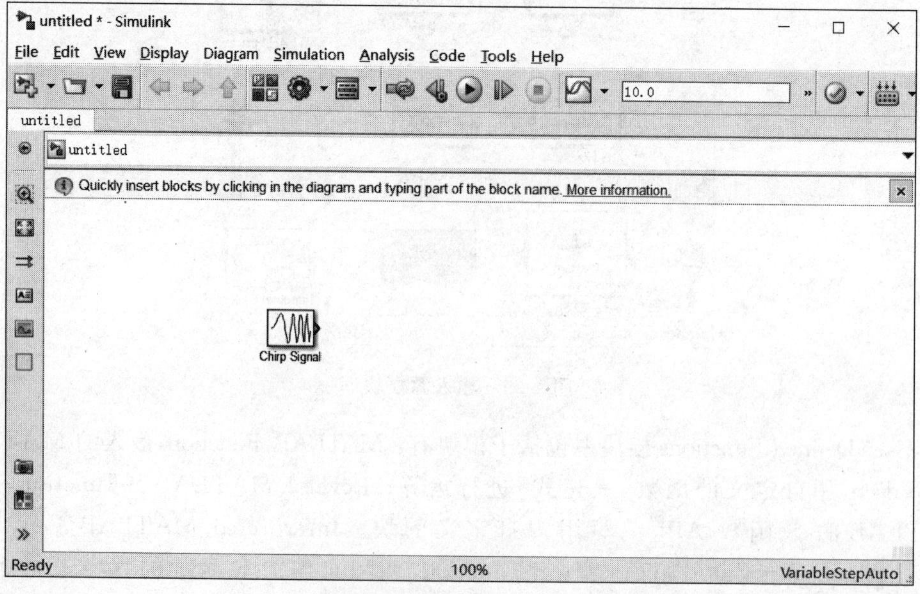

图 4-30 添加 Chirp Signal 模块

2．设置模块属性

在 Simulink 中，除了可以添加模块，还可以设置模块的外观和运算属性。外观属性很好理解，是指模块的外表颜色或文本标志等。运算属性主要是指仿真的各种参数等。

其实现步骤为：

(1) 编辑 Chirp Signal 模块的外观属性。选中 Chirp Signal 模块，当模块出现对应的模块柄后，按下鼠标并拖动，改变模块大小；然后选择 Diagram|Format|Foreground Color|Black 命令，将模块的背景颜色设置为黑色，如图 4-31 所示。

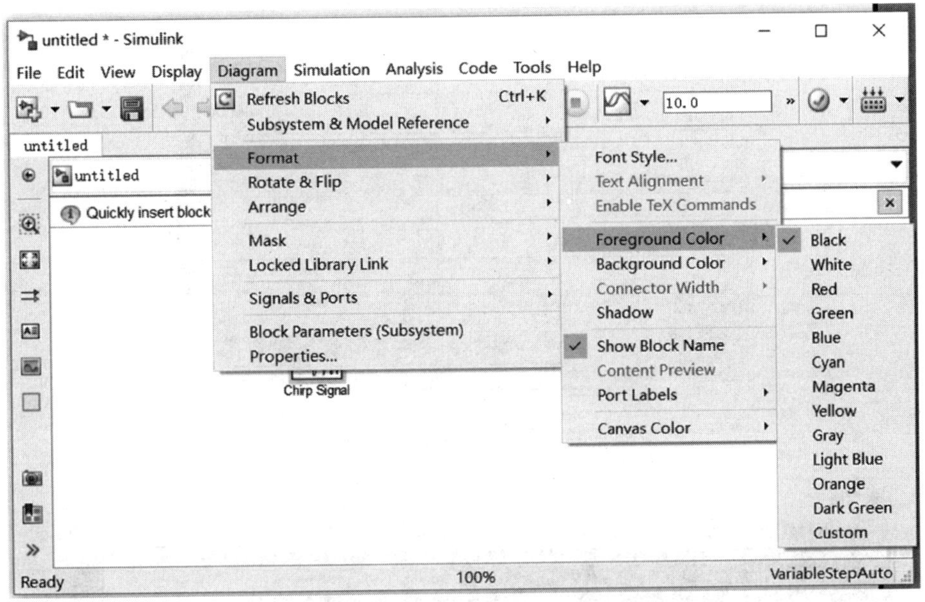

图 4-31　模块的外观属性设置

(2) 设置 Chirp Signal 模块的参数。双击模块窗口的 Chirp Signal 模块，打开 Source Block Parameters:Chirp Signal 参数设置窗口，设置模块的相关参数，效果如图 4-32 所示。

Block Parameters: Chirp Signal

chirp (mask) (link)

Output a linear chirp signal (sine wave whose frequency varies linearly with time).

Parameters

Initial frequency (Hz):

0.8

Target time (secs):

100

Frequency at target time (Hz):

6

☑ Interpret vector parameters as 1-D

OK　Cancel　Help　Apply

图 4-32　模块参数设置窗口

(3) 根据需要在模型窗口中添加 Sine Wave 模块，并设置其外观。双击 Sine Wave 模块窗口，打开参数设置窗口，设置效果如图 4-33 所示。在打开的模块参数设置窗口中单击 Help 按钮，查看关于正弦函数的帮助文档，如图 4-34 所示。

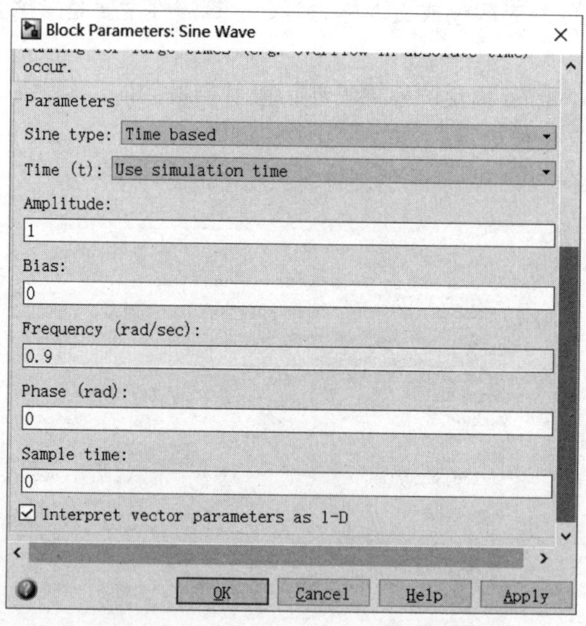

图 4-33　Sine Wave 模块参数设置

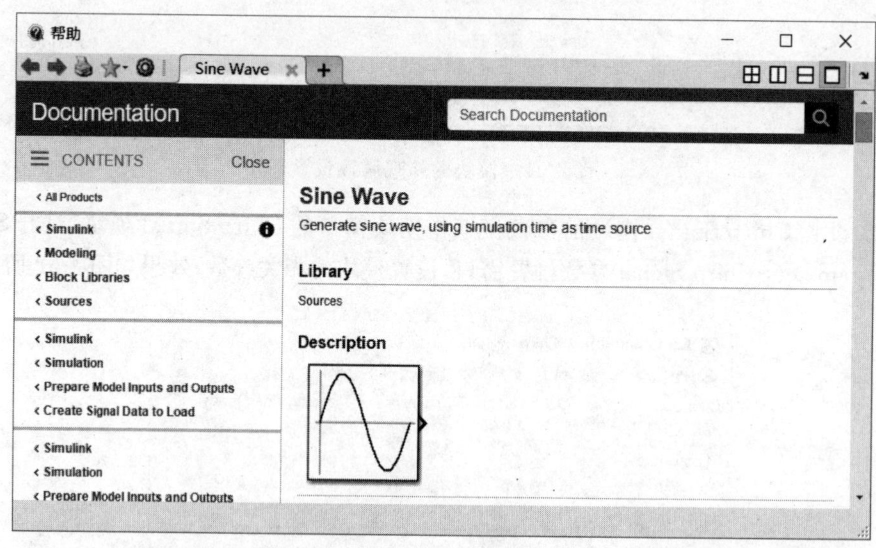

图 4-34　模块帮助文档界面

(4) 添加数学运算符模块，并设置相应的属性。选择 Simulink 库浏览器左窗格的 Math Operations 模块库，然后在右窗格中选择 Add 模块，并将模块添加到模型窗口中，对其进行外观属性设置。

(5) 添加显示屏模块，并设置其相应的属性。选择选择 Simulink 库浏览器左窗格的 Sinks 模块库，然后在右窗格中选择 Scope 模块，并将模块添加到模型窗口中，对其进行外观属性设置，效果如图 4-35 所示。

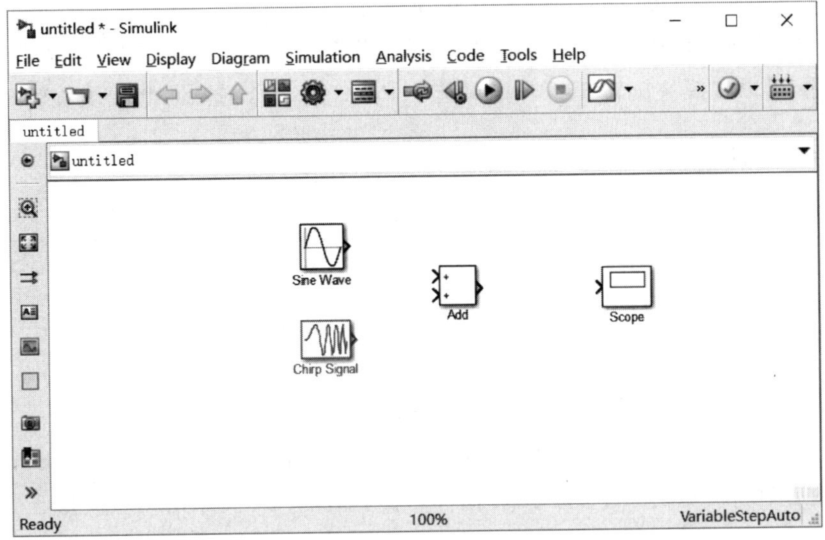

图 4-35　添加模块效果

3. 连接模块

在 Simulink 中，各个模块之间都需要相互关联，一个孤立的模块不能完成仿真。同时，在 Simulink 中，模块之间的连接关系就相当于是运算关系。

实现步骤为：

(1) 连接程序模块。将鼠标指向 Chirp Signal 模块的右侧输出端，当光标变为十字形时，按住左键，将其移到 Add 模块左侧的数步输入端。

(2) 连接其他模块。使用以上的方法，连接其他的程序模块，然后单击模型窗口中的按钮，模块即自动调整位置，得到的效果如图 4-36 所示。

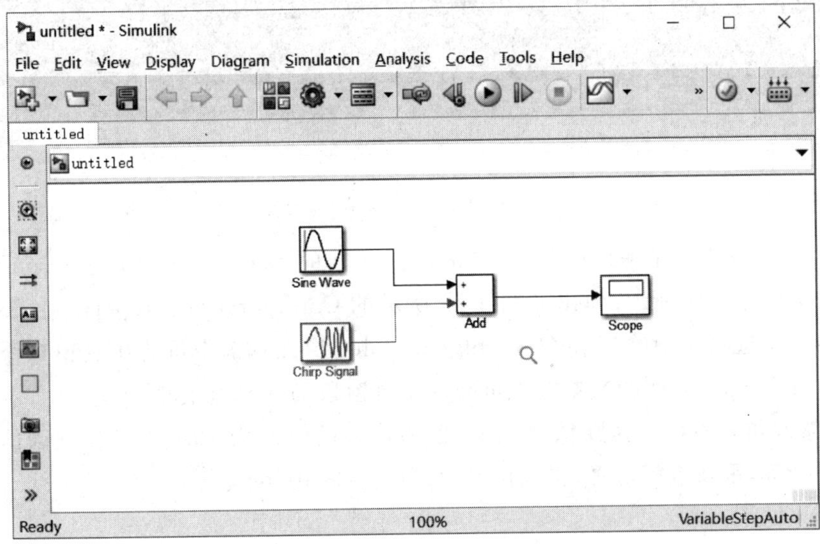

图 4-36　模块完成连接的模型窗口

此外，如果要删除模块，选中需要删除的模块，然后按键盘上的 Delete 键，或选中模块后，选择 Edit 菜单下的 Delete 或 Cut 选项即可。

如果要翻转模块，选中模块，选择 Diagram 菜单下的 Roate & Flip 子菜单下的 Flip Block 选项，可以将模块旋转 180°。如果选中 Rotate Block 选项可将模块旋转 90°。

4. 仿真器设置

在模型文件窗口中，打开 Simulink 仿真器设置窗口，仿真的起始时间为 0，终止时间为 10s，求解器 Solver 默认为 ode45。

5. 运行仿真

Simulink 仿真的最后一步是运行前面的仿真模型。其实现步骤为：

(1) 查看仿真结果。单击模型窗口中的“运行”按钮，或选择 Simulink|Run 选项，运行仿真，然后双击模型窗口中的 Scope 图标，得到如图 4-37 所示的信号波形。

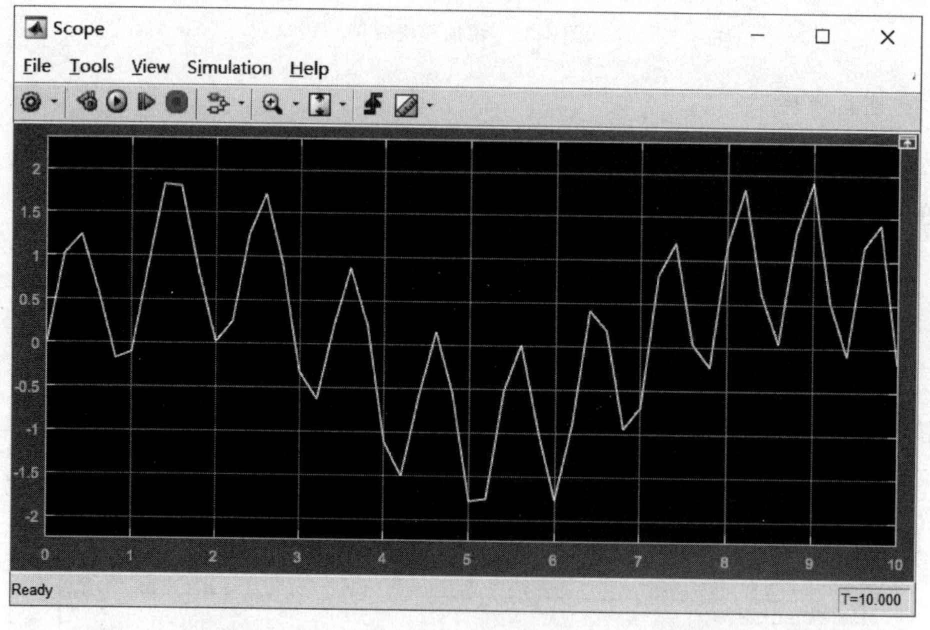

图 4-37　仿真结果

(2) 添加说明。在图 4-37 中右击，在弹出的快捷菜单中选择 Configuration Properties，如图 4-38 所示，弹出如图 4-39 所示的 Configuration Properties：Scope 对话框，在 Display 选项卡中的 Title('%< SignalLable >')文本框中可为仿真窗口添加标注，在 Y-min 及 Y-max 右侧的文本框中可修改仿真窗口的 Y 轴坐标大小。

(3) 修改仿真参数。在默认情况下，模型仿真的时间为 10s，可以修改该仿真时间。例如，改为 25s，重新进行仿真，得到仿真效果如图 4-40 所示。

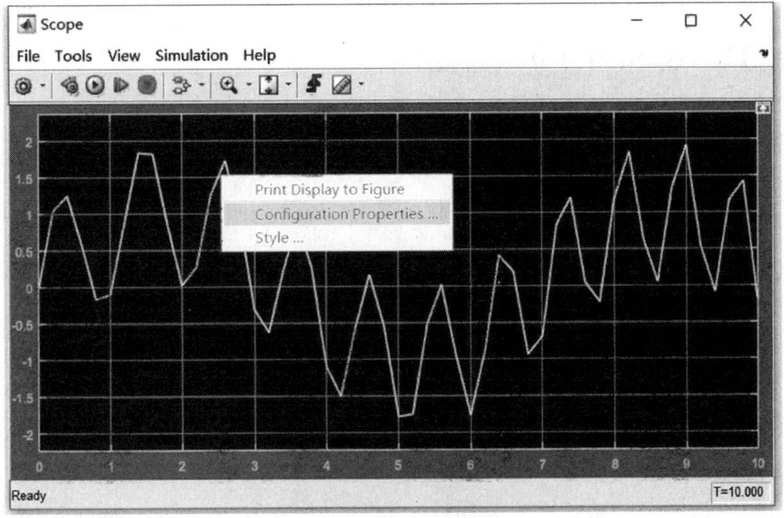

图 4-38　Scope 参数选项

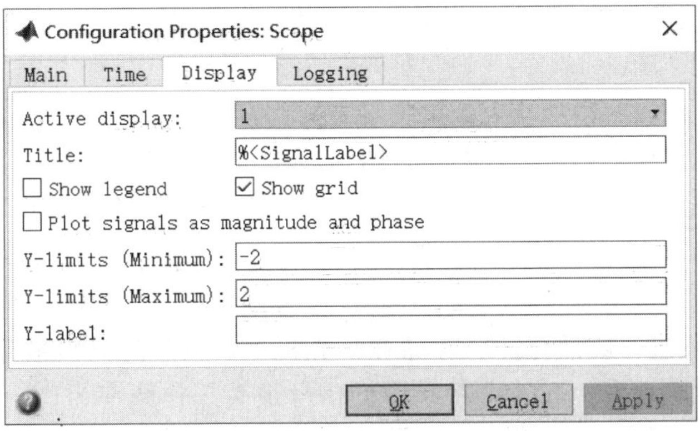

Configuration Properties: Scope

Main　Time　Display　Logging

Active display: 1

Title: %<SignalLabel>

☐ Show legend　☑ Show grid

☐ Plot signals as magnitude and phase

Y-limits (Minimum): -2

Y-limits (Maximum): 2

Y-label:

OK　Cancel　Apply

图 4-39　Scope 参数对话框

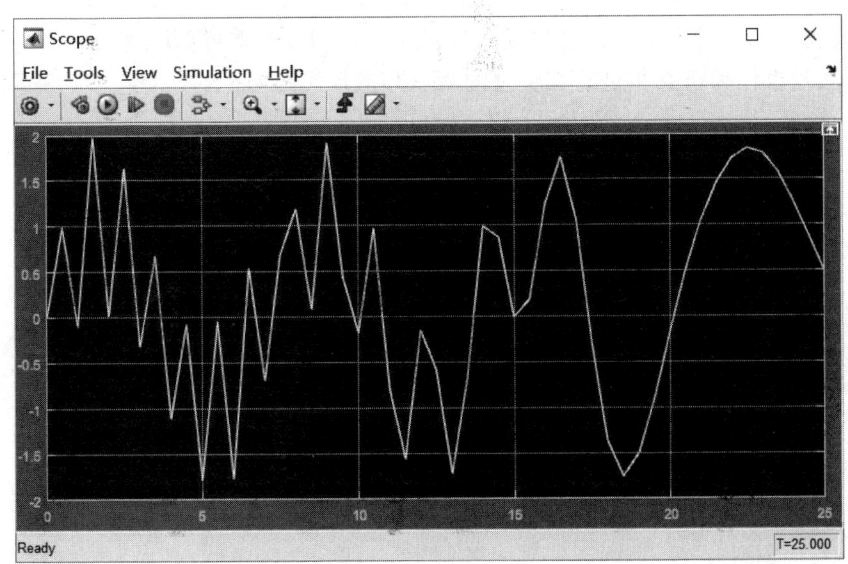

图 4-40　仿真时间为 25s 的仿真结果

4.5 MATLAB/Simulink 建模

本节将分别介绍利用 MATLAB 和 Simulink 系统进行建模。

4.5.1 MATLAB 建模

本小节介绍利用 MATLAB 建立静态系统与非静态系统。

1. 静态系统

静态系统的仿真过程就是相应代数方程的数值计算或求解过程。下面以幅度调制作为示例来讲解。

【例 4-1】 试仿真得出一个幅度调制系统的输入输出波形。设输入被调制信号是一个幅度为 2V,频率为 1000Hz 的余弦波,调制度为 0.5,调制载波信号是一个幅度为 5V,频率为 10kHz 的余弦波,所有余弦波的初相位为 0。

1) 数学模型

根据题目,该调幅系统的输入输出关系表达式为:

$$y(t)=(M+m_{\mathrm{a}}M\cos 2\pi f_{\mathrm{m}}t)\times A\cos\pi f_{\mathrm{c}}t \tag{4-1}$$

其中,$M=2$ 是被调信号的振幅,$f_{\mathrm{m}}=1000$ 是其频率,$A=5$ 是载波信号的幅度,$f_{\mathrm{c}}=10^4$ 是其频率,$m_{\mathrm{a}}=0.5$ 是调制度。

2) 编程实现

连续函数必须进行离散化才能存储在计算机中。只要时间离散化过程满足取样定理,那么就不会引起失真。在这个系统中的信号最高工作频率为$(f_{\mathrm{m}}+f_{\mathrm{c}})=11\mathrm{kHz}$,根据取样定理,只要离散取样率高于该频率的 2 倍即可无失真。在计算量和数据存储量许可的条件下,取样率可以设置更高,以使仿真计算的结果波形图显示更加光滑。本例将取样率设置为 10^5,即在一个载波周期上取样 10 次,相应的取样间隔为 $\Delta t=10^{-5}\mathrm{s}$。本例中,取样间隔也作为仿真步进。其实现的 MATLAB 代码如下:

```
>> clear all;
dt = 1e - 5;
T = 3 * 1e - 3;
t = 0:dt:T;
input = 2 * cos(2 * pi * 1000 * t);
ca = 5 * cos(2 * pi * 1e4 * t);
output = (2 + 0.5 * input). * ca;
% 作图: 观察输入信号,载波,以及调制输出
subplot(311);
plot(t,input);
xlabel('时间/s'); ylabel('被调信号');
subplot(312);
plot(t,ca);
xlabel('时间/s'); ylabel('载波');
subplot(313);
plot(t,output);
xlabel('时间/s'); ylabel('调幅输出');
```

以上程序代码非常简洁，并且表达上与数学形式很接近。值得指出的是，程序结构采用了 MATLAB 常用的矩阵形式，而没有采用传统计算机语言所必须采用的循环结构，因此采用矩阵计算的效率更高。仿真程序执行的结果如图 4-41 所示，图中同时画出了输入、载波和调幅输出。从图中可以看出，载波的包络随着被调信号的变化而变化，这样被调信号的变化信息就被携带在了载波的振幅上，因此称为幅度调制。

3）另外一种编程实现方式

在上面的程序中，首先计算出了仿真时间区间内的输入信号在各取样时刻的取值并存储在一个矩阵变量 input 中，然后计算载波信号并存储在矩阵 ca 中，最后再计算出调制输出。即仿真中各信号是顺序产生的，并按照信号在系统中的流通先后逻辑进行顺序计算。这是一种基于数据流仿真方法的典型例子。然而，在实际调制系统中，在某时刻上输入信号和载波以及调制输出信号是同时产生的。如果在仿真程序中也根据仿真步进时间的推进分别在各个取样点上"同时"计算生成系统中各逻辑点上的信号样值，那么就是一种基于时间流的仿真过程。下面的代码用循环结构实现了基于时间流的调幅仿真过程，结果与图 4-41 相同。

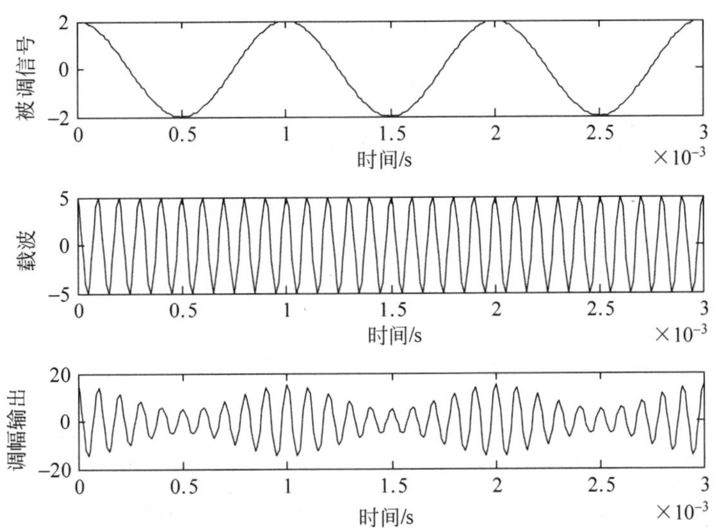

图 4-41　被调信号、载波和调幅输出信号的仿真波形

其实现的 MATLAB 代码为：

```
>> clear all;
dt = 1e - 5;
T = 3 * 1e - 3;
t = 0:dt:T;
for i = 1:length(t)
    input(i) = 2 * cos(2 * pi * 1000 * t(i));
    ca(i) = 5 * cos(2 * pi * 1e4 * t(i));
    output(i) = (2 + 0.5 * input(i)). * ca(i);
end
% 作图：观察输入信号、载波，以及调制输出
subplot(311);
plot(t,input);
```

```
xlabel('时间/s'); ylabel('被调信号');
subplot(312);
plot(t,ca);
xlabel('时间/s'); ylabel('载波');
subplot(313);
plot(t,output);
xlabel('时间/s'); ylabel('调幅输出');
```

2. 动态系统

动态系统分为两种,连续动态系统和离散动态系统。

1) 连续动态系统的 MATLAB 仿真

连续动态系统以微分方程(组)进行数学描述,其仿真过程就是对微分方程的编程表达和数值求解过程。下面首先通过示例来了解这一建模过程和编程的思路,然后总结出更一般的连续动态模型和求解方法。

【例 4-2】 单摆运动过程的建模和仿真。

(1) 单摆的数学模型。

设单摆摆线的固定长度为 l,摆线的质量忽略不计,摆锤质量为 m,重力加速度为 g,系统的初始时刻为 $t=0$,在任意 $t\geqslant 0$ 时刻摆锤的线速度为 $v(t)$,角速度为 $\omega(t)$,角位移为 $\theta(t)$。以单摆的固定位置为坐标原点建立直角坐标系,水平方向为 x 轴方向,如图 4-42 所示。

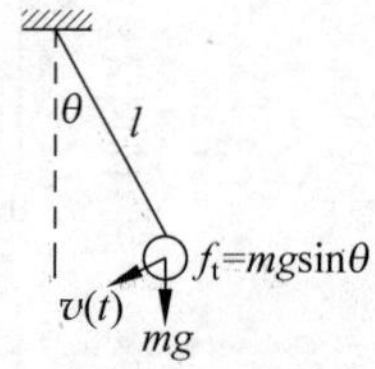

图 4-42 重力场中的单摆受力分析示意图

在 t 时刻,摆锤所受切向力 $f_t(t)$ 是重力 mg 在其运动圆弧切线方向上的分力,即:

$$f_t(t) = mg\sin\theta(t) \tag{4-2}$$

如果忽略空气阻力因素,根据牛顿第二运动定律,切向加速度为:

$$a(t) = g\sin\theta(t) \tag{4-3}$$

因此得到单摆的运动微分方程组:

$$\frac{\mathrm{d}v(t)}{\mathrm{d}t} = g\sin\theta(t) \tag{4-4}$$

$$\frac{\mathrm{d}\theta(t)}{\mathrm{d}t} = -\omega(t) = -\frac{v(t)}{l} \tag{4-5}$$

如果考虑空气阻力,可设单摆在摆动中受到阻力 f_z。显然阻力与摆锤的运动速度有关,即阻力是单摆线速度的函数:$f_z=f(v)$。为简单起见,可设:

$$f_z(t) = -kv(t) \tag{4-6}$$

其中,$k\geqslant 0$ 为阻力比例系数,式中的负号表示阻力方向与摆锤运动方向相反。切向加速度由切向合力 f_t+f_z 产生,根据牛顿第二运动定律,有:

$$a(t) = g\sin\theta(t) - \frac{kv(t)}{m} \tag{4-7}$$

因此得到修正后的单摆的运动微分方程组:

$$\frac{\mathrm{d}v(t)}{\mathrm{d}t} = g\sin\theta(t) - \frac{kv(t)}{m} \tag{4-8}$$

$$\frac{d\theta(t)}{dt} = -\frac{v(t)}{l} \tag{4-9}$$

(2) 数值求解。

仍然使用欧拉算法求解。将 $dv(t)=v(t+dt)-v(t)$ 和 $d\theta(t)=\theta(t+dt)-\theta(t)$ 代入式(4-8)及式(4-9)中，并以仿真步进量 Δ 作为 dt 的近似，得到基于时间的递推方程。

$$v(t+\Delta) = v(t) + \left(g\sin\theta(t) - \frac{kv(t)}{m}\right)\Delta \tag{4-10}$$

$$\theta(t+\Delta) = \theta(t) - \frac{v(t)}{l}\Delta \tag{4-11}$$

其实现的 MATLAB 代码为：

```
>> clear all;
dt = 0.0001;                         % 仿真步进
T = 15;                              % 仿真时间长度
t = 0:dt:T;                          % 仿真计算时间序列
g = 9.8;
L = 1.5;
m = 10;
k = 3;                               % 空气阻力比例系数
th0 = 3.1;                           % 初始摆角设置
v0 = 0;                              % 初始摆速设置
v = zeros(size(t));                  % 程序存储变量预先初始化,可提高执行速度
th = zeros(size(t));
v(1) = v0;
th(1) = th0;
for i = 1:length(t)                  % 仿真求解开始
    v(i+1) = v(i) + (g * sin(th(i)) - k./m. * v(i)). * dt;
    th(i+1) = th(i) - 1./L. * v(i). * dt;
end
% 使用双坐标系统来作图,注意作图和图标标注的技巧
[AX,B1,B2] = plotyy(t,v(1:length(t)),t,th(1:length(t)),'plot');
set(B1,'LineStyle','--');            % 设置图线型
set(B2,'LineStyle','p');
set(get(AX(1),'Ylabel'),'String','线速度 v(t)m/s');     % 作标注
set(get(AX(2),'Ylabel'),'String','角位移\th(t)/rad');
xlabel('时间 t/s');
legend(B1,'线速度 v(t)',2);
legend(B2,'角位移\th(t)',1);
```

程序中，故意将初始角位移设置为 $\theta(0)=3.1$，接近弧度 π，即摆锤初始位置接近最高点，这样系统将出现明显的非线性特征。空气阻力比例系数设为 $k=3$，摆锤初始速度为零，质量为 10kg，摆线长度为 $l=1.5$m，则仿真结果如图 4-43 所示。起始阶段由于摆锤接近最高位置，所以启动速度缓慢，图中线速度在时间起始阶段增长缓慢，当角位移到达 $\pi/2$ 时，摆锤上的加速度达到最大，当角位移等于 0 时（即摆锤位于最低点），其线速度接近最大值（注意，这是由于考虑了空气阻力的缘故。当忽略空气阻力作用后，则线速度在摆锤最低点达到最大值）由于空气阻力，摆动逐渐衰竭。由于仿真输出的两个变量的物理量纲不同，本程序使用了双坐标系统来作图。

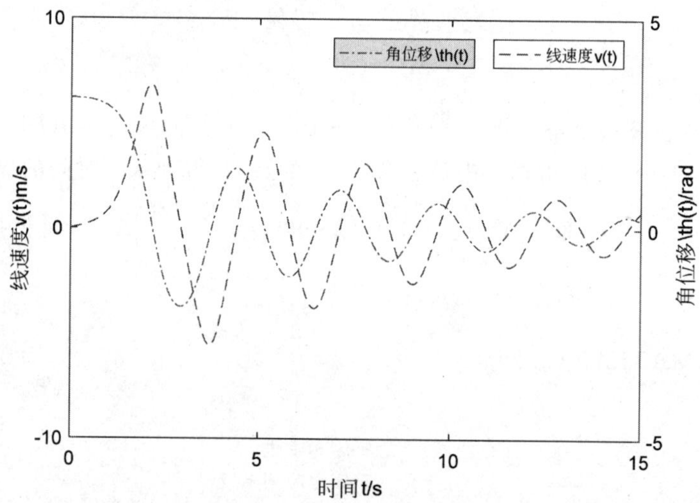

图 4-43　单摆运动的线速度和角位移仿真曲线

图 4-44 给出了忽略空气阻力作用($k=0$)后的摆动波形,初始角位移设置为 $\theta(0)=3$。由于没有能量损失,摆动将永远进行下去。可以看出,摆锤的运动不是正弦规律的,这是因为摆锤的运动微分方程不是线性的。当初始角位移设置较小时,摆动才能近似为正弦的。读者可修改程序中参数的设置,自行实验来观察不同的摆锤质量、摆线长、初始速度、位置和阻力系数摆波形的频率和衰减情况。

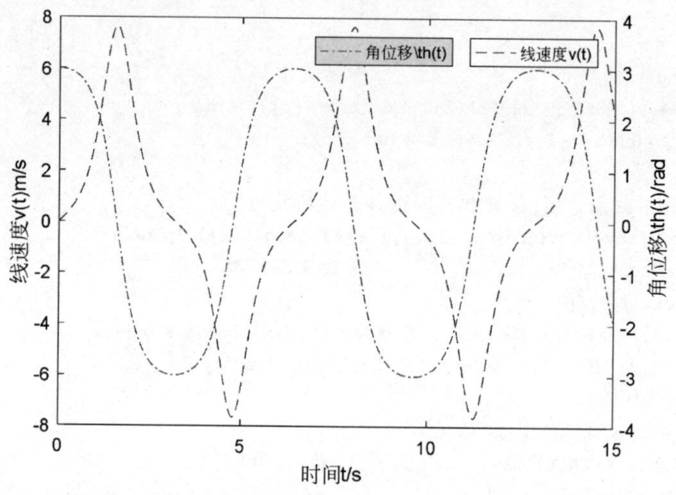

图 4-44　忽略空气阻力后单摆运动的线速度和角位移仿真曲线

2）离散动态系统的 MATLAB 仿真

在数学上,时间离散信号可以用一个数列表示,称为离散时间序列。数列中元素的取值就是对应离散时刻序号处的信号值。如果这些信号取值也是离散的,那么就称这样的信号序列为数字信号。由于计算机的计算字长数是有限整数,存储空间也是有限的整数,因此,本质上计算机只能够直接处理数字信号。从上节可知,对连续信号和连续系统的数值计算和仿真事实上是离散化的近似计算,即以适当步长进行的时间离散的计算过程，计算结果也是在设定的计算机存储精度下的离散值。因此，计算机仿真实质上是对数字信号和数字系统的仿真。

数列中元素之间关系可以通过数列的一个或多个起始元素以及数列的递推公式来描述，数列的递推公式也称为差分方程。对于关系比较简单的数列，可以通过数字分析找出通项公式，即差分方程的解。

离散动态系统的数学描述是差分方程或差分方程形式的状态方程组，对离散动态系统的仿真，就是根据其差分方程和初始状态进行递推，求出序列在给定仿真离散时间范围内的全部元素值。从这个意义上说，与连续系统仿真相比较，离散动态系统的仿真更为简单直接。

连续时间信号可以通过均匀采样转换为离散时间信号。如果 $f(t)$ 是一个连续时间信号，那么通过取样时间间隔为 T 的模数转换器将把它转换成离散时间信号 $f[n]$（这里忽略了模数转换器的信号幅度量化误差），在不引起含义混淆的情况下，一般将 $f[n]$ 简写为下角标形式 f_n，并引入延时算子 D 来表示对离散时间信号延时一个取样时间间隔，即：

$$f_n = f[n] = f(nT) \tag{4-12}$$

$$f_{n-1} = f[n-1] = Df(n) \tag{4-13}$$

为了保证离散信号能够不失真地表示输入信号，非常重要的一点就是需要根据输入模拟信号的频率范围选取采样速率。根据采样定理，离散时间信号所包括的最高频率是 $1/(2T)$。如果输入信号的频率范围超过该最大频率，就会造成频谱混叠，所得出的离散信号就是严重失真的。

【例 4-3】 试建立如图 4-45 所示的离散时间系统的状态方程和输出方程，通过仿真求解系统的单位数字冲激响应。

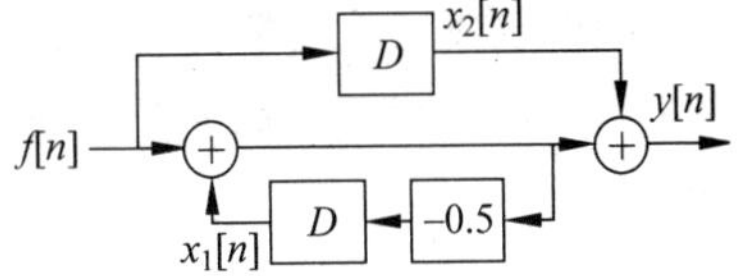

图 4-45　一个离散时间系统示例

其实现的 MATLAB 代码如下：

```
>> clear all;
n = 5;                                    % 仿真计算
的时间序列点数
f = [1,zeros(1,n-1)];                     % 输入：单位数字冲激信号
x = zeros(2,n+1);                         % 状态变量存储矩阵初始化
x(:,1) = [0;0];                           % 初始状态赋值
for i = 1:n
    x(1,i+1) =- 0.5. * (x(1,i) + f(i));  % 状态方程 1
    x(2,i+1) = f(n);                      % 状态方程 2
    y(n) = x(1,i) + x(2,i) + f(i);        % 输出方程
end
t = 0:n-1;                                % 得到序列对应的离散时间点并做出波形
subplot(411);
stem(t,f);                                % 输入信号波形
axis([-1 n 0 1.5]);
subplot(412);
stem(t,x(1,1:n));                         % 状态 1 的波形
axis([-1 n -0.6 0.6]);
subplot(413);
stem(t,x(2,1:n));                         % 状态 2 的波形
```

```
axis([-1 n 0 1.5]);
subplot(414);
stem(t,y);                                    % 输出信号波形
axis([-1 n -0.5 1.2]);
```

运行程序，效果如图 4-46 所示。

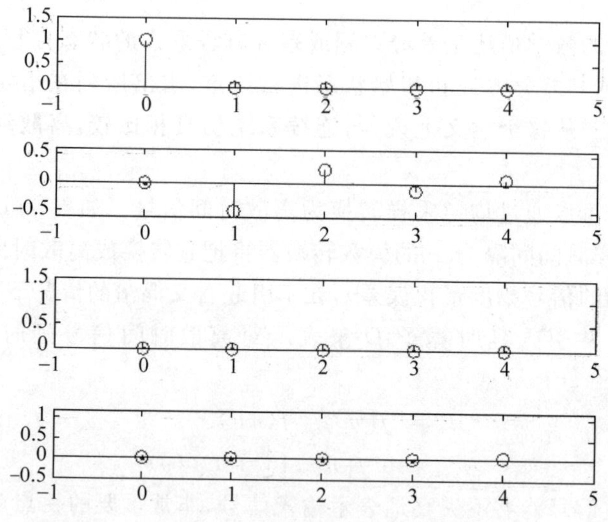

图 4-46　离散时间系统数字冲激响应的仿真结果

图 4-46 中分别给出了输入序列、两个状态序列以及输出序列的计算结果。由于仿真目的是求解系统的冲激响应，所以在程序中将系统的两个状态变量的初始值均设置为零。图中，状态 $x_1[n]$是反馈输出端的波形，而状态 $x_2[n]$显然是输入信号 $f[n]$延时了一个单位时间的结果。输出信号 $y[n]$则是输入信号与两个状态信号叠加的结果，对应了系统方框图。

4.5.2　Simulink 建模

在很多领域中，例如物理等都是连续时间的，连续时间系统又可以分为两类：线性和非线性。下面选择几个常用的模块来介绍怎样创建连续系统及非连续系统。

1. 线性系统建模

相对于非线性系统而言，线性系统比较简单，所涉及的模块也比较容易。

【例 4-4】　创建一个 Simulink 系统，演示向上抛投小球的运动轨迹。

其实现步骤为：

(1) 根据需要，建立如图 4-47 所示的模型窗口。

(2) 在 Continuous 模块库中拖放两个 Integrator Limited 模块放到模型窗口中，打开第一个积分模块，参数设置如图 4-48(a)所示，命名为 Velocity。该积分器的功能是积分得到小球抛投的速度，为了能够更逼真地模拟该抛投运动，需要为该程序进行外部初始条件的设置，并为其设置新的重设条件端口，因此需要选中所有的相关端口。双击第

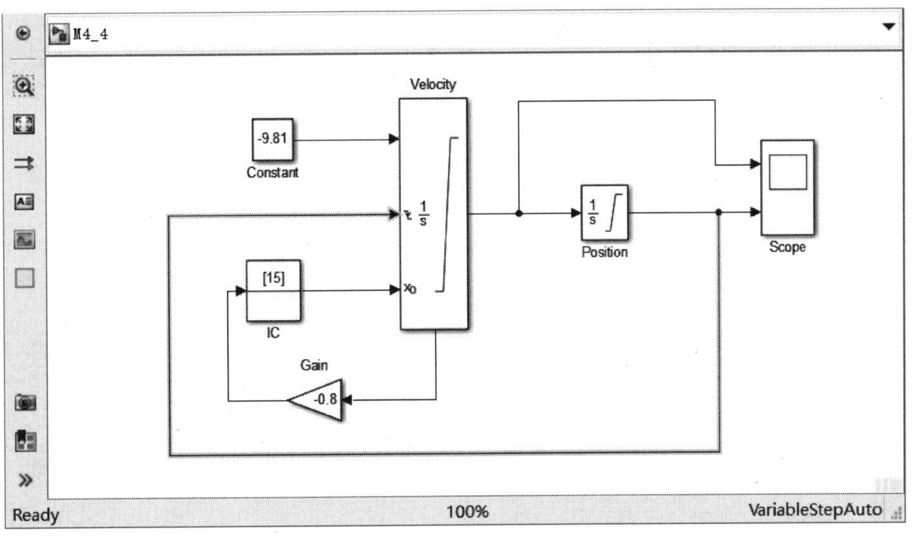

图 4-47 抛投小球的轨迹模型窗口

二个积分器,打开积分器的参数设置窗口,设置效果如图 4-48(b)所示,命名为 Position。在系统中,第二个积分器模块的功能是由速度积分得到的小球运动的高度。

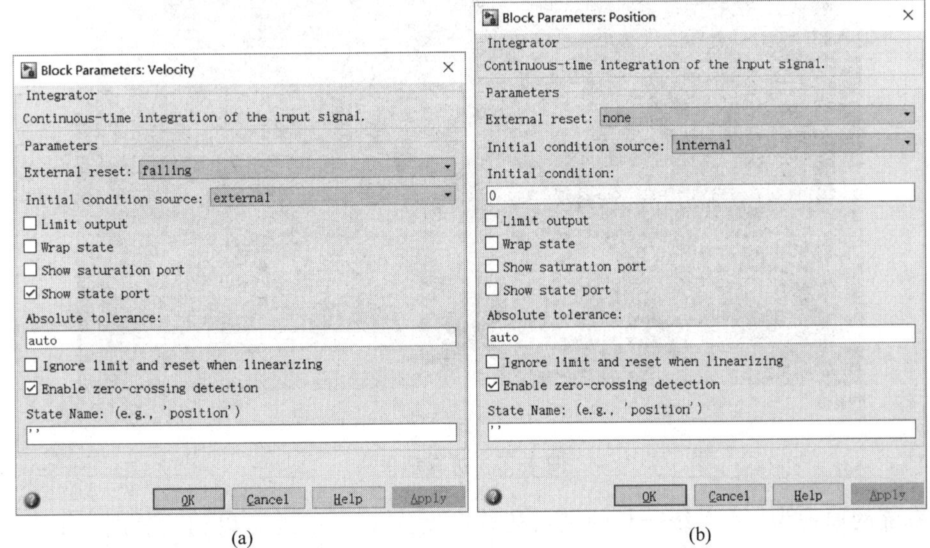

图 4-48 积分参数设置

(3) 在 Signal Attributes 模块库中将 IC 模块拖放到模型窗口中,并双击模块,其初始值设置为 15。

(4) 设置 Scope 模块属性。双击 Scope 模块,弹出 Scope 界面,单击界面中的 快捷按钮,弹出 Scope 参数设置窗口,设置效果如图 4-49 所示。

(5) 仿真。将系统的仿真时间设置为 20,然后对模型进行仿真,效果如图 4-50 所示。

在仿真结果中,上面是小球运动速度随着时间变化的曲线,大致符合线性关系;下面是小球运动的高度随时间变化的曲线,大致符合二次抛物线的关系。

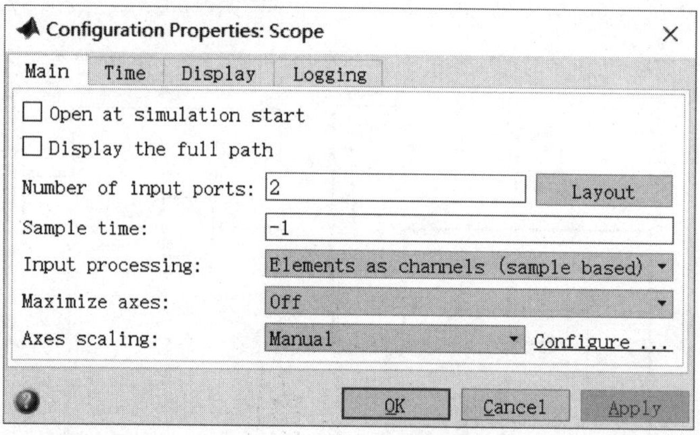

Configuration Properties: Scope

Main　Time　Display　Logging

Open at simulation start

Display the full path

Number of input ports: 2　Layout

Sample time: -1

Input processing: Elements as channels (sample based)

Maximize axes: Off

Axes scaling: Manual　Configure ...

OK　Cancel　Apply

图 4-49　示波器参数设置

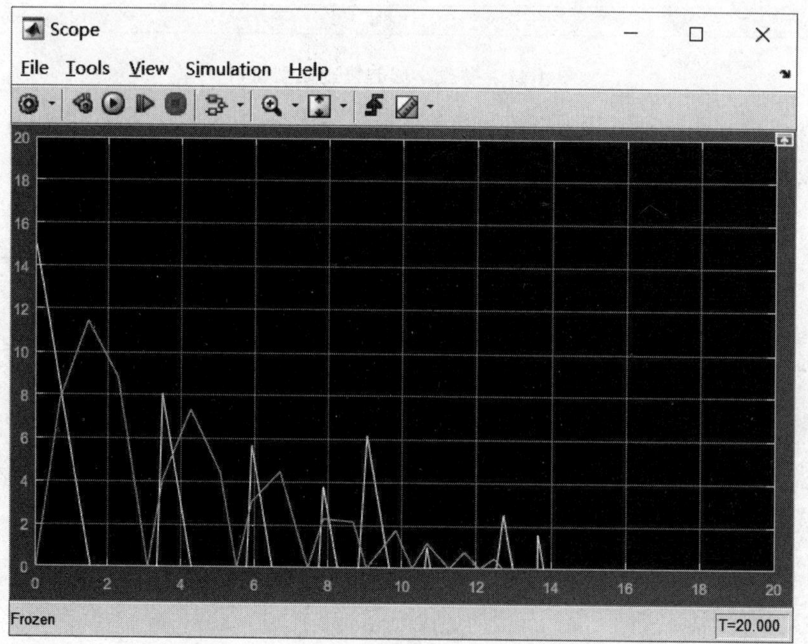

图 4-50　仿真结果

系统的原理为：本系统分析的是在初始高度为 10m 的地方以初始速度 15m/s 向上抛投小球的运动轨迹。选择重力加速度为 9.81m/s^2。同时，考虑到空气阻力对小球运动的影响，每次进行积分时，将积分后的时间步(Time Step)速度转换为前一个时间步的 0.8 倍，相当于速度的减少来替代能量的损失，得到的结果即为包含了衰减的小球运动轨迹曲线和速度曲线。

2. 二阶微分方程

在高级数学中，微分方程是一个重要的组成部分。在 MATLAB 中，为求解微分方程提供了专门的命令。但是，同样可以使用 Simulink 来求解二阶微分方程。下面通过 Simulink 来演示典型的二阶微分方程的求解。

【例 4-5】 已知二阶微分方程 $x''(t)+0.4x'(t)+0.9x(t)=0.7u(t)$，其中 $u(t)$ 为脉冲信号，试用 Simulink 来求解该二阶函数 $x(t)$。

(1) 将所求解的二阶微分方程改写为如下形式：

$$-0.4x'(t)-0.9x(t)+0.7u(t)=x''(t)$$

(2) 利用 Simulink 创建二阶微分方程模型框图，效果如图 4-51 所示。

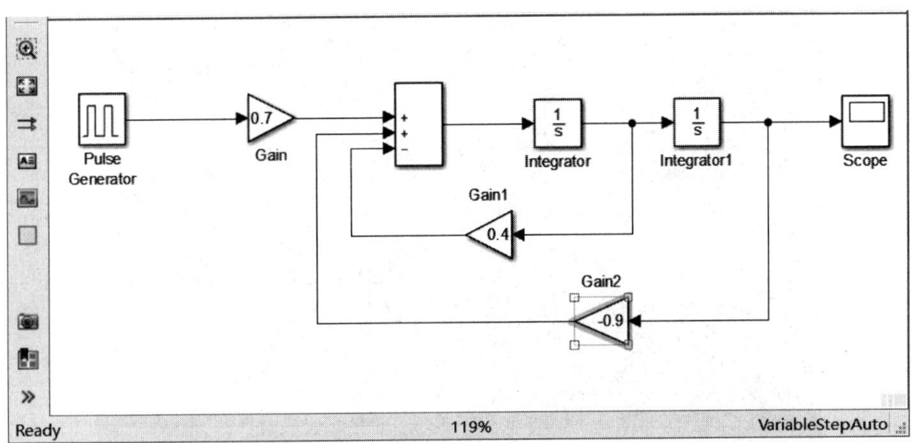

图 4-51　二阶微分方程的 Simulink 框图

(3) 设置模块参数。

双击系统模型中的 Pulse Generator 模块，其模块参数设置如图 4-52 所示。

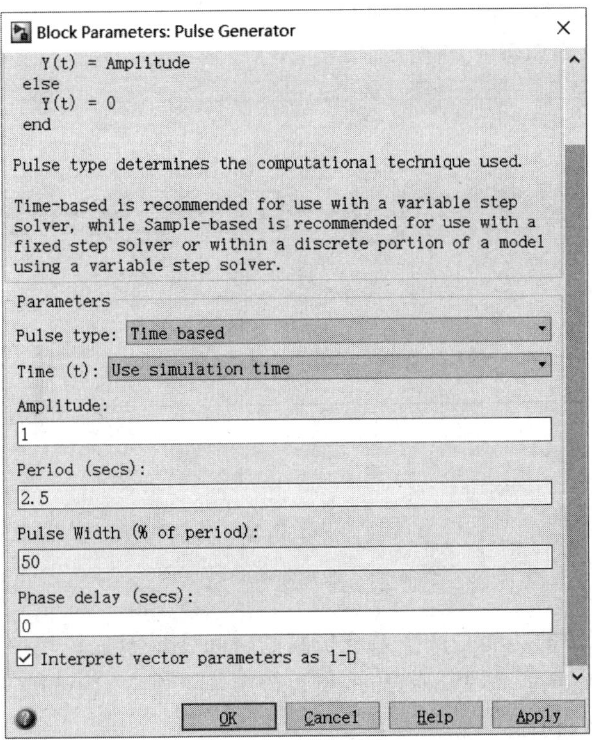

图 4-52　Pulse Generator 模块参数设置

双击系统模型中的 Sum 模块,在弹出的参数设置对话框中的 List of signs 文本框中输入"++−"。双击几个 Gain 模块,在弹出的参数设置对话框中的 Gain 文本框中分别输入 0.7、0.4、−0.9。

(4) 运行仿真。

系统的仿真参数采用默认值,然后运行模型窗口,得到如图 4-53 所示的仿真效果。

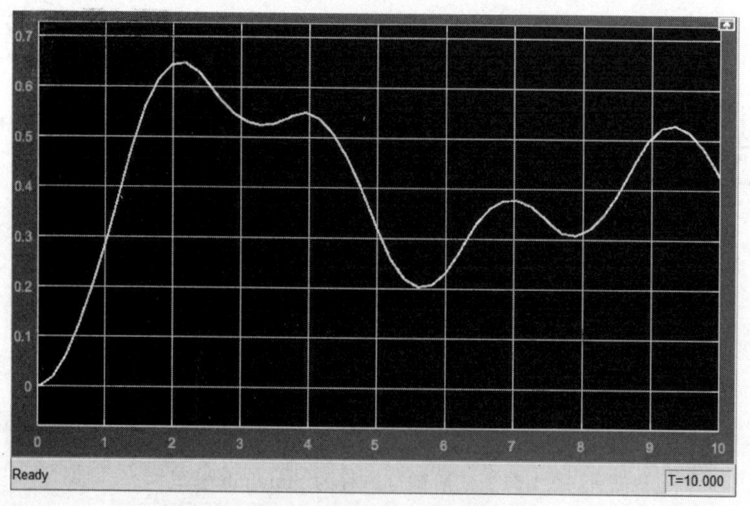

图 4-53 仿真效果图

(5) 添加新模块,将仿真结果传输到 MATLAB 的工作空间中。

在图 4-51 所示的模型框图中添加 Clock 和 To Workspace 模块,将仿真的结果传输到工作空间中,其效果如图 4-54 所示。

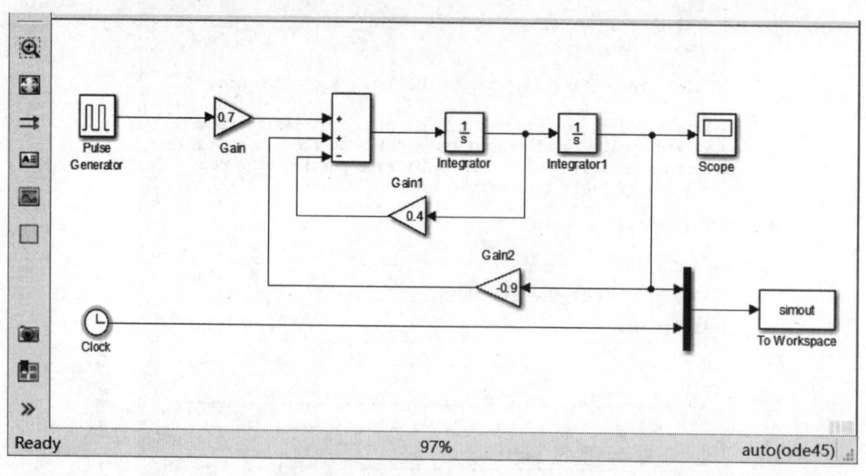

图 4-54 添加新模块效果图

其中,Clock 模块的功能是产生系统仿真的时间变量 t,在模块中将该时间变量和系统积分得到的 $x(t)$,通过 To Workspace 模块传递给工作空间中的变量 Simout。

(6) 设置 To Workspace 模块参数。

双击 To Workspace 模块,打开模块的参数设置对话框,其设置效果如图 4-55 所示。

Block Parameters: To Workspace

To Workspace

Write input to specified timeseries, array, or structure in a workspace. For menu-based simulation, data is written in the MATLAB base workspace. Data is not available until the simulation is stopped or paused.

To log a bus signal, use "Timeseries" save format.

Parameters

Variable name:

simout

Limit data points to last:

inf

Decimation:

1

Save format: Array

Save 2-D signals as: 3-D array (concatenate along third dimension)

☑ Log fixed-point data as a fi object

Sample time (-1 for inherited):

-1

OK　Cancel　Help　Apply

图 4-55　To Workspace 模块参数设置

在该对话框中，将保存数据的格式设置为 Array，即将仿真结果按照数组的格式输出数值结果。

(7) 处理输出数据。

首先运行重新设置的仿真系统，然后在 MATLAB 命令行窗口输入如下代码：

```
>> t = simout(:,2);
x = simout(:,1);
[xm,km] = max(x);
plot(t,x,'g','LineWidth',2.5);
hold on;
plot(t(km),xm,'rv','MarkerSize',25);
hold off;grid on;
```

运行程序，效果如图 4-56 所示。

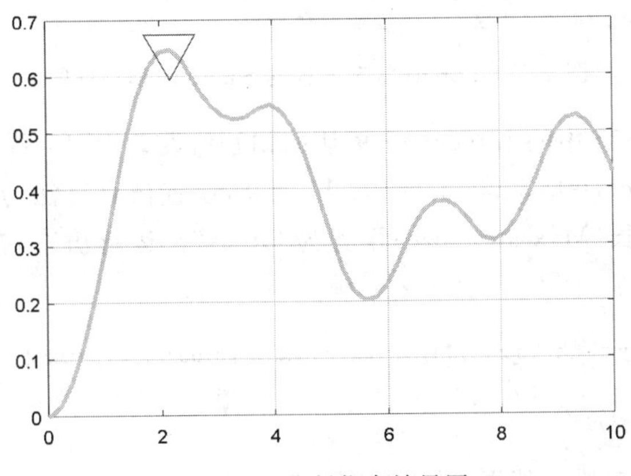

图 4-56　绘制仿真效果图

从图 4-56 可看出，通过常用的 MATLAB 绘图语句得到的图形结果与仿真系统得到的图形完全相同，说明系统传递数据成功。

3. 状态方程

在 Simulink 中，在求解微分方程时，还可以使用状态方程。在 Simulink 中，专门提供了状态方程模块。

【例 4-6】 Lorenz 模型仿真。

著名的 Lorenz 模型的状态方程可表示为：

$$\begin{bmatrix}\dot{x}_1(t)\\\dot{x}_2(t)\\\dot{x}_3(t)\end{bmatrix}=\begin{bmatrix}-\beta & 0 & x_2(t)\\0 & -\sigma & \sigma\\-x_2(t) & \rho & -1\end{bmatrix}\begin{bmatrix}x_1(t)\\x_2(t)\\x_3(t)\end{bmatrix}$$

Lorenz 模型中 $\beta=\frac{8}{3}$，$\sigma=10$，$\rho=28$，模型的初始值 $x_0=[18,4,-4]^{\mathrm{T}}$。

根据要求建立 Lorenz 状态方程的 Simulink 模型仿真框图，如图 4-57 所示。

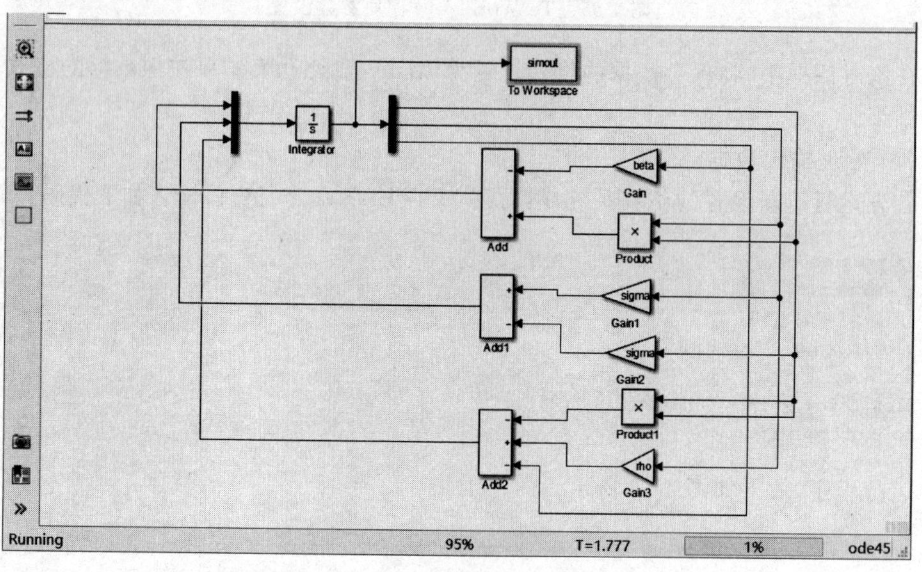

图 4-57　Lorenz 状态方程的 Simulink 模型框图

根据要求将图 4-57 中的 Integrator 模块的初始值设置为[18 4 −4]行向量。在命令窗口中输入初始化 beta=8/3，sigma=10，rho=28，设置仿真算法为 ode45 算法，仿真时间为 100s，最大的步长(Max step size)设置为“1e-3s”。运行仿真，在 MATLAB 命令行窗口中输入以下代码：

```
>> plot3(simout.signals.values(:,1),simout.signals.values(:,2),simout.signals.values(:,3));
grid on;
set(gcf,'color','w');
```

即可得到状态变量的三维曲线图，效果如图 4-58 所示。

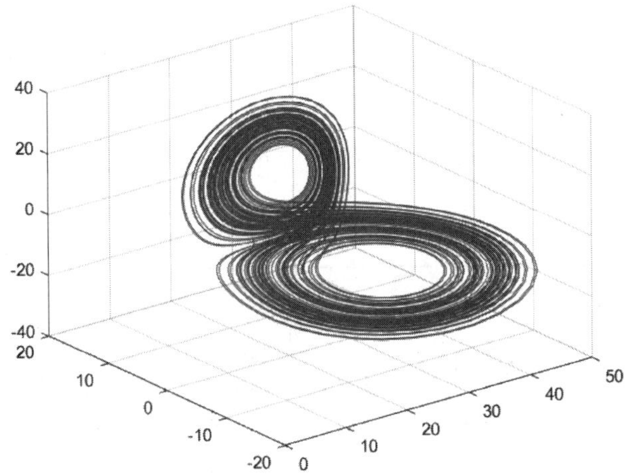

图 4-58　Lorenz 状态方程仿真效果图

对于 Lorenz 状态方程，同样可以用 M 文件来进行仿真。先建立 Lorenz 的状态方程：

```
function xd = li4_6fun(t,x)
beta = 8/3;
sigma = 10;
rho = 28;
xd = [ - beta * x(1) + x(2) * x(3); - sigma * x(2) + sigma * x(3); - x(1) * x(2) + rho * x(2) - x(3)];
```

采用 ode45 算法求解微分方程，并绘制相空间三维图形，其实现的 MATLAB 代码如下：

```
>> clear all;
x0 = [18 4 - 4];
[t,x] = ode45('li4_6fun',[0,100],x0);
plot3(x(:,1),x(:,2),x(:,3));
grid on;
set(gcf,'color','w');
```

运行程序，效果如图 4-58 所示。

4. 非线性建模

线性系统是相对的，非线性系统是绝对的。光靠 Simulink 中的线性模块是不能完成所有任务的，所以 Simulink 还提供了大量的非线性模块，如继电器模块 Realy、死区模块 Dead zone、饱和模块 Saturation 等。下面通过一个典型的非线性微分方程来演示如何使用 Simulink 求解非线性模型。

【例 4-7】 使用 Simulink 来创建系统，求解非线性微分方程 $(2x-3x^2)x'-5x=5x''$，其中 x 和 x' 都是时间的函数，也就是 $x(t)$ 和 $x'(t)$，其初始值为 $x'(0)=1, x(0)=2$。用户要求解该方程的数值解，并绘制函数的波形。

其步骤如下：

(1) 修改微分方程，得：

$$\frac{1}{5}(2x-3x^2)x'-x=x''$$

(2) 根据微分方程，建立如图 4-59 所示的 Simulink 模型框图。

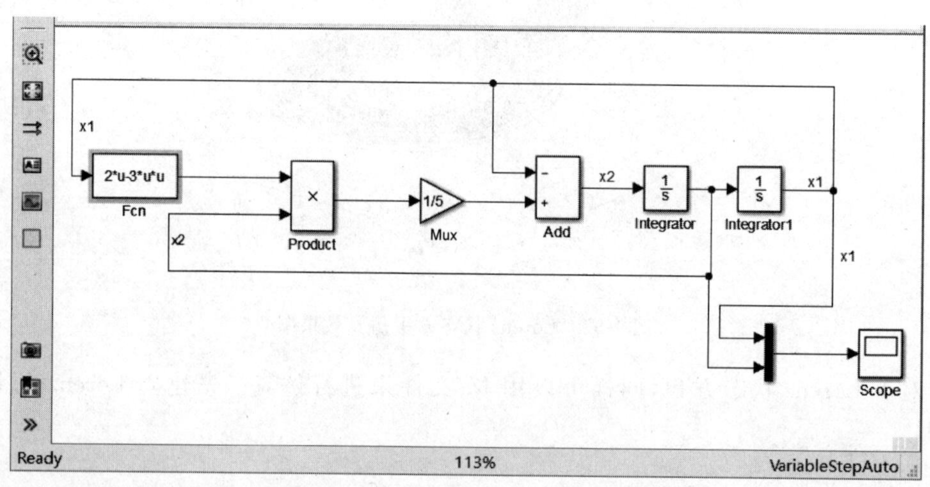

图 4-59 创建的 Simulink 模型框图

(3) 模块参数设置。

双击图 4-59 中的 Fcn 模块，打开参数设置对话框，在其中的 Expression 文本框中输入 2＊u－3＊u＊u，如图 4-60 所示。

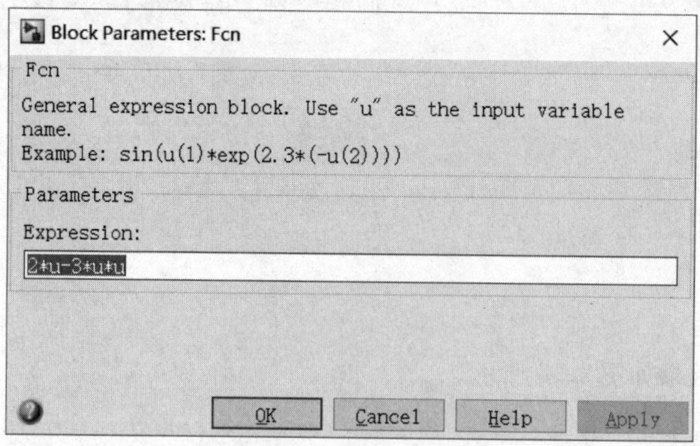

图 4-60 Fcn 参数设置对话框

在表达式中输入的 u 代表的是输入该模块信号的变量，在本示例中即为信号变量 x。在 Simulink 中，Fcn 模块支持所有 C 语言条件下的所有相关表达式。在该表达式中可以包含变量 u、数值常量、数学运算符、关系运算符、逻辑运算符、圆括号、数学函数和 MATLAB 工作空间中的变量等。关于模块的其他信息可通过联机帮助文档进行更详细的了解。

双击图 4-59 中的 Product 模块，打开对应的属性对话框，在其中的 Number of inputs 文本框中输入信号的个数为 2；在 Multiplication 列表框中选择 Element-wise(.＊)，表示对模块输入变量进行点乘运算，其设置效果如图 4-61 所示。

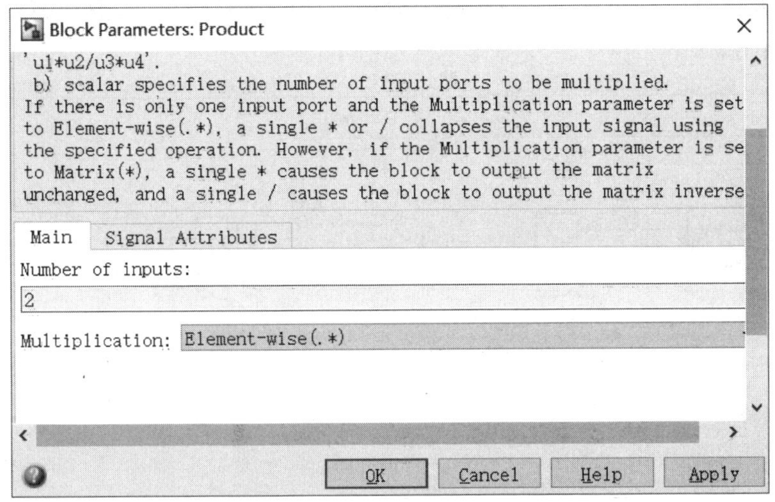

图 4-61 Product 参数设置对话框

双击图 4-59 中的 Integrator 模块及 Integrator1 模块，打开对应的属性对话框，在其中的 Initial condition 文本框中分别输入 1 和 2。双击图 4-59 中的 Add 模块，在弹出的参数设置对话框中的 List of signs 文本框中输入"－＋"。双击图 4-59 中的 Gain 模块，在弹出的参数设置对话框中的 Gain 文本框中分别输 1/5。

(4) 运行仿真。

将系统仿真时间设置为 20s，其他参数采用默认值，然后对模型进行仿真，得到如图 4-62 的仿真效果。在仿真结果中，黄色的曲线表示的是变量 $x(t)$，蓝色的曲线表示的是 $x'(t)$。

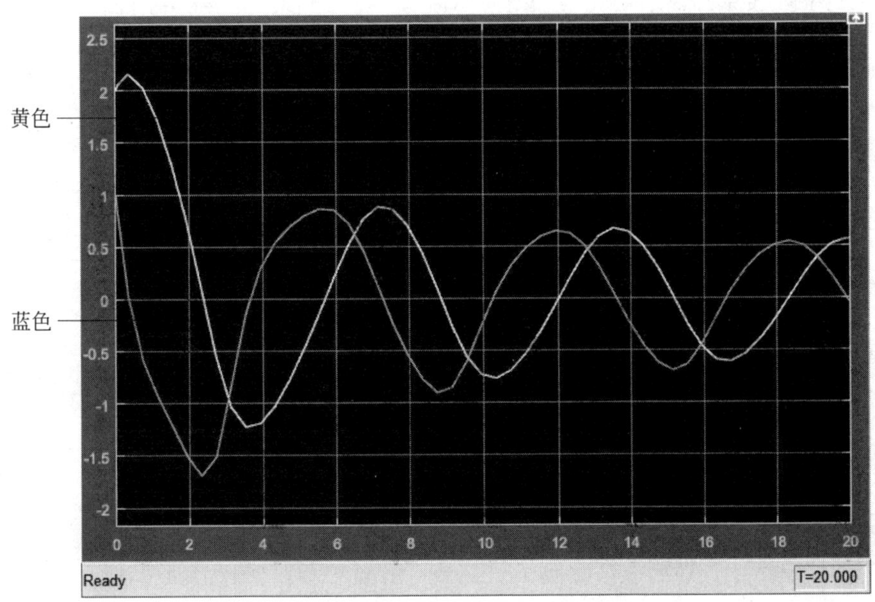

图 4-62 模型仿真效果图

(5) 修改仿真模块并进行模块参数设置。

为了能够在MATLAB的工作空间中演示上面的仿真结果,需添加新的系统模块,如图4-63所示。

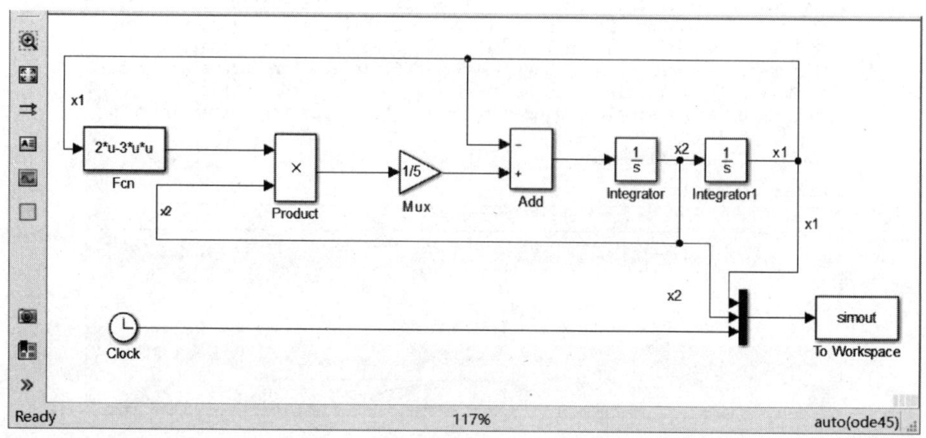

图4-63　添加新的模块的模型框图

(6) 仿真参数设置。

双击图4-63中的Mux模块,打开对应的属性对话框,在其中的Number of inputs文本框中输入信号的个数为3。双击图4-63中的To Workspace模块,打开模块的参数设置对话框,如图4-64所示。在该对话框中,将保存数据的格式设置为Array,即将仿真结果按照数组的格式输出数值结果。

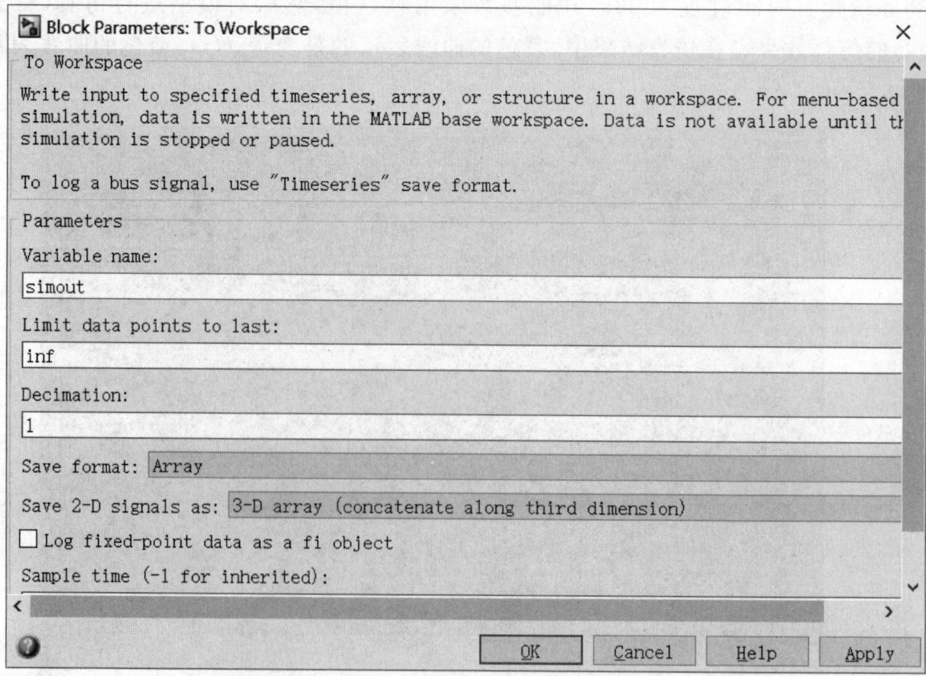

图4-64　To Workspace模块参数设置

(7) 运行仿真。

将系统的仿真时间修改为 30s,然后对模型窗口进行仿真,得到输出变量 simout,并在 MATLAB 命令行窗口中输入:

```
>> x = simout(:,1);
dx = simout(:,2);
t = simout(:,3);
plot(t,x,'r',t,dx,'b','Linewidth',2.5);
hold on;
grid on;
xlabel('时间'); ylabel('非线性系统仿真');
legend('x 曲线','dx 曲线');
```

运行程序,效果如图 4-65 所示。

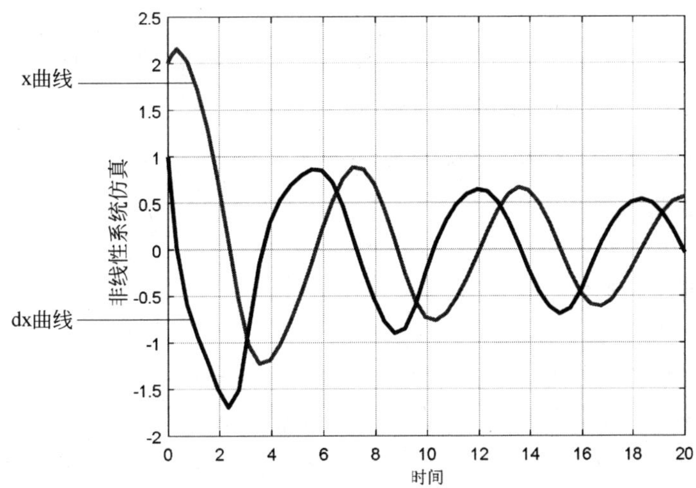

图 4-65　利用仿真数据绘制效果图

由图 4-62 和图 4-65 可得出结论,使用 Scope 模块绘制的函数图形和 MATLAB 的典型函数绘制的结果相同,表明程序模块设计正确。

4.6　Simulink 与 MATLAB 的接口

Simulink 是基于 MATLAB 平台之上的系统仿真平台,它与 MATLAB 紧密地集成在一起。Simulink 不仅能够采用 MATLAB 的求解器对动态系统进行求解,而且还可以和 MATLAB 进行数据交互。

4.6.1　MATLAB 设置系统模块参数

在系统模型中,双击一个模块可以打开模块参数设置对话框,然后直接输入数据以设置模块参数。实际上,也可使用 MATLAB 工作空间中的变量设置系统模块参数,这对于多个模块的参数均依赖于同一个变量时非常有用。

由 MATLAB 工作空间中的变量设置模块参数的形式有以下两种：

(1) 直接使用 MATLAB 工作空间中的变量设置模块参数；

(2) 使用变量的表达式设置模块参数。

如果 a 为定义在 MATLAB 中的变量，则关于 a 的表达式均可作为系统模块的参数，模型如图 4-66 所示。

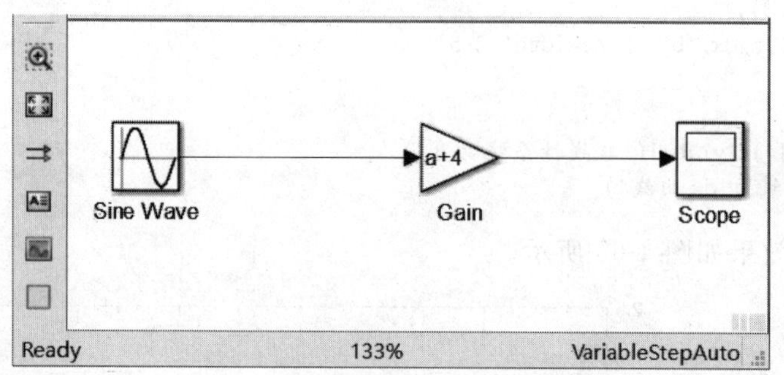

图 4-66 变量定义在 MATLAB 中

注意：如果系统模块参数设置中使用的变量在 MATLAB 工作空间中没有定义，仿真开始的时候会提示出错。

4.6.2 信号输出到 MATLAB

在 MATLAB 中，有两种方式可将信号输出到工作空间中。

(1) 利用 Scope 示波器模块。设置示波器参数对话框中 Logging 选项卡中的参数，选中 Log data to workspace 选项，并设置需要输出到 MATLAB 工作区间的数据的名称和类型，如图 4-67 所示。

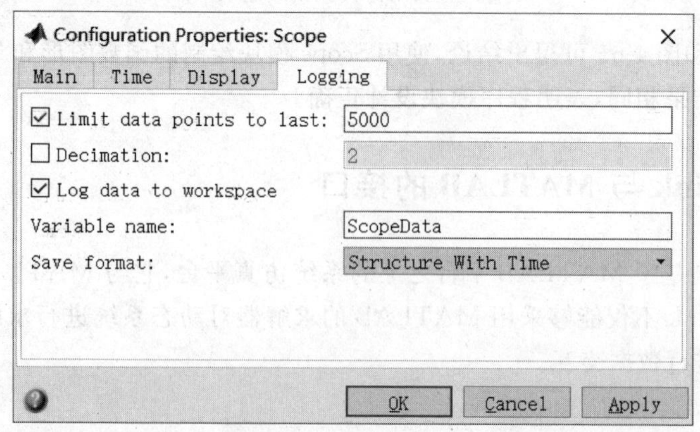

图 4-67 利用示波器将信号输出到 MATLAB 工作空间

(2) 利用 Sink 模块库中的 To Workspace 模块，模型如图 4-68 所示。双击 To Workspace 模块，可在弹出的对话框中设置信号输出的名称、数据个数、输出间隔以及输出数据类型等。如图 4-69 所示，仿真结束或暂停时信号输出到工作空间中，simout 和 tout 为输出信号。

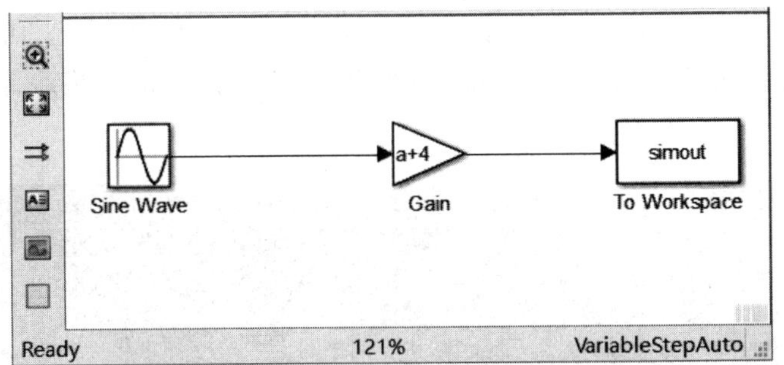

图 4-68 使用 To Workspace 模块

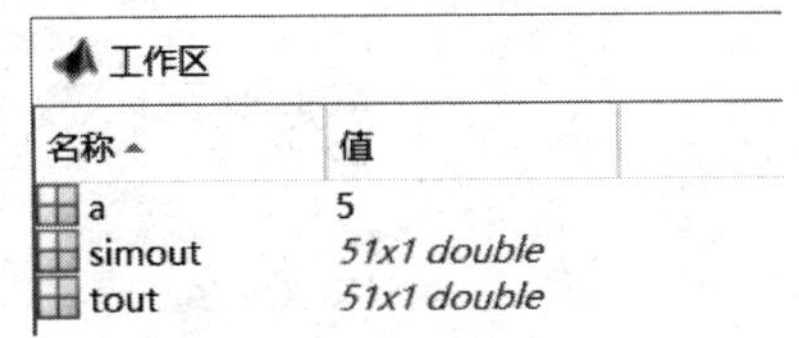
工作区

名称	值
a	5
simout	51x1 double
tout	51x1 double

图 4-69 信号输出到 MATLAB 工作空间

4.6.3 工作空间变量作为输入信号

Simulink 与 MATLAB 的数据交互是相互的，除了可将信号输出到 MATLAB 工作空间中外，还可以使用 MATLAB 工作空间中的变量作为系统模型的输入信号。使用 Sources 模块库中的 From Workspace 模块可以将 MATLAB 工作空间中的变量作为系统模型的输入信号。

作为输入信号的变量格式为：

```
t = 0:time_step:final_time;              % 信号输入时间范围与时间步长
x = f(t)                                 % 每一时刻的信号值
input = [t',x']
```

在 MATLAB 中输入以下命令并运行，其模型图如图 4-70 所示。

```
>> a = 3;
>> t = 0:0.1:10;
>> x = sin(t);
>> simin = [t',x'];
```

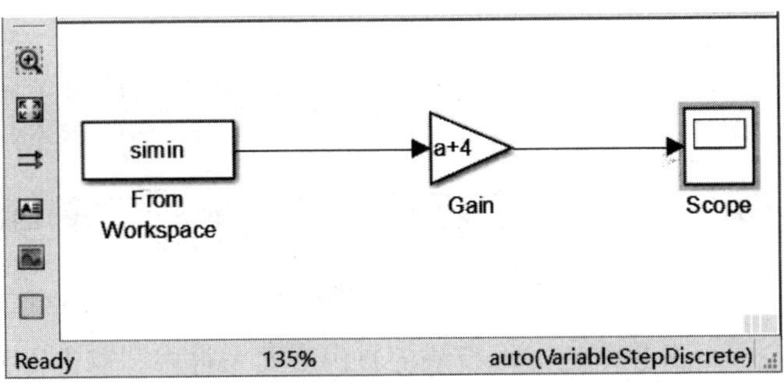

图 4-70 使用 From Workspace 模块

在系统模型的 From Workspace 模块中使用此变量作为信号输入，仿真结果如图 4-71 所示。从运行结果可看出，输入信号 simin 的作用相当于 Source 模块库中的 Sine Wave 模块。

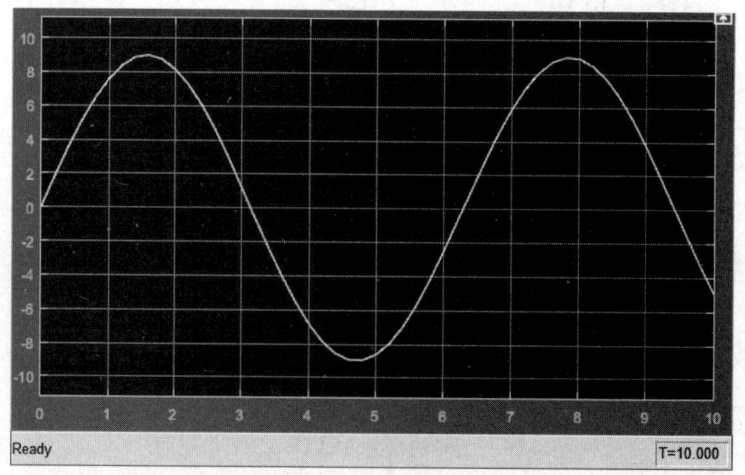

图 4-71　仿真结果

注意：在必要的情况下，Simulink 会对没有定义的时间点进行线性差值。

4.6.4　MATLAB 函数与 Function 模块

除了使用上述的方式进行 Simulink 与 MATLAB 间的数据交互，还可以使用 User-Defined Function 模块库中的 Fcn 模块或 MATLAB Function 模块进行彼此间的数据交互。

Fcn 模块一般用来实现简单的函数关系，如图 4-72 所示，在 Fcn 模块中：

(1) 输入总是表示成 u，u 可以是一个向量；

(2) 输入永远为一个标量。

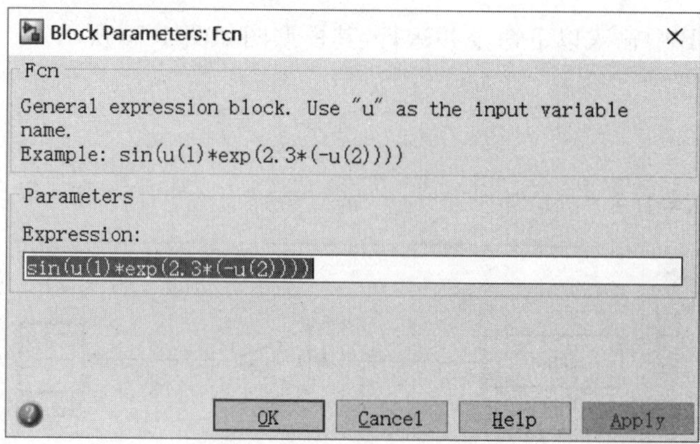

图 4-72　Fcn 模块参数设置

MATLAB Function 模块比 Fcn 模块的自由度要大得多。双击 MATLAB Function 模块，将弹出一个函数文件编辑窗口，如图 4-73 所示。

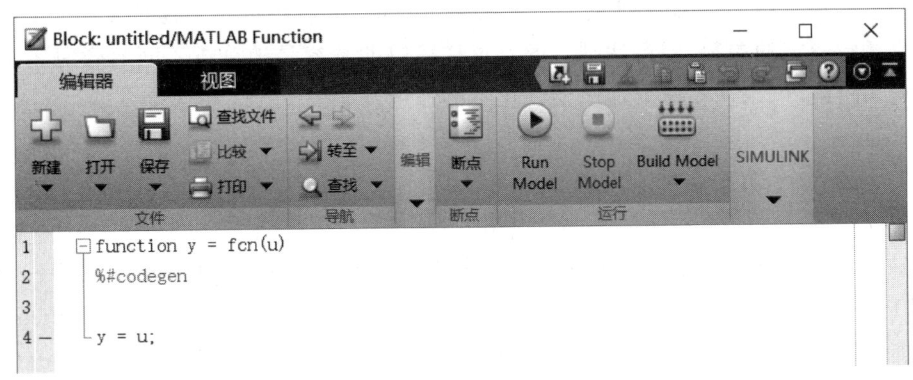

图 4-73 MATLAB Function 编辑窗口

MATLAB Function 模块可以随时改变函数名称、输入输出个数，相应地，模块图标也会发生改变。函数编写如同一般的 M 文件一样，编写函数的 M 文件，如图 4-74 所示。图 4-75 为 MATLAB Function 模块修改输入个数前后的对比。

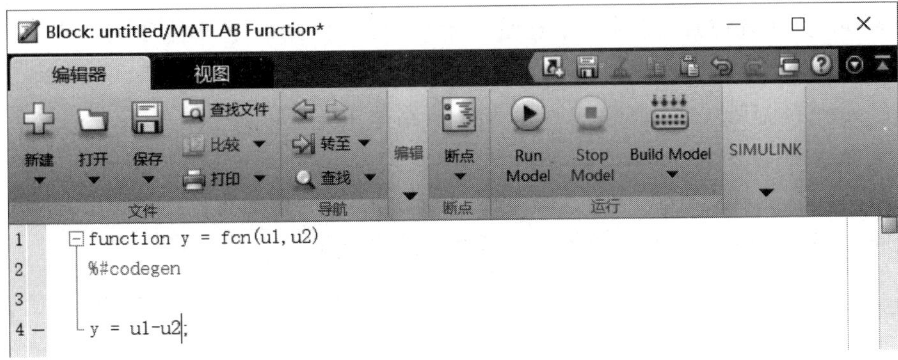

图 4-74 函数输入个数为二

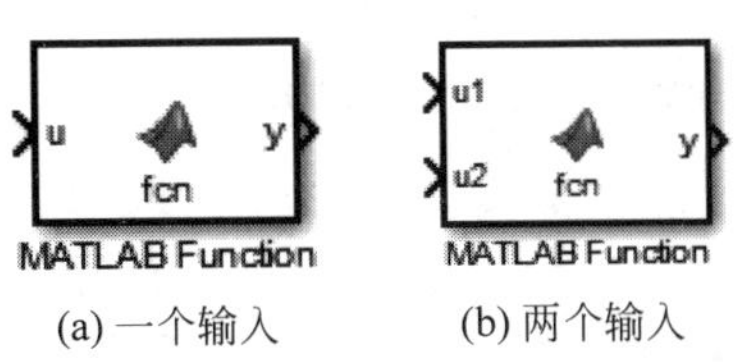

(a) 一个输入　　(b) 两个输入

图 4-75 MATLAB Function 模块

4.7 命令行方式进行动态仿真

有些人可能会有这样的疑问：既然采用 Simulink 的图形建模方式已经能够进行动态系统仿真了，为什么还需要使用命令行方式对动态系统进行仿真呢？

这是因为，使用命令行方式，可以编写并运行系统仿真的脚本文件来完成动态系统的仿真。在脚本文件中重复地对同一系统在不同的仿真参数或不同的系统模块参数下进行仿真，而无须一次又一次地启动 Simulink 仿真平台中的 Run 进行仿真。

如果需要分析某一参数对系统仿真结果的影响,读者可以很容易地通过 for 循环自动修改任意指定的参数,即可达到目的。这样可以非常容易地分析不同参数对系统性能的影响,并且也可以从整体上加快系统仿真的速度。

4.7.1 命令行动态系统仿真

在 MATLAB 中可使用 sim 命令进行动态系统仿真。该函数的调用格式为:

(1) simOut = sim('model','ParameterName1',Value1,'ParameterName2',Value2…):对系统模型 model 进行系统仿真,其仿真参数 ParameterName1、ParameterName2 等的取值分别为 Value1、Value2 等;

(2) simOut = sim('model',ParameterStruct):功能同上,只不过所有仿真参数被包含于一个结构体 ParameterStruct 内;

(3) simOut = sim('model',ConfigSet):ConfigSet 为指定的模型配置。

注意:如果仿真参数设置为空,则相当于所有仿真参数使用默认的参数值。

simOut 为系统仿真输出结果,它是一个类,可以使用以下三种方法获得进一步的结果:

(1) simOut.find('VarName'):找出仿真结果中 VarName 这一项;

(2) simOut.get('VarName'):获得仿真结果中 VarName 这一项;

(3) simOut.who:返回所有仿真变量,包括工作空间中的变量。

【例 4-8】 对图 4-76 所示的系统模型进行系统仿真。

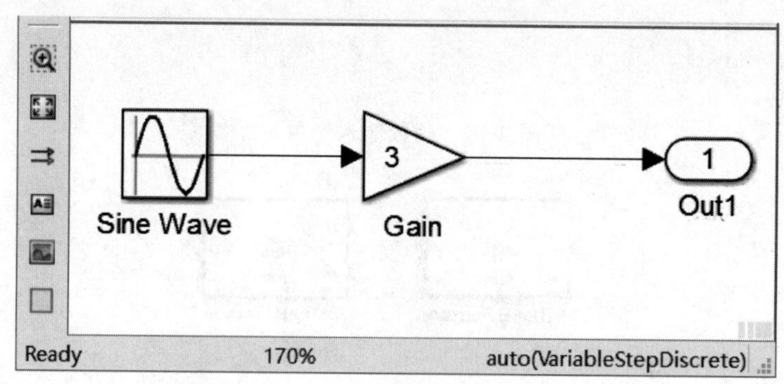

图 4-76 系统模型

其实现的 MATLAB 代码为:

```
>> clear all;
simOut = sim('M4_8','StopTime','16','MaxStep','0.1',...
    'SaveState','on','StateSaveName','xout',...
    'SaveOutput','on','OutputSaveName','yout');
```

以上代码表示对系统模型 M4_8 进行系统仿真,仿真参数为:仿真结束时间,16;最大步长,0.1;是否保存状态变量,是;是否保存输出变量,是;保存状态变量的名称,xout;保存输出变量的名称,yout。

查询所创建的变量，实现代码为：

```
>> simOut.who
Contents of the Simulink.SimulationOutput object are:
    tout    xout    yout
```

显示出 simOut 的内容包括三项，分别为 tout（仿真时间）、xout（系统状态）及 yout（系统输出）。

注意：如果没有输出模块，则输出 yout 为空。

接着，绘制仿真效果图，如图 4-77 所示。实现代码为：

```
>> tout = simOut.get('tout');
yout = simOut.get('yout');
plot(tout,yout);
```

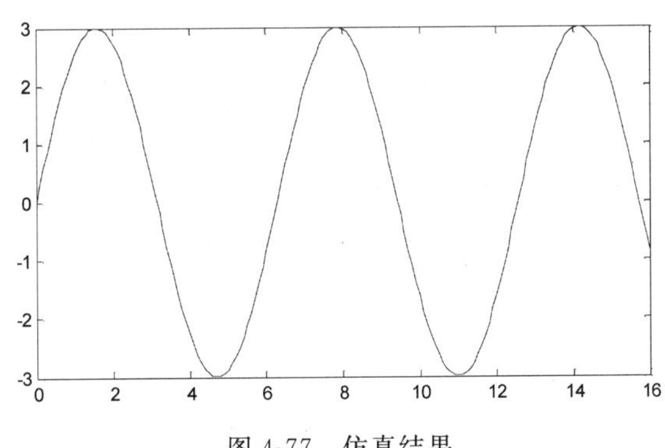

图 4-77 仿真结果

前面已介绍了 sim 命令中对仿真时间的简单设置，即设置仿真参数 StartTime 和 StopTime 的方法，下面再介绍两种不同的形式设置仿真时间的方法。

```
[T,X,Y] = sim('model',Timespan,Options,UT)
[T,X,Y1,…,Yn] = sim('model',Timespan,Options,UT)
```

其中，model：需要进行仿真的系统模型框图名称；Timespan：系统仿真时间范围（起始时间到终止时间），可以为如下的形式：

- tFinal：设置仿真终止时间(tStart)与终止时间(tFinal)；
- [tStart tFinal]：设置仿真起始时间(tStart)与终止时间(tFinal)；
- [tStart OutputTimes tFinal]：设置仿真起始时间(tStart)与终止时间(tFinal)，并且设置仿真返回的时间向量[tStart OutputTimes tFinal]，其中 tStart、OutputTimes、tFinal 必须按照升序排列。

Options：由 simset 命令所设置的除仿真时间外的仿真参数（为结构体变量）。

UT：表示系统模型顶层的外部可选输入。UT 可以为 MATLAB 函数。可以使用多个外部输入 UT1、UT2……

T：返回系统仿真时间向量。

X：返回系统仿真状态变量矩阵。首先为连续状态，然后为离散状态。

Y：返回系统仿真的输出矩阵。按照顶层输出 Outport 模块的顺序输出，如果输出信号为向量输出，则输出信号具有与此向量相同的维数。

【例 4-9】 对系统模型(图 4-76)进行系统仿真,设置仿真时间。

```
>> clear all;
[t1,x1,y1] = sim('M4_8',12);
[t2,x2,y2] = sim('M4_8',[0,12]);
[t3,x3,y3] = sim('M4_8',0:12);
[t4,x4,y4] = sim('M4_8',0:0.12:12);
subplot(2,2,1);plot(t1,y1);
xlabel('(a)仿真时间为 12');
subplot(2,2,2);plot(t2,y2);
xlabel('(b)仿真时间为[0,12]');
subplot(2,2,3);plot(t3,y3);
xlabel('(c)仿真时间为 0:12');
subplot(2,2,4);plot(t4,y4);
xlabel('(d)仿真时间为 0:0.12:12');
```

运行程序,效果如图 4-78 所示。

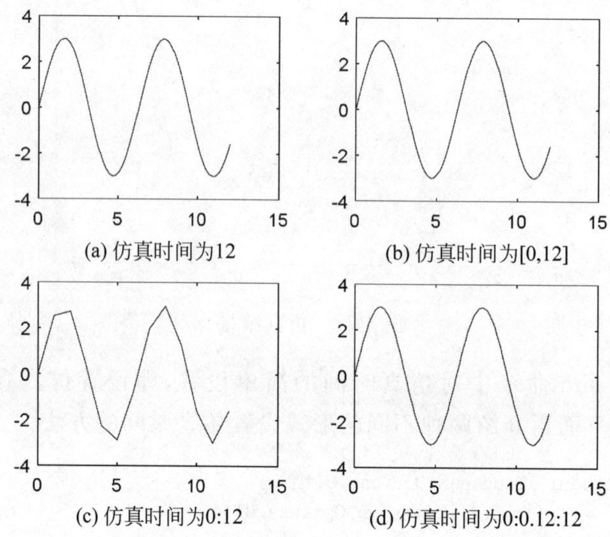

(a) 仿真时间为12
(b) 仿真时间为[0,12]
(c) 仿真时间为0:12
(d) 仿真时间为0:0.12:12

图 4-78 不同形式的仿真时间设置

可以看出,图 4-78(a)与(b)两个运行结果是一致的,说明系统仿真开始时间默认为 0s,同时也可看到这两个曲线是不光滑的,这与其求解器步长有关。0:12 表示间隔时间为 1s,所以图(c)的结果很明显是离散的。图(d)是时间间隔为 0.12s 的运行结果,曲线光滑得多。

从图 4-79 所示的工作空间可看出,4 次运行系统仿真,输出结果得到的都是离散点,其间隔均由求解器步长控制。

工作区

名称 ▲	值
t1	121x1 double
t2	121x1 double
t3	13x1 double
t4	101x1 double
x1	[]
x2	[]
x3	[]
x4	[]
y1	121x1 double
y2	121x1 double
y3	13x1 double
y4	101x1 double

图 4-79 工作空间的仿真输出结果

注意:

(1) plot 绘图命令会自动将离散的点进行连线;

(2) 由于系统 M4_8 没有连续状态,所以状态变量

x 为空。

系统模型 M4_8 使用的是正弦波输入信号，读者也可以尝试从 MATLAB 工作空间中获取输入信号。

【例 4-10】 从 MATLAB 工作空间中获取输入信号。

```
>> open_system('M4_8')
replace_block('M4_8','Sine Wave','simulink/Sources/In1');
save_system('M4_8','M4_10.mdl');
```

系统模型 M4_8 修改后，正弦波信号发生器 Sine Wave 换成一个输入端口 In1，系统模型如图 4-80 所示。

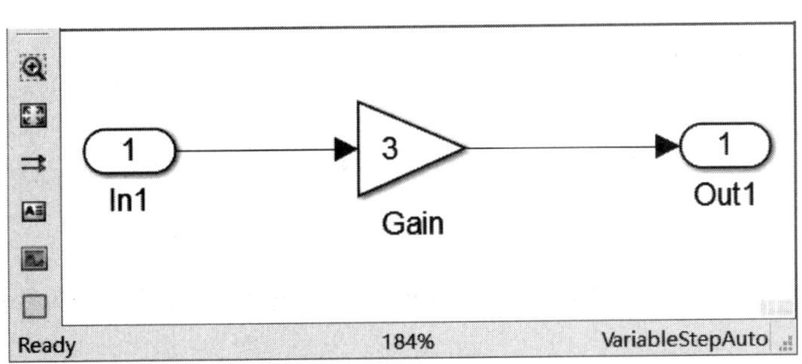

图 4-80 系统模型

注意：使用命令 save_system('M4_8','M4_10.mdl')后，MATLAB 自动关闭了系统模型 M4_8，当前系统转换到 M4_10。

接着，使用[T,X,Y] =sim('model',Timespan,Options,UT)对系统进行仿真。其中 UT 为一个具有两列的矩阵，第一列表示外部输入信号的时刻，第二列表示与给定时刻相应的信号取值。

注意：当输入信号中存在陡沿边缘时，必须在同一时刻处定义不同的信号取值。以下语句产生一个方波信号：

```
UT = [0 1:1 1:1 -1;2 -1;2 1;3 1]
```

在 MATLAB 中输入以下程序，运行程序，效果如图 4-81 所示。

```
>> UT1 = [0 1;1 1;1 -1;2 -1;2 1;3 1;3 -1;4 -1;4 1;5 1;5 -1;6 -1;6 1;7 1];
t = 0:0.1:7;
UT2 = [t',sin(0:0.1:7)'];
UT3 = [t',cos(0:0.1:7)'];
[t1,x1,y1] = sim('M4_10',7,[],UT1);
[t2,x2,y2] = sim('M4_10',7,[],UT2);
[t3,x3,y3] = sim('M4_10',7,[],UT3);
subplot(3,1,1);plot(t1,y1);
subplot(3,1,2);plot(t2,y2);
subplot(3,1,3);plot(t3,y3);
```

从图 4-81 可看到外部输入信号 UT1、UT2 和 UT3 分别模拟了方波信号、正弦波信号与余弦波信号。

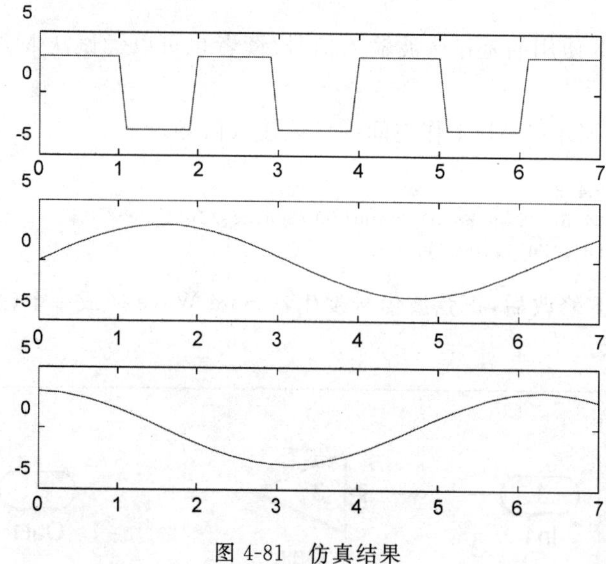

图 4-81　仿真结果

注意：[T,X,Y] =sim('model',Timespan,Options,UT)中 Options 项可以取空[]，但不能省略。

对于命令[T,X,Y] =sim('model',Timespan,Options,UT)，此处的 Options 为系统仿真参数的总体，如果为空，则设置为默认。在用命令行方式进行系统仿真时，常常会不了解系统仿真参数具体有哪些，这就需要使用 simset 和 simget 命令了。

在 MATLAB 命令行窗口输入：

```
>> Options = simget('M4_10')
Options =

                      AbsTol : 'auto'
                       Debug : 'off'
                  Decimation : 1
                DstWorkspace : 'current'
              FinalStateName : ''
                   FixedStep : 'auto'
                InitialState : []
                 InitialStep : 'auto'
                    MaxOrder : 5
  ConsecutiveZCsStepRelTol  : 2.8422e - 13
          MaxConsecutiveZCs : 1000
                 SaveFormat : 'Array'
              MaxDataPoints : 1000
                    MaxStep : 'auto'
                    MinStep : 'auto'
    MaxConsecutiveMinStep  : 1
               OutputPoints : 'all'
            OutputVariables : 'ty'
                     Refine : 1
                     RelTol : 1.0000e - 03
                     Solver : 'ode45'
               SrcWorkspace : 'base'
                      Trace : ''
```

```
                     ZeroCross : 'on'
                 SignalLogging : 'on'
             SignalLoggingName : 'logsout'
            ExtrapolationOrder : 4
        NumberNewtonIterations : 1
                       TimeOut : []
ConcurrencyResolvingToFileSuffix : []
        ReturnWorkspaceOutputs : []
  RapidAcceleratorUpToDateCheck : []
  RapidAcceleratorParameterSets : []
```

这样即可获得系统模型 M4_10 的表示系统仿真参数的结构体变量。也可以使用 simset 命令获得所有的仿真参数选项及其可能的取值，如：

```
>> simset
          Solver: [ 'VariableStepDiscrete' |
               'ode113' | 'ode15s' | 'ode23' | 'ode23s' | 'ode23t' | 'ode23tb' | 'ode45' |
                           'FixedStepDiscrete' |
                           'ode1' | 'ode14x' | 'ode2' | 'ode3' | 'ode4' | 'ode5' | 'ode8' ]
                    RelTol         : [ positive scalar {1e-3} ]
                    AbsTol         : [ positive scalar {1e-6} ]
                    Refine         : [ positive integer {1} ]
                   MaxStep         : [ positive scalar {auto} ]
                   MinStep         : [ [positive scalar, nonnegative integer] {auto} ]
        MaxConsecutiveMinStep      : [ positive integer >= 1]
               InitialStep         : [ positive scalar {auto} ]
                  MaxOrder         : [ 1 | 2 | 3 | 4 | {5} ]
     ConsecutiveZCsStepRelTol      : [ positive scalar {10 * 128 * eps}]
            MaxConsecutiveZCs      : [ positive integer >= 1]
                 FixedStep         : [ positive scalar {auto} ]
          ExtrapolationOrder       : [ 1 | 2 | 3 | {4} ]
      NumberNewtonIterations       : [ positive integer {1} ]
              OutputPoints         : [ {'specified'} | 'all' ]
           OutputVariables         : [ {'txy'} | 'tx' | 'ty' | 'xy' | 't' | 'x' | 'y' ]
                SaveFormat         : [ {'Array'} | 'Structure' | 'StructureWithTime']
             MaxDataPoints         : [ non-negative integer {0} ]
                Decimation         : [ positive integer {1} ]
              InitialState         : [ vector {[]} ]
            FinalStateName         : [ string {''} ]
         Trace                     : [ comma separated list of 'minstep','siminfo',
'compile','compilestats' {''}]
              SrcWorkspace         : [ {'base'} | 'current' | 'parent' ]
              DstWorkspace         : [ 'base' | {'current'} | 'parent' ]
                 ZeroCross         : [ {'on'} | 'off' ]
             SignalLogging         : [ {'on'} | 'off' ]
         SignalLoggingName         : [ string {''} ]
                     Debug         : [ 'on' | {'off'} ]
                   TimeOut         : [ positive scalar {Inf} ]
   ConcurrencyResolvingToFileSuffix : [ string {''} ]
          ReturnWorkspaceOutputs: [ 'on' | {'off'} ]
     RapidAcceleratorUpToDateCheck: [ 'on' | {'off'} ]
     RapidAcceleratorParameterSets: [ 'Structure' ]
```

这些仿真参数选项均可使用 simset 命令进行设置。

4.7.2 模型线性化

至今为止，线性系统的设计与分析技术已经非常完善了。但在实际的系统中，很少有真正的线性系统，大部分的系统都是非线性系统，而 MATLAB 提供了特别的函数命令专门解决模型的线性化问题。

模型线性化包括连续系统和离散系统两类线性化模型。

1. 连续系统线性化模型

对于非线性系统有以下状态方程，即：

$$\begin{cases} \dot{x} = f[x(t),u,t] \\ y = h[x(t),u,t] \end{cases}$$

如果系统在某平衡工作点 x、输入 u 与时间 t 指定的条件下，将该系统表示成状态空间模型为：

$$\begin{cases} \dot{x} = Ax + Bu \\ y = Cx + Du \end{cases}$$

式中，x、u、y 分别代表状态向量、输入向量和输出向量；A、B、C、D 为状态空间矩阵。可以用 Simulink 提供的 linmod 或 linmod2 函数命令将非线性系统在某平衡点表示为近似的线性模型。

linmod 函数的调用格式为：

[A,B,C,D] = linmod('sys',x,u)：在指定的系统状态 x 与系统输入 u 下对系统 sys 进行线性化处理，x 与 u 的默认值为 0。A、B、C 与 D 为线性化后的系统状态空间描述矩阵；

[num,den] = linmod('sys',x,u)：num 与 den 为线性化后的系统传递函数描述；

sys_struc = linmod('sys',x,u)：返回线性化后的系统结构体描述，其中包括系统状态名称、输入与输出名称以及操作点的信息。

【例 4-11】 图 4-82 为一系统模型，文件名为 M4_11mode. mdl。

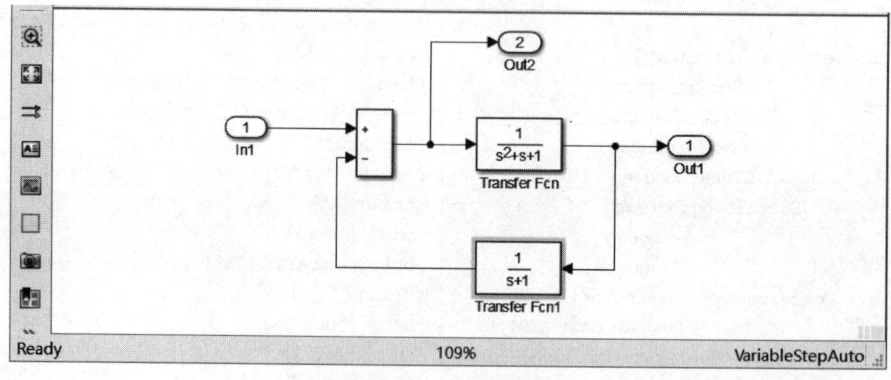

图 4-82　系统模型图

在 MATLAB 命令行窗口中输入：

```
>> [A,B,C,D] = linmod('M4_11mode')
```

运行程序，输出如下：

```
A =
    -1    -1    -1
     1     0     0
     0     1    -1
B =
     1
     0
     0
C =
     0     1     0
     0     0    -1
D =
     0
     1
```

2. 离散系统的线性化模型

Simulink 提供的 dlinmod 函数能够从离散、多频和混合系统中提取一个和给定采样频率的近似线性模型。该函数的调用格式为：

[Ad,Bd,Cd,Dd] = dlinmod('sys',Ts,x,u)：可以对非线性、多速率混合系统(包括离散系统与连续系统)进行线性处理。其中 Ts 为系统的采样时间，Ts=0 表示将离散系统线性化为连续系统。返回线性化后系统的状态控制描述。

利用 dlinmod 函数对例 4-11 系统模型进行离散系统线性化。在 MATLAB 命令行窗口中输入：

```
>> [Ad,Bd,Cd,Dd] = dlinmod('M4_11mode',1)
```

运行程序，输出如下：

```
Ad =
    0.0549   -0.7494   -0.2743
    0.5118    0.5667   -0.2376
    0.2376    0.5118    0.2925
Bd =
    0.5118
    0.3354
    0.0978
Cd =
     0     1     0
     0     0    -1
Dd =
     0
     1
```

4.7.3 平衡点求取

在多数的系统设计中,设计者都需要对所设计的系统进行稳定性分析,因此绝大多数的系统在运行中,都需按照某种方式收敛到指定的平衡点处。所谓的平衡点即指系统的稳定工作点,此时系统中所有的状态变量的导数均为0,系统处于稳定的工作状态。

在系统中,最主要的设计目的之一即是使系统能够满足系统稳定的要求并在指定的平衡点处正常工作。在使用Simulink进行动态系统设计、仿真与分析时,可使用trim函数对系统的稳定与平衡点进行分析。

trim函数的调用格式为:

[x,u,y,dx] = trim('sys'):求取距离给定初始状态x0最近的平衡点;

[x,u,y,dx] = trim('sys',x0,u0,y0):求取距离给定初始状态x0、初始输入u0与初始输出y0最近的平衡点;

[x,u,y,dx] = trim('sys',x0,u0,y0,ix,iu,iy):求取距离给定初始值向量中某一初值距离最近的平衡点;

[x,u,y,dx] = trim('sys',x0,u0,y0,ix,iu,iy,dx0,idx):求取平衡点,此平衡点处的系统状态为指定值。其中dx0为指定状态值向量,idx为相应的序号;

[x,u,y,dx,options] = trim('sys',x0,u0,y0,ix,iu,iy,dx0,idx,options):options选项为用来优化平衡点的求取;

[x,u,y,dx,options] = trim('sys',x0,u0,y0,ix,iu,iy,dx0,idx,options,t):设置系统的时间为t。

仍以例4-11的系统模型为例,求输出为1时的系统平衡点。

```
>> x = [0 0 0]';
u = 0;
y = [1 1]';
ix = [];iu = [];
iy = [1 2]';
[x,u,y,dx] = trim('M4_11',x,u,y,ix,iu,iy)
```

运行程序,输出如下:

```
x =
     0
     1
     1
u =
     2
y =
     1
     1
dx =
     1.0e-15 *
     0.4441
     0
     0
```

4.8 MATLAB/Simulink 动态分析系统

命令行方式仿真最主要的优点是对系统仿真与分析可以做更多的控制。本节以实际动态系统的仿真分析为例说明怎样使用 MATLAB 脚本及 Simulink 仿真分析动态系统,这尤其适合对已设计好的系统进行性能分析。

4.8.1 蹦极跳的安全性分析

下面以一个具体实例——蹦极跳来分析其安全性。

【例 4-12】 蹦极跳是一种挑战身体极限的运动,蹦极者系着一根弹力绳从高处的桥梁(或山崖等)向下跳。在下落的过程中,蹦极者几乎处于失重状态。按照牛顿运动定律,自由下落的物体的位置由下面的式子确定:

$$m\ddot{x} = mg + b(x) - a_1\dot{x} - a_2|\dot{x}|\dot{x}$$

其中,m 为物体的质量,g 为重力加速度,x 为物体的位置,第三项与第四项表示空气阻力。

$$b(x) = \begin{cases} -k(x - x_0), & x > x_0 \\ 0, & x \leqslant x_0 \end{cases}$$

表示系统在蹦极者身上的弹力绳索对蹦极者位置的作用力,这里 k 为弹力绳索的弹性系数。此蹦极跳系统的模型框图如图 4-83 所示。

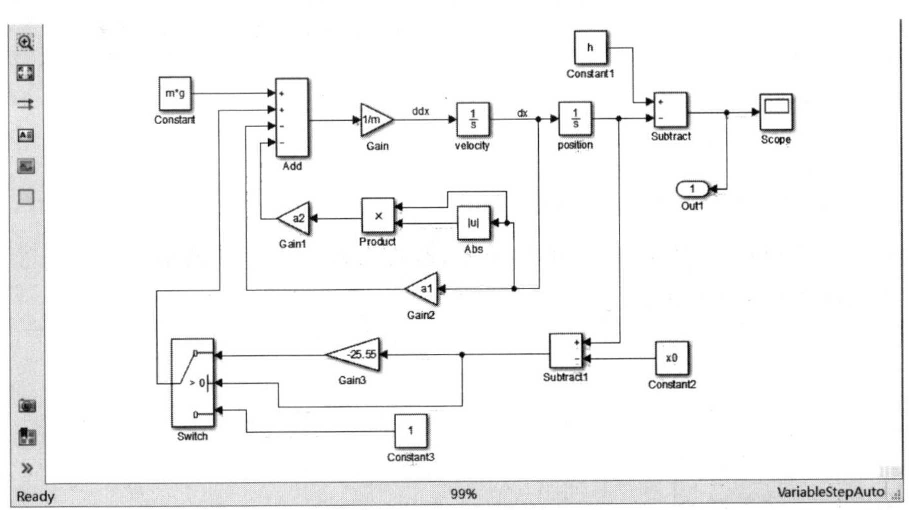

图 4-83 蹦极跳系统模型

系统中所有位置的基准为地面,即地面位置 $x=0$,低于地面的位置为正值,高于地面的位置为负值。此外为了使用命令行方式对此系统进行分析,添加了一个 Output 模块(Out1),为的是将系统输出结果导入 MATLAB 工作空间中。

此模型中,蹦极者的质量 $m=66.8\text{kg}$,重力加速度 $g=9.8\text{m/s}^2$,弹性绳索初始长度 $x_0=85$,蹦极者初始位置 $h=80$,初始速度为 0,弹性绳索的弹性系数 $k=18.5$,其他参数

$a_1=1.3, a_2=1.1$。

在例子中，其系统仿真结果显示，对于体重为66.8kg的蹦极者，该蹦极跳系统的弹力绳索不安全。显然，如果弹性绳索的弹性系数大于某个值，此蹦极跳系统对于体重为66.8kg的蹦极者来说才可能是安全的。

下面使用命令行方式对该系统在不同的弹性系数下进行仿真分析，以求出符合安全要求的弹性绳索的最小弹性常数。代码为：

```
>> clear all;
%使用 MATLAB 工作空间中的变量设置系统模型中模块的参数
h = 80;
m = 66.8;
g = 9.8;
a1 = 1.3;
a2 = 1.1;
x0 = 30;
for k = 18.5:0.1:30;                          %使用不同的弹性系数进行系统仿真
    [t,x,y] = sim('M4_12',50);
    if min(y)> 1
        break;
    end
    %如果仿真结果输出数据的最小值,即蹦极者与地面之间的距离大于 1,则说明此弹性系数
    %符合安全要求,跳出循环
end
disp(['最小安全弹性系数 k 为: ',num2str(k)]) %显示最小安全弹性系数
distance = min(y);                            %蹦极者与地面之间的最小距离
disp(['蹦极者与地面的最小距离为: ',num2str(distance)])
plot(t,y)                                     %绘制最小安全弹性系数下系统的仿真结果
grid;
```

运行程序，输出如下：

```
最小安全弹性系数 k 为: 18.5
蹦极者与地面的最小距离为: 3.2062
```

在最小安全弹性系数为18.5的情况下，蹦极者与地面之间的最小距离为3.2062。图4-84为此系统的动态仿真过程。

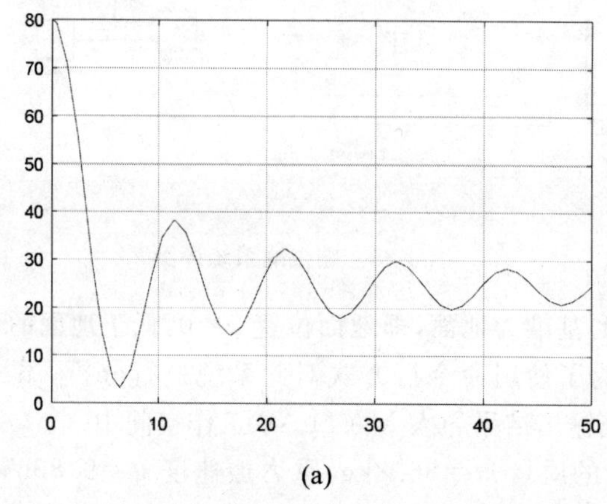

(a)

图4-84　蹦极跳系统动态仿真图

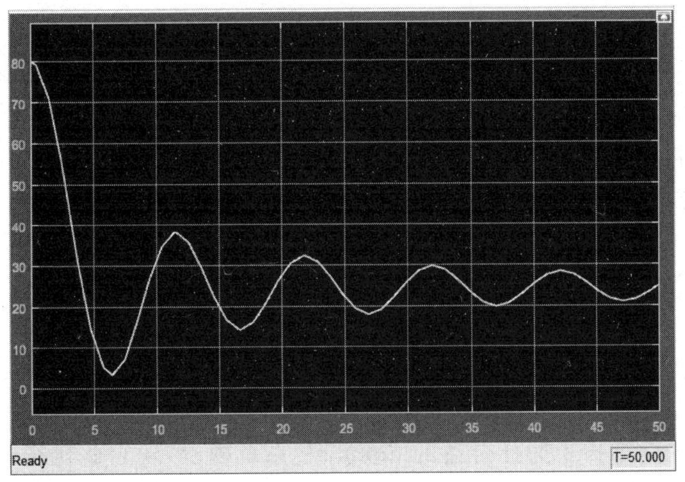

(b)

图 4-84 （续）

4.8.2 行驶控制系统

汽车行驶控制系统是应用非常广泛的控制系统之一，其主要目的是对汽车速度进行合理的控制。系统的工作原理为：

（1）通过汽车速度操纵机构的位置发生改变以设置汽车的速度，这是因为操纵机构的不同位置对应着不同的速度；

（2）测量汽车的当前速度，并求取它与指定速度的差值；

（3）由速度差值信号驱动汽车产生相应的索引力，并由此索引力改变汽车的速度直到其速度稳定在指定的速度为止。

由系统的工作原理来看，汽车行驶控制系统为典型的反馈控制系统。下面建立此系统的 Simulink 模型并进行仿真分析。

1．汽车行驶控制系统的物理模型与数学描述

（1）速度操纵机构的位置变换器。

位置变换器是汽车行驶控制系统的输入部分，其目的是将速度操纵机构的位置转换为相应的速度，二者之间的数学关系为：

$$v = 30x + 50, \quad x \in [0,1]$$

其中，x 为速度操纵机构的位置，v 为与之对应的速度。

（2）离散行驶控制器。

行驶控制器是整个汽车行驶控制系统的核心部分，其功能是根据汽车当前速度与指定速度的差值，产生相应的索引力。行驶控制器是典型的 PID 控制器，其数学描述为：

积分环节： $x(n)=x(n-1)+u(n)$

微分环节： $d(n)=u(n)-u(n-1)$

系统输出： $y(n)=K_P u(n)+K_I x(n)+K_D d(n)$

其中，$u(n)$为系统输入，$y(n)$为系统输出，$x(n)$为系统的状态。K_P、K_I及K_D分别为PID控制器的比例、积分与微分控制参数。

(3) 汽车动力机构。

汽车动力机构是行驶控制系统的执行机构，其功能是在索引力的作用下改变汽车速度，使其达到指定的速度。索引力与速度之间的关系为：

$$F = m\dot{v} + bv$$

其中，v为汽车的速度，F为汽车的索引力，$m=1500\text{kg}$为汽车的质量，$b=23$为阻力因子。

2. 建立汽车行驶控制系统的模型

根据系统的数学描述选择合适的Simulink系统模块，建立此汽车行驶控制系统的Simulink模型，如图4-85所示。

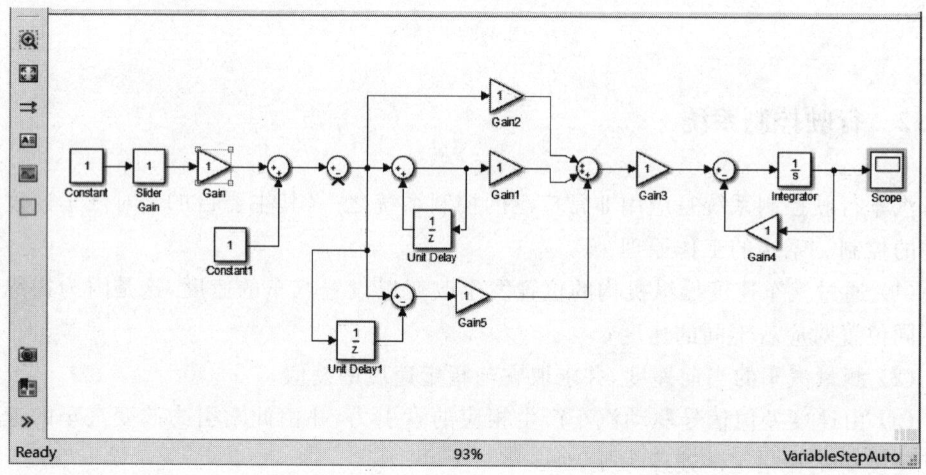

图4-85　汽车行驶控制系统

3. 修改各模块标签

创建子系统并对系统不同功能的部分进行封装(子系统下节将介绍)，封装结果如图4-86所示，其中每个子系统内部的结构如图4-87所示。

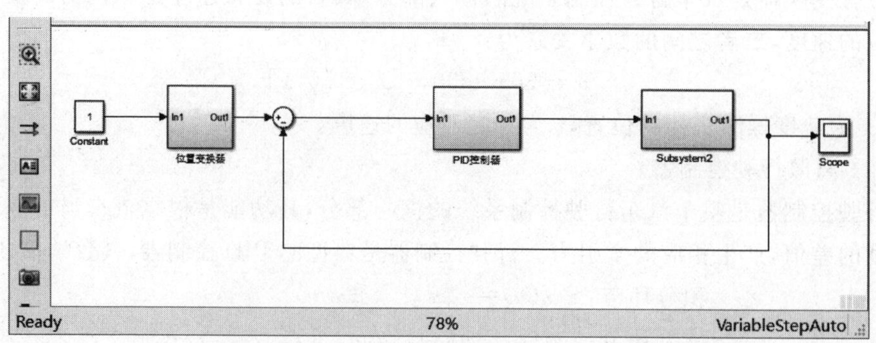

图4-86　创建子系统并封装

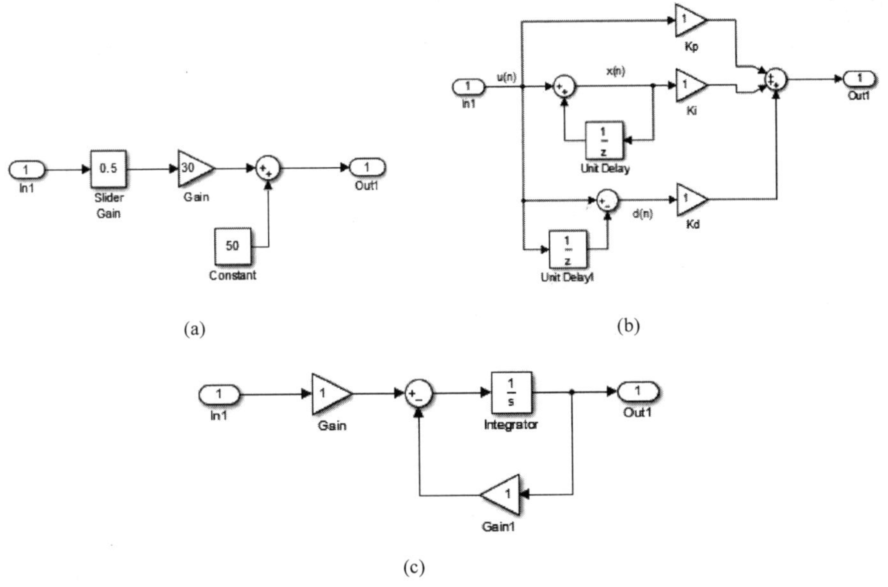

图 4-87 子系统内部结构

关于汽车行驶控制系统，其基本目的是控制汽车的速度变化，使汽车的速度在合适的时间之内加速到指定的速度。行驶控制系统由如下三个部分所构成：

（1）位置变换器；

（2）行驶控制器；

（3）汽车动力机构。

其中最重要的部分为行驶控制器，它是一个典型的 PID 反馈控制器。现利用命令行方式对行驶控制系统中的行驶控制器积分环节的性能进行定性的分析。

取定 PID 控制器比例环节和微分环节的增益，即 $K_P=1$，$K_D=0.01$。积分环节的取值由 MATLAB 文件所决定，以分析不同 K_I 值下行驶控制器的性能。

同样地，在系统模型最顶层加入一个 Out1 模块，将系统输出结果导入 MATLAB 工作空间中，如图 4-88 所示。

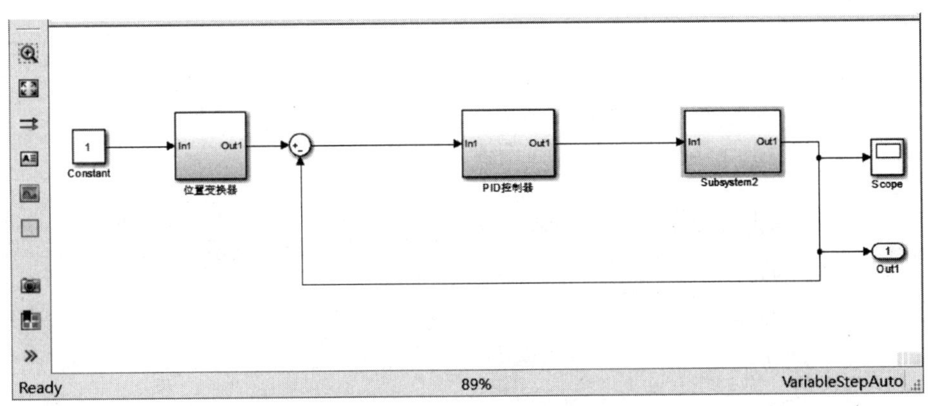

图 4-88 汽车行驶控制系统

PID 控制器子系统内部，将增益 Ki 模块的参数设为 Ki，如图 4-89 所示。

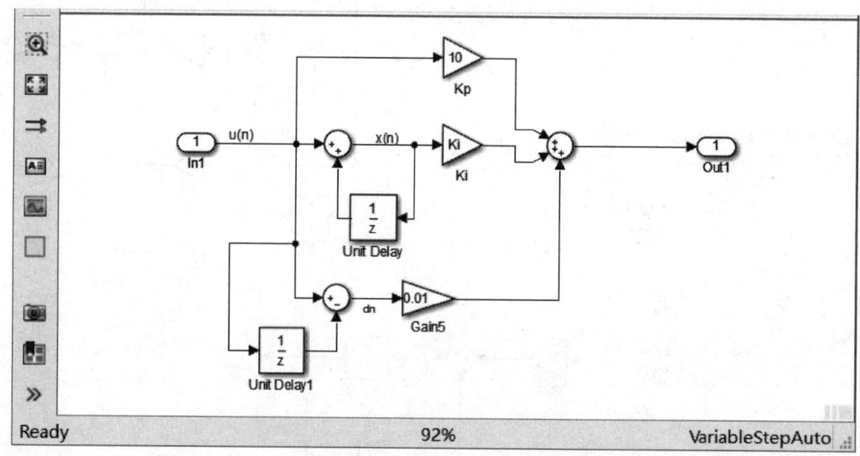

图 4-89　PID 控制器子系统

编写 MATLAB 文件对行驶控制系统在不同的积分增益取值下进行仿真，并绘制出不同取值下系统仿真结果，以对积分环节调节性能进行分析。代码为：

```
>> clear all;
for Ki = 0.003:0.003:0.012;                          % 设置不同的积分增益
    [t,x,y] = sim('M4_13_C');
    subplot(2,2,Ki/0.003);
    plot(t,y);
    title(['Ki = ',num2str(Ki)]);
    axis([0 10 0 80])
end
```

运行程序，效果如图 4-90 所示。

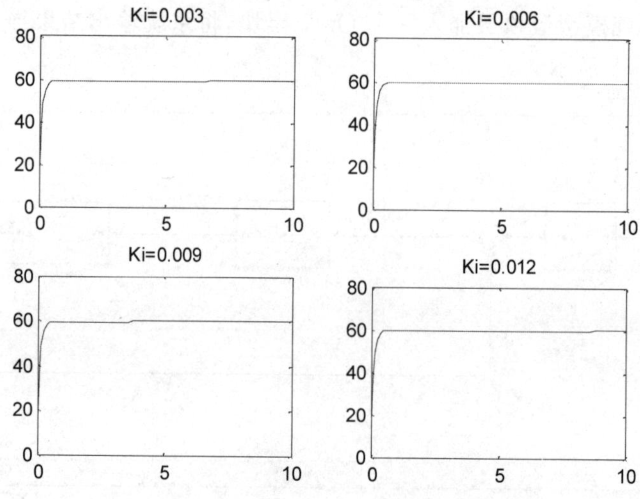

图 4-90　汽车行驶控制系统仿真效果

4.9 子系统

当模型变得越来越大、越来越复杂，由于使用模块非常多，用户很难轻易读懂所建立的模型。因此，可以将大的模型分成一些小的子系统，每个子系统非常简单、可读性好，能够完成某个特定的功能。通过子系统，可以采用模块化设计方法，层次非常清晰。有些常用的模块集成在一起，还可以实现复用。

4.9.1 简单子系统

在实际开发中，对于复杂的系统，直接创建整个系统会给创建和分析带来很大的困难。子系统技术可很好地解决这种情形，将复杂的系统分为若干个部分，每个部分都具备一定的功能，然后分别创建各个部分。这些局部部分就是子系统。

使用子系统技术，可以使整个模型更加简洁、操作分析更为便捷。创建子系统有两种方法：

(1) 将已经存在的模型的某些部分或全部使用模型窗口选择 Edit|Create Subsystem 选项，将其压缩转换，使之成为子系统；

(2) 使用 Subsystem 模块库中 Subsystem 模块直接创建子系统。

通过创建子系统，可以起到以下作用：

(1) 减少模型窗口的显示模块的个数，使得模型显得简洁整齐，可读性提高；

(2) 模型层次化增强，便于用户按照层次来设计模型；

(3) 子系统可以反复调用，节省建模时间。

压缩已有模块创建子系统的方法也是一种自下而上的设计方法。

1. 添加 Subsystem 模块创建子系统

首先将 Ports & Subsystems 模块库中的 Subsystem 模块复制到模型窗口中，如图 4-91 所示。

双击 Subsystem 模块，Simulink 会在当前窗口或一个新的模型窗口中打开子系统，如图 4-92 所示。

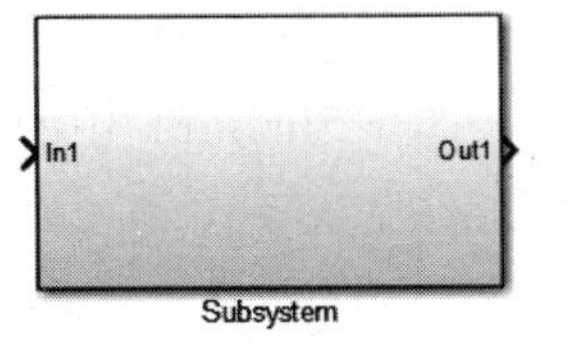

图 4-91 Subsystem 模块模型

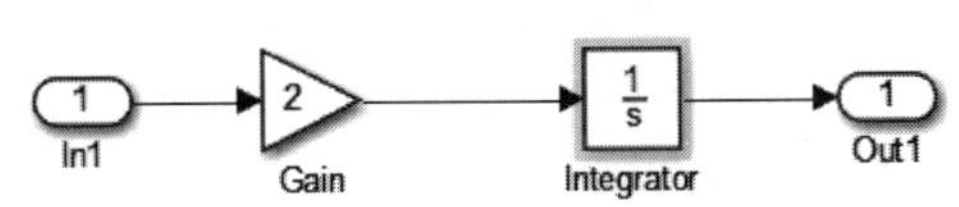

图 4-92 子系统

子系统窗口中的 Import 模块表示来自子系统外的输入，Output 模块表示外部输出。用户可以在子系统窗口中添加组成子系统的模块。例如，图 4-93(a)中的子系统包含了一个 Subtract 模块,两个 Import 模块和一个 Output 模块,这个子系统表示对两个外部输入相减,并将结果通过 Output 模块输出到子系统外部的模块。子系统图标如图 4-93(b)所示。

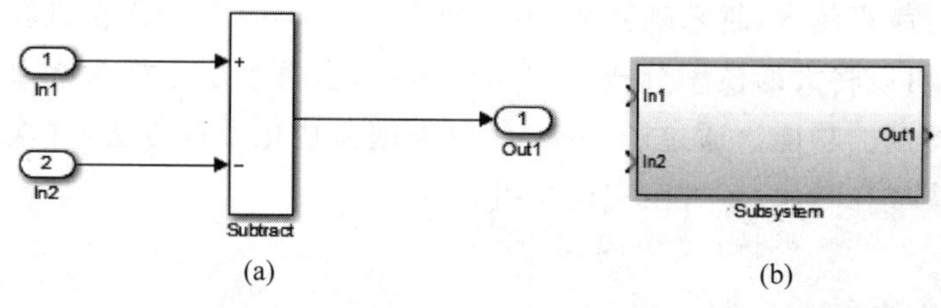

图 4-93　求差子系统

2. 组合已有模块创建子系统

如果模型中已经包含了用户想要转换为子系统的模块,那么可以把这些模块组合在一起来创建子系统。

以图 4-94 中的模型为例,用户可以用鼠标将需要组合为子系统的模块和连线用边框线选取,当释放鼠标按钮时,边框内的所有模块和线均被选中。然后选择 Edit|Create Subsystem from Selection 选项,Simulink 会将所选模块用 Subsystem 模块代替。

图 4-95 所示是选择了 Create Subsystem from Selection 命令后的模型。如果双击 Subsystem 模块,那么 Simulink 将显示下层的子系统模型。Import 模块和 Output 模块分别表示来自子系统外部的输入和输出到子系统外部的模块。

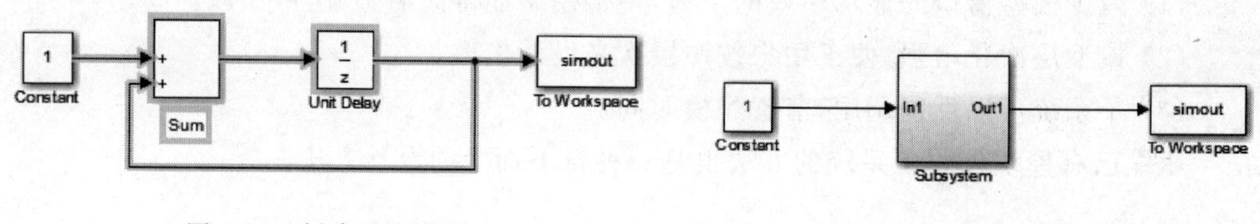

图 4-94　创建系统模型　　　　图 4-95　封装子系统后模块

4.9.2　浏览下层子系统

用户可以利用 Subsystem 模块创建由多层子系统组成的层级模型,这样做的好处是显而易见的,不仅使用户模型的界面更清晰,而且模型的可读性也更强。

对于模型层级比较多的复杂模型,一层一层打开子系统浏览模型显然是不可取的,这时用户可以在模型窗口中选择 File|Simulink Preferences,打开 Simulink 中的模型浏览器来浏览模型,如图 4-96 所示。模型浏览器的操作步骤为:

(1) 按层级浏览模型;

(2) 在模型中打开子系统;

(3) 确定模型中所包含的模块;

(4) 快速定位到模型中指定层级的模块。

模型浏览器只有在 Microsoft Windows 平台上可用。此处以 Simulink 中的 engine

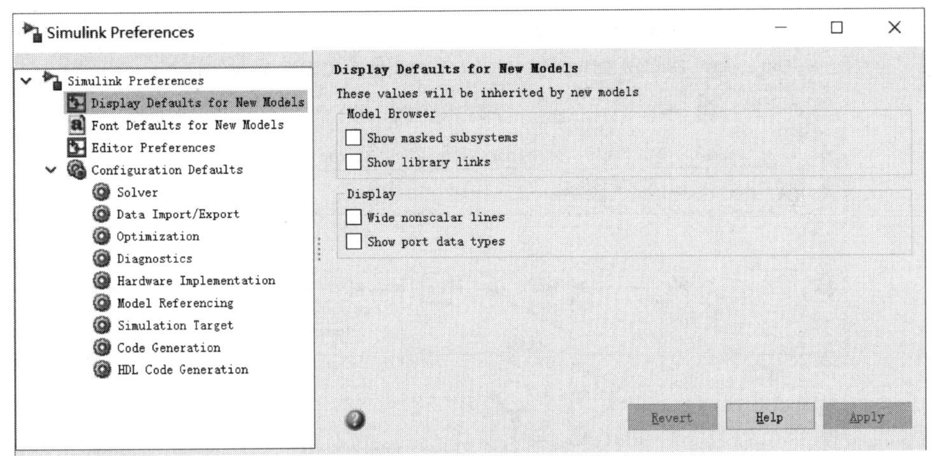

图 4-96 选择模型浏览器选项

模型为例介绍怎样使用 Windows 下的模型浏览器。

在 sldemo_househeat 模型窗口中选择 View|Model Browser Options 命令，在下拉菜单中选择 Model Browser 命令，即可打开模型浏览器，如图 4-97 所示。

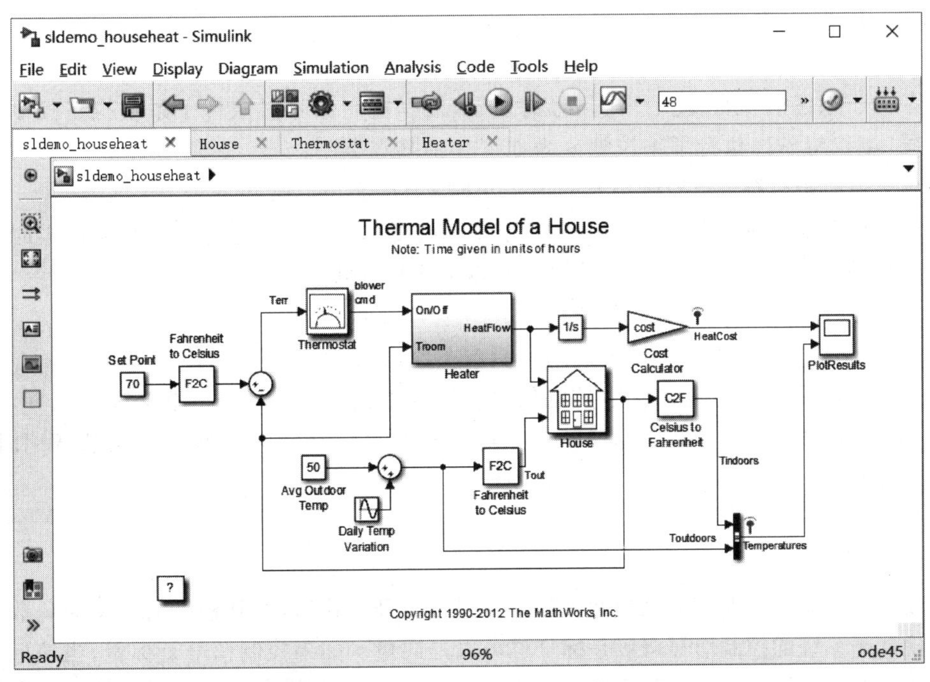

图 4-97 sldemo_househeat 模型图

图 4-97 中上方为各层子系统的名称，中间为模型结构图。如果要查看系统的模型方块图或组成系统的任何子系统，可选择对应的标签卡，此时模型浏览器即会显示相应系统的结构方块图。

图 4-98 显示的是 House 子系统的结构图，该子系统下没有其他子系统。

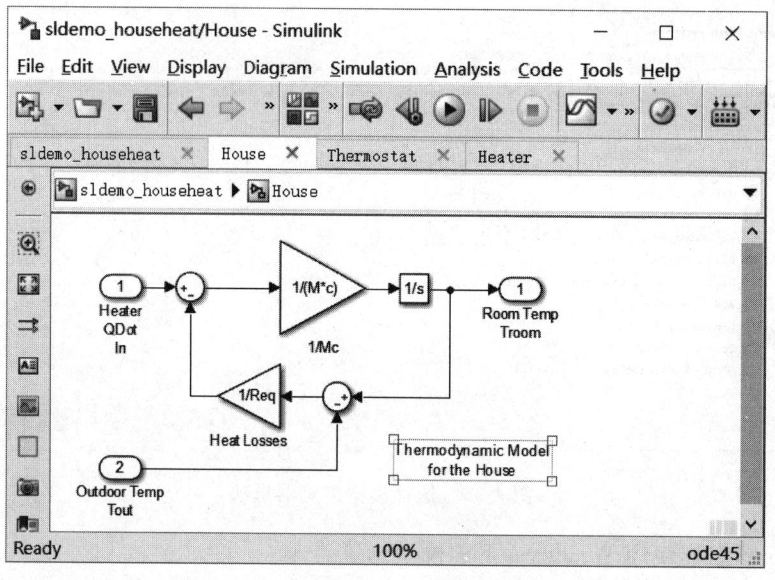

图 4-98　House 子系统结构图

4.9.3　条件子系统

条件子系统的执行受到控制信号的控制，根据控制信号对条件子系统执行控制方式的不同，可以将条件执行子系统划分为如下 3 种基本类型：

(1) 使能子系统：当控制信号的值为正时，子系统开始执行。

(2) 触发子系统：当控制信号的符号发生改变时(也就是控制信号发生过零时)，子系统开始执行。触发子系统的触发执行有以下 3 种形式：

- 控制信号上升沿触发：控制信号具有上升沿形式；
- 控制信号下降沿触发：控制信号具有下降沿形式；
- 控制信号的双边沿触发：控制信号在上升沿或下降沿时触发子系统。

(3) 函数调用子系统：是指条件子系统在用户自定义的 S-函数发出函数调用时，子系统开始执行。

1. 使能子系统

使能子系统在控制信号从负数朝正向穿过零时开始执行，直到控制信号变为负数时停止。使能子系统的控制信号可以是标量也可以是向量。如果控制信号是标量，当该标量的值大于 0 时子系统执行；如果是向量，向量中的任意一个元素大于 0 时，子系统开始执行。

任何连续和离散模块都可以作为使能子系统。

1) 创建使能子系统

如果要在模型中创建使能子系统，可以从 Simulink 中的 Port & Subsystems 模块库中把 Enable 模块复制到子系统内，这时 Simulink 会在子系统模块图标上添加一个使能符号和使能控制输入口。在使能子系统外添加 Enable 模块后的子系统图标如图 4-99 所示。

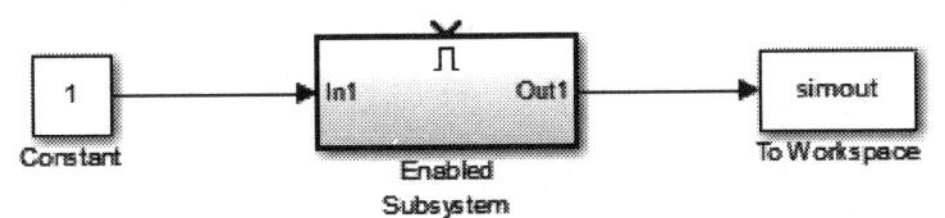

图 4-99　添加 Enable 模块后的子系统

打开使能子系统中每个 Output 输出端口模块对话框，并为 Output when disabled 参数选择一个选项，如图 4-100 所示。

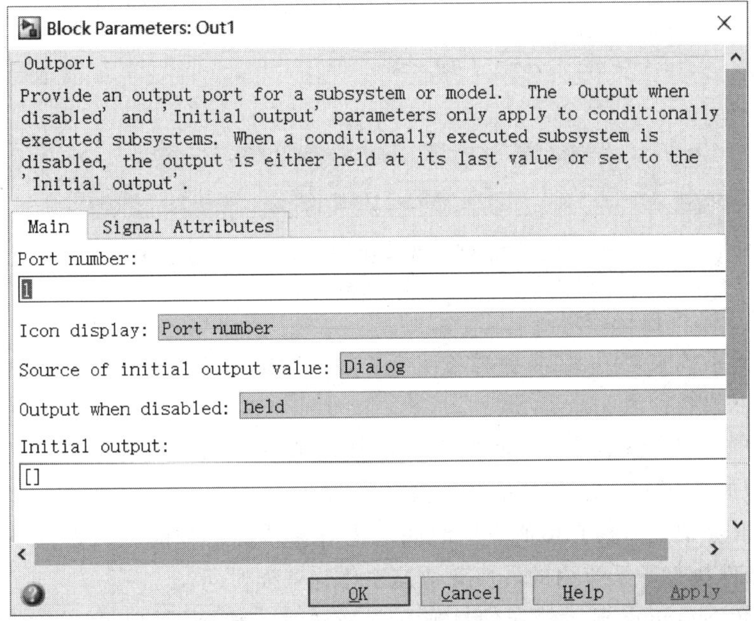

图 4-100　为 Output when disabled 参数选择一个选项

选择 held 选项表示让输出保持最近的输出值。选择 reset 选项表示让输出返回到初始条件，并设置 Initial output 值，该值是子系统重置时的输出初始值。Initial output 值可以为空矩阵[]，此时的初始输出等于传送给 Output 模块的模块输出值。

在执行使能子系统时，用户可以通过设置 Enable 模块参数对话框来选择子系统状态，或选择保持子系统状态为前一时刻值，或重新设置子系统状态为初始条件。

打开 Enable 模块的 Block Parameters 对话框，如图 4-101 所示，States when enabling 参数选择为 held，选择 Show output port 复选框表示允许用户输出使能控制信号。这个特性可以将控制信号向下传递到使能子系统，如果使能子系统内的逻辑判断依赖于数值，或依赖于包含在控制信号中的数值，那么这个特性就十分有用。

2）使能子系统包含的模块

使能子系统内可以包含任意 Simulink 模块，包括 Simulink 中的连续模块和离散模块。使能子系统内的离散模块只有当子系统执行时，而且只有当该模块的采样时间与仿真采样时间同步时才会执行，使能子系统和模型共用时钟。

使能子系统内也可以包含 Goto 模块，但是在子系统内只有状态端口可以连接到 Goto 模块。

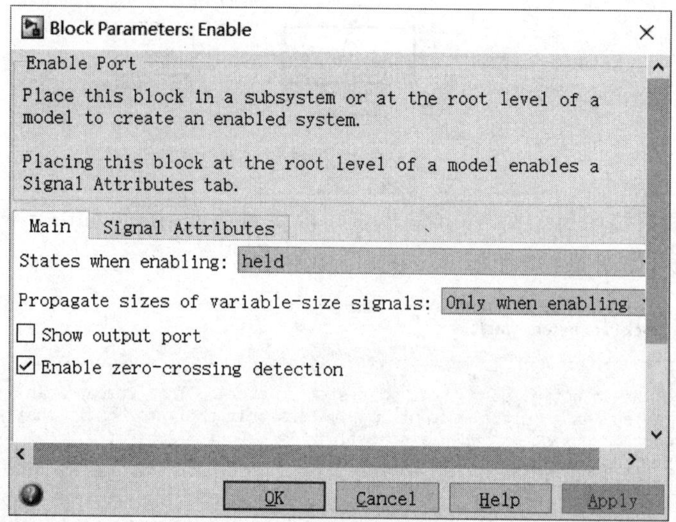

图 4-101　Enabled 模块 Block Parameters 对话框

3）使能子系统模块约束

在使能子系统中，Simulink 会对与使能子系统输出端口相连的带有恒值采样时间的模块进行如下限制：

如果用户用带有恒值采样时间的 Model 模块或 S-函数模块与条件执行子系统的输出端口相连，那么 Simulink 会显示一个错误消息。

Simulink 会把任何具有恒值采样时间的内置模块的采样时间转换为不同的采样时间，例如以条件执行子系统内的最快离散速率作为采样时间。

为了避免 Simulink 显示错误信息或发生采样时间转换，用户可以把模块的采样时间改变为非恒值采样时间，或使用 Signal Conversion 模块替换具有恒值采样时间的模块。

【例 4-13】 建立使能子系统模块如图 4-102 所示。

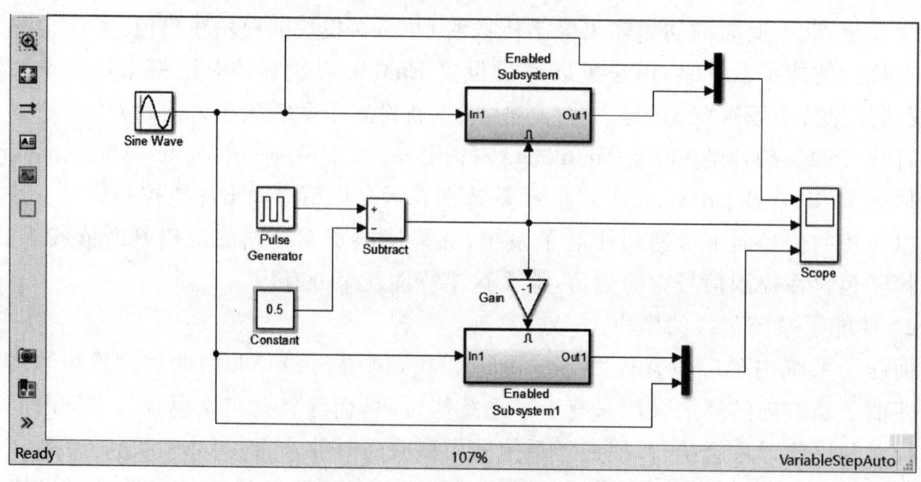

图 4-102　使能子系统模型框图

本例中使用了两个使能子系统，为了能够更加清晰地了解使能子系统的功能，对同一输入信号取截然相反的输入控制信号，对比子系统的输出。为了构造截然相反的输入控制信号，采用了 Gain 模块及 Constant 模块。

（1）模块参数设置。

双击 Pulse Generator 模块，在弹出的对话框中设置 Amplitude 为 1，Period 为 1，Pulse Width 为 50，Phase delay 为 0。

双击 Sine Wave 模块，在弹出的对话框中设置 Amplitude 为 1，Bias 为 0，Frequency 为 1，Phase 为 0，Sample time 为 0。

双击 Constant 模块，在弹出的对话框中设置 Constant value 为 0.5。

双击 Gain 模块，在弹出的对话框中设置 Gain 为－1。

双击 Enabled Subsystem 模块与 Enabled Subsystem1 模块，弹出如图 4-103 所示子系统模块，然后双击 Enable 模块，弹出如图 4-104 所示的参数设置对话框，采用相同的设置。

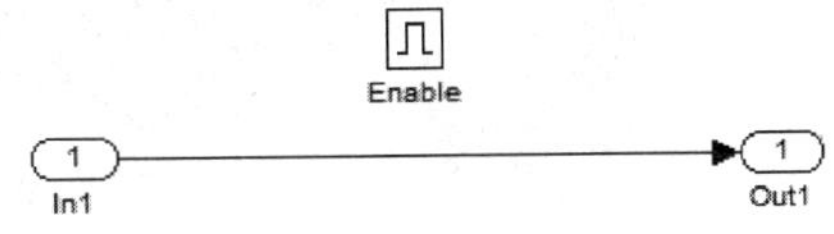

图 4-103　Enabled Subysystem 子系统模块

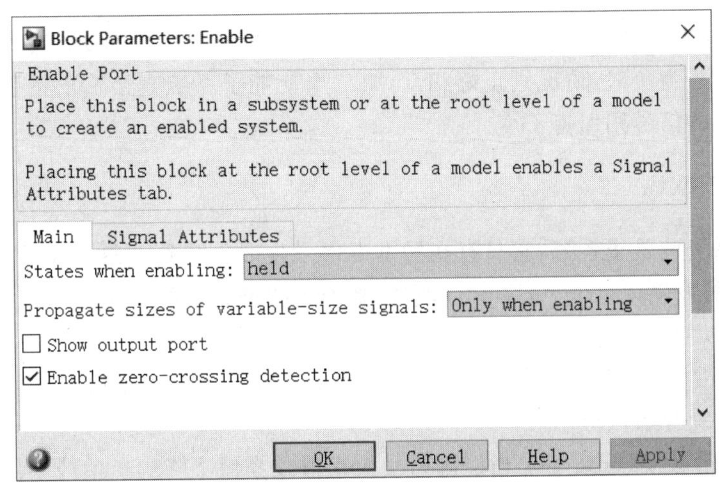

图 4-104　Enable 参数设置对话框

在图 4-104 中的 States when enabling 有 reset 及 held 两个选项。如果选择 reset 选项，“使能”时将把所在子系统所有内部状态重置为指定的初值；如果选择 held 选项，“使能”时将把所在子系统所有内部状态保持在前次使能的终值上。Show output port 复选框若被选中，使能模块将出现一个输出端口，从这个输出端口输出控制信号，可对控制信号进行监视和分析。Enable zero-crossing detection 复选框被选中，会启动探测零交叉的功能。

（2）运行仿真及分析。

模型系统参数采用默认值，在仿真模型窗口中单击 按钮进行仿真，其效果如图 4-105 所示。

从图 4-105 所示的结果可知，当 Pulse Generator 模块产生的信号为正时，第一个使

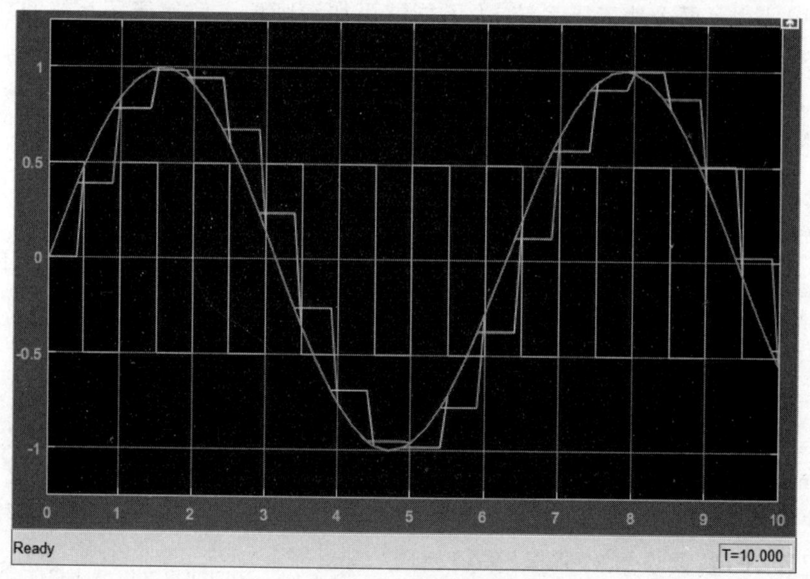

图 4-105　仿真效果图

能子系统直接输出正弦信号，而第二个使能子系统的信号则保持不变；当 Pulse Generator 模块产生的信号为负时，情况则正好相反，第二个使能子系统直接输出正弦信号，而第一个使能子系统的信号则保持不变。

2. 触发子系统

触发子系统也是子系统，它只有在触发事件发生时才执行。触发子系统有单个的控制输入，称为触发输入(trigger input)，它控制子系统是否执行。用户可以选择 3 种类型的触发事件，以控制触发子系统的执行。

(1) 上升沿触发(rising)：当控制信号由负值或零值上升为正值或零值(如果初始值为负)时，子系统开始执行；

(2) 下降沿触发(falling)：当控制信号由正值或零值下降为负值或零值(如果初始值为正)时，子系统开始执行；

(3) 双边沿触发(either)：当控制信号上升或下降时，子系统开始执行。

对于离散系统，当控制信号从零值上升或下降，且只有当这个信号在上升或下降之前已经保持零值一个以上时间步时，这种上升或下降才被认为是一个触发事件。这样就消除了由控制信号采样引起的误触发事件。

用户可以通过把 Port & Subsystems 模块库中的 Trigger 模块复制到子系统中的方式来创建触发子系统，Simulink 会在子系统模块的图标上添加一个触发符号和一个触发控制输入端口。

为了选择触发信号的控制类型，可打开 Trigger 模块的参数对话框，并在 Trigger type 参数的下拉列表中选择一种触发类型，如图 4-106 所示。

Simulink 会在 Trigger and Subsystem 模块上用不同的符号表示上升沿触发、下降沿触发或双边沿触发。图 4-107 为在 Subsystem 模块上显示的触发符号。

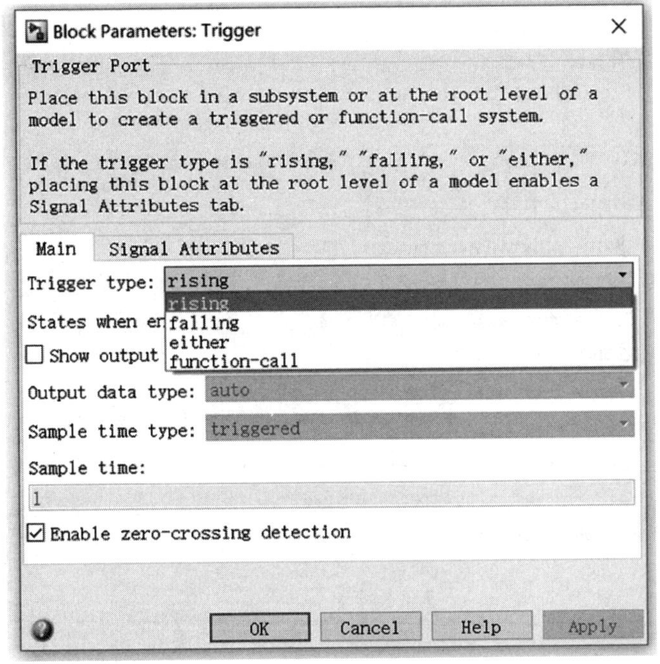

图 4-106　Trigger 模块参数对话框

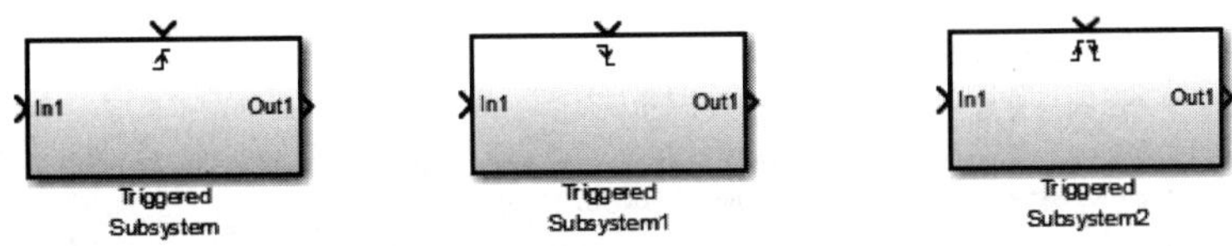

图 4-107　在 Subsystem 模块上显示的触发符号

如果选择的 Trigger type 参数是 function-call 选项，那么创建的是函数调用子系统，这种触发子系统的执行是由 S-函数决定的，而不是由信号值决定的。

提示：与使能子系统不同，触发子系统在两次触发事件之间一直保持输出为最终值，而且，当触发事件发生时，触发子系统不能重新设置它们的状态，任何离散模块的状态在两次触发事件之间会一直保持下去。

Trigger 模块参数对话框中的 Show output port 复选框可输出触发控制信号，如图 4-108 所示。如果选择这个选项，则 Simulink 会显示触发模块的输出端口，并输出触发信号，信号值为：1 表示产生上升触发的信号；－1 表示产生下降触发的信号；2 表示函数调用触发；0 表示其他类型的触发。

Output data type 选项指定触发输出信号的数据类型，可以选择的类型有 auto、int8 或 double。auot 选项可自动把输出信号的数据类型设置为信号被连接端口的数据类型(int8 或 double)。如果端口的数据类型不是 double 或 int8，那么 Simulink 会显示错误提示。

当用户在 Trigger type 选项中选择 function-call 时，对话框底部的 Sample time type 选项将被激活，这个选项可以设置为 triggered 或 periodic，如图 4-109 所示。

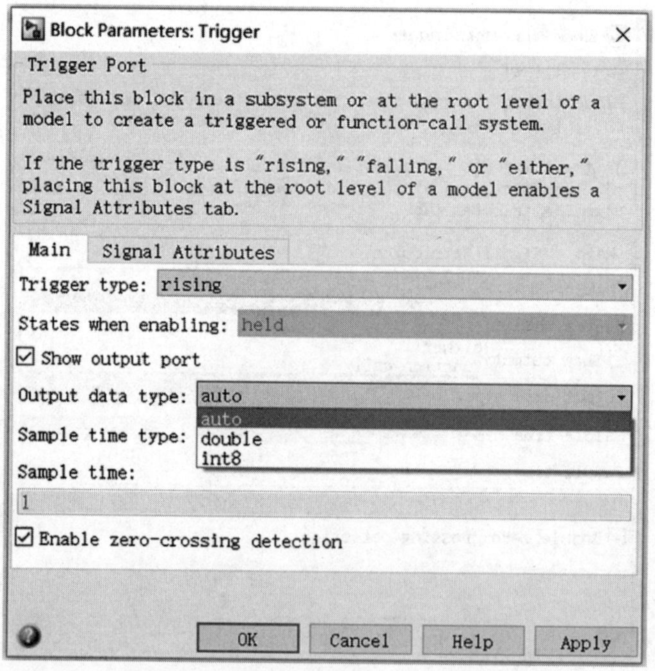

图 4-108　Show output port 复选框

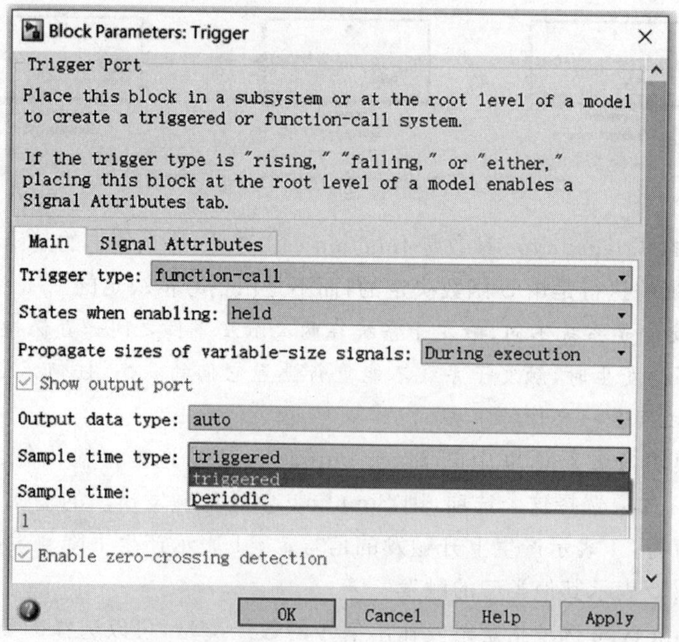

图 4-109　Sample time type 选项

如果调用子系统的上层模型在每个时间步内调用一次子系统，那么选择 periodic 选项；否则，选择 triggered 选项。当选择 periodic 选项时，Sample time 选项将被激活，该参数可以设置包含调用模块的函数调用子系统的采样时间。

图 4-110 所示为一个包含触发子系统的模型图，在这个系统中，只有在方波触发控制信号的上升沿子系统才被触发。

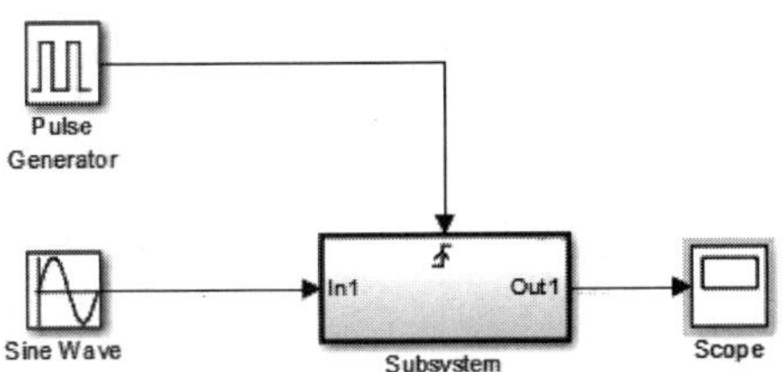

图 4-110　包含触发子系统的模型

在仿真过程中，触发子系统只在指定的时间执行。适合在触发子系统中使用的模型为：

(1) 具有继承采样时间的模块，如 Logical Operator 模块或 Gain 模块；

(2) 具有采样时间设置为－1 的离散模块，它表示该模块的采样时间继承驱动模块的采样时间。

当触发事件发生并且触发子系统执行时，子系统内部包含的所有模块一同被执行，Simulink 只有在执行完子系统中的所有模块后，才会转换到上一层执行其他的模块，这种子系统的执行方式属于原子子系统。

而其他子系统的执行过程不是这样的，如使能子系统，默认情况下，这种子系统只用于图形显示目的，属于虚拟子系统，它并不改变框图的执行方式。虚拟子系统中的每个模块都被独立对待，就如同这些模块都处于模型最顶层一样，这样，在一个仿真步中，Simulink 可能会多次进出一个系统。

【例 4-14】 创建一个简单的触发子系统模块，使用不同的触发类型，得到不同的输出信号。

根据需要，建立如图 4-111 所示的子系统。

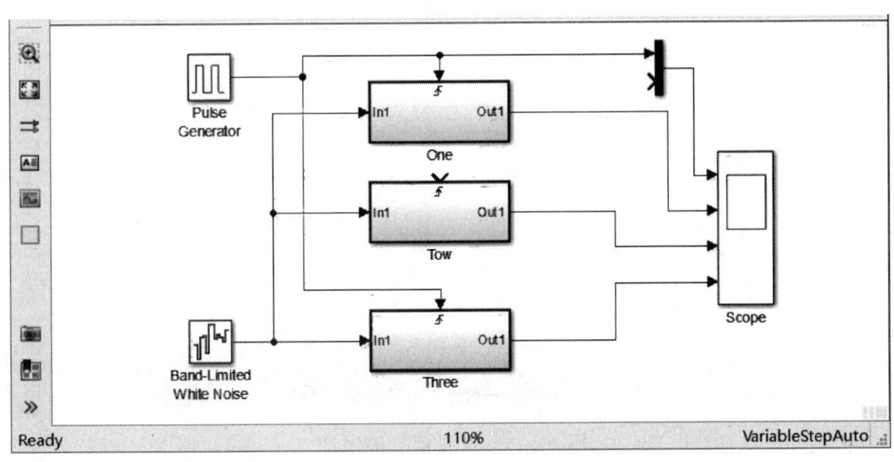

图 4-111　触发子系统

模块参数说明如下。

(1) 添加系统的输入信号。输入信号为脉冲信号，其属性如图 4-112 所示。

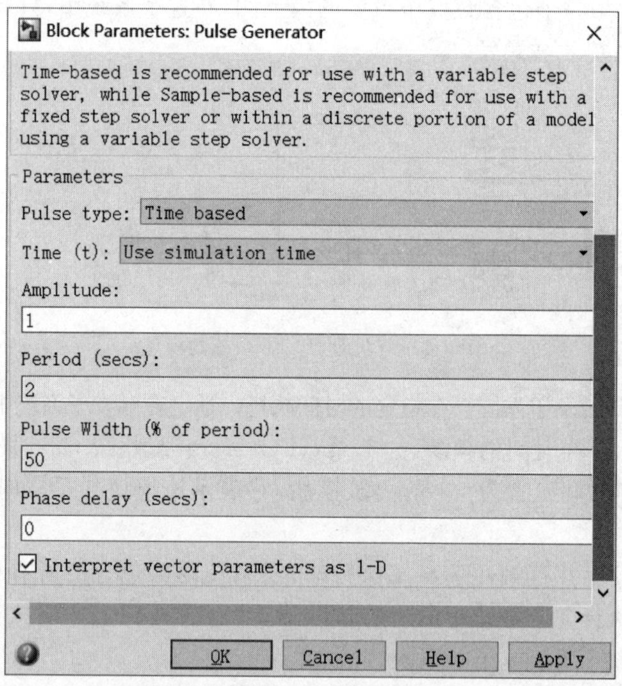

图 4-112 设置输入信号的属性

(2) 添加系统的控制信号。控制信号 Band-Limited White Noise,其对应的属性如图 4-113 所示。

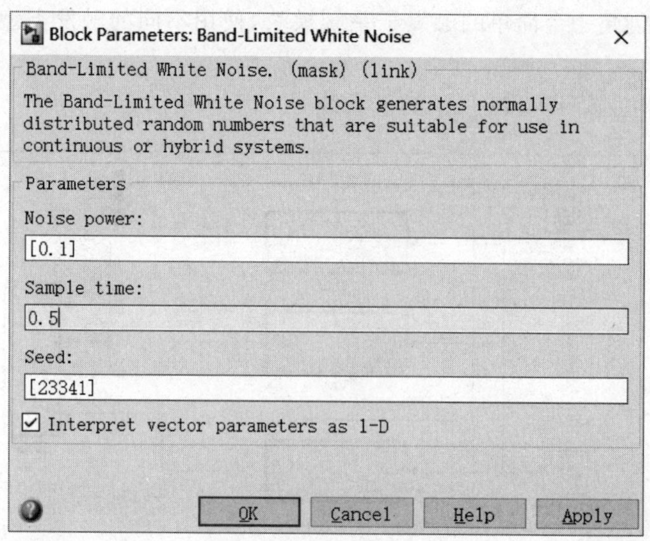

图 4-113 设置信号的属性

(3) 添加系统的触发子系统。用户需要添加触发子系统,3 个使能子系统的属性如图 4-114 所示。

(4) 仿真结果。将仿真的时间设置为 20s,然后运行仿真,得到的结果如图 4-115 所示。

Block Parameters: Trigger

"either," placing this block at the root level of a model enables a Signal Attributes tab.

Main | Signal Attributes

Trigger type: rising

States when enabling: held

☐ Show output port

Output data type: auto

Sample time type: triggered

Sample time:

1

☑ Enable zero-crossing detection

OK | Cancel | Help | Apply

(a)

Block Parameters: Trigger

If the trigger type is "rising," "falling," or "either," placing this block at the root level of a model enables a Signal Attributes tab.

Main | Signal Attributes

Trigger type: falling

States when enabling: held

☐ Show output port

Output data type: auto

Sample time type: triggered

Sample time:

1

☑ Enable zero-crossing detection

OK | Cancel | Help | Apply

(b)

Block Parameters: Trigger

If the trigger type is "rising," "falling," or "either," placing this block at the root level of a model enables a Signal Attributes tab.

Main | Signal Attributes

Trigger type: either

States when enabling: held

☐ Show output port

Output data type: auto

Sample time type: triggered

Sample time:

1

☑ Enable zero-crossing detection

OK | Cancel | Help | Apply

(c)

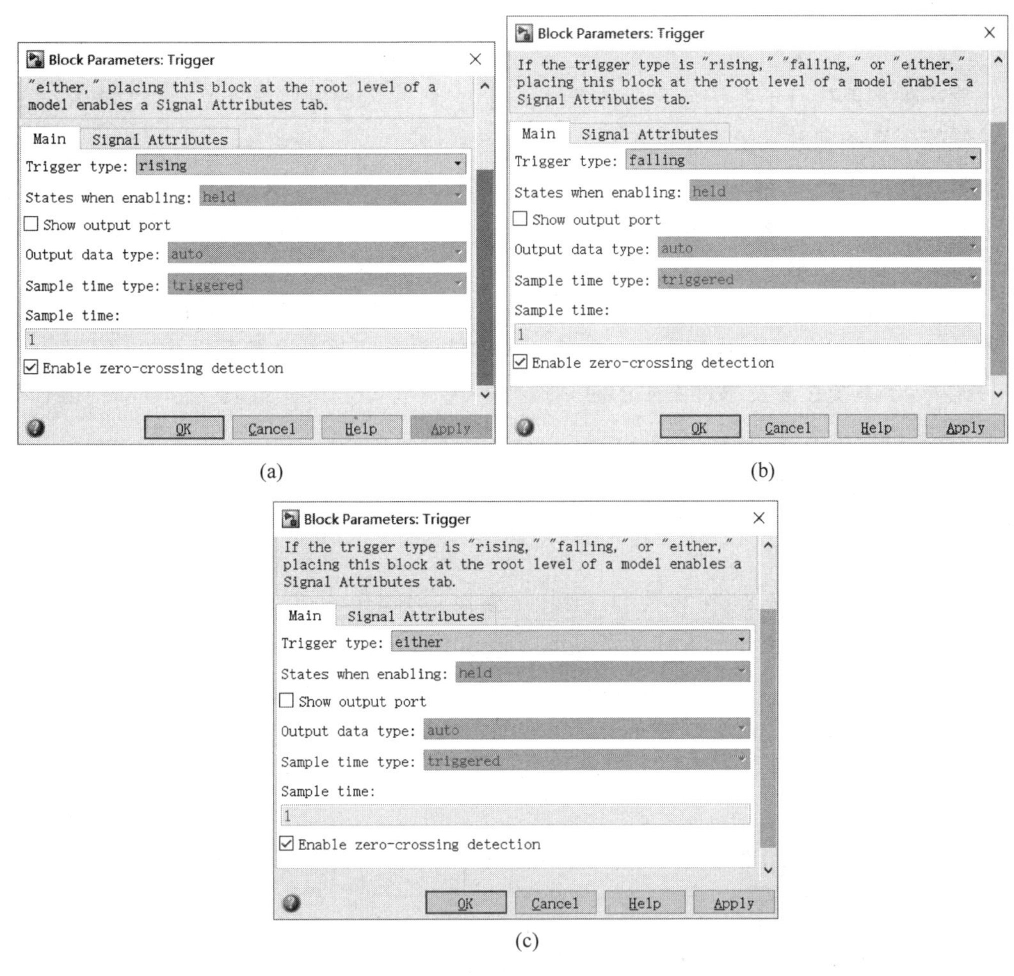

图 4-114 触发子系统模块参数设置

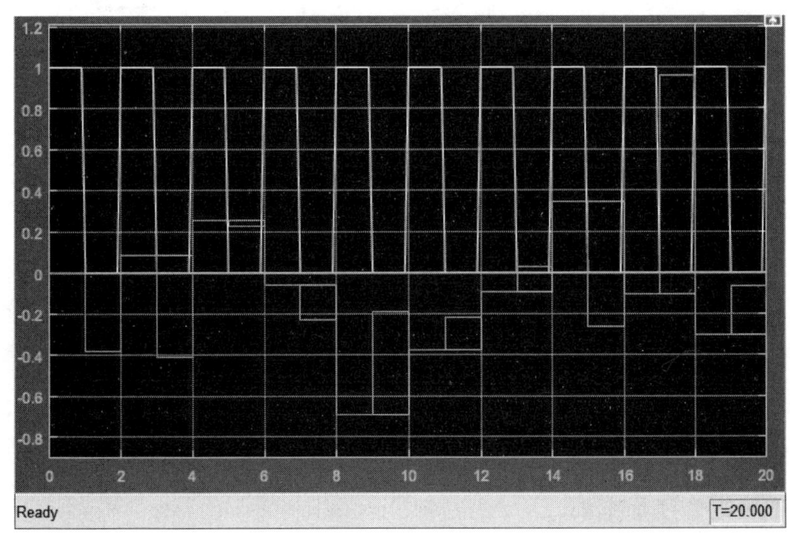

图 4-115 查看仿真效果

3. 触发使能子系统

第三种条件执行子系统包含两种条件执行类型,称为触发使能子系统。这样的子系统是使能子系统和触发子系统的组合。

触发使能子系统既包含使能输入端口,又包含触发输入端口,在这个子系统中,Simulink 等待一个触发事件,当触发事件发生时,Simulink 会检查使能输入端口是否为0,并求取使能控制信号。

如果它的值大于 0,则 Simulink 执行一次子系统,否则不执行子系统。如果两个输入都是向量,则每个向量中至少有一个元素是非零值时,子系统才执行一次。

此外,子系统在触发事件发生的时刻执行一次,换言之,只有当触发信号和使能信号都满足条件时,系统才执行一次。

提示:Simulink 不允许一个子系统中有多于一个的 Enable 端口或 Trigger 端口。尽管如此,如果需要几个控制条件组合,用户可以使用逻辑操作符将结果连接到控制输入端口。

用户可以通过把 Enable 模块和 Trigger 模块从 Ports & Subsystems 模块库中复制到子系统中的方式来创建触发使能子系统,Simulink 会在 Subsystem 模块的图标上添加使能和触发符号,以及使能和触发控制输入。用户可以单独设置 Enable 模块和 Trigger 模块的参数值。图 4-116 所示为一个简单的触发使能子系统。

图 4-117 为触发使能子系统的结构框图。

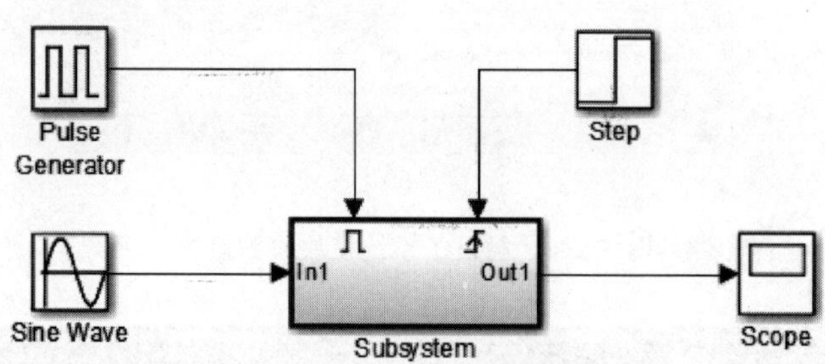

图 4-116　简单的触发使能子系统

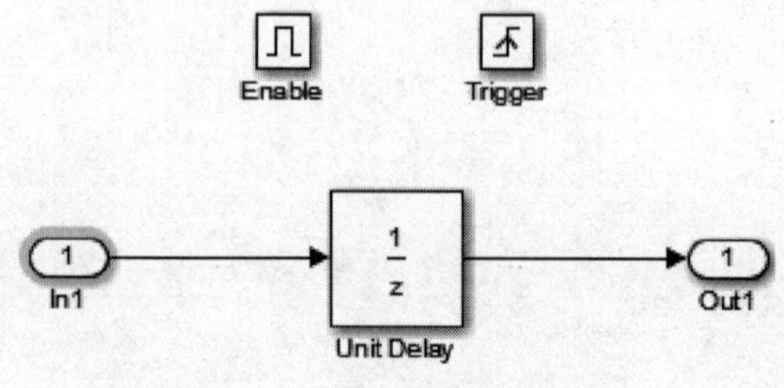

图 4-117　子系统结构框图

4. 交替创建执行子系统

用户可以用条件执行子系统与 Merge 模块相结合的方式创建一组交替执行子系统,

它的执行依赖于模型的当前状态。Merge 模块是 Signal Routing 模块库中的模块，它具有创建交替执行子系统的功能。

图 4-118 所示为 Merge 模块的 Block Parameters 对话框。Megre 模块可以把模块的多个输入信号组合为一个单个的输入信号。

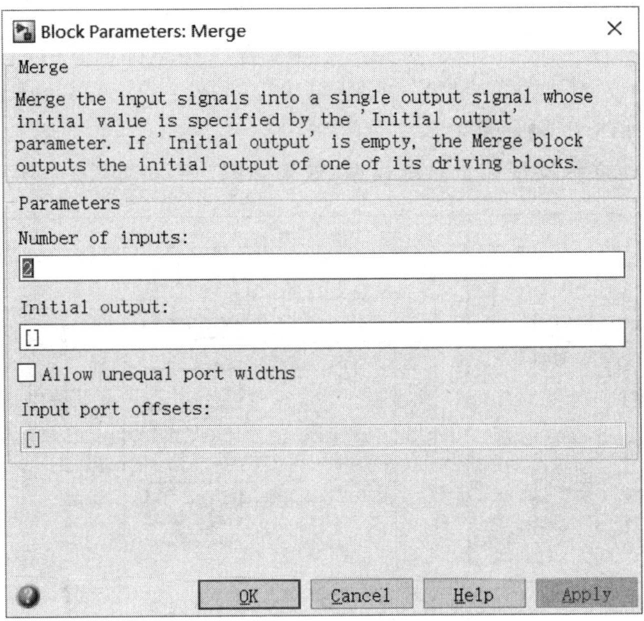

图 4-118 Merge 模块的参数窗口

Block Parameters：Merge 对话框中的 Number of inputs 参数值可以任意指定输入信号端口的数目。模块输出信号的初始值由 Initial output 参数决定。

如果 Initial output 参数为空，而且模块又有超过一个以上的驱动模块，那么 Merge 模块的初始输出等于所有驱动模块中最接近于当前时刻的初始输出值，而且，Merge 模块在任何时刻的输出值都等于当前时刻其驱动模块所计算的输出值。

Merge 模块是不接收信号元素被重新排序的。在图 4-119 中，Merge 模块不接收 Selector 模块的输出，因为 Selector 模块交替改变向量信号中的第一个元素和第三个元素。

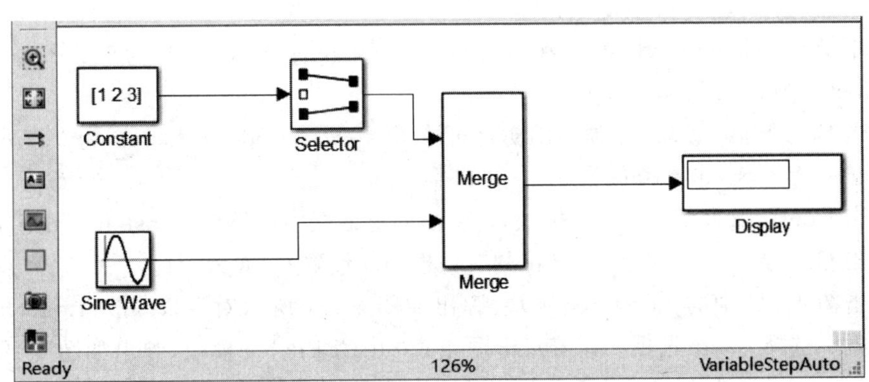

图 4-119 使用 Merge 模块模型

如果未选择 Allow unequal port widths 复选框，那么 Merge 模块只接收具有相同维数的输入信号，而且只输出与输入同维数的信号；如果选择了 Allow unequal port widths 复选框，那么 Merge 模块可以接收标量输入信号和具有不同分量数目的向量输入信号，但不接收矩阵信号。

选择 Allow unequal port widths 复选框后，Input port offsets 参数也将变为可用，用户可以利用该参数为每个输入信号指定一个相对于开始输出信号的偏移量，输出信号的宽度也就等于 max(w1+o1,w2+o2,…,wn+on)，此处，w1,…,wn 为输入信号的宽度，o1,…,on 为输入信号的偏移量。

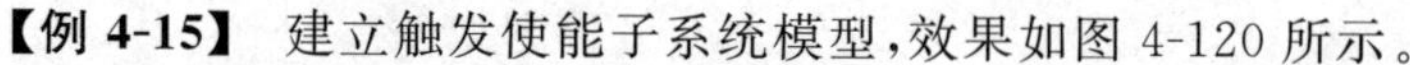

【例 4-15】 建立触发使能子系统模型，效果如图 4-120 所示。

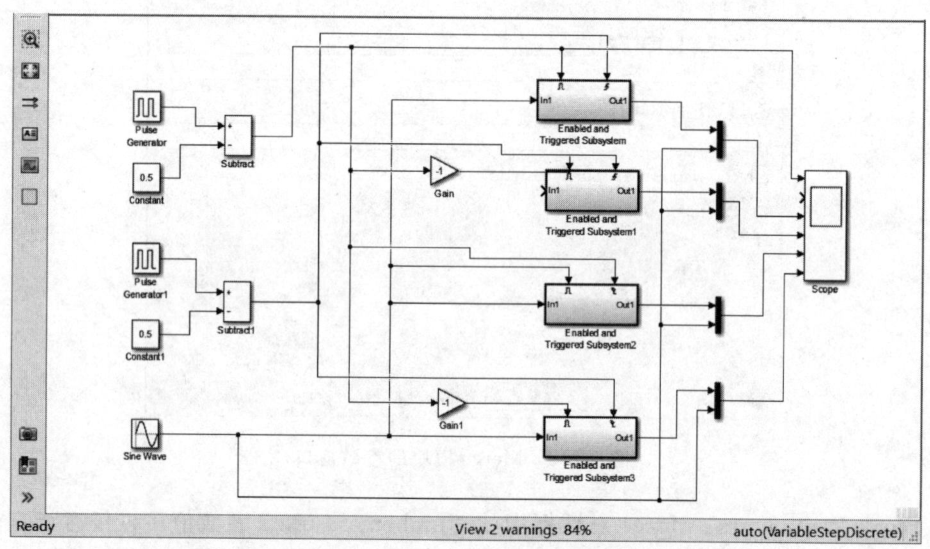

图 4-120 触发使能子系统模型框图

图 4-120 中采用了 4 个触发使能子系统进行组合，可以比较容易地看出触发使能子系统的功能，以及不同设置之间的差异。为了构造截然相反的输入控制信号，在此采用 Gain 模块、Pulse Generator 模块、Sine wave 模块及 Constant 模块。

1) 模块参数设置

双击 Pulse Generator 模块，在弹出的对话框中设置 Amplitude 为 1，Period 为 1，Pulse Width 为 50，Phase delay 为 0。

双击 Pulse Generator1 模块，在弹出的对话框中设置 Amplitude 为 1，Period 为 0.5，Pulse Width 为 50，Phase delay 为 0。

双击 Sine Wave 模块，在弹出的对话框中设置 Amplitude 为 1，Bias 为 0，Frequency 为 1，Phase 为 0，Sample time 为 0。

双击 Constant 及 Constant1 模块，在弹出的对话框中均设置 Constant value 为 0.5。

双击 Gain 及 Gain1 模块，在弹出的对话框中均设置 Gain 为−1。

双击图 4-120 中的 Triggered 模块，弹出如图 4-121 所示对话框，在 Trigger type 下拉列表框中选择 rising 选项。接着双击图 4-120 中的 Enable 模块，弹出如图 4-122 所示对话框，在 States when enabling 下拉列表框中选择 held 选项。

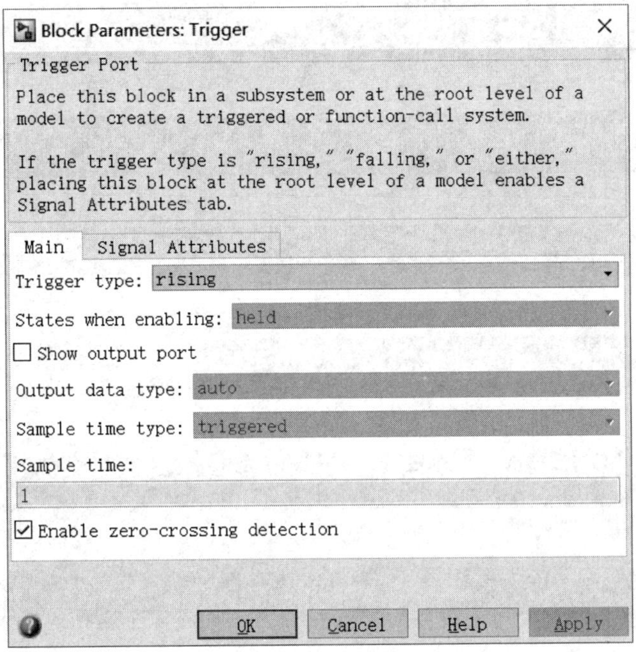

图 4-121　Triggered 参数设置对话框

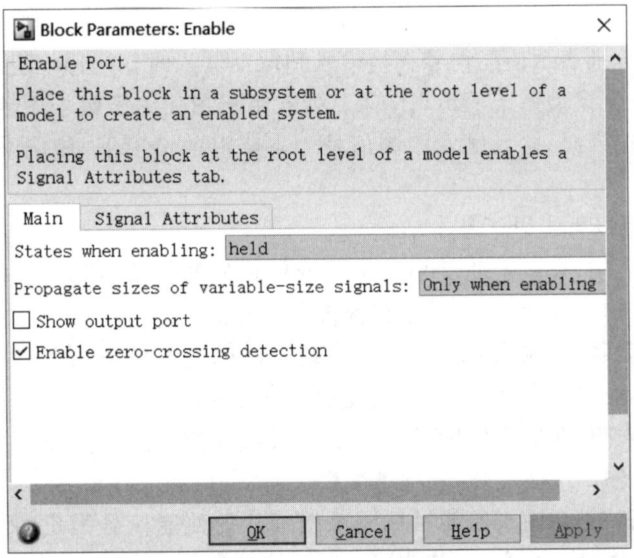

图 4-122　Enable 参数设置对话框

双击 Enabled and Triggered Subsystem2 模块及 Enabled and Triggered Subsystem3 模块，它们参数设置与 Enabled and Triggered Subsystem 模块参数设置基本相同，在图 4-121 所示对话框中的 Trigger type 下拉列表框中选择 falling 选项。

2）运行仿真及分析

模型系统参数采用默认值，在仿真模型窗口中单击 ▶ 按钮进行仿真，其效果如图 4-123 所示。

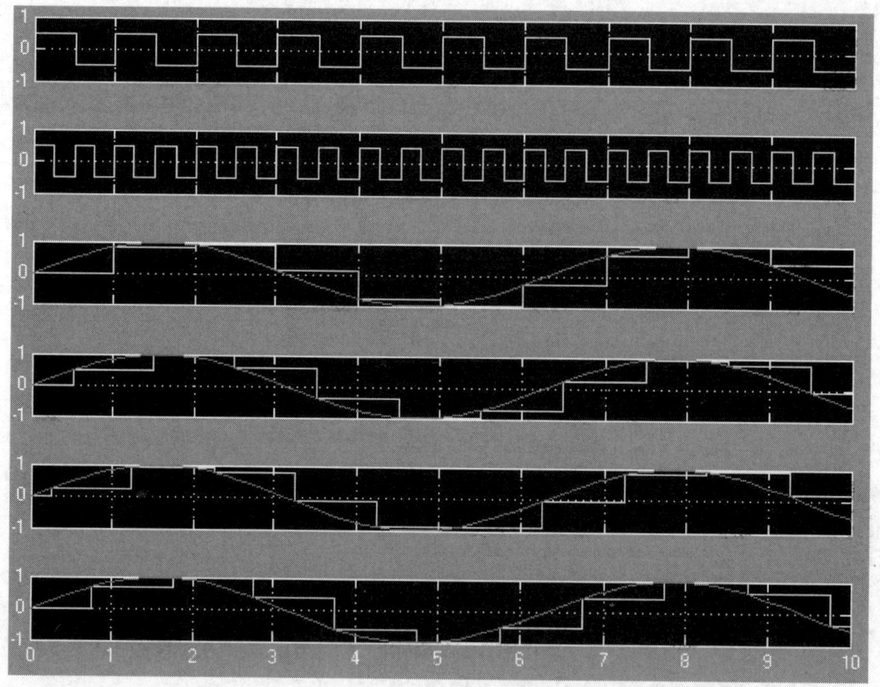

图 4-123　触发使能子系统仿真效果图

在图 4-123 中,第一幅子图是使能控制信号;第二幅子图是触发控制信号;第三幅子图和第四幅子图分别表示使能信号直接输入和取反输入时,并且触发控制信号为上升沿的情况下,使能触发模型系统的仿真结果;第五幅子图和第六幅子图分别表示使能信号直接输入和取反输入时,并且触发控制信号为下降沿的情况下,使能触发模型系统的仿真结果。

由图 4-123 可以得出以下基本结论:

第三幅子图表明,在输入使能触发子系统模块的使能信号为正,并且触发信号为上升沿触发信号时,输出才会变化,其他情况都保持常值;

第四幅子图表明,在输入使能触发子系统模块的使能信号为负,并且触发信号为上升沿触发信号时,输出才会变化,其他情况都保持常值;

第五幅子图表明,在输入使能触发子系统模块的使能信号为正,并且触发信号为下降沿触发信号时,输出才会变化,其他情况都保持常值;

第六幅子图表明,在输入使能触发子系统模块的使能信号为负,并且触发信号为下降沿触发信号时,输出才会变化,其他情况都保持常值。

4.9.4　控制流系统

控制流模块用来在 Simulink 中执行类似 C 语言的控制流语句。控制流语句包括 for 语句、if-else 语句、switch 语句、while(包括 while 和 do-while 控制流)。

虽然以前所有的控制流语句都可以在 Stateflow 中实现,但 Simulink 中控制流模块的作用是想为 Simulink 用户提供一个满足简单逻辑要求的工具。

1. if-else 控制流

Ports & Subsystems 模块库中的 If 模块和包含 Action Port 模块的 If Action Subsystem 模块可以实现标准 C 语言的 if-else 条件逻辑语句。图 4-124 中的模型说明了 Simulink 中完整的 if-else 控制流语句。

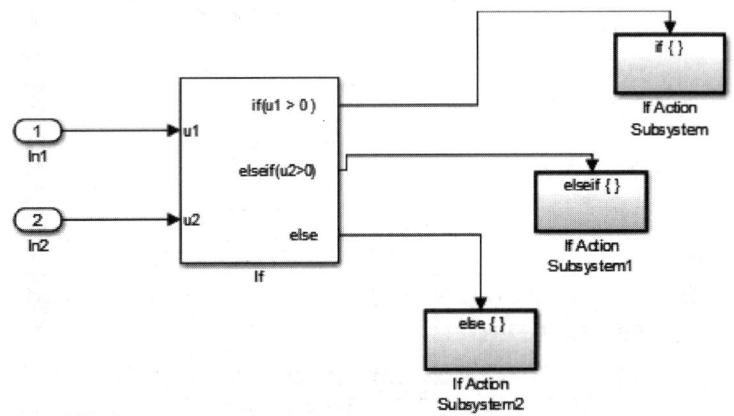

图 4-124 Simulink 中完整的 if-else 控制流语句

在这个例子中，If 模块的输入决定了表示输出端口的条件值，每个输出端口又输入到 If Action Subsystem 子系统模块，If 模块依次从顶部开始求取条件值，如果条件为真，则执行相应的 If Action Subsystem 子系统。

这个模型中执行的 if-else 控制流语句为：

```
if (u1 > 0)
    {
        Action subsystem1
        }
elseif (u2 > 0)
    {
        Action subsystem2
        }
else
    {
        Action subsystem3
        }
```

构造 Simulink 中 if-else 控制流语句的步骤为：

(1) 在当前系统中放置 If 模块，为 If 模块提供数据输入以构造 if-else 条件。If 模块的输入在 If 模块的属性对话框内设置。这些输入在模块内部被指定为 u1，u2，…，并用来构造输出条件。

(2) 打开 If 模块的参数对话框，为 If 模块设置输出端口的 if-else 条件，如图 4-125 所示。

在 Number of inputs 参数文本框内输入 If 模块的输入数目，用来控制 if-else 控制流语句的条件，向量输入中的各元素可以使用(行，列)变量的形式实现判断条件。例如，可

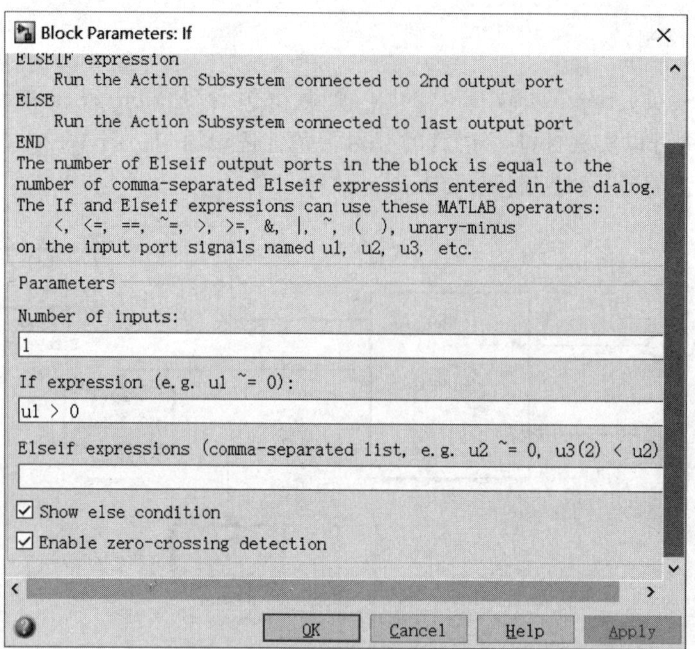

图 4-125 If 模块的参数设置对话框

在 If expression 或 Elseif expressions 参数文本框中指定向量 u2 中的第三个元素的判断条件为 u2(3)>0。

在 If expression 参数文本框内输入 if-else 控制流语句中的 if 条件,这就为 If 模块中标签为 if()的端口创建了一个条件输出端口。

在 Elseif expressions 参数文本框内输入 if-else 控制流语句中的 elseif 条件,并使用逗号分隔各个条件。这些条件为 If 模块中标签为 elseif()的端口创建一个条件输出端口。elseif 端口是可选的,而且不要求对 If 模块进行操作。

(3) 在系统中添加 If Action Subsystem 子系统。

选择 Show else condition 复选框,可在 If 模块上显示 else 输出端口。else 端口是可选的,而且不要求对 If 模块进行操作,If 模块上的 if、elseif 和 else 条件输出端口。这些子系统内包含 Action Port 模块,当在子系统内放置 Action Port 模块时,这些子系统就成为原子子系统,并带有一个标签为 Action 的输入端口,它的动作类似于使能子系统。

(4) 把 If 模块上的 if、elseif 和 else 条件输出端口连接到 If Action Subsystem 子系统的 Action 端口。在建立这些连接时,If Action Subsystem 子系统上的图标被重新命名为所连接的条件类型。如果 If 模块上的 if、elseif 和 else 条件输出端口为真,则执行相应的子系统。

(5) 在每个 If Action Subsystem 子系统中添加执行相应条件的 Simulink 模块。

【例 4-16】 建立如图 4-126 所示的 if-else 子系统。

在图 4-126 的仿真模型中,双击脉冲发生器(Pulse Generator)模块,在弹出的对话框中设置 Amplitude 为 1,Period 为 2,Pulse Width 为 50%,Phase delay 为 0。

在图 4-126 的仿真模型中,双击 Sine Wave 模块,在弹出的对话框中设置 Amplitude 为

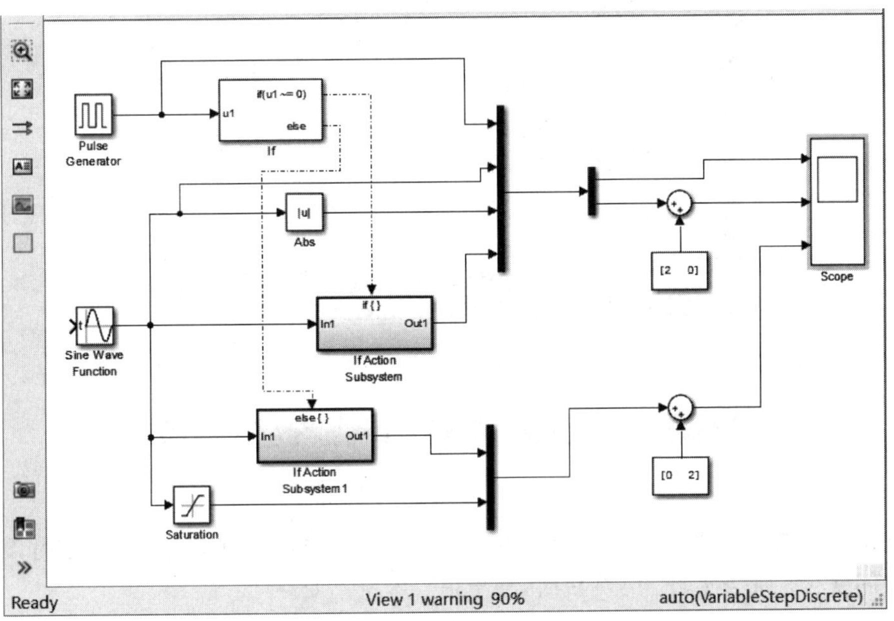

图 4-126　if-else 子系统仿真模型

1，Bias 为 0，Frequency 为 2，Phase 为 0，Sample time 为 0。

在图 4-126 的仿真模型中，双击 If 模块，其参数设置如图 4-127 所示，模型仿真如图 4-128 所示。

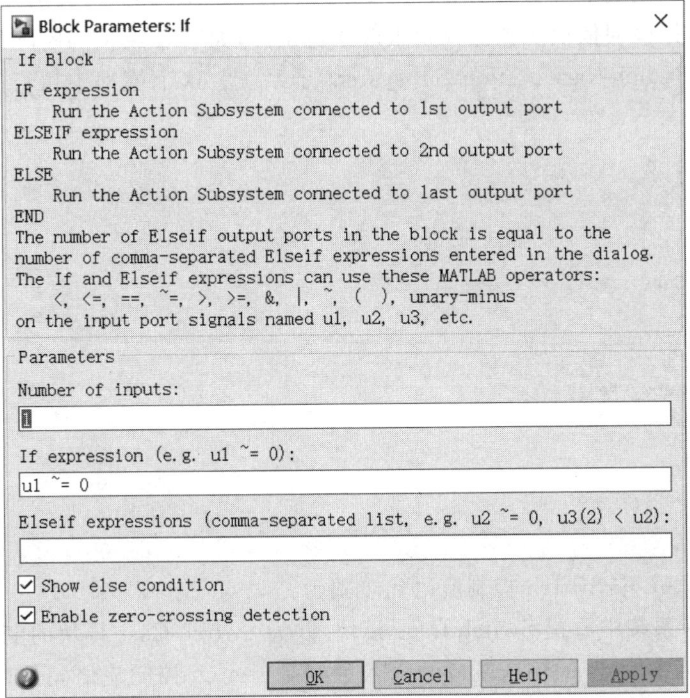

图 4-127　If 模块参数设置

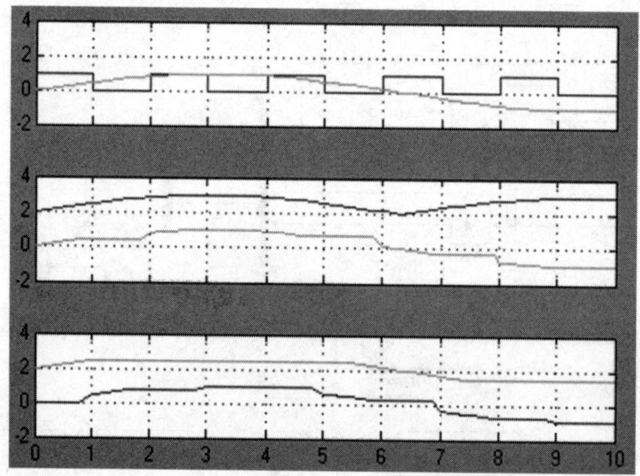

图 4-128　if-else 子系统仿真结果

从仿真结束后的波形图(如图 4-128 所示)中可以看出,当使能信号为正弦时,输出值随着时间变化;而当使能信号为负时,输出信号维持不变。

2. Switch 控制流

Ports & Subsystem 模块库中的 Switch Case 模块和包含 Action Port 模块的 Switch Case Action Subsystem 模块,可以实现标准 C 语言的 Switch 条件逻辑语句。Switch Case 模块接收单个输入信号,它用来确定执行子系统的条件。

Switch Case 模块中每个输出端口的 case 条件与 Switch Case Action Subsystem 子系统模块连接,该模块依次从顶部开始求取执行条件,如果 case 值与实际的输入值一致,则执行相应的 Switch Case Action Subsystem 子系统。这个模型中执行的 Switch 控制流语句为:

```
switch ((u1))
{
case [u1 = 1]:
    Action Subsystem1;
break;
case [u1 = 2 or u1 = 3];
    Action Subsystem2;
    break;
    default;
    Action Subsystem3;
}
```

构造 Simulink 中 Switch 控制流语句步骤为:

(1) 在当前系统中放置 Switch Case 模块,并为 Switch Case 模块的变量输入端口提供输入数据。标签为 u1 的输入端口的输入数据是 switch 控制流语句的变量,这个值决定了执行的 case 条件,这个端口的非整数输入均被四舍五入。

(2) 打开 Switch Case 模块的参数设置对话框,在对话框内设置模块的参数,如

图 4-129 所示。

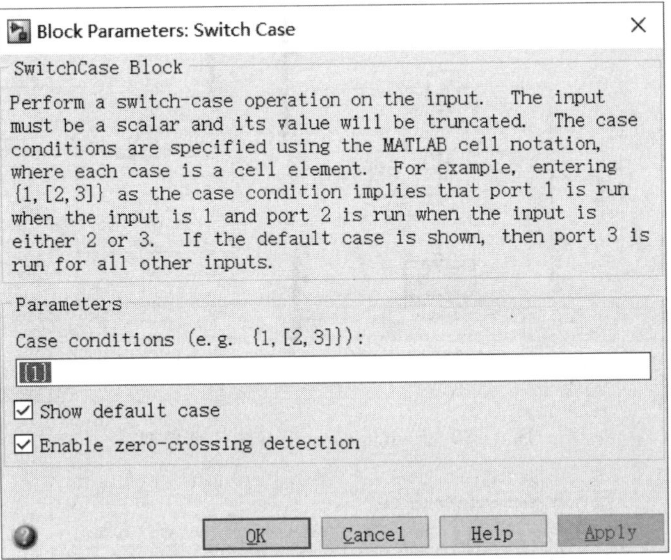

图 4-129 Switch Case 模块参数对话框

Case conditions：在该参数文本框内输入 case 值，每个 case 值可以是一个整数或一个整数组，用户也可以添加一个可选的默认 case 值。如，输入{2,[7 10 1]}，表示当输入值是 2 时，执行输出端口 case[1]；当输入值是 7、10 或 1 时，执行输出端口 case[7 10 1]。用户也可以用冒号指定 case 条件的执行范围。输入{[1:5]}，表示输入值是 1、2、3、4 或 5 时，执行输出端口 case[1 2 3 4 5]；

Show default case：选择该复选框，将在 Switch Case 模块上显示默认的 case 输出端口。如果所有的 case 条件均为否，则执行默认的 case 条件；

Enable zero-crossing detection：选择该复选框后，表示启动过零检测；

(3) 向系统中添加 Switch Case Action Subsystem 子系统模块。Switch Case 模块的每个 case 端口与子系统连接，这些子系统内包含 Action Port 模块，当在子系统内放置 Action Port 模块时，这些子系统就成为原子子系统，并带有标签为 Action 的输入端口。

(4) 把 Switch Case 模块中的每个 case 输出端口和默认输出端口与 Switch Case Action Subsystem 子系统模块中的 Action 端口相连，被连接的子系统就成为一个独立的 case 语句体。

(5) 在每个 Switch Case Action Subsystem 子系统中添加执行相应 case 条件的 Simulink 模块。

【例 4-17】 对于图 4-126 的 if-else 子系统仿真模型，同样可以用 Switch Case 子系统来完成。其效果图如图 4-130 所示。

工作原理可以描述为：脉冲发生器产生 0.1 的脉冲信号，如果脉冲信号为 1，那么执行 case[1]对应的子系统；如果脉冲信号为 0，则执行 case[0]所对应的子系统。Switch Case 模块参数设置如图 4-131 所示，模型仿真效果如图 4-132 所示。

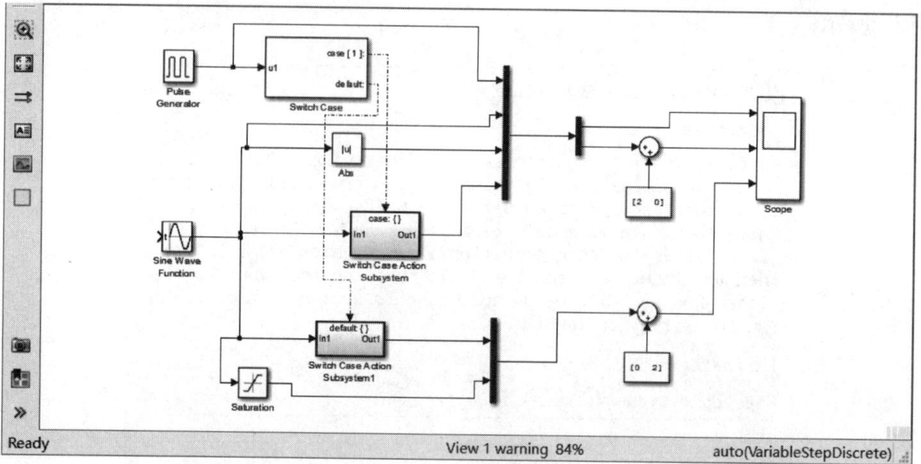

图 4-130 Switch Case 子系统仿真模型

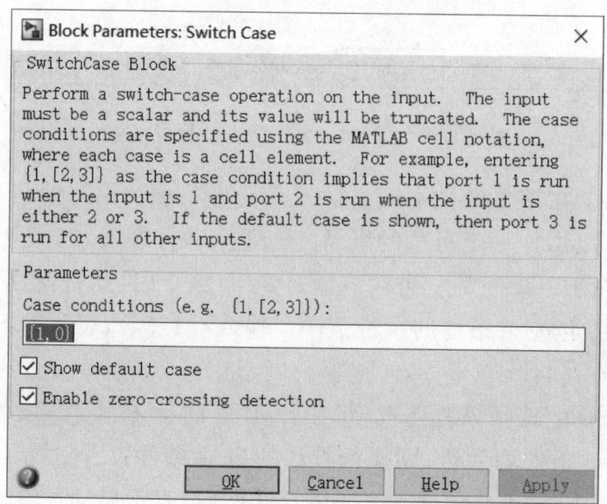

图 4-131 Switch Case 子系统属性设置

图 4-132 Switch Case 子系统模型仿真结果

3. While 控制流

用户可以使用 Ports & Subsystems 模块库中的 While Iterator 模块创建类似 C 语言的循环控制流语句。

在 Simulink 的 While 控制流语句中，Simulink 在每个时间步上都要反复执行 While Iterator Subsytem 中的内容，即原子子系统中的内容，直到满足 While Iterator 模块指定的条件。

而且，对于每一次 While Iterator 模块的迭代循环，Simulink 都会按照同样的顺序执行 While 子系统中所有模块的更新方法和输出方法。

Simulink 在执行 While 子系统的迭代过程中，仿真时间并不会增加。但是，While 子系统中的所有模块会把每个迭代作为一个时间步进行处理，因此，在 While 子系统中，带有状态的模块的输出取决于上一时刻的输入。这种模块的输出反映了在 while 循环中上一次迭代的输入值，而不是上一个仿真时间步的输入值。

假设在 While 子系统中有一个 Unit Delay 模块，该模块输出的是在 while 循环中上一次迭代的输入值，而不是上一个仿真时间步的输入值。

用户可以用 While Iterator 模块执行类似 C 语言的 while 或 do-while 循环，而且，利用 While Iterator 模块对话框中的 While loop type 参数，用户可以选择不同的循环类型。图 4-133 是 While Iterator 模块的参数设置对话框。

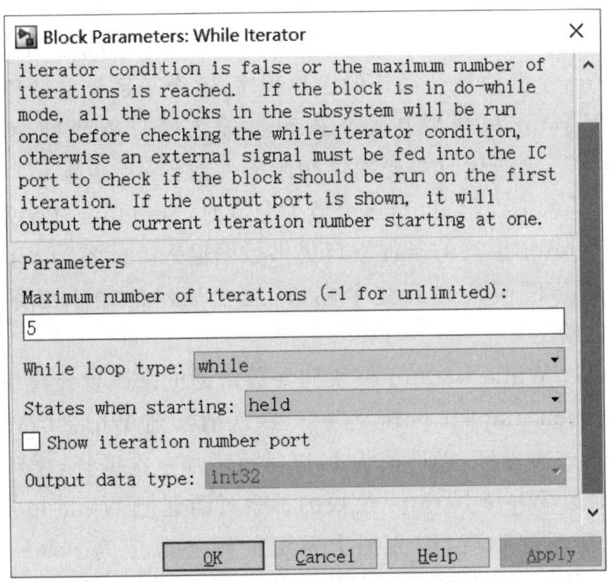

图 4-133　While Iterator 模块的参数设置对话框

1) do-while

在这个循环模式下，While Iterator 模块只有一个输入，即 while 条件输入，它必须在子系统内提供。在每个时间步内，While Iterator 模块会执行一次子系统内的所有模块，然后检查 while 条件输入是否为真。如果输入为真，则 While Iterator 模块再执行一次子系统内的所有模块，只要 while 条件输入为真，而且循环次数小于或等于 While Iterator

模块对话框中的 Maximum number of iterations 参数值,这个执行过程会一直继续下去。

2) while

在这个循环模式下,While Iterator 模块有两个输入: while 条件输入和初始条件(IC)输入。初始条件信号必须在 While 子系统外提供。

在仿真时间步开始时,如果 IC 输入为真,那么 While Iterator 模块会执行一次子系统内的所有模块,然后检查 while 条件输入是否为真,如果输入为真,则 While Iterator 模块会再执行一次子系统内的所有模块。只要 while 条件输入为真,而且循环次数小于或等于 While Iterator 模块对话框中的 Maximnum number of iterations 参数值时,这个执行过程会一直继续下去。

如果在仿真时间步开始时 IC 输入为假,那么在该时间步内 While Iterator 模块不执行子系统中的内容。

While Iterator 模块参数对话框中的 Maximum number of iterations 变量用来指定允许的最大重复次数。如果该变量指定为−1,那么不限制重复次数,只要 while 条件的输入为真,那么仿真就可以永远继续下去。在这种情况下,如果要停止仿真,唯一的方法就是终止 MATLAB 过程。因此,除非用户能够确定在仿真过程中 while 条件为假,否则应该尽量避免为该参数指定为−1。

构造 Simulink 中 While 控制流语句的步骤为:

(1) 在 While Iterator Subsystem 子系统中放置 While Iterator 模块,这样子系统变成了 While 控制流语句,标签也更换为 while{…}。这些子系统的动作类似触发子系统,对于想用 While Iterator 模块执行循环的用户程序,这个子系统是循环主程序。

(2) 为 While Iterator 模块的初始条件数据输入端口提供数据输入。因为 While Iterator 模块在执行第一次迭代时需要提供初始条件数据(标签为 IC),所以必须在 While Iterator Subsystem 子系统外给定,当这个值为非零时,Simulink 才会执行第一次循环。

(3) 为 While Iterator 模块的条件端口提供数据输入。标签为 cond 的端口是数据输入端口,维持循环的条件被传递到这个端口,这个端口的输入必须在 While Iterator Subsystem 子系统内给定。

(4) 用户可以通过 While Iterator 模块的参数对话框来设置该模块输出的循环值,如果选择了 Show iteration number port 复选框(默认值),则 While Iterator 模块会输出它的循环次数。对于第一次循环,循环值为 1,以后每增加一次循环,循环值加 1。

(5) 用户可以通过 While Iterator 模块的参数对话框把 While loop type 循环类型参数改变为 do-while 循环控制流,这会把主系统的标签改变为 do{…}while。使用 do-while 循环时,While Iterator 模块不再有初始条件(IC)端口,因为子系统内的所有模块在检验条件端口(标签为 cond)之前只被执行一次。

如果用户选择了 Show iteration number port 复选框,那么 While Iterator 模块会输出当前的循环次数,循环起始值为 1。默认不选择这个复选框。

【例 4-18】 图 4-134 所示为 while 子系统仿真模型,分别使用了 do-while 循环类型和 while 循环。do-while 子系统和 while 子系统模型及参数设置分别如图 4-135 和图 4-136 所示。

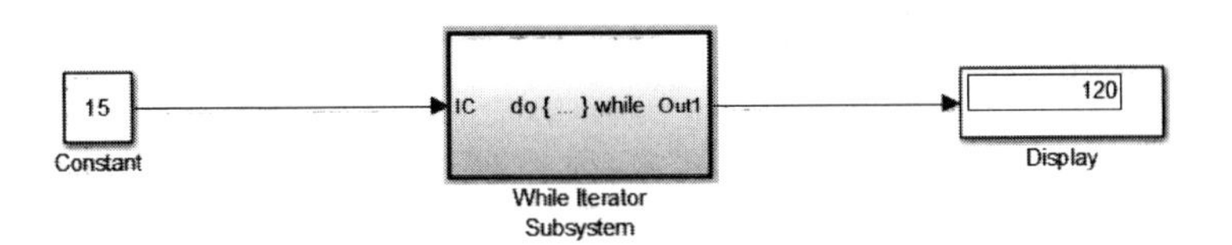

图 4-134　while 与 do-while 子系统仿真模型

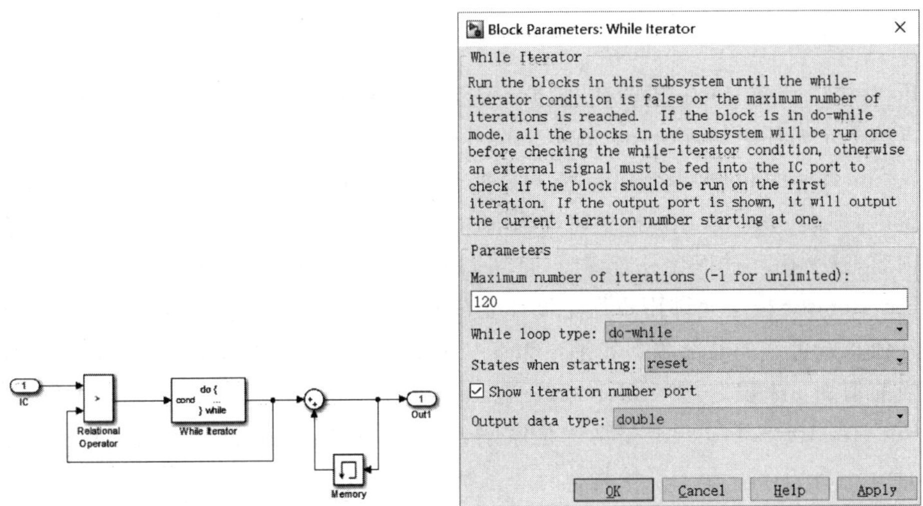

图 4-135　do-while 子系统结构模型及参数设置

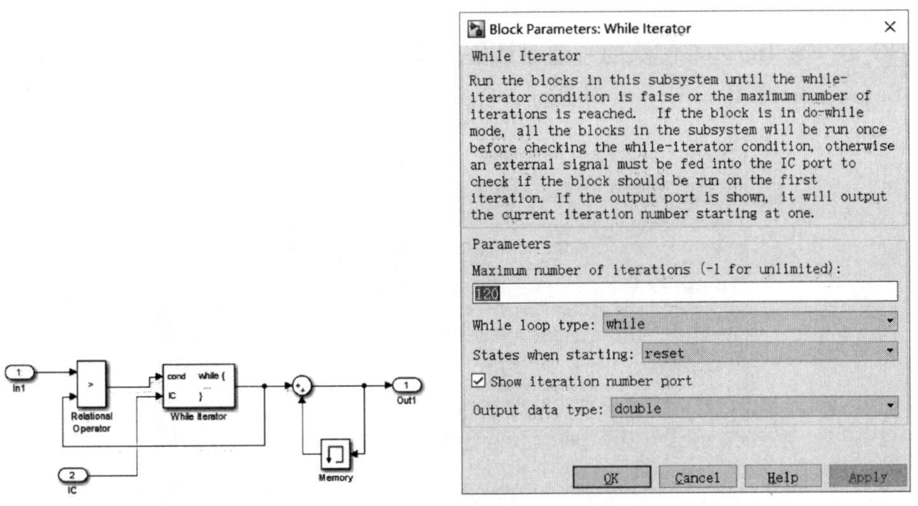

图 4-136　while 子系统结构模型及参数设置

在 while 子系统仿真模型运行开始后，while 子系统自动设置迭代起始值为 1，如图 4-134 所示，while 子系统仿真模型实现了 1～15 的累加，用 MATLAB 语言描述如下：

```
>> sum = 0;
i = 0;
Muxstep = 15;
while(i < Muxstep)
```

```
    i = i + 1;
    sum = sum + i;
end
sum
```

注意：通常情况下，除了用户能够肯定条件输入会出现假逻辑时，一般应该给 while 子系统设置最大的迭代次数，以避免 while 子系统陷入死循环。

4. For 控制流

Ports & Subsystems 模块中的 For Iterator Subsystem 子系统模块可以实现标签 C 语言的 For 循环语句，For Iterator Subsystem 子系统内包含 For Iterator 模块。

在 Simulink 的 For 控制流语句中，只要把 For Iterator 模块放置在 For Iterator Subsystem 子系统内，那么 For Iterator 模块将在当前时间步内循环 For Iterator Subsystem 子系统中的内容，这个循环过程会一直继续，直到循环变量超过指定的限制值。

For Iterator 模块允许用户指定循环变量的最大值，或从外部指定最大值，并为下一个循环值指定可选的外部源。如果不为下一个循环变量指定外部源，那么下一个循环值可由当前值加 1 来确定，即 in=1=in+1。

For Iterator Subsystem 子系统是原子系统，对于 For Iterator 模块的每一次循环，For Iterator Subsystem 子系统将执行子系统内的所有模块。

构造 Simulink 中 For 控制流语句的步骤为：

(1) 从 Ports & Subsystems 模块库中将 For Iterator Subsystem 子系统模块放置到用户模型中；

(2) 在 For Iterator 模块的参数对话框内设置模块参数。图 4-137 为 For Iterator 模块的 Source Block Parameters 对话框。

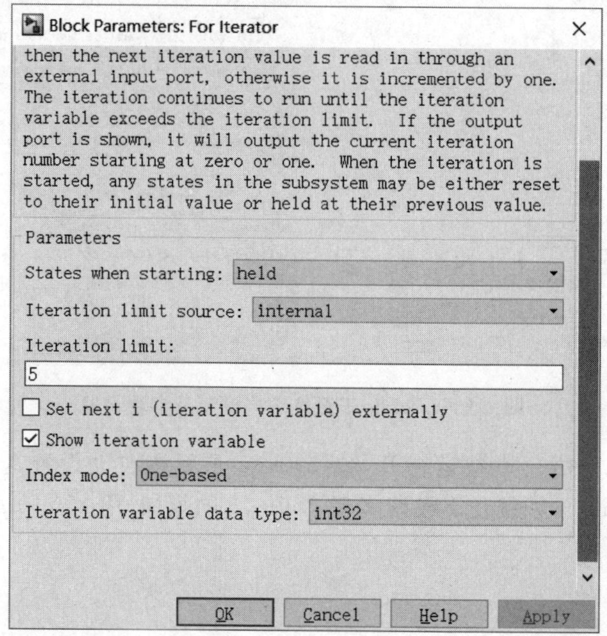

图 4-137　For Iterator 模块的 Source Block Parameters 对话框

如果希望 For Iterator Subsystem 子系统在每个时间步内的第一次循环之前将系统状态重新设为初始值，应把 States when starting 参数设置为 reset；否则，把 States when starting 参数设置为 held(默认值)，这会使得子系统从每个时间步内的最后一次循环到下一个时间步开始一直保持状态值不变。

Iteration limit source 参数用来设置循环变量。如果设置该参数值为 internal，那么 Iteration limit 文本框内的参数值将决定循环次数，每增加一次循环，循环变量为 1，这个循环过程会一直进行下去，直到循环变量超过 Iteration limit 参数值。

如果设置该参数值为 external，那么 For Iterator 模块上 N 端口中的输入信号将决定循环次数，循环变量的下一个值将从外部输入端口读入，这个输入必须在 For Iterator Subsystem 子系统的外部提供。

如果选择了 Show iteration variable 复选框(默认值)，那么 For Iterator 模块会输出循环值，对于第一次循环，循环值为 1，以后每增加一次循环，循环值加 1。

只有选择了 Show iteration variable 复选框，才可以选择 Set next i (iteration variable) externally 参数。如果选择这个选项，则 For Iterator 模块会显示一个附加输入，这个输入用来连接外部的循环变量，当前循环的输入值作为下一个循环的循环变量值。

【例 4-19】 图 4-138 所示为 for 子系统实现 1～15 的累加仿真模型。图 4-139 为 for 子系统结构模型及参数设置。

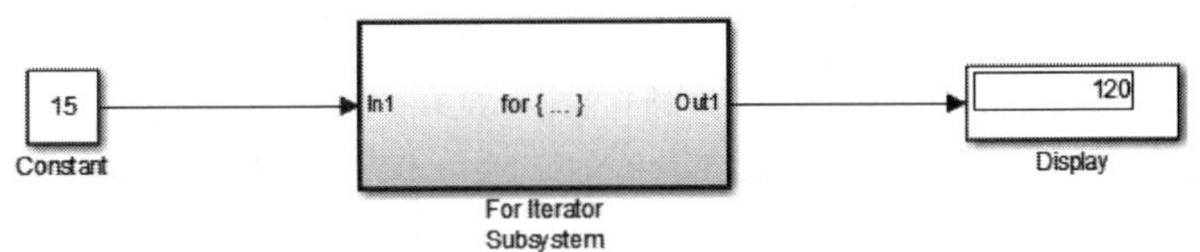

图 4-138　for 子系统仿真模型

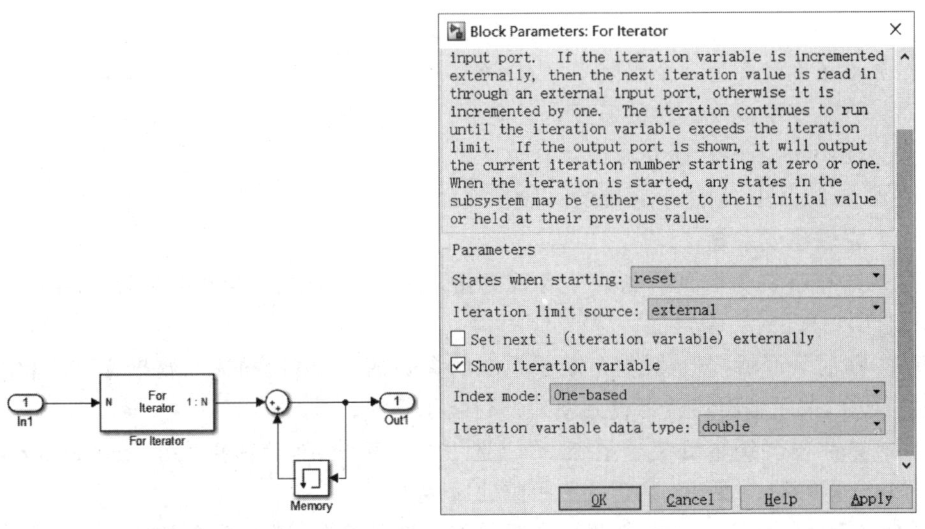

图 4-139　for 子系统结构模型及参数设置

4.10 子系统封装

封装子系统与建立子系统是两个不同的概念。建立子系统是将一组完成相关功能的模块包含到一个子系统当中,用一个模块来建立,主要是为了简化 Simulink 模型,增强 Simulink 模型的可读性,便于仿真与分析。在仿真前,需要打开子系统模型窗口,对其中的每个模块分别进行参数设置。虽然增强了 Simulink 模块的可读性,但并没有简化模型的参数设置。当模型中用到多个这样的子系统,并且每个子系统中模块的参数设置都不相同时,这就显得很不方便,而且容易出错。由于每个子系统中模块的参数设置都不集合在一起,可以将其中经常要设置的参数设置为变量,然后封装,使得其中变量可以在封装系统的参数设置对话框中统一进行设置,这就大大地简化了参数的设置,而且不容易出错,非常有利于进行复杂的大型系统仿真。

封装后的子系统可以作为用户的自定义模块,像普通模块一样添加到 Simulink 模型中应用,也可添加到模块库中以供调用。封装后的子系统可以定义自己的图标、参数与帮助文档,完全与 Simulink 其他普通模块一样。双击封装子系统模块,弹出对话框,进行参数设置,如果有任何问题,可单击"帮助"按钮,不过这些帮助需要创建者自行编写。

总的来说,采用封装子系统的方法有如下优点:

(1) 将子系统内众多的模块参数对话框集成为一个单独的对话框,用户可以在该对话内输入相同子系统中不同模块的参数值;

(2) 可以将个别模块的描述或帮助集成在一起,这样能有效地帮助用户了解该定制的模块(子系统);

(3) 可以制作该子系统的 Icon 图标,来直观地表示模块的用途;

(4) 使用定制的参数对话框,避免由于不小心修改了不可改变的参数。

以上优点为模型设计带来了很大的方便,具体如下:

(1) 将子系统作为一个黑匣子,用户不必了解其中的具体细节而直接使用;

(2) 子系统中模块的参数通过对话框进行设置,十分方便;

(3) 保护知识产权,防止篡改。

在 Simulink 中,创建子系统的一般步骤如下:

(1) 先创建子系统;

(2) 选择需要封装的子系统,然后右击,在弹出的快捷菜单中选择 Mask|Create Mask 选项,打开封装编辑框;

(3) 在封装编辑框中,设置封装子系统的参数属性、模块描述与帮助文字、自定义的图标标识等,关闭编辑器就可得到新建的封装子系统;

(4) 如果需要编辑封装子系统,可以选中该子系统,然后选择 Edi|Edit Mask 选项,打开 Mask Editor 对话框,重新设置相应的属性。

【例 4-20】 用 Simulink 创建一个简单的封装子系统,该子系统实现 mx−n 的功能。

建立封装子系统,如图 4-140 所示。模型中的子系统 mx−n 为 Subsystem 模块,它实现的是线性方程 y=mx−n。

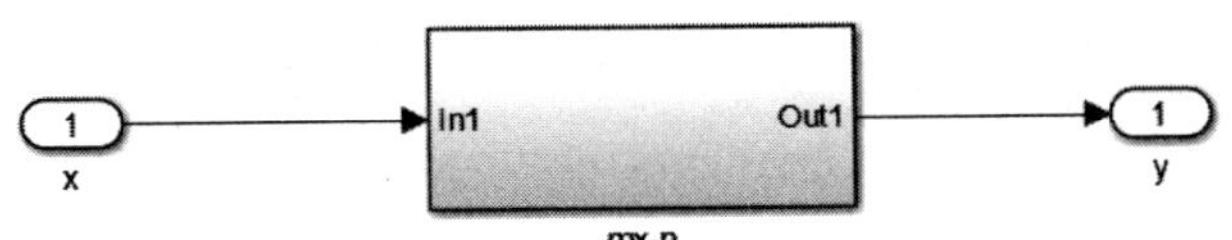

图 4-140　建立的封装子系统模型

双击图 4-140 中的 mx－n 模块，可打开该子系统，子系统内部结构的模型如图 4-141 所示。

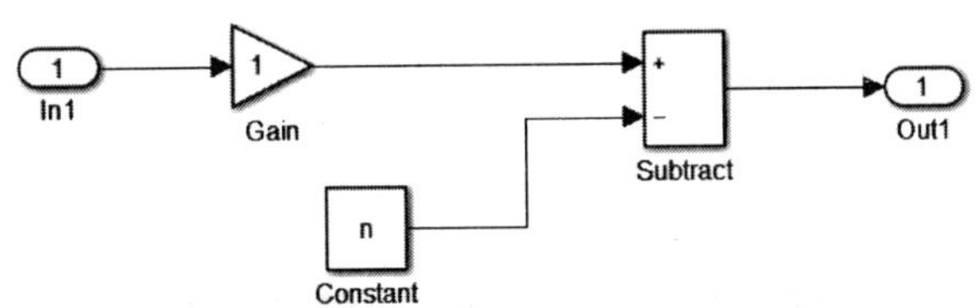

图 4-141　封装子系统内部结构图

通常，当双击 Subsystem 模块时，该子系统会打开一个独立的窗口来显示子系统内的模块。mx-n 子系统包含一个 Gain 模块，它的 Gain 参数被指定为变量 m；还有一个 Constant 模块，它的 Constant value 参数被指定为 n。这两个参数分别表示线性方程的斜率和截距。

在该例中为子系统创建一个用户对话框和图标，对话框包含 Gain 参数和 Constant 参数的提示，双击图标可打开封装对话框，mx－n 子系统模块的参数对话框如图 4-142 所示。

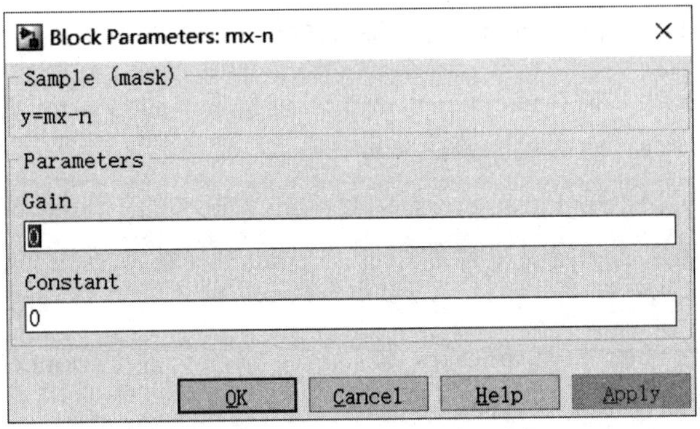

图 4-142　mx－n 子系统模块的参数对话框

用户可在封装对话框内输入 Gain 和 Constant 参数的数值，在子系统下的所有模块都可以使用这些值。子系统内的所有特性均被封装一个新的接口内，这个接口具有图标界面，并包含了内嵌的 Simulink 模块。

对于这个例子的系统，需要执行以下封装操作：

(1) 为封装对话框中的参数指定提示。在这个例子中，封装对话框为 Gain 和 Constant 参数指定提示；

(2) 指定用来存储每个参数值的变量名称；

(3) 输入模块的文档,该文档中包括模块的说明和模块的帮助文本;

(4) 指定创建模块图标的绘制命令。

1) 创建封装对话框提示

为了对这个子系统进行封装,首先在模型中选择 Subsystem 模块,然后右击,在弹出的快捷菜单中选择 Mask|Create Mask 命令。这个例子主要用 Mask Editor 对话框中的 Parameters & Dialog 选项卡来创建被封装子系统的对话框,如图 4-143 所示。

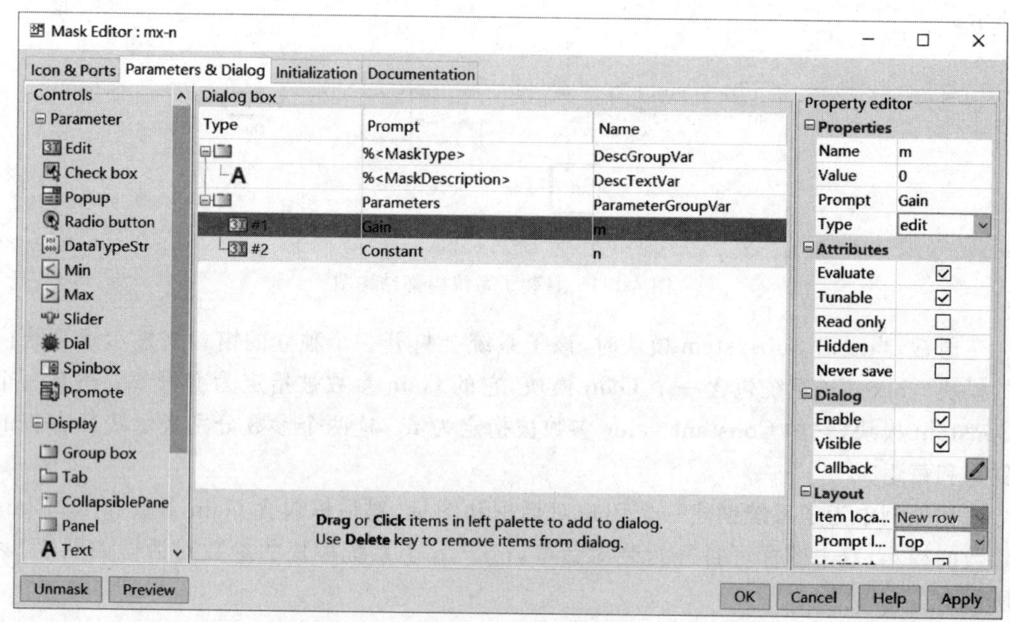

图 4-143 封装系统 Mask Editor 对话框 Parameters & Dialog 选项卡

在 Mask Editor 对话框中 Parameters & Dialog 选项卡的 Control 页面下的 Parameters,单击该项下对应的控件,即可创建对应的控件变量。

Mask Editor 对话框中 Parameters & Dialog 选项卡的 Dialog box 页面指定封装参数含义为:Type,用来显示定义变量的序号;Prompt,描述参数的文本标签;Name,变量的名称。

Mask Editor 对话框中 Parameters & Dialog 选项卡的 Parameters editor 页面主要用于为定义的变量设置对应的属性。

2) 创建模块说明和帮助文本

封装类型、模块说明和帮助文本被定义在 Documentation 选项卡内。其中,模块的说明描述如图 4-144 所示。

3) 创建模块图标

到目前为止,已为 mx－n 子系统创建了一个自定义对话框。但是,Subsytem 模块仍然显示的是通常的 Simulink 子系统图标。在此,想把封装后模块的图标设计为一条显示直线斜率的图形,以表现用户图标的特色。例如,当斜率为3 时,图标如图 4-145 所示。

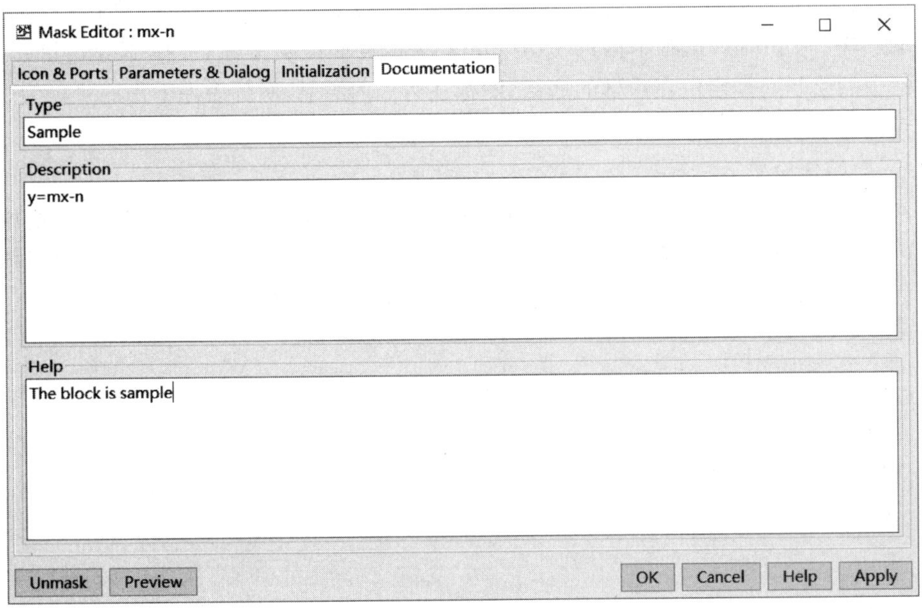

Mask Editor : mx-n

Icon & Ports | Parameters & Dialog | Initialization | Documentation

Type

Sample

Description

y=mx-n

Help

The block is sample

Unmask Preview OK Cancel Help Apply

图 4-144 模块的说明描述

对该实例，Mask Editor 对话框内 Icon & Ports 选项卡的定义如图 4-146 所示。

icon drawing commands 区域内的绘制命令 plot([0,1],[0 m]+(m<0)])绘制的是从点(0,0)到点(1,m)的一条直线，如果斜率为负，则 Simulink 会把直线向上平移 1 个单位，以保证直线显示在模块的可见绘制区域内。

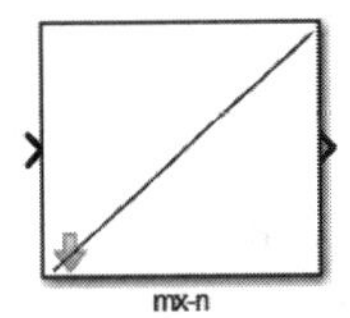

图 4-145 斜率为 3 的图标

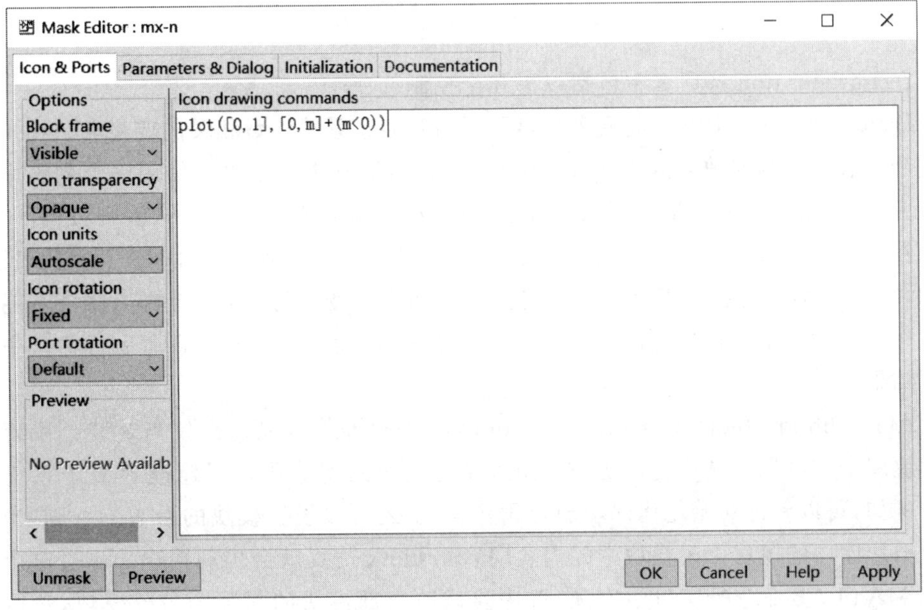

图 4-146 Mask Editor 对话框内 Icon & Ports 选项卡

绘制命令可以存取封装工作区中的所有变量，当输入不同的斜率值时，图标会更新直线的斜率。Options 选项卡内的 Icon units 参数表示绘制坐标，选择 Normalized，它表示图标中的绘制坐标定位在边框的底部，图标在边框内绘制，图标中左下角的坐标为(0,0)，右上角的坐标为(1,1)。

4）初始化设置

在 Initialization 页面中右方的 Initialization commands 命令框中可以输入初始化命令，这些命令将在开始仿真、更新模块框图、载入模型与重新绘制封装子系统的图标时被调用。所以，适当的设置有十分重要的作用，设置界面如图 4-147 所示。

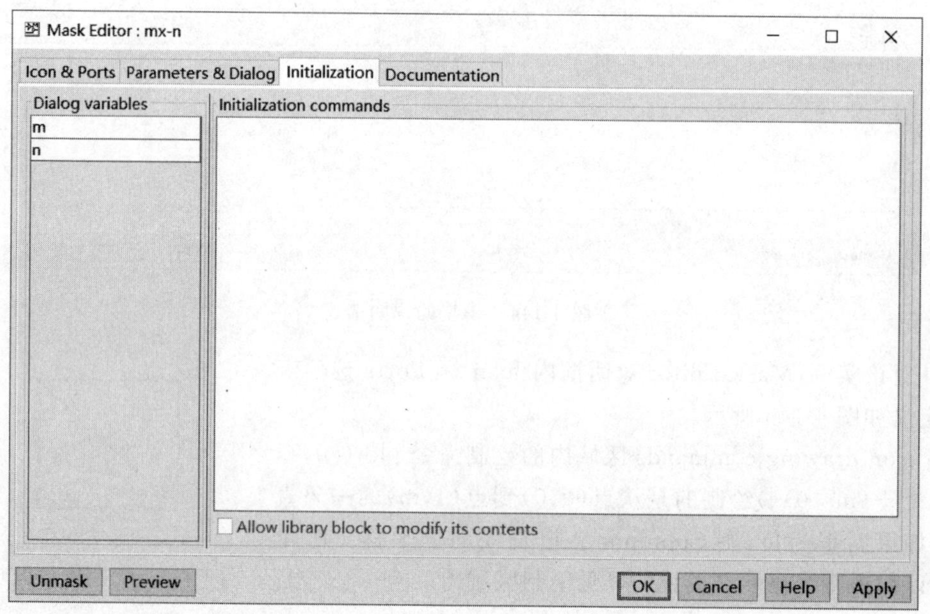

图 4-147　Initialization 选项卡

在 Initialization 选项卡中包括以下几个控制选项。

Dialog variables 选项：此列表中显示了与封装子系统参数相关的变量名。用户可以从这个列表中复制参数名到 Initialization commands 框中。也可以使用这个列表来更改参数变量，双击相应的变量就可以更改了，然后按 Enter 键确定。

在 Initialization commands 中输入初始化命令，也可以是任何的 MATLAB 表达式，例如，MATLAB 函数、运算符及在封装模块空间中的变量等，但是初始化命令不能是基本工作空间的变量。初始化命令要用分号来结尾，避免在 MATLAB 命令行窗口中出现回调结果。

Allow library block to modify its contents 复选框：该复选框仅当封装子系统存在于模块库中才可用。选中这个复选框时，允许模块的初始化代码修改封装子系统的内容。例如，可以允许初始化代码增加与删除模块，还可以设置模块的参数。否则，当试图通过模块库中的模块修改模块中的内容时，Simulink 仿真就会出现错误。不过这个还可以在 MATLAB 命令行窗口中实现，选中要修改内部模块的封装子系统模块，然后在命令行窗口中输入：

```
>> set_param(gcb,'MaskSelfModifiable','on');
```

然后保存这个模块。

用户可以通过以下几种方法来调试初始化命令：

(1) 在命令的结尾不用分号，以便能够在 MATLAB 命令行窗口中直接查看相关命令运行结果；

(2) 在命令中间设定一些键盘控制命令，如中断、键盘输入参数等，可以实现人机交互，这样就可以清楚地了解每一步运行的结果；

(3) 可以在 MATLAB 命令行窗口中输入：

```
>> dbstop if error
>> dbstop if warning
```

这些命令可以在初始化命令发生错误时停止执行程序，方便用户检查封装子系统的工作空间。

4.11 S-函数

S-函数是 Simulink 最具魅力的地方，它结合了 Simulink 框图简洁的特点和编程灵活的优点，增强和扩展了 Simulink 的强大机制。S-函数是指采用非图形化的方式(即计算机语言，区别于 Simulink 的系统模型)描述的一个功能块。

根据 S-函数代码使用的编程语言，S-函数可以分成 M 文件 S-函数(即用 MATLAB 语言编写的 S-函数)、C 语言 S-函数、C++语言 S-函数、Ada 语言 S-函数以及 FORTRAN 语言 S-函数等。通过 S-函数创建的模块具有与 Simulink 模型库中的模块相同的特征，它可以与 Simulink 求解器进行交互，支持连续状态和离散状态模型。

S-函数作为与其他语言相结合的接口，可以使用这个语言所提供的强大能力。例如，MATLAB 语言编写的 S-函数可以充分利用 MATLAB 所提供的丰富资源，方便调用各种工具箱函数和图形函数；使用 C 语言编写的 S-函数可以实现对操作系统的访问，如实现与其他进程的通信和同步等。

下面对 S-函数的几个相关概念进行介绍。

1. 直接馈通

直接馈通是指输出(或是对于变步长采样块的可变步长)直接受控于一个输入口的值。有一条很好的经验方法来判断输入是否为直接馈通，如果输出函数(mdlOutputs 或 flag=3)是输入 u 的函数。即，如果输入 u 在 mdlOutputs 中被访问，则存在直接馈通。输出也可以包含图形输出，类似于一个 XY 绘图板。

对于一个变步长 S-函数的“下一步采样时间”函数(mdlGetTimeOfNextVarHit 或 flag=4)中可以访问输入 u。

正确设置直接馈通标志是十分重要的，因为这不仅关系到系统模型中的系统模块的执行顺序，还关系到对代数环的检测与处理。

2. 动态维矩阵

S-函数可给定成支持任意维的输入。在这种情况下，当仿真开始时，根据驱动S-函数的输入向量的维数动态确定实际输入的维数。输入的维数也可以用来确定连续状态的数量、离散状态的数量以及输出的数量。

M文件的S-函数只可以有一个输入端口，而且输入端口只能接收一维(向量)的信号输入。但是，信号的宽度是可以变化的。在一个M文件的S-函数内，如果要指示输入宽度是动态的，必须在数据结构sizes中相应的域值指定为－1，结构sizes是在调用mdlInitializeSizes时返回的一个结构。当S-函数通过使用length(u)来调用时，可以确定实际输入的宽度。如果指定为0宽度，那么S-function模块将不出现输入端口。

一个C-MEX文件编写的S-函数可以有多个I/O端口，而且每个端口可以具有不同的维数。维数及每一维的大小可以动态确定。

3. 采样时间和偏移量

M文件与MEX文件的S-函数在指定S-函数什么时候执行上都具有高度的灵活性。Simulink对于采样时间提供了以下选项：

(1) 连续采样时间：用于具有连续状态或非过零采样的S-函数。对于这种类型的S-函数，其输出在每个微步上变化。

(2) 连续但微步长固定采样时间：用于需要在每一个主仿真步上执行，但在微步长内值不发生变化的S-函数。

(3) 离散采样时间：如果S-函数模块的行为是离散时间间隔的函数，那么可以定义一个采样时间来控制Simulink什么时候调用该模块。也可以定义一个偏移量来延时每个采样时间点。偏移量的值不可超过相应采样时间的值。

采样时间点发生的时间按照以下公式计算：

$$\text{TimeHit}=(n*\text{period})+\text{offset}$$

其中，n为整数，为当前仿真步；n起始值总为0。

如果定义了一个离散采样时间，Simulink在每个采样时间点时调用S-函数的mdlOutput和mdlUpdate。

(4) 可变采样时间：采样时间间隔变化的离散采样时间。在每步仿真的开始，具有可变采样时间的S-函数需要计算下一次采样点的时间。

(5) 继承采样时间：有时，S-函数模块没有专门的采样时间特性(即，它既可以是连续的也可以是离散的，取决于系统中其他模块的采样时间)。

4.11.1 S-函数模块

S-函数模块位于Simulink/User-Defined Functions模块库中，是使S-函数图形化的模板工具，为S-函数创建一个定值的对话框和图标。

S-函数模块使得对S-函数外部输入参数的修改更加灵活，可看成是S-函数的一个外壳或面板。S-函数模块及参数对话框如图4-148所示。

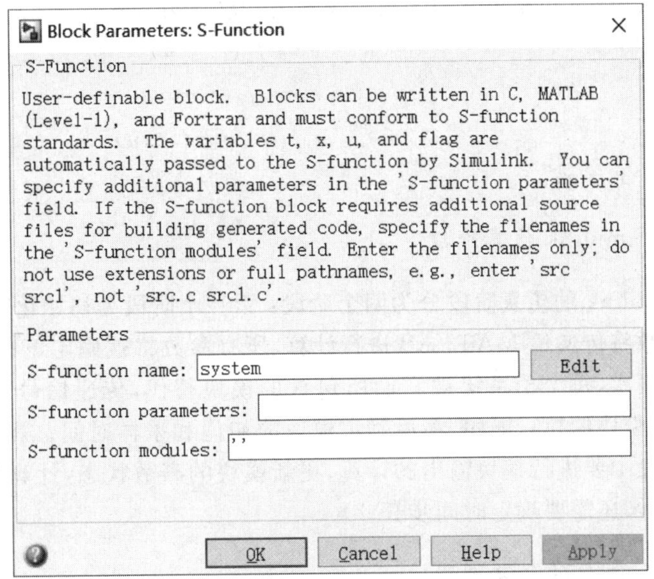

图 4-148　S-函数模块及参数对话框

S-函数模块的参数设置为：

(1) S-function name：填入 S-function 的函数名称，这样就建立了 S-函数模块与 M 文件形式的 S-函数之间的对应关系，单击 Edit 按钮可打开 S-函数的 M 文件的编辑窗口；

(2) S-function parameters：填入 S-function 需要输入的外部参数的名称，如果有多个变量的话，中间用逗号隔开，如“a,b,c”；

(3) S-function modules：只有 S-function 是用 C 语言编写并用 MEX 工具编译的 C-MEX 文件时，才需要填写该参数。

设置完这些参数后，S-函数模块就成为一个具有指定功能的模块，它的功能取决于 S-函数的内容，可通过修改 S-函数来改变该模块的功能。

4.11.2　S-函数工作原理

要创建一个 S-函数，了解 S-函数的工作原理就显得非常必要。S-函数的一个优点就是可以创建一个通用的模块，在模型中可以多次调用，在不同的场合下仅仅修改它的参数就可以了。因此在了解 S-函数的工作原理前，先了解一下模块的一个共同特性，以便读者能够更好地理解 Simulink 的整个仿真原理，然后简介 Simulink 的仿真阶段和 S-函数的反复调用。

1. Simulink 模块的共同特性

Simulink 模块包含 3 个基本单元：输入 u、状态 x 和输出 y。如图 4-149 所示，显示了 Simulink 模块 3 个基本单元的关系。

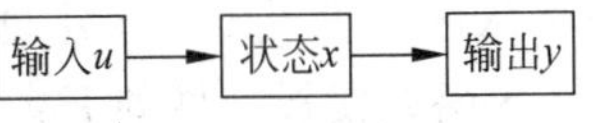

图 4-149　模块的输入、输出和状态关系效果图

输入、状态和输出之间的数学关系可用状态方程描述为：

$$\begin{cases} y = f_0(t,x,u) \\ x_c = f_d(t,x,u) \\ x_{d_{k+1}} = f_u(t,x,u) \end{cases}$$

其中，$x = x_c + x_d$。

2. Simulink 仿真阶段

Simulink 的仿真阶段分为两个阶段：第一个阶段为初始化阶段，在这个阶段，模块的所有参数将传递给 MATLAB 进行计算，所有参数将被确定下来，同时，Simulink 将展开模型的层次，每个子系统被它们所包含的模块替代，传递信号宽度、数据类型和采样时间，确定模块的执行顺序，最后确定模块的初值和采样时间；第二个阶段就是仿真阶段，这个阶段中要进行模块输出的计算，更新模块的离散状态，计算连续状态，在采样变步长解法器时，还需要确定时间步长。

3. S-函数的反复调用

Simulink 模型中反复调用 S-函数，以便执行每一阶段的任务。Simulink 会对模型中 S-函数采用适当的方法进行调用，在调用过程中，Simulink 将调用 S-函数来完成各项任务。这些任务包括：

(1) 初始化。在仿真开始前，Simulink 在这个阶段初始化 S-函数，这些工作包括：

- 初始化结构体 SimStruct，它包含 S-函数的所有信息；
- 设置输入输出端口的数目和大小；
- 设置采样时间；
- 分配存储空间并估计数组大小。

(2) 计算下一个采样时间点。如果选择变步长解法器进行仿真时，需要计算下一个采样时间点，即计算下一步的仿真步长。

(3) 计算主要时间步的输出，即计算所有端口的输出值。

(4) 更新状态。此例程在每个步长处都要执行一次，可以在这个例程中添加每一个仿真步都需要更新的内容，例如离散状态的更新。

(5) 数值积分，用于连续状态的求解和非采样过零点。如果 S-函数存在连续状态，Simulink 就在 minor step time 内调用 mdlDdrivatives 和 mdlOutput 两个 S-函数。

4.11.3 M 文件 S 函数模板

编写 S 函数有一套固定的规则，为此 Simulink 提供了一个用 M 文件编写 S 函数的模板。该模板程序存放在 toolbox\simulink\blocks 目录下，文件名为 sfuntmpl.m。用户可从这个模板出发构建自己的 S 函数。

S 函数模板文件如下：

```
function [sys,x0,str,ts,simStateCompliance] = sfuntmpl(t,x,u,flag)
% 输入参数 t,x,u,flag
```

```
% t 为采样时间
% x 为状态变量
% u 为输入变量
% flag 为仿真过程中的状态标量，共有 6 个不同的取值，分别代表 6 个不同的子函数
% 返回参数 sys、x0、str、ts、simStateCompliance
% x0 为状态变量的初始值
% sys 用以向 Simulink 返回直接结果的变量，随 flag 的不同而不同
% str 为保留参数，一般在初始化中置空，即 str = []
% ts 为一个 1×2 的向量，ts(1)为采样周期，ts(2)为偏移量
switch flag,                          % 判断 flag，查看当前处于哪个状态
  case 0,                             % 表处于初始化状态，调用函数 mdlInitializeSizes
    [sys,x0,str,ts,simStateCompliance] = mdlInitializeSizes;
  case 1,                             % 表调用计算连续状态的微分
    sys = mdlDerivatives(t,x,u);
  case 2,                             % 表调用计算下一个离散状态
    sys = mdlUpdate(t,x,u);
  case 3,                             % 表调用计算输出
    sys = mdlOutputs(t,x,u);
  case 4,                             % 调用计算下一个采样时间
    sys = mdlGetTimeOfNextVarHit(t,x,u);
  case 9,                             % 结束系统仿真任务
    sys = mdlTerminate(t,x,u);
  otherwise
    DAStudio.error('Simulink:blocks:unhandledFlag',num2str(flag));
end
function [sys,x0,str,ts,simStateCompliance] = mdlInitializeSizes
sizes = simsizes;                   % 用于设置模块参数的结构体，调用 simsizes 函数生成
sizes.NumContStates  = 0;             % 模块连续状态变量的个数，0 为默认值
sizes.NumDiscStates  = 0;             % 模块离散状态变量的个数，0 为默认值
sizes.NumOutputs     = 0;             % 模块输出变量的个数，0 为默认值
sizes.NumInputs      = 0;             % 模块输入变量的个数
sizes.DirFeedthrough = 1;             % 模块是否存在直接贯通
sizes.NumSampleTimes = 1;             % 模块的采样时间个数，1 为默认值
sys = simsizes(sizes);         % 初始化后的构架 sizes 经过 simsizes 函数运算后向 sys 赋值
x0 = [];                              % 向量模块的初始值赋值
str = [];
ts = [0 0];
simStateCompliance = 'UnknownSimState';
function sys = mdlDerivatives(t,x,u)      % 编写计算导数向量的命令
sys = [];
function sys = mdlUpdate(t,x,u)           % 编写计算更新模块离散状态的命令
sys = [];
function sys = mdlOutputs(t,x,u)          % 编写计算模块输出向量的命令
sys = [];
function sys = mdlGetTimeOfNextVarHit(t,x,u)
                        % 以绝对时间计算下一采样点的时间，该函数只在变采样时间条件下使用
sampleTime = 1;
sys = t + sampleTime;
function sys = mdlTerminate(t,x,u)        % 结束仿真任务
sys = [];
```

在上面程序代码中，包含 1 个主程序和 6 个子程序，子程序供 Simulink 在仿真的不同阶段调用。上述程序代码还多次引用系统函数 simsizes，该函数保存在 toolbox\simulink\simulink 路径下，函数的主要目的是设置 S 函数的大小，代码为：

```
function sys = simsizes(sizesStruct)
```

```
switch nargin,
  case 0,                                        % 返回结构体大小
    sys.NumContStates  = 0;
    sys.NumDiscStates  = 0;
    sys.NumOutputs     = 0;
    sys.NumInputs      = 0;
    sys.DirFeedthrough = 0;
    sys.NumSampleTimes = 0;
  case 1,                                        % 数组转换
    % 假如输入为一个数组,即返回一个结构体大小
    if ~isstruct(sizesStruct),
      sys = sizesStruct;
      % 数组的长度至少为 6
      if length(sys) < 6,
        DAStudio.error('Simulink:util:SimsizesArrayMinSize');
      end
      clear sizesStruct;
      sizesStruct.NumContStates  = sys(1);
      sizesStruct.NumDiscStates  = sys(2);
      sizesStruct.NumOutputs     = sys(3);
      sizesStruct.NumInputs      = sys(4);
      sizesStruct.DirFeedthrough = sys(6);
      if length(sys) > 6,
        sizesStruct.NumSampleTimes = sys(7);
      else
        sizesStruct.NumSampleTimes = 0;
      end
    else
      % 验证结构大小
      sizesFields = fieldnames(sizesStruct);
      for i = 1:length(sizesFields),
        switch (sizesFields{i})
          case { 'NumContStates','NumDiscStates','NumOutputs',...
                 'NumInputs','DirFeedthrough','NumSampleTimes' },
          otherwise,
            DAStudio.error('Simulink:util:InvalidFieldname',sizesFields{i});
        end
      end
      sys = [...
        sizesStruct.NumContStates,...
        sizesStruct.NumDiscStates,...
        sizesStruct.NumOutputs,...
        sizesStruct.NumInputs,...
        0,...
        sizesStruct.DirFeedthrough,...
        sizesStruct.NumSampleTimes ...
      ];
    end
end
```

4.11.4 S-函数应用

下面利用 S-函数的模板来实现一些具有特定功能的模块。

1. 用 S-函数实现离散系统

用 S-函数模板实现一个离散系统时，首先对 mdlInitializeSizes 子函数进行修改，声明离散状态的个数，对状态进行初始化，确定采样时间等。然后再对 mdlUpdate 和 mdlOutputs 子函数做适当修改，分别输入要表示的系统的离散状态方程和输出方程即可。

【例 4-21】 给定一个离散时间系统的传递函数 $H(z)$，试用 S-函数模块进行实现，仿真得出系统的离散冲激响应，用 Simulink 基本离散系统库中的传递函数模块和状态方程模块同时实现并作对比验证。设系统的传递函数为：

$$H(z) = \frac{2z+1}{z^2+0.5z+0.8}$$

首先要根据传递函数求出系统的状态空间方程。可先给出系统的信号流图，然后由梅森规则得出状态空间方程。但 MATLAB 的信号处理工具箱（Signal Processing Toolbox）中还有实现传递函数与状态空间方程相互转换的函数 tf2ss 可直接利用，其调用语法是：

$$[A,B,C,D]=\mathrm{tf2ss}(b,a)$$

其中，输入参数 b 为传递函数的分子多项式系数向量；a 为其分母多项式的系数向量。对连续系统的传递函数也可用 tf2ss 转换为状态空间方程，输出变量 A、B、C、D 分别为状态空间方程的 4 个系数矩阵。

可选参数为传递函数的分子分母多项式系数 b 和 a，并在 S-函数中将其转换为状态空间矩阵。初始化过程中，系统输入输出数以及状态数由状态空间矩阵的维数来决定。在离散状态更新处理（flag=2）中写入状态方程代码，而在输出处理（flag=3）中写入输出方程代码。

其实现步骤如下：

(1) 编写实现 S-函数的代码如下，并命名为 M4_21.m。

```
function [sys,x0,str,ts] = M4_21 (t,x,u,flag,b,a)
% 离散系统传递函数的 S - 函数实现
% 参数 b、a 分别为 H(z)的分母、分子多项式的系数向量
[A,B,C,D] = tf2ss(b,a);                     % 将 H(z)转换为状态空间方程系数矩阵
switch flag
    case 0,                                 % flag = 0 初始化
        sizes = simsizes;                   % 获取 Simulink 仿真变量结构
        sizes.NumContStates = 0;            % 连续系统的状态数为 0
        sizes.NumDiscStates = size(A,1);    % 设置离散状态变量的个数
        sizes.NumOutputs = size(D,1);       % 设置系统输出变量的个数
        sizes.NumInputs = size(D,2);        % 输入信号数目是自适应的
        sizes.DirFeedthrough = 1;           % 设置系统是直通
        sizes.NumSampleTimes = 1;           % 这里必须为 1
        sys = simsizes(sizes);              % 设置系统参数
        str = [];                           % 通常为空矩阵
        x0 = zeros(sizes.NumDiscStates,1);  % 零状态
        ts = [-1 0];                        % 采样时间由外部模块给出
    case 2,                                 % flag = 2 离散状态方程计算
        sys = A * x + B * u;
```

```
    case 3,                                         % flag = 3 输出方程计算
        sys = C * x + D * u;
    case {1,4,9},                                   % 其他不处理的 flag
        sys = [];                                   % 无用的 flag 时返回 sys 为空矩阵
    otherwise                                       % 异常处理
        error(['Unhandled flag = ',num2str(flag)]);
end
```

(2) 建立仿真模块。建立如图 4-150 所示的 Simulink 仿真模型。

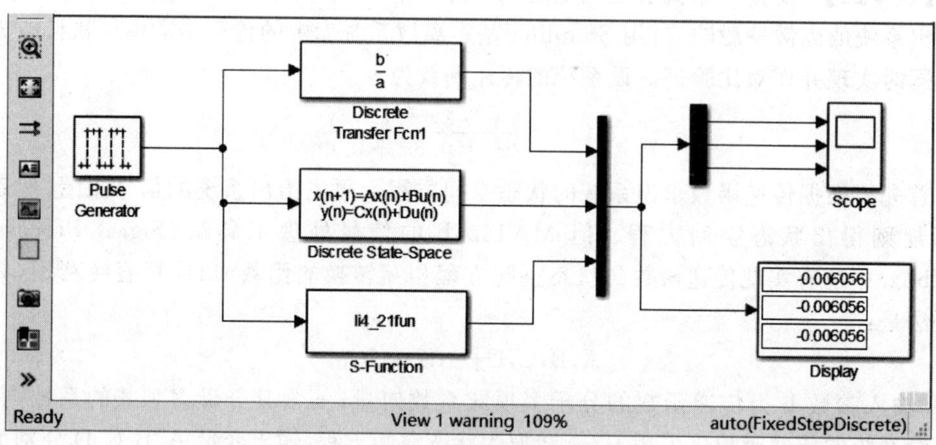

图 4-150 Simulink 仿真模型框图

(3) 模块参数设置。双击图 4-150 所示的仿真模型中的 Pulse Generator 模块，弹出的参数设置对话框如图 4-151 所示。

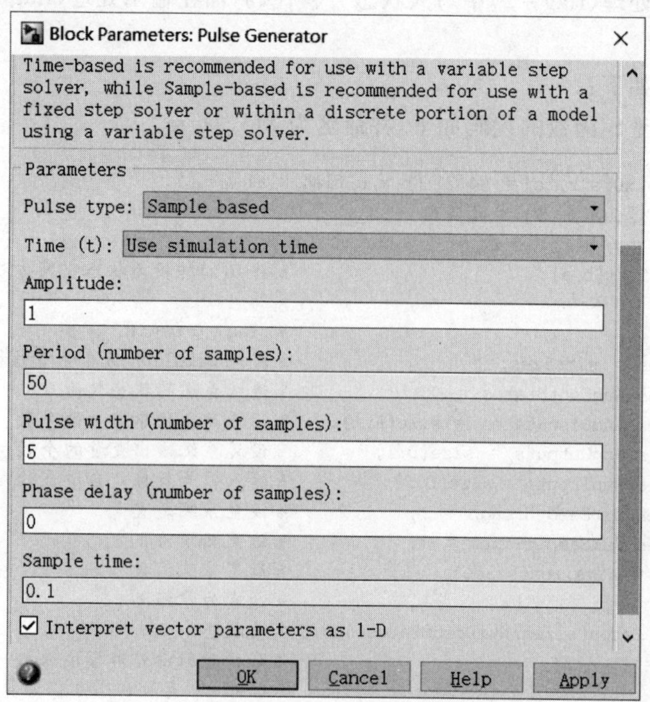

图 4-151 Pulse Generator 模块参数设置

双击图 4-150 所示的仿真模型中 Discrete Transfer Fcn 模块，在弹出的参数对话框中的 Numerator 文本框中输入 b，在 Denominator 文本框中输入 a，在 Sample time(−1 for inherited)文本框中输入−1。

注意：在 Discrete Transfer Fcn 模块的参数对话框的分子分母输入 b 与 a 前首先在 MATLAB 命令行窗口中先对 b 与 a 赋值。

双击图 4-150 所示的仿真模型中 Discrete State-Space 模块，弹出的参数对话框设置效果如图 4-152 所示。

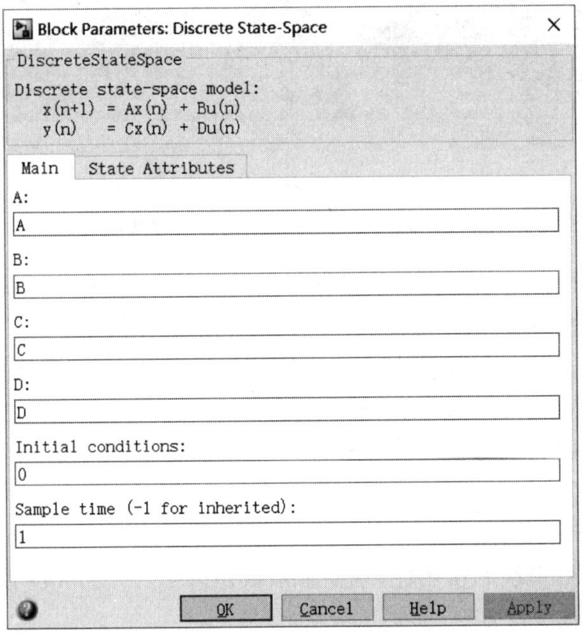

Block Parameters: Discrete State-Space
DiscreteStateSpace
Discrete state-space model:
x(n+1) = Ax(n) + Bu(n)
y(n) = Cx(n) + Du(n)
Main　State Attributes
A:
A
B:
B
C:
C
D:
D
Initial conditions:
0
Sample time (-1 for inherited):
1
OK　Cancel　Help　Apply

图 4-152　Discrete State-Space 模块参数设置

双击图 4-150 所示的仿真模型中 S-Function 模块，在弹出的参数对话框中的 S-function name 文本框中输入 li4_21fun，在 S-function paramters 文本框中输入“b,a”。

还可利用信宿库中的 Display 模块来显示信号线上的当前仿真值，仿真采用固定步长，步长为 0.1s。测试系统如图 4-150 所示。

(4) 运行仿真。系统的仿真参数采用默认值，在执行仿真之前，在 MATLAB 命令行窗口中输入如下代码，然后单击仿真模型窗口的▶按钮，仿真效果如图 4-153 所示。

```
>> b = [2 1];                          % H(z)的分子
a = [1 0.5 0.8];                       % 分母
[A,B,C,D] = tf2ss(b,a);                % 转换为状态方程
```

在图 4-153 中给出了仿真完成后示波器上 3 个系统的响应波形，显然这 3 个系统是等价的。用不同方式对相同的数学模型进行计算机仿真可以用来有效地检查仿真建模和编程的差错。

2. 用 S-函数实现连续系统

用 S-函数实现一个连续系统时，首先 mdlInitializeSizes 子函数应当做适当的修改，包

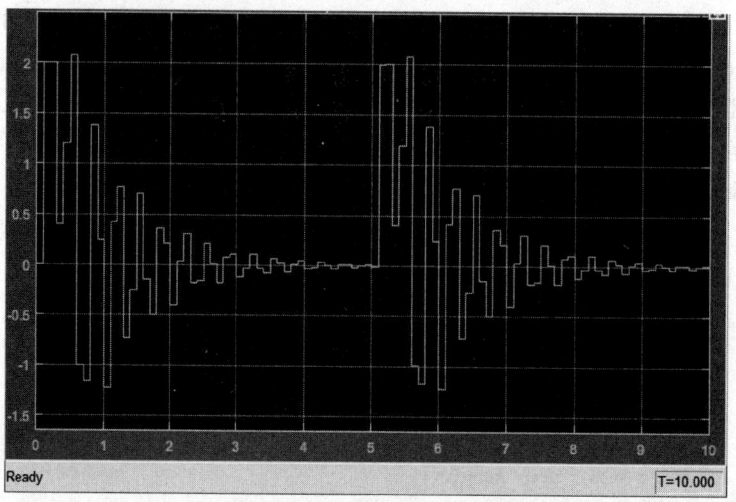

图 4-153　仿真测试输出的数字冲激响应

括确定连续状态的个数、状态初始值和采样时间设置。另外，还需要编写 mdlDerivatives 子函数，将状态的导数向量通过 sys 变量返回。

如果系统状态不止一个，可通过索引 $x(1)$、$x(2)$ 等得到各个状态。修改后的 mdlOutputs 中应该包含系统的输出方程。

【例 4-22】 利用 S-函数实现以下连续系统

$$\dot{x} = Ax + Bu$$
$$y = Cx + Du$$

为了增强 S-函数模块的实用性，现要求系数矩阵 A、B、C 和 D 以及系统状态的初始值均可在参数对话框中设置。

(1) 将模板文件 sfuntmpl 另存为 li4_22fun. m，并添加参数 A、B、C 和 D 以及 iniState。代码为：

```
function [sys,x0,str,ts,simStateCompliance] = M4_22 (t,x,u,flag,A,B,C,D,iniState)
%输入参数 t、x、u、flag
%t为采样时间
%x为状态变量
%u为输入变量
%flag为仿真过程中的状态标量,共有6个不同的取值,分别代表6个不同的子函数
%返回参数 sys,x0,str,ts,simStateCompliance
%x0为状态变量的初始值
%sys用以向Simulink返回直接结果的变量,随flag的不同而不同
%str为保留参数,一般在初始化中置空,即 str = []
%ts为一个1×2的向量,ts(1)为采样周期,ts(2)为偏移量
switch flag,                          %判断flag,查看当前处于哪个状态
  case 0,                             %处于初始化状态,调用函数 mdlInitializeSizes
    [sys,x0,str,ts,simStateCompliance] = mdlInitializeSizes(iniState);
  case 1,                             %调用计算连续状态的微分
    sys = mdlDerivatives(t,x,u,A,B);
  case 3,                             %调用计算输出
    sys = mdlOutputs(t,x,u,C,D);
end
function [sys,x0,str,ts,simStateCompliance] = mdlInitializeSizes(iniState)
```

```
sizes = simsizes;                        %用于设置模块参数的结构体,调用 simsizes 函数生成
sizes.NumContStates   = 2;               %模块连续状态变量的个数,0 为默认值
sizes.NumDiscStates   = 0;               %模块离散状态变量的个数,0 为默认值
sizes.NumOutputs      = 2;               %模块输出变量的个数,0 为默认值
sizes.NumInputs       = 1;               %模块输入变量的个数
sizes.DirFeedthrough = 1;                %模块是否存在直接贯通
sizes.NumSampleTimes = 1;                %模块的采样时间个数,1 为默认值
sys = simsizes(sizes);       %初始化后的构架 sizes 经过 simsizes 函数运算后向 sys 赋值
x0  = iniState;                          %向量模块的初始值赋值
str = [];
ts  = [0 0];
simStateCompliance = 'UnknownSimState';
function sys = mdlDerivatives(t,x,u,A,B)     %编写计算导数向量的命令
sys = A*x+B*u
function sys = mdlOutputs(t,x,u,C,D)         %编写计算模块输出向量的命令
sys = C*x+D*u;
```

(2) 建立如图 4-154 所示的系统模型。在 S-Function 模块的参数对话框中设置 S-function name 为 li4_22fun,S-function parameters 为"A,B,C,D,iniState",如图 4-155 所示。

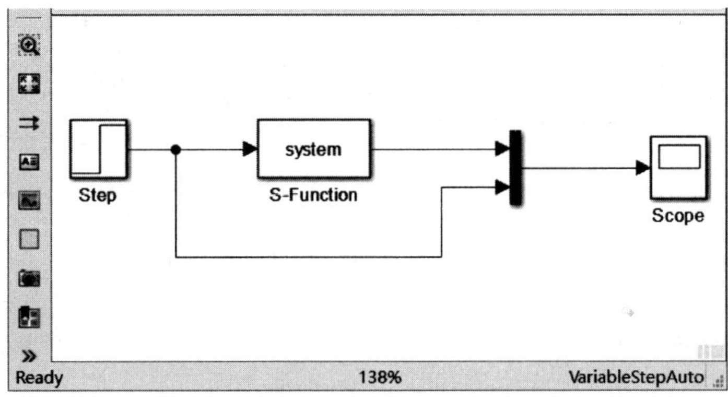

图 4-154 系统模型

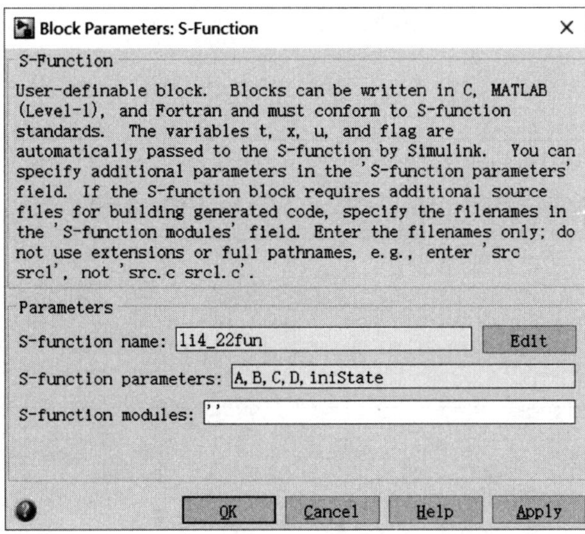

图 4-155 设置 S-Function 模块参数

(3) 对 S-Function 模块进行封装。选中模块并右击,在弹出的菜单中选择 Mask | Create Mask 选项,并编辑封装编辑器中的 Parameters & Dialog 选项卡,如图 4-156 所示。编辑 Documentation 选项卡,如图 4-157 所示。

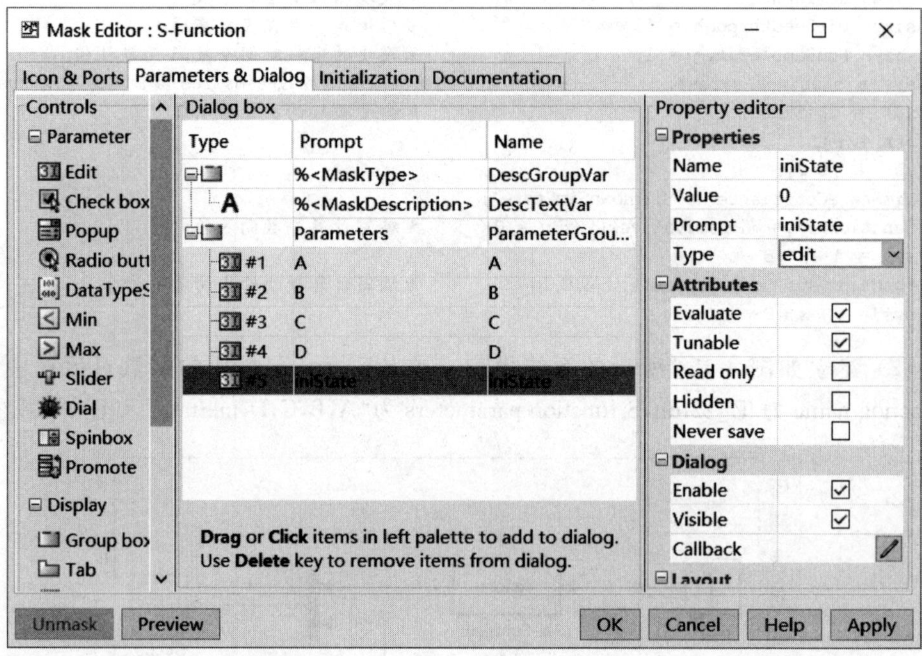

图 4-156 Parameters & Dialog 选项卡

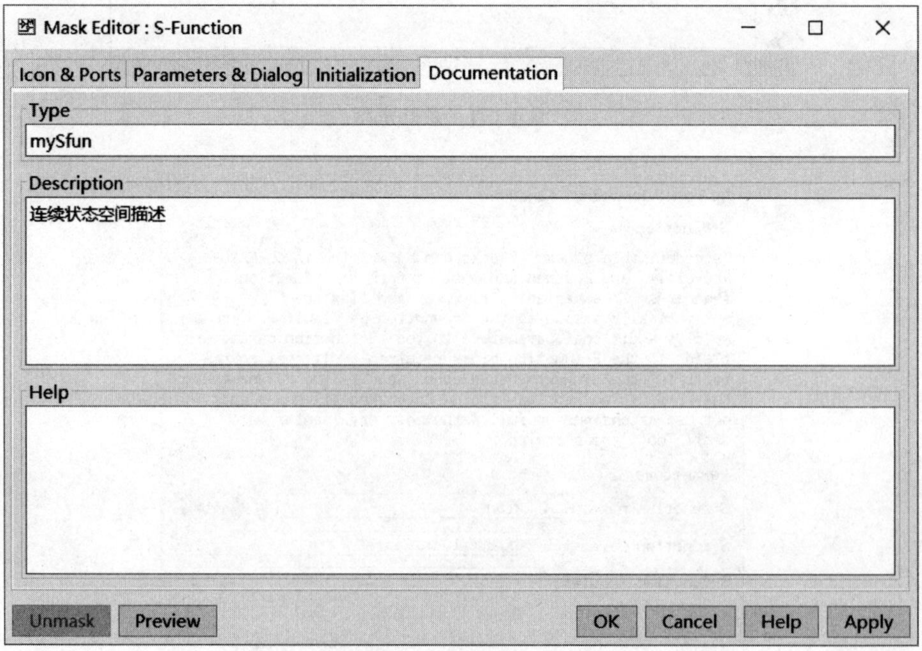

Mask Editor : S-Function
Icon & Ports | Parameters & Dialog | Initialization | Documentation
Type
mySfun
Description
连续状态空间描述
Help
Unmask | Preview | OK | Cancel | Help | Apply

图 4-157 Documentation 选项卡

(4) 双击 S-Function 模块,在弹出的新对话框中设置各项参数,如图 4-158 所示。

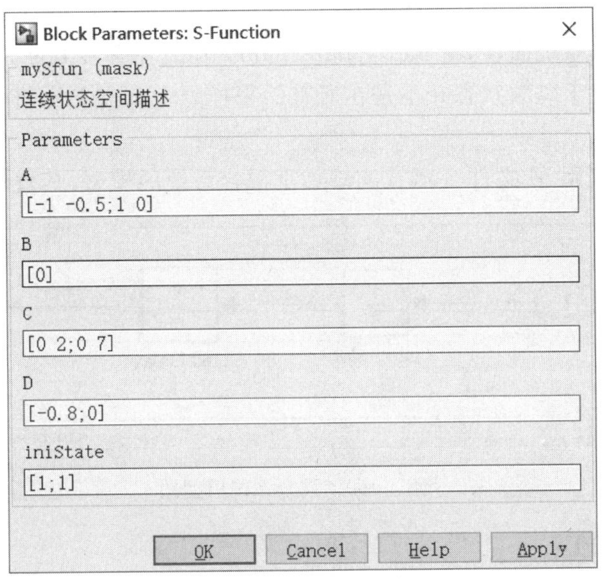

图 4-158 S-Function 封装后的对话框

(5) 运行系统仿真,仿真结果如图 4-159 所示。

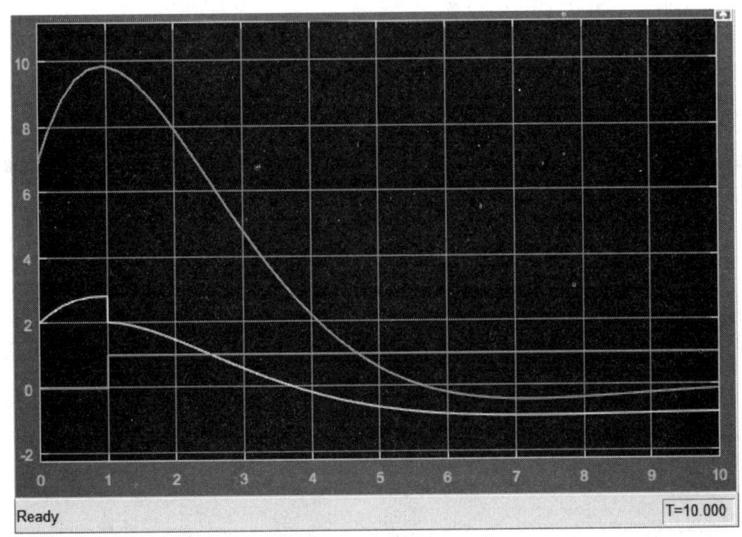

图 4-159 仿真结果

本实例中,通过向主函数中传递额外的参数 A、B、C、D 以及 iniState,可以在 S-Function 模块对话框中输入这些参数,以达到任意修改系统模型的目的。更进一步地对 S-Function 模块进行封装,使得各参数的输入变量明确、易懂。

3. 实现混合系统

所谓混合系统,就是既包含离散状态,又包含连续状态的系统。Simulink 根据 flag

的具体数值判断系统是计算连续部分还是离散部分,并调用相应的子函数,Simulink 在处理混合系统时将同时调用 S-函数的 mdlUpdate、mdlOutput 和 mdlGetTimeOfNextVarHit 子函数。对于离散系统而言,在 mdlUpdate、mdlOutput 中需要判断是否需要更新离散状态和输出。因为对于离散状态并不是在所有的采样点上都需要更新,否则就是一个连续系统了。

【例 4-23】 利用 M 文件 S-函数实现如下混合系统的模型,其效果如图 4-160 所示。

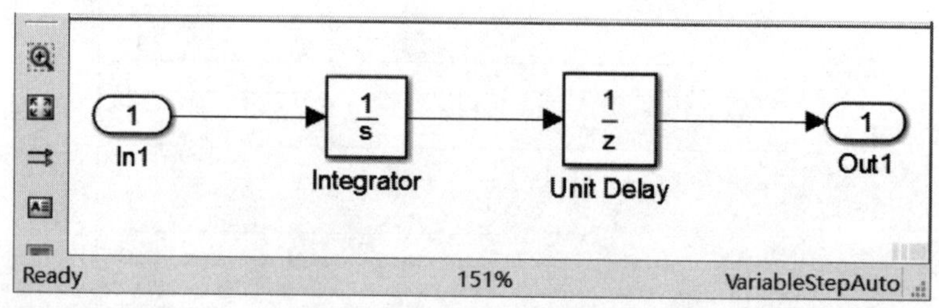

图 4-160　混合系统模型图

其实现步骤如下:

(1) 根据混合系统模型图,在模板的基础上编写 S-函数,并保存为 M4_23. m。

```
function [sys,x0,str,ts] = M4_23(t,x,u,flag)
%利用 M 模板文件编写 S - 函数,实现单位延时(1/z)积分(1/s)的混合系统
% 设置单位延时的采样周期和偏移量
dperiod = 1;
doffset = 0;
switch flag,
  case 0,
    [sys,x0,str,ts] = mdlInitializeSizes(dperiod,doffset);      %初始化函数
  case 1,
    sys = mdlDerivatives(t,x,u)                                 %求导数
  case 2,
    sys = mdlUpdate(t,x,u,dperiod,doffset);                     %状态更新
  case 3,
    sys = mdlOutputs(t,x,u,dperiod,doffset);                    %计算输出
  case 9,
    sys = mdlTerminate(t,x,u);                                  %终止仿真程序
  otherwise
    error(['Simulink:blocks:unhandledFlag',num2str(flag)]);     %错误处理
end
function [sys,x0,str,ts] = mdlInitializeSizes(dperiod,doffset)  %模型初始化函数
sizes = simsizes;                                               %取系统默认设置
sizes.NumContStates   = 1;                                      %设置连续状态变量的个数
sizes.NumDiscStates   = 1;                                      %设置离散状态变量的个数
sizes.NumOutputs      = 1;                                      %设置系统输出变量的个数
sizes.NumInputs       = 1;                                      %设置系统输入变量的个数
sizes.DirFeedthrough  = 0;                                      %设置系统是否直通
sizes.NumSampleTimes  = 2;                          % 采样周期的个数,必须大于等于1
sys = simsizes(sizes);                                          %设置系统参数
x0  = ones(2,1);                                                %系统状态初始化
str = [];                                                       %系统阶字串总为空矩阵
ts  = [0 0;dperiod doffset];                                    %初始化采样时间矩阵
```

```
function sys = mdlDerivatives(t,x,u)
sys = u;
function sys = mdlUpdate(t,x,u,dperiod,doffset)
if abs(round((t - doffset)/dperiod) - (t - doffset)/dperiod)< 1e - 8,
    sys = x(1);
else
    sys = [];
end
function sys = mdlOutputs(t,x,u,dperiod,doffset)
if abs(round((t - doffset)/dperiod) - (t - doffset)/dperiod)< 1e - 8,
    sys = x(2);
else
    sys = [];
end
% mdlTerminate 终止仿真设定,完成仿真终止时的任务
function sys = mdlTerminate(t,x,u)
sys = [];
% 程序结束
```

(2) 建立仿真模型。根据图 4-160 所示的混合系统模型图可建立如图 4-161 所示的 Simulink 仿真模型图。

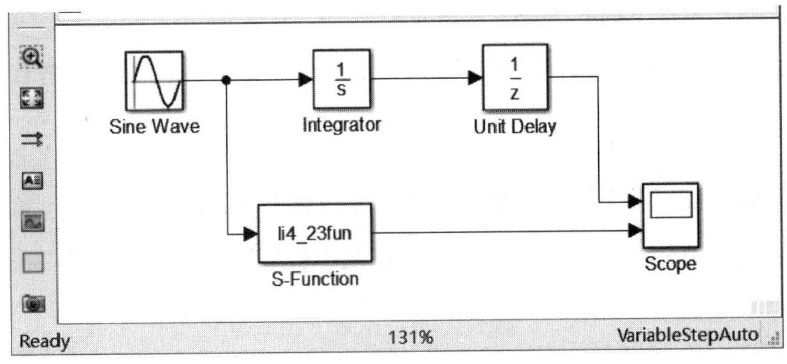

图 4-161　混合系统的 Simulink 仿真模型图

(3) 模块参数设置。双击图 4-161 所示模型框图中的 S-Function 模块,在弹出的参数对话框中的 S-function name 文本框中输入 M4_23,其他参数采用默认设置。双击图 4-161 所示模型框图中的 Scope 模块,在弹出的参数对话框中的 Number of axes 文本框中输入 2。

其他模块采用默认设置。

(4) 运行仿真。系统的仿真参数采用默认值,然后对系统模型进行仿真,得到如图 4-162 所示的仿真效果图。

4. S-函数实际应用

【例 4-24】 使用 S-函数来对一个单摆系统进行仿真,主要演示以下三个方面:①利用 S-函数对单摆系统进行建模;②利用 Simulink 进行仿真,研究单摆的位移;③利用 S-函数数动画模块来演示单摆的运动。

其实现步骤如下:

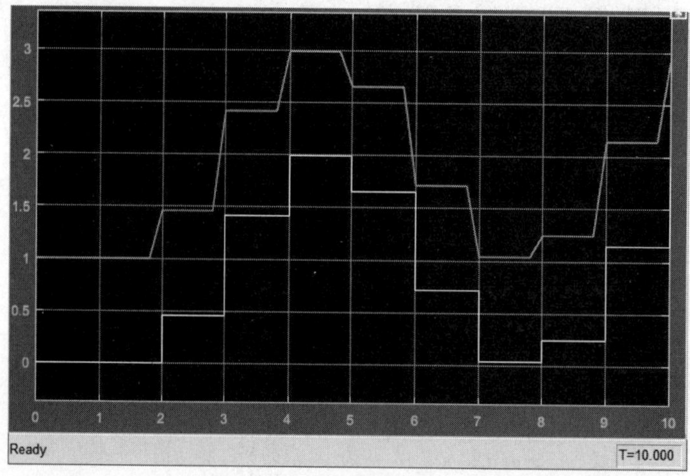

图 4-162　M 文件 S-函数建立的混合系统模型仿真效果图

(1) 单摆的动力学方程为：

$$M\ddot{\theta} + K_d\dot{\theta} = u - F_g\sin(\theta)$$

其中，u 为实施在单摆上的外力，K_d 为阻尼系数，F_g 为重力。

(2) 将系统动力学方程转化为状态方程，令 $x_1=\theta, x_2=\dot{\theta}$，即动力学方程变为：

$$\begin{bmatrix} x_1 \\ x_2 \end{bmatrix} = \begin{bmatrix} x_2 \\ -K_d x_2 + u - F_g\sin(x_1) \end{bmatrix}$$

(3) 根据状态方程，在模板的基础上编写 S-函数，并保存为 li4_24fun.m。

```
function [sys,x0,str,ts] = M4_24(t,x,u,flag,damp,grav,ang,m)
switch flag,
  case 0,
    [sys,x0,str,ts] = mdlInitializeSizes(ang);                   %初始化函数
  case 1,
    sys = mdlDerivatives(t,x,u,damp,grav,m)                      %求导数
  case 2,
    sys = mdlUpdate(t,x,u);                                      %状态更新
  case 3,
    sys = mdlOutputs(t,x,u);                                     %计算输出
  case 9,
    sys = mdlTerminate(t,x,u);                                   %终止仿真程序
  otherwise
    error(['Simulink:blocks:unhandledFlag',num2str(flag)]);      %错误处理
end
function [sys,x0,str,ts] = mdlInitializeSizes(ang)               %模型初始化函数
sizes = simsizes;                                                %取系统默认设置
sizes.NumContStates  = 2;                                        %设置连续状态变量的个数
sizes.NumDiscStates  = 0;                                        %设置离散状态变量的个数
sizes.NumOutputs     = 1;                                        %设置系统输出变量的个数
sizes.NumInputs      = 1;                                        %设置系统输入变量的个数
sizes.DirFeedthrough = 0;                                        %设置系统是否直通
sizes.NumSampleTimes = 1;                                 % 采样周期的个数,必须大于等于1
sys = simsizes(sizes);                                           %设置系统参数
x0  = ang;                                                       %系统状态初始化
```

```
str = [];                                          %系统阶字串总为空矩阵
ts  = [0 0];                                       %初始化采样时间矩阵
function sys = mdlDerivatives(t,x,u,damp,grav,m)
dx(1) = x(2);
dx(2) =- damp * x(2) - m * grav * sin(x(1)) + u;
sys = dx;
function sys = mdlUpdate(t,x,u)
sys = [];                                 %根据状态方程(差分方程部分)修改此处
function sys = mdlOutputs(t,x,u)
sys = x(1);
% mdlTerminate 终止仿真设定,完成仿真终止时的任务
function sys = mdlTerminate(t,x,u)
sys = [];
% 程序结束
```

(4) 仿真模型建立。根据状态方程可建立如图 4-163 所示的 Simulink 仿真模型效果图,并命名为 M4_24.mdl。

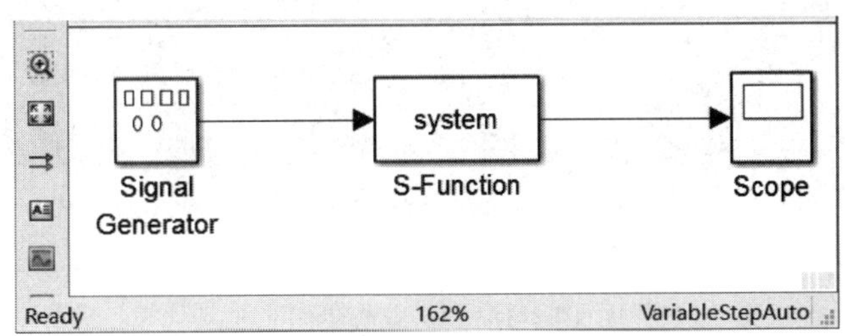

图 4-163　仿真模型框图

(5) 模块参数设置。双击图 4-163 仿真模型中的 Signal Generator 模块,在弹出的参数对话框中的 Wave form 下拉列表框中选择 square,在 Amplitude 文本框中输入 1,在 Frequency 文本框中输入 0.03,在 Units 下拉列表框中选择 Hertz。

双击图 4-163 仿真模型中的 S-Function 模块,弹出的参数设置对话框如图 4-164 所示。

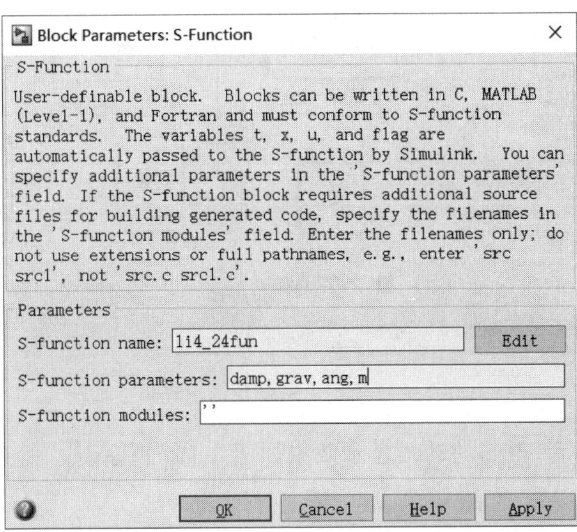

图 4-164　S-Function 模块参数设置

(6) 运行仿真。系统的仿真运行时间设置为 200s,其他参数采用默认值。在执行仿真之前,在 MATLAB 命令行窗口中输入如下代码,然后单击仿真模型窗口 Simulation 菜单下的 Start 选项开始运行仿真,得到仿真效果如图 4-165 所示。

```
>> damp = 0.9;grav = 9.8;ang = [0;0];m = 0.3;
```

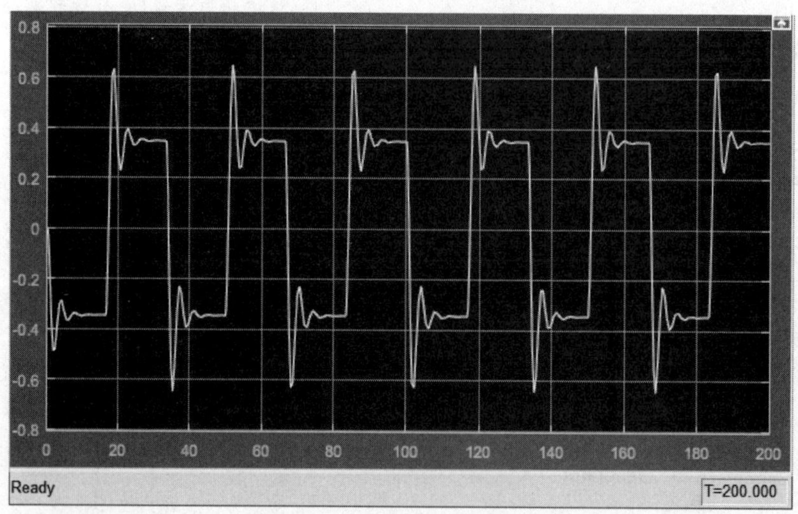

图 4-165 仿真效果图

(7) 引进单摆动画模块。引进单摆动画模块可通过以下步骤实现:

- 将 M4_24. mdl 模型另存为 M4_24_1. mdl 模块;
- 在命令行窗口中输入 simppend,并按 Enter 键,得到 simppend. mdl 模型框图;
- 将其中的 Animation Function 模块、Pivot point for pendulum 模块及 x&theta 模块复制到 M4_24_1. mdl 模型窗口,进行相应的连接,其模型如图 4-166 所示。

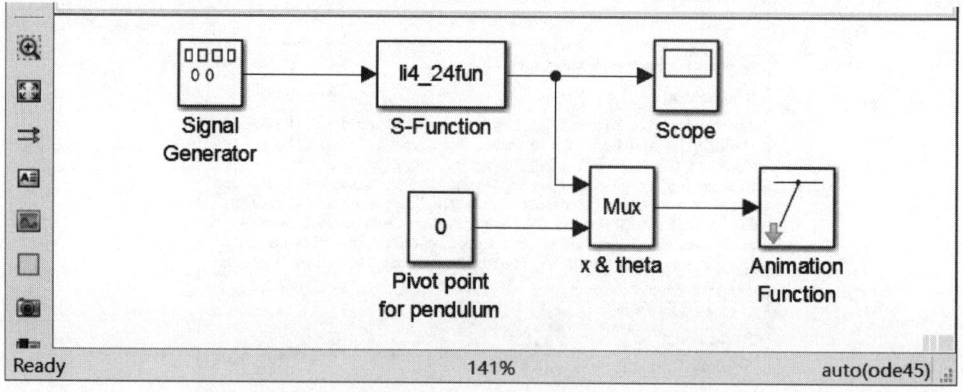

图 4-166 连接动画显示模块的仿真模型框图

(8) 再次进行仿真,得到的动画显示效果如图 4-167 所示。

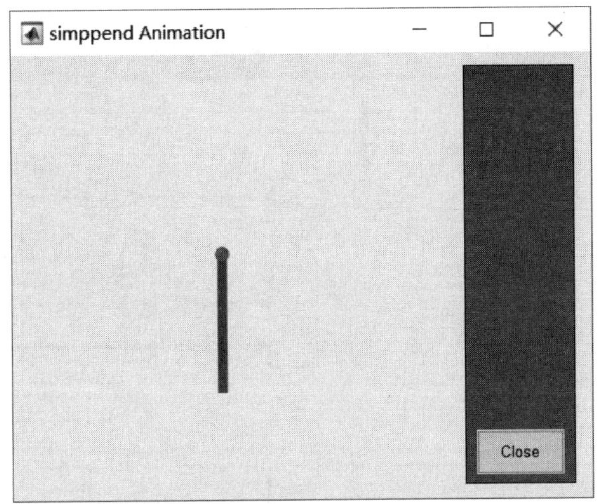

图 4-167 动画显示效果图

4.12 Simulink 建模与仿真

在力学中涉及许多复杂的计算问题,如非线性问题,对其求解析解有时是很困难的。MATLAB 正是处理非线性问题的很好工具,既能进行数值计算,也能绘制有关曲线,实用方便。

工程结构分析主要根据是力学原理。经典力学原理基本上沿着两条路线进行:一条基于牛顿运动定律,在静态分析中,主要遵循力的平衡原理,加上组成结构材料的本构关系和应变、位移的几何协调关系可以导出微分方程;另一条基于功、能原理,其以能量原理(如最小势能原理、虚位移原理等)为基础,可导出需要求解的积分方程。

不管是解微分方程还是解积分方程,均需求出函数 $y=f(x)$,使之满足方程并在边界上满足边界条件。对于简单的问题可以求得其解析解,但工程实际问题是复杂的,往往很难求得其实用的解析解,因此,应用计算机得到其数值解成了可行的解决问题的途径。常用的数值方法有差分法、有限元法、加权残差法、边界元法等,这些解法通常都有大量的矩阵运算以及其他数值计算。MATLAB 具有强大的科学计算功能,这使得人们可以用它来代替 FORTRAN 语言等传统的编程语言。在计算要求相同的情况下,使用 MATLAB 编程,工作量会大大减少。

【例 4-25】 Lorenz 模型仿真。

著名的 Lorenz 模型的状态方程可表示为:

$$\begin{bmatrix}\dot{x}_1(t)\\ \dot{x}_2(t)\\ \dot{x}_3(t)\end{bmatrix}=\begin{bmatrix}-\beta & 0 & x_2(t)\\ 0 & -\sigma & \sigma\\ -x_2(t) & \rho & -1\end{bmatrix}\begin{bmatrix}x_1(t)\\ x_2(t)\\ x_3(t)\end{bmatrix}$$

Lorenz 模型中 $\beta=\dfrac{8}{3}$,$\sigma=10$,$\rho=28$,模型的初始值 $x_0=[18,4,-4]^{\mathrm{T}}$。

根据要求建立 Lorenz 状态方程的 Simulink 模型仿真框图,如图 4-168 所示。

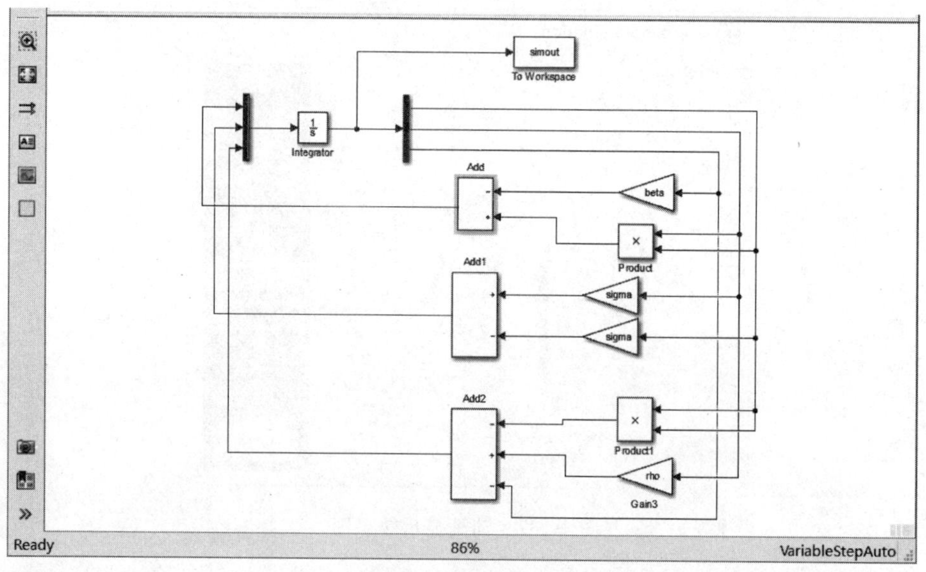

图 4-168 Lorenz 状态方程的 Simulink 模型框图

根据要求将图 4-168 中的 Integrator 模块的初始值设置为[18,4,−4]行向量。在命令行窗口中输入初始化 beta=8/3,sigma=10,rho=28,设置仿真算法为 ode45 算法,仿真时间为 100s,最大的步长(Max step size)设置为 1e-3s。运行仿真,在 MATLAB 命令行窗口中输入以下代码:

```
plot3(simout.signals.values(:,1),simout.signals.values(:,2),simout.signals.values(:,3));
grid on;
set(gcf,'color','w');
```

即可得到状态变量的三维曲线图,效果如图 4-169 所示。

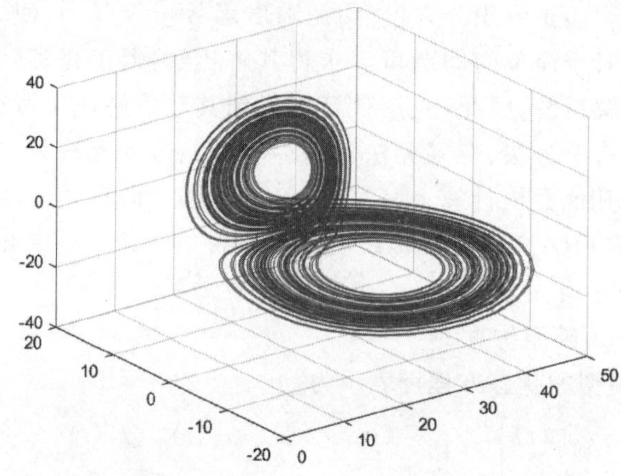

图 4-169 Lorenz 状态方程仿真效果图

对于 Lorenz 状态方程,同样可以用 M 文件来进行仿真,先建立 Lorenz 的状态方程:

```
function xd = M4_25(t,x)
beta = 8/3;
```

```
sigma = 10;
rho = 28;
xd = [ - beta * x(1) + x(2) * x(3); - sigma * x(2) + sigma * x(3); - x(1) * x(2) + rho * x(2) -
x(3)];
```

采用 ode45 算法求解微分方程，并绘制相空间三维图形，其实现的 MATLAB 代码如下：

```
>> clear all;
x0 = [18 4  - 4];
[t,x] = ode45('M4_25',[0,100],x0);
plot3(x(:,1),x(:,2),x(:,3));
grid on;
set(gcf,'color','w');
```

运行程序得到效果与图 4-169 一致。

第5章 通信系统的信源与信道

通信系统一般由信源、信宿(收信者)、发端设备、收端设备和传输媒介等组成。

通信系统都是在有噪声的环境下工作的。设计模拟通信系统时采用最小均方误差准则,即收信端输出的信号噪声比最大。设计数字通信系统时,采用最小错误概率准则,即根据所选用的传输媒介和噪声的统计特性,选用最佳调制体制,设计最佳信号和最佳接收机。

5.1 通信系统的基本模型

通信系统有其特有的模型结构,最基本的模型是点对点通信系统模型,根据信源输出信号类型的不同,又有模拟通信系统模型和数字通信系统模型。下面对这三个模型进行简单的介绍。

1. 点对点通信系统基本模型

最简单的通信系统负责将信号有效地从一个地方传输到另一个地方,称为点对点通信系统。任何点对点通信系统都由发送端(信源和发送设备)、接收端(接收设备和信宿)以及中间的物理信道组成,其模型如图5-1所示。

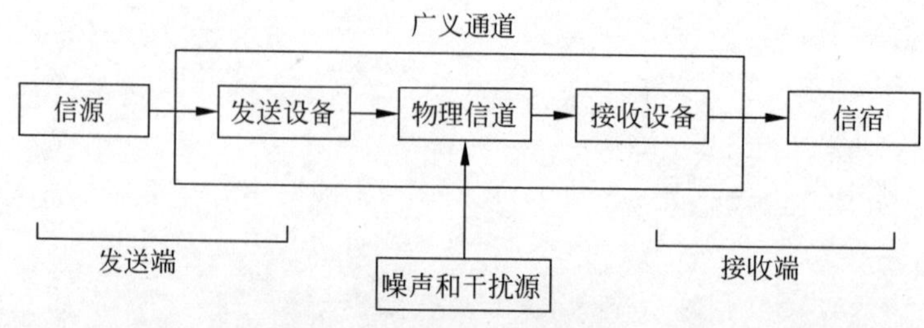

图5-1 点对点通信系统模型图

信源即信息的发源地,信源可以是人,也可以是机器。在数学上,信源的输出是一个随时间变化的随机函数,根据随机函数的不同形式,信源可以分为连续信源和离散信源两类。

发送设备,负责将信源输出的信号变换为适合信道传输的形式,使之匹配于信号传输特性并送入信道中。发送设备进行以传输为目的的全部信号处理工作,可能包含不同物理量表示的信号之间的转换,也可能包含信号不同形式之间的转换。

物理信道是信号传输的通路。按照传输媒介的不同,可以分为有线信道和无线信道两类;按照信道参数是否随时间变化,可以分为时不变信道(也称恒参信道)和时变信道(变参信道)两类。

在信道中,信号波形将发生畸变,功率随传输距离增加而衰减,并混入噪声以及干扰。在通信模型中,通常将通信设备内部产生的噪声等价地归并为信道中混入的噪声,这样,信号处理设备就建模为无噪的。

接收设备,其功能与发送设备相反,负责将发送端信息从含有噪声和畸变的接收信号中尽可能正确地提取出来。接收设备的信号处理目的是进行对应于发送设备功能的反变换,如解调、译码、将信号转换为信源发送的原始信号物理形式,同时尽可能好地抑制信道噪声,补偿或校正信道畸变引起的信号失真,最终将还原的信号送给信宿。

2. 模拟通信系统模型

如果信源输出是模拟信号,在发送设备中没有将其转换为数字信号,而是直接对其进行时域或频域处理(如放大、滤波、调制等)之后进行传输,则这样的通信系统称为模拟通信系统。模拟通信系统的模型如图 5-2 所示。

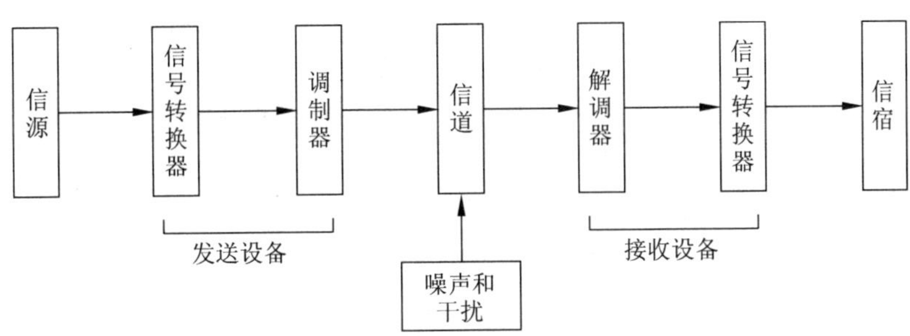

图 5-2 模拟通信系统的模型

在发送端,信号转换器负责将其他物理量表示的仿真信号转换为仿真电信号,如各种传感器、摄像头、话筒等。

基带处理部分对输入的模拟电信号进行放大、滤波后,送入调制器进行调制,转变为频带信号,称为已调信号。频带处理部分负责对已调信号的滤波、上变频以及功率放大,并输出到有线信道中或通过天线发送到无线信道中。

在接收端,信号经过频带处理部分选频接收、下变频和中频放大后,送入解调器进行解调,还原出基带信号,再经过适当的基带信号处理后送入信号转换器,如显示器、扬声器等,最终还原为最初发送类型物理量表示的仿真信号。

对于短距离有线传输,如有线对讲系统,可以不使用调制和解调,这样的系统就是模拟基带传输系统。

但是对于大多数模拟通信系统来说,为了将多路信号复用在同一物理媒介上传输,抑制干扰并匹配天线传输特性,必须使用调制和解调对信号进行频谱搬移,这样的传输系统就是模拟频带传输系统。

3. 数字通信系统模型

如果信源输出是数字信号，或信源输出的仿真信号经过了模数转换成了数字信号，再进行处理和传输，则这样的通信系统称为数字通信系统。数字通信系统的模型如图 5-3 所示。

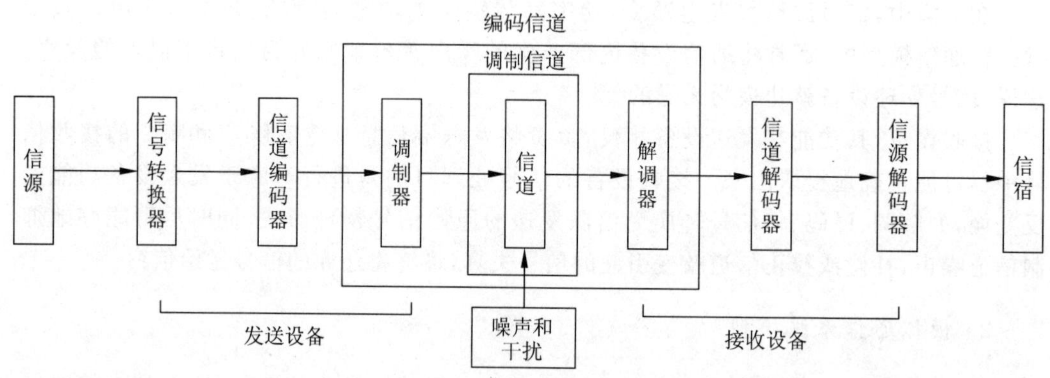

图 5-3　数字通信系统模型

注意：

(1) 图 5-3 中各个模块和模块功能在具体的系统中不一定全部采用。采用哪些模块和模块中哪些具体功能要取决于相应通信系统的具体设计要求。

(2) 发送端和接收端的模块是相互对应的。例如发送端使用了编码器，则接收端必须使用对应的译码器。

在发送端，信源输出的消息经过信源编码得到一个具有若干离散取值的离散时间序列。信源编码的功能为：将仿真信号转换为数字序列；压缩编码，提高通信效率；加密编码，提高信息传输安全性。

信源编码的输出序列将送入信道编码器，信道编码的功能为：

(1) 负责对数字序列进行差错控制编码，如分母编码、卷积编码、交织和扰乱等，以抵抗信道中的噪声和干扰，提高传输可靠性；

(2) 对差错控制编码输出的数字序列进行码型变换(也称为基带调制)，如单双极性变换、归零-不归零码变换、差分编码、AMI 编码、HDB3 编码等，其目的是匹配信道传输特性，增加定时信息，改变输出符号的统计特性并使之具有一定的检错能力；

(3) 对输出码型进行波形映射，以适应于带限传输信道，如针对带限信道的无串扰波形成的成形滤波、部分响应成形滤波等。

调制器完成数字基带信号到频带信号的转换，数字调制方式有多种，如幅移键控(ASK)、相移键控(PSK)、频移键控(FSK)、正交幅度调制(QAM)、正交相移键控(QPSK)等，还可能包括扩频调制。调制器输出的频带信号经过功率放大后送入物理信道。

传输信号在物理信道中发生衰落，波形畸变，并混入噪声和干扰。

在接收端，接收信号经过滤波、变频、放大等信号调理后，送入解调器。解调器完成频带数字信号到基带数字信号的变换。

基带数字信号在信道译码器中完成译码，即完成与发送端信道编码器功能相反的变换，其输出的数字序列将送入信源译码器中进行译码，即完成解密、解压缩以及数/模转换等功能，最终向信宿输出接收消息。

在接收端，为了完成解调，通常需要提取发送的调制载波，而为了完成译码，必须使收发双方具有相同的传输节拍，也就是需要定时恢复，从而完成收发双方的同步，同步包括位同步和分组同步(帧同步和群同步)等。

如果数字通信系统中不使用调制器和解调器进行信号的基带-频带转换，则这样的系统称为数字基带传输系统。

5.2 MATLAB 通信仿真函数

MATLAB 通信系统工具箱中提供了许多与通信系统有关的函数命令，其中包括信源产生函数、信源编码/解码函数、信道模型函数、调制/解调函数、滤波器函数等，下面将对这些函数进行介绍。

5.2.1 信源产生函数

在 MATLAB 中，提供了 randerr、randint、randsrc 及 wgn 函数用于产生信源，下面分别对这几个函数进行简要介绍。

1. randerr 函数

该函数用于产生误比特图样。其调用格式为：

out=randerr(m)：产生一个 m×m 维的二进制矩阵，矩阵中的每一行有且只有一个非零元素，且非零元素在每一行中的位置是随机的。

out=randerr(m,n)：产生一个 m×n 维的二进制矩阵，矩阵中的每一行有且只有一个非零元素，且非零元素在每一行中的位置是随机的。

out=randerr(m,n,errors)：产生一个 m×n 维的二进制矩阵，参数 errors 可以是一个标量、行向量或只有两行的矩阵。

- 当 errors 为一标量时，产生的矩阵的每一行中 1 的个数等于 errors。
- 当 errors 为一行向量时，产生的矩阵的每一行中出现 1 的可能个数由 errors 的相应元素指定。
- 当 errors 为两行矩阵时，第一行指定出现 1 的可能个数，第二行说明出现 1 的概率，第二行中所有元素的和应该等于 1。

out=randerr(m,n,prob,state)：参数 prob 为 1 出现的概率；参数 state 为需要重新设置的状态。

out = randerr(m,n,prob,s)：使用随机流 s 创建一个二进制矩阵。

【例 5-1】 利用 randerr 不同调用格式创建一个二进制的误比特图样。

```
>> clear all;
>> out = randerr(8,7,[0 2])
```

```
out =
     0  1  0  0  0  1  0
     0  1  0  0  0  1  0
     0  0  0  0  0  0  0
     0  0  0  0  0  1  1
     0  0  0  0  0  0  0
     0  0  0  0  0  0  0
     0  0  1  0  0  0  1
     0  0  1  0  1  0  0
out2 = randerr(8,7,[0 2; .25 .75])
out2 =
     0  0  0  0  1  0  1
     0  1  0  0  0  0  1
     0  0  1  0  0  1  0
     0  1  0  0  1  0  0
     1  0  0  0  1  0  0
     0  0  0  0  0  0  0
     0  0  0  0  0  0  0
     0  0  0  0  0  0  0
```

2. randint 函数

该函数用于产生均匀分布的随机整数矩阵。其调用格式为：

out=randint：产生一个不是 0 就是 1 的随机标量，且 0、1 等概率出现。

out=randint(m)：产生一个 m×m 的整数矩阵，矩阵中的元素为等概率出现的 0 和 1。

out=randint(m,n)：产生一个 m×n 的整数矩阵，矩阵中的元素为等概率出现的 0 和 1。

out=randint(m,n,rg)：产生一个 m×n 的整数矩阵，如果 rg 为 0，则产生 0 矩阵；否则矩阵中的元素是 rg 所设定范围内整数的均匀分布。此范围为：

- [0,rg−1]，当 rg 为正整数时。
- [rg+1,0]，当 rg 为负整数时。
- 从 min 到 max，包括 min 和 max，当 rg=[min,max]或[max,min]时。

【例 5-2】 利用 randint 函数产生均匀分布的随机整数矩阵。

```
>> clear all;
>> out = randint(6,5,8)
out =
     3  1  2  5  3
     7  5  1  0  3
     4  2  5  4  3
     7  5  6  3  6
     5  5  2  7  2
     7  0  6  0  6
>> out = randint(6,5,[0,7])
out =
     3  2  2  5  5
     0  4  6  4  7
     1  1  1  3  1
     5  5  2  5  5
     3  1  0  5  1
     1  7  4  5  0
```

3. randsrc 函数

该函数是根据给定的数字表产生一个随机符号矩阵。矩阵中包含的元素是数据符号，它们之间相互独立。其调用格式为：

out=randsrc：产生一个随机标量，这个标量是 1 或−1，且产生 1 和−1 的概率相等。

out=randsrc(m)：产生一个 m×m 的矩阵，且此矩阵中的元素是等概率出现的 1 和−1。

out=randsrc(m,n)：产生一个 m×n 的矩阵，且此矩阵中的元素是等概率出现的 1 和−1。

out=randsrc(m,n,alphabet)：产生一个 m×n 的矩阵，矩阵中的元素为 alphabet 中所指定的数据符号，每个符号出现的概率相等且相互独立。

out=randsrc(m,n,[alphabet; prob])：产生一个 m×n 的矩阵，矩阵中的元素为 alphabet 集合中所指定的数据符号，每个符号出现的概率由 prob 决定。prob 集合中所有数据相加必须等于 1。

【例 5-3】 利用 randsrc 函数产生一个随机符号矩阵。

```
>> clear all;
>> out = randsrc(7,10,[-3 -1 1 3])
out =
    -1   -1   -1    3    1   -3   3    3    3    1
    -3    3    1    1    3    1   1   -3   -3   -3
     3    3   -1    3    3   -1   3    3   -1    1
    -1   -1    3    1   -1   -3   1    1    3   -3
     3   -3    3   -3    1   -1   1    3    1    1
    -1    3   -3   -3   -3   -3   3    1    3    1
     3    3    3   -1   -3   -3   3   -1    1    1
>> out = randsrc(7,10,[-3 -1 1 3; .25 .25 .25 .25])
out =
     3   -3   -3   -3    1    3    3   -3    3   -3
     3    3    1   -3   -1   -1   -3    3    3    3
     3   -1   -1   -3    1   -3   -3    1    3   -1
     1    3   -3   -3   -1    1   -3    1    1   -1
     3   -3   -1    1   -3    1   -3   -3   -3   -1
     1    1   -3   -1   -1   -1    1    3   -1   -1
    -3    1   -3    1    3   -3    1    3   -3    1
```

4. wgn 函数

该函数用于产生高斯白噪声(White Gaussian Noise)。通过 wgn 函数可以产生实数形式或复数形式的噪声，噪声的功率单位可以是 dBW(分贝瓦)、dBm(分贝毫瓦)或绝对数值。其中，

$$1\text{W}=0\text{dBW}=30\text{dBm}$$

加性高斯白噪声是最简单的一种噪声，它表现为信号围绕平均值的一种随机波动过程。加性高斯白噪声的均值为 0，方差表现为噪声功率的大小。

wgn 函数的调用格式为：

y = wgn(m,n,p)：产生 m 行 n 列的白噪声矩阵，p 表示输出信号 y 的功率(单位：dBW)，并且设定负载的电阻为 1Ω。

y = wgn(m,n,p,imp)：生成 m 行 n 列的白噪声矩阵，功率为 p，指定负载电阻 imp（单位：Ω）。

y = wgn(m,n,p,imp,state)：参数 state 为需要重新设置的状态。

y = wgn(…,powertype)：参数 powertype 指明了输出噪声信号功率 p 的单位，这些单位可以是 dBW、dBm 或 linear。

y = wgn(…, outputtype)：参数 outputtype 用于指定输出信号的类型。当 outputtype 被设置为 real 时，输出实信号；当设置为 complex 时，输出信号的实部和虚部的功率都为 p/2。

【例 5-4】 利用 wgn 函数产生高斯白噪声。

```
>> clear all;
>> y1 = wgn(10,1,0)
y1 =
    - 0.1815
    - 0.4269
      0.3801
      1.5804
    - 0.6620
    - 0.1699
      0.3929
    - 2.0945
    - 0.9653
    - 0.0417
>> y1 = wgn(2,6,0)
y1 =
      0.4543    0.6344   - 0.5145   - 0.3616  0.3742   - 0.7158
    - 0.7841  - 3.7003     0.3443     0.3838  0.9805     0.5870
```

5.2.2 信源编码/解码函数

在 MATLAB 中，提供了一些常用信源编码/解码函数，下面分别对这些函数进行介绍。

1. arithenco/arithdeco 函数

arithenco 函数用于实现算术二进制码编码。函数 arithdeco 用于实现算术二进制码解码。它们的调用格式为：

code=arithenco(seq,counts)：根据指定向量 seq 对应的符号序列产生二进制算术代码，向量 counts 代表信源中指定符号在数据集合中出现的次数统计。

dseq=arithdeco(code,counts,len)：解码二进制算术代码 code，恢复相应的 len 符号列。

【例 5-5】 利用 arithenco/arithdeco 函数实现算术二进制编码/解码。

```
>> clear all;
counts = [99 1];
len = 1000;
seq = randsrc(1,len,[1 2; .99 .01]);                    % 随机序列
code = arithenco(seq,counts);                           % 编码
dseq = arithdeco(code,counts,length(seq));              % 解码
isequal(seq,dseq)                                       % 检查dseq是否与原序列 seq 一致
```

运行程序，输出为：

```
ans =
    1
```

由以上结果可知，检查解码与编码的序列是一致的。当返回结果为 0 时，即表示不一致。

2. dpcmenco/dpcmdeco 函数

dpcmenco 函数用于实现差分码调制编码；dpcmdeco 函数用于实现差分码调制解码。它们的调用格式为：

indx=dpcmenco(sig,codebook,partition,predictor)：参数 sig 为输入信号，codebook 为预测误差量化码本，partition 为量化阈值，predictor 为预测期的预测传递函数系数向量，返回参数 indx 为量化序号。

[indx,quants]=dpcmenco(sig,codebook,partition,predictor)：返回参数 quants 为量化的预测误差。

sig=dpcmdeco(indx,codebook,predictor)：返回参数为输出信号，indx 为量化序号，codebook 为预测误差量化码本，partition 为量化阈值，predictor 为预测期的预测传递函数系数向量。

[sig,quanterror]=dpcmdeco(indx,codebook,predictor)：参数 quanterror 为量化的预测误差。

【例 5-6】 用训练数据优化 DPCM 方法，对一个锯齿波信号数据进行预测量化。

```
>> clear all;
t = [0:pi/60:2 * pi];
x = sawtooth(3 * t);                                   % 原始信号
initcodebook = [ - 1:.1:1];                            % 初始化高斯噪声
% 优化参数,使用初始序列 initcodebook
[predictor,codebook,partition] = dpcmopt(x,1,initcodebook);
% 使用 DPCM 量化 X
encodedx = dpcmenco(x,codebook,partition,predictor);
% 尝试从调制信号中恢复 X
[decodedx,equant] = dpcmdeco(encodedx,codebook,predictor);
distor = sum((x - decodedx).^2)/length(x)              % 均方误差
plot(t,x,t,equant,' * ');
```

运行程序，输出如下，得到预测量化误差，如图 5-4 所示。

```
distor =
    8.1282e - 04
```

3. compand 函数

该函数按 Mu 律或 A 律对输入信号进行扩展或压缩。其调用格式为：

```
out = compand(in,param,v)
out = compand(in,Mu,v,method)
```

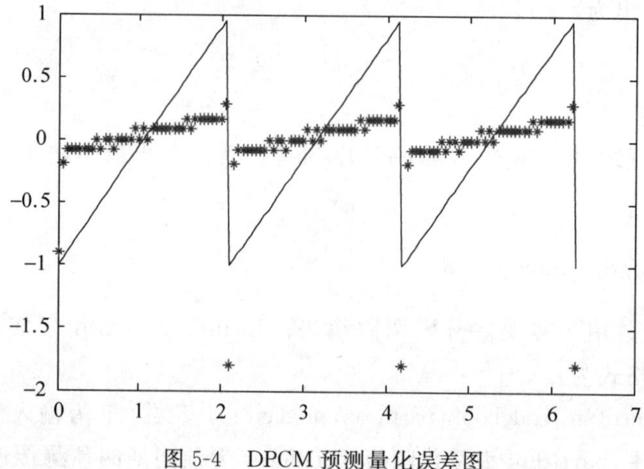

图 5-4　DPCM 预测量化误差图

参数 param 指出 Mu 或 A 的值，v 为输入信号的最大幅值，method 决定具体采用哪种方式进行扩展或压缩。

out＝compand(in,param,v)：参数 param 指出 Mu 或 A 的值，v 为输入信号的最大幅值。

out＝compand(in,Mu,v,'mu/compressor')：利用 Mu 律对信号进行压缩。

out＝compand(in,Mu,v,'mu/expander')：利用 Mu 律对信号进行扩展。

out＝compand(in,A,v,'A/compressor')：利用 A 律对信号进行压缩。

out＝compand(in,A,v,'A/expander')：利用 A 律对信号进行扩展。

【例 5-7】 利用 compand 函数对给定输入信号使用 A 律的 compressors 及 expanders 方法进行压缩与扩展。

```
>> clear all;
>> compressed = compand(1:5,87.6,5,'a/compressor') % 压缩
expanded = compand(compressed,87.6,5,'a/expander') % 扩展
```

运行程序，输出如下：

```
compressed =
    3.5296   4.1629   4.5333   4.7961   5.0000
expanded =
    1.0000   2.0000   3.0000   4.0000   5.0000
```

4. lloyds 函数

该函数能够优化标量量化的阈值和码本。它使用 Lloyds_max 算法优化标量量化参数，用给定的训练序列向量优化初始码本，使量化误差小于给定的容差。其调用格式为：

[partition,codebook]＝lloyds(training_set,initcodebook)：参数 training_set 为给定的训练序列，initcodebook 为码本的初始预测值。

[partition,codebook]＝lloyds(training_set,len)：len 为给定的预测长度。

[partition,codebook]＝lloyds(training_set,…,tol)：tol 为给定容差。

[partition,codebook,distor]＝lloyds(…)：返回最终的均方差 distor。

[partition,codebook,distor,reldistor]＝ lloyds(…)：返回是有关算法的终止值 reldistor。

【例 5-8】 通过一个 2bit 通道优化正弦传输量化参数。

```
>> clear all;
>> % 产生正弦信号的一个完整周期
>> x = sin([0:1000] * pi/500);
>> [partition,codebook,distor,reldistor] = lloyds(x,2 ^ 2)
```

运行程序，输出如下：

```
partition =
    - 0.5715     0.0037   0.5761
codebook =
    - 0.8520   - 0.2910   0.2984   0.8539
distor =
       0.0210
reldistor =
     0
```

5. quantiz 函数

该函数用于产生一个量化序号和输出量化值。其调用格式为：

index=quantiz(sig,partition)：根据判断向量 partition，对输入信号 sig 产生量化索引 index，indx 的长度与 sig 向量的长度相同。

[index,quants]=quantiz(sig,partition,codebook)：根据给定的向量 partition 及码本 codebook，对输入信号 sig 产生一个量化序号 index 和输出量化误差 quants。

[index,quants,distor]=quantiz(sig,partition,codebook)：参数 distor 为量化的预测误差。

【例 5-9】 用训练序列和 lloyd 算法，对一个正弦信号数据进行标量量化。

```
>> clear all;
N = 2 ^ 4;                                   % 以 4bit 传输信道
t = [0:100] * pi/20;
u = sin(t);
[p,c] = lloyds(u,N);                         % 生成分界点向量和编码手册
[index,quant,distor] = quantiz(u,p,c);       % 量化信号
plot(t,u,t,quant,' + ');
```

运行程序，效果如图 5-5 所示。

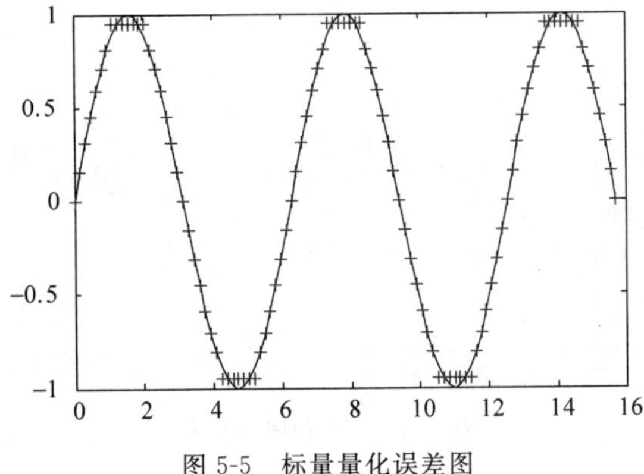

图 5-5 标量量化误差图

5.2.3 信道函数

对于最常用的两种信道,高斯白噪声信道和二进制对称信道,MATLAB为其提供了对应的函数,下面分别进行介绍。

1. awgn函数

该函数在输入信号中叠加一定强度的高斯白噪声,噪声的强度由函数参数确定。其调用格式为:

y=awgn(x,SNR):在信号x中加入高斯白噪声。信噪比SNR以dB为单位,x的强度假定为0dBW。如果x是复数,就加入复噪声。

y=awgn(x,SNR,SIGPOWER):如果SIGPOWER是数值,则其代表以dBW为单位的信号强度;如果SIGPOWER为'measured',则函数将在加入噪声之前测定信号强度。

y=awgn(x,SNR,SIGPOWER,STATE):重置RANDN的状态。

y=awgn(…,POWERTYPE):指定SNR和SIGPOWER的单位。POWERTYPE可以是'dB'或'linear'。如果POWERTYPE是'dB',那么SNR以dB为单位,而SIGPOWER以dBW为单位。如果POWERTYPE是'linear',那么SNR作为比值来度量,而SIGPOWER以瓦特(W)为单位。

【例5-10】 对输入的锯齿波进行叠加高斯白噪声。

```
>> clear all;
t = 0:.1:10;
x = sawtooth(t);                          % 产生锯齿波信号
y = awgn(x,10,'measured');                % 添加高斯白噪声
plot(t,x,t,y)                             % 绘制原信号和输出信号
legend('原始信号','叠加高斯白噪声信号');
```

运行程序,效果如图5-6所示。

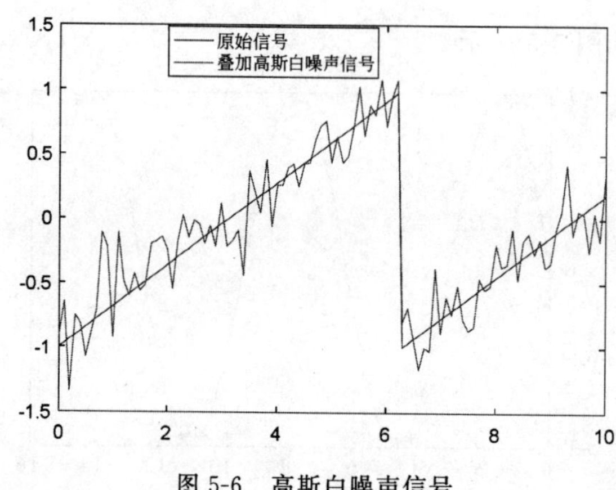

图5-6 高斯白噪声信号

2. bsc 函数

该函数通过二进制对称信道以误码概率 p 传输二进制输入信号。该函数的调用格式为：

ndata＝bsc(data,p)：给定输入信号 data 及误码概率，返回二进制对称信道误码率。

ndata＝bsc(data,p,s)：参数 s 为一个任意的有效随机流。

ndata＝bsc(data,p,state)：参数 state 指定状态。

[ndata,err]＝bsc(…)：err 指定返回的误差。

【例 5-11】 对输入的二进制信号，进行对称信道后再利用 biterr 函数计算误比特率。

```
>> clear all;
z = randi([0 1],100,100);                    % 随机矩阵
nz = bsc(z,.15);                             % 二进制对称信道
[numerrs,pcterrs] = biterr(z,nz)             % 计算误比特率
```

运行程序，输出如下：

```
numerrs =
        1509
pcterrs =
    0.1509
```

由结果可得，错误码数为 1509，误码率为 0.1509。

5.3 信号与信道

在前面简单介绍了几种产生信号与信道的方法，本节将进一步讲述 MATLAB 及 Simulink 中具备产生信号与信道的函数及模块。

5.3.1 随机数据信号源

本节将介绍几种数字信号产生器，包括伯努利二进制信号产生器、泊松分布整数产生器以及随机整数产生器等。

1. 伯努利二进制产生器

1) MATLAB 函数

将试验 E 重复进行 n 次，若各次试验的结果互不影响，即每次试验结果出现的概率都不依赖于其他各次试验的结果，则称这 n 次试验是相互独立的。

设试验 E 只有两个可能结果 A 及 $\overline{A}$，$P(A)=p$，$P(\overline{A})=1-p=q(0<p<1)$。将 E 独立重复地进行 n 次，则称这一串重复的独立试验为 n 重伯努利试验，简称伯努利试验。伯努利试验是一种很重要的数学模型。它有广泛的应用，是研究最多的模型之一。

以 X 表示 n 重伯努利试验中事件 A 发生的次数，X 是一个随机变量，我们来求它的分布律。X 所有可能取的值为 $0,1,2,\cdots,n$。由于各次试验是相互独立的，因此，事件 A

在指定的$k(0\leqslant k\leqslant n)$次试验中发生,其他$n-k$次试验中不发生(例如在前$k$次试验中发生,而后$n-k$次试验中不发生)的概率为:

$$\underbrace{p\cdot p\cdots p}_{k个}\cdot\underbrace{(1-p)\cdot(1-p)\cdots(1-p)}_{n-k个}=p^k(1-p)^{n-k}$$

由于这种指定的方式共有C_n^k种,它们是两两互不相容的,故在n次试验中A发生k次的概率为$C_n^kP^k(1-p)^{n-k}$,即:

$$P\{X=k\}=C_n^kp^kq^{n-k},\quad k=0,1,2,\cdots,n \tag{5-1}$$

显然:

$$\begin{cases}P\{X=k\}\geqslant 0,\quad k=0,1,2,\cdots,n\\ \sum_{k=0}^{n}C_n^kp^kq^{n-k}=(p+q)^n=1\end{cases} \tag{5-2}$$

即$P\{X=k\}$满足条件式(5-1)、式(5-2)。注意到$C_n^kp^kq^{n-k}$刚好是二项式$(p+q)^n$的展开式中出现p^k的一项,故称随机变量X服从参数为n,p的二项分布,记为:

$$X\sim B(n,p)$$

特别地,当$n=1$时二项分布化为:

$$P\{X=k\}=p^kq^{1-k},\quad k=0,1$$

这就是0-1分布。

MATLAB统计工具箱提供了伯努利二进制的计算函数,包括binopdf、binocdf、binofit、binoinv、binornd、binostat等。

【例5-12】 某人向空中抛硬币100次,落下为正面的概率为0.5,求这100次中正面向上次数的概率。

```
>> clear all;
p1 = binopdf(45,100,0.5)                    %计算x=45的概率
p2 = binocdf(45,100,0.5)                    %计算x≤45的概率即累积概率
x = 1:100;
p = binopdf(x,100,0.5);
px = binopdf(x,100,0.5);
subplot(121);plot(x,p,'rp');                %绘制分布函数图像
xlabel('x'); ylabel('p');title('分布函数');
axis square;
subplot(122);plot(x,px,'+');                %绘制概率密度函数图像
xlabel('x'); ylabel('p');title('概率密度函数');
axis square;
```

运行程序,输出如下,效果如图5-7所示。

```
p1 =
    0.0485
p2 =
    0.1841
```

2) Simulink模块

伯努利二进制信号的产生器符合伯努利分布的随机信号。

伯努利二进制信号产生器产生随机二进制序列,并且在这个二进制序列中的0和1满足伯努利分布,如式(5-3)所示。

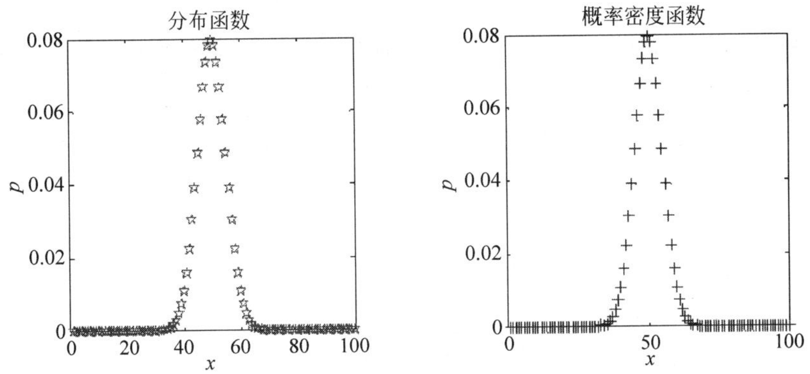

图 5-7 伯努利二进制分布函数及密度函数效果图

$$\Pr(x) = \begin{cases} p, & x = 0 \\ 1-p, & x = 1 \end{cases} \tag{5-3}$$

即伯努利二进制信号产生器产生的序列中，产生 0 的概率为 p，产生 1 的概率为 $1-p$。根据伯努利序列的性质可知，输出信号的均值为伯努利 $1-p$，方差为 $p(1-p)$。产生 0 的概率 p 由伯努利二进制信号产生器中的 Probability of zero 项控制，它可以是 0 和 1 之间的某个实数。

伯努利二进制信号产生器的输出信号，可以是基于帧的矩阵、基于采样的行或列向量，或者基于采样的一维序列。输出信号的性质可以由二进制伯努利序列产生器中的 Frame-based outputs、Samples per frame 和 Interpret vector parameters as 1-D 三个选项控制。

伯努利二进制信号产生器模块及参数设置对话框如图 5-8 所示。

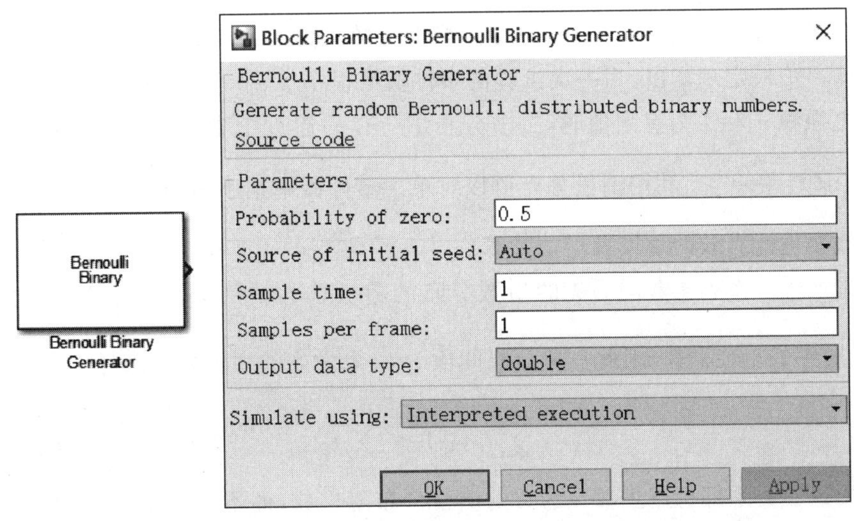

图 5-8 伯努利二进制信号产生器模块及参数设置对话框

伯努利二进制信号产生器中包含多个参数项，下面分别对各项进行简单的介绍。

Probability of zero：伯努利二进制信号产生器输出 0 的概率，对应于式(5-3)中的 p，

p 为 0 和 1 之间的实数。

Source of Initial seed：伯努利二进制信号产生器的随机数种子，它可以是与 Probability of a zero 项长度相同的向量或标量。当使用相同的随机数种子时，伯努利二进制信号产生器每次都会产生相同的二进制序列；不同的随机数种子通常产生不同的序列。当随机数种子的维数大于 1 时，伯努利二进制信号产生器的输出信号的维数也大于 1。

Sample time：输出序列中每个二进制符号的持续时间。

Samples per Frame：指定伯努利二进制信号产生器每帧采样。

Output data type：决定模块输出的数据类型，可以是 boolean、uint8、uint16、uint32、single、double 等众多类型，默认为 double。

Simulate using：指定使用仿真的方式。

2. 泊松分布整数产生器

1) MATLAB 函数

如果离散随机变量 ξ 的取值为非负整数值 $k=0,1,2,\ldots$，且取值等于 k 的概率为：

$$p_k = P(\xi = k) = \frac{\lambda^k}{k!}\exp(-\lambda)$$

则称离散随机变量 ξ 服从泊松分布。泊松分布随机变量的期望和均值为：

$$E(\xi) = \lambda$$

$$\mathrm{Var}(\xi) = \lambda$$

两个分别服从参数为 λ_1 和 λ_2 的独立泊松分布的随机变量之和也是泊松分布的，其参数为 $\lambda_1+\lambda_2$。

在对二项分布的概率计算中，需要计算组合数，这在独立试验次数很多的情况下是不方便的。泊松定理指出，当一次试验的事件概率很小 $p\to 0$，独立试验次数很大 $n\to\infty$，而两者之乘积 $np=\lambda$ 为有限值时，二项分布 $P_k(n,p)$ 趋近于参数为 λ 的泊松分布，即有 $\lim\limits_{n\to\infty}P_k(n,p)=\frac{\lambda^k}{k!}\mathrm{e}^{-\lambda}$。利用泊松分布可以对单次事件概率很小而独立试验次数很大的二项分布概率进行有效的建模及近似计算。

如果产生一系列参数同为 λ 的指数分布的随机数 $t_i(i=1,2,\cdots)$，可认为在时间段 $\sum\limits_{i=1}^{k} t_i$ 上发生了 k 个事件，因此在单位时间段 $t=1$ 上发生的事件数 k 满足方程：

$$\sum_{i=1}^{k} t_i \leqslant 1 < \sum_{i=1}^{k+1} t_i \tag{5-4}$$

利用这一关系即可产生参数为 λ 的泊松分布随机数，即不断产生参数为 λ 的指数分布的随机数 $t_i, i=1,2,\cdots$，并将它们累加起来，如果累加到 $k+1$ 个的结果大于 1，则将计数值 k 作为泊松分布的随机数输出。

设随机数 x_i 是均匀分布在区间[0,1]上的随机数，则根据前述反函数法，$t_i=-\frac{1}{\lambda}\ln x_i$

将是参数为λ的指数分布随机数。将其代入式(5-4)可得：

$$\sum_{i=1}^{k} -\frac{1}{\lambda}\ln x_i \leqslant 1 < \sum_{i=1}^{k+1} -\frac{1}{\lambda}\ln x_i \tag{5-5}$$

利用式(5-5)计算时需要计算对数求和，效率较低。实际上，式(5-5)可简化为：

$$\prod_{i=1}^{k} x_i \geqslant \exp(-\lambda) > \prod_{i=1}^{k+1} x_i \tag{5-6}$$

这样，泊松随机数的产生就简化为连乘运算和条件判断，具体算法如下：

(1) 初始化：置计数器 i:=0，以及乘积变量 v:=1；

(2) 计算连乘：产生一个区间[0,1]上均匀分布的随机数 x_i，并赋值 v:$v\times x_i$；

(3) 判断：如果 $v\geqslant\exp(\lambda)$，则令 i:=i+1，返回步骤(2)；否则，将当前计数值作为泊松随机数输出，然后转到步骤(1)。

MATLAB 统计工具箱提供的泊松分布计算指令包括 poisspdf、poisscdf、poissfit、poissinv、poissrnd、poisstats 等。

【例 5-13】 生成泊松分布的随机数。

```
>> clear all;
%设置泊松分布的参数
lambda = 4;
%产生 len 个随机数
len = 5;
y1 = poissrnd(lambda,[1 len])
%产生 P 行 Q 列的矩阵
P = 3;
Q = 4;
y2 = poissrnd(lambda,P,Q)
%显示泊松分布的柱状图
M = 1000;
y3 = poissrnd(lambda,[1 M]);
figure(1);
t = 0:1:max(y3);
hist(y3,t);
axis([0 max(y3) 0 250]);
xlabel('取值');
ylabel('计数值');
```

运行程序，输出如下，效果如图 5-9 所示。

```
y1 =
    5   4   4   2   4
y2 =
    3   5   6   7
    6   5   6   3
    4   6   3   3
```

2) Simulink 模块

泊松分布整数产生器产生服从泊松分布的整数序列。

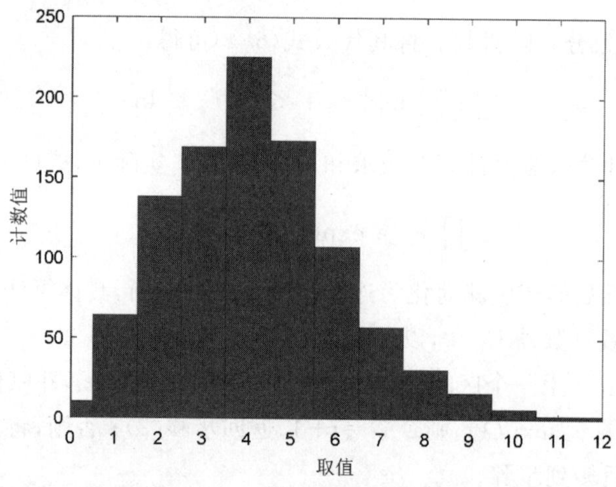

图 5-9　泊松分布频率直方图

泊松分布整数产生器利用泊松分布产生随机整数。假设 x 是一个服从泊松分布的随机变量,那么 x 等于非负整数 k 的概率可以用式(5-7)表示。

$$\Pr(k) = \frac{\lambda^k e^{-k}}{k!}, \quad k = 0,1,2,\cdots \tag{5-7}$$

其中,λ 为一正数,称为泊松参数,并且泊松随机过程的均值和方差都等于 λ。

利用泊松分布整数产生器可以在双传输通道中产生噪声,在这种情况下,泊松参数 λ 应该比 1 小,通常远小于 1。泊松分布参数产生器的输出信号,可以是基于帧的矩阵、基于采样的行或列向量,也可以是基于采样的一维序列。输出信号的性质可以由泊松分布整数产生器中的 Frame-based outputs、Samples per frame 和 Interpret vector parameters as 1-D 三个选项控制。

泊松分布整数产生器模块及参数设置对话框如图 5-10 所示。

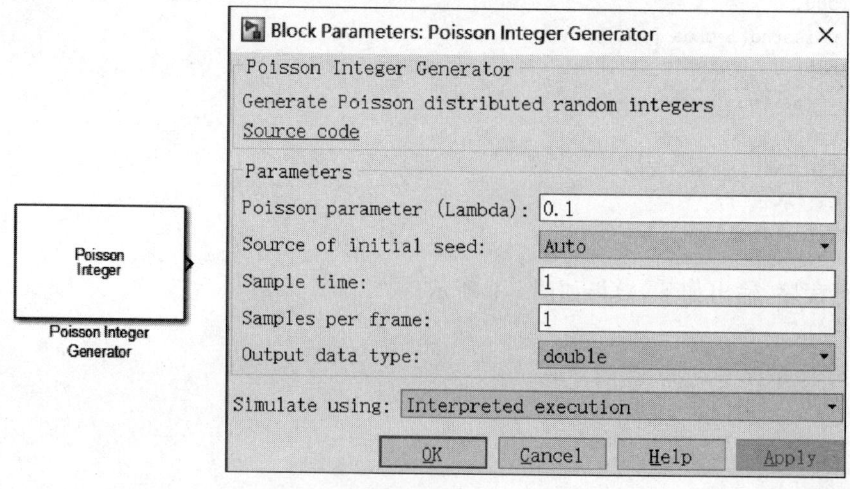

图 5-10　泊松分布整数产生器模块及参数设置对话框

泊松分布整数产生器对话框中包含多个参数项,下面分别对各项进行简单的说明。

Lambda:确定泊松参数 λ,如果输入为一个标量,那么输出向量的每一个元素分享相同的泊松参数。

Source of Initial seed：泊松分布整数产生器的随机数种子。当使用相同的随机数种子时，泊松分布整数产生器每次都会产生相同的二进制序列；不同的随机数种子通常产生不同的序列。当随机数种子的维数大于 1 时，泊松分布参数产生器的输出信号的维数也大于 1。

Sample time：输出序列中每个整数的持续时间。

Samples per frame：该参数用来确定每帧的采样点的数目。本项只有当 Frame-based outputs 项选中后才有效。

Output data type：决定模块输出的数据类型，可以是 boolean、uint8、int16、uint16、single、double 等众多类型，默认为 double。

Simulate using：指定使用仿真的方式。

3. 随机整数产生器

随机整数产生器用来产生[0,M－1]范围内具有均匀分布的随机整数。

随机整数产生器输出整数的范围[0,M－1]可以由用户自己定义。M 的大小可随机整数产生器中的 M-ary number 项中随机输入。M 可以是标量也可以是向量。如果 M 为标量，那么输出均匀分布且互不相关的随机变量。如果 M 为向量，其长度必须和随机整数产生器中 Source of Initial seed 的长度相同，在这种情况下，每一个输出对应一个独立的输出范围。如果 Source of Initial seed 是一个常数，那么产生的噪声是周期重复的。

随机整数产生器的输出信号，可以是基于帧的矩阵、基于采样的行或列向量，也可以是基于采样的一维序列。输出信号的性质可以由 Sample time、Samples per frame 和 Output data type 三个选项控制。

随机整数产生器模块及参数设置对话框如图 5-11 所示。

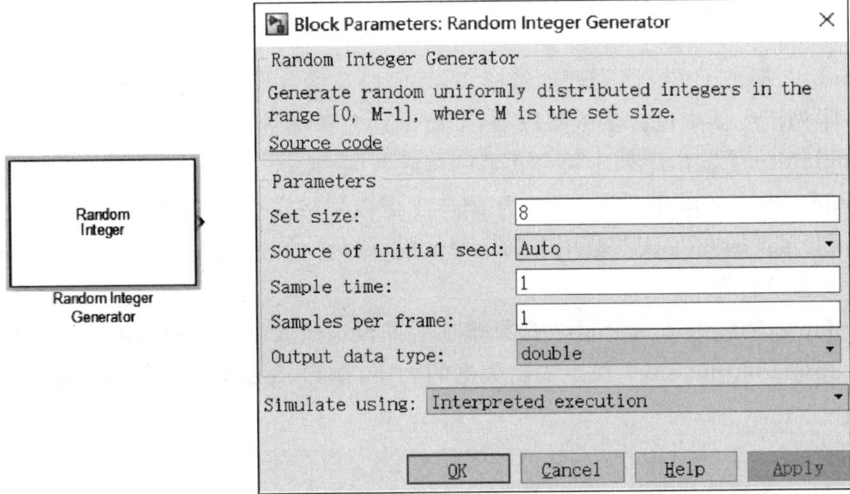

图 5-11 随机整数产生器模块及参数设置对话框

随机整数产生器对话框包含多个参数项,下面分别对各项进行简单的介绍。

Set size:输入正整数或正整数矢量,设定随机整数的大小。

Source of Initial seed:随机整数产生器的随机种子。当使用相同的随机数种子时,随机整数产生器每次都会产生相同的二进制序列;不同的随机数种子通常产生不能的序列。当随机数种子的维数大于1时,随机整数产生器的输出信号的维数也大于1。

Sample time:输出序列中每个整数的持续时间。

Sample of Frame:指定随机整数产生器每帧采样。

Sample per frame:该参数用来确定每帧的采样点的数目。本项只有当Frame-based outputs 选项中后有效。

Output data type:决定模块输出的数据类型,可以是 boolean、uint8、uint16、uint32、single、double 等众多类型,默认为 double。如果想要输出为 boolean 型,M-ary number 项必须为2。

5.3.2 序列产生器

序列产生器用来产生一个具有某种特性的二进制序列,这种序列可能有比较独特的外相关属性或互相关属性。

1. PN 序列产生器

PN 序列产生器用于产生一个伪随机序列。

PN 序列产生器利用线性反馈移位寄存器(LFSR)来产生 PN 序列。线性反馈移位寄存器可以通过简单的移位暂存器产生器结构得到实现。

PN 序列产生器中共有 r 个寄存器,每个寄存器都以相同的采样频率更新寄存器的状态,即第 k 个寄存器在 $t+1$ 时刻的状态 m_k^{t+1} 等于第 $k+1$ 个寄存器在 t 时刻的状态 m_{k+1}^t。PN 序列产生器可以用一个生成的多项式表示:

$$g_r z^r + g_{r-1} z^{r-1} + g_{r-2} z^{r-2} + \cdots + g_1 z + g_0$$

Simulink 提供了 PN 序列产生器模块,其模块及参数设置对话框如图 5-12 所示。

PN 序列产生器中包含多个参数项,下面分别对各项进行简要介绍。

Sample time:输出序列中每个元素的持续时间。

Frame-based outputs:指定 PN 序列产生器以帧格式产生输出序列。

Sample per frame:该参数用来确定每帧的采样点的数目。本项只有当Frame-based outputs 项选中后有效。

Output variable-size signals:选择该项后即设定输入单变量的范围。

Maximum output size:设定输出数据的大小,在 Output variable-size signals 项选中时有效。

Reset on nonzero input:选择该项之后,PN 序列产生器提供一个输入端口,用于输入复位信号。如果输入不为0,PN 序列产生器会将各个寄存器恢复到初始状态。

Enable bit-packed outputs:选定后激活 Number of packed bits、Interpret bit-packed values as signed 两项。

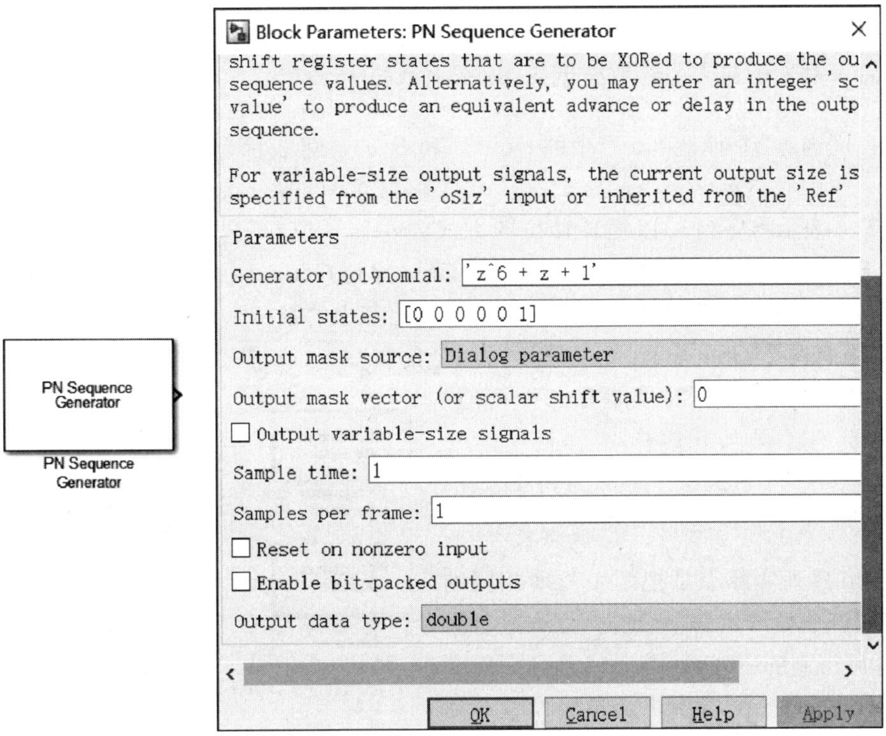

Block Parameters: PN Sequence Generator
shift register states that are to be XORed to produce the ou
sequence values. Alternatively, you may enter an integer 'sc
value' to produce an equivalent advance or delay in the outp
sequence.

For variable-size output signals, the current output size is
specified from the 'oSiz' input or inherited from the 'Ref'

Parameters
Generator polynomial: 'z^6 + z + 1'
Initial states: [0 0 0 0 0 1]
Output mask source: Dialog parameter
Output mask vector (or scalar shift value): 0
Output variable-size signals
Sample time: 1
Samples per frame: 1
Reset on nonzero input
Enable bit-packed outputs
Output data type: double
OK Cancel Help Apply

PN Sequence Generator

PN Sequence Generator

图 5-12　PN 序列产生器模块及参数设置对话框

Number of packed bits：设定输出字符的位数(1～32)。

Interpret bit-packed values as signed：有符号整数与无符号整数判断项。如果该项被选定，最高位为 1 时，表示为负。

Output data type：决定模块输出的数据类型，默认为 double。

Output mask source：选择模块中的输出屏蔽信息的给定方式。此项为复选框。如果选定 Dialog parameter，则可在 Output mask vector(or scalar shift value)项中输入；如果选定 Input port，则需要在弹出的对话框中输入。

Output mask vector(or scalar shift value)：给定输出屏蔽(或移位量)。输入的整数或二进制向量决定了生成的 PN 序列相对于初始时刻的延时。如果移位限定为二进制向量，那么向量的长度必须和生成多项式的次数相同。此项只有在 Output mask source 选定为 Dialog parameter 时有效。

2. Gold 序列产生器

Gold 序列产生器用来产生 Gold 序列。Gold 序列的一个重要的特性是其具有良好的互相关性。Gold 序列产生器根据两个长度为 $N=2^n-1$ 的序列 u 和 v 产生一个 Gold 序列 $G(u,v)$，序列 u 和 v 称为一个“优选对”。但是想要成为“优选对”进而产生 Gold 序列，长度 $N=2^n-1$ 的序列 u 和 v 必须满足以下几个条件：

(1) n 不能被 4 整除；

(2) $v=u[q]$，即序列 v 是通过对序列 u 每隔 q 个元素进行一次采样得到的序列，其

中 q 是奇数,$q=2^k+1$ 或 $q=2^{2k}-2^k+1$;

(3) n 和 k 的最大公约数满足条件:$\gcd(n,k)=\begin{cases}1, & n\equiv 1\bmod 2\\ 2, & n\equiv 2\bmod 4\end{cases}$。

由"优选对"序列 u 和 v 产生的 Gold 序列 $G(u,v)$ 可表示为:

$$G(u,v)=\{u,v,u\oplus v,u\oplus Tv,u\oplus T^2v,\cdots,u\oplus T^{N-1}v\}$$

其中,T^nx 表示将序列 x 以循环移位的方式向左移 n 位。$\oplus$代表模二加。值得注意的是,由于长度 N 的两个序列 u 和 v 产生的 Gold 序列 $G(u,v)$ 中包含了 $N+2$ 个长度为 N 的序列,Gold 序列产生器可根据设定的参数输出其中的某一个序列。

如果有两个 Gold 序列 X、Y 属于同一个集合 $G(u,v)$,并且长度 $N=2^n-1$,那么这两个序列的互相关函数只能有三种可能:$-t(n)$、-1、$t(n)-2$。其中,

$$t(n)=\begin{cases}1+2^{(n+1)/2}, & n\text{ 为偶数}\\ 1+2^{(n+2)/2}, & n\text{ 为奇数}\end{cases}$$

Gold 序列实际上是把两个长度相同的 PN 序列产生器产生的"优选对"序列进行异或运算后得到的序列,如图 5-13 所示。

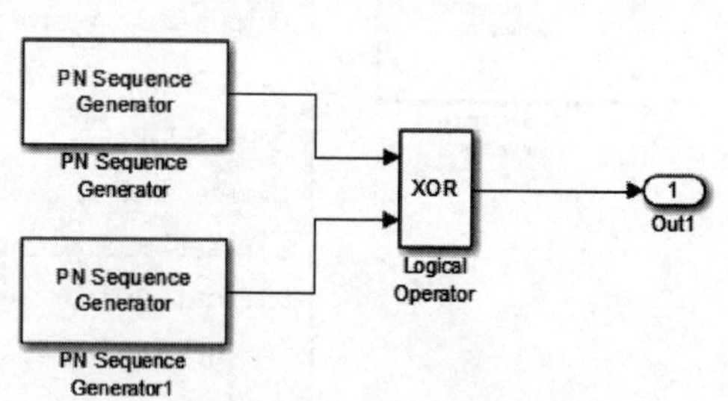

图 5-13　Gold 序列产生器结构图

Gold 序列产生器模块及参数设置对话框如图 5-14 所示。

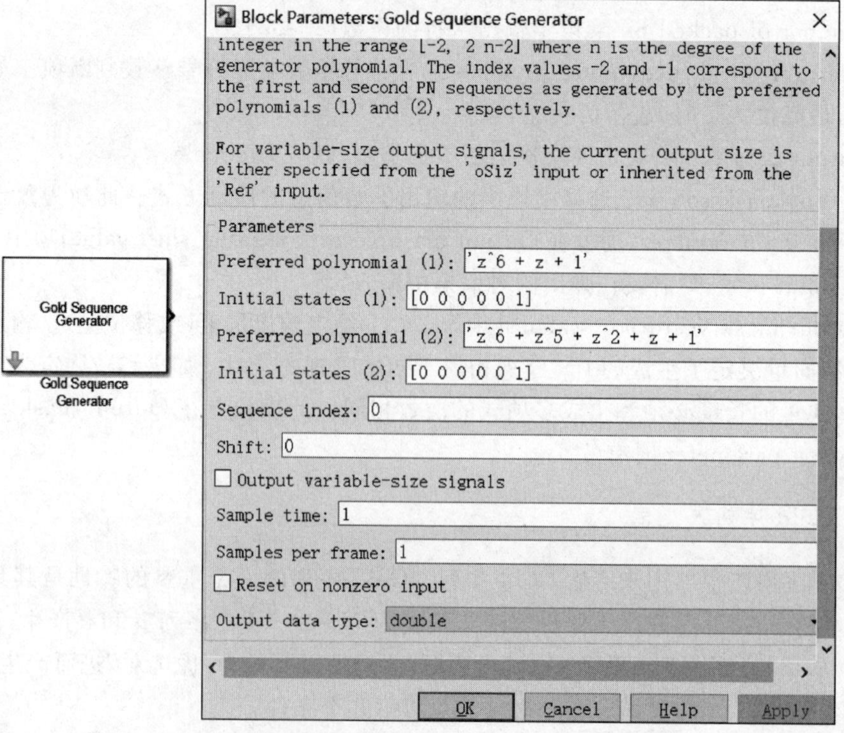

图 5-14　Gold 码发生器模块及其参数设置对话框

Gold 码发生器对话框中包含多个参数项,下面分别对各项进行简单的介绍。

Preferred polynomial(1):“优选对”序列 1 的生成多项式,可以是二进制向量的形式,也可以是由多项式下标构成的整数向量。

Initial states(1):“优选对”序列 1 的初始状态。它是一个二进制向量,用于表明与优选对序列 1 对应的 PN 序列产生器中每个寄存器的初始状态。

Preferred polynomial(2):“优选对”序列 2 的生成多项式,可以是二进制向量的形式,也可以是由多项式下标构成的整数向量。

Initial states(2):“优选对”序列 2 的初始状态。它是一个二进制向量,用于表明与优选对序列 2 对应的 PN 序列产生器中每个寄存器的初始状态。

Sequence index:用于限定 Gold 序列 $G(u,v)$的输出,其范围是$[-2,-1,0,1,2,\cdots,2^n-2]$。

Shift:指定 Gold 码发生器的输出序列的时延。该参数是一个整数,表示序列延时 Shift 个采样周期后输出。

Sample time:输出序列中每个元素的持续时间。

Frame-based outputs:指定 Gold 码发生器是否是以帧格式产生输出序列。

Sample per frame:该参数用来确定每帧的采样点数目。本项只有当 Frame-based outputs 项被选中后有效。

Output variable-size signals:选择该项后即设定输入单变量的范围。

Maximum output size:设定输出数据的大小,在 Output variable-size signals 项选中时有效。

Reset on nonzero input:选择该项之后,Gold 码发生器提供一个输入端口,用于输入复位信号。如果输入不为 0,Gold 码发生器会将各个寄存器恢复到初始状态。

Output data type:决定模块输出的数据类型,可以是 boolean、double、Smallest、unsigned、integer 等类型,默认为 double。

3. Walsh 序列产生器

Walsh 序列产生器产生一个 Walsh 序列。

如果用 W_i 表示第 i 个长度为 N 的 Walsh 序列,其中 $i=0,1,\cdots,N-1$,并且 Walsh 序列的元素是+1 或−1,$W_i[k]$表示 Walsh 序列 W_i 的第 k 个元素,那么对于任意的 i,$W_i[0]=0$。对于任意两个长度为 N 的 Walsh 序列 W_i 和 W_j,有 $W_iW_j^{\mathrm{T}}=\begin{cases}0, & i\neq j\\ N, & i=j\end{cases}$。

在 Simulink 中提供对应的模块用于实现 Walsh 序列产生,该模块及参数设置对话框如图 5-15 所示。

Walsh 码发生器中包含多个参数项,下面分别对各项进行简单的说明。

Code length:设定输出 Walsh 码的长度 N,且需满足 $N=2^n$,$n=0,1,2,\cdots$。

Code index:Walsh 码的序号,为[0,N−1]范围内的整数,表示序列中过零点的数目。

Sample time:输出序列中每个元素的持续时间。

Frame-based outputs:指定 Walsh 码发生器是否是以帧格式产生输出序列。

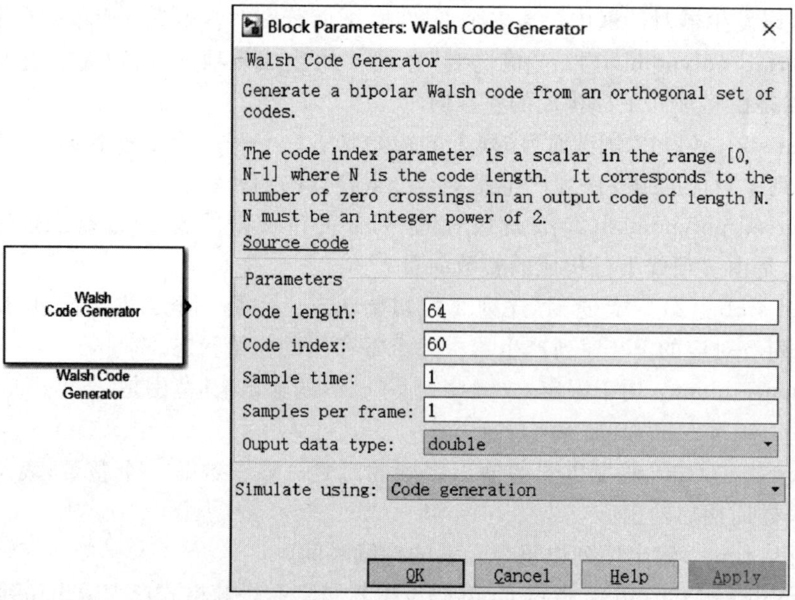

图 5-15　Walsh 序列产生器模块及参数设置对话框

Sample per frame：该参数用来确定每帧的采样点数目。本项只有当 Frame-based outputs 项被选中后有效。

Output data type：决定模块输出的数据类型，可以是 double、int8 类型，默认为 double。

Simulate using：指定使用仿真的方式。

5.3.3　噪声源发生器

噪声的存在，对通信系统具有很大的影响。但噪声本身是一个随机过程，很难通过一种简单的方法预测某个时刻噪声信号的强度。下面对 MATLAB 本身提供的几种具有不同的随机特征噪声产生器进行简要介绍。

1. 均匀分布随机噪声产生器

设连续型随机变量 X 具有概率密度：

$$f(x)=\begin{cases}\dfrac{1}{b-a}, & a<x<b\\ 0, & \text{其他}\end{cases} \tag{5-8}$$

则称 X 在区间(a,b)上服从均匀分布，记为 $X\sim U(a,b)$，其中 a,b 是分布参数。

在区间(a,b)上服从均匀分布的随机变量 X，具有下述意义的等可能性，即它落在区间(a,b)中任意等长度的子区间内的可能性是相同的，或者说它落在子区间的概率只依赖于子区间的长度而与子区间的位置无关。实际上，对于任一长度 l 的子区间$(c,c+l)$，$a\leqslant c<c+l\leqslant b$，有：

$$P\{c<X\leqslant c+l\}=\int_c^{c+l}f(x)\mathrm{d}x=\int_c^{c+l}\frac{1}{b-a}\mathrm{d}x=\frac{1}{b-a} \tag{5-9}$$

由式(5-8)和式(5-9)得 X 的分布函数为：

$$F(x)=\begin{cases}0, & x<a\\ \dfrac{x-a}{b-a}, & a\leqslant x<b\\ 1, & x\geqslant b\end{cases}\tag{5-10}$$

在 MATLAB 中提供了 unifrnd 函数创建均匀分布。

【例 5-14】 (投掷硬币的计算机模拟)投掷硬币 1000 次,试模拟掷硬币的结果。

```
>> clear all;
n = 1000;
t1 = 0; t2 = 0; a = [];
for j = 1:n
    a(j) = unifrnd(0,1);
    if a(j)< 0.5
        t1 = t1 + 1;
    else
        t2 = t2 + 1;
    end
end
p1 = t1/n
p2 = t2/n
```

运行程序,输出如下：

```
p1 =
    0.4910
p2 =
    0.5090
```

说明：当再次运行程序时,结果与上面的不一定相同,因为这相当于又做了一次投掷硬币 1000 次的实验。当程序中 n=1000 改为 n=100 000 时,就相当于投掷硬币 100 000 次的实验。

2. 高斯随机噪声产生器

正态分布也称高斯分布,可采用函数变换法产生标准正态分布随机数。设 r_1 和 r_2 是两个独立的在区间[0,1]上均匀分布的随机数,则：

$$r_1=\sqrt{-2\ln r_1}\cos 2\pi r_2$$

$$r_2=\sqrt{-2\ln r_1}\sin 2\pi r_2$$

是两个独立同分布的标准高斯随机数,即其均值为零,方差为 1,记为 $x_1\sim N(0,1)$ 和 $x_2\sim N(0,1)$。MATLAB 中用函数 randn 产生标准正态分布随机数。

中心极限定理指出,无穷多个任意分布的独立随机变量之和的分布趋近于正态分布。基于此,另外一种产生近似高斯随机数的方法是：用 12 个独立同分布于[0,1]区间的均匀分布随机数之和来构成正态分布,其均值为 6,方差为 1。因此,得到标准正态分布随机数的方法是：

$$y=\sum_{i=1}^{12}x_i-6$$

其中，x_i 是在[0,1]区间的独立均匀分布的随机数。与函数变换法相比，该方法计算简单，避免了函数运算，但是产生一个正态随机数需要 12 个独立均匀分布的随机数，计算效率较低，而且这样产生的正态分布随机数的区间是[−6,6]。

【例 5-15】 调用 randn 函数生成 8×8 的正态随机数矩阵，并将矩阵按列拉长画出频数直方图。

```
>> clear all;
x = randn(8)                    % 创建 8×8 的正态随机数矩阵,其元素服从标准正态分布
y = x(:);                       % 将 x 按列拉长生成一个列向量
hist(y);                        % 绘制频数直方图
xlabel('标准正态分布');ylabel('频数');
```

运行程序，效果如图 5-16 所示。

```
x =
  -1.3749   -0.8214    0.7399    1.9760    2.9549    0.3822   -0.8017   -0.2586
   2.3209   -0.0006   -0.2289    0.0853   -0.2191   -0.4931    0.3263   -0.3523
   0.3636   -1.8679   -1.4063   -1.1567    0.0090   -0.5342    2.1855   -0.3219
   0.0551   -0.7443    0.7503   -0.4562   -0.3830    0.2369    0.3323   -0.6775
   1.0042    1.3606   -0.7747   -0.0228   -1.0098   -1.8448   -1.1998   -1.3507
  -1.9244    0.0991   -0.8570    0.5903    0.5913    1.5002    1.6903    0.4683
   1.8628    0.4532   -1.5976   -1.2596    0.4799    0.6953   -0.7644    0.3144
  -3.0943    0.1051   -0.2425    0.2095   -0.2286   -0.3329   -0.8776   -0.4738
```

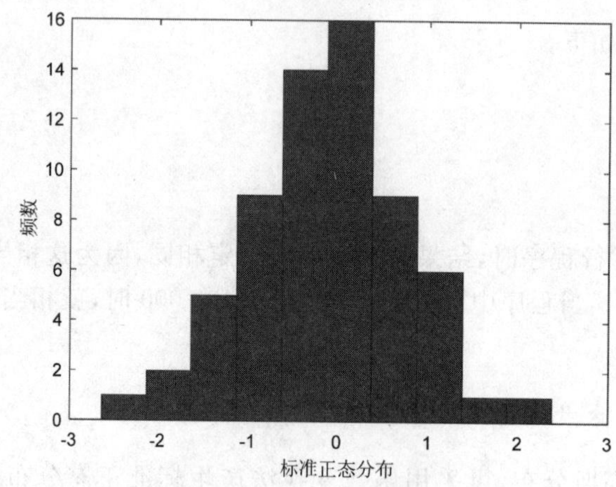

图 5-16 标准正态分布频率直方图

3. 瑞利噪声产生器

自由度为 2 的中心 χ^2 分布$\left(\text{即参数为 }\lambda=\frac{1}{2\sigma^2}\text{ 的指数分布}\right)$随机变量的平方根所得出新的随机变量服从瑞利分布，即，如果随机变量 Y 的概率密度满足式 $p(y)=\frac{1}{2\sigma^2}\exp\left(-\frac{y}{2\sigma^2}\right)$，则随机变量 $R=\sqrt{Y}$ 服从瑞利分布，其概率密度函数为：

$$p(r)=\frac{r}{\sigma^2}\exp\left(-\frac{r^2}{2\sigma^2}\right),\quad x\geqslant 0 \tag{5-11}$$

瑞利分布的均值和方差分别为：

$$E(R)=\sqrt{\frac{\pi\sigma^2}{2}}$$

$$\mathrm{Var}(R)=\left(1-\frac{\pi}{2}\right)\sigma^2$$

因此，产生端利分布随机数的方法是首先产生参数为 $\lambda=\frac{1}{2\sigma^2}$ 的指数分布随机变量(可由 0～1 范围内的均匀随机数 x 通过变换函数 $y=-2\sigma^2\ln x$ 得到，也可由两个独立的零均值 σ^2 方差的同分布正态随机数求平方和得出)，然后对其求平方根即可。

MATLAB 统计工具箱给出了瑞利分布相关计算函数，如 raylpdf、raylcdf、raylinv、raylrnd、raylstat 等。

【例 5-16】 分别绘制瑞利分布的频率直方图及概率密度曲线。

```
>> clear all;
%设置瑞利分布的参数
B = 10;m = 3;n = 4;
y = raylrnd(B,m,n);                    %创建瑞利分布
subplot(121);hist(y,10);
xlabel('取值');ylabel('计数值');
title('频率直方图');
axis square;
x = 0:0.1:3;
p = raylpdf(x,1);
subplot(122);plot(x,p);
xlabel('取值');ylabel('计数值');
title('概率密度曲线');
axis square;
```

运行程序，效果如图 5-17 所示。

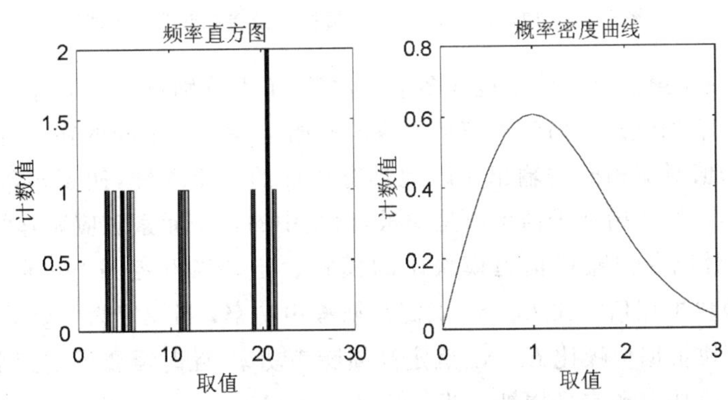

图 5-17 频率直方图及概率密度曲线效果图

5.4 信道

在信号传输的过程中，它会不可避免地受到各种干扰，这些干扰统称为噪声。根据信道中占据主导地位的噪声的特点，信道可以分成加性高斯噪声信道、多径瑞利退化信道和莱斯退化信道等。下面将分别进行介绍。

5.4.1 加性高斯白噪声信道

加性高斯白噪声是最简单的一种噪声，它表现为信号围绕平均值的一种随机波动过程。加性高斯白噪声的均值为0，方差表现为噪声功率的大小。加性高斯白噪声信道模块的作用就是在输入信号中加入高斯白噪声。

加性高斯白噪声信道模块及参数设置对话框如图5-18所示。

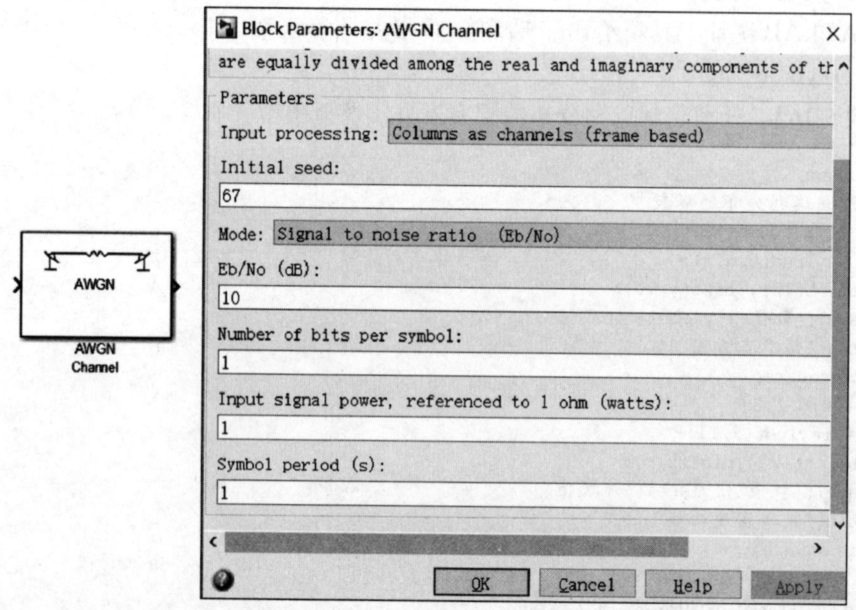

图5-18　加性高斯白噪声信道模块及参数设置对话框

加性高斯白噪声信道模块中包含多个参数项，下面分别对各项进行简单的介绍。

Initial seed：加性高斯白噪声信道模块的初始化种子。不同的初始种子值对应不同的输出，相同的值对应相同的输出。因此具有良好的可重复性，便于多次重复仿真。当输入矩阵为信号时，初始种子值可以是向量，向量中的每个元素对应矩阵的一列。

Mode：加性高斯白噪声信道模块中的模式设定。当设定为Signal to noise ration (Eb/No)时，模块根据信噪比E_b/N_0确定高斯噪声功率；当设定为Signal to noise ration (Es/No)时，模块根据信噪比E_s/N_0确定高斯噪声功率，此时需要设定三个参量：信噪比Es/No、输入信号功率和信号周期。当设定为Signal to noise ration(SNR)时，模块根据信噪比SNR确定高斯噪声功率，此时需要设定两个参量：信噪比SNR及信号周期。当设定为Variance from mask时，模块根据方差确定高斯噪声功率，这个方差由Variance指定，而且必须为正。当设定为Variance from port时，模块有两个输入，一个输入信号，另一个输入确定高斯白噪声的方差。

当输入信号为复数时，加性高斯白噪声信道模块中的E_b/N_0、E_s/N_0和SNR之间有特定的关系，如式(5-12)、式(5-13)所示。

$$E_s/N_0 = (T_{sym}/T_{samp}).\mathrm{SNR} \tag{5-12}$$

$$E_s/N_0 = E_b/N_0 \log_{10}(K) \tag{5-13}$$

在式(5-12)中，T_{sym} 表示输入信号的符号周期，T_{samp} 表示输入信号的采样周期。式(5-13)中 E_b/N_0 表示比特能量与噪声谱密度的比，K 代表每个字符的比特数。加性高斯白噪声信道模块中复信号的噪声功率谱密度等于 N_0，而在实信号当中，信号噪声的功率谱密度等于 $N_0/2$，因此对于实信号形式的输入信号，E_s/N_0 和 SNR 之间的关系可以表示成式(5-14)所示。

$$E_s/N_0 = 0.5(T_{sym}/T_{samp}).\mathrm{SNR} \tag{5-14}$$

Eb/No(dB)：加性高斯白噪声信道模块的信噪比 E_b/N_0，单位为 dB。本项只有当 Mode 项选定为 Signal to noise ration(E_b/N_0)时有效。

Es/No(dB)：加性高斯白噪声信道模块的信噪比 E_s/N_0，单位为 dB。本项只有当 Mode 项选定为 Signal to noise ration(E_s/N_0)时有效。

SNR(dB)：加性高斯白噪声信道模块的信噪比 SNR，单位为 dB。本项只有当 Mode 项选定为 Signal to noise ration(SNR)时有效。

Number of bits per symbol：加性高斯白噪声信道模块每个输出字符的比特数，本项只有当 Mode 项选定为 Signal to noise ration(E_b/N_0)时有效。

Input signal power：加性高斯白噪声信道模块输入信号的平均功率，单位为 W。本项只有在参数 Mode 设定在 Signal to noise ration(E_b/N_0、E_s/N_0、SNR)三种情况下有效。选定为 Signal to noise ration(E_b/N_0、E_s/N_0)时，表示输入符号的均方根功率；选定为 Signal to noise ration(SNR)时，表示输入采样信号的均方根功率。

Symbol period：加性高斯白噪声信道模块每个输入符号的周期，单位为 s。本项只有在参数 Mode 设定在 Signal to noise ration(E_b/N_0、E_s/N_0)情况下有效。

Variance：加性高斯白噪声信道模块产生的高斯白噪声信号的方差。本项只有在参数 Mode 设定为 Variance from mask 时用效。

5.4.2 多径瑞利退化信道

瑞利退化是移动通信系统中的一种相当重要的退化信道类型，它在很大程度上影响着移动通信系统的质量。在移动通信系统中，发送端和接收端都可能处在不停的运动状态之中，发送端和接收端之间的这种相对运动产生多普勒频移。多普频移与运动速度和方向有关，计算公式为：

$$f_d = (vf/c)\cos\theta$$

其中，v 是发送和接收端之间的相对运动速度，θ 是运动方向和发送端与接收端连线之间的夹角。c 为光速，f 为频率。

多径瑞利退化信道模块实现基带信号多径瑞利退化信道仿真，其输入为标量或帧格式的复信号。它对无限移动通信系统建模有很重要的意义。

5.4.3 多径莱斯退化信道

在移动通信系统中，如果发送端和接收端之间存在着一条占优势的视距传播路径，这种信号就可以模拟成多径莱斯退化信道。当发送端和接收端之间既存在着视距传播路径,又有多条反射路径时。它们之间的信道可以同时用多径莱斯退化模块和多径瑞利退化信道来仿真。

多径莱斯退化信道模块对基带信号的多径莱斯退化信道进行仿真,其输入为标量或帧格式的复信号。多径莱斯退化信道模块及参数设置对话框如图 5-19 所示。

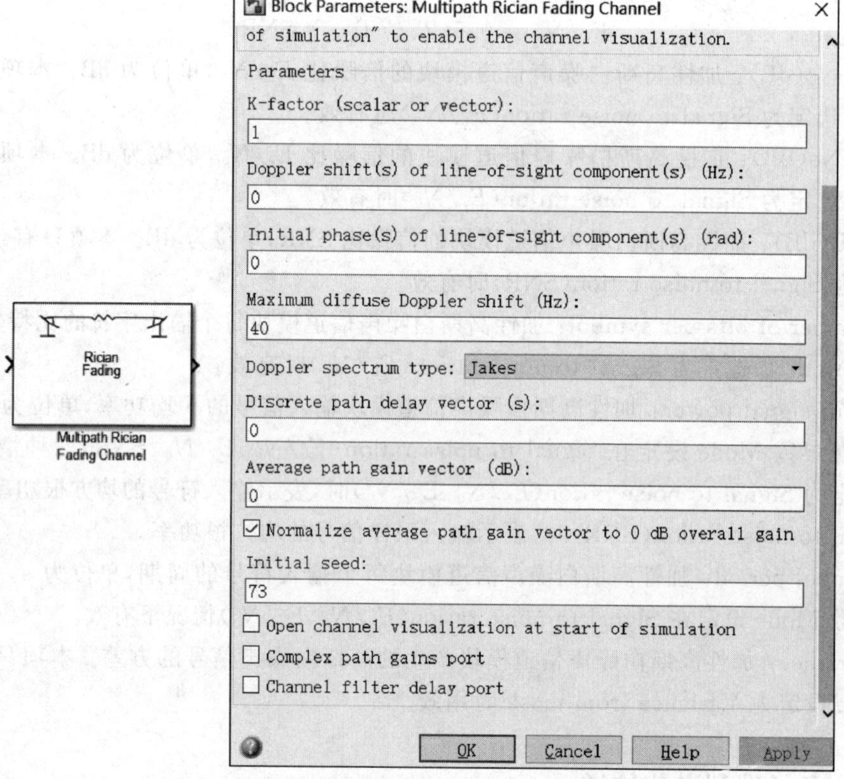

图 5-19　多径莱斯退化信道模块及参数设置对话框

多径莱斯退化信道模块中包含多个参数项,下面分别对这些参数项进行简单介绍。

K-factor(scalar or vector):多径莱斯退化信道模块中的 K 因子。它表示视距传播路径的能量与其他多径信号的能量之间的比值。K 因子越大,表示发送端和接收端之间的视距传播路径的能量越强;当 K 因子等于 0 时,发送端和接收端之间不存在视距传播路径,此时莱斯退化信道就演变成瑞利退化信道。

Doppler shift(s) of line-of-sight component(s)(Hz):多径莱斯退化信道模块中的视距传播路径多普勒频移,单位为 Hz。

Initial pahse(s) of line-of-sight component(s) (rad):设置视距的初始化相位值。

Maximum diffuse Doppler shift(Hz):多径莱斯退化信道模块中最大的扩散多普勒频移设定,必须为正数。

Doppler spectrum type:多普勒频谱类型。

Discrete path delay vector(s):多径莱斯退化信道模块输入信号各路径的时延,单位为 s。

Average path gain vector(dB)：多径莱斯退化信道模块输入信号各路径的增益，单位为 dB。

Normalize average path gain vector to 0 dB overall gain：选定本参数后，多径莱斯退化信道模块把参数 Average path gain vectort 乘上一个系数作为增益向量，使得所有路径的接收信号强度和等于 0dB。

Initial seed：多径莱斯退化信道的初始化种子。

Open channel visualization at start of simulation：多径莱斯退化信道模块中通道可视化选项。选定该项，仿真开始时将会打开通道可视化工具。

Complex path gains port：多径莱斯退化信道模块复路径增益端口项。选定后，输出每个通道的复数路径增益。这是一个 $N \times M$ 多通道结构，其中 N 为每帧样品数，M 为离散的路径数。

Channel filter delay port：多径莱斯退化信道模块信道滤波延时端口项，选定后，输出本模块中由于滤波引起的延时。单路径时，延时为 0；多路径时，延时大于 0。

5.5 信号观测设备

在通信系统的仿真过程中，用户希望能够把接收到的数据通过某种方式保存或显示出来，以直观的形态对仿真的结果进行评估，这就需要用到信号观测设备。MATLAB 提供了若干个模块用于实现这种功能。

5.5.1 星座图

星座图又称离散时间发散图，通常用来观测调制信号的特性和信道对调制信号的干扰特性。星座图模块接收复信号，并且根据输入信号绘制发散图。星座图模块只有一个输入端口，输入信号必须为复信号。双击星座图模块，弹出如图 5-20 所示的示波器窗口，单击示波器中的 ⚙ 按钮，即可打开其参数设置对话框，星座图模块及参数设置对话框如图 5-21 所示。

由图 5-21 可见，星座图参数设置窗口中包含两个选项，下面分别对这两个选项进行介绍。

1. Main 选项

Main 选项为星座图的主选项，用来设定星座图的绘制方式。该项为默认项，如图 5-21 所示，其包含如下参数：

- Samples per symbol：设定星座图中每个符号的采样点数目。
- Offset(samples)：开始绘制星座图之前应该忽略的采样点个数。该项必须是小于

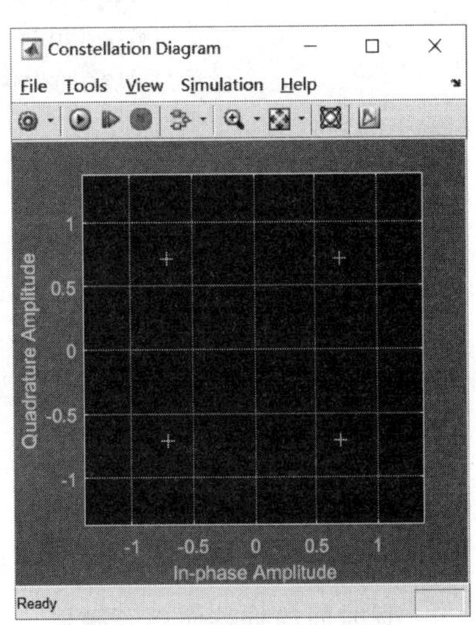

图 5-20 星座图示波器

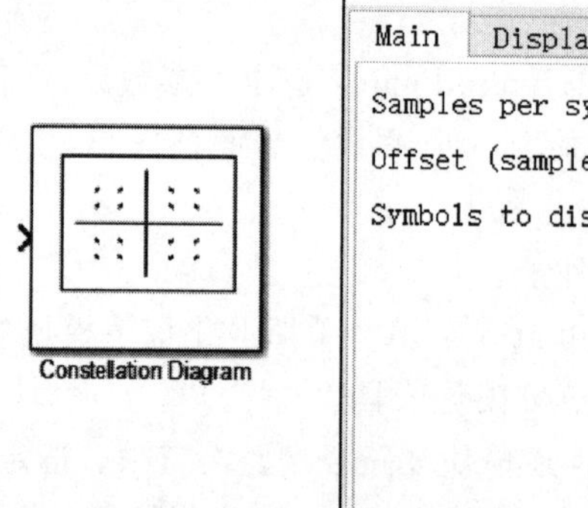

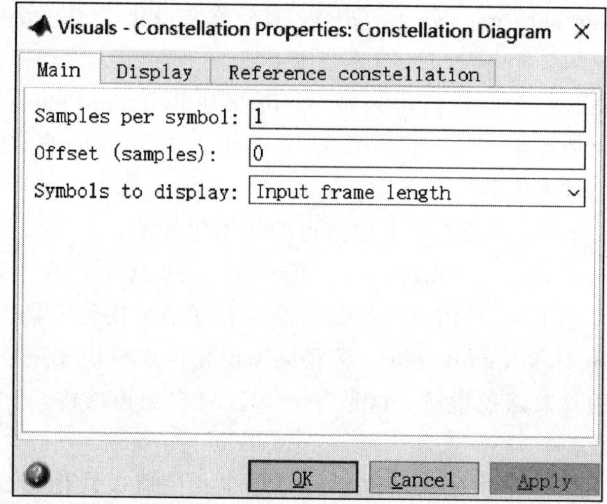

图 5-21　星座图模块及参数设置对话框

Sample per symbol 项的非负整数。

- Symbols to display：符号显示形式。
- Reference constellation：星座图参考，为一个矩阵。

2. Display 选项

该选项主要用于设定星座图的显示形式，选定该项后，显示如图 5-22 所示。

Visuals - Constellation Properties: Constellation Diagram
Main　Display　Reference constellation
Show grid　Show signal trajectory
Show legend　Color fading
X-limits (Minimum):　-1.375
X-limits (Maximum):　1.375
Y-limits (Minimum):　-1.375
Y-limits (Maximum):　1.375
Title:
X-axis label:　In-phase Amplitude
Y-axis label:　Quadrature Amplitude
OK　Cancel　Apply

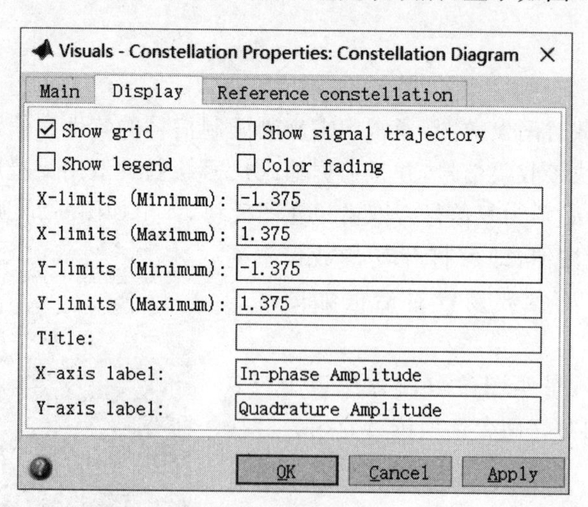

图 5-22　Display 选项

Display 选项各参数的含义为：

- Show grid：显示网格。
- Show legend：显示图例。
- Color fading：颜色渐变复选框。选定后，眼图中每条迹上的点的颜色深度随着仿真时间的推移而逐渐减弱。
- Show reference constellation：显示星座图参考线。

- Reference marker：设定星座图中每个采样点的绘制方式。
- X-limits(Minimum)：设定星座图观测仪横坐标的最小值。
- X-limits(Maximum)：设定星座图观测仪横坐标的最大值。
- Y-limits(Minimum)：设定星座图观测仪纵坐标的最小值。
- Y-limits(Maximum)：设定星座图观测仪纵坐标的最大值。
- Title：设置星座图标题。
- X-axis label：设置星座图横坐标的标签。
- Y-axis label：设置星座图纵坐标的标签。

3. Reference constellation 选项

该选项用于设定星座图的参考线，选定该项后，显示如图 5-23 所示。

Reference constellation 选项各参数的含义为：

- Show reference constellation：显示星座参考线。
- reference constellation：选择参考线的模型。
- Average reference powser：指定星座的平均参考功率。
- Reference phase offset(rad)：指定星座的参考相位偏移。

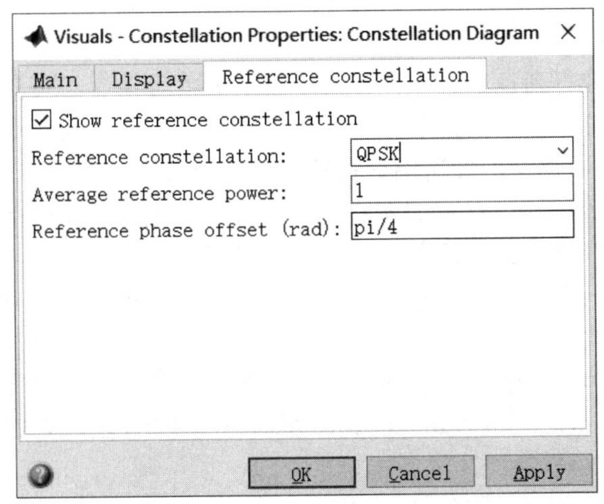

图 5-23　Reference constellation 选项

5.5.2　误码率计算器

误码率计算器模块分别从发射端和以间接手段得到输入数据。再对两个数据进行比较，根据比较的结果计算误码率。

应用这个模块，既可以得到误比特率，也可以得到误符号率。当输入信号是二进制数据时，则统计的结果是误比特率，否则，统计得到的结果是误符号率。误码率计算器模块只比较两个输入信号的正负关系，而不具体地比较它们的大小。误码率计算器模块及参数设置对话框如图 5-24 所示。

误码率计算器模块中有若干参数，下面分别对其进行简单说明。

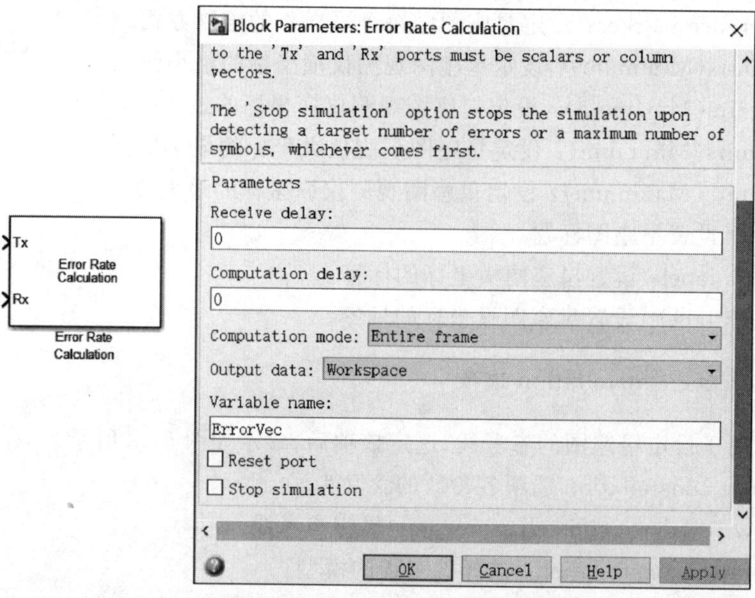

图 5-24 误码率计算器模块及参数设置对话框

(1) Receive delay：接收端时延设定项。

在通信系统中，接收端需要对接收到的信号进行解调、解码或解交织，这些过程可能会产生一定的时延，使得到达误码率计算器接收端的信号滞后于发送端的信号。为了弥补这种时延，误码率计算器模块需要把发送端的输入数据延时若干个输入数据，本参数即表示接收端输入的数据滞后发送端数据输入数据的大小。

(2) Computation delay：计算时延设定项。在仿真过程中，有时需要忽略初始的若干输入数据，这就可以通过本项设定。

(3) Computation mode：计算模式项。误码率计算器模块有三种计算模式。分别为帧计算模式、掩码模式和端口模式。其中帧计算模式对发送端和接收端的所有输入数据进行统计。在掩码模式下，模块根据掩码对特定的输入数据进行统计，掩码的内容可由参数项 Selected samples from frame 设定。在端口模式下，模块会新增一个输入端 Sel，只有此端口的输入信号有效时才统计错误率。

(4) Selected samples from frame：掩码设定项。本参数用于设定哪些输入数据需要统计。本项只有当 Computation mode 项设定为 samples from mask 时有效。

(5) Output data：设定数据输出方式，有 Worksapce 和 Port 两种方式。Worksapce 方式时将统计数据输出到工作区，Port 方式时将统计数据从端口中输出。

(6) Variable name：指定用于保存统计数据的工作区间变量的名称。本项只有在 Output data 设定为 Workspace 时有效。

(7) Reset port：复位端口项。选定此项后，模块增减一个输入端口 Rst，当这个信号有效时，模块被复位，统计值重新设定为 0。

(8) Stop simulation：仿真停止项。选定本项后，如果模块检测到指定对象的错误，或数据的比较次数达到了门限，则停止仿真过程。

(9) Target number of errors：错误门限项。用于设定仿真停止之前允许出现错误的最大个数。本项只有在 Stop simulation 选定后有效。

(10) Maximum number of symbols：比较门限项。用于设定仿真停止之前允许比较的输入数据的最大个数。本项只有在 Stop simulation 选定后有效。

5.6 信源编译码

信源编码是用量化的方式将一个源信号转化为一个数字信号，所得信号的符号为某一有限范围内的非负整数。信源译码就是将信源编码的信号恢复到原来的信号。

5.6.1 信源编码

信源编码也称为量化或信号格式化，它一般是为了减少冗余或为后续的处理做准备而进行的数据处理。在 Simulink 中，提供了 A 律编码、Mu 律编码、差分编码和量化编码等模块，下面分别进行介绍。

1. A 律编码模块

模拟信号的量化有两种方式：均匀量化和非均匀量化。均匀量化把输入信号的取值范围等距离地分割成若干个量化区间，无论采样值大小怎样，量化噪声的均值和均方根固定不变，因此实际过程中大多采用非均匀量化。比较常用的两种非均匀量化的方法是 A 律压缩和 Mu 律压缩。

如果输入信号为 x，输出信号为 y，则 A 律压缩满足：

$$y=\begin{cases}\dfrac{A\mid x\mid}{1+\log A}\operatorname{sgn}(x), & 0\leqslant x\leqslant\dfrac{V}{A}\\[2ex] \dfrac{V(1+\log(A\mid x\mid/V))}{1+\log A}\operatorname{sgn}(x), & \dfrac{V}{A}\leqslant x\leqslant V\end{cases}\tag{5-15}$$

式中，A 为 A 律压缩参数，最常用采用的 A 值为 87.6；V 为输入信号的峰值；log 为自然对数；sgn 函数当输入为正时，输出 1，当输入为负时，输出 0。

模块的输入并无限制。如果输入为向量，则向量中的每一个分量将会被单独处理。A 律压缩编码模块及参数设置对话框如图 5-25 所示。

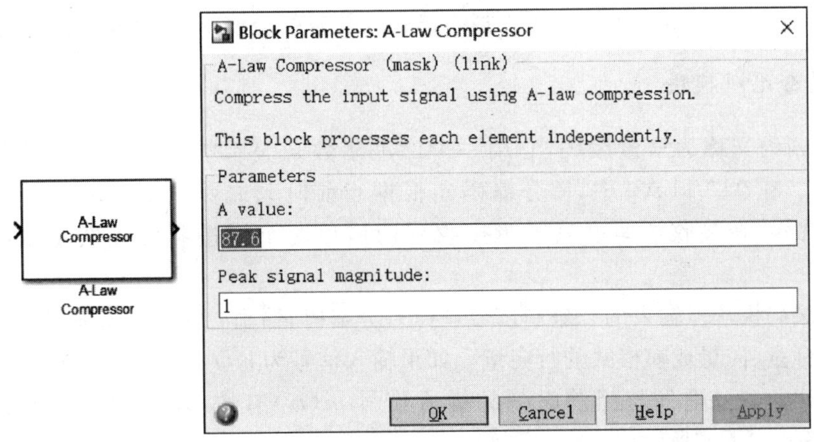

图 5-25　A 律压缩编码模块及参数设置对话框

A 律压缩编码模块参数设置对话框中包含两个参数，下面分别对其进行简单说明。

- A value：用于指定压缩参数 A 的值。
- Peak signal magnitude：用于指定能输入信号的峰值 V。

2. Mu 律编码模块

与 A 律压缩编码类似，Mu 律压缩编码中如果输入信号为，输出信号为，则 Mu 律压缩满足：

$$y=\frac{V\log(1+\text{Mu}\mid x\mid/V)}{\log(1+\text{Mu})}\text{sgn}(x)$$

式中，Mu 为 Mu 律压缩参数；V 为输入信号的峰值；log 为自然对数；sgn 函数当输入为正时，输出 1，当输入为负时，输出 0。

模块的输入并无限制，如果输入为向量，则向量中的每一个分量将会被单独处理。Mu 律压缩编码模块及参数设置对话框，如图 5-26 所示。

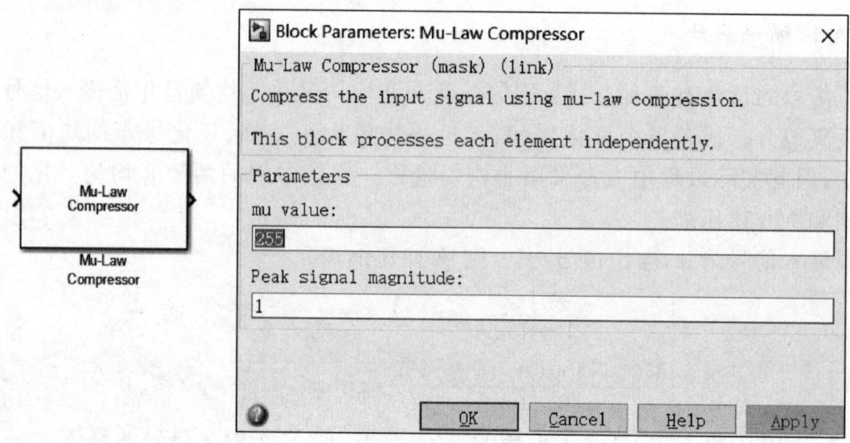

图 5-26　Mu 律压缩编码模块及参数设置对话框

Mu 律压缩编码模块参数对话框的参数含义为：

- mu value：用于指定 Mu 律压缩参数 Mu 的值。
- Peak signal magnitude：用于指定能输入信号的峰值 V，也是输出信号的峰值。

3. 差分编码模块

差分编码又称为增量编码，它用一个二进制数来表示前后两个采样信号之间的大小关系。在 MATLAB 中，差分编码器根据当前时刻之前的所有输入信息计算输出信号，这样，在接收端即可只按照接收到的前后两个二进制信号恢复出原来的信息序列。

差分编码模块对输入的二进制信号进行差分编码，输出二进制的数据流。输入的信号可以是标量、向量或帧格式的行向量。如果输入信号为 $m(t)$，输出信号为 $d(t)$，那么 t_k 时刻的输出 $d(t_k)$ 不仅与当前时刻的输入信号 $m(t_k)$ 有关，而且与前一时刻的输出 $d(t_{k-1})$ 有关，如下式所示。

$$\begin{cases} d(t_0) = (m(t_0) + 1)\bmod 2 \\ d(t_k) = (m(t_{k-1}) + m(t_k) + 1)\bmod 2 \end{cases}$$

即输出信号 y 取决于当前时刻以及当前时刻之前所有的输入信号的数值。

差分编码模块及参数设置对话框如图 5-27 所示。

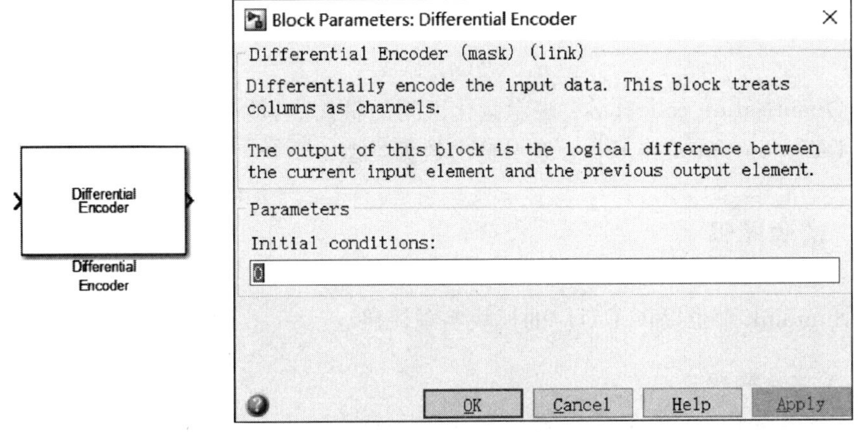

图 5-27　差分编码模块及参数设置对话框

差分编码模块中包含一个参数，含义为：

Initial conditions：用于指定信号符号之间的间隔。

4. 量化编码

量化编码模块用标量量化法来量化输入信号。它根据量化间隔和量化码本把输入信号转换成数字信号，并且输出量化指标、量化电平、编码信号和量化均方误差。

模块的输入信号可以是标量、向量或矩阵。模块的输入输出信号长度相同。

量化编码模块及参数设置对话框如图 5-28 所示。

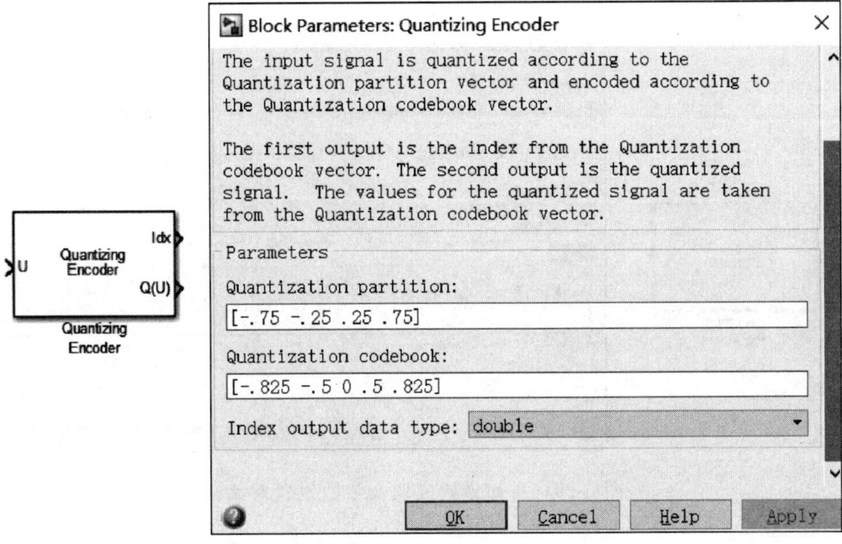

图 5-28　量化编码模块及参数设置对话框

量化编码模块中包含三个参数,主要含义为:

- Quantization partition:用于指定量化区间,为一个长度为 n 的向量(n 为码元素)。该向量分量要严格按照升序排列。如果设该参量为 p,那么模块的输出 y 与输入 x 之间的关系满足:

$$y=\begin{cases}0, & x \leqslant p(1) \\ m, & p(m)<x \leqslant p(m+1) \\ n, & p(n) \leqslant x\end{cases}$$

- Quantization codebook:表示量化区间的量化值,是一个长度为 $n+1$ 的向量。
- Index output data type:索引输出数据类型。

5.6.2 信源译码

在 Simulink 中也提供了对应的模块实现译码。

1. A 律译码模块

A 律译码模块用来恢复被 A 律压缩模块压缩的信号。它的过程与 A 律压缩编码模块正好相反。A 律译码模块的特征函数是 A 律压缩编码模块特征函数的反函数,如下式所示:

$$x=\begin{cases}\dfrac{y(1+\log A)}{A}, & 0 \leqslant |y| \leqslant \dfrac{V}{1+\log A} \\ \exp(|y|(1+\log A)/V-1)\dfrac{V}{A}\operatorname{sgn}(y), & \dfrac{V}{1+\log A} \leqslant |y| \leqslant V\end{cases}$$

A 律译码模块及参数设置对话框如图 5-29 所示。

A 律译码模块参数设置对话框中包含两个参数,含义为:

- A value:用于指定压缩参数 A 的值。
- Peak signal magnitude:用于指定能输入信号的峰值 V,同时也是输出信号的峰值。

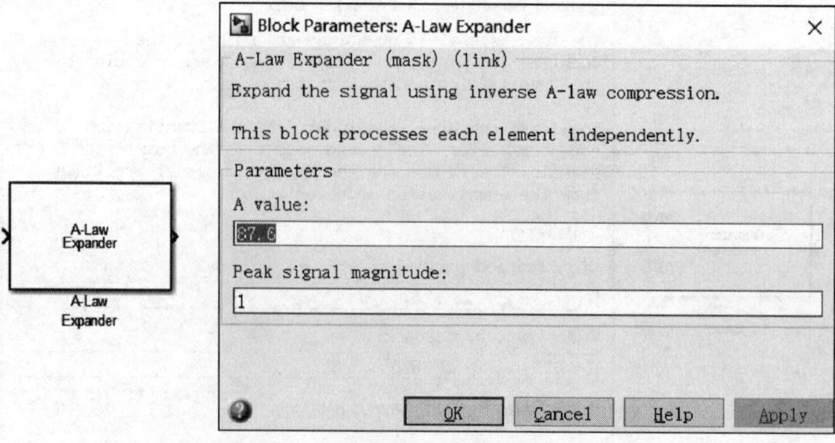

图 5-29 A 律译码模块及参数设置对话框

2. Mu 律译码模块

Mu 律译码模块用来恢复被 Mu 律压缩模块压缩的信号。它的过程与 Mu 律压缩编码模块正好相反。Mu 律译码模块的特征函数是 Mu 律压缩编码模块特征函数的反函数，如下式所示：

$$x = \frac{V}{\text{Mu}}(\mathrm{e}^{|y|\log(1+Mu)/V} - 1)\text{sgn}(y)$$

Mu 律译码模块及参数设置对话框如图 5-30 所示。

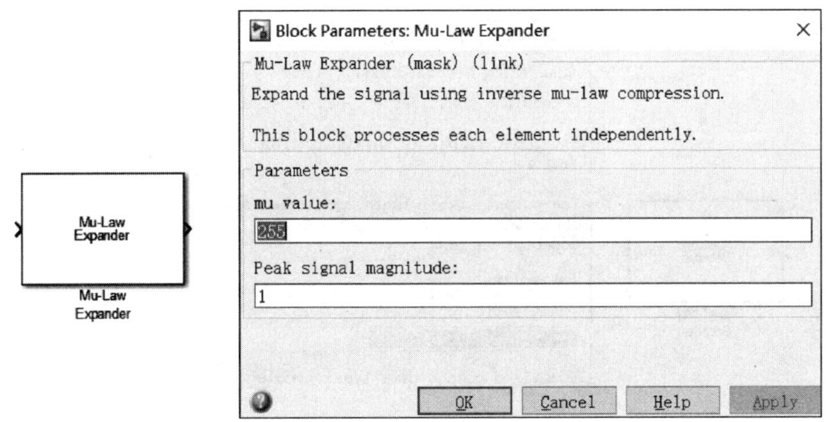

图 5-30　Mu 律译码模块及参数设置对话框

Mu 律译码模块参数设置对话框中包含两个参数，含义为：

- mu value：用于指定 Mu 律压缩参数 Mu 的值。
- Peak signal magnitude：用于指定能输入信号的峰值 V，也是输出信号的峰值。

3. 差分译码模块

差分译码模块对输入信号进行差分译码。模块的输入输出均为二进制信号，且输入输出之间的关系和差分编码模块中的两者关系相同。

差分译码模块及参数设置对话框如图 5-31 所示。

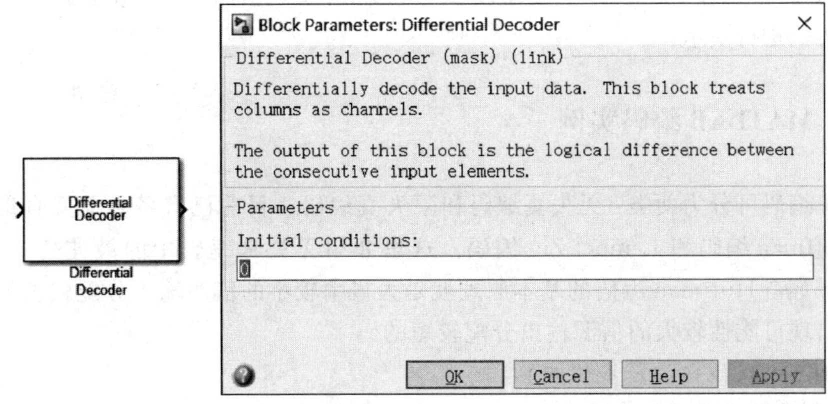

图 5-31　差分译码模块及参数设置对话框

差分译码模块参数设置对话框包含一个参数，含义为：

Initial conditions：用于指定信号符号之间的间隔。

4. 量化译码模块

量化译码模块用于从量化信号中恢复出消息，它执行的是量化编码模块的逆过程。模块的输入信号是量化的区间号，可以是标量、向量或矩阵。如果输入为向量，那么向量的每一个分量将被分别单独处理。量化译码模块中的输入输出信号的长度相同。

量化译码模块及参数设置对话框如图 5-32 所示。

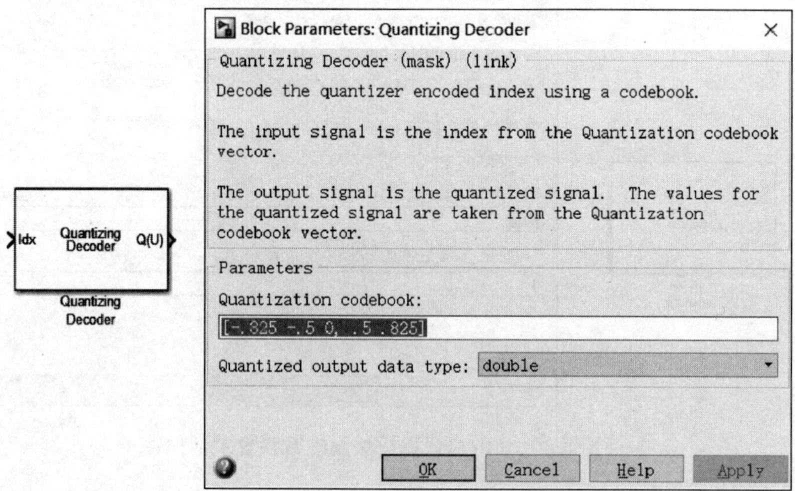

图 5-32　量化译码模块及参数设置对话框

量化译码模块中包含两个参数，含义为：

- Quantization codebook：表示每一个非负整数输入所对应的输出实向量。
- Quantization output data type：索引输出数据类型。

5.7　MATLAB/Simulink 通信系统仿真实例

在前面简单介绍了利用 MATLAB 及 Simulink 实现信源产生和信道产生，本节将通过具体实例进行演示。

5.7.1　MATLAB 编码实例

信源编码可分为两类：无失真编码和限失真编码。目前已有各种无失真编码算法，例如 Huffman 编码和 Lempel-Ziv 编码。这里介绍无失真编码中的最佳变长编码——Huffman 码。Huffman 编码的基本原理就是为概率较小的信源输出分配较长的码字，而对那些出现可能性较大的信源输出分配较短的码字。

Huffman 编码算法及步骤如下：

(1) 将信源消息按照概率大小顺序排列。

(2) 按照一定的规则，从最小概率的两个消息开始编码。例如，将较长的码字分配给较小概率的消息，把较短的码字分配给概率较大的消息。

(3) 将经过编码的两个消息的概率合并，并重新按照概率大小排序，重复步骤(2)。

(4) 重复上面的步骤(3)，一直到合并的概率达到1时停止。这样便可以得到编码树状图。

(5) 按照从上到下编码的方式编程，即从树的根部开始，将0和1分别放到合并成同一节点的任意两个支路上，这样就产生了这组 Huffman 码。

Huffman 码的效率为：

$$\eta=\frac{\text{信息熵}}{\text{平均码长}}=\frac{H(X)}{\overline{L}}$$

【例 5-17】 利用 Huffman 编码算法实现对某一信源的无失真编码。该信源的字符集为 $X=\{x_1,x_2,\cdots,x_6\}$，相应的概率向量为：$P=\{0.30,0.10,0.21,0.09,0.05,0.25\}$。

首先将概率向量 P 中的元素进行排序，$P=\{0.30,0.25,0.21,0.10,0.09,0.05\}$。然后根据 Huffman 编码算法得到 Huffman 树状图，如图 5-33 所示，编码之后的树状如图 5-34 所示。

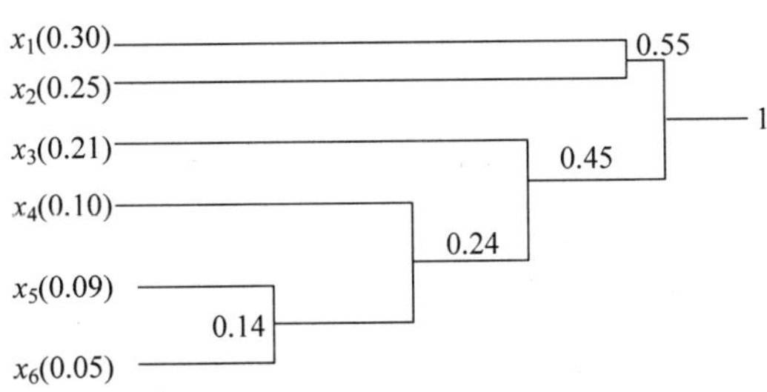

图 5-33 Huffman 树状图

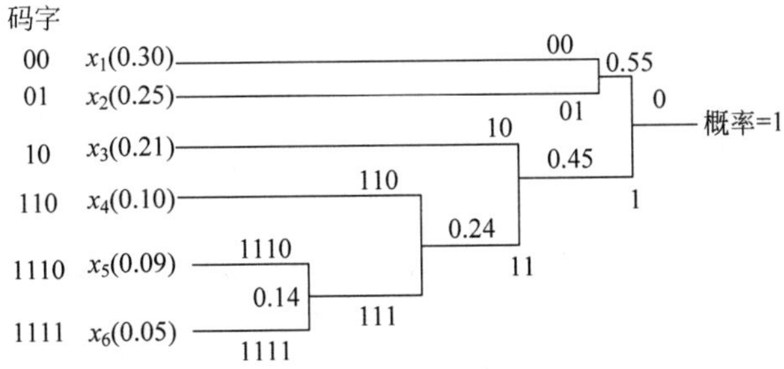

图 5-34 Huffman 编码树

由图 5-34 可知 x_1,x_2,x_3,x_4,x_5,x_6 的码字依次分别为 00、01、10、110、1110、1111。

平均码长为：

$$\overline{L}=2\times(0.30+0.25+0.21)+3\times0.10+4\times(0.09+0.05)=2.38\text{b}$$

信源的熵为：

$$H(X)=-\sum_{i=1}^{6}p_i\log_2 p_i=2.3549\text{b}$$

所以，Huffman 码的效率为：

$$\eta = H(X)/\bar{L} = 0.9895$$

因此，可以利用 MATLAB 将 Huffman 编码算法编写成函数文件 huffman_code，实现对具有概率向量 P 的离散无失真信源的 Huffman 编码，并得到其码字和平均码长。

在 M 文件编辑器中输入以下 huffman_code.m 函数代码。

```
function [h,e] = huffman_code(p)
%Huffman代码如下
if length(find(p<0))~=0,
    error('Not a prob.vector');                    %判断是否符合概率分布的条件
end
if abs(sum(p)-1)>10e-10,
    error('Not a prob.vector');
end
n=length(p);
for i=1:n-1,                                       %对输入的概率进行从大到小排序
    for j=i:n
        if p(i)<=p(j)
            P=p(i);
            p(i)=p(j);
            p(j)=P;
        end
    end
end
disp('概率分布');
p                                                  %显示排序结构
q=p;
m=zeros(n-1,n);
for i=1:n-1,
    [q,e]=sort(q);
    m(i,:)=[e(1:n-i+1),zeros(1,i-1)];
    q=[q(1)+q(2)+q(3:n),e];
end
for i=1:n-1,
    c(i,:)=blanks(n*n);
end
%以下计算各个元素码字
c(n-1,n)='0';
c(n-2,2*n)='1';
for i=2:n-1
    c(n-i,1:n-1)=c(n-i+1,n*(find(m(n-i+1,:)==1))-(n-2):n*(find(m(n-i+
1,:)==1)));
    c(n-i,n)='0';
    c(n-i,n+1:2*n-1)=c(n-i,1:n-1);
    c(n-i,2*n)='1';
    for j=1:i-1
        c(n-i,(j+1)*n+1:(j+2)*n)=c(n-i+1,n*(find(m(n-i+1,:)==j+1)-
1)+...
1:n*find(m(n-i+1,:)==j+1));
    end
end
for i=1:n
    h(i,1:m)=c(1,n*(find(m(1,:)==i)-1)+1:find(m(1,:)==i)*n);
    e(i)=length(find(abs(h(i,:))~=32));
end
e=sum(p.*e); %计算平均码长
```

在命令行窗口中，只需调用函数文件 huffman_code，计算如下：

```
>> p = [0.30 0.10 0.21 0.09 0.05 0.25];
>> [h,e] = huffman_code(p)
```

输出结果为：

```
概率分布
p =
    0.3000   0.2500   0.2100   0.1000   0.0900   0.0500
h =                                                 % 输出各个元素码字
    11
    10
    00
    010
    0111
    0110
e = 2.3800                                          % 输出平均码长
```

【例 5-18】 若输入 A 律 PCM 编码器的正弦信号为 $x(t)=\sin(1600\pi t)$，采样序列为 $x(n)=\sin(0.2\pi n)$，$n=0,1,2,\cdots,10$，将其进行 PCM 编码，给出编码器的输出码组序列 $y(n)$。

其实现的 MATLAB 程序代码如下：

```
>> clear all;
x = [0:0.001:1];                                    % 定义幅度序列
y1 = apcm(x,1);                                     % 参数为 1 的 A 律曲线
y2 = apcm(x,10);                                    % 参数为 10 的 A 律曲线
y3 = apcm(x,87.65);                                 % 参数为 87.65 的 A 律曲线
plot(x,y1,':',x,y2,'-',x,y3,'-.');
legend('A = 1','A = 10','A = 87.65')
```

运行程序，得到的效果如图 5-35 所示。

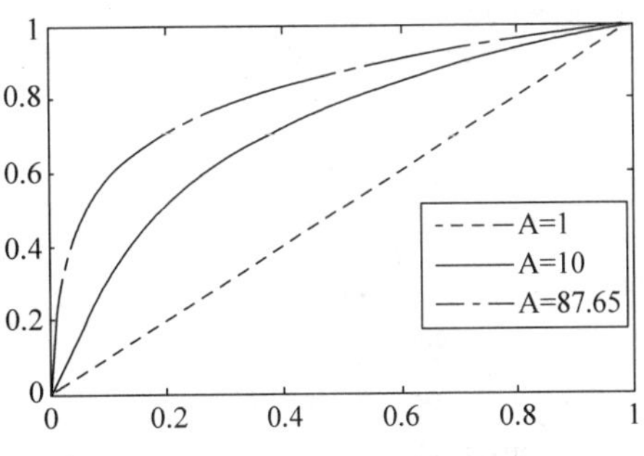

图 5-35 对数量化特性曲线

在运行程序过程中，调用自定义编写的 apcm.m 函数，其源代码如下：

```
function y = apcm(x,a)
% 本函数实现将输入的序列 x 进行参数为 A 的
% 对数运算
% A 律量化将得到的结果存在序列 y 中
% x 为一个序列,值在 0 到 1 之间
% a 为一个正实数,大于 1
t = 1/a;
for i = 1:length(x)
    if (x(i)>= 0),                                  % 判断该输入序列值是否大于 0
        if (x(i)<= t),
            y(i) = (a * x(i))/(1 + log(a));         % 若值小于 1/a,则采用此计算法
        else
            y(i) = (1 + log(a * x(i)))/(1 + log(a)); % 若值大于 1/A,则采用另一计算法
        end
    else
        if (x(i)>= - t),                            % 若值小于 0,则算法有所不同
            y(i) = - (a * - x(i))/(1 + log(a));
        else
```

```
            y(i) = -(1+log(a*-x(i)))/(1+log(a));
        end                                         %内层条件判断结束
    end                                             %外层条件判断结束
end
%运用上面的压缩特性来解本例
>> x = 0:1:10;
y = sin(0.2*pi*x);
z = apcm(y,87.5)                                    %求sin(0)到sin(10)的量化值
z =
    0   0.9029   0.9908   0.9908   0.9029   0.0000   -0.9029   -0.9908   -0.9908   -0.9029
-0.0000
```

【例 5-19】 使用 MATLAB 编程方法实现对 HDB3 码的编码/解码。

HDB3 码规定，每当出现四个连 0 时，用以下两种取代节代替这四个连 0，规则是：

(1) 令 V 表示违反极性交替规则的传号脉冲，B 表示符合极性交替规则的传号脉冲，当相邻两个 V 脉冲之间的传号脉冲数为奇数时，以 000V 作为取代节。

(2) 当相邻两个 V 脉冲之间的信号脉冲数为偶数时，以 B00V 作为取代节。

这样，就能始终保持相邻 V 脉冲之间的 B 脉冲数为奇数，使得 V 脉冲序列自身也满足极性交替规则。

对 HDB3 码解码很容易，根据 V 脉冲极性破坏规则，只要发现当前脉冲极性与上一个脉冲极性相同，就可判断当前脉冲为 V 脉冲，从而将 V 脉冲连同之前的 3 个传输时隙均置为 0，即可清除取代节，然后取绝对值即可恢复归零二进制序列。

实现的 MATLAB 代码为：

```
>> clear all;
xn = [1 0 1 1 0 0 0 0 0 0 0 1 1 0 0 0 0 0 0 1 0];   %输入单极性码
yn = xn;                                            %输出yn初始化
num = 0;                                            %计算器初始化
for k = 1:length(xn)
    if xn(k) == 1
        num = num + 1;                              %"1"计数器
        if num/2 == fix(num/2)                      %奇数个1时输出-1,进行极性交替
            yn(k) = 1;
        else
            yn(k) = -1;
        end
    end
end
%HDB3 编码
num = 0;                                            %连零计数器初始化
yh = yn;                                            %输出初始化
sign = 0;                                           %极性标志初始化为0
V = zeros(1,length(yn));                            %V脉冲位置记录变量
B = zeros(1,length(yn));                            %B脉冲位置记录变量
for k = 1:length(yn)
    if yn(k) == 0
        num = num + 1;                              %连0个数计数
        if num == 4
            num = 0;                                %如果连0个数为4,计数器清0
            yh(k) = 1*yh(k-4);                      %让0000的最后一个0改变为与前一个非0
                                                    %符号相同极性的符号
            V(k) = yh(k);                           %V脉冲位置记录
            if yh(k) == sign                        %如果当前V符号与前一个V符号极性相同
```

```
                yh(k) = -1 * yh(k);                     % 则让当前 V 符号极性反转,以满足 V 符号
                                                        % 间相互极性反转要求
                yh(k-3) = yh(k);                        % 添加 B 符号,与 V 符号同极性
                B(k-3) = yh(k);                         % B 脉冲位置记录
                V(k) = yh(k);                           % V 脉冲位置记录
                yh(k+1:length(yn)) = -1 * yh(k+1:length(yn));
                                                        % 并让后面的非 0 符号从 V 开始再交替变化
            end
            sign = yh(k);                               % 记录前一个 V 符号的极性
        end
    else
        num = 0;                                        % 当前输入为[1],则连[0]计数器清 0
    end
end                                                     % 完成编码
re = [xn',yn',yh',V',B']                                % 结果输出
% HDB3 解码
input = yh;
decode = input;                                         % 输出初始化
sign = 0;                                               % 极性标志初始化
for k = 1:length(yh)
    if input(k)~ = 0
        if sign == yh(k)                                % 如果当前码与前一个非 0 码的极性相同
            decode(k-3:k) = [0 0 0 0];                  % 则该码判为 V 码并将 * 00V 清 0
        end
        sign = input(k);                                % 极性标志
    end
end
decode = abs(decode);                                   % 整流
error = sum([xn' - decode']);                           % 解码的正确性检验
% 作图
subplot(311);stairs([0:length(xn) - 1],xn);axis([0 length(xn)  - 2 2]);
subplot(312);stairs([0:length(xn) - 1],yh);axis([0 length(xn)  - 2 2]);
subplot(313);stairs([0:length(xn) - 1],decode);axis([0 length(xn)  - 2 2]);
```

运行程序,输出如下,效果如图 5-36 所示。

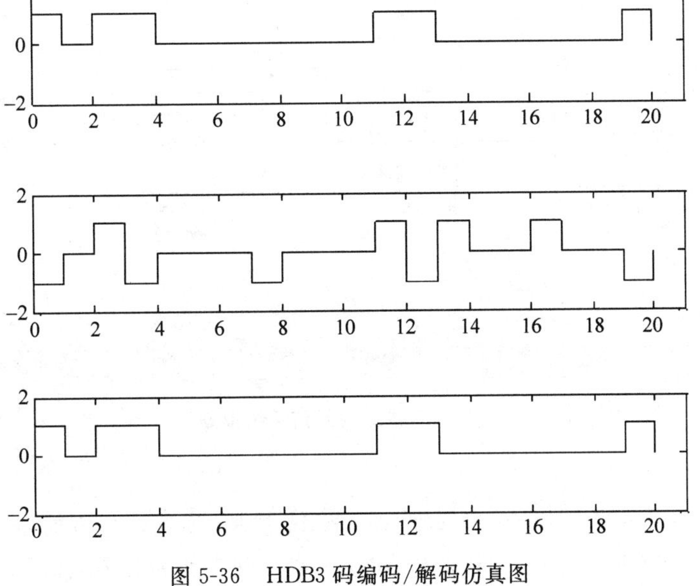

图 5-36　HDB3 码编码/解码仿真图

```
re =
     1   -1   -1    0   0
     0    0    0    0   0
     1    1    1    0   0
     1   -1   -1    0   0
     0    0    0    0   0
     0    0    0    0   0
     0    0    0    0   0
     0    0   -1   -1   0
     0    0    0    0   0
     0    0    0    0   0
     0    0    0    0   0
     1    1    1    0   0
     1   -1   -1    0   0
     0    0    1    0   1
     0    0    0    0   0
     0    0    0    0   0
     0    0    1    1   0
     0    0    0    0   0
     0    0    0    0   0
     1    1   -1    0   0
     0    0    0    0   0
```

5.7.2 Simulink 信道实例

下面利用 Simulink 提供的模块,实现信道。

【例 5-20】 设某二进制数字通信系统的码元传输速率为 100bps,仿真模型的系统采样频率为 1000Hz。用示波器观察并比较信号经过高斯白噪声信道前后的不同。

(1) 根据题意,建立如图 5-37 所示的通信系统模型。

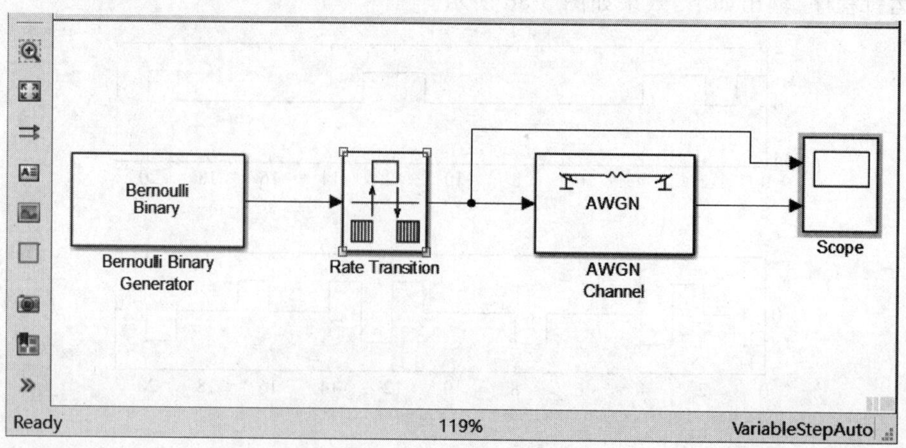

图 5-37 建立的通信系统模型

(2) 设置模块参数。

双击图 5-37 中的 Bernoulli Binary Generator 模块,设置产生零的概率为 0.5,初始种子随意设置,采样时间为 0.01 以产生 100bps 的二进制随机信号,如图 5-38 所示。

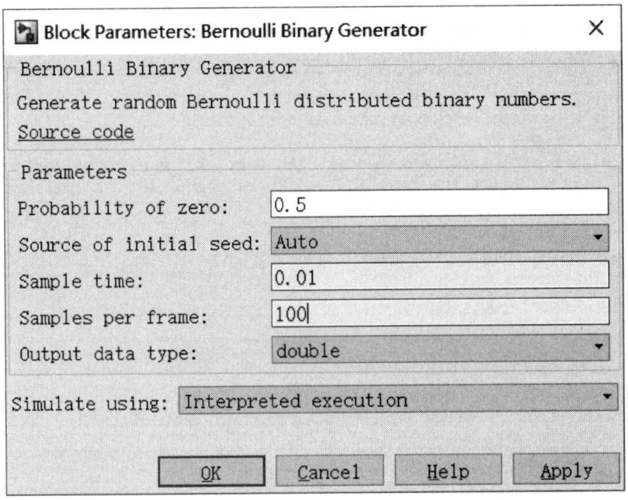

Block Parameters: Bernoulli Binary Generator

Bernoulli Binary Generator

Generate random Bernoulli distributed binary numbers.

Source code

Parameters

Probability of zero: 0.5

Source of initial seed: Auto

Sample time: 0.01

Samples per frame: 100

Output data type: double

Simulate using: Interpreted execution

OK Cancel Help Apply

图 5-38 Bernoulli Binary Generator 模块参数设置

双击图 5-37 中的 Rate Transition 模块，设置输出端口的采样时间为 0.001，这样系统采样频率即为 1000Hz，如图 5-39 所示。

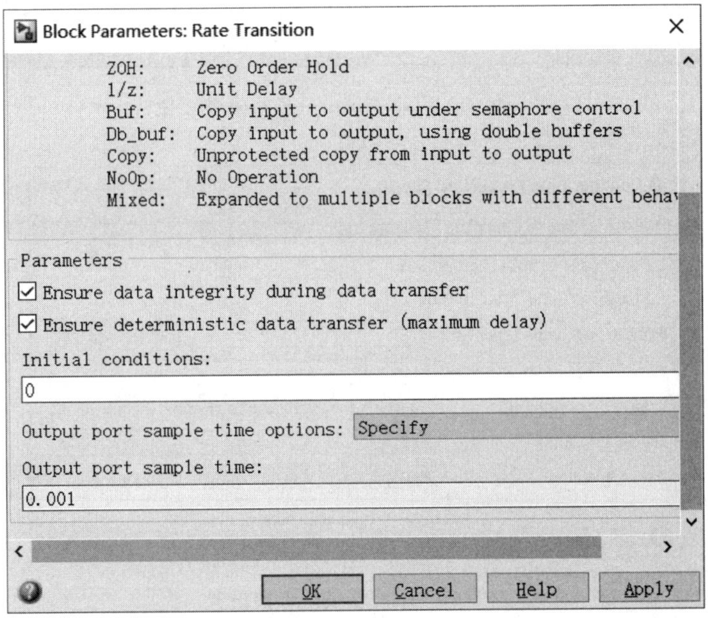

Block Parameters: Rate Transition

ZOH: Zero Order Hold

1/z: Unit Delay

Buf: Copy input to output under semaphore control

Db_buf: Copy input to output, using double buffers

Copy: Unprotected copy from input to output

NoOp: No Operation

Mixed: Expanded to multiple blocks with different behav

Parameters

☑ Ensure data integrity during data transfer

☑ Ensure deterministic data transfer (maximum delay)

Initial conditions: 0

Output port sample time options: Specify

Output port sample time: 0.001

OK Cancel Help Apply

图 5-39 Rate Transition 模块参数设置

双击图 5-37 中的 AWGN Channel 模块，初始种子随意设置，信道模式设为 Signal to noise ratio(Eb/No)，Es/No 设为 25dB，输入信号功率为 1W，输入符号周期为 0.01，如图 5-40 所示。

双击图 5-37 中的 Scope 模块，在弹出的示波器窗口中，单击界面中的 按钮，在弹出的参数设置窗口中，在 General 选项中，将 Number of axes 设置为 2，即可有两个输入，效果如图 5-41 所示。

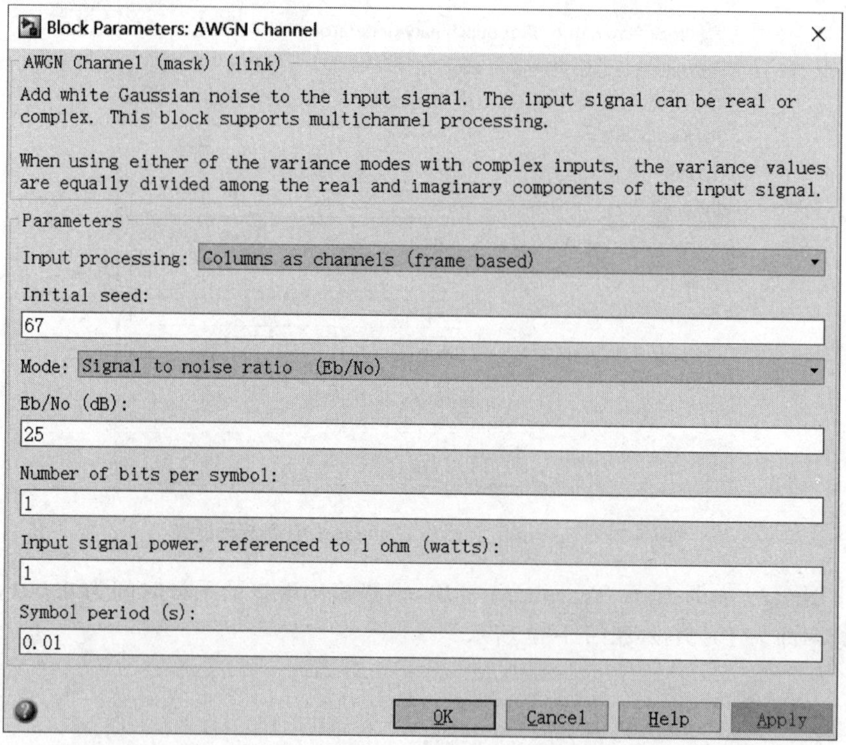

Block Parameters: AWGN Channel

AWGN Channel (mask) (link)

Add white Gaussian noise to the input signal. The input signal can be real or complex. This block supports multichannel processing.

When using either of the variance modes with complex inputs, the variance values are equally divided among the real and imaginary components of the input signal.

Parameters

Input processing: Columns as channels (frame based)

Initial seed:

67

Mode: Signal to noise ratio (Eb/No)

Eb/No (dB):

25

Number of bits per symbol:

1

Input signal power, referenced to 1 ohm (watts):

1

Symbol period (s):

0.01

OK Cancel Help Apply

图 5-40　AWGN Channel 模块参数设置

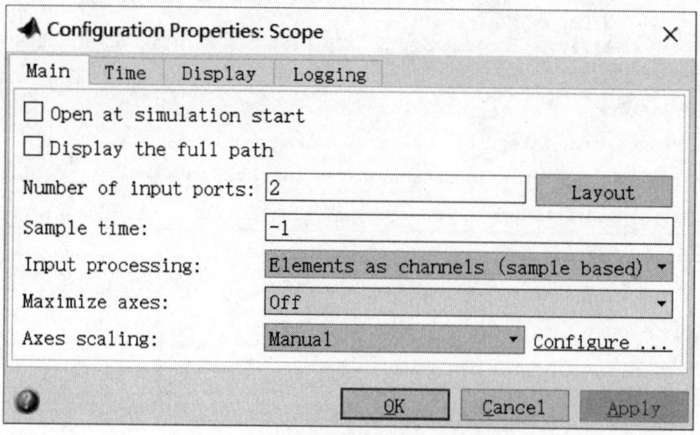

Configuration Properties: Scope

Main Time Display Logging

Open at simulation start

Display the full path

Number of input ports: 2 Layout

Sample time: -1

Input processing: Elements as channels (sample based)

Maximize axes: Off

Axes scaling: Manual Configure ...

OK Cancel Apply

图 5-41　示波器模块参数设置

(3) 设置仿真参数。

将仿真时间设置为 0～10s,固定步长求解器,步长为 0.001,效果如图 5-42 所示。

(4) 运行仿真,仿真效果如图 5-43 所示。上面一个为输入信号进入信道前的波形,下面一个为输入信号进入信号后的波形。

设信道输入符号集合为$\chi=\{x_1,x_2,\cdots,x_j,\cdots,x_N\}$,并设信道输出的符号集合为$\gamma=\{y_1,y_2,\cdots,y_i,\cdots,y_M\}$,在发送符号$x_j$的条件下,相应接收符号为$y_i$的概率记为$P(y_i|x_j)$,称为信道转移概率。由信道转移概率构成信道转移概率矩阵,记为:

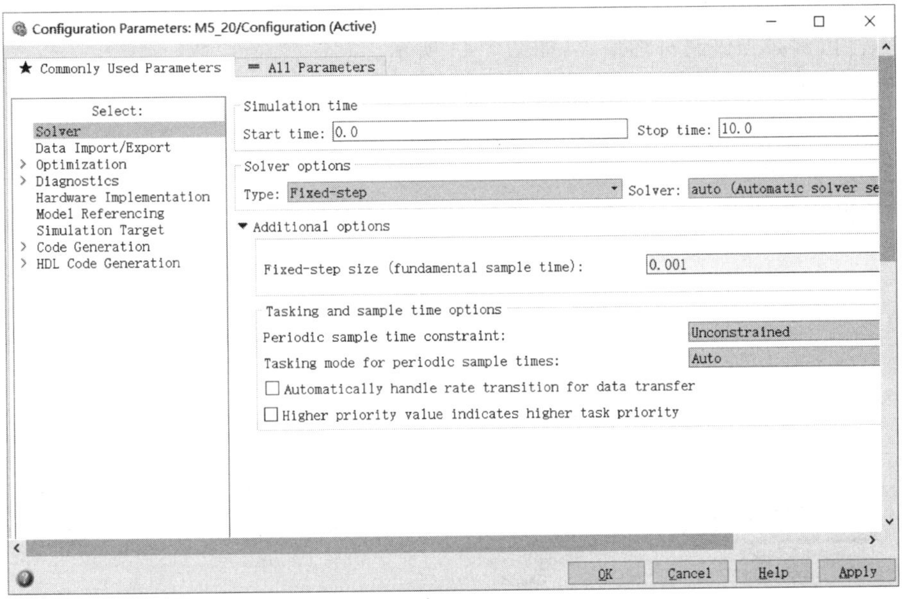

Configuration Parameters: M5_20/Configuration (Active)

★ Commonly Used Parameters | ═ All Parameters

Select:
Solver
Data Import/Export
> Optimization
> Diagnostics
Hardware Implementation
Model Referencing
Simulation Target
> Code Generation
> HDL Code Generation

Simulation time
Start time: 0.0　Stop time: 10.0

Solver options
Type: Fixed-step　Solver: auto (Automatic solver se

▼ Additional options
Fixed-step size (fundamental sample time): 0.001

Tasking and sample time options
Periodic sample time constraint: Unconstrained
Tasking mode for periodic sample times: Auto
☐ Automatically handle rate transition for data transfer
☐ Higher priority value indicates higher task priority

OK　Cancel　Help　Apply

图 5-42　仿真参数设置

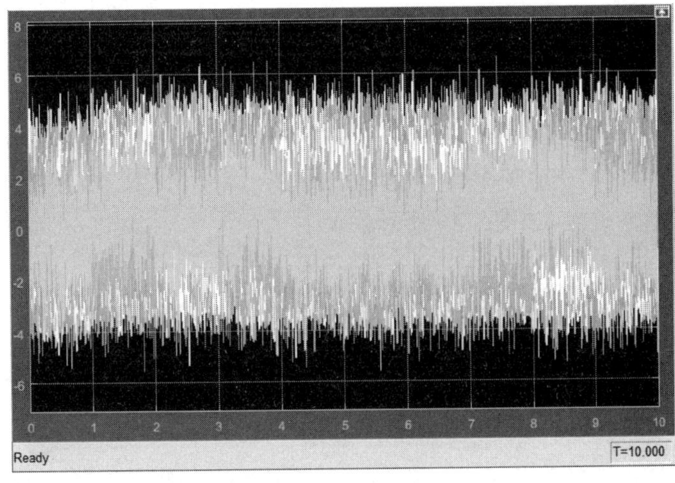

图 5-43　仿真结果

$$P=[P(y_i \mid x_j)]=\begin{bmatrix} P(y_1 \mid x_1) & \cdots & P(y_1 \mid x_N) \\ \vdots & \ddots & \vdots \\ P(y_M \mid x_1) & \cdots & P(y_M \mid x_N) \end{bmatrix}$$

二进制对称信道(BSC)是离散无记忆信道的一个特例，其输入输出符号集合分别为 $\chi=\{0,1\}$，$\gamma=\{0,1\}$。传输中由 0 错为 1 的概率与由 1 错为 0 的概率相等，设为 p。那么，二进制对称信道(BSC)的信道转换概率矩阵为：

$$P=\begin{bmatrix} 1-p & p \\ p & 1-p \end{bmatrix}$$

人们也经常用信道概率转换图来等价地表示离散无记忆信道,例如二进制对称信道,如图 5-44 所示。

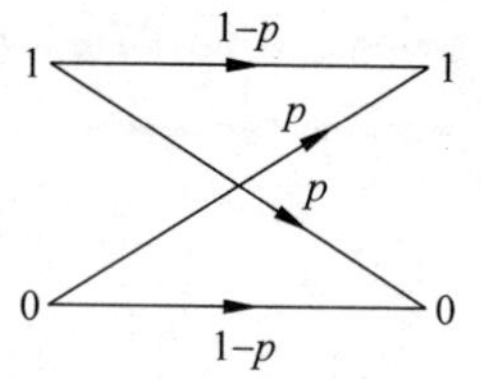

图 5-44　二进制对称信道模型

【例 5-21】 设传输错误概率为 0.013,构建通信系统,统计误码率。要求传输信号为二进制单极性信号,传输速率为 1000bps。

(1) 根据题意,建立如图 5-45 所示的通信系统模型。

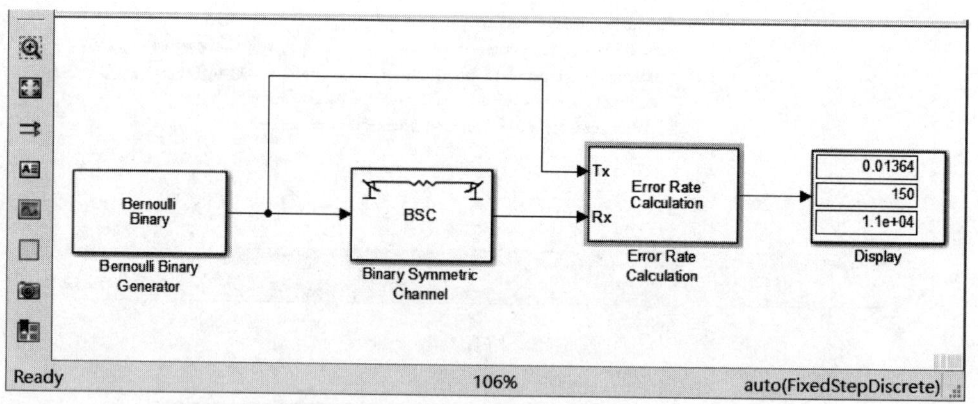

图 5-45　建立的通信系统模型

(2) 模块参数设置。双击图 5-45 中的 Bernoulli Binary Generator 模块,该模块产生速率为 1000bps 的二进制单极性信号,因此,设置产生零的概率为 0.5,初始种子随意设置,采样时间为 0.001。双击图 5-45 中的 Binary Symmetric Channel 模块,设置误码率为 0.013,初始种子随意设置,如图 5-46 所示。

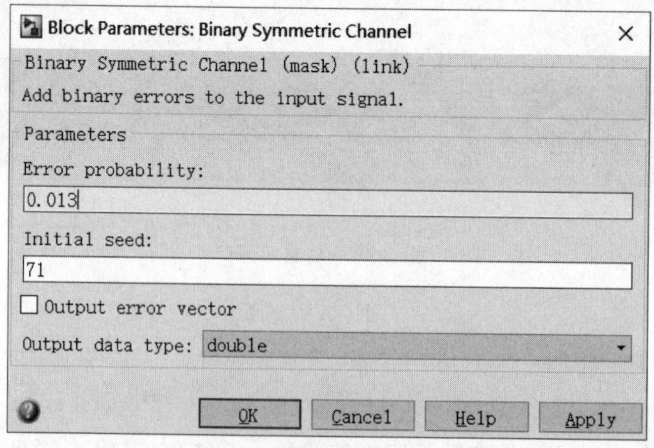

图 5-46　Binary Symmetric Channel 模块参数设置

双击图 5-45 中的 Error Rate Calculation 模块,用来计算误码率。接收延时和计算延时均设为 0,计算模式设为 Entire frame 全帧计算模式,数据输出设为 Port 端口输出(也可以设为 Workspace,输出到 MATLAB 工作空间),如图 5-47 所示。

(3) 设置仿真参数。将仿真时间设置为 0～10s,固定步长求解器,步长为 0.001。

Block Parameters: Error Rate Calculation

to either the workspace or an output port.

The delays are specified in number of samples, regardless of whether the input is a scalar or a vector. The inputs to the 'Tx' and 'Rx' ports must be scalars or column vectors.

The 'Stop simulation' option stops the simulation upon detecting a target number of errors or a maximum number of symbols, whichever comes first.

Parameters

Receive delay:

0

Computation delay:

0

Computation mode: Entire frame

Output data: Port

☐ Reset port

☐ Stop simulation

OK Cancel Help Apply

图 5-47 Error Rate Calculation 模块参数设置

(4) 运行仿真。仿真结果显示在 Display 模块上,如图 5-45 所示。Display 模块上显示结果有三个,分别代表误码率、总误码数目以及总统计码字数目。从图 5-45 中可看出,Bernoulli Binary Generator 模块输出误码率为 0.013 64,总误码数为 150,总统计码字数为 1.1e+04。

注意:一般,当误码数达到 100 以下,就可以认为统计误码率是足够精确的。

【例 5-22】 对 A 律压缩扩张模块和均匀量化器实现非均匀量化过程的仿真,观察量化前后的波形。

(1) 建立模型。根据题意,仿真模型如图 5-48 所示。

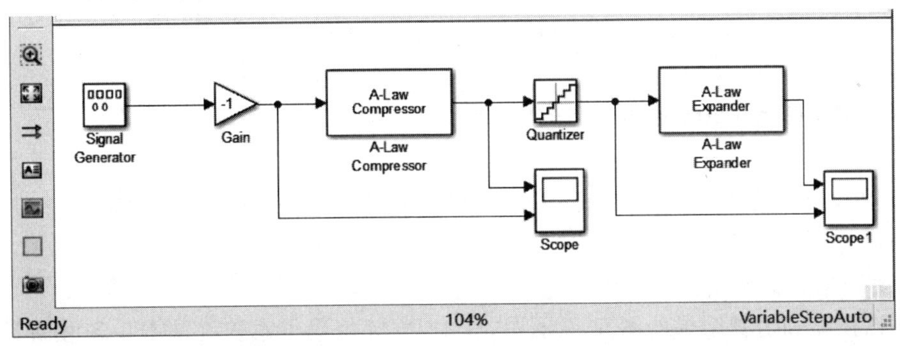

图 5-48 A 律压缩和均匀量化器实现非均匀量化的仿真模型

(2) 模块参数设置。双击图 5-48 中的 A-Law Compressor 模块及 A-Law Expander 模块,设量化器的量化级为 8,A 律压缩系数为 87.6。双击图 5-48 中的 Singal Generator 模块,设置信号为 0.5Hz 的锯齿波,幅度为 1。

(3) 仿真参数。其仿真时间为 0～10s,步长采用默认值。

(4) 运行仿真。设置完成后,对模型进行运行仿真,得到仿真效果如图 5-49 所示。

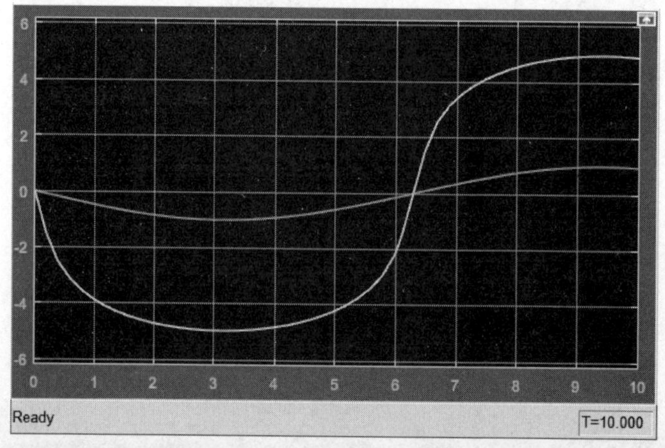

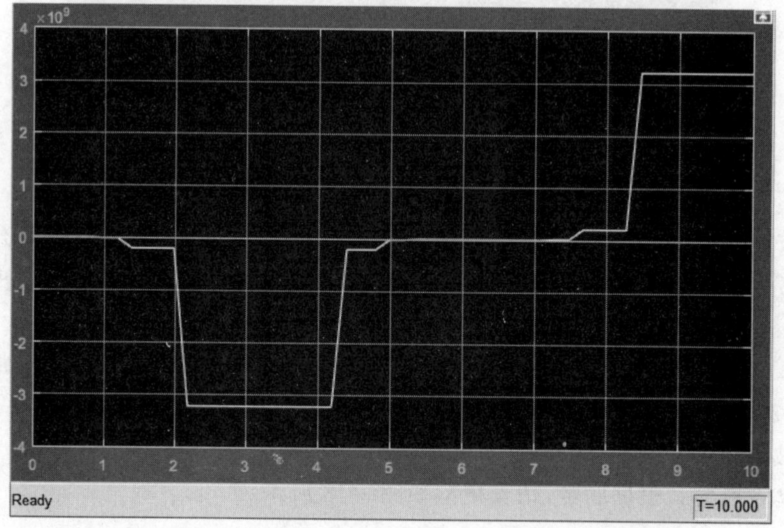

图 5-49　A 律压缩和均匀量化器实现非均匀量化的仿真结果

5.7.3　MATLAB/Simulink 信道实例

【例 5-23】 设计一个 13 折线近似的 PCM 编码模型,使它能够对取值在[－1,1]内的归一化信号样值进行编码。

(1) 建立仿真模型。

测试模型和仿真结果如图 5-50 所示,其中 PCM 编码子系统就是图 5-50 中虚线所围部分。PCM 解码器中首先分离并行数据中的最高位(极性码)和 7 位数据,然后将 7 位数据转换为整数值,再进行归一化、扩张后与双极性的极性码相乘得出解码值。可以将该模型中虚线所围部分封装为一个 PCM 解码子系统备用。

(2) 量化值的编码。

量化以后得到的可以进行线性量化的值,A 律 PCM 的编码表(正值)如表 5-1 所示。

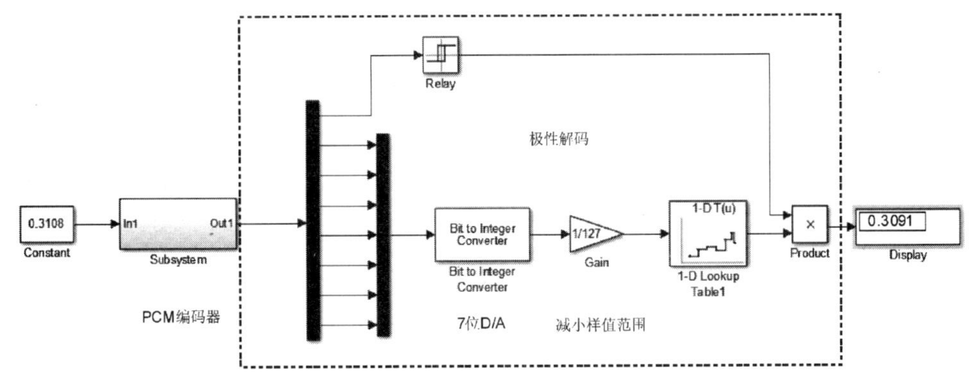

图 5-50　13 折线近似的 PCM 解码器测试模型和仿真结果

表 5-1　国际标准 PCM 对数 A 律量化表

线段编号	间隔数×量化间隔	线段终点值	分层电平编号	分层电平值	编码器输出	量化电平值	量化电平号
7	16×128	4096	(128)	(4069)	1 1 1 1 1 1 1 1	4032	128
		…	127	3968	1 1 1 1 1 1 1 0	…	…
		…	…	…	…	…	…
		2048	112	2048	1 1 1 1 0 0 0 0	2112	113
6	16×64	…	…	…	…	…	
		…	97	1088	1 1 1 0 0 0 0 1	…	…
		1024	96	1024	1 1 1 0 0 0 0 0	1056	97
5	16×32	…	…	…	…	…	…
		…	81	544	1 1 0 1 0 0 0 1	…	…
		512	80	512	1 1 0 1 0 0 0 0	528	81
4	16×16	…	…	…	…	…	…
		…	65	272	1 1 0 0 0 0 0 1	…	…
		256	64	256	1 1 0 0 0 0 0 0	264	65
3	6×8	…	…	…	…	…	…
		…	49	136	1 0 1 1 0 0 0 1	…	…
		128	48	128	1 0 1 1 0 0 0 0	132	49
2	16×4	…	…	…	…	…	…
		…	33	68	1 0 1 0 0 0 0 1	…	…
		64	32	64	1 0 1 0 0 0 0 0	66	33
1	32×2	…	…	…	…	…	…
		…	2	2	1 0 0 0 0 0 0 1	…	…
		0	0	0	1 0 0 0 0 0 0 0	1	1

从表 5-1 可以得出对应量化值的编码。在本例中，用 $x(i)$来表示采样值，$y(i)$来表示将采样值 $x(i)$进行对数压缩后的值，这样 $x(i)$对应表 5-1 中的分层电平值和量化电平值，而 $y(i)$对应表 5-1 中的分层电平值编号和量化电平编号。

利用13线性法得到的量化编码，MATLAB程序为：

```
>> z = zhe13(y);
>> pcmcode(z);
```

输出结果为：

```
f =
     1   0   0   0   0   0   0   0   -128   -115   0
     0   1   1   1   0   0   1   1      0      0   0
     0   1   1   1   1   1   1   1      0      0   0
     0   1   1   1   1   1   1   1      0      0   0
     0   1   1   1   0   0   1   1      0      0   0
     0   0   0   0   0   0   0   0      0      0   0
     1   1   1   1   0   0   1   1      0      0   0
     1   1   1   1   1   1   1   1      0      0   0
     1   1   1   1   1   1   1   1      0      0   0
     1   1   1   1   0   0   1   1      0      0   0
     1   0   0   0   0   0   0   0      0      0   0
```

对数压缩特性得的编码：

```
>> z = apcm(y,90.88);
>> f = pcmcode(z);
```

输出结果为：

```
f =
     1   0   0   0   0   0   0   0   -126   -115   0
     0   1   1   1   0   0   1   1      0      0   0
     0   1   1   1   1   1   1   0      0      0   0
     0   1   1   1   1   1   1   0      0      0   0
     0   1   1   1   0   0   1   1      0      0   0
     0   0   0   0   0   0   0   0      0      0   0
     1   1   1   1   0   0   1   1      0      0   0
     1   1   1   1   1   1   1   0      0      0   0
     1   1   1   1   1   1   1   0      0      0   0
     1   1   1   1   0   0   1   1      0      0   0
     1   0   0   0   0   0   0   0      0      0   0
```

可以看出对两种量化得到的编码是一样的，13折线近似效果是相当好的。

在运行程序过程中，需要调用用户自定义编写的zhe13.m函数和pcmcode.m函数，它们的源代码分别如下：

```
function y = zhe13(x)
% 本函数实现国际通用的PCM量化A律13折线特性近似
% x为输入的序列,变换后的值赋给序列y
x = x/max(x);                                    % 求出序列的最大值,并同时归一化
z = sign(x);                                     % 求的每一序列的值的符号
x = abs(x);                                      % 取序列的绝对值
for i = 1:length(x),                             % 直接将序列的绝对值量化
    if ((x(i)>= 0)&(x(i)< 1/64)),                % 序列值位于第1和第2折线
        y(i) = 16 * x(i);
    else
```

```
        if(x(i)>= 1/64 & x(i)< 1/32),                  % 序列值位于第 3 折线
            y(i) = 8 * x(i) + 1/8;
        else
            if(x(i)>= 1/32 & x(i)< 1/16),              % 若序列值位于第 4 折线
                y(i) = 4 * x(i) + 2/8;
            else
                if(x(i)>= 1/16 & x(i)< 1/8),           % 若序列位于第 5 折线
                    y(i) = 2 * x(i) + 3/8;
                else
                    if(x(i)>= 1/8 & x(i)< 1/4),        % 若序列位于第 6 折线
                        y(i) = x(i) + 4/8;
                    else if (x(i)>= 1/4 & x(i)<= 1/2), % 若序列值位于第 7 折线
                            y(i) = 1/2 * x(i) + 5/8;
                        else if(x(i)>= 1/2 & x(i)<= 1), % 若序列值位于第 8 折线
                                y(i) = 1/4 * x(i) + 6/8;
                            end
                        end
                    end
                end
            end
        end
    end
end
y = z. * y;    % 重新将符号代回序列中    % 循环结束
function f = pcmcode(y)
% 本函数实现将输入的值(已量化好)编码输入 y 为量化后的序列,
% 其值应该在 0 到 1 之间
% 定义出一个二维数组,第一行的 8 位代表了对应的输入值的编码(8 位)
f = zeros(length(y),8);
z = sign(y);                              % 得到输入序列的符号,确定编码的首位
y = y * 128;                              % 将序列值扩展到 0 到 128 之间,便于编码
f = fix(y);                               % 将计算取整
y = abs(y);                               % 只计算绝对值的编码
for i = 1:length(y),
    if (y(i) == 128),                     % 如果输入为 1,得到 128,为避免出现编码位为 2 的错误
        y(i) = 127.999;                   % 将其值近似为 127.999
    end
end
for i = 1:length(y),                      % 下面的一段循环时将十进制转化为二进制数
    for j = 6: - 1:0                      % 分别计算序列除以从 64 到 1 的数的商
        f(i,8 - j) = fix(y(i)/(2 ^ j));
        y(i) = mod(y(i),(2 ^ j));
    end
end
for i = 1:length(y),
    if (z(i) == 1),                       % 输入值是负数
        f(i,1) = 0;                       % 首位取 0
    else
        f(i,1) = 1;                       % 输入是正数,首位取 1
    end
end
f                                         % 显示编码结果
```

注意:负值的量化与正值几乎完全相同,区别在于将编码的首位由 1 改为 0。

第6章 通信系统的滤波器

在通信系统中，很多地方都需要用到滤波器，如调制与解调、波形成型等。滤波器是一种十分重要的线性时不变系统，它是一种能让某些频率的分量通过，而完全阻止其他频率成分通过的系统。但这是一种理想化的滤波器，实际上很难实现完全阻止其他频率成分通过。因为滤波器是一个因果系统，在实际中不能实现完全阻止某些频率分量通过，只能使其衰减到一定的指标。从广义来讲，任何能够对某些频率进行修正的系统都可以看成滤波器。

滤波器可以分成模拟滤波器和数字滤波器两种。目前的应用中数字滤波器应用相对比较广泛。下面分别从函数及模块两方面介绍滤波器。

6.1 滤波器概述

滤波，本质上是从被噪声畸变和污染了的信号中提取原始信号所携带的信息的过程。

根据滤波器所使用综合方法的不同，可将其划分为巴特沃斯(Butterworth)型、切比雪夫(Chebyshev)Ⅰ型、切比雪夫Ⅱ型、椭圆(Elliptic)型等。

在此仅仅介绍如何使用MATLAB/Simulink的函数或模块来设计这些滤波器。不同类型的滤波器设计参数有所不同。

模拟滤波器设计的4个重要参数如下。

(1) 通带拐角频率(passband corner frequency)f_p(Hz)：对于低通或高通滤波器，分别为高端拐角频率或低端拐角频率；对于带通或带阻滤波器，则为低拐角频率和高拐角频率两个参数。

(2) 阻带起始频率(stopband corner frequency)f_s(Hz)：对于带通或带阻滤波器则为低起始频率和高起始频率两个参数。

(3) 通带内波动(passband ripple)R_p(dB)：即通带内所允许的最大衰减。

(4) 阻带内最小衰减(stopband attenuation)R_s(dB)：即阻带内允许的最小衰减系数。

对于数字滤波器，在设计时需要将以上参数中的频率参数根据采样率转换为归一化频率参数，设采样率为 f_N，则：

- 通带拐角归一化频率 w_p(Hz)：$w_p=f_p(f_N/2)$，其中 $w_p\in[0,1]$，$w_p=1$ 时对应于归一化角频率 π。
- 阻带起始归一化频率 w_s(Hz)：$w_s=f_s(f_N/2)$，其中 $w_s\in[0,1]$。

所谓滤波器设计，就是根据设计的滤波器类型和参数计算出满足设计要求的滤波器的最低阶数和相应的 3dB 截止频率(cutoff frequencies)，然后进一步求出对应传递函数的分子分母系数。

模拟滤波器的设计是根据给定滤波器的设计类型、通带拐角频率、阻带起始频率、通带内波动和阻带最小衰减来进行的。数字滤波器则还须考虑采样率参数，并常以通带截止归一化频率和阻带起始归一化频率来计算。

MATLAB 专门提供了滤波器设计工具箱，而且还通过图形化界面向用户提供了更为方便的滤波器分析和设计工具 fdatool。在 MATLAB 命令行窗口中输入 fdatool，将打开滤波器分析和设置界面，如图 6-1 所示。相应的 Simulink 模块是 DSP Blockset 中的 Digital Filter Design 模块，不过 Digital Filter Design 还具有滤波器的实现功能。

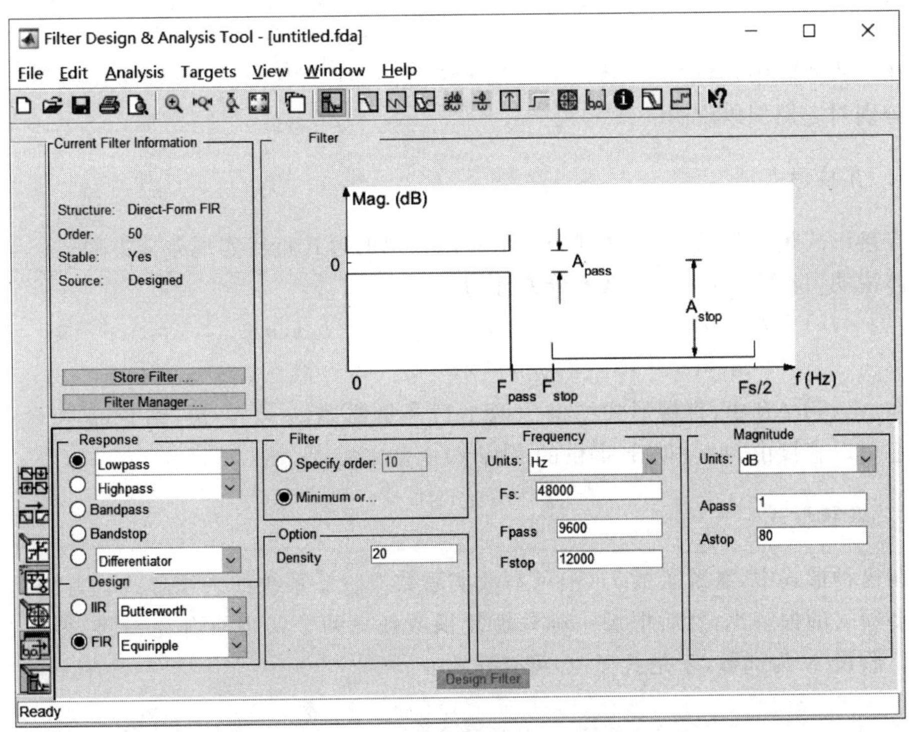

图 6-1 滤波器分析和设置界面

在 FDATool 图形界面下，可以选择滤波器类型、设计模型、滤波器阶数、采样率、通带、阻带频率、幅度特性等一系列参数，然后单击 Design Filter 按钮进行设计运算，通过图形显示滤波器的幅频响应、相频响应、群时延失真、冲激响应、阶跃响应、零极点图、滤波器系数等。Digital Filter Design 模块将实现设计结果。

6.2 滤波器结构

在通信系统中，有两种滤波器类型，一种为模拟滤波器，另一种为数字滤波器，下面分别对这两种滤波器结构作介绍。

6.2.1 模拟滤波器结构

一个 IIR 滤波器的系统函数为：

$$H(z)=\frac{B(z)}{A(z)}=\frac{\sum_{m=0}^{M}b_m z^{-m}}{\sum_{n=0}^{N}a_n z^{-n}}=\frac{b_0+b_1z^{-1}+\cdots+b_Mz^{-M}}{1+a_1z^{-1}+\cdots+a_Nz^{-N}},\quad a_0=1 \tag{6-1}$$

式中，b_m、a_n 是滤波器的系数。一般情况下，假设 $a_0=1$。如果 $a_N\neq 0$，则这时 IIR 滤波器阶数为 N。IIR 滤波器的差分方程为：

$$y(n)=\sum_{m=0}^{M}b_m x(n-m)-\sum_{n=0}^{N}a_n y(n-m) \tag{6-2}$$

在工程实际中，通过 3 种结构来实现 IIR 滤波器：直接形式、级联形式和并联形式，下面分别对它们加以说明。

1. 直接形式

直接形式是用延时器、乘法器和加法器以给定的形式直接实现差分方程式(6-2)。为了具体说明，设 $M=N=4$，那么差分方程为：

$$\begin{aligned}y(n)=&b_0x(n)+b_1x(n-1)+b_2x(n-2)+b_3x(n-3)+b_4x(n-4)\\&-a_1y(n-1)-a_2y(n-2)-a_3y(n-3)-a_4y(n-4)\end{aligned}$$

在 MATLAB 中，直接形式结构由两个行向量描述，b 包含 $\{b_n\}$ 系数，a 包含 $\{a_n\}$ 系数。它可以直接由 MATLAB 提供的 filter()函数来实现。

2. 级联形式

在这种形式中，系统函数 $H(z)$ 可写成实系数二阶子系统的乘积形式。首先把分子、分母多项式的根解出，然后把每一对共轭复根或任意两个实根组合在一起，得到二阶子系统。假设 N 为偶数，于是式(6-1)可转化为：

$$\begin{aligned}H(z)&=\frac{b_0+b_1z^{-1}+\cdots+b_Mz^{-M}}{1+a_1z^{-1}+\cdots+a_Nz^{-N}}=b_0\frac{1+\frac{b_1}{b_0}z^{-1}+\cdots+\frac{b_M}{b_0}z^{-M}}{1+a_1z^{-1}+\cdots+a_Nz^{-N}}\\&=b_0\prod_{k=1}^{K}\frac{1+B_{k,1}z^{-1}+B_{k,2}z^{-2}}{1+A_{k,1}z^{-1}+A_{k,2}z^{-2}}\end{aligned} \tag{6-3}$$

式中，$K=N/2$，$B_{k,1}$、$B_{k,2}$、$A_{k,1}$、$A_{k,2}$ 均为实数，表示二阶子系统的系数。二阶子系统为：

$$H_k(z)=\frac{Y_{k+1}(z)}{Y_k(z)}=\frac{1+B_{k,1}z^{-1}+B_{k,2}z^{-2}}{1+A_{k,1}z^{-1}+A_{k,2}z^{-2}},\quad k=1,\cdots,K \tag{6-4}$$

式中的参量满足：

$$Y_1(z)=b_0X(z),\quad Y_{k+1}(z)=Y(z) \tag{6-5}$$

在工程实际中，一般把如式(6-4)所示的结构称为二阶环节(Biquad)，它的输入是第$(k-1)$个双二阶环节的输出，同时第k个双二阶环节的输出为第$(k+1)$个双二阶环节的输入，而整个滤波器由双二阶环节的级联形式实现。

3. 并联形式

在这种形式中，系统函数用部分分式展开式(PFE)写成二阶子系统和的形式：

$$\begin{aligned}H(z)&=\frac{B(z)}{A(z)}=\frac{b_0+b_1z^{-1}+\cdots+b_Mz^{-M}}{1+a_1z^{-1}+\cdots+a_Nz^{-N}}\\&=\frac{\hat{b}_0+\hat{b}_1z^{-1}+\cdots+\hat{b}_{1-N}z^{1-N}}{1+\hat{a}_1z^{-1}+\cdots+\hat{a}_Nz^{-N}}+\sum_{k=0}^{M-N}C_Kz^{-k}\\&=\sum_{k=1}^{K}\frac{B_{k,0}+B_{k,1}z^{-1}}{1+A_{k,1}z^{-1}+A_{k,2}z^{-2}}+\sum_{k=0}^{M-N}C_Kz^{-k}\end{aligned} \tag{6-6}$$

式中，$k=N/2$，$B_{k,1}$、$B_{k,2}$、$A_{k,1}$、$A_{k,2}$均为实数，表示二阶子系统的系数，而且只有当$M\geqslant N$时才有后面的FIR部分(即多项式和)。二阶子系统为：

$$H_k(z)=\frac{Y_{k+1}(z)}{Y_k(z)}=\frac{B_{k,0}+B_{k,1}z^{-1}}{1+A_{k,1}z^{-1}+A_{k,2}z^{-2}},\quad k=1,\cdots,K \tag{6-7}$$

式中的参量满足：

$$Y_k(z)=H_k(z)X(z),\quad Y(z)=\sum Y_k(z),\quad M<N \tag{6-8}$$

在工程实际中，一般把式(6-6)所示的结构称为双二阶环节，滤波器的输入对所有双二阶环节均有效，同时，若$M\geqslant N$(FIR部分)，它也是多项式部分的输入，这些环节的和构成了滤波器的输出。

【例6-1】 已知直接型式滤波器的系数$\{b_n\}$和$\{a_n\}$，假设并联形式的滤波器结构为b_0、$B_{k,i}$和$A_{k,i}$，要求编制将直接形式转化为级联形式的函数。

由于需要，自定义一个dir2par.m函数，用于将直接型转换为并联型，代码为：

```
function [C,B,A] = dir2par(b,a)
% 直接型到并联型的转换
% [C,B,A] = dir2par(b,a)
% C为当b的长度大于a时的多项式部分
% B为包含各bk和K乘二维实系数矩阵
% A为包含各ak和K乘三维实系数矩阵
% b为直接型分子多项式系数
% a为直接型分母多项式系数
M = length(b);
N = length(a);
[r1,p1,C] = residuez(b,a);
p = cplxpair(p1,10000000 * eps);
x = cplxcomp(p1,p);
r = r1(x);
K = floor(N/2);
B = zeros(K,2);
A = zeros(K,3);
```

```
if K * 2 == N,
    for i = 1:2:N - 2,
        br = r(i:1:i + 1,:);
        ar = p(i:1:i + 1,:);
        [br,ar] = residuez(br,ar,[]);
        B(fix((i + 1)/2),:) = real(br');
        A(fix((i + 1)/2),:) = real(ar');
    end
    [br,ar] = residuez(r(N - 1),p(N - 1),[]);
    B(K,:) = [real(br') 0];
    A(K,:) = [real(ar') 0];
else
    for i = 1:2:N - 1,
        br = r(i:1:i + 1,:);
        ar = p(i:1:i + 1,:);
        [br,ar] = residuez(br,ar,[]);
        B(fix((i + 1)/2),:) = real(br);
        A(fix((i + 1)/2),:) = real(ar);
    end
end
```

以上代码中调用了自定义的 cplxcomp()函数，由于进行滤波器形式转换时需要把极点一留数对按复共轭极点一留数对、实极点一留数对的顺序进行排列，而 MATLAB 内置的 cplxpair()函数可以做到这一点，它可以把复数数组分类为复共轭对，但由于连续两次调用此函数(一次为极点，一次为留数)，不能保证极点和留数的互相对应，因此编制了一个新的 cplxcomp()函数，它把两个混乱的复数数组进行比较，返回一个数组的下标，用它重新给另一个数组排序。

cplxcomp()函数的代码为：

```
function I = cplxcomp(p1,p2)
% I = cplxcomp(p1,p2)
% 比较两个包含同样标量元素但(可能)有不同下标的复数对
% 本程序必须用在 cplxpair()程序之后，以便重新排序频率极点向量及其相应的留数向量
% p2 = cplxpair(p1)
I = [];
for i = 1:length(p2)
    for j = 1:length(p1)
        if(abs(p1(j) - p2(i))< 0.0001)
            I = [I,j];
        end
    end
end
I = I';
```

6.2.2 数字滤波器结构

一个具有有限持续时间冲激响应的滤波器的系统函数为：

$$H(z) = b_0 + b_1 z^{-1} + \cdots + b_{M-1} z^{1-M} = \sum_{n=0}^{M-1} b_n z^{-n} \tag{6-9}$$

则其冲激响应为：

$$h(n)=\begin{cases}b_n, & 0\leqslant n\leqslant M \\ 0, & 其他\end{cases} \tag{6-10}$$

其差分方程可以描述为：

$$y(n)=b_0x(n)+b_1x(n-1)+\cdots+b_{M-1}x(n-M+1) \tag{6-11}$$

FIR 滤波器也有 4 个结构：直接形式、级联形式、线性相位形式和频率采样形式。由于频率采样形式及复数运算在工程实际中应用较少，所以本节只介绍其他 3 种形式。

1．直接形式

这种形式与 IIR 滤波器的直接形式类似，只是没有反馈回路，因此它由抽头延时线实现。设 $M=3$（即二阶 FIR 滤波器），则其差分方程为：

$$y(n)=b_0x(n)+b_1x(n-1)+b_2x(n-2)$$

在 MATLAB 中，FIR 结构的直接形式由一个行向量描述，b 为包含$\{b_n\}$系数。它可以直接由 MATLAB 提供的 filter()函数来实现，把向量 a 设为 1，其用法在前面章节已经介绍过，请读者参考。

2．级联形式

这种形式与 IIR 形式类似。把系统函数 $H(z)$转换成具有实系数的二阶子系统的乘积，子系统以直接形式实现，整个滤波器用二阶子系统的级联实现。从式(6-9)可以得到：

$$\begin{aligned}H(z)&=b_0+b_1z^{-1}+\cdots+b_{M-1}z^{1-M}\\&=b_0\left(1+\frac{b_1}{b_0}z^{-1}+\cdots+\frac{b_{M-1}}{b_0}z^{-M+1}\right)\\&=b_0\prod(1+B_{k,1}z^{-1}+B_{k,2}z^{-2})\end{aligned} \tag{6-12}$$

式中，$k=[M/2]$，实数 $B_{k,1}$、$B_{k,2}$表示二阶子系统的系数。

FIR 级联形式的实现可以使用 IIR 的级联形式函数 dir2cas()，这里需要把分母向量设置为 1。类似地，用 cas2dir()函数也可以把 FIR 滤波器从级联形式转换为直接形式。

3．线性相位形式

在工程实际中，通常希望选项滤波器（如低通滤波器）得到线性相位，即要求系统函数的相位为频率的线性函数，满足：

$$\angle H(\mathrm{e}^{\mathrm{j}\omega})=\beta-\alpha\omega,\quad -\pi<\omega\leqslant\pi \tag{6-13}$$

式中，$\beta=0$ 或$\pm\pi/2$；α 为一个常数，对于线性时不变因果性的 FIR 滤波器，它的冲激响应在区间$[0,M-1]$上。线性相位条件(6-13)表明了 $h(n)$有如下所示的对称性：

$$h(n)=h(M-1-n),\quad \beta=0,\quad 0\leqslant n\leqslant M-1 \tag{6-14}$$

$$h(n)=-h(M-1-n),\quad \beta=\pm\pi/2,\quad 0\leqslant n\leqslant M-1 \tag{6-15}$$

满足条件式(6-14)的冲激响应称为对称冲激响应，满足条件式(6-15)的冲激响应称为反对称冲激响应。这些对称条件可以在称为线性相位的结构中使用。

若差分方程式(6-11)具有式(6-14)中的对称冲激响应，即满足：

$$
\begin{aligned}
y(n) &= b_0x(n)+b_1x(n-1)+\cdots+b_{M-1}x(n-M+1)\\
&= b_0[x(n)+x(n-M+1)]+b_1[x(n-1)+x(n-M+2)]+\cdots
\end{aligned}
\tag{6-16}
$$

显然这种结构比直接形式所需的乘法次数少50%，对反对称冲激响应同样可以有类似的结构。

线性相位结构在本质上仍然为直接形式，它只是缩减了乘法计算量，因此，在MATLAB实现上，线性相位结构等同于直接形式。

【例6-2】 已知FIR滤波器由下面的系统函数描述：

$$H(z)=1+8.125z^{-3}+z^{-6}$$

求出并画出直接形式、线性相位形式和级联形式的结构。

(1) 直接形式的差分方程为：

$$y(n)=x(n)+8.125x(n-3)+x(n-6)$$

(2) 线性相位形式的差分方程为：

$$y(n)=[x(n)+x(n-6)]+8.125x(n-3)$$

(3) 级联形式的结构可以用下面的MATLAB语句求得：

```
>> clear all;
b = [1 0 0 8.125 0 0 1];
[b0,B,A] = dir2cas(b,1)
```

运行程序，输出如下：

```
b0 =
    1
B =
    1.0000   - 0.5000  0.2500
    1.0000   - 2.0000  4.0000
    1.0000     2.5000  1.0000
A =
    1  0  0
    1  0  0
    1  0  0
```

在程序中调用的自定义dir2cas函数的代码为：

```
function [b0,B,A] = dir2cas(b,a)
%直接型到级联型形式的转换
% [b0,B,A] = dir2cas(b,a)
% a为直接型的分子多项式系数
% b为直接型的分母多项式系数
% b0为增益系数
% B为包含各bk的k乘二维实系数矩阵
% A为包含各ak的k乘三维实系数矩阵
%计算增益系数
b0 = b(1);
b = b/b0;
a0 = a(1);
a = a/a0;
b0 = b0/a0;
```

```
M = length(b);
N = length(a);
if N > M,
    b = [b,zeros(1,N - M)];
elseif,
    a = [a,zeros(1,M - N)];
    N = M;
else
    NM = 0;
end
k = floor(N/2);
B = zeros(k,3);
A = zeros(k,3);
if k * 2 == N
    b = [b,0];
    a = [a,0];
end
broots = cplxpair(roots(b));
aroots = cplxpair(roots(a));
for i = 1:2:2 * k,
    br = broots(i:1:i + 1,:);
    br = real(poly(br));
    B(fix((i + 1)/2),:) = br;
    ar = aroots(i:1:i + 1,:);
    ar = real(poly(ar));
    A(fix((i + 1)/2),:) = ar;
end
```

6.3 滤波器 MATLAB 函数

在 MATLAB 中,提供了相关函数用于实现滤波器,下面分别对些函数进行介绍。

6.3.1 模拟滤波器 MATLAB 函数

1. 设计模拟滤波器

在 MATLAB 中,提供了相关函数用于实现模拟滤波器的设计。

1) 巴特沃斯模拟低通滤波器

巴特沃斯(Butterworth)模拟低通滤波器的平方幅频响应函数为:

$$|H(j\omega)|^2 = A(\omega^2) = \frac{1}{1+(\omega/\omega_c)^{2N}}$$

式中,ω_c 为低通滤波器的截止频率(cutoff frequency),N 为滤波器的阶数。

巴特沃斯滤波器的特点:通带内具有最大平坦的频率特性,且随着频率增大平滑单调下降;阶数愈高,特性愈接近矩形,过渡带愈窄,传递函数无零点。

这里的特性接近矩形,是指通带频率响应段与过渡带频率响应段的夹角接近直角。通常该角为钝角,如果该角为直角,则为理想滤波器。

在 MATLAB 中,提供了 buttap 函数用于设计巴特沃斯模拟低通滤波器。函数的调用格式为：

[z,p,k]=buttap(n)：函数返回n阶低通模拟滤波器原型的极点和增益。参数n表示巴特沃斯滤波器的阶数；参数z、p、k分别为滤波器的零点、极点、增益。

【例6-3】 绘制巴特沃斯低通模拟原型滤波器的幅频平方响应曲线，阶数分别为2，5，10，20。

```
>> clear all;
n = 0:0.01:2;                          % 频率点
for i = 1:4                            % 取4种滤波器
    switch i
        case 1,N = 2;
        case 2; N = 5;
        case 3; N = 10;
        case 4; N = 20;
    end
    [z,p,k] = buttap(N);               % 设计巴特沃斯滤波器
    [b,a] = zp2tf(z,p,k);              % 将零点极点增益形式转换为传递函数形式
    [H,w] = freqs(b,a,n);              % 按n指定的频率点给出频率响应
    magH2 = (abs(H)).^2;               % 给出传递函数幅度平方
    hold on;
    plot(w,magH2);                     % 绘制传递函数幅度平方
end
xlabel('w/wc');                        % 显示横坐标
ylabel('|H(jw)|^2');                   % 显示纵坐标
title('巴特沃斯模拟原型滤波器');       % 标题显示
text(1.5,0.18,'n = 2');                % 做必要的标记
text(1.3,0.08,'n = 5');
text(1.16,0.08,'n = 10');
text(0.93,0.98,'n = 20');
grid on;
```

运行程序，效果如图6-2所示。

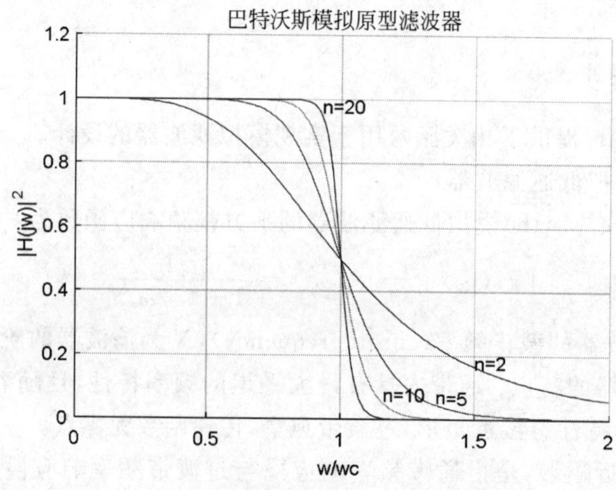

图6-2 巴特沃斯滤波器原型平方幅频图

2）切比雪夫Ⅰ型滤波器

切比雪夫(Chebyshev)Ⅰ型模拟低通滤波器的平方幅值响应函数为：

$$|H(\mathrm{j}\omega)|^2 = A(\omega^2) = \frac{1}{1+\varepsilon^2 C_N^2\left(\dfrac{\omega}{\omega_c}\right)}$$

式中，ε 为小于 1 的正数，表示通带内的幅值波纹情况；ω_c 为截止频率，N 为切比雪夫多项式阶数，$C_N\left(\dfrac{\omega}{\omega_c}\right)$为切比雪夫多项式，定义为：

$$C_N(x) = \begin{cases} \cos(N\cos^{-1}(x)), & |x| \leqslant 1 \\ \cosh(N\cosh^{-1}(x)), & |x| > 1 \end{cases}$$

切比雪夫Ⅰ型滤波器特点是：通带内具有等波纹起伏特性，而在阻带内则单调下降，且具有更大衰减特性；阶数越高，特性越接近矩形。传递函数没有零点。

在 MATLAB 中，提供了 cheb1ap 函数用于设计切比雪夫Ⅰ型滤波器。函数的调用格式为：

[z,p,k]=cheb1ap(n,Rp)：参数 n 表示阶数；参数 Rp 为通带波纹；参数 z、p、k 分别为滤波器的零点、极点、增益。

【例 6-4】 绘制 10 阶切比雪夫Ⅰ型模拟低通滤波器原型的平方幅频响应曲线。

```
>> clear all;
n = 0:0.01:2;
N = 10;
Rp = 0.65;
[z,p,k] = cheb1ap(N,Rp);                    %切比雪夫Ⅰ型低通滤波器
[b,a] = zp2tf(z,p,k);
[H,w] = freqs(b,a,n);
mag = (abs(H)).^2;
plot(w,mag,'LineWidth',2);
axis([0 2 0 1.2]);
xlabel('w/wc');ylabel('|H(jw)|^2');
grid on;
```

运行程序，效果如图 6-3 所示。

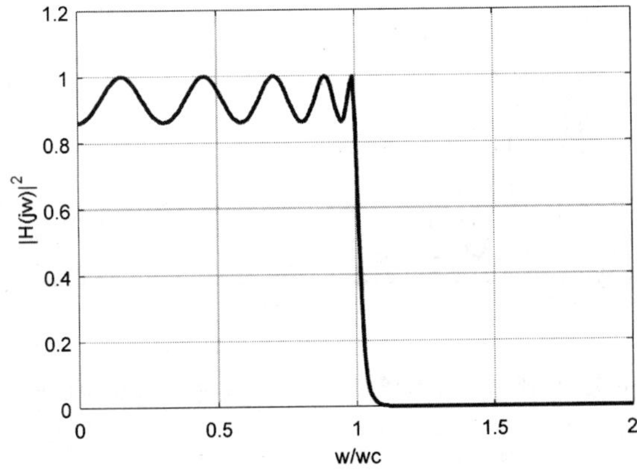

图 6-3 切比雪夫Ⅰ型模拟低通滤波的平方幅频响应曲线

3）切比雪夫Ⅱ型滤波器

切比雪夫(Chebyshev)Ⅱ型低通模拟滤波器的平方幅值响应函数为：

$$|H(\mathrm{j}\omega)|^2 = A(\omega^2) = \frac{1}{1+\left[\varepsilon^2 C_N^2\left(\frac{\omega}{\omega_c}\right)\right]^{-1}}$$

式中，各项参数的意义同上。

切比雪夫Ⅱ型模拟滤波器的特点是：阻带内具有等波纹的起伏特性，而在通带内是单调、平滑的，阶数愈高，频率特性曲线愈接近矩形，传递函数既有极点又有零点。

在 MATLAB 中，提供了 cheb2ap 函数用于设计切比雪夫Ⅱ型滤波器。函数的调用格式为：

[z,p,k]=cheb2ap(n,Rs)：参数 n 为阶数；参数 Rs 为阻带波纹；参数 z、p、k 分别为滤波器的零点、极点、增益。

【例 6-5】 绘制 10 阶切比雪夫Ⅱ型模拟低通滤波器原型的平方幅频响应曲线。

```
>> clear all;
n = 0:0.01:2;
N = 10;
Rp = 12;
[z,p,k] = cheb2ap(N,Rp);                    %切比雪夫Ⅱ型低通滤波器
[b,a] = zp2tf(z,p,k);
[H,w] = freqs(b,a,n);
mag = (abs(H)).^2;
plot(w,mag,'LineWidth',2);
axis([0.4 2.5 0 1.1]);
xlabel('w/wc');ylabel('|H(jw)|^2');
grid on;
```

运行程序，效果如图 6-4 所示。

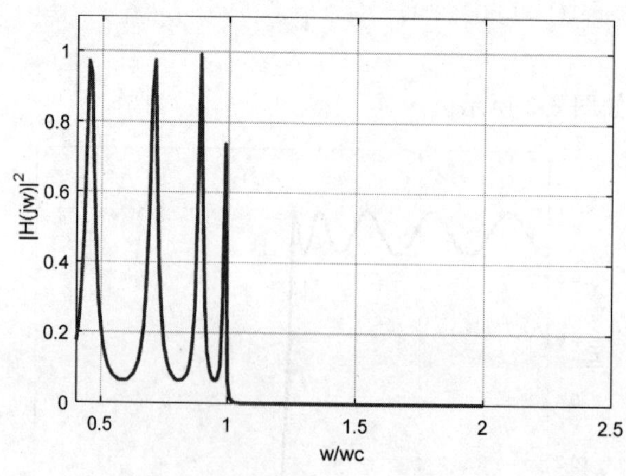

图 6-4　切比雪夫Ⅱ型模拟低通滤波的平方幅频响应曲线

4）椭圆滤波器

椭圆(Elliptic)模拟低通原型滤波器的平方幅值响应函数为：

$$|H(\mathrm{j}\omega)|^2 = A(\omega^2) = \frac{1}{1+\mu^2 E_N^2\left(\dfrac{\omega}{\omega_c}\right)}$$

式中，μ 为小于 1 的正数，表示波纹情况；ω_c 为低通滤波器的截止频率(cutoff frequency)，N 为滤波器的阶数，$E_N\left(\dfrac{\omega}{\omega_c}\right)$为椭圆函数，其定义已超出本课程的范围，这里直接利用。

椭圆滤波器的特点：在通带和阻带内均具有等波纹起伏特性，与以上滤波器原型相比，相同的性能指标所需的阶数最小，但相频响应具有明显的非线性。

在 MATLAB 中，提供了 ellipap 函数用于设计模拟低通椭圆滤波器原型。函数的调用格式为：

[z,p,k]=ellipap(n,Rp,Rs)：参数 n 为椭圆滤波器阶数；Rp 为通带波纹；Rs 为阻带衰减，单位都为 dB，通常滤波器的通带波纹的范围为 1～5dB，阻带衰减的范围大于 15dB。参数 z、p、k 分别为滤波器的零点、极点和增益。

【例 6-6】 绘制椭圆低通滤波器原型的幅频平方响应曲线，阶数分别为 1、3、7、9。

```
>> clear all;
n = 0:0.01:2;                         % 频率点
for i = 1:4                           % 取 4 种滤波器
    switch i
        case 1; N = 1;
        case 2; N = 3;
        case 3; N = 7;
        case 4; N = 9;
    end
Rp = 1; Rs = 15;                      % 设置通滤波纹为 1dB,阻带衰减为 15dB
    [z,p,k] = ellipap(N,Rp,Rs);       % 设计椭圆滤波器
    [b,a] = zp2tf(z,p,k);             % 将零点极点增益形式转换为传递函数形式
    [H,w] = freqs(b,a,n);             % 按 n 指定的频率点给出频率响应
    magH2 = (abs(H)).^2;              % 给出传递函数幅度平方
    subplot(2,2,i);
    plot(w,magH2);
    title(['N = ' num2str(N)]);       % 将数字 N 转换为字符串'N = '合并作为标题
    xlabel('w/wc');                   % 显示横坐标
    ylabel('椭圆|H(jw)|^2');           % 显示纵坐标
    grid on;
end
```

运行程序，效果如图 6-5 所示。

5) Bessel 滤波器

前面讲过的各类原型滤波器均没有绘出其相位随频率的变化特性(相频特性)。在后面的数字信号处理学习中，将会看到它们的相位特性是非线性的。这里所介绍的 Bessel 滤波器则能最大限度地减少相频特性非线性，使得通带内通过的信号形状不变(拷贝不走样)。

Bessel 模拟低通滤波器的特点是在零频时具有最平坦的群延时，并在整个通带内群延时几乎不变。在零频时的群延时为$\left(\dfrac{(2N)!}{2^N N!}\right)^{\frac{1}{N}}$。由于这一特点，Bessel 模拟滤波器通

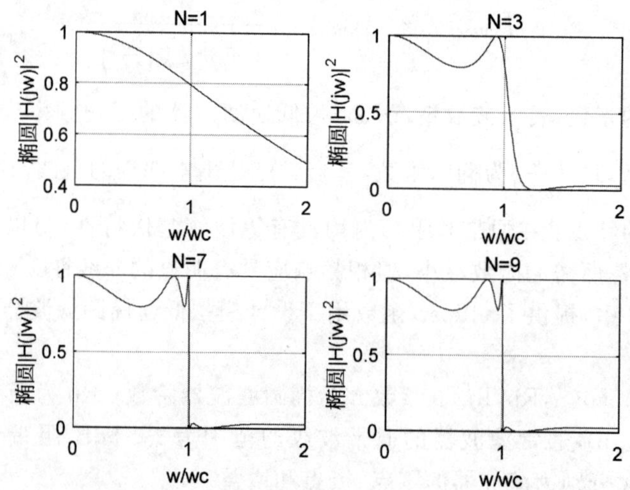

图 6-5 椭圆低通滤波器原型的幅频平方响应曲线

带内可保持信号形状不变。但数字 Bessel 滤波器没有平坦特性，因此 MATLAB 信号处理工具箱只有模拟 Bessel 滤波器设计函数。

在 MATLAB 中，提供了 besselap 函数用于设计 Bessel 模拟低通滤波器原型。函数的调用格式为：

[z,p,k]=besselap(n)：参数 n 为滤波器的阶数，应小于 25；参数 z、p、k 为滤波器的零点、极点、增益。

【例 6-7】 绘制 6 阶和 12 阶 Bessel 低通滤波器原型的平方帧频和相频图。

```
>> clear all;
n = 0:0.01:2;
for i = 1:2
    switch i
        case 1
            pos = 1;                    %设置极点
            N = 6;
        case 2
            pos = 3;
            N = 12;
    end
[z,p,k] = besselap(N);
    [b,a] = zp2tf(z,p,k);
    [h,w] = freqs(b,a,n);
    magh2 = (abs(h)).^2;
    phah = unwrap(angle(h));
    phah = phah * 180/pi;
    subplot(2,2,pos);plot(w,magh2);
    axis([0 2 0 1]);
    xlabel('w/wc');ylabel('Bessel "H(jw)|^2');
    title(['N = ',num2str(N)]);
    grid on;
    subplot(2,2,pos + 1); plot(w,phah);
    xlabel('w/wc');ylabel('Bessel "Ph(jw)|');
    title(['N = ',num2str(N)]);
```

```
    grid on;
end
```

运行程序,效果如图 6-6 所示。

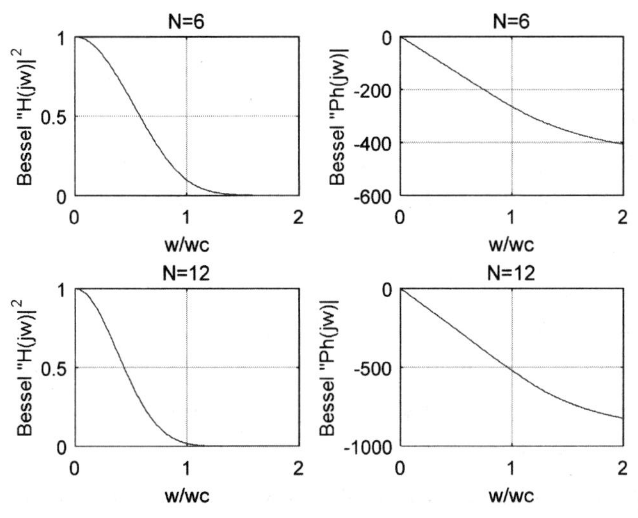

图 6-6　Bessel 模拟原型滤波器幅频与相频图

2. 求模拟滤波器的最小阶

MATLAB 中提供了 buttord、cheb1ord、cheb2ord、ellipord 4 个函数来分别设计巴特沃斯型、切比雪夫Ⅰ型和Ⅱ型滤波器以及椭圆模型模拟滤波器或数字滤波器。下面分别进行介绍。

1) buttord 函数

在 MATLAB 中,提供了 buttord 函数用于确定数字或模拟巴特沃斯滤波器的阶次。函数的调用格式为:

[n,Wn]=buttord(Wp,Ws,Rp,Rs):返回符合要求的数字滤波器的最小阶次 n 和滤波器的固有频率 Wn(3dB 频率)。参数 Wp 为通带截止频率;Ws 为阻带截止频率;Rp 为通带允许的最大衰减;Rs 为阻带应达到的最小衰减。Wp 和 Ws 归一化频率,其值为 0~1,1 对应采样频率的一半。Rp 和 Rs 的单位为 dB。对于低通和高通滤波器,Wp 和 Ws 都是标量;对于带通和带阻滤波器,Wp 和 Ws 为 1×2 的向量。

[n,Wn]=buttord(Wp,Ws,Rp,Rs,'s'):返回符合要求的模拟滤波器的最小阶次 N 和滤波器的固有频率 Wn(3dB 频率)。参数的含义与前面相同,只是 Wp 与 Wn 的单位为 rad/s,因此,它们是实际的频率。

【例 6-8】 利用 buttord 函数确定模拟巴特沃斯滤波器的阶次。

```
>> clear all;
Wp = [60 200]/500; Ws = [50 250]/500;
Rp = 3; Rs = 40;
[n,Wn] = buttord(Wp,Ws,Rp,Rs)
```

运行程序,输出如下。

```
n =
    16
Wn =
    0.1198 0.4005
```

2）cheb1ord 函数

在 MATLAB 中，提供了 cheb1ord 函数用于确定确定切比雪夫Ⅰ型数字或模拟滤波器的阶次。函数的调用格式为：

[n,Wp]＝cheb1ord(Wp,Ws,Rp,Rs)：返回符合要求的数字滤波器的最小阶次 n 和滤波器的固有频率 Wp(3dB 频率)。输入参数 Wp 为通带截止频率；Ws 为阻带截止频率；Rp 为通带允许的最大衰减；Rs 为阻带应达到的最小衰减。Wp 和 Ws 为归一化频率，其值在 0～1，1 对应采样频率的一半。Rp 和 Rs 的单位为 dB。对于低通和高通滤波器，Wp 和 Ws 都是标量；对于带通和带阻滤波器，Wp 和 Ws 为 1×2 的向量。

[n,Wp]＝cheb1ord(Wp,Ws,Rp,Rs,'s')：返回符合要求的模拟滤波器的最小阶次 n 和滤波器的固有频率 Wp(3dB 频率)。参数的含义与前面相同，只是 Wp 与 Ws 的单位为 rad/s。因此，它们是实际的频率。

【例 6-9】 利用 cheb1ord 函数确定切比雪夫Ⅰ型模拟滤波器的最小阶数。

```
>> clear all;
Wp = 40/500; Ws = 150/500;
Rp = 3; Rs = 60;
%确定切比雪夫Ⅰ型模拟滤波器的阶数
[n,Wp] = cheb1ord(Wp,Ws,Rp,Rs)
```

运行程序，输出如下。

```
n =
    4
Wp =
    0.0800
```

3）cheb2ord 函数

在 MATLAB 中，提供了 cheb2ord 函数用于确定切比雪夫Ⅱ型数字或模拟滤波器的阶次。函数调用格式如下：

[n,Wp]＝cheb2ord(Wp,Ws,Rp,Rs)：返回符合要求的数字滤波器的最小阶次 n 和滤波器的固有频率 Wp(3dB 频率)。输入参数 Wp 为通带截止频率；Ws 为阻带截止频率；Rp 为通带允许的最大衰减；Rs 为阻带应达到的最小衰减。Wp 和 Ws 为归一化频率，其值在 0～1，1 对应采样频率的一半。Rp 和 Rs 的单位为 dB。对于低通和高通滤波器，Wp 和 Ws 都是标量；对于带通和带阻滤波器，Wp 和 Ws 为 1×2 的向量。

[n,Wp]＝cheb2ord(Wp,Ws,Rp,Rs,'s')：返回符合要求的模拟滤波器的最小阶次 n 和滤波器的固有频率 Wp(3dB 频率)。参数的含义与前面相同，只是 Wp 与 Ws 的单位为 rad/s。因此，它们是实际的频率。

【例 6-10】 设计切比雪夫Ⅱ型低通滤波器，要求阻带为 60dB，通带纹波为 3dB，通带截止频率为 40Hz，阻带截止频率为 150dB，采样率为 500Hz。

```
>> clear all;
```

```
Wp = 40/500;
Ws = 150/500;
Rp = 3; Rs = 60;
%返回切比雪夫Ⅱ型最小阶数
[n,Ws] = cheb2ord(Wp,Ws,Rp,Rs)
```

运行程序,输出如下:

```
n =
     4
Ws =
    0.3000
```

4) ellipord 函数

在 MATLAB 中,提供了 ellipord 函数用于确定椭圆Ⅱ型数字或模拟滤波器的阶次。函数调用格式如下:

[n,Wp]=ellipord(Wp,Ws,Rp,Rs):返回符合要求的数字滤波器的最小阶次 n 和滤波器的固有频率 Wp(3dB 频率)。输入参数 Wp 为通带截止频率;Ws 为阻带截止频率;Rp 为通带允许的最大衰减;Rs 为阻带应达到的最小衰减。Wp 和 Ws 为归一化频率,其值在 0~1,1 对应采样频率的一半。Rp 和 Rs 的单位为 dB。对于低通和高通滤波器,Wp 和 Ws 都是标量;对于带通和带阻滤波器,Wp 和 Ws 为 1×2 的向量。

[n,Wp]=ellipord(Wp,Ws,Rp,Rs,'s'):返回符合要求的模拟滤波器的最小阶次 n 和滤波器的固有频率 Wp(3dB 频率)。参数的含义与前面相同,只是 Wp 与 Ws 的单位为 rad/s。因此,它们是实际的频率。

【例 6-11】 利用 ellipord 函数确定椭圆模拟滤波器的最小阶数。

```
>> clear all;
Wp = 40/500; Ws = 150/500;
Rp = 3; Rs = 60;
%确定椭圆模拟滤波器的阶数
[n,Wp] = ellipord(Wp,Ws,Rp,Rs)
[b,a] = ellip(n,Rp,Rs,Wp);
freqz(b,a,512,1000);
title('n=4 椭圆模拟滤波器');
```

运行程序,输出如下。

```
n =
     4
Wp =
    0.0800
```

3. 滤波器的传递函数

求出滤波器的阶数以及 3dB 截止频率后,可用相应的 MATLAB 函数计算出实现传递函数的分子分母系数。

1) butter 函数

巴特沃斯滤波器是通带内最大平坦、带外单调下降型的,其传递函数为 butter,该函数的调用格式为：

[z,p,k]=butter(n,Wn)：返回值为零点、极点和增益。参数 n 为滤波器的阶数，Wn 为归一化的截止频率。

[z,p,k]=butter(n,Wn,'ftype')：返回值为零点、极点和增益。函数中参数 ftype 为滤波器的类型,可以取值为 high(高通)、low(低通)、stop(带阻)。系统默认为带通滤波器。

[b,a]=butter(n,Wn)或[b,a]=butter(n,Wn,'ftype')：返回值为系统函数的分子和分母多项式的系数。

[A,B,C,D]=butter(n,Wn)或[A,B,C,D]=butter(n,Wn,'ftype')：用来设计模拟巴特沃斯滤波器。

【例 6-12】 利用 butter 函数设计一个 6 阶的巴特沃斯滤波器。

```
>> clear all;
n = 6;
Wn = [2.5e6 29e6]/500e6;
ftype = 'bandpass';
% 设计传递函数
[b,a] = butter(n,Wn,ftype);                    %巴特沃斯滤波器
h1 = dfilt.df2(b,a);                           % 这是一个不稳定的滤波器
% 零极点设计
[z,p,k] = butter(n,Wn,ftype);
[sos,g] = zp2sos(z,p,k);
h2 = dfilt.df2sos(sos,g);
%绘图
hfvt = fvtool(h1,h2,'FrequencyScale','log');   %打开数字信号可视化滤波器工具
legend(hfvt,'TF设计','ZPK设计')
xlabel('归一化频率');ylabel('幅度 dB');
title('幅度响应 dB')
```

运行程序,效果如图 6-7 所示。

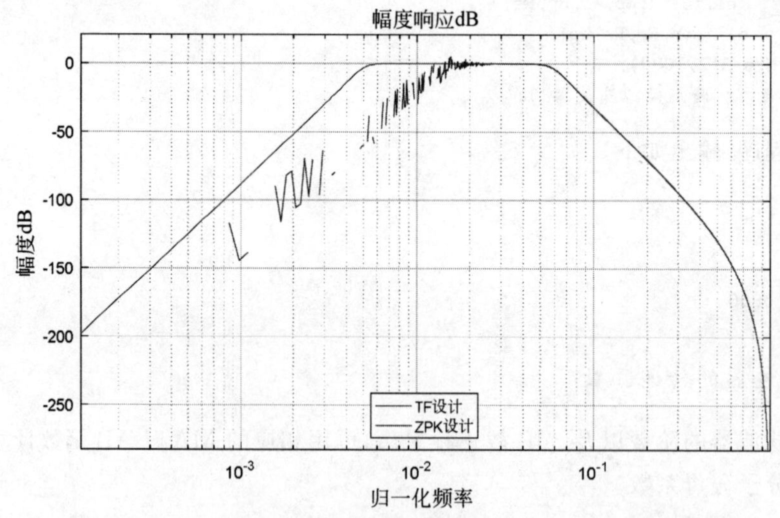

图 6-7 巴特沃斯滤波器

2）cheby1 函数

切比雪夫Ⅰ型滤波器是通带等波纹(Equiripple)、阻带单调下降型的，其计算函数为 cheby1 函数，调用格式为：

[z,p,k]=cheby1(n,R,Wp)：返回值为零点、极点和增益。函数中参数 n 为滤波器的阶数，R 为通带的纹波，单位为 dB，Wp 为归一化的截止频率。

[z,p,k]=cheby1(n,R,Wp,'ftype')：参数 ftype 为设置滤波器的类型，可取值为 high(高通)、low(低通)、stop(带阻)。系统默认为带通滤波器。

[b,a]=cheby1(n,R,Wp)：返回分子和分母多项式的系数。

[A,B,C,D]=cheby1(n,R,Wp)：返回值为状态空间表达式系数。

[z,p,k]=cheby1(n,R,Wp,'s')：用来设计模拟切比雪夫Ⅰ型滤波器。

【例 6-13】 利用 cheby1 函数设计一个 6 阶的切比雪夫Ⅰ型滤波器。

```
>> clear all;
n = 6;
r = 0.1;
Wn = ([2.5e6 29e6]/500e6);
ftype = 'bandpass';
% 设计传递函数
[b,a] = cheby1(n,r,Wn,ftype);
h1 = dfilt.df2(b,a);                          % 这是一个不稳定的滤波器.
% 零极点设计
[z,p,k] = cheby1(n,r,Wn,ftype);
[sos,g] = zp2sos(z,p,k);
h2 = dfilt.df2sos(sos,g);
% 绘图
hfvt = fvtool(h1,h2,'FrequencyScale','log');  % 打开数字信号可视化滤波器工具
legend(hfvt,'TF 设计','ZPK 设计')
xlabel('归一化频率');ylabel('幅度 dB');
title('幅度响应 dB')
```

运行程序，效果如图 6-8 所示。

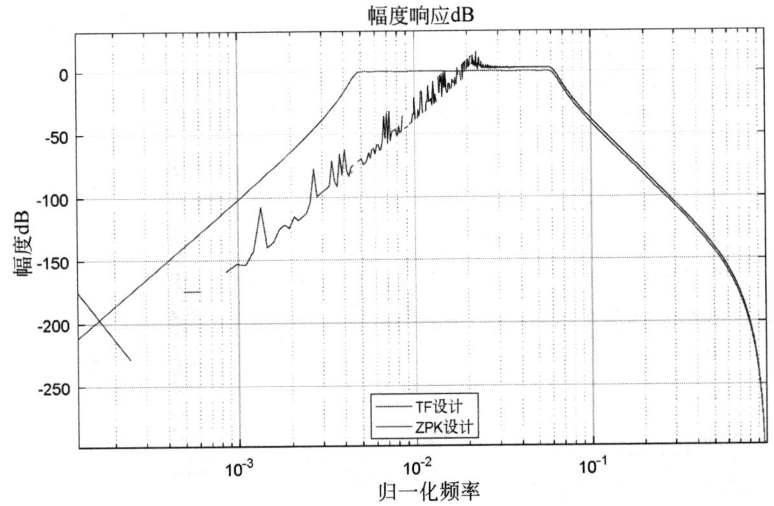

图 6-8 切比雪夫Ⅰ型滤波器

3）cheby2 函数

切比雪夫Ⅱ型滤波器是通带内单调、阻带等波纹型的，其计算函数为 cheby2，函数的调用格式为：

[z,p,k]=cheby2(n,R,Wst)：返回值为零点、极点和增益。函数中参数 n 为滤波器的阶数，R 为阻带衰减，单位为 dB；Wst 为归一化的截止频率。

[z,p,k]=cheby2(n,R,Wst,'ftype')：参数 ftype 设置滤波器的类型，可取值为 high(高通)、low(低通)、stop(带阻)。系统默认为带通滤波器。

[b,a]=cheby2(n,R,Wst)：返回分子和分母多项式的系数。

[A,B,C,D]=cheby2(n,R,Wst)：返回值为状态空间表达式系数。

[z,p,k]=cheby2(n,R,Wst,'s')：用来设计模拟切比雪夫Ⅱ型滤波器。

【例 6-14】 利用 cheby2 函数设计一个 6 阶的切比雪夫Ⅱ型模拟滤波器。

```
>> clear all;
n = 6;
r = 80;
Wn = ([2.5e6 29e6]/500e6);
ftype = 'bandpass';
% 设计传递函数
[b,a] = cheby2(n,r,Wn,ftype);
h1 = dfilt.df2(b,a);                          % 这是一个不稳定的滤波器.
% 零极点设计
[z,p,k] = cheby2(n,r,Wn,ftype);
[sos,g] = zp2sos(z,p,k);
h2 = dfilt.df2sos(sos,g);
% 绘图
hfvt = fvtool(h1,h2,'FrequencyScale','log');  %打开数字信号可视化滤波器工具
legend(hfvt,'TF 设计','ZPK 设计')
xlabel('归一化频率');ylabel('幅度 dB');
title('幅度响应 dB')
```

运行程序，效果如图 6-9 所示。

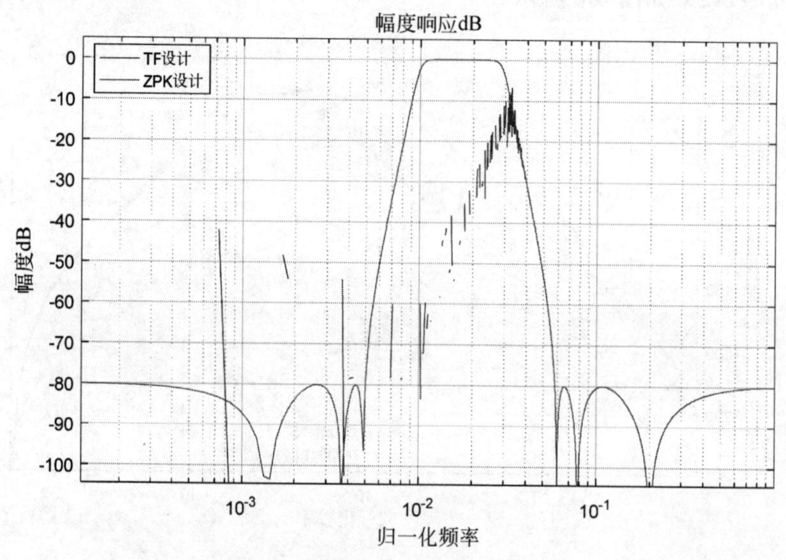

图 6-9　切比雪夫Ⅱ型模拟滤波器

4）ellip 函数

椭圆型滤波器是通带、阻带内均为等波纹型的，其计算函数为 ellip，函数的调用格式为：

[z,p,k]=ellip(n,Rp,Rs,Wp)：返回值为零点、极点和增益。参数 n 为滤波器的阶数，Rp 为通带纹波，Rs 为阻带衰减，单位都为 dB，Wp 为归一化的截止频率。

[z,p,k] = ellip(n,Rp,Rs,Wp,'ftype')：参数 ftype 设置滤波器的类型，可取值为 high（高通）、low（低通）、stop（带阻）。系统默认为带通滤波器。

[b,a]=ellip(n,Rp,Rs,Wp)：返回分子和分母多项式的系数。

[A,B,C,D]=ellip(n,Rp,Rs,Wp)：返回值为状态空间表达式系数。

[z,p,k]=ellip(n,Rp,Rs,Wp,'s')：参数's'用于设计模拟的椭圆滤波器。

【例 6-15】 利用 ellip 函数设计一个 6 阶的椭圆模拟滤波器。

```
>> clear all;
n = 6;
Rp = .1; Rs = 80;
Wn = [2.5e6 29e6]/500e6;
ftype = 'bandpass';
[b,a] = ellip(n,Rp,Rs,Wn,ftype);                    % 椭圆滤波器
h1 = dfilt.df2(b,a);
[z,p,k] = ellip(n,Rp,Rs,Wn,ftype);
[sos,g] = zp2sos(z,p,k);
h2 = dfilt.df2sos(sos,g);
hfvt = fvtool(h1,h2,'FrequencyScale','log');
legend(hfvt,'TF 设计','ZPK 设计')
xlabel('归一化频率');ylabel('幅度 dB');
title('幅度响应 dB')
```

运行程序，效果如图 6-10 所示。

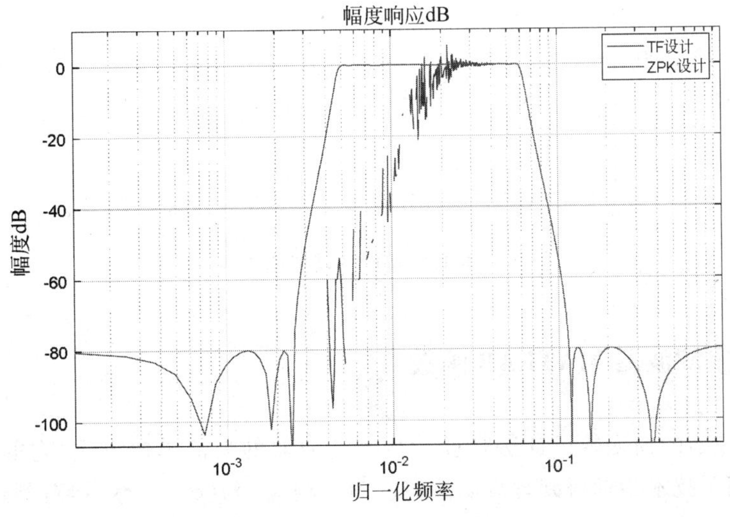

图 6-10 椭圆型模拟滤波器

5）yulewalk 函数

在 MATLAB 中，提供了 yulewalk 函数用于设计递归型的 IIR 数字滤波器。函数的调用格式为：

[b,a]=yulewalk(n,f,m)：参数 n 为滤波器的阶数；f 为给定的频率点向量，为归一化频率，取值范围为 0～1，f 的第一个频率点必须为 0，最后一个频率点必须为 1。其中 1 对应于 Nyquist 频率。在使用滤波器时，根据数据采样率确定数字滤波器的通带和阻带在对此信号滤波的频率范围。f 向量的频率点必须是递增的；m 为和频率向量 f 对应的理想幅值响应向量，m 和 f 必须是相同维数向量。b、a 为所设计滤波器的分子和分母多项式系数向量。

【例 6-16】 利用 yulewalk 函数创建一个 8 阶递归型 IIR 带通滤波器。

```
>> clear all;
f = [0 0.6 0.6 1];
m = [1 1 0 0];
[b,a] = yulewalk(8,f,m);                              %8 阶递归型 IIR 带通滤波器
[h,w] = freqz(b,a,128);
plot(f,m,w/pi,abs(h),'--')
legend('理想滤波器','递归型 IIR 滤波器')
title('比较频率响应的幅值')
```

运行程序，效果如图 6-11 所示。

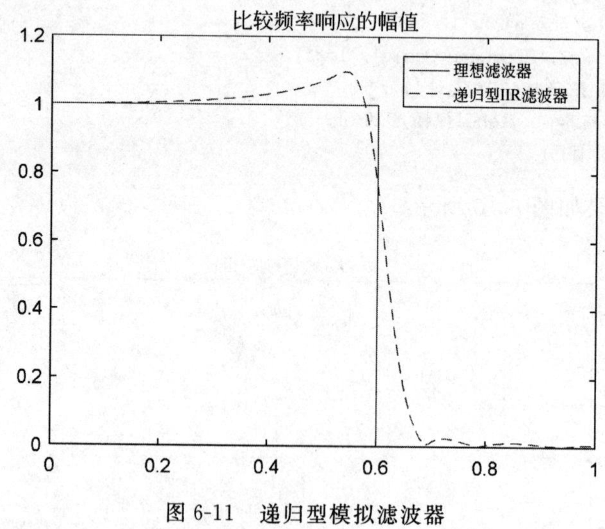

图 6-11　递归型模拟滤波器

6.3.2　数字滤波器 MATLAB 函数

数字滤波器的窗函数设计法是设计数字滤波器的最简单的方法，它的基本原理为：首先，根据相关技术指标得到理想滤波器的频率响应 $H_d(e^{j\omega})$。然后，对其进行傅里叶反变换，得到理想滤波器单位采样响应 $h_d(n)$，此时的 $h_d(n)$ 是无限长的；这就需要截短 $h_d(n)$，使其变成有限长，于是就得到了 FIR 滤波器的单位采样响应 $h(n)$。为保证系统的

物理可实现性，一般需要将 $h(n)$ 进行平移。最后，得到了所设计的 FIR 滤波器的单位采样响应，也就得到了 FIR 数字滤波器。

1. 窗函数

所谓的窗函数法，是指在对理想滤波器的单位采样响应 $h_d(n)$ 进行截短时需要采用窗函数。常用的窗函数有矩形窗、三角窗、巴特利窗、汉宁窗、海明窗、布莱克曼窗、凯泽窗、切比雪夫窗等。下面对这几种窗的形式做说明。

1）矩形窗

表达式为：

$$w_R(n) = R_N(n)$$

矩形窗的频域响应为 $w_R(e^{j\omega}) = \dfrac{\sin(\omega N/2)}{\sin(\omega/2)} e^{-j\frac{1}{2}(N-1)\omega}$，其主瓣宽度为 $4\pi/N$，第一副瓣比主瓣低 13dB。

在 MATLAB 中调用 boxcar 函数来实现矩形窗，其调用格式为：

ω=boxcar(n)：即可返回长度为 n 的矩形窗。

2）巴特利窗

巴特利窗（Bartlett Window）表达式为：

$$w_{Br}(n) = \begin{cases} \dfrac{2n}{N-1}, & 0 \leqslant n \leqslant \dfrac{1}{2}(N-1) \\ 2-\dfrac{2n}{N-1}, & \dfrac{1}{2}(N-1) < n \leqslant N-1 \end{cases}$$

其频率响应为 $w_{Br}(e^{j\omega}) = \dfrac{2}{N}\left[\dfrac{\sin\left(\dfrac{N}{4}\omega\right)}{\sin(\omega/2)}\right]^2 e^{-j\left(\omega+\frac{N-1}{2}\omega\right)}$，主瓣宽度为 $8\pi/N$，第一副瓣比主瓣低 26dB。

MATLAB 中调用 bartlett 函数来实现巴特利窗，其调用格式为：

w= bartlett(n)：即可返回长度为 n 的巴特利窗。

3）汉宁窗

汉宁窗（Hanning Window）表达式为：

$$w_{Hn}(n) = 0.5\left[1-\cos\left(\frac{2\pi n}{N-1}\right)\right]R_N(n)$$

其频域表达式 $w_{Hn}(n) = 0.5w_R(\omega) + 0.25\left[w_R\left(\omega-\dfrac{2\pi}{N}\right)+w_R\left(\omega+\dfrac{2\pi}{N}\right)\right]$，$w_R(\omega)$ 由 $w_R(e^{j\omega}) = \mathrm{FFT}[R_N(n)] = w_R(\omega)e^{-j\frac{N-1}{2}}$ 得到，主瓣宽度为 $8\pi/N$，第一副瓣比主瓣低 31dB。在 MATLAB 中调用 hann 函数来实现汉宁窗，其调用格式为：

w=hann(n)。

4）海明窗

海明窗（Hamming Window）表达式为：

$$w_{Hm}(n) = \left[0.54-0.46\cos\left(\frac{2\pi n}{N-1}\right)\right]R_N(n)$$

其频域响应为 $w_{\mathrm{Hm}}(\mathrm{e}^{\mathrm{j}\omega})=0.54w_{\mathrm{R}}(\omega)+0.23w_{\mathrm{R}}(\mathrm{e}^{\mathrm{j}(\omega-\frac{2\pi}{N-1})})-0.23w_{\mathrm{R}}(\mathrm{e}^{\mathrm{j}(\omega+\frac{2\pi}{N-1})})$，主瓣宽度为 $8\pi/N$，第一旁瓣比主瓣小 40dB，MATLAB 中调用 hamming 函数实现海明窗，其调用格式为：

w=hamming(n)。

5）布莱克曼窗

布莱克曼窗(Blackman Window)表达式为：

$$w_{\mathrm{Bl}}(n)=\left[0.42-0.5\cos\frac{2\pi n}{N-1}+0.08\cos\frac{4\pi n}{N-1}\right]R_{\mathrm{N}}(n)$$

在频域表示为：

$$\begin{aligned}w_{\mathrm{Bl}}(\mathrm{e}^{\mathrm{j}\omega})=&0.42w_{\mathrm{R}}(\mathrm{e}^{\mathrm{j}\omega})-0.25[\omega(\mathrm{e}^{\mathrm{j}(\omega-\frac{2\pi}{N-1})})+\omega(\mathrm{e}^{\mathrm{j}(\omega+\frac{2\pi}{N-1})})]\\&+0.04[\omega(\mathrm{e}^{\mathrm{j}(\omega-\frac{4\pi}{N-1})})+\omega(\mathrm{e}^{\mathrm{j}(\omega+\frac{4\pi}{N-1})})]\end{aligned}$$

其主瓣宽度为 $12\pi/N$，第一旁瓣比主瓣小 57dB，MATLAB 中调用 blackman 函数实现布莱克曼窗，其调用格式为：

w=blackman(n)。

6）凯泽窗

凯泽窗(Kaiser Window)表达式为

$$w_{\mathrm{k}}(n)=\frac{I_0(\beta)}{I(\alpha)},\quad 0\leqslant n\leqslant N-1$$

式中，$\beta=\alpha\sqrt{1-\left(\frac{2n}{N-1}\right)^2}$，$I_0(x)$为第一类修正贝塞尔函数，窗函数的频域幅度函数为 $w_{\mathrm{k}}(\omega)=w_{\mathrm{k}}(0)+2\sum_{n=1}^{\frac{N-1}{2}}w_{\mathrm{k}}(n)\cos\omega n$，其主瓣度为 $10\pi/N$，第一旁瓣比主瓣小 57dB。MATLAB 中调用 kaiser 函数实现凯泽窗，其调用格式为：

w=kaiser(n,beta)：其中 beta 参数与最小旁瓣抑制有关，增大该参数可使主瓣变宽，旁瓣幅度降低。

7）切比雪夫窗

MATLAB 中调用 chebwin()函数实现切比雪夫窗(Chebyshev Window)，其调用格式为：

w=chebwin(n,r)：该函数返回 n 点切比雪夫窗，旁瓣低于主瓣 rdB。

【例 6-17】 绘制各窗函数效果图，并进行比较。

```
>> clear all;
N = 128;x1 = boxcar(N);
subplot(2,3,1);plot(x1);
axis([1,N,0,1.2]);xlabel('(a) 矩形窗');
x2 = bartlett(N);
subplot(2,3,2);plot(x2);
axis([1,N,0,1]);xlabel('(b) 巴特利窗');
x3 = hanning(N);
subplot(2,3,3);plot(x3);
axis([1,N,0,1]);xlabel('(c) 汉宁窗');
x4 = hamming(N);
subplot(2,3,4);plot(x4);
```

```
axis([1,N,0,1]);xlabel('(d) 海明窗');
x5 = blackman(N);
subplot(2,3,5);plot(x5);
axis([1,N,0,1]);xlabel('(e) 布莱克曼窗');
x6 = kaiser(N);
subplot(2,3,6);plot(x6);
axis([1,N,0.8,1.2]);xlabel('(f) 凯泽窗');
```

运行程序,效果如图 6-12 所示。

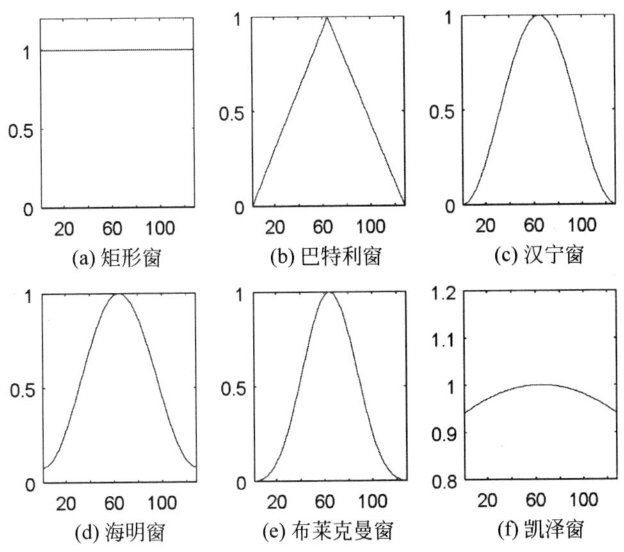

图 6-12 各窗函数效果图

2. 数字滤波器频率响应函数

在 MATLAB 中,提供了若干函数用于实现滤波器的频率响应,下面分别进行介绍。

1) fir1 函数

在 MATLAB 中,提供了 fir1 函数采用窗函数法设计数字滤波器,能够设计低通、高通、带通、带阻滤波器。函数的调用格式为:

b=fir1(n,Wn):返回所设计的 n 阶低通 FIR 数字滤波器的系数向量 b(单位采样响应序列),b 的长度为 n+1。Wn 为固有频率,它对应频率处的滤波器的幅度为-6dB。它是归一化频率,范围为 0~1,1 对应采样频率的一半。如果 Wn 为一个 1×2 的向量 Wn=[w1,w2],则返回的是一个 n 阶带通滤波器的设计结果。滤波器的通带为:w1≤Wn≤w2。

b=fir1(n,Wn,'ftype'):通过参数 ftype 来指定滤波器类型,包括:

- ftype= low 时,设计一个低通 FIR 数字滤波器。
- ftype=high 时,设计一个高通 FIR 数字滤波器。
- ftype=bandpass 时,设计一个带通 FIR 数字滤波器。
- ftype=bandstop 时,设计一个带阻 FIR 数字滤波器。

b=fir1(n,Wn,window):参数 window 用来指定所使用的窗函数的类型,其长度为

n+1。默认时，函数自动默认为汉宁窗。

b=fir1(n,Wn,'ftype',window)：ftype 为滤波器类型；window 为窗函数类型。

b=fir1(…,'normalization')：默认的情况下，滤波器被归一化，以保证加窗后第一个通带的中心幅度为 1。使用这种调用方式可以避免滤波器被归一化。

【例 6-18】 采用不同的窗函数设计 49 阶截止频率为 0.45 的低通 FIR 滤波器，并比较幅频响应。

```
>> clear all;
%窗函数设计
n = 49;
window1 = rectwin(n + 1);
window2 = chebwin(n + 1,30);
%滤波器设计
Wn = 0.45;
b1 = fir1(n,Wn,window1);
b2 = fir1(n,Wn);
b3 = fir1(n,Wn,window2);
%幅频响应对比
[H1,W1] = freqz(b1);
[H2,W2] = freqz(b2);
[H3,W3] = freqz(b3);
%绘图
plot(W1,20 * log10(abs(H1)),W2,20 * log10(abs(H2)),':',W3,20 * log10(abs(H3)),'r - .');
xlabel('归一化频率');ylabel('幅频')
```

运行程序，效果如图 6-13 所示。

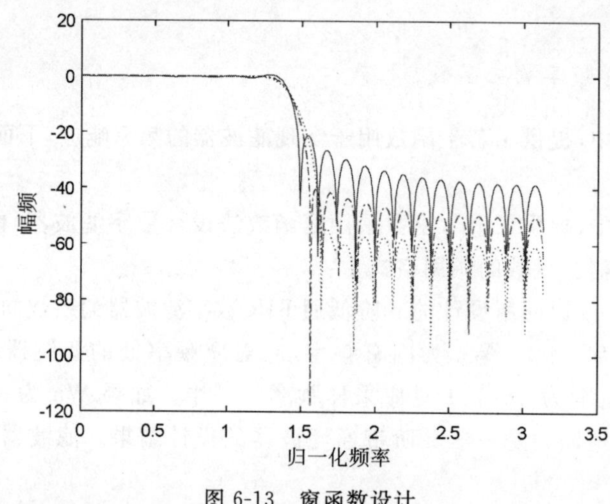

图 6-13　窗函数设计

2）fir2 函数

在 MATLAB 中，提供了 fir2 函数用于设计基于频率采样的 FIR 滤波器。函数的调用格式为：

b=fir2(n,f,m)：设计一个 n 阶的 FIR 数字滤波器，返回值 b 为滤波器转移函数的系数向量，也是滤波器的单位采样响应序列，其长度为 n+1；f 为频率点向量，其范围为

0～1,1 代表采样频率的一半,f 必须按照升序排列；m 为 f 所代表的频率点处的滤波器幅值向量。

b=fir2(n,f,m,window)：指定所使用的窗函数的类型,默认时采用汉宁窗。

b=fir2(n,f,m,npt)：npt 为对频率响应进行的内插点数,默认时为 512。

b=fir2(n,f,m,npt,window)：npt 为对频率响应进行的内插点数；window 为所使用的窗函数的类型。

b=fir2(n,f,m,npt,lap)：参数 lap 用于指定 fir2 在重复频率点附近插入的区域大小。

b=fir2(n,f,m,npt,lap,window)：参数 lap 用于指定 fir2 在重复频率点附近插入的区域大小；window 为所使用的窗函数的类型。

【例 6-19】 设计多通带 FIR 滤波器,滤波器阶数为 40,比较理想滤波器和实际滤波器的频率响应。

```
>> clear all;
m = [0 0 1 1 0 0 0 1 1 0 0 0 1 1 0 0];
f = [0 0.1 0.15 0.2 0.25 0.3 0.4 0.45 0.5 0.55 0.6 0.7 0.75 0.8 0.85 1];
N = 40;                                          %设计滤波器阶数为 40
b = fir2(N,f,m,hamming(N+1));
[h,w] = freqz(b,1,128);
plot(f,m,'--',w/pi,abs(h));
xlabel('频率');ylabel('多通带');
grid on;
```

运行程序,效果如图 6-14 所示。

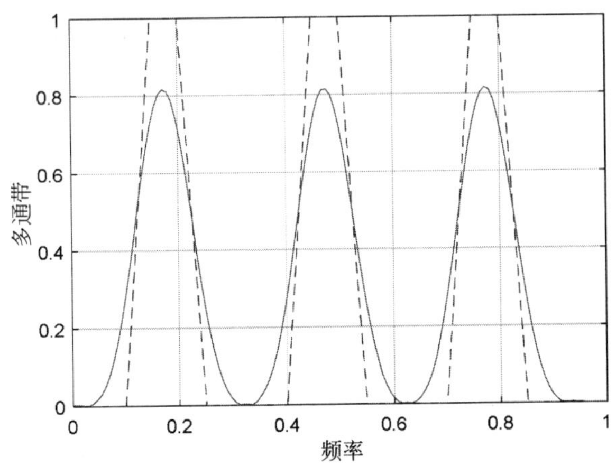

图 6-14 多通带频率响应

3) firls 函数

firls 是 fir1 和 fir2 函数的扩展,它采用最小二乘法,使指定频段内的理想分段线性函数与滤波器幅频响应之间的误差平方和最小。函数的调用格式为：

b=firls(n,f,a)：用于设计 n 阶 FIR 滤波器,其幅频特性由 f 和 a 向量确定,调用后长度为 n+1 的滤波器系数向量 b,且这些系数遵循以下偶对称关系：

$$b(k)=-b(n+2-k),\quad k=1,2,\cdots,n+1$$

f为频率点向量,范围为[0,1],频率点是逐渐增大的,允许向量中有重复的频率点。a是指定频率点的幅度响应,期望的频率响应由(f(k),a(k))和(f(k+1),a(k+1))的连线组成,firls则把f(k+1)与f(k+2)(k为奇数)之间的频带视为过渡带。所以,所需要的频率响应是分段线性的,其总体平方误差最小。

b=firls(n,f,a,w):使用权系数w给误差加权。w的长度为f和a的一半。

b=firls(n,f,a,'ftype'):参数ftype用于指定所设计的滤波器类型,ftyper=hilbert时,为奇对称的线性相位滤波器,返回的滤波器系数满足b(k)=-b(n+2-k),k=1,2,…,n+1;ftype=differentiatior时,则采用特殊加权技术,生成奇对称的线性相位滤波器,使低频段误差大大小于高频段误差。

【例6-20】 利用firls函数设计一个24阶FIR多通带低通滤波器。

```
>> clear all;
F = [0 0.3 0.4 0.6 0.7 0.9];
A = [0 1 0 0 0.5 0.5];
b = firls(24,F,A,'hilbert');
for i = 1:2:6,
    plot([F(i) F(i+1)],[A(i) A(i+1)],'--'),hold on
end
[H,f] = freqz(b,1,512,2);
plot(f,abs(H));
grid on,hold off
legend('理想','firls设计');
xlabel('归一化频率');ylabel('幅频')
```

运行程序,效果如图6-15所示。

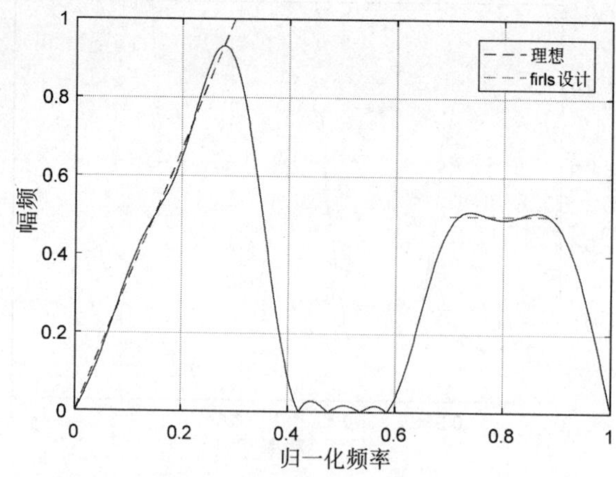

图6-15 firls设计多频带滤波器

4) firpm函数

firpm函数的调用格式与参数含义与firls函数一致,只是采用的算法不同,下面以具体示例来演示firpm函数的用法。

【例6-21】 利用firpm函数设计多通带数字滤波器。

```
>> clear all;
f = [0 0.3 0.4 0.6 0.7 1];
```

```
a = [0 0 1 1 0 0];
b = firpm(17,f,a);
[h,w] = freqz(b,1,512);
plot(f,a,w/pi,abs(h))
legend('理想','firls设计');
```

运行程序,效果如图 6-16 所示。

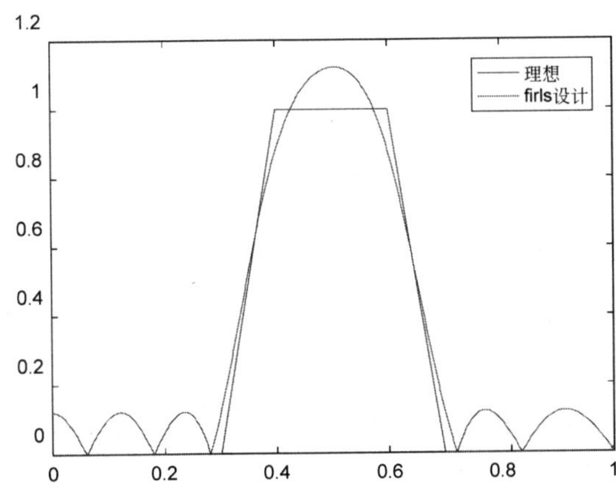

图 6-16　firpm 函数设计多通带滤波器

5）fircls 函数

在 MATLAB 中,提供了 fircls 函数用于实现 FIR 滤波器最小二乘的设计。函数的调用格式为:

b=fircls(n,f,amp,up,lo):返回长度为 n+1 的线性相位滤波器,期望逼近的频率分段恒定,由向量 f 和 amp 确定,频率的上下限由参数 up 及 lo 确定,长度与 amp 相同;f 中元素为临界频率,取值范围为[0,1],且按递增顺序排列。

fircls(n,f,amp,up,lo,'design_flag'):design_flag 可取 trace、plot 及 both 之一。

【例 6-22】 使用 fircls 函数设计一个带通滤波器。

```
>> clear all;
n = 150;
f = [0 0.4 1];
a = [1 0];
up = [1.02 0.01];
lo = [0.98 - 0.01];
b = fircls(n,f,a,up,lo,'both');
xlabel('频率');
```

运行程序,输出如下,效果如图 6-17 所示。

```
Bound Violation = 0.0788344298966
Bound Violation = 0.0096137744998
Bound Violation = 0.0005681345753
Bound Violation = 0.0000051519942
Bound Violation = 0.0000000348656
Bound Violation = 0.0000000006231
```

6）fircls1 函数

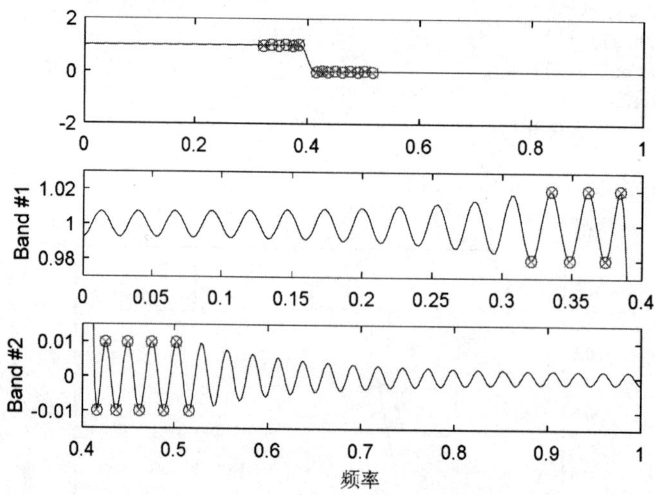

图 6-17　fircls 设计带通滤波器

在 MATLAB 中，提供了 fircls1 函数采用约束最小二乘法设计基本的线性相位高通和低通滤波器。函数的调用格式为：

b=fircls1(n,wo,dp,ds)：返回长度为 n+1 的线性相位低通 FIR 滤波器，截止频率为 wo，在 0～1 取值。通带幅度偏离 1 的最大值为 dp，阻带偏离 0 的最大值为 ds。

b=fircls1(n,wo,dp,ds,'high')：返回高通滤波器，n 必须为偶数。

b=fircls1(n,wo,dp,ds,wp,ws,k)：采用平方误差加权，通带的权值比阻带的大 k 倍；wp 为通带边缘频率；ws 为阻带边缘频率，其中 wp<wo<ws。如果要设计高通滤波器，则必须使 ws<wo<wp。

【例 6-23】　利用 fircls1 函数设计一个带通滤波器。

```
>> clear all;
n = 55;
wo = 0.3;
dp = 0.02;
ds = 0.008;
b = fircls1(n,wo,dp,ds,'both');
```

运行程序，输出如下，效果如图 6-18 所示。

```
Bound Violation = 0.0870385343920
Bound Violation = 0.0149343456540
Bound Violation = 0.0056513587932
Bound Violation = 0.0001056264205
Bound Violation = 0.0000967624352
Bound Violation = 0.0000000226538
Bound Violation = 0.0000000000038
```

7) firrcos 函数

在 MATLAB 中，提供了 firrcos 函数用于设计有光滑、升余弦过渡带的低通线性相位滤波器。函数的调用格式为：

b=firrcos(n,Fc,df)：参数 n 为滤波器阶数；Fc 为低通滤波器的截止频率；df 为过

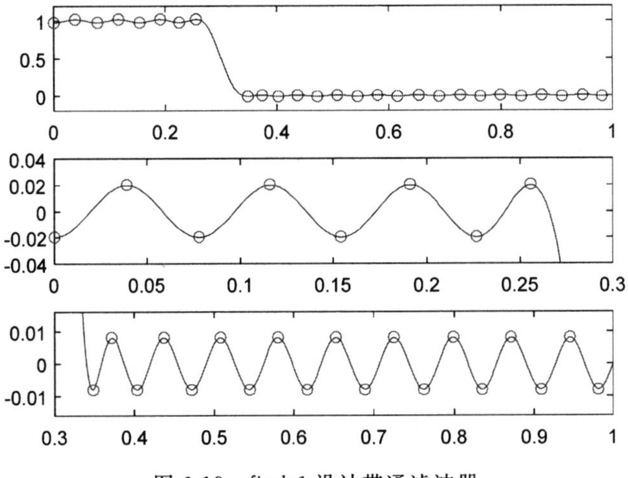

图 6-18 fircls1 设计带通滤波器

渡带频宽；输出参数 b 为返回的低通线性相位滤波器。

b=firrcos(n,Fc,df,Fs)：Fs 为采样频率,单位都是 Hz。

b=firrcos(n,Fc,df,Fs,'type')；type 为滤波器类型。

b=firrcos(…,'type',delay)：delay 为其延时系数。

b=firrcos(…,'type',delay,window)：window 为窗类型。

【例 6-24】 使用 firrcos 函数设计一个 20 阶的升余弦滤波器,其截止频率为 220Hz,过渡带宽为 95Hz,采样频率为 950Hz。

```
>> clear all;
n = 20; Fc = 250;
df = 95; Fs = 950;
b = firrcos(n,Fc,df,Fs);
[h,f] = freqz(b,1,512,Fs);
plot(f,abs(h));
xlabel('频率');ylabel('幅频');
grid on;
```

运行程序,效果如图 6-19 所示。

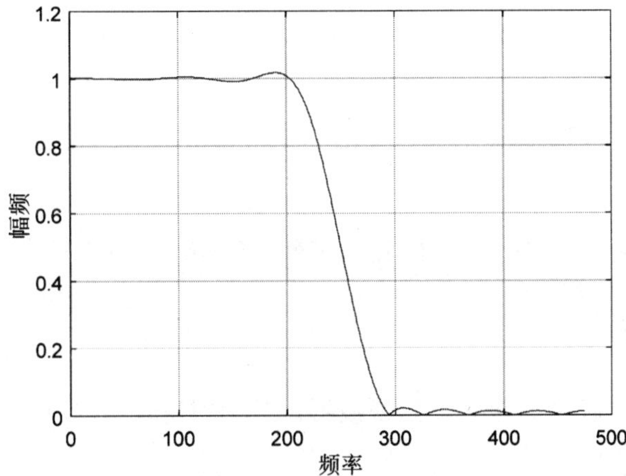

图 6-19 升余弦滤波器

6.3.3 特殊滤波器 MATLAB 函数

在前面已经介绍过许多滤波器函数,在此再介绍几种特殊的滤波器。

1. rcosfir 函数

该函数用于设计数字滤波器升余弦正弦滤波器。其调用格式为:

```
b = rcosfir(R,n_T,rate,T)
b = rcosfir(R,n_T,rate,T,filter_type)
```

其中,参数 R 为滤波器的滚降系数;n_T 为一个标量或长度为 2 的向量,用于确定滤波器的长度;T 为每个比特的持续时间;rate 为一个长度为 T 的输入符号周期内点的个数。参数 filter_type 为滤波器类型,有两个选择:如果为 sqrt,则所设计的是平方根升余弦滤波器;如果是 normal,则是一般的升余弦滤波器。

【例 6-25】 利用 rcosfir 函数在不同的滚降系数下绘制升余弦滤波器。

```
>> clear all;
rcosfir(0);
subplot(2,1,1);hold on;
subplot(2,1,2);hold on;
rcosfir(0.5,[],[],[],[],'r:');
rcosfir(1,[],[],[],[],'b');
```

运行程序,效果如图 6-20 所示。

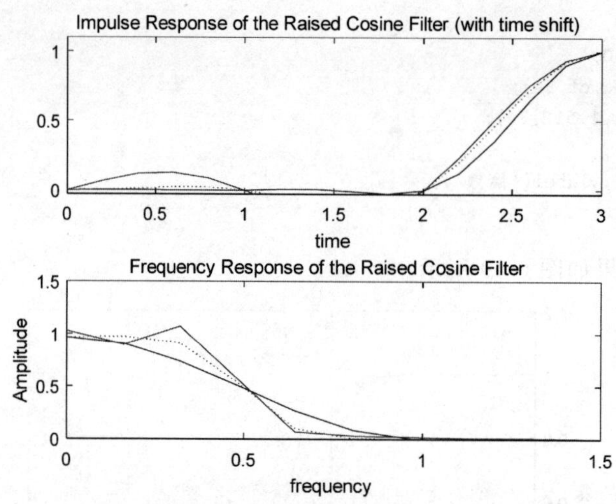

图 6-20 不同滚降系数下的升余弦滤波器

2. rcosiir 函数

该函数用于设计模拟升余弦正弦滤波器。其调用格式为:

```
[num,den] = rcosiir(R,T_delay,rate,T,tol)
[num,den] = rcosiir(R,T_delay,rate,T,tol,type_filter)
```

其中，参数 T_delay 为滤波器群延时；tol 为容差；R 为滤波器的滚降系数；T 为每个比特的持续时间；rate 为一个长度为 T 的输入符号周期内点的个数。参数 filter_type 为滤波器类型，有两个选择：如果为 sqrt，则所设计的是平方根升余弦滤波器；如果是 normal，则是一般的升余弦滤波器。

返回参数 num 为返回的分母，den 为返回的分子。

【例 6-26】 根据不同群延时，利用 rcosirr 函数绘制模拟滤波器。

```
>> clear all;
rcosiir(0,10);
subplot(2,1,1);hold on;
subplot(2,1,2);hold on;
colvec = ['r-';'g-';'b-';'m-';'c-';'w-'];
R = [8,6,5,3,2,1];
for n = R
    rcosiir(0,n,[],[],[],[],colvec(find(R == n),:));
end
```

运行程序，效果如图 6-21 所示。

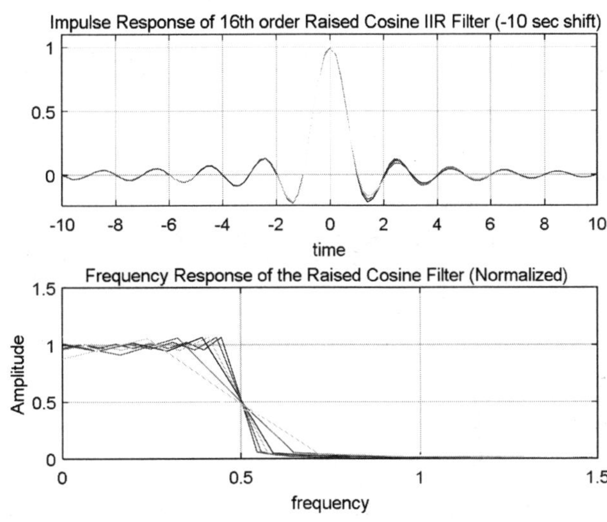

图 6-21 不同群延时下的模拟滤波器曲线

6.4 滤波器设计模块

在 Simulink 中提供了供用户自行设计、分析、实现滤波器的模拟器设计模块。下面分别对这些滤波器模块作介绍。

6.4.1 数字滤波器设计模块

Simulink 中提供了 Digital Filter Design 模块实现 FIR 和 IIR 数字滤波器。Digital Filter Design 模块可实现与 Digital Filter block 相同的滤波器。

Digital Filter Design 模块将指定的滤波器应用到每个通道的离散时间输入信号上，并输出滤波结果。该结果在数值上与 Digital Filter block、MATLAB 中的 filter 函数，以及滤波器设计工具箱中的 filter 函数所得结果相同。

模块的输入可以是基于帧或基于采样的向量、矩阵。在模块中，基于帧的向量或矩阵都被看成一个信道。模块对每一个信道实行单独滤波。输出和输入具有相同的维数和状态。

Digital Filter Design 模块如图 6-22 所示。

图 6-22　Digital Filter Design 模块

在此通过一个低通 FIR 数字滤波器的设计为例，说明 Digital Filter Design 模块的使用，其实现步骤为：

(1) 建立一个新的仿真窗口。

(2) 打开 Signal Processing Blockset Filtering 库，找到 Filter Designs 库，将其中的 Digital Filter Design 模块拖到仿真窗口中。

(3) 双击 Digital Filter Design 模块，打开模块图形用户界面。

(4) 在图形用户界面设定参数：Response Type＝Lowpass；Design Method＝FIR，Equiripple；Filter Order＝Minimum order；Units＝Normalized(0 to 1)；wpass＝0.25；wstop＝0.6。

(5) 单击图形用户界面中的 Design Filter 按钮，确定参数设定，效果如图 6-23 所示。

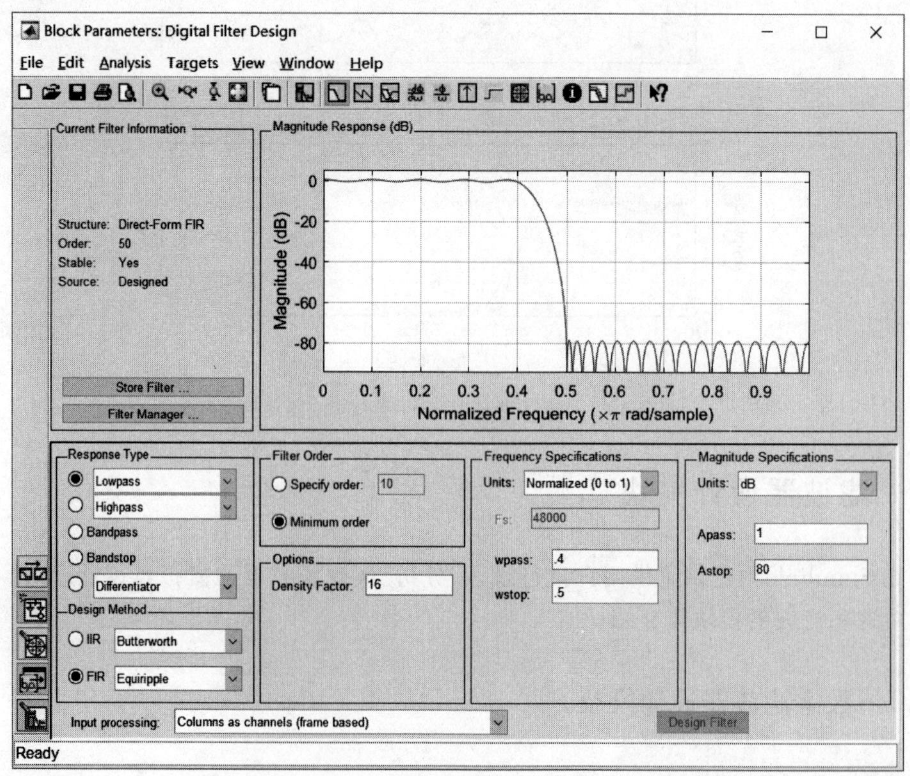

图 6-23　Digital Filter Design 模块图形用户界面

(6) 选择菜单项 Edit|Convert Structure，打开 Convert Stucture 对话框，如图 6-24 所示。

(7) 在对话框中选定 Direct-Form FIR Transposed，单击 OK 按钮。

(8) 为模块设定的低通滤波器重命名。

实际上 Digital Filter Design 模块是利用 FDATool 图形用户界面进行滤波器设计的，Filter Realization Wizard 模块和 FDATool 图形用户界面如图 6-25 所示。

单击 FDATool 图形用户界面左端的图标，出现参数设定界面，按照上文中低通滤波器的参数设定本界面中的参数，可获得相同的结果，如图 6-26 所示。

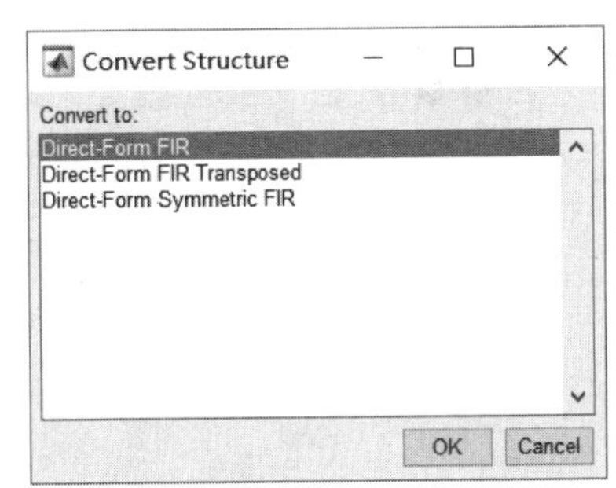

图 6-24　Convert Stucture 对话框

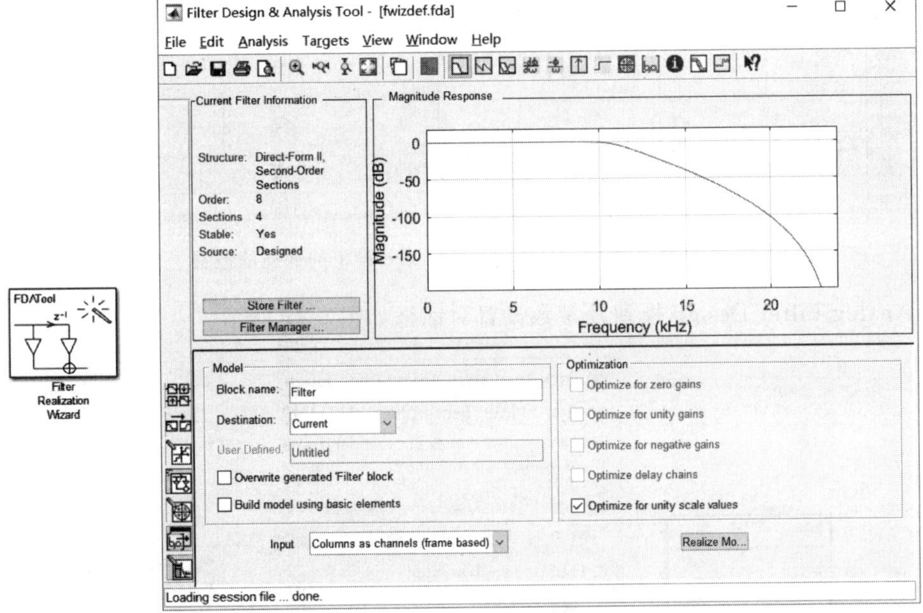

图 6-25　Filter Realization Wizard 模块和 FDATool 图形用户界面

由图 6-24 和图 6-26 可知，两者的结果相同。因此，利用 Digital Filter Design 和 Filter Realization Wizard 模块中的任意一个，均可设计滤波器，两个模块具有若干相似性。

6.4.2　模拟滤波器设计模块

除了数字滤波器设计模块以外，Simulink 还提供了一个滤波器设计模块 Analog Filter Design。

Analog Filter Design 模块能够设计并实现巴特沃斯、切比雪夫Ⅰ、切比雪夫Ⅱ型或者椭圆类型的低通、高通、带通或带阻滤波器。

Analog Filter Design 的输入必须为基于采样的连续实值标量信号。

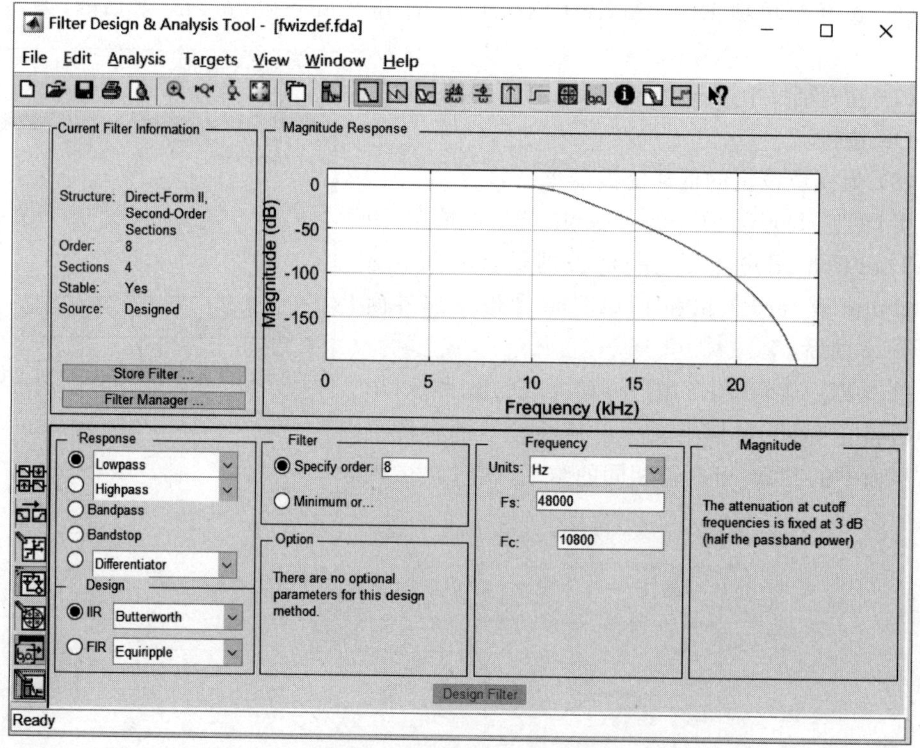

图 6-26　Filter Realization Wizard 设定的低通滤波器

Analog Filter Design 模块及参数设置对话框如图 6-27 所示。

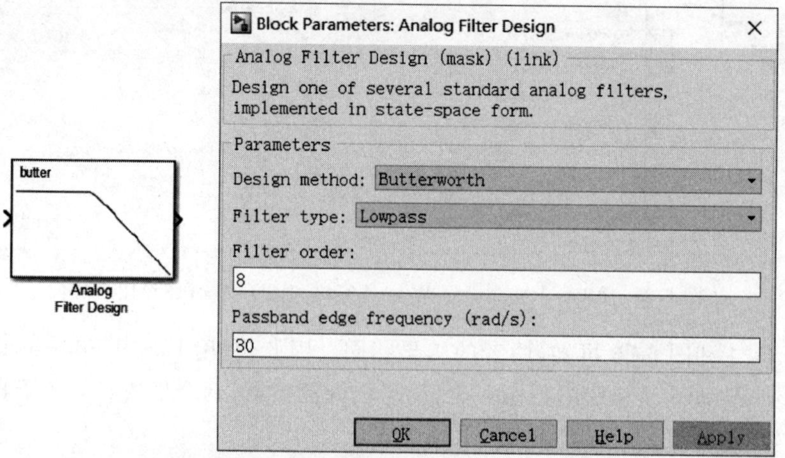

图 6-27　Analog Filter Design 模块及参数设置对话框

Analog Filter Design 模块参数设置对话框中包含几个参数项，其主要含义为：

- Design method：滤波器设计方法，可用巴特沃斯(Butterworth)、切比雪夫Ⅰ型(Chebyshev typeⅠ)、切比雪夫Ⅱ型(Chebyshev typeⅡ)、椭圆型(Elliptic)以及Bessel 型。
- Filter type：滤波器类型，包括低通(Lowpass)、高通(Highpass)、带通(Bandpass)

和带阻(Bandstop)。

- Filter order：滤波器设置阶数，对于低通和高通滤波器，设置阶数就是滤波器的实现阶数，但是对于带通或带阻滤波器，其实现阶数为设置阶数的 2 倍。
- Lower passband edge frequency (rads/sec)：通带下边频率，单位是 rad/s，是带通和带阻滤波器的设计参数。
- Upper passband edge frequency (rads/sec)：通带上边频率，单位是 rad/s，是带通和带阻滤波器的设计参数。
- Passband ripple in dB：阻带边频率，单位是 rad/s，是切比雪夫Ⅱ型低通和切比雪夫Ⅱ型高通滤波器的设计参数。
- Stopband attenuation in dB：阻带衰减分贝，单位是 dB，是切比雪夫Ⅱ型和椭圆滤波器的设计参数。

6.4.3 理想矩形脉冲滤波器模块

除了数字和模拟滤波器设计模块外，Simulink 还提供了一些常用的滤波器模块。

理想矩形脉冲滤波器模块利用矩形脉冲对输入信号提高采样频率或成形。模块将每个输入采样复制 N 次，N 为模块中 Pulse length 参数项的值。对输入采样复制后，模块还可归一化输出信号或应用线性幅值增益。

如果模块中 Pulse delay 项非零，那么在开始复制输入值之前，模块输出零点个数。模块的输入可以是标量或基于帧的列向量，并支持 double、single 和 fixed-point 等数据类型。如果输入基于采样，那么输出采样实际是输入采样时间的 $1/N$。输出与输入的维数相同。此时模块的 Input sampling mode 项必须设为 Sample-based。如果输入是基于帧的 $K\times1$ 阶矩阵，那么输出是基于帧的 $K\times N\times1$ 阶矩阵。输出帧周期与输入帧周期对应。此时模块的 Input sampling mode 项必须设为 Frame-based。

模块的归一化可通过 Normalize output signal 和 Linear amplitude gain 两个参数项来设定。

在默认情况下，Normalize output signal 项是选定的。如果撤销选定，则 Normalization method 项消失。模块将会用 Linear amplitude gain 项参数乘以复制的值。

如果 Normalize output signal 项选定，那么模块将会显示 Normalization method 项。模块将会缩放复制值从而满足以下两个条件中的一个：

(1) 每个脉冲的采样总数等于模块复制的初始输入值。

(2) 每个脉冲的能量等于模块复制的初始输入值，也即每个脉冲中矩形采样的和等于输入值的平方。

模块应用 Normalization method 项的缩放设定后，将会用缩放后的信号乘以 Linear amplitude gain 参数项的值。

理想矩形脉冲滤波器模块及参数设置对话框如图 6-28 所示。

理想矩形脉冲滤波器模块包含两个选项卡，分别为 Main 选项和 Fixed-point 选项。

1) Main 选项

Main 选项如图 6-28 所示。它包含以下几个参数项，主要含义为：

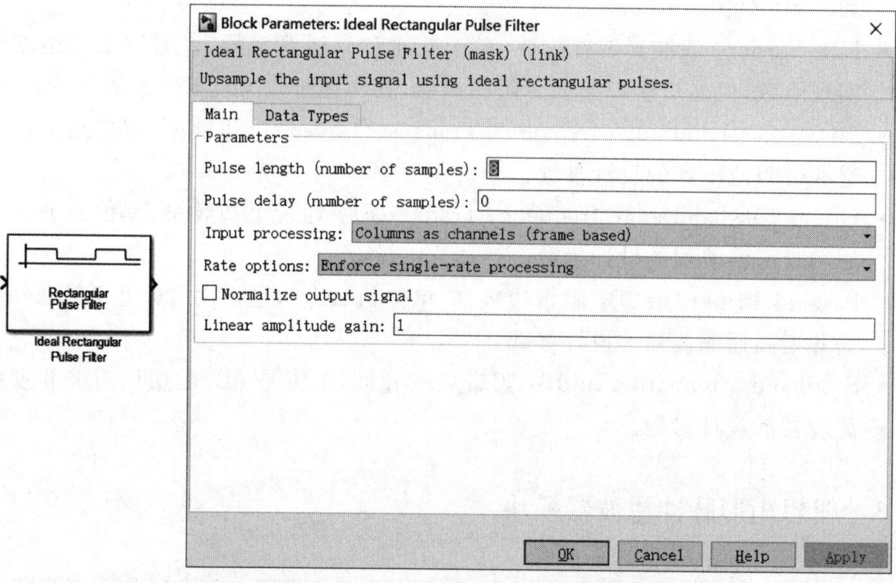

图 6-28　理想矩形脉冲滤波器模块及参数设置对话框

- Pulse length：用于设定每个输出脉冲中的采样数，就是当模块生成输出信号时对每个输入值的复制次数。
- Pulse delay：脉冲延时项。表示仿真初始阶段，在开始复制输入值之前，模块输出零点的个数。
- Input processing：设定输入数据类型，有 Columns as channels(frame based)、Elements as channels (Sample base)和 Inherited(this choice will be removed-see release notes)三种。
- Rate options：滤波器的速率选项，有 Enforce single-rate processing 和 Allow multirate processing 两项。
- Normalize output signal：选定本项后，在应用线性幅值增益前，模块将会对复制值进行缩放。
- Linear amplitude gain：用于对输出信号的缩放，需要为正的标量。

2）Data Types 选项

理想矩形脉冲滤波器模块中还包含 Data Types 类参数项，如图 6-29 所示。

Data Types 选项主要参数含义为：

- Rounding mode：选择定点操作的凑整方式。滤波器的系数并不服从本参数，它们通常为 Nearest 型凑整。
- Saturate on integer overflow：选中该项，即选择定点操作的溢出方式。滤波器的系数并不服从该参数，它们通常是饱和的。
- Coefficients：选择怎样设定滤波器系数的字长和小数长度。当选择 Same word length as input 时，滤波器系数的字长和模块的输入相对应，小数长度自动设置为 binary-point；当选择 Specify word length 时，可以自行输入系数的字长，单位为 bit，小数长度自动设置为 binary-point；当选择 Binary point scaling 时，可以自

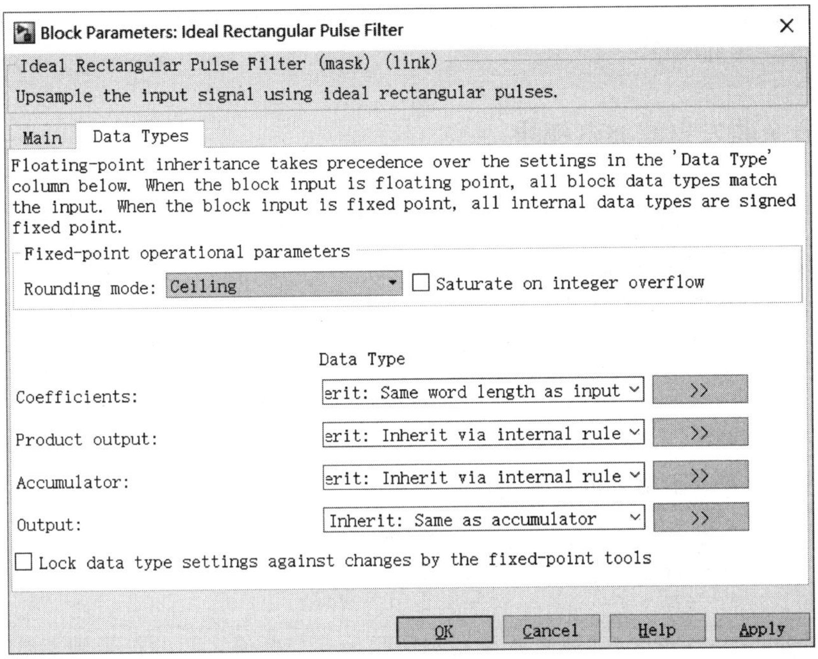

图 6-29 Data Types 选项

行输入字长与小数长度，单位为 bit，此时，可以单独输入分子系数与分母系数的小数长度；当选择 Slope and bias scaling 时，可自行输入滤波器系数的字长和斜率，可以单独输入分子系数与分母系数的斜率。该模块要求斜率为 2 的幂次方，偏置为 0。

- Product output：该参数用于指定用户怎样设置乘积输出字长和小数长度。当本项选定为 Same as input 时，乘积输出字长和小数长度与模块的输入相对应；当该项选定为 Binary point scaling 时，可自行设定乘积输出的字长和小数长度；当该项选定为 Slope and bias scaling 时，可自行设定乘积输出的字长和斜率，此时要求斜率为 2 的幂次方，偏置为 0。
- Accumulator：该参数用于指定用户怎样设置累加器的字长和小数长度。当该项选定为 Same as input 时，累加器字长和小数长度与模块的输入相对应；当该项选定为 Same as Product output 时，累加器字长和小数长度与模块的输出相对应；当该项选定为 Binary point scaling 时，可自行设定累加器的字长和小数长度；当该项选定为 Slope and bias scaling 时，可自行设定累加器的字长和斜率，此时要求斜率为 2 的幂次方，偏置为 0。
- Output：选择怎样设定输出字长和小数长度。当该项选定为 Same as input 时，输出字长和小数长度与输入相对应；当该项选定为 Same as accumulator 时，输出字长和小数长度与累加器的字长和小数长度相对应；当该项选定为 Binary point scaling 时，可自行设定输出的字长和小数长度；当该项选定为 Slope and bias scaling 时，可自行设定输出的字长和斜率，此时要求斜率为 2 的幂次方，偏置为 0。

- Lock data type settings against changes by the fixed-point tools：当选择该项时，即锁定坐标刻度。

6.4.4 升余弦发射滤波器模块

升余弦发射滤波器模块利用常规升余弦 FIR 滤波器或平方根升余弦 FIR 滤波器对输入信号提高采样频率或成形。

如果滚降系数为 R,符号周期为 T,那么常规升余弦滤波器的脉冲响应可表示为：

$$h(t)=\frac{\sin\left(\frac{\pi t}{T}\right)}{\left(\frac{\pi t}{T}\right)}\cdot\frac{\cos\left(\frac{\pi Rt}{T}\right)}{(1-4R^2t^2/T^2)}$$

而平方根升余弦滤波器的脉冲响应可表示为：

$$h(t)=4R\frac{\cos((1+R)\pi t/T)+\dfrac{\sin((1-R)\pi t/T)}{(4Rt/T)}}{\pi\sqrt{T}(1-(4Rt/T)^2)}$$

模块中的 Group delay 参数是滤波器响应起始点与峰值之间的符号周期数。该项与模块中的提高采样频率参数 N 决定了滤波器的脉冲响应为 $2*N*$Group delay$+1$。

模块中的 Rolloff factor 参数是滤波器的滚降系数，必须为 0～1 的实数，该项决定滤波器的超出带宽。当该项为 0.5 时，表示滤波器的带宽是输入采样频率的 1.5 倍。

模块中的 Filter gain 项显示模块怎样归一化滤波器参数。

(1) 如果该项为 Normalized，那么模块将会应用自动缩放。

当 Filter type 是 Normal 时，模块归一化滤波器参数使得峰值参数等于 1；当 Filter type 是 Square root 时，模块归一化滤波器，使得滤波器与本身的卷积生成一个峰值参数为 1 的常规升余弦滤波器。

(2) 如果该项为 User-specified，那么滤波器的带宽增益如下。

常规滤波器：20lg(Upsampling factor(N)×Linear amplitude filter gain)。

平方根滤波器：20lg(sqrt(Upsampling factor(N)×Linear amplitude filter gain))。

模块的输入信号必须是标量或基于帧的列向量。模块支持 double、single、fixed-point 等数据类型。参数项 Input sampling mode 决定模块的输入是基于帧还是基于采样。该项和 Upsampling factor 参数项 N 共同决定输出信号特征。

如果输入的是基于采样的标量，那么输出也是基于采样的标量，且输出采样时间是输入采样时间的 N 倍。

如果输入是基于帧的，那么输出也是基于帧的向量，且向量长度是输入向量长度的 N 倍。输出帧与输入帧的周期相同。

升余弦发射滤波器模块及参数设置对话框如图 6-30 所示。

升余弦发射滤波器模块包含两大类参数选项：Main 选项和 Fixed-point 选项。

1) Main 选项

Main 选项参数如图 6-30 所示。它主要包含以下几个参数。

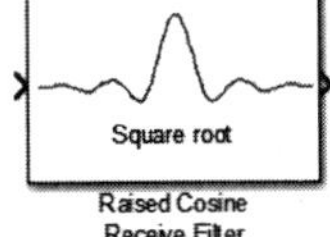

图 6-30　升余弦发射滤波器模块及参数设置对话框

- Filter shape：设定升余弦滤波器类型，有 Square root 和 Normal 两种。
- Rolloff factor：滤波器的滚降系数，为 0～1 的实数。
- Filter span in symbols：滤波器信号值，默认值为 10。
- Input samples per symbol：每秒输入样本数，默认值 8。
- Decimation factor：滤波器的抽取因子，默认值为 8。
- Decimation offset：滤波器的延时因子，默认值为 0。
- Linear amplitude filter gain：线性振幅增益项，为用于缩放滤波器参数的正的标量。该项只有当 Filter gain 项选定为 User-specified 时出现。
- Input processing：设定输入数据类型，有 Columns as channels(frame based)、Elements as channels (sample base)和 Inherited(this choice will be removed-see release notes)三种。
- Rate options：滤波器的速率选项，有 Enforce single-rate processing 和 Allow multirate processing 两项。
- Export filter coefficients to workspace：滤波器参数输出到工作空间项，选定本项后，模块将在 MATLAB 中创造一个包含滤波器参数的变量。
- Visualize filter with FVTool：该项为按钮。单击该按钮后，MATLAB 将会启动滤波器可视化工具 FVTool，模块的参数发生任何变化时将会对升余弦滤波器进行分析。

2）Data Types 选项

升余弦发射器模块中的 Data Types 选项的参数如图 6-31 所示，主要参数项的含义如下。

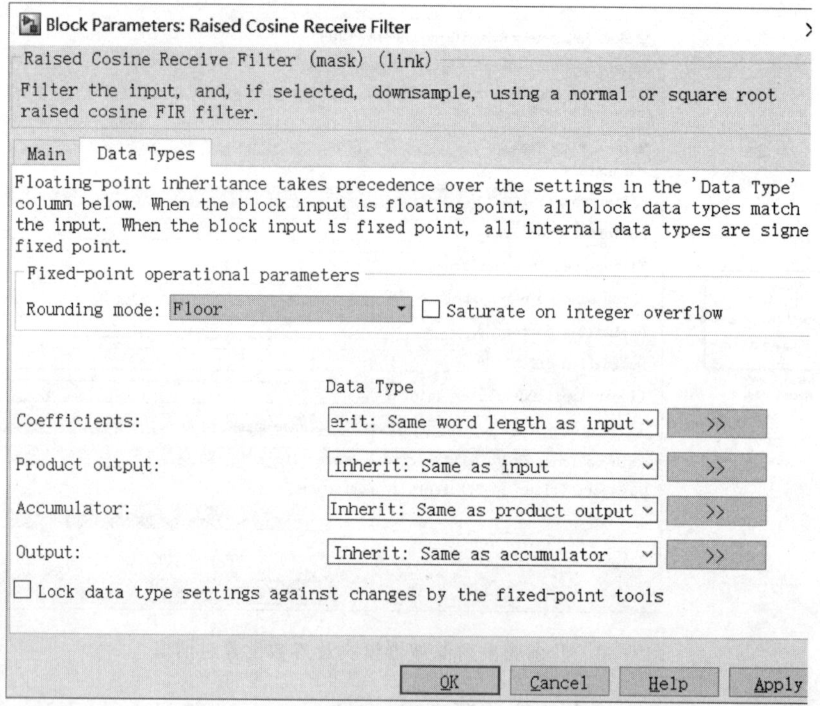

图 6-31　升余弦发射器模块 Data Types 选项

- Rounding mode：选择定点操作的凑整方式。滤波器的系数并不服从该参数，它们通常为 Nearest 型凑整。
- Saturate on integer overflow：选中该项，即选择定点操作的溢出方式。滤波器的系数并不服从该参数，它们通常是饱和的。
- Coefficients：选择怎样设定滤波器系数的字长和小数长度。当选择 Same word length as input 时，滤波器系数的字长和模块的输入相对应，小数长度自动设置为 binary-point；当选择 Specify word length 时，可以自行输入系数的字长，单位为 bit，小数长度自动设置为 binary-point；当选择 Binary point scaling 时，可以自行输入字长与小数长度，单位为 bit，此时，可以单独输入分子系数与分母系数的小数长度；当选择 Slope and bias scaling 时，可自行输入滤波器系数的字长和斜率，可以单独输入分子系数与分母系数的斜率。该模块要求斜率为 2 的幂次方，偏置为 0。
- Product output：该参数用于指定用户怎样设置乘积输出字长和小数长度。当本项选定为 Same as input 时，乘积输出字长和小数长度与模块的输入相对应；当该项选定为 Binary point scaling 时，可自行设定乘积输出的字长和小数长度；当该项选定为 Slope and bias scaling 时，可自行设定乘积输出的字长和斜率，此时要求斜率为 2 的幂次方，偏置为 0。
- Accumulator：该参数用于指定用户怎样设置累加器的字长和小数长度。当该项选定为 Same as input 时，累加器字长和小数长度与模块的输入相对应；当该项选定为 Same as Product output 时，累加器字长和小数长度与模块的输出相对应；当该项选定为 Binary point scaling 时，可自行设定累加器的字长和小数长度；当该项选定为 Slope and bias scaling 时，可自行设定累加器的字长和斜率，此时要求斜率为 2 的幂次方，偏置为 0。

- Output：选择怎样设定输出字长和小数长度。当该项选定为 Same as input 时，输出字长和小数长度与输入相对应；当该项选定为 Same as accumulator 时，输出字长和小数长度与累加器的字长和小数长度相对应；当该项选定为 Binary point scaling 时，可自行设定输出的字长和小数长度；当该项选定为 Slope and bias scaling 时，可自行设定输出的字长和斜率，此时要求斜率为 2 的幂次方，偏置为 0。
- Lock data type settings against changes by the fixed-point tools：当选择该项时，即锁定定点数据类型。

6.4.5 升余弦接收滤波器模块

升余弦接收滤波器模块利用常规升余弦 FIR 滤波器或平方根升余弦 FIR 滤波器对过滤输入信号。如果 Output mode 项设定为 Downsampling，它也会减小滤波器后的信号采样频率。

当 Output mode 项设定为 Downsampling 且 Downsampling factor 项参数为 L 时，模块将按照下面的方法保留采样的 $1/L$。

如果 Sample offset 项为 0，模块选择滤波后信号序列为 1、$L+1$、$2*L+1$、$3*L+1$ 等的采样。如果 Sample offset 项为小于 L 的正整数，那么模块去掉初始的 Sample offset 项正整数个采样，再按照上面的方法来降低采样频率。

模块的输入信号必须是标量或基于帧的列向量。模块支持 double、single、fixed-point 等数据类型。

如果 Output mode 项设为 0，那么输入和输出信号具有相同的采样方式、采样时间、向量长度。如果 Output mode 项设为 Downsampling，并且 Downsampling factor 项参数为 L 时，那么 L 和输入采样方式决定输出信号的特征。

如果输入是基于采样的标量，那么输出也是基于采样的标量，且输出采样时间是输入采样时间的 $1/L$。如果输入是基于帧的，那么输出也是基于帧的向量，且向量长度是输入向量长度的 $1/L$。输出帧与输入帧的周期相同。

升余弦接收滤波器模块及参数设置对话框如图 6-32 所示。

升余弦接收滤波器模块及参数设置对话框包含两个选项，分别为 Tab 选项和 Data Types 选项，下面分别给予介绍。

1) Tab 选项

Tab 选项参数如图 6-32 所示。它包含若干个参数项，主要含义如下。

- Filter shape：设定升余弦滤波器的类型，有 Square root 和 Normal 两种类型。

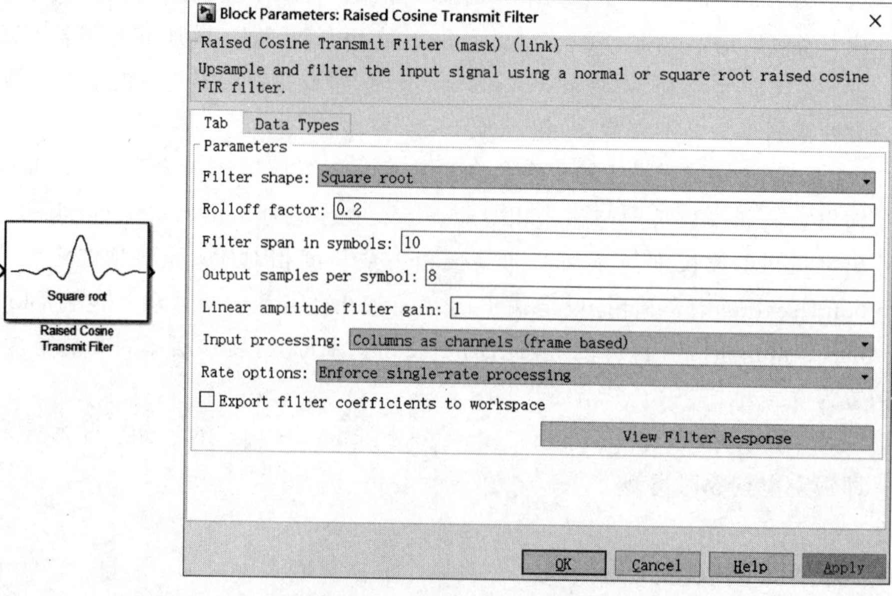

图 6-32　升余弦接收滤波器模块及参数设置对话框

- Rolloff factor：滤波器的滚降系数，为 0 到 1 之间的实数。
- Filter span in symbols：滤波器输入信号中每个符号的采样数，必须为一个大于 1 的整数。
- Output samples per symbol：输出信号中每个符号的采样数，必须为大于 1 的整数。
- Linear amplitude filter gain：线性振幅增益项，为用于缩放滤波器参数的正的标量。该项只有当 Filter gain 项选定为 User-specified 时出现。
- Input processing：设定输入数据类型，有 Columns as channels(frame based)、Elements as channels (sample base)和 Inherited(this choice will be removed-see release notes)三种。
- Rate options：滤波器的速率选项，有 Enforce single-rate processing 和 Allow multirate processing 两项。
- Export filter coefficients to workspace：滤波器参数输出到工作空间项，选定本项后，模块将在 MATLAB 中创造一个包含滤波器参数的变量。
- View Filter Response：该项为按钮。单击该按钮后，MATLAB 将会启动滤波器可视化工具 FVTool，模块的参数发生任何变化时将会对升余弦滤波器进行分析。

2) Data Types 选项

升余弦接收器模块中 Data Types 选项的参数如图 6-33 所示。

升余弦接收器模块中的 Data Types 选项的参数项和升弦弦发射器模块相同，在此不再介绍。

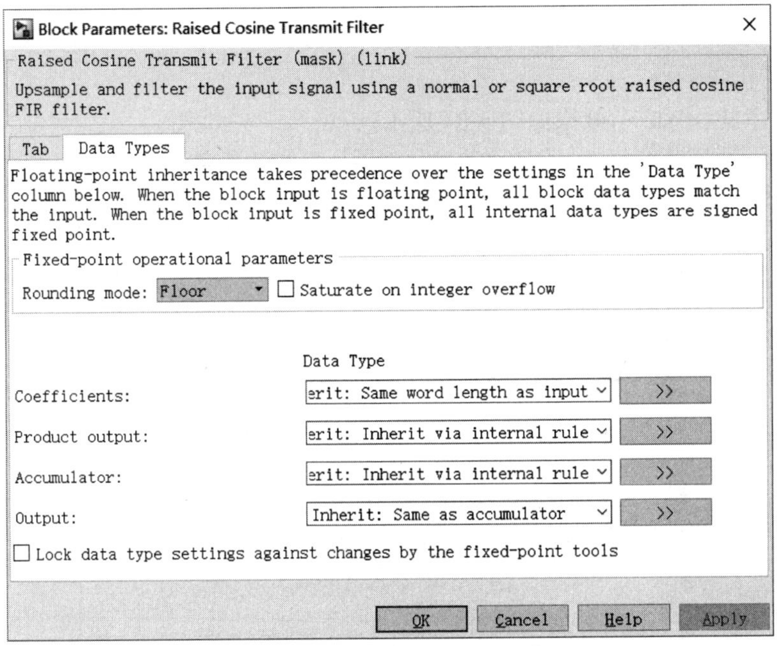

Block Parameters: Raised Cosine Transmit Filter

Raised Cosine Transmit Filter (mask) (link)

Upsample and filter the input signal using a normal or square root raised cosine FIR filter.

Tab　Data Types

Floating-point inheritance takes precedence over the settings in the 'Data Type' column below. When the block input is floating point, all block data types match the input. When the block input is fixed point, all internal data types are signed fixed point.

Fixed-point operational parameters

Rounding mode: Floor　☐ Saturate on integer overflow

Data Type

Coefficients: erit: Same word length as input　>>

Product output: erit: Inherit via internal rule　>>

Accumulator: erit: Inherit via internal rule　>>

Output: Inherit: Same as accumulator　>>

☐ Lock data type settings against changes by the fixed-point tools

OK　Cancel　Help　Apply

图 6-33　升余弦接收器模块 Data Types 选项

6.5　滤波器设计实例

下面通过示例来了解滤波器的相关性能及指标。

【例 6-27】　试设计一个模拟低通滤波器 $f_p=3500\text{Hz}$，$f_s=5500\text{Hz}$，$R_p=2.5\text{dB}$，$R_s=25\text{dB}$，分别用巴特沃斯和椭圆滤波器原型求出其 3dB 截止频率和滤波器阶数、传递函数，给出幅频、相频特性曲线。然后，用 Digital Filter Design 模块实现该模块器，用示波器观察其冲激响应，并与计算得出的理论曲线进行对比。

1) 用 MATLAB 代码实现相应求解

(1) 用巴特沃斯滤波器设计，代码为：

```
>> clear all;
fp = 3500; fs = 5500; Rp = 2.5; Rs = 25;          % 设计要求指标
[n,fn] = buttord(fp,fs,Rp,Rs,'s');                % 用巴特沃斯滤波器计算阶数和截止频率
Wn = 2 * pi * fn;                                 % 转换为角频率
[b,a] = butter(n,Wn,'s');                         % 用巴特沃斯滤波器计算 H(s)
f = 0:100:10000;                                  % 计算频率点和频率范围
s = j * 2 * pi * f;
Hs = polyval(b,s)./polyval(a,s);                  % 计算相应频率点处 H(s)的值
figure(1);
subplot(2,1,1);plot(f,20 * log10(abs(Hs)));       % 幅频特性
axis([0 10000  - 40 1]);
xlabel('频率 Hz');ylabel('幅度 dB');
grid on;
subplot(2,1,2);plot(f,angle(Hs));                 % 相频特性
xlabel('频率 Hz');ylabel('相角 rad');
```

```
disp('滤波器阶数和截止频率：')
grid on;
n,fn,b,a
```

运行程序，输出如下，效果如图 6-34 所示。

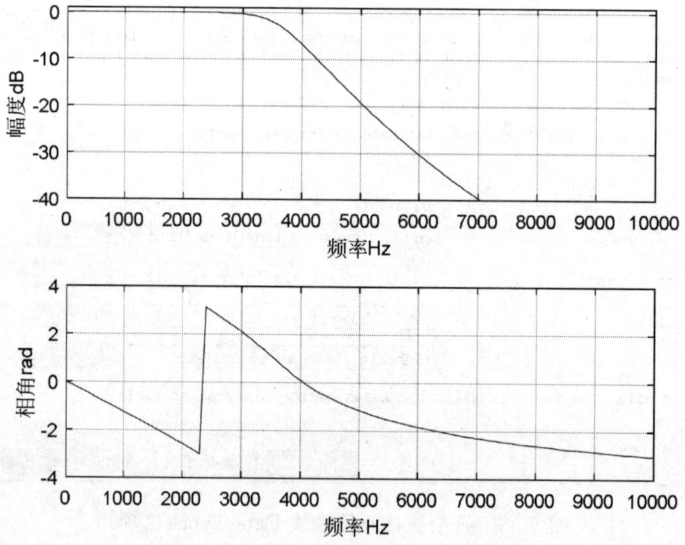

图 6-34 巴特沃斯滤波器的幅频响应与相频响应曲线

```
滤波器阶数和截止频率:
n =
     7                                            % 设计的巴特沃斯滤波器的阶数为 7 阶
fn =
   3.6466e+003                                    % 截止频率为 3646.6Hz
b =                                               % 传递函数分子
   1.0e+030 *
             0    0    0    0    0    0    0   3.3150
a =                                               % 传递函数分母
   1.0e+030 *
     0.0000   0.0000   0.0000   0.0000   0.0000   0.0000   0.0007   3.3150
```

(2) 用椭圆滤波器设计，代码如下：

```
>> clear all;
% 用椭圆滤波器设计
fp = 3500; fs = 5500; Rp = 2.5; Rs = 25;          % 设计要求指标
[n,fn] = ellipord(fp,fs,Rp,Rs,'s');               % 用椭圆滤波器计算阶数和截止频率
Wn = 2 * pi * fn;                                 % 转换为角频率
[b,a] = ellip(n,Rp,Rs,Wn,'s');                    % 用椭圆滤波器计算 H(s)
f = 0:100:10000;                                  % 计算频率点和频率范围
s = j * 2 * pi * f;
Hs = polyval(b,s)./polyval(a,s);                  % 计算相应频率点处 H(s)的值
figure(1);
subplot(2,1,1);plot(f,20 * log10(abs(Hs)));       % 幅频特性
axis([0 10000 -40 1]);
```

```
xlabel('频率 Hz');ylabel('幅度 dB');
grid on;
subplot(2,1,2);plot(f,angle(Hs));                 %相频特性
xlabel('频率 Hz');ylabel('相角 rad');
disp('滤波器阶数和截止频率：')
grid on;
n,fn,b,a
```

运行程序，输出如下，效果如图 6-35 所示。

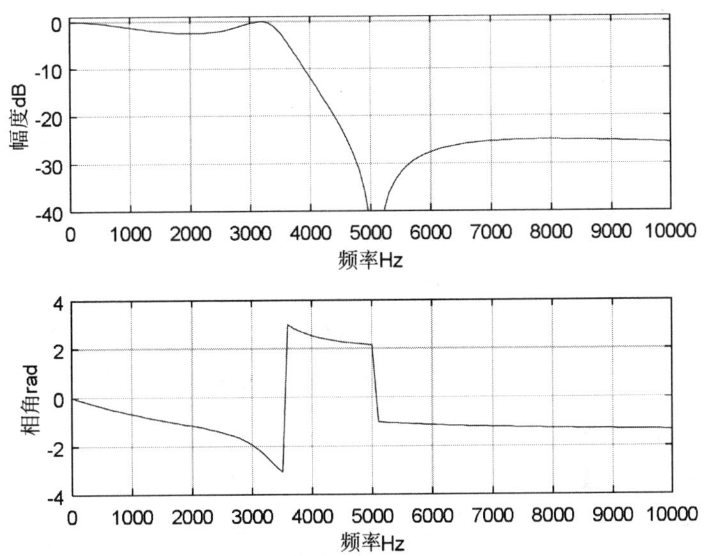

图 6-35　椭圆滤波器的幅频响应和相频响应曲线

```
滤波器阶数和截止频率：
n =
    3                                   %设计的椭圆滤波器的阶数为 7 阶
fn =
         3500                           %截止频率为 3500Hz
b =
  1.0e+012 *                            %传递函数分子
         0   0.0000   0.0000   4.0558
a =
  1.0e+012 *                            %传递函数分母
    0.0000   0.0000   0.0005   4.0558
```

由巴特沃思滤波器的分子 b、分母 a 系数计算出传递函数，再调用 impulse 函数计算理论冲激函数，代码为：

```
>> b=[ 0   0   0   0   0   0   0   3.3150e+030];
a=[0.0000   0.0000   0.0000   0.0000   0.0000   0.0000   0.0007e+030   3.3150e+030];
Transfer=tf(b,a)                        %传递函数方程
impulse(Transfer);                      %冲激响应
title('冲激响应曲线');xlabel('时间');ylabel('幅度');
```

运行程序，得到传递函数的代码形式如下，其对应的冲激响应波形如图 6-36 所示。

```
Transfer function:
    3.315e030
  -------------------
7e026 s + 3.315e030
```

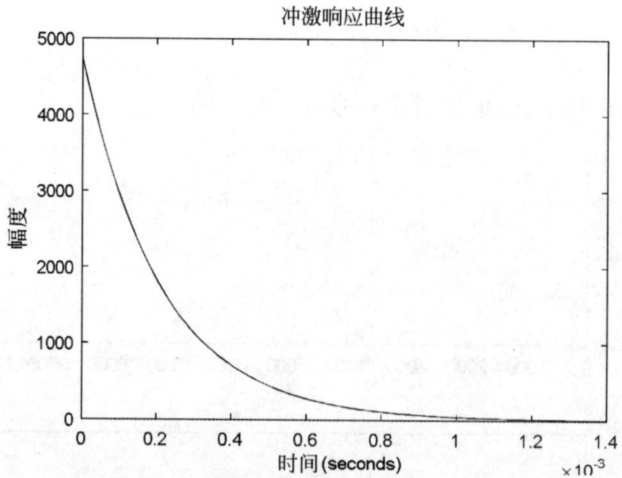

图 6-36　巴特沃斯滤波器的冲激响应曲线图

2）用 Simulink 模型实现

(1) 根据要求建立如图 6-37 所示的 Simulink 仿真模型框图。

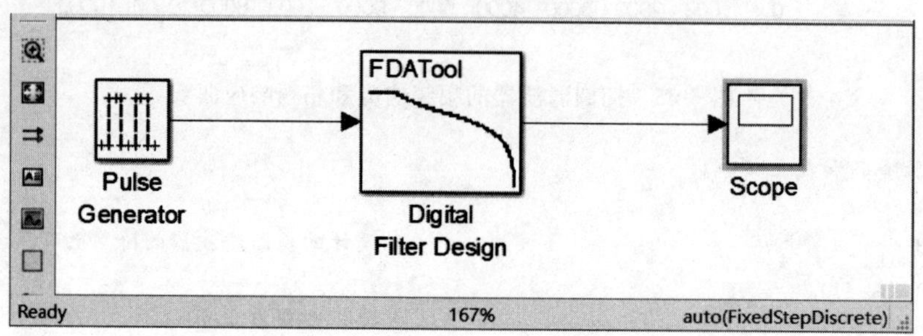

图 6-37　Simulink 仿真模型框图

(2) 模块参数设置。

数字滤波器的设计采样率为 4800 样值/秒。模型中采用脉冲串信号作为输入以近似冲激输入，只要脉冲串周期足够长，脉冲宽度就足够窄。

双击图 6-37 模型中的 Pulse Generator 脉冲串信号发生器，弹出的参数对话框中的参数设置如图 6-38 所示。

双击图 6-37 模型中 Digital Filter Design 模块，打开 Digital Filter Design 模块参数设计对话框，其参数设置效果如图 6-39 所示。参数设置完成后，单击对话框中的 Design Filter 按钮完成设计，即显示幅频响应和相频响应，也可显示设计的冲激响应、零极点图、滤波器系数等内容。

(3) 运行仿真。

将仿真系统设置为固定步长，步长取 1/48 000，仿真时间设置为 0.001s。然后单击

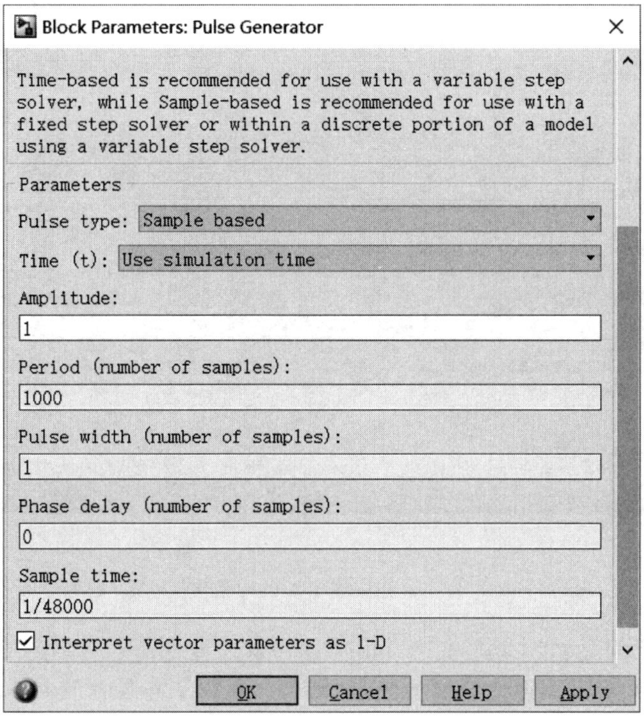

Block Parameters: Pulse Generator
Time-based is recommended for use with a variable step solver, while Sample-based is recommended for use with a fixed step solver or within a discrete portion of a model using a variable step solver.
Parameters
Pulse type: Sample based
Time (t): Use simulation time
Amplitude:
1
Period (number of samples):
1000
Pulse width (number of samples):
1
Phase delay (number of samples):
0
Sample time:
1/48000
Interpret vector parameters as 1-D
OK
Cancel
Help
Apply

图 6-38　Pulse Generator 模块参数设置

Block Parameters: Digital Filter Design
File
Edit
Analysis
Targets
View
Window
Help
Current Filter Information
Structure: Direct-Form FIR
Order: 50
Stable: Yes
Source: Designed
Store Filter ...
Filter Manager ...
Magnitude Response
Magnitude (dB)
Normalized Frequency (×π rad/sample)
Response
Lowpass
Highpass
Bandpass
Bandstop
Differentiator
Design
IIR
Butterworth
FIR
Equiripple
Filter
Specify order: 10
Minimum order
Option
Match
stopband
Frequency
Units: Hz
Fs: 48000
Fpass: 3500
Fstop: 5500
Magnitude
Units: dB
Apass: 2.5
Astop: 25
Input
Columns as channels (frame based)
Design Filter
Ready

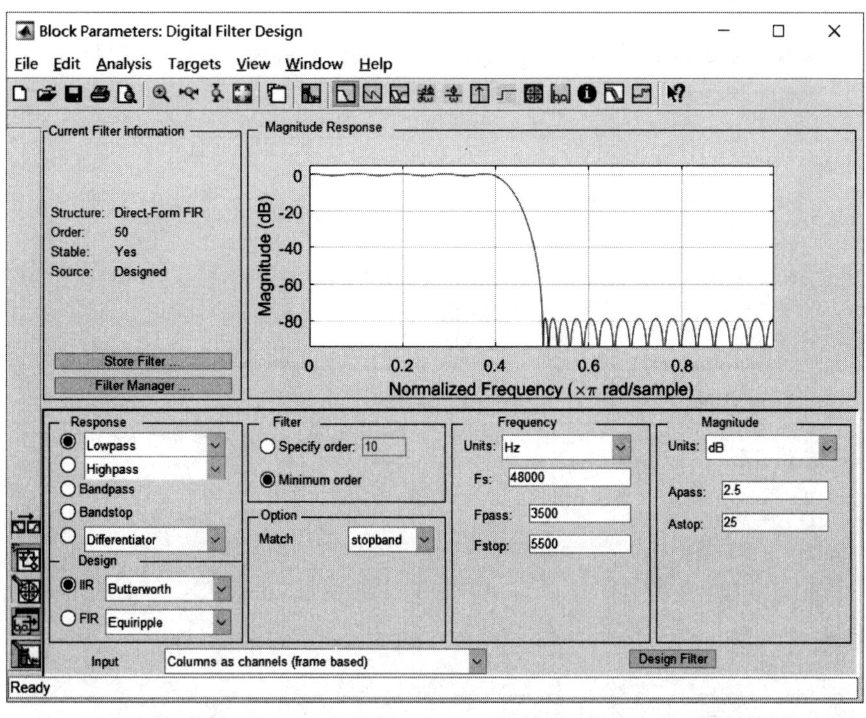

图 6-39　Digital Filter Design 滤波器设计参数输入对话框(巴特沃斯滤波器)

仿真模型中的 Start Simulation 按钮进行仿真,其效果如图 6-40 所示。

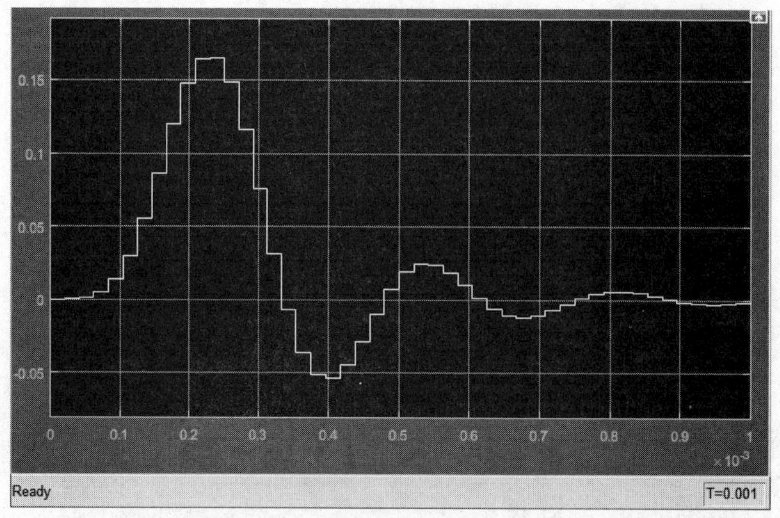

图 6-40 Digital Filter Design 滤波器实现的冲激响应仿真(巴特沃斯滤波器)

将图 6-39 中的 Digital Filter Design 滤波器设计参数输入对话框中滤波器设计方法(Design 中的 IIR)选项修改为椭圆滤波器,则可实现数字椭圆滤波器下的冲激响应仿真,其效果如图 6-41 所示。

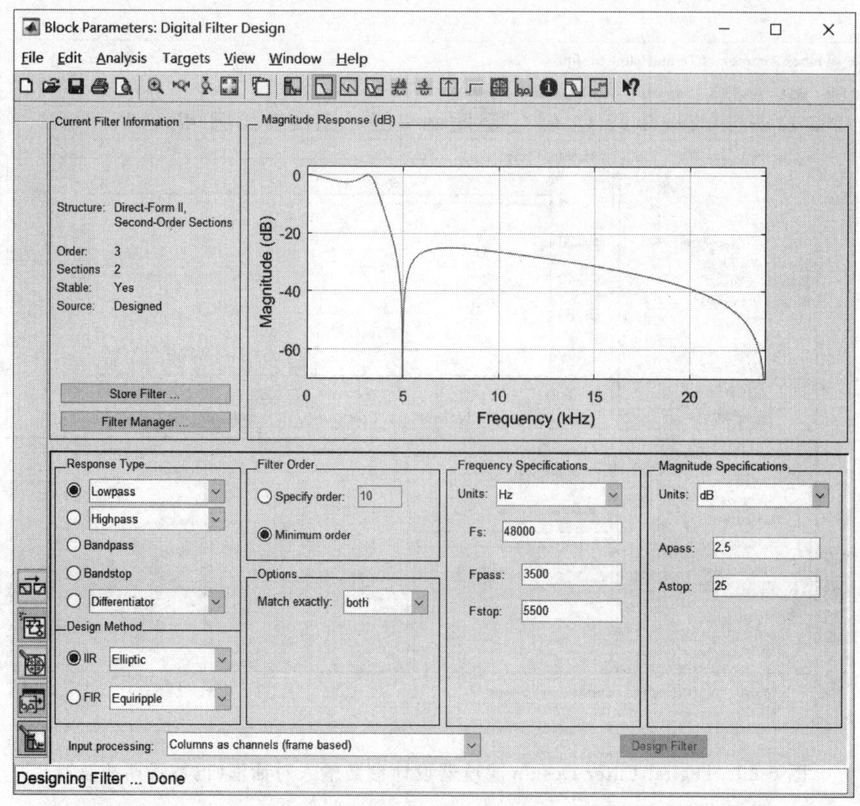

图 6-41 Digital Filter Design 滤波器设计参数输入对话框(椭圆滤波器)

由椭圆滤波器的分子 b、分母 a 系数计算出传递函数，再调用 impulse 函数计算理论冲激函数，代码为：

```
>> b = [ 0   0.0000   0.0000   4.0558e + 012];
a = [0.0000   0.0000   0.0005e + 012   4.0558e + 012];
Transfer = tf(b,a)                              % 传递函数方程
impulse(Transfer);                              % 冲激响应
title('冲激响应曲线');xlabel('时间');ylabel('幅度');
```

运行程序，得到传递函数的代码形式如下，其对应的冲激响应波形如图 6-42 所示。

```
Transfer function:
    4.056e012
--------------------
5e008 s + 4.056e012
```

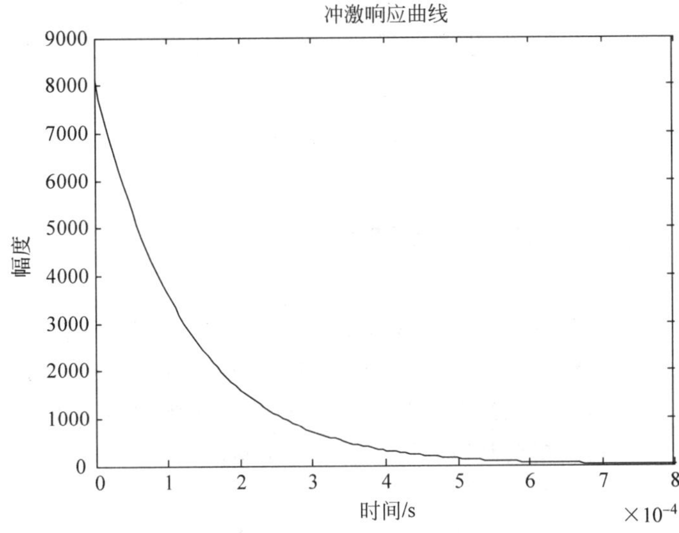

图 6-42　椭圆滤波器的冲激响应曲线图

Simulink 实现数字椭圆滤波器的仿真效果如图 6-43 所示。

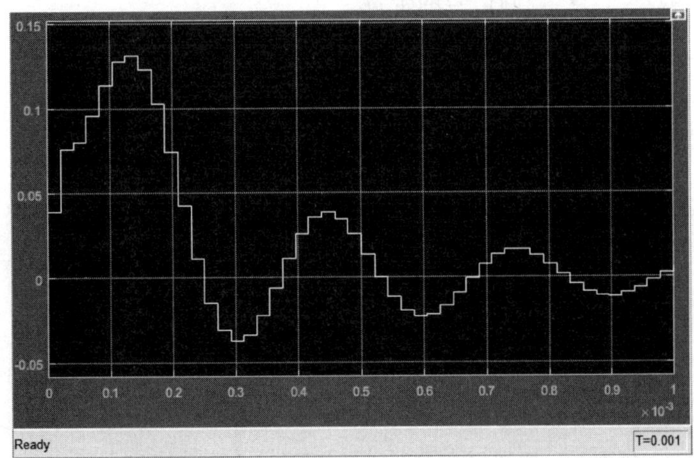

图 6-43　Digital Filter Design 滤波器实现的冲激响应仿真(椭圆滤波器)

第7章 通信系统的调制与解调

数字调制按方法分类可以分为多进制幅度键控(M-ASK)、正交幅度键控(Q-ASK)、多进制频率键控(M-FSK)以及多进制相位键控(M-PSK)。数字调制包括数/模转换和模拟调制两部分,如图7-1所示。

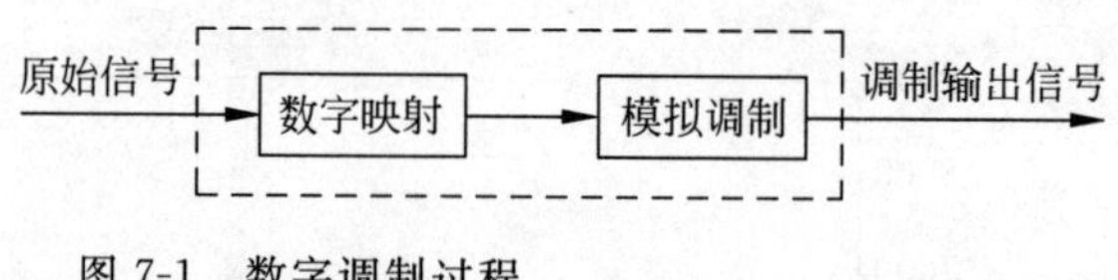

图 7-1 数字调制过程

7.1 模拟线性调制

在数字信号通信快速发展以前主要是模拟通信。为了合理使用频带资源,提高通信质量,需要使用模拟调制技术,通常连续波的模拟调制是以正弦为载波的调制方式,分为线性调制和非线性调制。线性调制是指调制后的信号频谱为调制信号的频谱的平移或线性变换,而非线性调制则没有这个性质。

每一种调制都通过以下几个特点来表征:

- 调制信号的时域表达式。
- 调制信号的频域表达式。
- 调制信号的带宽。
- 调制信号的功率分布。
- 调制信号的信噪比。

7.1.1 双边带调幅与解调

1. 双边带调幅

在双边带调幅(DSB-AM)中,已调信号的时域表示为:

$$u(t) = m(t)c(t) = A_c m(t)\cos(2\pi f_c t + \phi_c) \tag{7-1}$$

式中,$m(t)$是消息信号,$c(t)=A_c\cos(2\pi f_c t+\phi_c)$为载波,$f_c$是载波的频率,$\phi_c$是初始相位。为了讨论方便,取初相$\phi_c=0$。

对 $u(t)$ 作傅里叶变换，即可得到信号的频域表示：

$$U(f)=\frac{A_c}{2}M(f-f_c)+\frac{A_c}{2}M(f+f_c) \tag{7-2}$$

传输带宽 B_T 是消息信号带宽 W 的两倍，即 $B_T=2W$。

【例 7-1】 某消息信号 $m(t)=\begin{cases}1, & 0\leqslant t\leqslant t_0/3\\ -2, & t_0/3\leqslant t\leqslant 2t_0/3\\ 0, & 其他\end{cases}$，用信号 $m(t)$ 以 DSS-AM 方式调制载波 $c(t)=\cos(2\pi f_c t)$，所得到的已调制信号记为 $u(t)$。设 $t_0=0.15\text{s}$，$f_c=250\text{Hz}$。试比较消息信号与已调信号，并绘制它们的频谱。其实现的 MATLAB 程序代码如下：

```
>> clear all;
t = 0.15;                                          %信号保持时间
ts = 0.001;                                        %采样时间间隔
fc = 250;                                          %载波频率
fs = 1/ts;                                         %采样频率
df = 0.3;                                          %频率分辨率
t1 = [0:ts:t];                                     %时间向量
m = [ones(1,t/(3 * ts)), - 2 * ones(1,t/(3 * ts)),zeros(1,t/(3 * ts) + 1)];    %定义信号序列
y = cos(2 * pi * fc. * t1);                        %载波信号
u = m. * y;                                        %调制信号
[n,m,df1] = fftseq(m,ts,df);                       %傅里叶变换
n = n/fs;
[ub,u,df1] = fftseq(u,ts,df);
ub = ub/fs;
[Y,y,df1] = fftseq(y,ts,df);
f = [0:df1:df1 * (length(m) - 1)] - fs/2;          %频率向量
subplot(221);
plot(t1,m(1:length(t1)));                          %未解调信号
title('未解调信号');
subplot(222);
plot(t1,u(1:length(t1)));                          %解调信号
title('解调信号');
subplot(223);
plot(f,abs(fftshift(n)));                          %未解调信号频谱
title('未解调信号频谱');
subplot(224);
plot(f,abs(fftshift(ub)));                         %解调信号频谱
title('解调信号频谱');
```

该程序运行后得到的信号和调制信号及信号调制前后的频谱对比如图 7-2 所示。

在以上代码中调用的自定义函数的代码为：

```
function [M,m,df] = fftseq(m,tz,df)
fz = 1/tz;
if nargin == 2                                     %判断输入参数的个数是否符合要求
    n1 = 0;
else
    n1 = fz/df;                                    %根据参数个数决定是否使用频率缩放
end
```

```
n2 = length(m);
n = 2 ^ (max(nextpow2(n1),nextpow2(n2)));
M = fft(m,n);                                  %进行离散傅里叶变换
m = [m,zeros(1,n - n2)];
df = fz/n;

function p = ampower(x)
%此函数用作计算信号功率
p = (norm(x)^2)/length(x);                     %计算出信号能量
t0 = 0.15;
tz = 0.001;
m = zeros(1,501);
for i = 1:1:125                                %计算第 1 段信号值的功率
    m(i) = i;
end
for i = 1:126:1:375                            %计算第 2 段信号值的功率
    m(i) = m(125) - i + 125;
end
for i = 376:1:501                              %计算第 3 段信号值的功率
    m(i) = m(375) + i - 375;
end
m = m/1000;                                    %功率归一化
n_hat = imag(hilbert(m));
```

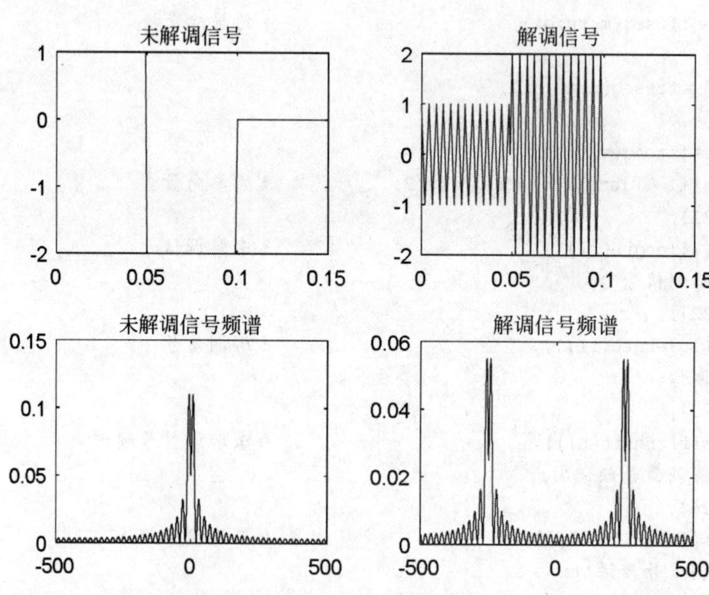

图 7-2　DSB-AM 得到的信号和调制信号及信号调制前后的频谱图

DSB-AM 调制信号的解调过程如图 7-3 所示。

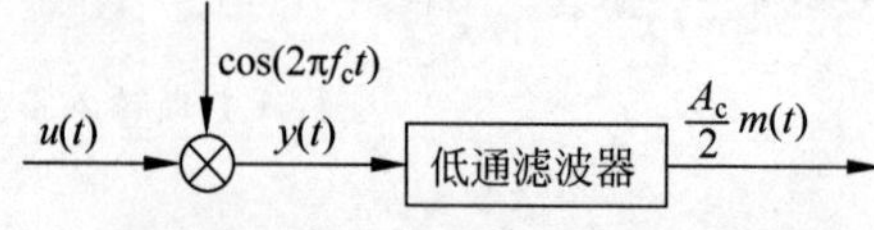

图 7-3　DSB-AM 调制信号的解调

调制信号 $u(t)=A_c m(t)\cos(2\pi f_c t)$ 与接收机本地振荡器所产生的正弦信号 $\cos(2\pi f_c t)$相乘，可得混频器输出为：

$$y(t)=A_c m(t)\cos^2(2\pi f_c t)$$
$$=\frac{A_c}{2}m(t)+\frac{A_c}{2}m(t)\cos(4\pi f_c t) \tag{7-3}$$

它的傅里叶变换为：

$$Y(f)=\frac{A_c}{2}M(f)+\frac{A_c}{2}M(f-2f_c)+\frac{A_c}{2}M(+2f_c) \tag{7-4}$$

可见，混频器输出由一个低频分量$\frac{A_c}{2}M(f)$和$\pm f_c$处的两个高频分量组成。

2. 双边带解调

将 $y(t)$通过带宽为 W 的低通滤波器，高频分量被滤除，而与消息信号成正比的低通分量$\frac{A_c}{2}m(t)$被解调。如果调制相位 ϕ_c 未知，则需使用 Costas 环解调方法来恢复接收信号的相位信息。Costas 环如图 7-4 所示。

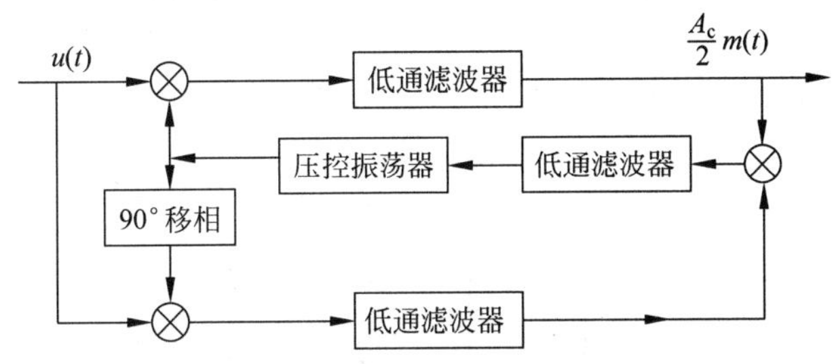

图 7-4 Costas 环解调法

【例 7-2】 对例 7-1 的单边带调制信号进行相干解调，并绘出消息信号的时频域曲线。其实现的 MATLAB 代码为：

```
>> clear all;
t = 0.15;                                              % 信号保持时间
ts = 1/1500;                                           % 采样时间间隔
fc = 250;                                              % 载波频率
fs = 1/ts;                                             % 采样频率
df = 0.3;                                              % 频率分辨率
t1 = [0:ts:t];                                         % 时间向量
m = [ones(1,t/(3 * ts)), - 2 * ones(1,t/(3 * ts)),zeros(1,t/(3 * ts) + 1)];   % 定义信号序列
c = cos(2 * pi * fc. * t1);                            % 载波信号
u = m. * c;                                            % 调制信号
y = u. * c;                                            % 缩放
[n,m,df1] = fftseq(m,ts,df);                           % 傅里叶变换
n = n/fs;
[ub,u,df1] = fftseq(u,ts,df);
ub = ub/fs;
[Y,y,df1] = fftseq(y,ts,df);
```

```
Y = Y/fs;
f_c_off = 150;                                   %滤波器的截止频率
n_c_off = floor(150/df1);                        %设计滤波器
f = [0:df1:df1 * (length(m) - 1)] - fs/2;        %频率向量
h = zeros(size(f));
h(1:n_c_off) = 2 * ones(1,n_c_off);
h(length(f) - n_c_off + 1:length(f)) = 2 * ones(1,n_c_off);
dem1 = h. * Y;                                   %滤波器输出的频率
dem = real(ifft(dem1)) * fs;                     %滤波器的输出
subplot(221);
plot(t1,m(1:length(t1)));                        %未解调信号
title('未解调信号');
subplot(222);
plot(t1,dem(1:length(t1)));                      %解调信号
title('解调信号');
subplot(223);
plot(f,abs(fftshift(n)));                        %未解调信号频谱
title('未解调信号频谱');
subplot(224);
plot(f,abs(fftshift(dem1)));                     %解调信号频谱
title('解调信号频谱');
```

运行程序,效果如图 7-5 所示。

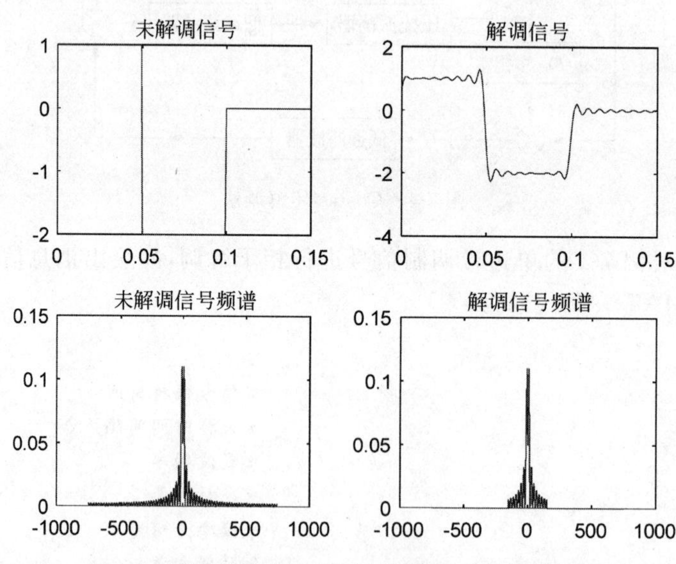

图 7-5　未调制信号、解调信号及其相应的频谱比较

为了恢复消息信号 $m(t)$,将混频信号 $y(t)$通过一个带宽为 150Hz 的低通滤波器。这里滤波器的带宽选择可以具有一定的任意性,这是因为被调信号没有严格的带限。对于有严格带限的被调信号,低通滤波器带宽的最佳选择为 W,即被调信号的带宽。因此,本例所用的理想低通滤波器为:

$$H(f) = \begin{cases} 1, & |f| \leqslant 150 \\ 0, & \text{其他} \end{cases}$$

7.1.2 常规双边带调幅

常规双边带调幅(AM)在很多方面与双边带幅度调制类似。不同的是,用 $1+am_n(t)$代替 $m(t)$。在此 a 是调制指数,$m_n(t)$是经过归一化处理的消息信号。

在常规 AM 中,调制信号的时域表示为:

$$u(t) = A_c[1 + am_n(t)]\cos(2\pi f_c t) \tag{7-5}$$

对 $u(t)$作傅里叶变换,即可得到信号的频域表示:

$$U(f) = \frac{A_c}{2}[\delta(f - f_c) + aM(f - f_c) + \delta(f + f_c) + aM(f + f_c)] \tag{7-6}$$

传输带宽 B_T 是消息信号带宽的两倍,即 $B_T=2W$。

【例 7-3】 以例 7-1 中提供的信号进行常规幅度调制,给定调制指数 $a=0.6$,试绘制信号和调制信号的频谱。其实现的 MATLAB 程序代码为:

```
>> clear all;
t = 0.15;                                          %信号保持时间
ts = 0.001;
fc = 250;                                          %载波频率
fs = 1/ts;                                         %采样频率
df = 0.3;                                          %频率分辨率
a = 0.6;                                           %调制系数
t1 = [0:ts:t];                                     %时间向量
m = [ones(1,t/(3 * ts)), - 2 * ones(1,t/(3 * ts)),zeros(1,t/(3 * ts) + 1)];   %定义信号序列
c = cos(2 * pi * fc. * t1);                        %载波信号
m1 = m/max(abs(m));                                %调制信号
u = (1 + a * m1). * c;                             %调制信号载波
[n,m,df1] = fftseq(m,ts,df);                       %傅里叶变换
n = n/fs;
[ub,u,df1] = fftseq(u,ts,df);
ub = ub/fs;
f = [0:df1:df1 * (length(m) - 1)] - fs/2;          %频率向量
subplot(221);
plot(t1,m(1:length(t1)));                          %未解调信号
title('未解调信号');
subplot(222);
plot(t1,u(1:length(t1)));                          %解调信号
title('解调信号');
subplot(223);
plot(f,abs(fftshift(n)));                          %未解调信号频谱
title('未解调信号频谱');
subplot(224);
plot(f,abs(fftshift(ub)));                         %解调信号频谱
title('解调信号频谱');
```

运行程序,效果如图 7-6 所示。

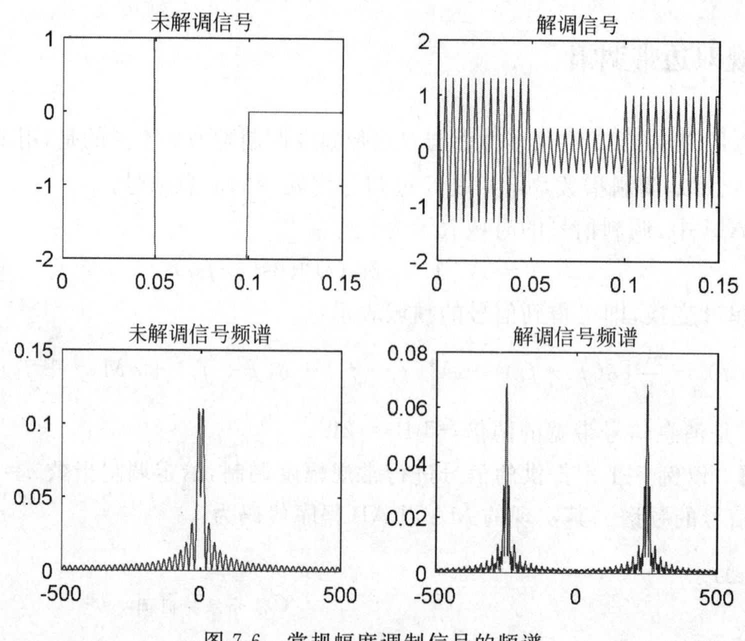

图 7-6　常规幅度调制信号的频谱

7.1.3　抑制载波双边带调幅

由于常规调幅调制的效率太低，耗用了大量功率，在小功率场合很不方便；而抑制载波双边带调幅(DSB-SC)克服了效率低的缺点，它的特点是直接将未调信号与载波相乘，而不是先叠加一个直流在未调信号上然后再相乘。时域表达式为：

$$S_{\mathrm{DSB}}(t)=Af(t)\cos(\omega_c t+\theta_c)\quad(7\text{-}7)$$

抑制载波双边带调制的频谱与常规调幅类似，但没有载频的冲激分量。如果记 $F(f)$ 为调制信号的频域表达式，则已调信号的频域表达式为：

$$S_{\mathrm{DSB}}(f)=\frac{A}{2}F(f-f_c)+\frac{A}{2}F(f+f_c)\qquad(7\text{-}8)$$

从频域表达式可看出，已调信号的频带宽度仍是调制信号的频带的两倍：$B_T=2W$，如图 7-7 所示。

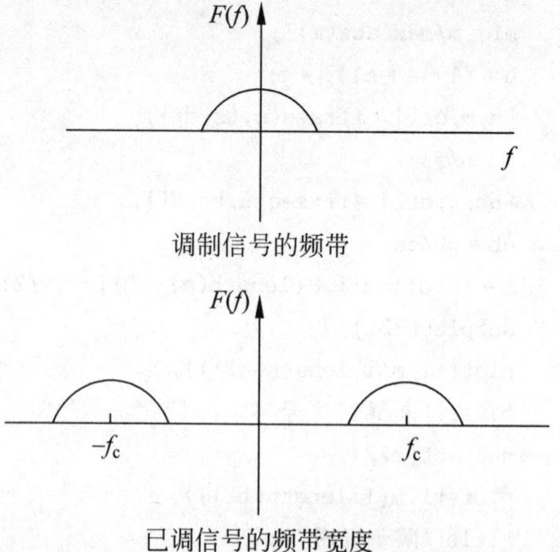

图 7-7　抑制载波调幅的频谱图

【例 7-4】 已知未调制信号为 $S(t)=\begin{cases}\mathrm{sinc}(200t), & |t|\leqslant t_0\\ 0, & \text{其他}\end{cases}$，其中，$t_0$ 取 2s；载波为 $C(t)=\cos 2\pi f_c t$，$f_c=100\mathrm{Hz}$，用抑制载波调幅来调制信号，给出调制信号 $M(t)$ 的波形，画出 $S(t)$ 与 $M(t)$ 的频谱。

其中，$M(t)=S(t)C(t)$，即：

$$M(t)=\begin{cases}3\mathrm{sinc}(10t)\cos(400\pi t), & |t|\leqslant 0.1\\ 0, & 其他\end{cases}$$

其实现的 MATLAB 代码为：

```
>> clear all;
t0 = 2;                                      % 信号持续时间
ts = 0.001;                                  % 采样时间间隔
fc = 100;                                    % 载波频率
fs = 1/ts;
df = 0.3;                                    % 频率分辨率
t = [ - t0/2:ts:t0/2];                       % 定义时间序列
% 以下三解函数为定义信号序列
x = sin(200 * t);
m = x./(200 * t);
m(1001) = 1;                                 % 避免产生无穷大的值
c = cos(2 * pi * fc. * t);                   % 载波
u = m. * c;                                  % 抑制载波调制
[M,m,df1] = fftseq(m,ts,df);                 % 傅里叶变换
M = M/fs;
[U,u,df1] = fftseq(u,ts,df);                 % 傅里叶变换
U = U/fs;                                    % 频率压缩
f = [0:df1:df1 * (length(m) - 1)] - fs/2;
subplot(2,2,1);plot(t,m(1:length(t)));       % 给出未调信号的波形
axis([ - 0.4,0.4, - 0.5,1.1]);
xlabel('时间'); title('未调信号');
subplot(2,2,3);plot(t,c(1:length(t)));
axis([ - 0.1,0.1, - 1.5,1.5]);
xlabel('时间');title('载波');
subplot(2,2,2);plot(t,u(1:length(t)));
axis([ - 0.2,0.2, - 1,1.2]);
xlabel('时间');title('已调信号');
figure;
subplot(2,1,1);plot(f,abs(fftshift(M)));
xlabel('频率');title('未调信号的频谱');
subplot(2,1,2);plot(f,abs(fftshift(U)));
xlabel('频率');title('已调信号的频谱');
```

运行程序，得到抑制载波调幅波形，如图 7-8 所示，得到的抑制载波调幅频谱图如图 7-9 所示。

7.1.4 单边带调幅与解调

1. 希尔伯特变换

实信号 $x(t)$的希尔伯特变换就是将该信号中所有频率成分的信号分量移相 $-\pi/2$ 而得到的新信号，记为$\hat{x}(t)$。对于单频率正弦波信号，设 $m(t)=A\cos(2\pi ft+\phi)$，则其希尔伯特变换为：

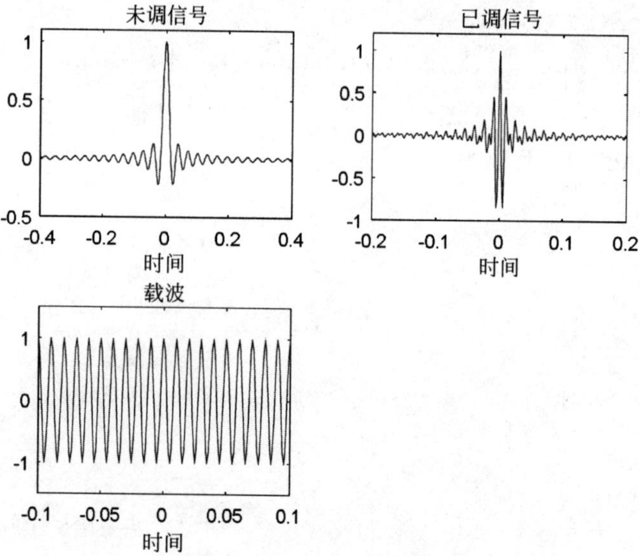

图 7-8　抑制载波调幅波形图

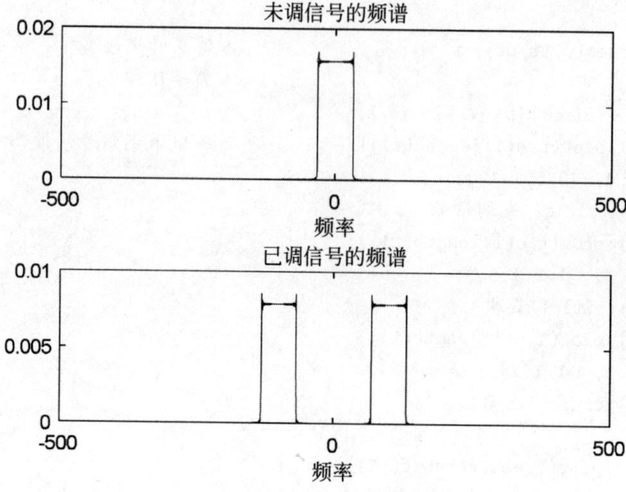

图 7-9　抑制载波调幅频谱图

$$\hat{m}(t) = A\cos\left(2\pi ft + \phi - \frac{\pi}{2}\right) = A\sin(2\pi ft + \phi) \tag{7-9}$$

对于任意实周期信号 $x(t)$，可用周期傅里叶级数展开表示为：

$$x(t) = \sum_{n=0}^{\infty} a_n \cos(2\pi nft + \phi_n) \tag{7-10}$$

其希尔伯特变为：

$$\hat{x}(t) = \sum_{n=0}^{\infty} a_n \cos\left(2\pi nft + \phi_n - \frac{\pi}{2}\right) = \sum_{n=0}^{\infty} a_n \sin(2\pi nft + \phi_n) \tag{7-11}$$

实信号 $x(t)$的解析信号 $y(t)$是一个复信号，其实部为信号 $x(t)$本身，虚部为 $x(t)$的希尔伯特变换$\hat{x}(t)$，即：

$$y(t) = x(t) + \mathrm{j}\,\hat{x}(t) \tag{7-12}$$

MATLAB 中提供了希尔伯特变换函数 hilbert 利用 FFT 来计算任意离散时间序列的解析信号序列。

x=hilbert(xr)：xr 是实信号序列，返回 x 是一个复数信号序列；x 的实部就是 xr，x 的虚部则是 xr 的希尔伯特变换序列。

x=hilbert(xr,n)：n 作为 FFT 的点数。

【例 7-5】 对 $x(t)=\sin(t)$进行希尔伯特变换。

其实现的 MATLAB 代码为：

```
>> clear all;
t = 0:0.1:30;
y = sin(t);
s_y = hilbert(y);                                    %希尔伯特变换
plot(t,real(s_y),t,imag(s_y),'r:');
legend('原信号','希尔伯特变换结果');
```

程序执行后得出的原信号和希尔伯特变换信号如图 7-10 所示。

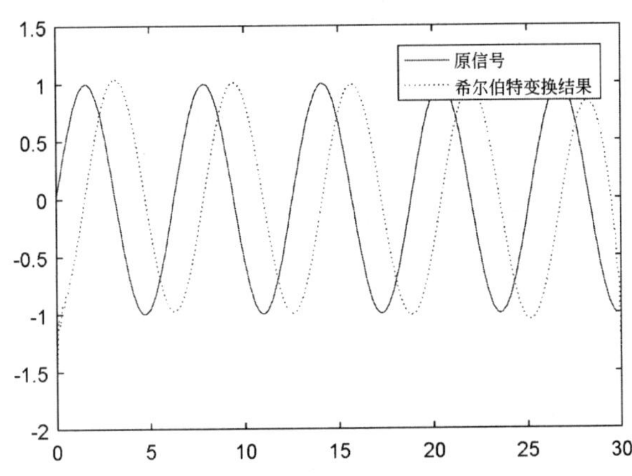

图 7-10 信号 $x(t)=\sin(t)$及其希尔伯特变换结果

2. 单边带调幅

去掉双边带幅度调制(DSB-AM)的一边就得到 SSB-AM。依据所保留的边带是上边，还是下边，可以分为 USSA 和 LSSB 两种不同的方式，此时信号的时域表示为：

$$u(t) = A_c m(t)\cos(2\pi f_c t)/2 \mp A_c \hat{m}(t)\sin(2\pi f_c t)/2 \tag{7-13}$$

频域表示为：

$$U_{\mathrm{USSB}}(f) = \begin{cases} M(f-f_c)+M(f+f_c), & f_c \leqslant |f| \\ 0, & \text{其他} \end{cases} \tag{7-14}$$

$$U_{\mathrm{LSSB}}(f) = \begin{cases} M(f-f_c)-M(f+f_c), & f_c \leqslant |f| \\ 0, & \text{其他} \end{cases} \tag{7-15}$$

这里$\hat{m}(t)$是 $m(t)$的希尔特变换，定义为$\hat{m}(t)=m(t) * (1/\pi t)$，频域表示为$\hat{m}(f)=-\mathrm{j}\,\mathrm{sgn}(f)M(f)$。SSB 幅度调制占有 DSB-AM 一半的带宽，即等于信号带宽：$B_{\mathrm{T}}=W$。

【例 7-6】 设基带信号为一个在 150～400Hz 内，幅度随频率逐渐递减的音频信号，载波信号为 1000Hz 的正弦波，幅度为 1，仿真采样率设为 10 000Hz，仿真时间 1s。求

SSB调制输出信号波形和频谱。其实现的MATLAB程序代码如下：

```
>> clear all;
Fs = 10000;                                          %仿真的采样率
t = 1/Fs:1/Fs:1;                                     %仿真时间点
m_t(Fs * 1) = 0;                                     %基带信号变量初始化
for f = 150:400                                      %基带信号发生：频率 150～400Hz
    m_t = m_t + 0.01 * sin(2 * pi * f * t) * (400 - f);  %幅度随线性递减
end
m_t90shift = imag(hilbert(m_t));                     %基带信号的希伯尔特变换
carriercos = cos(2 * pi * 1000 * t);                 %1000Hz 载波 cos
carriersin = sin(2 * pi * 1000 * t);                 %1000Hz 正交载波 sin
S_SSB1 = m_t. * carriercos - m_t90shift. * carriersin;           %上边带 SSB
S_SSB2 = m_t. * carriercos + m_t90shift. * carriersin;           %下边带 SSB
%下面给出各波形以及频谱
figure;
subplot(421);
plot(t(1:100),carriercos(1:100),t(1:100),carriersin(1:100),':m');  %载波
subplot(422);
plot([0:9999],abs(fft(carriercos)));                 %载波频谱
axis([0 2000 -500 12000]);
subplot(423);
plot(t(1:100),m_t(1:100));                           %基带信号
subplot(424);
plot([0:9999],abs(fft(m_t)));                        %载波频谱
axis([0 2000 -500 12000]);
subplot(425);
plot(t(1:100),S_SSB1(1:100));                        %SSB 波形上边带
subplot(426);
plot([0:9999],abs(fft(S_SSB1)));                     %SSB 波形上边带
axis([0 2000 -500 12000]);
subplot(427);
plot(t(1:100),S_SSB2(1:100));                        %SSB 波形下边带
subplot(428);
plot([0:9999],abs(fft(S_SSB2)));                     %SSB 波形下边带
axis([0 2000 -500 12000]);
```

运行程序，效果如图7-11所示。图中给出了0～0.01s内的信号时域波形和0～2000Hz内的幅度频谱。由图可知，单边带调制是对基带信号的线性频谱搬移，调制前后频谱仅仅是位置发生变化，频谱形状没有改变。但是，基带信号和单边带调制输出信号时域波形上没有简单的对应关系。

3. 单边带解调

单边带信号的解调方法是相干法，设接收机中本地载波为：

$$c(t) = \cos(2\pi(f_c + \Delta f)t + \Delta\phi) \tag{7-16}$$

其中，Δf 和 $\Delta\phi$ 分别为本地载波和发送端调制载波之间的频率误差和相位误差。相干解调器的相乘输出信号为：

$$\begin{aligned} s_{DSB}(t)c(t) &= \frac{A}{2}\sum_{n=0}^{\infty} a_n\cos(2\pi(f_c + nf)t + \phi_n)\cos(2\pi(f_c + \Delta f)t + \Delta\phi) \\ &= \frac{A}{2}\sum_{n=0}^{\infty} a_n\cos([2\pi(nf - \Delta f)t + (\phi_n - \Delta\phi)]) + \text{高频分量} \end{aligned} \tag{7-17}$$

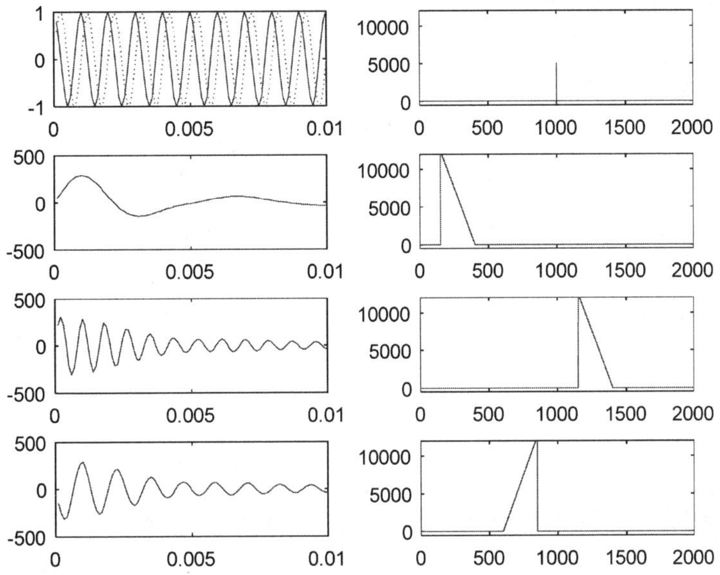

图 7-11 利用希伯尔特变换进行单边带调制的信号波形及对应幅度频谱

经过低通滤波器后，高频分量被滤除，最后得到解调输出为：

$$\tilde{m}(t) = \frac{A}{2}\sum_{n=0}^{\infty} a_n \cos[2\pi(nf - \Delta f)t + (\phi_n - \Delta\phi)] \tag{7-18}$$

对比发送基带信号 $m(t)$，解调输出信号中的频率分量存在一定的频率偏移和相位偏移。人耳对于话音波形的相位失真是不敏感的，频率失真会影响到语音音色，但若频率偏移较小(几 Hz 到几十 Hz 内)，对语音的可懂度就不会造成大的影响。在实际的话音单边带通信机中，一般采用一个高稳定度的晶体振荡器或频率合成器来产生本地解调载波，而不需要像双边带的解调那样需要用锁相环(PLL)来恢复载波，这就大大降低了单边带接收机的技术复杂度和成本。

【例 7-7】 对例 7-6 产生的单边带(上边带)信号进行相干解调，仿真其解调波形和幅度频谱。

仿真程序代码如下，单边带信号的相干解调中的低通滤波器用于将相关乘法器输出的载波二次谐波分量滤除，程序中滤波器设计为 4 阶巴特沃斯低通滤波，截止频率为 400Hz。程序执行后输出的解调波形和幅度频谱如图 7-11 所示。对比图 7-12 中的发送基带信号，可见解调输出时域波形是发送基带信号波形的近似。

```
>> clear all;
FS = 10000;
t = 1/FS:1/FS:1;
m_t(FS * 1) = 0;                                  %基带信号变量初始化
for f = 150:400                                   %基带信号发生：频率 150～400Hz
    m_t = m_t + 0.01 * sin(2 * pi * f * t) * (400 - f); %幅度随线性递减
end
m_t90shift = imag(hilbert(m_t));                  %基带信号的希伯尔特变换
carriercos = cos(2 * pi * 1000 * t);              %1000Hz 载波 cos
carriersin = sin(2 * pi * 1000 * t);              %1000Hz 正交载波 sin
S_SSB1 = m_t. * carriercos - m_t90shift. * carriersin;    %上边带 SSB
```

```
out = S_SSB1. * carriercos;                                  % 相干解调
[a,b] = buffer(4,500/(FS/2));                                % 低通滤波设计 4 阶,截止频率为 500Hz
demsig = filter(a,b,out);                                    % 解调输出
 % 下面做出各滤波形以及频谱
figure(1);
subplot(321);
plot(t(1:100),S_SSB1(1:100));                                % SSB 波形
subplot(322);
plot([0:9999],abs(fft(S_BBS1)));                             % SSB 频谱
axis([0 2000  - 500 12000]);
subplot(323);
plot(t(1:100),out(1:100));                                   % 相干解调波形
subplot(324);
plot([0:9999],abs(fft(out)));                                % 相干解调频谱
axis([0 2000  - 500 12000]);
subplot(325);
plot(t(1:100),demsig(1:100));                                % 低通输出信号
subplot(326);
plot([0:9999],abs(fft(demsig)));                             % 低通输出频谱
axis([0 2000  - 500 12000]);
```

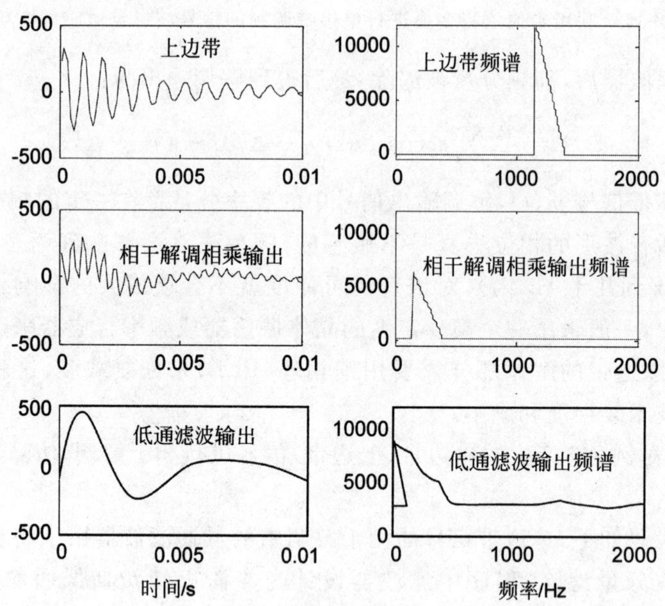

图 7-12　单边带信号相干解调波形及对应幅度频谱

如果单边带解调时使用的本地载波与发送调制载波之间存在频差和相位差,那么解调输出的时域波形将产生严重失真。但是,解调信号的幅度谱与发送基带信号幅度谱之间失真不大。对于话音信号,实验表明,单边带解调相干载波频差和相位差引起的解调波形失真对话音信号的可懂度影响较小。下面的程序仿真了单边带解调时本地载波与发送调制载波之间存在频差和相差的情况,仿真结果如图 7-13 所示。

```
>> clear all;
FS = 10000;
t = 1/FS:1/FS:1;
m_t(FS * 1) = 0;                                             % 基带信号变量初始化
```

```
for f = 150:400                                      % 基带信号发生：频率 150～400Hz
    m_t = m_t + 0.01 * sin(2 * pi * f * t) * (400 - f); % 幅度随线性递减
end
m_t90shift = imag(hilbert(m_t));                     % 基带信号的希伯尔特变换
carriercos = cos(2 * pi * 1000 * t);                 % 1000Hz 载波 cos
carriersin = sin(2 * pi * 1000 * t);                 % 1000Hz 正交载波 sin
S_SSB1 = m_t. * carriercos - m_t90shift. * carriersin;          % 上边带 SSB
out = S_SSB1. * cos(2 * pi * 2018 * t + 1);          % 存在频率误差的相位误差时间的相干解调
[a,b] = buffer(4,500/(FS/2));                        % 低通滤波设计 4 阶，截止频率为 500Hz
demsig = filter(a,b,out);                            % 解调输出
% 下面做出各滤波形以及频谱
figure(1);
subplot(321);
plot(t(1:100),S_SSB1(1:100));                        % SSB 波形
subplot(322);
plot([0:9999],abs(fft(S_SSB1)));                     % SSB 频谱
axis([0 2000  - 500 12000]);
subplot(323);
plot(t(1:100),out(1:100));                           % 相干解调波形
subplot(324);
plot([0:9999],abs(fft(out)));                        % 相干解调频谱
axis([0 2000  - 500 12000]);
subplot(325);
plot(t(1:100),demsig(1:100));                        % 低通输出信号
subplot(326);
plot([0:9999],abs(fft(demsig)));                     % 低通输出频谱
axis([0 2000  - 500 12000]);
```

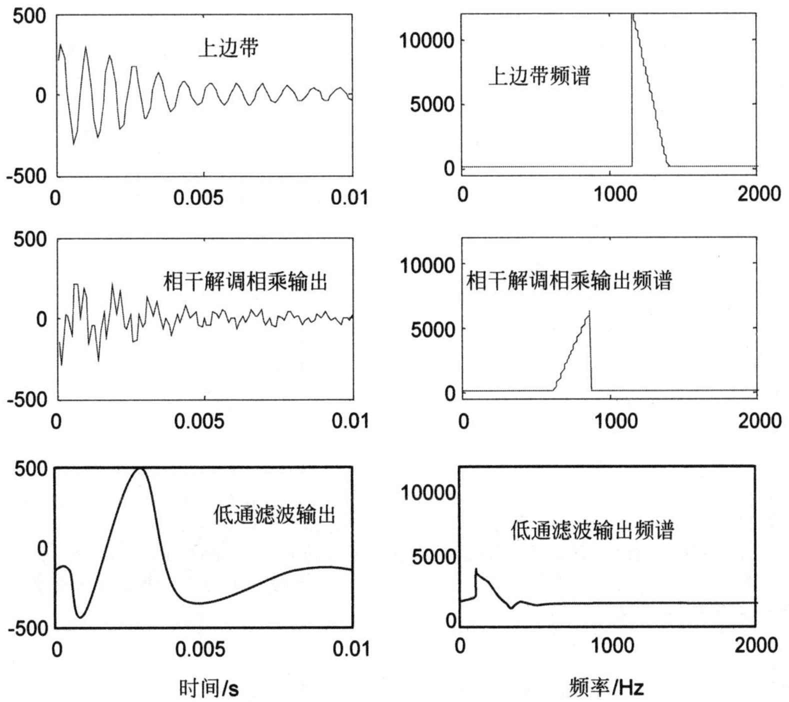

图 7-13　存在频差和相位差情况下的单边带信号相干解调波形及对应幅度频谱

7.2 模拟角度调制

模拟角度调制与线性调制(幅度调制)不同,角度调制中已调信号的频谱与调制信号的频谱之间不存在对应关系,而是产生了与频谱搬移不同的新频率分量,因而呈现非线性过程的特征,又称为非线性调制。

角度调制包括频率调制和相位调制,通常使用较多的是频率调制,频率调制与相位调制可以互相转化。

7.2.1 频率调制

频率调制(FM)亦称为等振幅调制。在频率调制过程中,输入信号控制载波的频率,使已调信号 $u(t)$ 的频率按输入信号的规律变化。调制公式为:

$$u(t)=\cos(2\pi f_c t+2\pi\theta(t)+\phi_c)$$

其中,$u(t)$ 为调制后的信号,f_c 为载波的频率(单位为 Hz),ϕ_c 为初始相位,$\theta(t)$ 为瞬时相位,随着输入信号的振幅变化。$\theta(t)$ 的计算公式为:

$$\theta(t)=k_c\int_0^t m(t)\mathrm{d}t$$

其中,k_c 为比例常数。频率调制的解调过程使用锁相环方法,如图 7-14 所示。

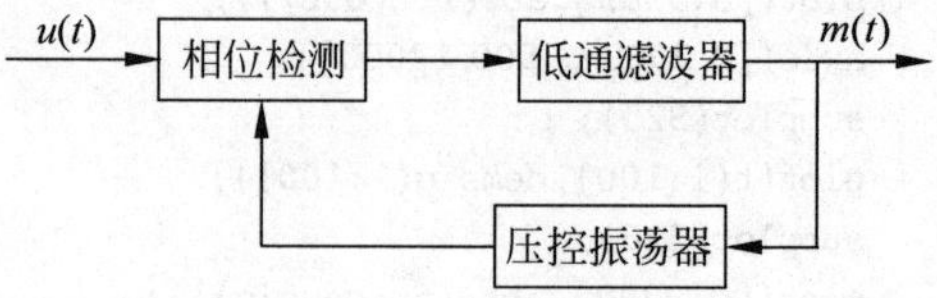

图 7-14 FM 的解调框图

【例 7-8】 已知信号 $S(t)=\begin{cases}1, & 0<t<t_0/3\\ -2, & t_0/3<t<2t_0/3\\ 0, & 2t_0/3<t<t_0\end{cases}$,采用载波 $C(t)=\cos 2\pi f_c t$ 进行调频,$f_c=200\text{Hz}$,$t_0=1.5\text{s}$,偏移常数 $K_F=50$,调制信号的时域表达式为 $M(t)=A_c\cos\left(2\pi f_c t+2\pi K_F\int_{-\infty}^{t}S(\tau)\mathrm{d}\tau\right)$,绘制调频波的波形及频谱图。其实现的 MATLAB 代码为:

```
>> clear all;
t0 = 0.15;                                          %信号持续时间
tz = 0.0005;                                        %采样时间间隔
fc = 200;                                           %载波频率
kf = 50;                                            %调制系数
fz = 1/tz;
t = [0:tz:t0];                                      %定义时间序列
df = 0.25;                                          %频率分辨率
%定义信号序列
m = [ones(1,t0/(3 * tz)), - 2 * ones(1,t0/(3 * tz)),zeros(1,t0/(3 * tz) + 1)];
int_m(1) = 0;                                       %对m积分,以便后面调频使用
for i = 1:length(t) - 1
    int_m(i + 1) = int_m(i) + m(i) * tz;
end
[M,m,df1] = fftseq(m,tz,df);                        %傅里叶变换
M = M/fz;
f = [0:df1:df1 * (length(m) - 1)] - fz/2;
u = cos(2 * pi * fc * t + 2 * pi * kf * int_m);     %调制信号调制在载波上
```

```
[U,u,df1] = fftseq(u,tz,df);                          % 傅里叶变换
U = U/fz;                                             % 频率压缩
figure;
subplot(2,1,1);plot(t,m(1:length(t)));                % 给出未调信号的波形
axis([0,0.15, - 2.1,2.1]);
xlabel('时间'); title('未调信号');
subplot(2,1,2);plot(t,u(1:length(t)));
axis([0,0.15, - 2,2.1]);
xlabel('时间');title('调频信号');
figure;
subplot(2,1,1);plot(f,abs(fftshift(M)));
xlabel('频率');title('信号的频谱');
subplot(2,1,2);plot(f,abs(fftshift(U)));
xlabel('频率');title('调频信号的频谱');
```

运行程序,得到调频波的波形如图 7-15 所示,得到调频波的频谱图如图 7-16 所示。

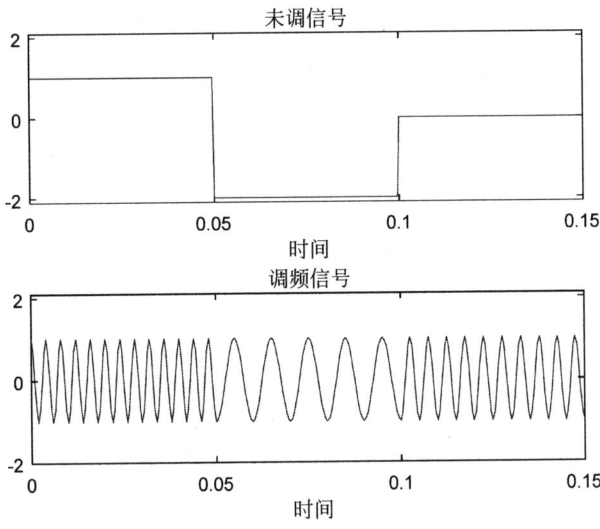

图 7-15 调频波的波形

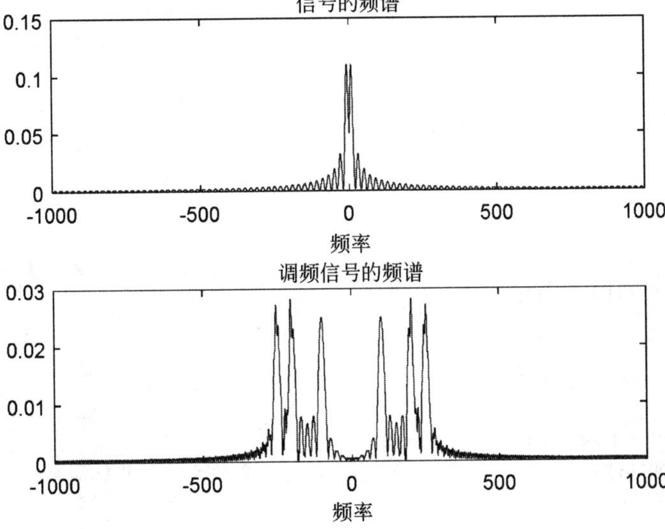

图 7-16 调频波的频谱图

7.2.2 相位调制

相位调制(PM)则是利用输入信号 $m(t)$控制已调信号 $u(t)$的相位,控制规律为:

$$u(t) = \cos(2\pi f_c t + 2\pi\theta(t) + \phi_c)$$

式中,$u(t)$为调制后的信号,f_c 为载波频率(单位为 Hz),ϕ_c 为初始相位,$\theta(t)$为瞬时相位,它随输入信号的振幅而变化:

$$u(t) = k_c m(t)$$

式中,k_c 为比例常数,称为调制器的灵敏度。相位调制的解调过程如图 7-17 所示。

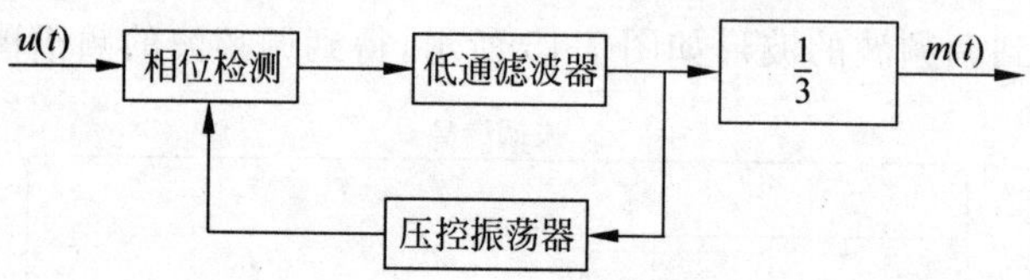

图 7-17　PM 解调框图

【例 7-9】 已知信号 $S(t)=\begin{cases}40t, & 0<t<t_0/4 \\ -40t+10t_0, & t_0/4<t<3t_0/4 \\ 40t-40t_0, & 3t_0/4<t<t_0\end{cases}$,现用调相将其调制到载波 $f(t)=\cos(f_c t)$上,其中,$t_0=0.25$s,$f_c=50$Hz,绘制所得波形的调相波形和频谱图。其实现的 MATLAB 代码为:

```
>> clear all;
t0 = 0.25;                                  %信号持续时间
tz = 0.0005;                                %采样时间间隔
fc = 200;                                   %载波频率
kf = 50;                                    %调制系数
fz = 1/tz;
t = [0:tz:t0];                              %定义时间序列
df = 0.25;                                  %频率分辨率
%定义信号序列
m = zeros(1,501);
for i = 1:1:125;                            %前 125 个点值为对应标号
    m(i) = i;
end
for i = 126:1:375;                          %中央的 250 个点值呈下降趋势
    m(i) = m(125) - i + 125;
end
for i = 367:1:501                           %后 125 个点值又用另一条直线方程
    m(i) = m(375) + i - 375;
end
m = m/50;
[M,m,df1] = fftseq(m,tz,df);                %傅里叶变换
M = M/fz;
f = [0:df1:df1 * (length(m) - 1)] - fz/2;
for i = 1:length(t)                         %便于进行相位调制和作图
    mn(i) = m(i);
end
```

```
u = cos(2 * pi * fc * t + mn);                          % 相位调制
[U,u,df1] = fftseq(u,tz,df);                            % 傅里叶变换
U = U/fz;                                               % 频率压缩
figure;
subplot(2,1,1);plot(t,m(1:length(t)));
axis([0,0.25,-3,3]);
xlabel('时间'); title('信号波形');
subplot(2,1,2);plot(t,u(1:length(t)));
axis([0,0.15,-2.1,2.1]);
xlabel('时间');title('调相信号的时域波形');
figure;
subplot(2,1,1);plot(f,abs(fftshift(M)));
xlabel('频率');title('信号的频谱');
subplot(2,1,2);plot(f,abs(fftshift(U)));
xlabel('频率');title('调相信号的频谱');
```

运行程序,得到三角波的波形如图 7-18 所示,三角波调相波的频谱图如图 7-19 所示。

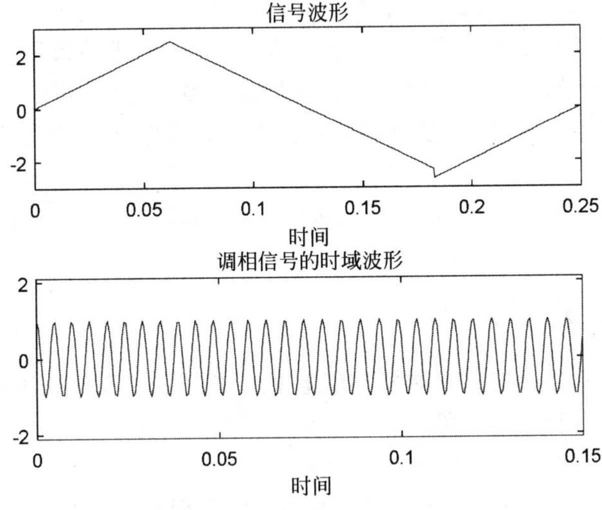

图 7-18　三角波调相波形

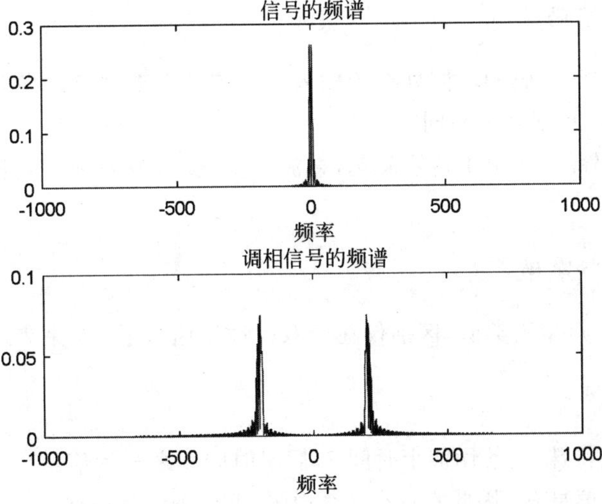

图 7-19　三角波调相波的频谱图

7.3 数字信号基带传输

通信的根本任务是远距离传输信息,因而如何准确地传输数字信息是数字通信的一个重要组成部分。在数字传输系统中,通常其传输对象是二元数字信息,设计数字传输系统的基本考虑是选择一组有限的、离散的波形来表示数字信息。这些离散波形可以是未经调制的不同电平信号,称为数字基带信号。在某种情况下,数字基带信号可以直接传输,称为数字信号基带传输。

7.3.1 数字基带信号的码型介绍

用单极性非归零码、单极性归零码、双极性非归零码、双极性归零码、数字双相码、条件双相码和密勒码来表示二元信息序列 100110000101。

由于数字基带信号是数字信息的电脉冲表示,不同形式的数字基带信号(又称为码型)具有不同的频谱结构和功率谱分布,合理的设计数字基带信号可以使数字信息变换为适合于给定信道传输特性的频谱结构,这样一个问题又称为数字信息的码型转换问题。

不同的码型有不同的优点,这里介绍前面 6 种码型,首先给出码型表示二元序列的结果,然后再逐一介绍其用处与不同之处。

1. 单极性非归零码

用电平 1 来表示二元信息中的"1",用电平 0 来表示二元信息中的"0",电平在整个码元的时间里不变,记作 NRZ 码。

单极性非归零码的优点是实现简单,但由于含有直流分量,对在带限信道中传输不利,另外,当出现连续的 0 或连续的 1 时,电平长时间保持一个值,不利于提取时间信息以获得同步。

2. 单极性归零码

它与单极性非归零码的不同处在于输入二元信息为 1 时,给出的码元前半时间为 1,后半时间为 0,输入 0 则完全相同。

单极性归零码部分解决了传输问题,直流分量减小,但遇到连续长 0 时间,同样无法给出定时信息。

3. 双极性非归零码

它与单极性非归零码类似,区别仅在于双极性使用电平−1 来表示信息 0。

4. 双极性归零码

此种码型比较特殊,它使用前半时间 1,后半时间 0 来表示信息 1;采用前半时间−1,后半时间 0 来表示信息 0。因此它具有 3 个电平,严格来说是一种三元码(电平 1、0、−1)。

双极性归零码包含了丰富的时间信息，每一个码元都有一个跳变沿，便于接收方定时。同时对于随机信号，信息1和0出现概率相同，所以此种码元几乎没有直流分量。

5. 数字双相码

该码型又称为曼彻斯特(macheser)码，此种码元方法采用一个码元时间的中央时刻从0到1的跳变来表示信息1，从1到0的跳变来表示信息0。或者说是前半时间用0，后半时间用1来表示信息0；前半时间1，后半时间0来表示信息0。

数字双相码的好处是含有丰富的定时信息，每一个码元都有跳变沿，遇到连续的0或1时不会出现长时间维持同一电平的现象。另外，虽然数字双相码有直流，但对每一个码元其直流分量是固定的0.5，只要叠加−0.5就转换为没有直流信息了，实际上没有直流更方便传输。

6. 条件双相码

前面介绍的几种码都是只与当前的二元信息0或1有关，而条件双相码(又称差分曼彻斯特码)却不仅与当前的信息元有关，并且与前一个信息元也有关，确切地说应该是同前一个码元的电平有关。条件双相码也使用中央时刻的电平跳变来表示信息，与数字双相码不同在于，对于信息1，前半时间的电平与前一个码元的后半时刻电平相同，在中央处再跳变；对于信息0，则前半时间的电平与前一个码元的后半时刻电平相反(即遇0取1，遇1取0)。

条件双相码的好处是当遇到传输中电平极性反转的情况时，前面介绍的几种码都会出现译码错误，而条件双相码却不会受极性反转的影响。

7.3.2 码型的功率谱分布

通过计算可以绘出单极性非归零码、单极性归零码、双极性非归零码、双极性归零码、数字双相码、条件双相码和密勒码几种码的功率谱密度，并加以分析介绍(假设传递的是纯随机信号，电压波形采用矩形波)。

数字基带信号一般是随机信号，因此分析随机信号的频谱特性要用功率谱密度来分析。一般来说，求解功率谱是一件相当困难的事，但由于上述几种码型比较简单，因此可以求出其功率谱。

假设数字基带信号为某种标准波形的 $g(t)$ 在周期 T_s 内传出去，则数字基带信号可用

$$S(t) = \sum_{-\infty}^{+\infty} a_n g(t - nT_s)$$

来表示，式中 $g(t)$ 为矩形波。a_n 是基带信号在时间 $nT_s < t < (n+1)T_s$ 内的幅度值，由编码规律和输入码决定。T_s 为码元周期(即上面提及的码元时间)。

符号$\{a_n\}$组成的离散随机过程的自相关函数为：

$$R(k) = E(a_n a_{n+k})$$

假设其为广义平稳，则基带信号的自相关函数为：

$$R_s(t+\tau,t)=\sum_{-\infty}^{+\infty}\sum_{-\infty}^{+\infty}R(m-n)g(t+\tau-mT_s)g(t-nT_s)$$

上述的函数以 T_s 为周期，可以称为周期性平稳随机过程。假设该周期性平稳随机过程为各态历经性的，则可导出平均功率谱密度计算公式为：

$$\Phi_s(f)=\frac{1}{T_s}\ |G(f)|^2\left\{R(0)-E^2[a]+2\sum_{k=1}^{\infty}(R(k)-E^2[a])\cos(2\pi kfT_s)\right\}$$

其中，$G(f)$ 为波形 $g(t)$ 的傅里叶变换。

$$E[a]=E[a_n]=\bar{a}_n\quad \forall n$$

$$R(k)=E\{a_n a_{n+k}\}=\overline{a_n a_{n+k}}$$

除了上式的连续谱以外，还在频率为 k/T_s 处有离散谱：

$$S\left(\frac{k}{T_s}\right)=\frac{2E^2[a]}{T_s^2}\left|G\left(\frac{k}{T_s}\right)\right|^2\delta\left(f-\frac{n}{T_s}\right)$$

上面两式适用于编码后只存在一种标准波形的情况。求解时，为计算简化，取 $T_s=1$，则：

$$G(f)=\mathrm{sinc}(\pi f)=\frac{\sin(\pi f)}{\pi f}$$

对于单极性非归零码、单极性归零码、双极性非归零码和双极性归零码 4 种码，由于统计的独立性，$R(k)=E^2[a]$，于是上面连续谱的式子简化为：

$$\Phi_s(f)=\frac{1}{T_s}\ |G(f)|^2\{R(0)-E^2[a]\}$$

对于单极性非归零码，由于输入随机序列，对应的 0 和 1 的概率应该相等，用电平 1 表示信息 1，电平 0 表示信息 0，则有 a 的概率分布为：

$$a_n=\begin{cases}0, & \text{概率 } 1/2\\ 1, & \text{概率 } 1/2\end{cases}$$

单极性归零码概率分布为：

$$a_n=\begin{cases}0, & \text{概率 } 3/4\\ 1, & \text{概率 } 1/4\end{cases}$$

双极性非归零码概率分布为：

$$a_n=\begin{cases}-1, & \text{概率 } 1/2\\ 1, & \text{概率 } 1/2\end{cases}$$

双极性归零码概率分布为：

$$a_n=\begin{cases}0, & \text{概率 } 1/2\\ 1, & \text{概率 } 1/4\\ -1 & \text{概率 } 1/4\end{cases}$$

7.4 载波提取分析

7.4.1 幅度键控分析

在幅度键控中载波幅度是随着调制信号而变化的。最简单的形式是载波在二进制调制信号 1 或 0 的控制下通或断，此种调制方式称为通断键控(OOK)。其时域表达为：

$$S_{\mathrm{OOK}}(t) = a_n A\cos\omega_c t$$

式中，a_n 为二进制数字。

【例 7-10】 对二元序列 10110010，画出 2ASK 的波形，其中载频为码元速率的 2 倍。

载频为码元速率的 2 倍，即表明在一个符号时间里的载波刚好一个周期。其实现的 MATLAB 程序代码如下：

```
>> clear all;
t = 0.01:0.01:8;
y = sin(2 * pi * t);                                  % 载波
%定义一个与二元序列对应的时间序列
x = [ones(1,100),zeros(1,100),ones(1,100),ones(1,100),...
    zeros(1,100),zeros(1,100),ones(1,100),zeros(1,100)];
z = x. * y;                                           % 幅频键控
plot(t,z,'r')
```

运行程序，效果如图 7-20 所示。

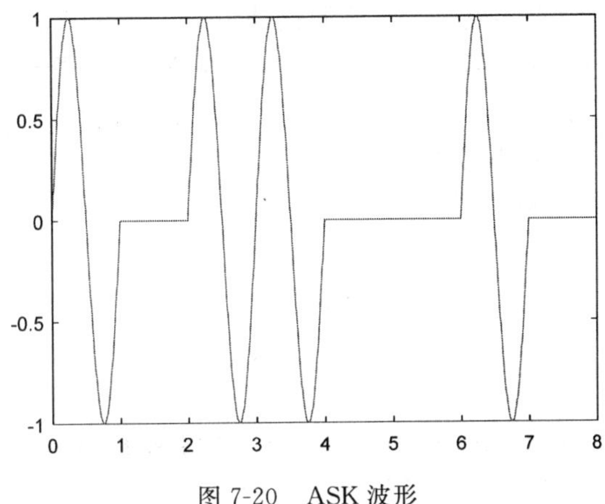

图 7-20　ASK 波形

7.4.2　相移键控分析

1. PSK 包络绘制

在载波相位调制中，在信道发送的信息调制在载波的相位上，相位通常范围是(0,2)，所以通过数字相位调制数字信号的载波相位是：$\theta_m = 2\pi m/M, m=0,1,\cdots,M-1$。对于二进制调制，两个载波的相位分别是 0、π。对于 M 进制的相位调制，一般 M 个载波调相信号的波形一般表达式为：

$$u_m(t) = Ag_{\mathrm{T}}(t)\cos\left(2\pi f_c t + \frac{2\pi m}{M}\right), \quad m = 0,1,\cdots,M-1$$

式中，$g_{\mathrm{T}}(t)$为发射端的滤波脉冲，决定了信号的频谱特征；A 是信号振幅。

相移键控的能量在调制过程中没有改变：

$$\begin{aligned} E_m &= \int_{-\infty}^{+\infty} u_m^2(t)\mathrm{d}t \\ &= \int_{-\infty}^{+\infty} A^2 g_{\mathrm{T}}^2(t)\cos^2\left(2\pi f_c t + \frac{2\pi m}{M}\right)\mathrm{d}t \end{aligned}$$

$$=\frac{1}{2}\int_{-\infty}^{+\infty}A^2g_{\mathrm{T}}^2(t)\mathrm{d}t+\frac{1}{2}\int_{-\infty}^{+\infty}A^2g_{\mathrm{T}}^2(t)\cos\left(4\pi f_{\mathrm{c}}t+\frac{4\pi m}{M}\right)\mathrm{d}t$$

$$=\frac{A^2}{2}\int_{-\infty}^{+\infty}g_{\mathrm{T}}^2(t)\mathrm{d}t=E_{\mathrm{s}}$$

E_{s} 表示发送一个符号的能量,通常选用 $g_{\mathrm{T}}(t)$为矩形脉冲,定义为:

$$g_{\mathrm{T}}(t)=\sqrt{\frac{2}{T}},\quad 0\leqslant t\leqslant T$$

此时发送信号波形在间隔 $0\leqslant t\leqslant T$ 内表示为:

$$u_m(t)=\sqrt{\frac{2E_{\mathrm{s}}}{T}}\cos\left(2\pi f_{\mathrm{c}}t+\frac{2\pi m}{M}\right),\quad m=0,1,\cdots,M-1$$

上式给出的发送信号有常数包络,且载波相位在每一个信号间隔的起始位置发生突变。

将 $k$bit 信息调制到 $M=2^k$ 个可能相位的方法有多种,常用方法是采用格雷码编码,此种编码方式的相邻相位仅相差一个二进制比特位。

当 $M=8$ 时,生成常数包络 PSK 信号波形,为方便起见,将信号幅度归一化为 1,取载波频率为 $6/T$。

【例 7-11】 绘制一个 PSK 包络。

其实现的 MATLAB 程序代码如下:

```
>> clear all;
T = 1;M = 8;
Es = T/2;fc = 6/T;
N = 120;delta_T = T/(N - 1);
t = 0:delta_T:T;
u1 = sqrt(2 * Es/T) * cos(2 * pi * fc * t);                %求出8个波形
u2 = sqrt(2 * Es/T) * cos(2 * pi * fc * t + 2 * pi/M);
u3 = sqrt(2 * Es/T) * cos(2 * pi * fc * t + 4 * pi/M);
u4 = sqrt(2 * Es/T) * cos(2 * pi * fc * t + 6 * pi/M);
u5 = sqrt(2 * Es/T) * cos(2 * pi * fc * t + 8 * pi/M);
u6 = sqrt(2 * Es/T) * cos(2 * pi * fc * t + 10 * pi/M);
u7 = sqrt(2 * Es/T) * cos(2 * pi * fc * t + 12 * pi/M);
u8 = sqrt(2 * Es/T) * cos(2 * pi * fc * t + 14 * pi/M);
subplot(8,1,1);plot(t,u1);
subplot(8,1,2);plot(t,u2);
subplot(8,1,3);plot(t,u3);
subplot(8,1,4);plot(t,u4);
subplot(8,1,5);plot(t,u5);
subplot(8,1,6);plot(t,u6);
subplot(8,1,7);plot(t,u7);
subplot(8,1,8);plot(t,u8);
```

运行程序,效果如图 7-21 所示。

2. PSK 的误码率计算

在接收端接收到的叠加了信道噪声的信号,通常信道为加性高斯白噪声信道,在这个基础上,二进制的 PSK 调制和二进制的 PAM 相同,该误码率为:

$$P_2 = Q\left(\sqrt{\frac{2E_b}{N_0}}\right)$$

其中，E_b 表示每比特能量。

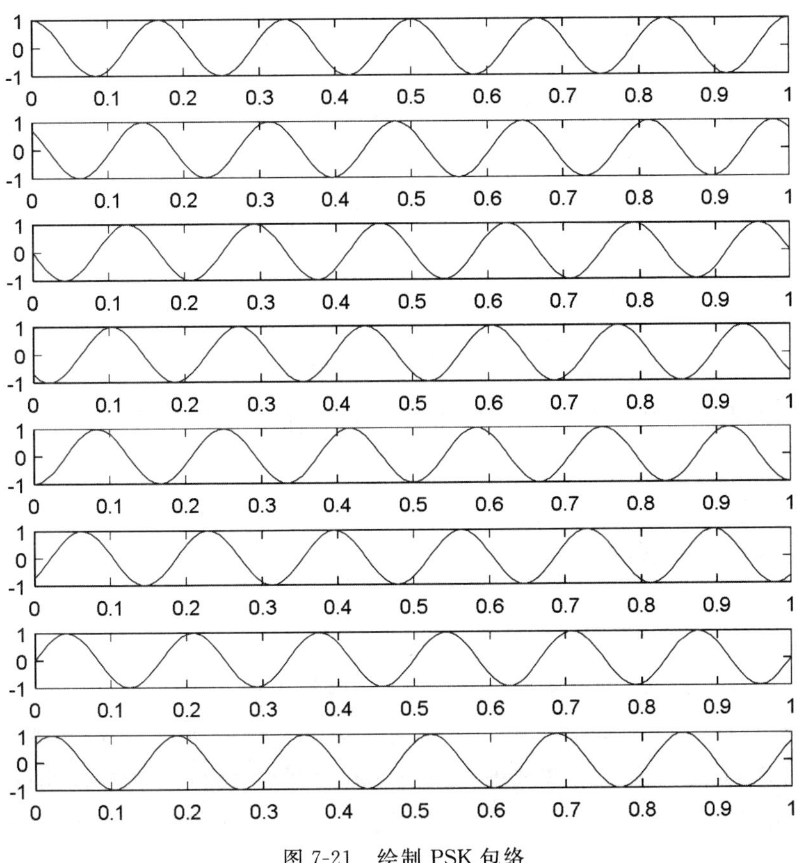

图 7-21 绘制 PSK 包络

7.4.3 频移键控分析

将数字信号调制在载波频率上的调制方法称为频移键控（FSK），它也包括二电平频移键控（B-FSK）和多电平频移键控（M-FSK）。

【例 7-12】 对二元序列 10110010，画出 2FSK 的波形，其中载波频为码元速率的 2 倍。

频移键控的原理与调频类似，只是使用数字信号而已。其实现的 MATLAB 程序代码如下：

```
>> clear all;
t = 0.01:0.01:8;
%定义一个与二元序列对应的时间序列
x = [ones(1,100),zeros(1,100),ones(1,100),ones(1,100),...
    zeros(1,100),zeros(1,100),ones(1,100),zeros(1,100)];
y = sin(2 * pi + 2 * t);                        %载波
z = x. * y;                                     %幅频键控
plot(t,z,'r')
```

运行程序,效果如图 7-22 所示。

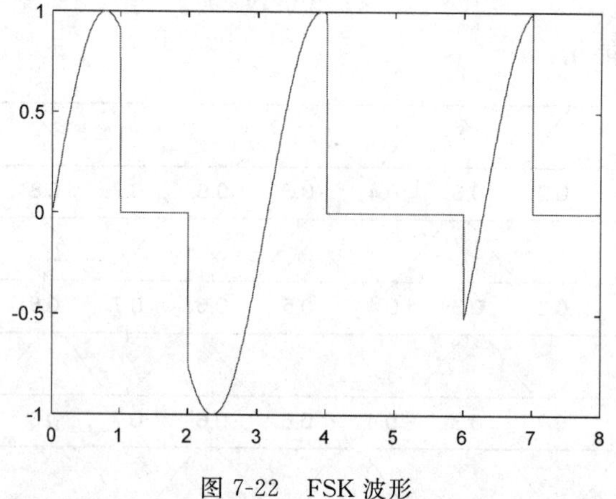

图 7-22　FSK 波形

可以看出,载频有所改变,由于调频的同时必然带来了相位的改变,所以有相位的改变。

7.4.4　正交幅度调制

一个正交幅度调制(QAM)信号采用两个正交载波 $\cos 2\pi f_c t$ 和 $\sin 2\pi f_c t$,每一个载波被一个独立的信息比特序列所调制。发送信号的波形为:

$$u_m(t) = A_{mc} g_T(t) \cos 2\pi f_c t + A_{ms} g_T(t) \sin 2\pi f_c t, \quad m = 0,1,\cdots,M$$

式中,A_{mc} 和 A_{ms} 是电平集合,这些电平通过将 $k$bit 序列映射为信号振幅而获得。

QAM 可以看成振幅调制与相位调制的结合,因此发送的信号也可以表示为:

$$u_{mm}(t) = A_{mc} g_T(t) \cos(2\pi f_c t + \theta_n), \quad m = 0,1,\cdots,M$$

【例 7-13】　对一个使用矩形信号星座图的 M=16QAM 通信系统进行蒙特卡洛仿真。仿真系统图如图 7-23 所示(M=16QAM 信号选择器,4b 符号)。

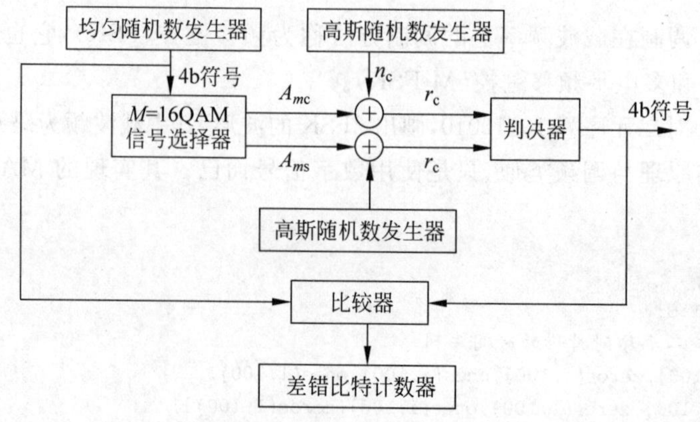

图 7-23　QAM 仿真系统图

用均匀随机数发生器产生一个对应4位b1b2b3b4,共有16种可能的信息符号序列。将符号序列映射为相应的信号点,信号的坐标点为$[A_{mc},A_{ms}]$,用两个高斯噪声发生器产生噪声分量$[n_c,n_s]$。假设信道相移为0。接收到的信号加噪声分量为$[A_{mc}+n_c,A_{ms}+n_s]$。

判决器的距离量度由下式决定:

$$D(r,s_m)=|r-s_m|^2,\quad m=1,2,\cdots,M$$

$$r=[r_1,r_2],\quad r_1=A_{mc}+n_c\cos\phi-n_s\sin\phi,\quad r_2=A_{ms}+n_c\sin\phi-n_s\cos\phi$$

$$s_m=(\sqrt{E_s}A_{mc},\sqrt{E_s}A_{ms}),\quad m=1,2,\cdots,M$$

并且选择最接近接收向量r的信号点,差错比特计数器记录判断到的序列错误符号数。

其实现的MATLAB程序代码如下:

```
>> clear all;
SNRindB1 = 0:2:15;
SNRindB2 = 0:1:15;
M = 16;k = log2(M);
for i = 1:length(SNRindB1)
    s_err_prb(i) = Qmoto(SNRindB1(i));
end
for i = 1:length(SNRindB2)
    SNR = exp(SNRindB2(i) * log(10)/10);
    t_err_prb(i) = 4 * Qfun(sqrt(3 * k * SNR/(M - 1)));
end
semilogy(SNRindB1,s_err_prb,'rp');              % 用对数坐标做出实际信噪比-误比特率的点
hold on;
semilogy(SNRindB2,t_err_prb);                   % 用对数坐标做出理论信噪比-误比特率曲线
```

运行程序,效果如图7-24所示。

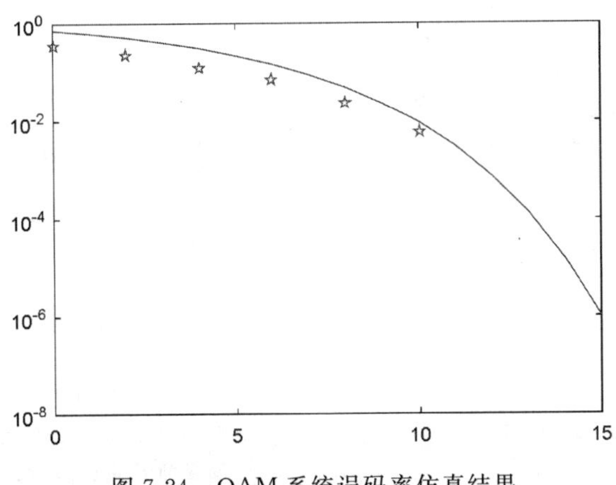

图7-24 QAM系统误码率仿真结果

在运行程序中调用以下用户自定义编写的函数,其源代码如下:

```
function y = Qfun(x)
y = (1/2) * erfc(x/sqrt(2));

function p = Qmoto(s_in_dB)
```

```
N = 1000;d = 1;
Eav = 10 * d^2;
snr = 10^(s_in_dB/10);
sgma = sqrt(Eav/(8 * snr));
M = 16;
for i = 1:N
    temp = rand;
    dsource(i) = 1 + floor(M * temp);
end
mapping = [ - 3 * d 3 * d; - d 3 * d;d 3 * d;3 * d 3 * d; - 3 * d d; - d d;d d;3 * d d;...
        - 3 * d  - d; - d  - d;d  - d;3 * d  - d; - 3 * d  - 3 * d; - d  - 3 * d;d  - 3 * d;3 * d  - 3 * d];
for i = 1:N
    q_sig(i,:) = mapping(dsource(i),:);
end
for i = 1:N
    n = gngauss(sgma);                                  %产生高斯随机噪声
    r(i,:) = q_sig(i,:) + n;                            %在信号上叠加噪声
end
numoferr = 0;
for i = 1:N
    for j = 1:M
        metrics(j) = (r(i,1) - mapping(j,1))^2 + (r(i,2) - mapping(j,2))^2;
    end
    [m_metrics decis] = min(metrics);
    if(decis~ = dsource(i))                             %若出现错误情况,错误比特数为1
        numoferr = numoferr + 1;
    end
end
p = numoferr/(N);
function [g1,g2] = gngauss(m,sgma)
% 输入格式可以为[g1,g2] = gngauss(m,sgma)
% 或[g1,g2] = gngauss(sgma)
% 或[g1,g2] = gngauss
% 函数生成两个统计独立的高斯分布的随机数,以 m 为均值,sgma 为方差
% 默认时 m = 0,sgma = 1
if (nargin == 0),
    m = 0;sgma = 1;
elseif nargin == 1
    sgma = m;m = 0;
end
u = rand;                                               %产生一个(0,1)间均匀分布的随机数 u
z = sgma * (sqrt(2 * log(1/(1 - u))));                  %利用上面的 u 产生一个瑞利分布随机数
u = rand;                                               %重新产生(0,1)间均匀分布的随机数 u
g1 = m + z * cos(2 * pi * u);
g2 = m + z * sin(2 * pi * u);
```

7.5 调制与解调的 Simulink 模块

MATLAB 中提供了多个模拟调制解调的模块,下面来介绍。

7.5.1 DSB-AM 调制与解调

1. DSB-AM 调制模块

DSB-AM 调制模块对输入信号进行双边带幅度调制。输出为通带表示的调制信号。输入和输出信号都是基于采样的实数标量信号。

模块中，如果输入一个时间函数 $u(t)$，则输出为 $(u(t)+k)\cos(2\pi f_c t+\theta)$。其中，$k$ 为 Input signal offset 参数，f_c 为 Carrier frequency 参数，θ 为 Initial phase 参数。通常设定 k 为输入信号 $u(t)$ 负值部分最小值的绝对值。

在通常情况下，Carrier frequency 参数项要比输入信号的最高频率高很多。根据 Nyquist 采样理论，模型中采样时间的倒数必须大于 Carrier frequency 参数项的两倍。

DSB-AM 调制模块及参数设置对话框如图 7-25 所示，包含以下几个参数项。

- Input signal offset：设定补偿因子 k，应该大于等于输入信号最小值的绝对值。
- Carrier frequency(Hz)：设定载波频率。
- Initial phase(rad)：设定载波初始相位。

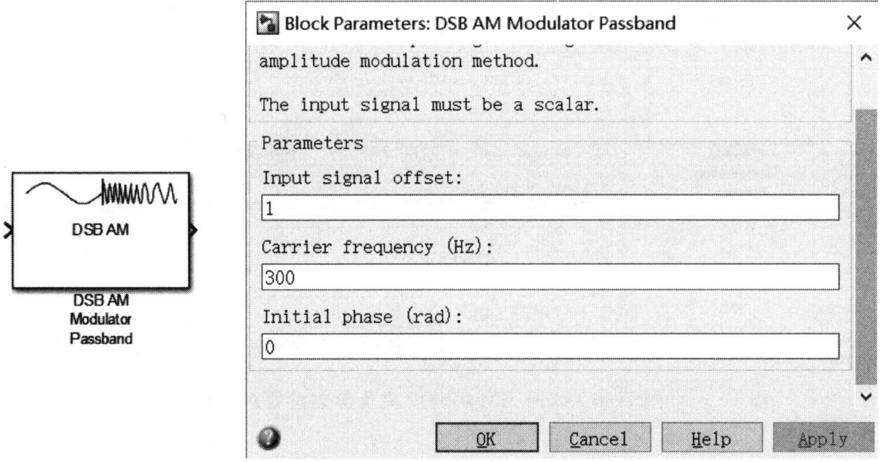

图 7-25 DSB-AM 调制模块及参数设置对话框

2. DSB-AM 解调模块

DSB-AM 解调模块对双边带幅度调制的信号进行解调。输入信号为通带表示的调制信号，且输入输出信号均为基于采样的实数标量信号。

在解调过程中，DSB-AM 解调模块使用了低通滤波器。在通常情况下，Carrier frequency 参数项要比输入信号的最高频率高很多。根据 Nyquist 采样理论，模型中采样时间的倒数必须大于 Carrier frequency 参数项的两倍。

DSB-AM 解调模块及参数设置对话框如图 7-26 所示，主要包含以下几个参数选项。

- Input signal offset：设定输出信号偏移。模块中的所有解调信号都将减去这个偏移量,从而得到输出数据。

- Carrier frequency(Hz):设定调制信号的载波频率。
- Initial phase(rad):设定发射载波的初始相位。
- Lowpass filter design method:滤波器的产生方法,包括 Butterworth、Chebyshev type Ⅰ、Chebyshev type Ⅱ、Elliptic 等。
- Filter order:设定 Lowpass filter design method 项的滤波阶数。
- Cutoff frquency(Hz):设定 Lowpass filter design method 项低通滤波器的截止频率。
- Passband ripple(dB):设定通带起伏,为通带中的峰-峰起伏。只有当 Lowpass filter design method 选定为 Chebyshev type Ⅰ和 Elliptic 滤波器时,该项才有效。
- Stopband ripple(dB):设定阻带起伏,为阻带中的峰-峰起伏。只有当 Lowpass filter design method 选定为 Chebyshev type Ⅰ和 Elliptic 滤波器时,该项才有效。

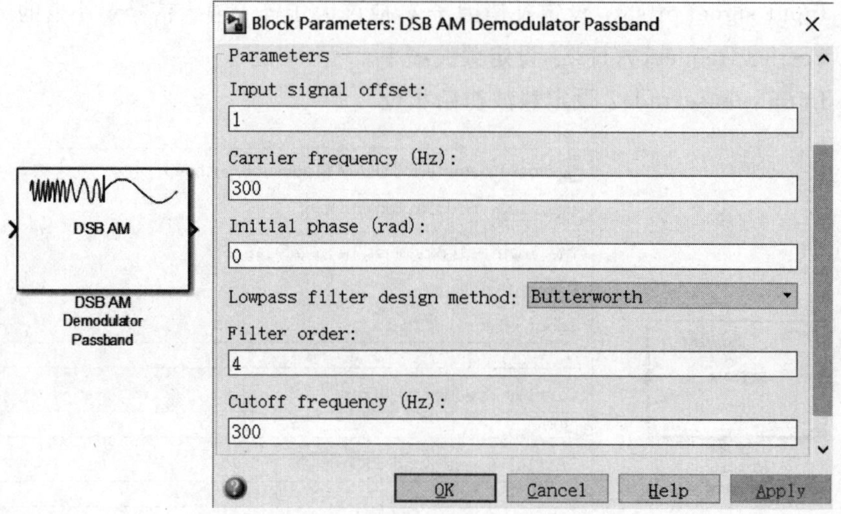

图 7-26　DSB-AM 解调模块及参数设置对话框

7.5.2　SSB-AM 调制与解调

1. SSB-AM 调制模块

SSB-AM 调制模块使用希尔伯特滤波器进行单边带幅度调制。输出为通带形式的调制信号。输入和输出均为基于采样的实数标量信号。

模块中,如果输入一个时间函数 $u(t)$,则输出为 $u(t)\cos(f_c t+\theta)\mp\hat{u}(t)\sin(f_c t+\theta)$。其中,$f_c$ 为 Carrier frequency 参数,θ 为 Initial phase 参数。$\hat{u}(t)$表示输入信号的 $u(t)$的希尔伯特转换。式中减号代表上边带,加号代表下边带。

在通常情况下,Carrier frequency 参数项要比输入信号的最高频率高很多。根据 Nyquist 采样理论,模型中采样时间的倒数必须大于 Carrier frequency 参数项的两倍。

SSB-AM 调制模块及参数设置对话框如图 7-27 所示，包含以下几个参数项。

- Carrier frequency(Hz)：设定载波频率。
- Initial phase(rad)：已调制信号的相位补偿 θ。
- Sideband to modulate：传输方式设定项。有 Upper 和 Lower 两种，分别为上边带传输和下边带传输。
- Hilbert transform filter order(must be even)：设定用于希尔伯特转化的 FIR 滤波器的长度。

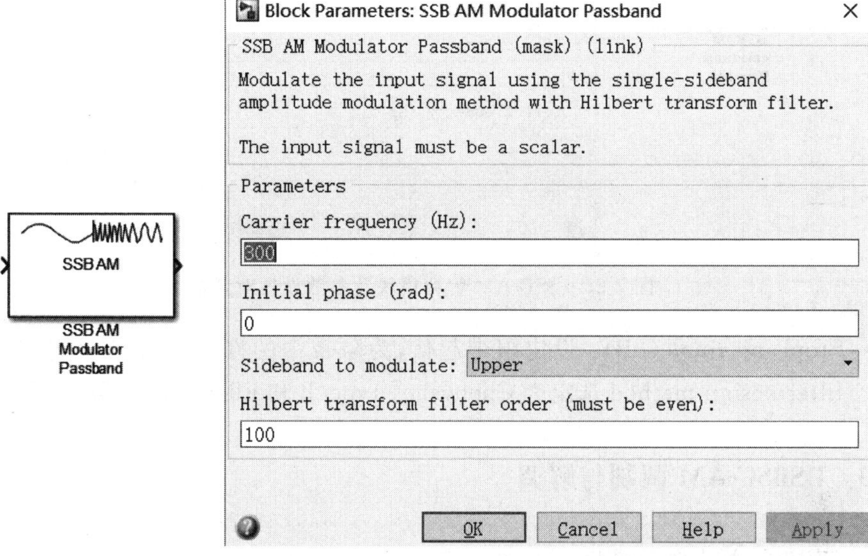

图 7-27　SSB-AM 调制模块及参数设置对话框

2. SSB-AM 解调模块

SSB-AM 解调模块对单边带幅度调制信号进行解调。输入为通带形式的调制信号。输入和输出均为基于采样的实数标量信号。

SSB-AM 解调模块及参数设置对话框如图 7-28 所示，主要包含以下几个参数项。

- Carrier frequency(Hz)：SSB-AM 解调模块中调制信号的载波频率。
- Initial phase(rad)：已调制信号的相位补偿 θ。
- Lowpass filter design method：滤波器的产生方法，包括 Butterworth、Chebyshev type Ⅰ、Chebyshev type Ⅱ 及 Elliptic 等。
- Filter order：设定 Lowpass filter design method 项中选定的数字低通滤波器的滤波阶数。
- Cutoff frequency(Hz)：设定 Lowpass filter design method 项的数字低通滤波器的截止频率。
- Passband ripper(dB)：设定通带起伏，为通带中的峰-峰起伏。只有当 Lowpass filter design method 选定为 Chebyshev type Ⅰ 和 Elliptic 滤波器时，该项才有效。

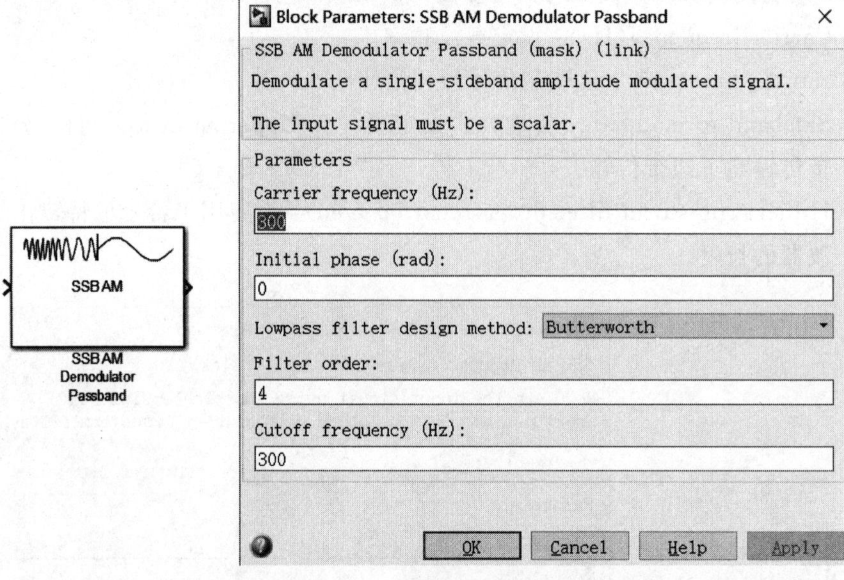

图 7-28　SSB-AM 解调模块及参数设置对话框

- Stopband ripple(dB)：设定阻带起伏，为阻带中的峰-峰起伏。只有当 Lowpass filter design method 选定为 Chebyshev type Ⅱ和 Elliptic 滤波器时，该项才有效。

7.5.3　DSBSC-AM 调制与解调

1. DSBSC-AM 调制模块

DSBSC-AM 调制模块进行双边带一致载波幅度调制。输出信号为通带形式的调制信号。输入和输出均为基于采样的实数标量信号。

模块中，如果输入一个时间函数 $u(t)$，则输出为 $u(t)\cos(f_c t+\theta)$。其中 f_c 为 Carrier frequency 参数，θ 为 Initial phase 参数。

在通常情况下，Carrier frequency 参数项要比输入信号的最高频率高得多。根据 Nyquist 采样理论，模型中采样时间的倒数必须大于 Carrier frequency 参数项的两倍。

DSBSC-AM 调制模块及参数设置对话框如图 7-29 所示，包含以下两个参数项：

- Carrier frequency(Hz)：设定载波频率。
- Initial phase(rad)：设定初始相位的载波频率。

2. DSBSC-AM 解调模块

DSBSC-AM 解调模块对双边带抑制载波幅度调制信号进行解调。输入信号为通带形式的调制信号。输入和输出均为基于采样的实数标量信号。

在通常情况下，Carrier frequency 参数项要比输入信号的最高频率高得多。根据 Nyquist 采样理论，模型中采样时间的倒数必须大于 Carrier frequency 参数项的两倍。

DSBSC-AM 解调模块及参数设置对话框如图 7-30 所示，主要包含以下几个参数项。

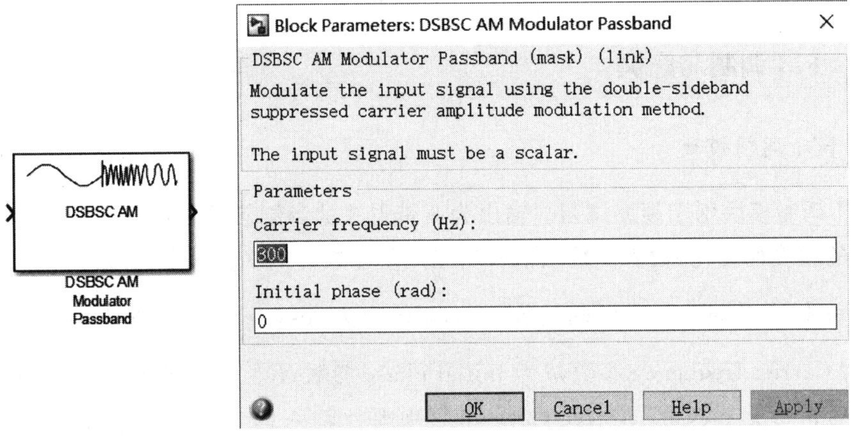

图 7-29 DSBSC-AM 调制模块及设置对话框

- Carrier frequency(Hz)：DSBSC-AM 解调模块中调制信号的载波频率。
- Initial phase(rad)：设定载波初始相位。
- Lowpass filter design method：滤波器的产生方法，包括 Butterworth、Chebyshev type Ⅰ、Chebyshev type Ⅱ 及 Elliptic 等。
- Filter order：设定 Lowpass filter design method 项中选定的数字低通滤波器的滤波阶数。
- Cutoff frequency(Hz)：设定 Lowpass filter design method 项的数字低通滤波器的截止频率。
- Passband ripper(dB)：设定通带起伏，为通带中的峰-峰起伏。只有当 Lowpass filter design method 选定为 Chebyshev type Ⅰ 和 Elliptic 滤波器时，该项才有效。
- Stopband ripple(dB)：设定阻带起伏，为阻带中的峰-峰起伏。只有当 Lowpass filter design method 选定为 Chebyshev type Ⅱ 和 Elliptic 滤波器时，该项才有效。

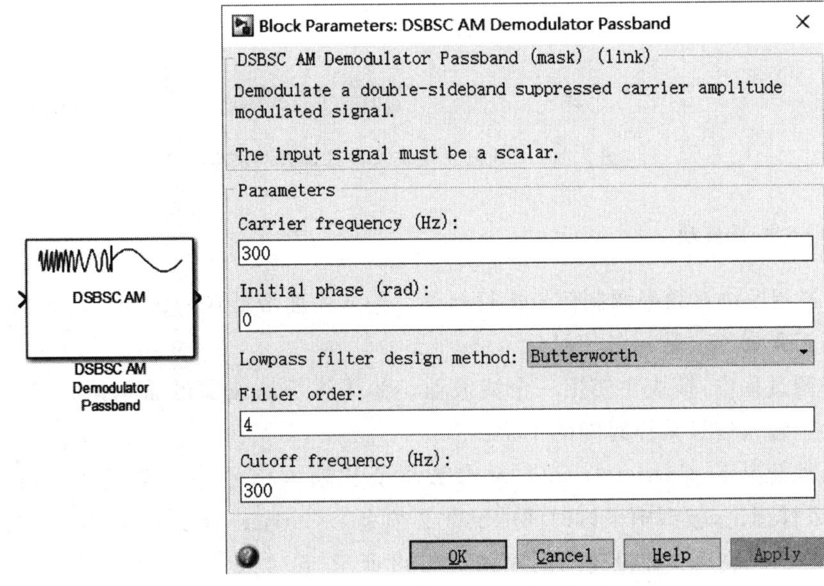

图 7-30 DSBSC-AM 解调模块及参数设置对话框

7.5.4 FM 调制与解调

1. FM 调制模块

FM 调制模块用于频率调制。输出为通带形式的调制信号。输出信号的频率随着输入信号的幅度而变化，输入和输出信号均采用基于采样的实数标量信号。

模块中，如果输入一个时间函数 $u(t)$，则输出为 $\cos\left(2\pi f_c t + 2\pi K_c \int_0^t u(\tau)\mathrm{d}\tau + \theta\right)$。其中 f_c 为 Carrier frequency 参数，θ 为 Initial phase 参数，K_c 为 Modulation constant 参数。

在通常情况下，Carrier frequency 参数项要比输入信号的最高频率高得多。根据 Nyquist 采样理论，模型中采样时间的倒数必须大于 Carrier frequency 参数项的两倍。

FM 调制模块及参数设置对话框如图 7-31 所示，包含以下几个参数项。

- Carrier frequency(Hz)：表示调制信号的载波频率。
- Initial phase(rad)：表示发射载波的初始相位。
- Frequency deviation(Hz)：表示载波频率的频率偏移。

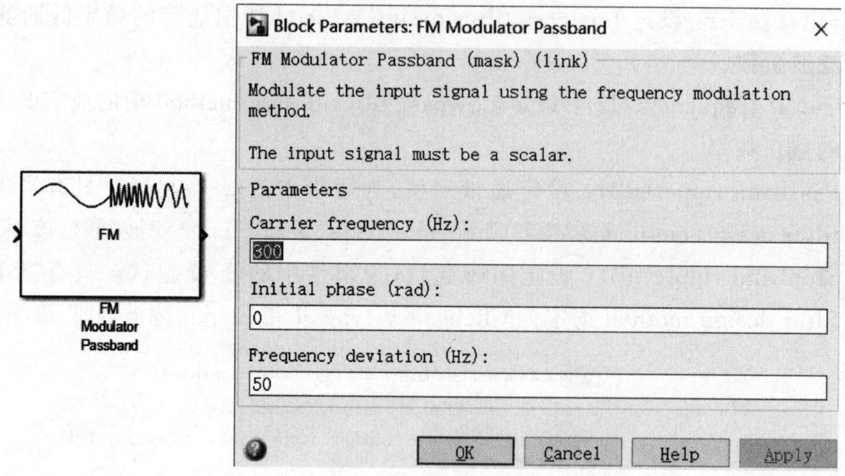

图 7-31 FM 调制模块及参数设置对话框

2. FM 解调模块

FM 解调模块对频率调制信号进行解调。输入为通带形式的信号。输入和输出信号均采用基于采样的实数标量信号。

在解调过程中，模块要使用一个滤波器。为了执行滤波器的希尔伯特转化，载波频率最好大于输入信号采样时间的 10%。

在通常情况下，Carrier frequency 参数项要比输入信号的最高频率高得多。根据 Nyquist 采样理论，模型中采样时间的倒数必须大于 Carrier frequency 参数项的两倍。

FM 解调模块及参数设置对话框如图 7-32 所示，包含以下几个参数项。

- Carrier frequency(Hz)：表示调制信号的载波频率。
- Initial phase(rad)：表示发射载波的初始相位。
- Frequency deviation(Hz)：表示载波频率的频率偏移。
- Hilbert transform filter order(must be even)：表示用于希尔伯特转化的 FIR 滤波器的长度。

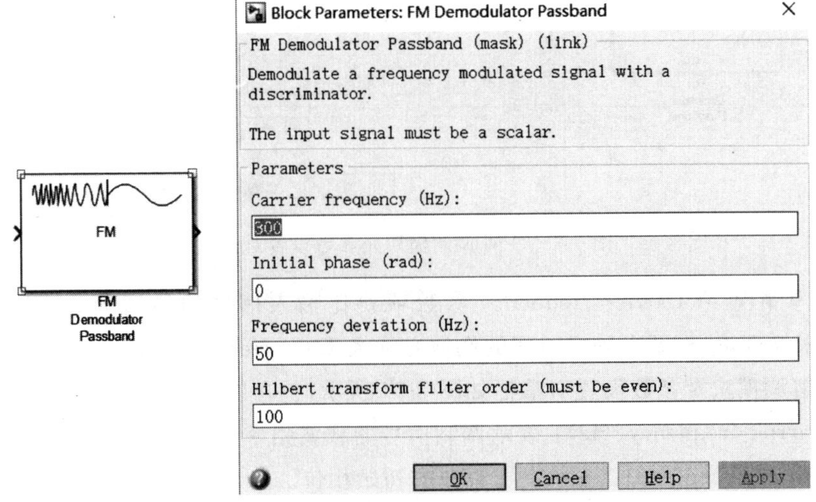

图 7-32　FM 解调模块及参数设置对话框

7.5.5　PM 调制与解调

1. PM 调制模块

PM 调制模块进行通带相位调制。输出为通带表示的调制信号，输出信号的频率随输入幅度变化而变化。输入和输出信号均采用基于采样的实数标量信号。

模块中，如果输入一个时间函数 $u(t)$，则输出为 $\cos(2\pi f_c t+2\pi K_c u(t)+\theta)$。其中 f_c 为 Carrier frequency 参数，θ 为 Initial phase 参数，K_c 为 Modulation constant 参数。

PM 调制模块及参数设置对话框如图 7-33 所示，包含以下几个参数项。

- Carrier frequency(Hz)：表示调制信号的载波频率。
- Initial phase(rad)：表示发射载波的初始相位。
- Frequency deviation(Hz)：表示载波频率的频率偏移。

2. PM 解调模块

PM 解调模块对通带相位调制的信号进行解调。输入信号为通带形式的已调信号。输入和输出均为基于采样的实数标量信号。

在解调过程中，模块要使用一个滤波器。为了执行滤波器的希尔伯特转化，载波频率最好大于输入信号采样时间的 10%。

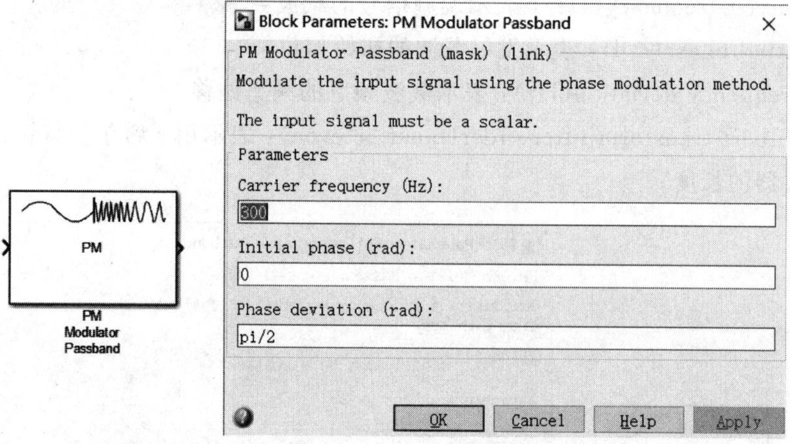

图 7-33　PM 调制模块及参数设置对话框

在通常情况下，Carrier frequency 参数项要比输入信号的最高频率高得多。根据 Nyquist 采样理论，模型中采样时间的倒数必须大于 Carrier frequency 参数项的两倍。

PM 解调模块及参数设置对话框如图 7-34 所示，包含以下几个参数项。

- Carrier frequency(Hz)：表示调制信号的载波频率。
- Initial phase(rad)：表示发射载波的初始相位。
- Frequency deviation(Hz)：表示载波频率的相位偏移。
- Hilbert transform filter order：表示用于希尔伯特转化的 FIR 滤波器的长度。

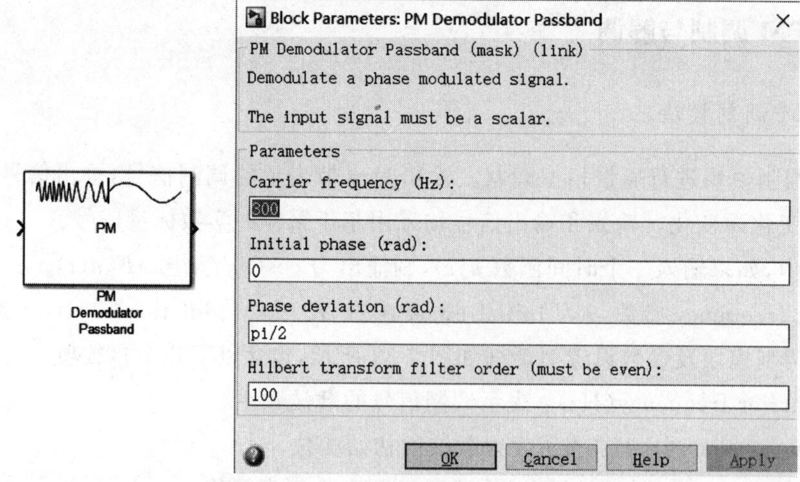

图 7-34　PM 解调模块及参数设置对话框

7.6　数字基带调制与解调

数字信号在信号处理、传输、再生、交换、加密、信号质量等众多方面有着模拟信号无法比拟的优越性，因此在许多领域都取代了模拟通信。数字调制又可分为基带调制和频带调制。把频谱从零开始而未经调制的数字信号所占有的频率范围称为基带频率，简称基带。利用基带信号直接传输的方式称为基带传输。

在 Simulink 中提供了相关模块实现数字基带调制与解调。

7.6.1 数字幅度调制与解调

1. 数字幅度调制模块

Simulink 对数字幅度调制提供了 General QAM Modulator Baseband、M-PAM Modulator Baseband、Rectangular QAM Modulator Baseband 等多个模块。下面以 M-PAM Modulator Baseband 模块进行介绍。

M-PAM Modulator Baseband 称为 M 相基带幅度调制模块，该模块用于基带 M 元脉冲的幅度调制。模块的输出为基带形式的已调制的信号。模块中，M-ary number 项的参数 M 为信号星座图的点数，而且必须是偶数。

模块使用默认的星座图映射方式，将位于 $0\sim(M-1)$ 的整数 X 映射为复数值 $[2X-M+1]$。模块的输入和输出都是离散信号，参数项 Input type 将会决定模块是接收 $0\sim(M-1)$ 的整数，还是接收二进制形式表示的整数。

如果 Input type 设置为 Integer，那么模块接收整数，输入可以是标量，也可以是 int8、uint8、int16、uint16、int32、uint32、single 或 double 类型的基于帧的列向量。

如果 Input type 设置为 Bit，那么模块接收 Kbit 的数组，称为二进制字。输入可以是长度为 K 的向量，也可以是长度为 K 的整数倍的基于帧的列向量。在这种情况下，模块可以接受 int8、uint8、int16、uint16、int32、uint32、boolean、single 或 double 类型的数据。

参数 Constellation ordering 决定模块怎样将二进制字分配到信号星座图的点。如果此项设为 Binary，那么模块使用自然二进制编码星座图；如果此项设置为 Gray，那么模块使用格雷码星座图。

M-PAM 调制模块及参数设置对话框如图 7-35 所示，包含 Main 和 Data Types 两个选项卡。

1）Main 选项卡

Main 选项卡参数设置对话框如图 7-35 所示，其包含以下几个参数选项。

- M-ary number：表示信号星座图的点数，该项必须设为一个偶数。
- Input type：表示输入是由整数（Integer）还是比特组（Bit）组成。如果该项设为 Bit，那么 M-ary number 项必须为 2^K，其中 K 为正整数。
- Constellation ordering：该项决定怎样将输入的比特组映射为相应的整数。
- Normalization method：该项决定怎样测量信号的星座图，有 Min. distance between symbols、Average Power 和 Peak Power 等可选项。
- Minimum distance：表示星座图中两个距离最近点间的距离。该项只有当 Normalization method 项选为 Min. distance between symbols 时有效。

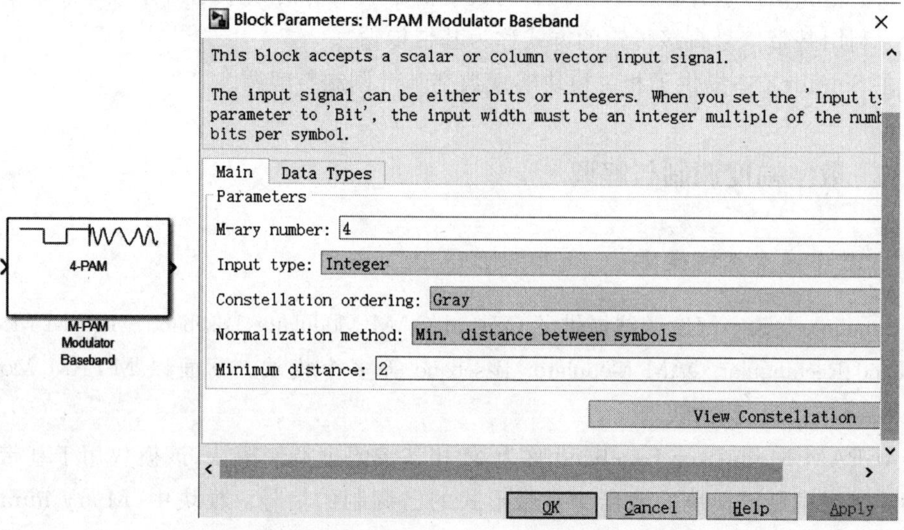

图 7-35　M-PAM 调制模块及参数设置对话框

- Average power(watts)：星座图中符号的平均功率，该项只有当 Normalization method 项选为 Average Power 时有效。
- Peak power(watts)：星座图中符号的最大功率，该项只有当 Normalization method 项选为 Peak Power 时有效。

2）Data Types 选项卡

Data Types 选项卡参数设置对话框如图 7-36 所示，根据选择不同内容，即有对应的参数项。

- Output data type：设定输出数据类型。可以设为 double、single、Fixed-point、User-defined 或 Inherit via back propagation 等多种类型。
- Output word length：设定 Fixed-point 输出类型的输出字长。该项只有当 Output data type 设为 Fixed-point 时有效并可见。
- User-defined data type：设定带符号的或定点数据类型。该项只有当 Output data type 设为 User-defined 时有效并可见。
- Set output fraction length to：设定固定点输出比例。该项只有当 Output data type 设为 Fixed-point 或 User-defined 时有效并可见。
- Output fraction length：设定固定点输出数据的分数位数。

2. 数字幅度解调模块

Simulink 中对数字幅度解调提供了 General QAM Demodulator Baseband、M-PAM Demodulator Baseband、Rectangular QAM Demodulator Baseband 等多个模块。下面以 M-PAM Demodulator Baseband 模块进行介绍。

M-PAM Demodulator Baseband 称为 M 相基带幅度解调模块，该模块用于基带 M 元脉冲幅度调制的解调。模块的输入为基带形式的已调制信号。

Output type 参数项将会决定模块是产生整数，还是二进制形式表示的整数。如果

Block Parameters: M-PAM Modulator Baseband

This block accepts a scalar or column vector input signal.

The input signal can be either bits or integers. When you set the 'Input t
parameter to 'Bit', the input width must be an integer multiple of the numb
bits per symbol.

Main　Data Types

Data Type

Output data type: double

OK　Cancel　Help　Apply

图 7-36　Data Types 选项卡参数设置对话框

Output type 设置为 Integer，那么模块输出整数；如果 Output type 设置为 Bit，那么模块输出 Kbit，称为二进制字。参数 Constellation ordering 决定模块怎样将二进制字分配到信号星座图的点。

M-PAM 解调模块及参数设置对话框如图 7-37 所示，包含 Main 和 Data Types 两个选项卡。

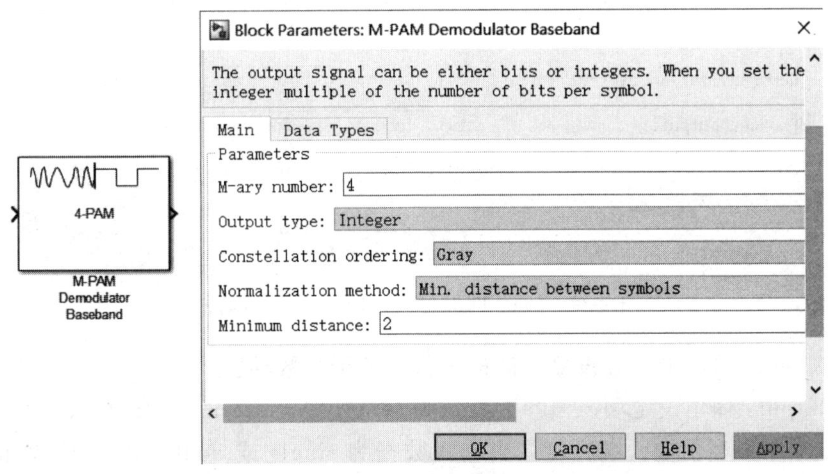

图 7-37　M-PAM 解调模块及参数设置对话框

1）Main 选项卡

Main 选项卡包含以下几个参数。

- M-ary number：表示信号星座图的点数，该项必须设为一个偶数。
- Output type：表示输出是由整数(Integer)还是比特组(Bit)组成。如果该项设为

Bit,那么 M-ary number 项必须为 2^K,其中 K 为正整数。

- Constellation ordering：该项决定怎样将输出的比特组映射成相应的整数。该项只有在 Output type 设定为 Bit 时才有效。
- Normalization method：该项决定怎样测量信号的星座图,有 Min. distance between symbols、Average Power 和 Peak Power 等可选项。
- Minimum distance：表示星座图中两个距离最近点间的距离。该项只有当 Normalization method 项选为 Min. distance between symbols 时有效。
- Average power(watts)：星座图中符号的平均功率,该项只有当 Normalization method 项选为 Average Power 时有效。
- Peak power(watts)：星座图中符号的最大功率,该项只有当 Normalization method 项选为 Peak Power 时有效。

2) Data Types 选项卡

Data Types 选项卡参数设置对话框如图 7-38 所示。

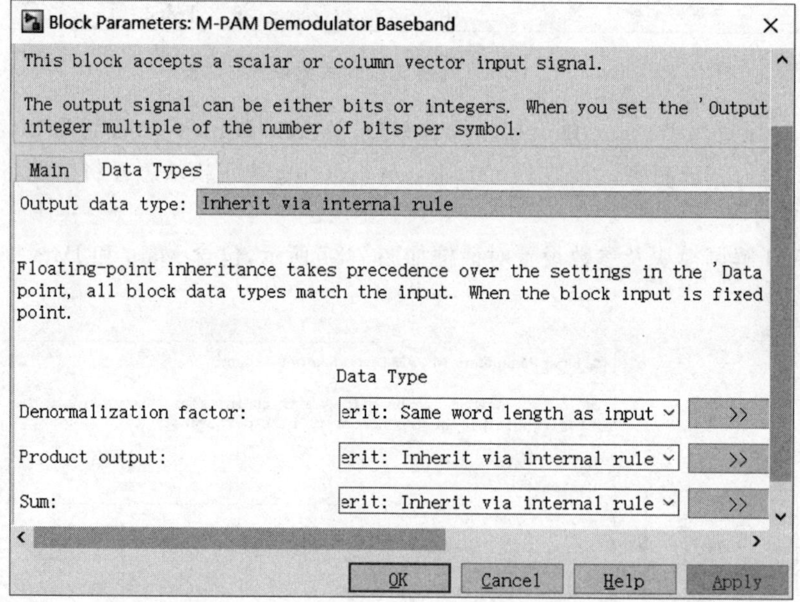

图 7-38　Data Types 选项卡参数设置对话框

Data Types 选项卡参数设置对话框中包含若干参数项。

- Output：输出设定项。当参数设定为 Inherit via internal rule(默认)时,模块的输出数据类型由输入端决定。当输入数据为 single 或 double 类型时,输出与输入类型相同;否则输出数据类型将会和该项设定为 Smallest unsigned integer 的情况相同。当参数设定为 Smallest unsigned integer 时,输出数据的类型由模型中结构参数对话框中的 Hardware Implementation 项决定。如果 Hardware Implementation 项选为 ASIC/FPGA,那么输出为满足期望最小长度的最小字长无符号整数。
- Denormalization factor：可以选定为 Same word length as input 或 Specify word

length，选定后将会出现一个输入框。

- Product output：可以选定为 Inherit via internal rule 或 Specify word length，选定后将会出现一个输入框。
- Sum：可以选定为 Inherit via internal rule、Same as product output 或 Specify word length，选定后将会出现一个输入框。

7.6.2 数字频率调制与解调

1. 数字频率调制模块

Simulink 中提供了 M-FSK Modulator Baseband 模块用于进行基带 M 元频移键控调制。

M-ary number 项参数 M 为已调信号频率。参数 Frequency separation 为已调信号连续频率之间的间隔。

模块的输入和输出为离散信号。Input type 项决定模块是接收 0 到 $M-1$ 之间的整数，还是二进制形式的整数。

如果 Input type 项选为 Integer，那么模块接收整数输入。输入可以是标量，也可以是基于帧的列向量。如果 Input type 项选为 Bit，那么模块接收 Kbit，称为二进制字。输入可以是长度为 K 的向量或基于帧的列向量(长度为 K 的整数倍)。

M-FSK 调制模块及参数设置对话框如图 7-39 所示，包含以下几个参数项。

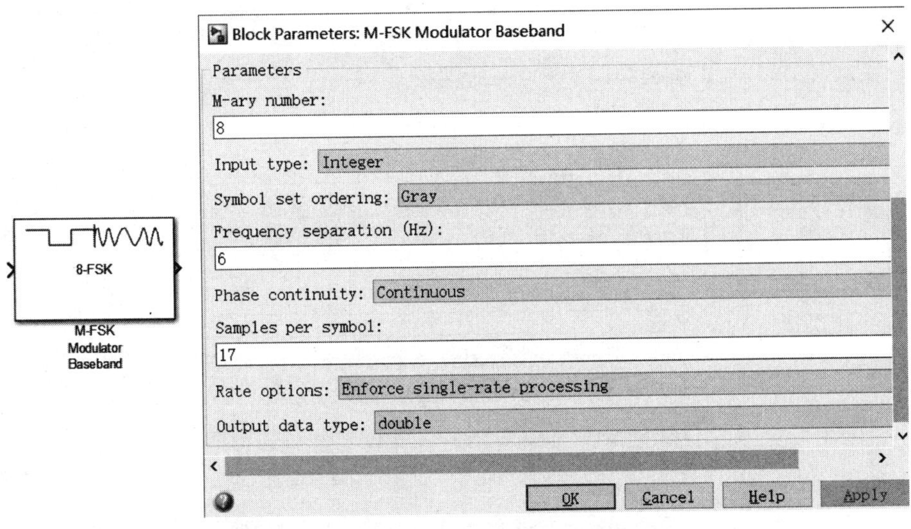

图 7-39 M-FSK 调制模块及参数设置对话框

- M-ary number：表示信号星座图的点数，M 必须为一个偶数。
- Input type：表示输入由整数组成还是由比特组成。如果该项设为 Bit，那么参数 M-ary number 必须为 2^K，K 为正整数。
- Symbol set ordering：设定模块怎样将每一个输入比特组映射到相应的整数。
- Frequency separation(Hz)：表示已调信号中相邻频率之间的间隔。

- Phase continuity：决定已调制信号的相位是连续的还是非连续的。如果该项设为 Continuous，那么即使频率发生变化，调制信号的相位依然维持不变；如果该项设为 Discontinuous，那么调制信号由不同频率的 M 正弦曲线部分构成，这样如果输入值发生变化，调制信号的相位也会发生变化。
- Samples per symbol：对应于每个输入的整数或二进制字模块输出的采样个数。
- Output data type：设定模块的输出数据类型，可为 double 或 single。默认为 double 类型。

2. 数字频率解调模块

对应 M-FSK Modulator Baseband 模块，Simulink 提供了 M-FSK Demodulator Baseband 模块，用于基带 M 元频移键控的解调。模块的输入为基带形式的已调制信号。模块的输入和输出均为离散信号。输入可以是标量或基于采样的向量。

M-ary number 项参数 M 为已调信号频率。参数 Frequency separation 为已调信号连续频率之间的间隔。

如果 Output type 项选为 Integer，那么模块输出 0 到 $M-1$ 范围的整数；如果 Output type 项设为 Bit，那么 M-ary number 项具有 2^K 的形式，K 为正整数。模块输出 0 到 $M-1$ 之间的二进制形式整数。

M-FSK 解调模块及参数设置对话框如图 7-40 所示，包含以下几个参数项。

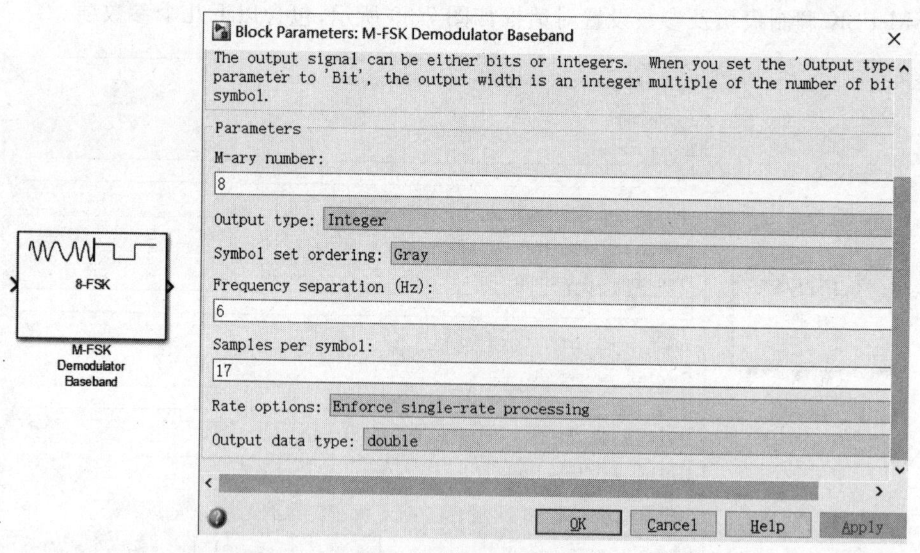

图 7-40 M-FSK 解调模块及参数设置对话框

- M-ary number：表示信号星座图的点数，M 必须为一个偶数。
- Output type：表示输出数据由整数组成还是由比特组成。如果该项设为 Bit，那么参数 M-ary number 必须为 2^K，K 为正整数。
- Symbol set ordering：设定模块怎样将每一个输出比特组映射到相应的整数。
- Frequency separation(Hz)：表示已调信号中相邻频率之间的间隔。

- Samples per symbol：对应于每个输入的整数或二进制字模块输出的采样个数。
- Output data type：设定模块的输出数据类型，可为 boolean、int8、uint8、int16、uint16、int32、uint32 或 double，默认为 double 类型。

7.6.3 数字相位调制与解调

1. 数字相位调制模块

Simulink 中提供了众多的相位调制解调模块，此处以 M-PSK Modulator Baseband 模块为例，介绍基带数字相位调制。

M-PSK 调制模块进行基带 M 元相移键控调制。输出为基带形式的已调信号。M-ary number 项参数 M 表示信号星座图的点数。

M-PSK 调制模块及参数设置对话框如图 7-41 所示。

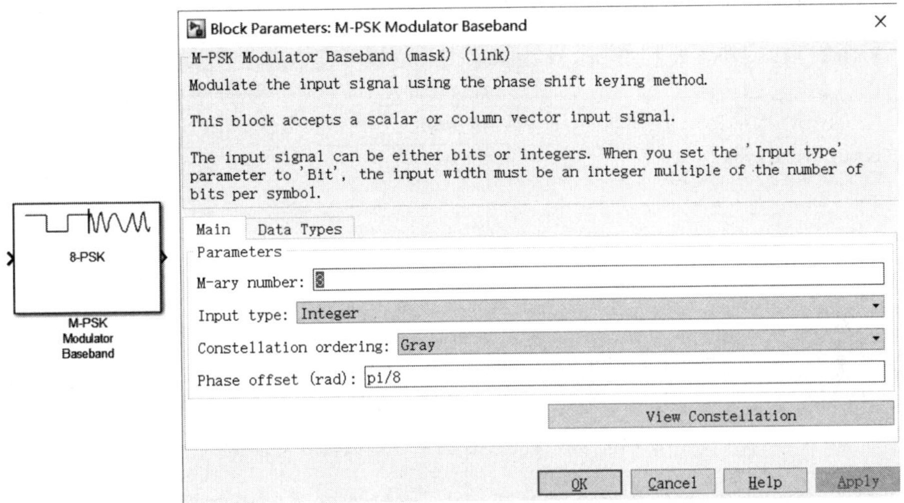

图 7-41 M-PSK 调制模块及参数设置对话框

由图 7-41 可知，M-PSK 调制模块参数设置对话框中包含 Main 和 Data Types 两个选项卡。

1）Main 选项卡

Main 选项卡参数设置对话框如图 7-41 所示，其包含几个参数选项。

- M-ary number：表示信号星座图的点数，该项必须设为一个偶数。
- Input type：表示输入是由整数还是比特组成。如果该项设为 Bit，那么 M-ary number 项必须为 2^K，其中 K 为正整数。此时模块的输入信号是一个长度为 K 的二进制向量，且有 $K=\log_2 M$；如果该项为 Integer，那么模块接收范围为在 $[0,M-1]$ 的整数输入。输入可以是标量，也可以是基于帧的列向量。
- Constellation ordering：星座图编码方式。如果该项设为 Binary，则 MATLAB 把输入的 K 个二进制符号当作一个自然二进制序列；如果该项设为 Gray，则 MATLAB 把输入的 K 个二进制符号当作一个 Gray 码。

- Constellation mapping：该项只有当 Constellation ordering 项设定为 User-defined 时有效。该项可以是大小为 M 的行或列向量。其中向量的第一个元素对应图中 0＋Phase offset 角，后面的元素按照逆时针旋转，最后一个元素对应星座图的点 $-\mathrm{pi}/M+$Phase offset。
- Phase offset：表示信号星座图中的零点相位。

2）Data Types 选项卡

Data Types 选项卡参数设置对话框如图 7-42 所示。

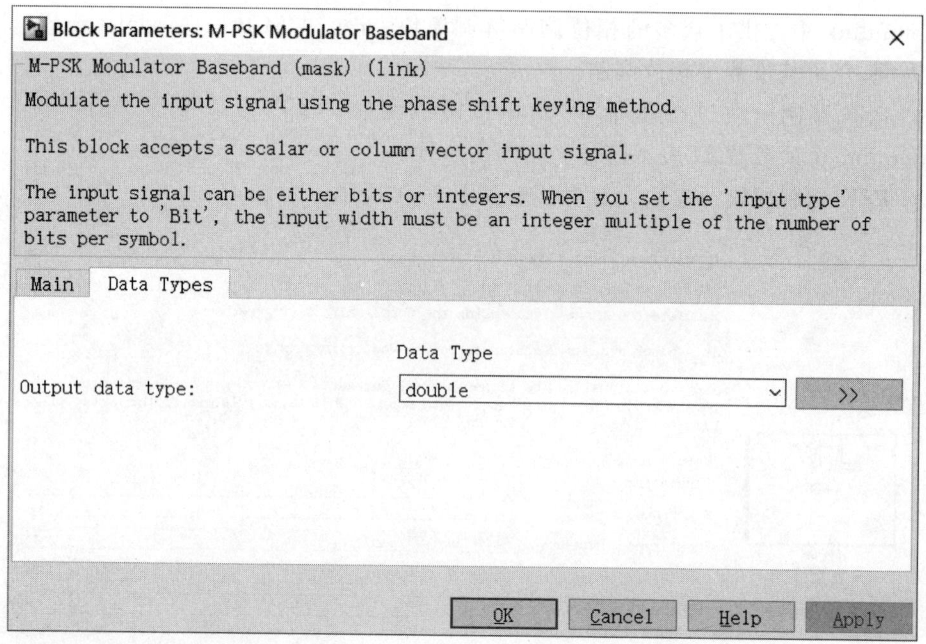

图 7-42　Data Types 选项卡参数设置对话框

在 Data Types 选项卡参数设置对话框中，根据选择不同内容，即有对应的参数项。

- Output data type：设定输出数据类型。可以设为 double、single、Fixed-point、User-defined 或 Inherit via back propagation 等多种类型。
- Output word length：设定 Fixed-point 输出类型的输出字长。该项只有当 Output data type 设为 Fixed-point 时有效并可见。
- User-defined data type：设定带符号的或定点数据类型。该项只有当 Output data type 设为 User-defined 时有效并可见。
- Set output fraction length to：设定固定点输出比例。该项只有当 Output data type 设为 Fixed-point 或 User-defined 时有效并可见。
- Output fraction length：设定固定点输出数据的分数位数。

2. 数字相位解调模块

对应 M-PSK Modulator Baseband 模块，Simulink 提供了 M-PSK Demodulator Baseband 模块，用于基带 M 元相移键控调制的解调。输入为基带形式的已调信号。模块的输入和输出都是离散的时间信号。输入可以是标量也可以是基于帧的列向量。参数 M-ary number 表示信号星座图的点数。

M-PSK Demodulator Baseband 模块及参数设置对话框如图 7-43 所示。

如图 7-43 所示，M-PSK 解调模块参数设定框中包含 Main 和 Data Types 两个选项卡。

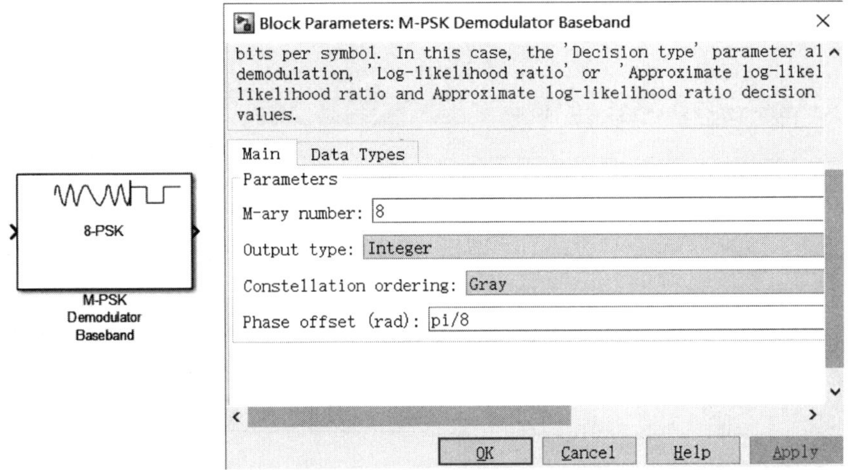

图 7-43 M-PSK 解调模块及参数设置对话框

1）Main 选项卡

Main 选项卡主要包含以下选项参数。

- M-ary number：表示信号星座图的点数，M 必须为一个偶数。
- Phase offset：表示信号星座图中零点的相位。
- Constellation ordering：星座图编码方式。决定模块怎样将符号映射成输出比特或整数。
- Constellation mapping：该项只有当 Constellation ordering 项设定为 User-defined 时有效。该项可以是大小为 M 的行或列向量。其中向量的第一个元素对应图中 0 度角，后面的元素按照逆时针旋转，最后一个元素对应星座图的点 $-\mathrm{pi}/M$。
- Output type：表示输出数据由整数组成还是由比特组成。如果该项设为 Bit，那么参数 M-ary number 必须为 2^K，K 为正整数。
- Decision type：当 Output type 选为 Bit 时出现本项，用于设定输出为 bitwise hard decision、LLR 或 approximate LLR 形式。
- Noise variance source：只有当 Decision type 选定为 Approximate log-likelihood ratio 或 Log-likelihood ratio 时显示该项。如果选择 Dialog，则在 Noise variance 中输入噪声变化；如果选择 Port，则模块中显示用于设定噪声变化的端口。
- Noise variance：当 Noise variance source 设定为 Dialog 时显示该项，用于设定噪声变化。

2）Data Types 选项卡

Data Types 选项卡参数设置对话框如图 7-44 所示。

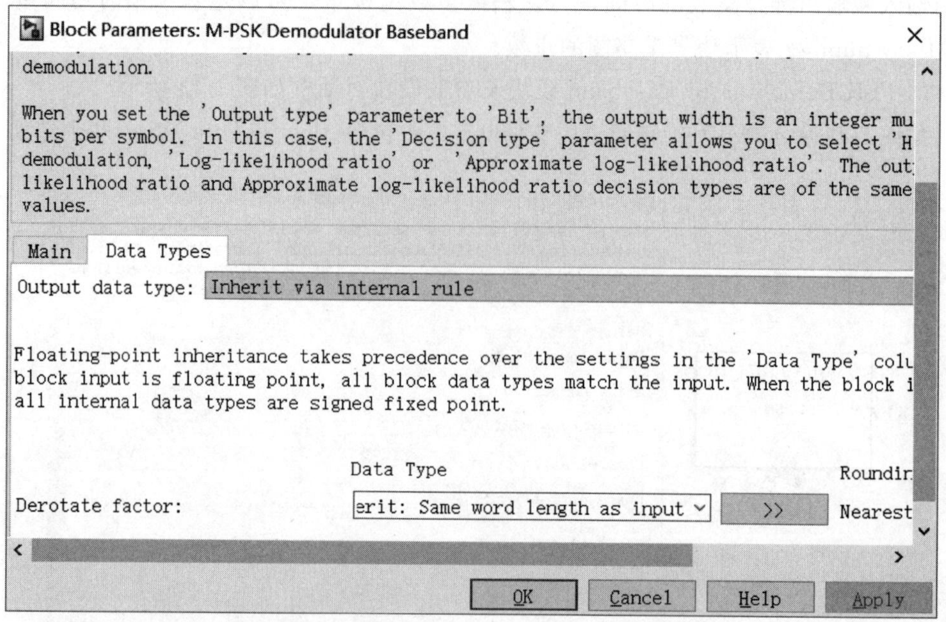

图 7-44 Data Types 选项卡参数设置对话框

Data Types 选项卡包含以下参数项。

- Output：设定输出。对于比特输出，当 Decision type 设置为 Hard decision 时，输出数据类型可以为 Inherit via internal rule、Smallest unsigned integer、double、single、int8、uint8、int16、uint16、int32、uint32、boolean 等类型；对于整数输出，输出数据类型可以是 Inherit via internal rule、Smallest unsigned integer、double、single、int8、uint8、int16、uint16、int32、uint32 类型。如果该项设定为 Inherit via internal rule(默认项)，那么数据的输出类型由输入端决定。如果输入端的输入为 floating-point type 型数据，则输出数据类型相同；如果该项设定为 Fixed-point，那么输出数据类型将会和该项设定为 Smallest unsigned integer 时相同；如果该项设定为 Smallest unsigned integer，那么输出数据的类型由模型中结构参数对话框中的 Hardware Implementation 项决定。如果 Hardware Implementation 项选为 ASIC/FPGA，并且 Output type 为 Bit，那么输出数据类型为 ideal minimum one-bit size。如果 Hardware Implementation 项选为 ASIC/FPGA，并且 Output type 为 Integer，那么输出数据类型为 ideal minimumize。
- Denormalization factor：该项只使用于 M-ary number 项设为 2、4、8，输入为 Fixed-point 类型，同时 Phase offset 项为非平凡(即该项当 $M=2$ 时为 $\pi/2$ 的整数倍，当 $M=4$ 时为 $\pi/4$ 的奇数倍，当 $M=8$ 时为任意值)的情况。该项有两个可选项：Same word length as input 和 Specify word length。选定后出现设定框。在输出为比特的情况下，如果 Decision type 设定为 Log-likelihood ratio 或 Approximate log-likelihood ratio 类型，则输出与输入的数据类型相同。

7.7 调制与解调的 Simulink 应用

在 Simulink 仿真中,每一时刻所有的功能模型均同时在执行;而在 MATLAB 仿真中,功能函数是数据流依次执行的,即数据流处理是一级一级传递的。因此,在绝大多数情况下,通信系统仿真均利用 Simulink 环境来进行的。

下面通过几个实例来演示 Simulink 实现通信系统仿真。

【例 7-14】 用 Simulink 仿真 FSK 调制框图。

(1) 根据需要,建立 Simulink 仿真 FSK 调制框图,如图 7-45 所示。

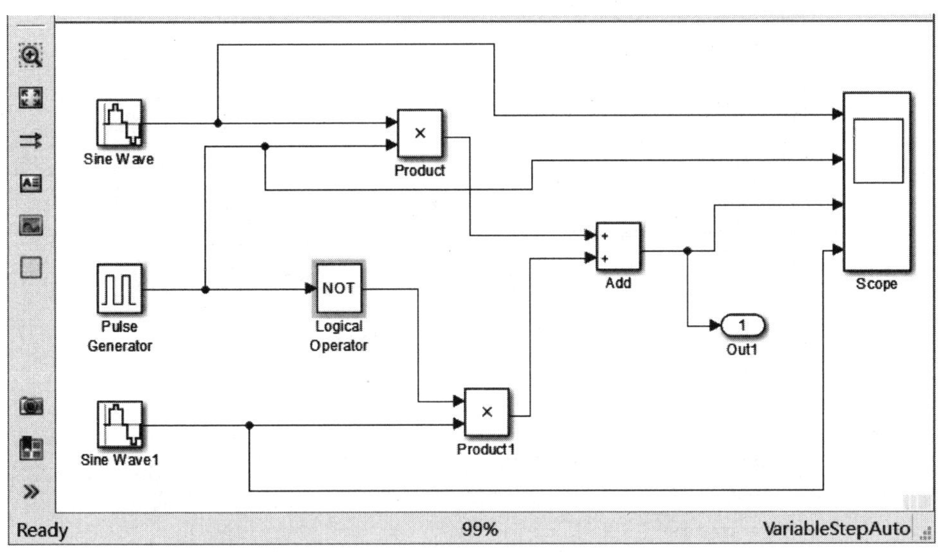

图 7-45 Simulink 仿真 FSK 调制框图

其中,Sine Wave 和 Sine Wave1 是两个频率分别为 f1 和 f2 的载波,Pulse Generator 模块为信号源,NOT 实现方波的反相,最后经过相乘器和相加器生成 2FSK 信号。

(2) 参数设置。双击图 7-45 中的 Sine Wave 模块,设置载波 f1 的参数:幅度为 1,f1=20Hz,采样时间为 0.002s,效果如图 7-46 所示。

双击图 7-45 中的 Sine Wave1 模块,设置载波 f2 的参数:幅度为 1,f1=120Hz,采样时间为 0.002s,效果如图 7-47 所示。

信号源 s(t)选择了基于采样的 Pulse Generator 信号模块,双击图 7-45 中的 Pulse Generator 模块,设置方波是幅度为 1、周期为 3、占比为 33%的基于采样的信号,效果如图 7-48 所示。

双击图 7-45 中的 Logical Operation 模块,在 Operation 选择框中选择 NOT,效果如图 7-49 所示。

(3) 仿真参数为 0.1,运行仿真。其他参数采用默认值,单击界面中的运行按钮,即可实现仿真,仿真效果如图 7-50 所示。

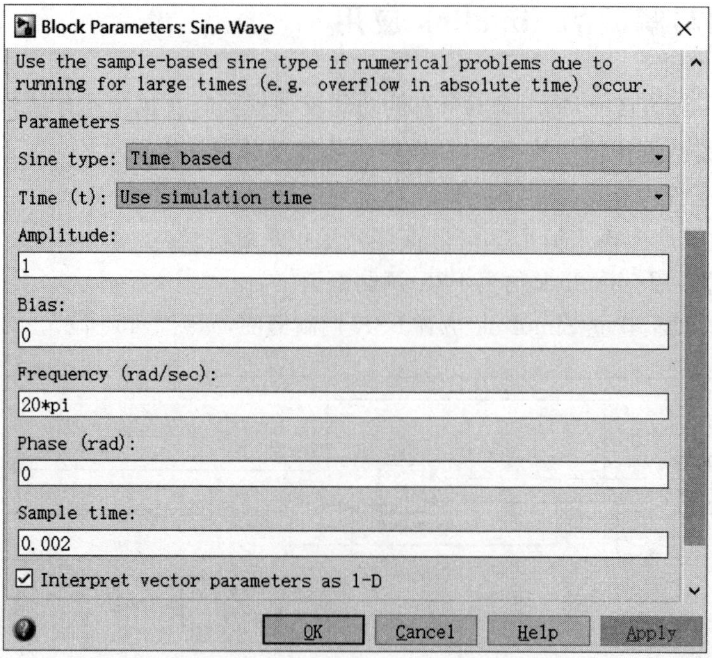

Block Parameters: Sine Wave

Use the sample-based sine type if numerical problems due to running for large times (e.g. overflow in absolute time) occur.

Parameters

Sine type: Time based

Time (t): Use simulation time

Amplitude:

1

Bias:

0

Frequency (rad/sec):

20*pi

Phase (rad):

0

Sample time:

0.002

☑ Interpret vector parameters as 1-D

OK Cancel Help Apply

图 7-46 载波 f1 的参数设置

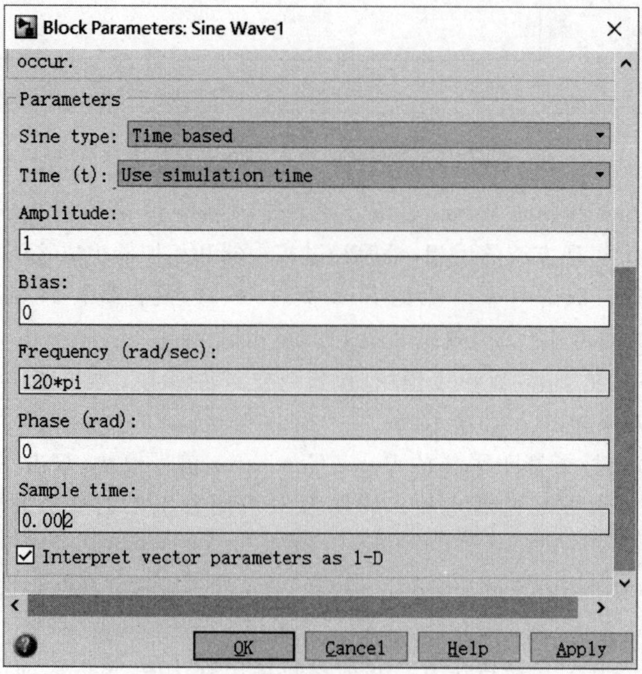

Block Parameters: Sine Wave1

occur.

Parameters

Sine type: Time based

Time (t): Use simulation time

Amplitude:

1

Bias:

0

Frequency (rad/sec):

120*pi

Phase (rad):

0

Sample time:

0.002

☑ Interpret vector parameters as 1-D

OK Cancel Help Apply

图 7-47 载波 f2 的参数设置

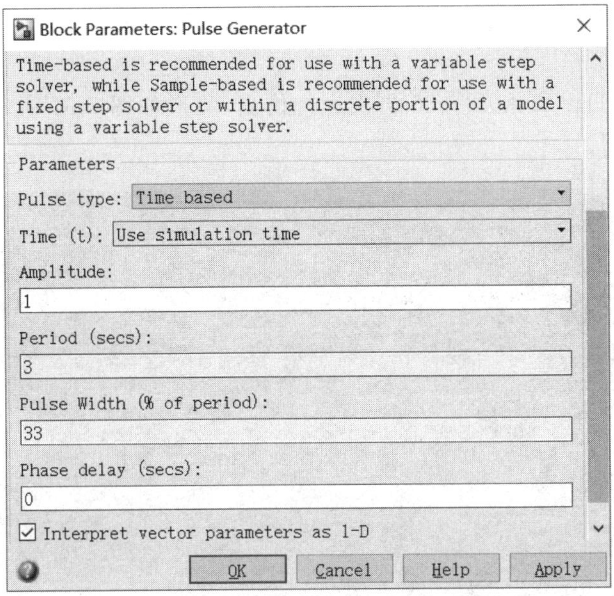

Block Parameters: Pulse Generator

Time-based is recommended for use with a variable step solver, while Sample-based is recommended for use with a fixed step solver or within a discrete portion of a model using a variable step solver.

Parameters

Pulse type: Time based

Time (t): Use simulation time

Amplitude:
1

Period (secs):
3

Pulse Width (% of period):
33

Phase delay (secs):
0

☑ Interpret vector parameters as 1-D

OK Cancel Help Apply

图 7-48 信号源 s(t)的参数设置

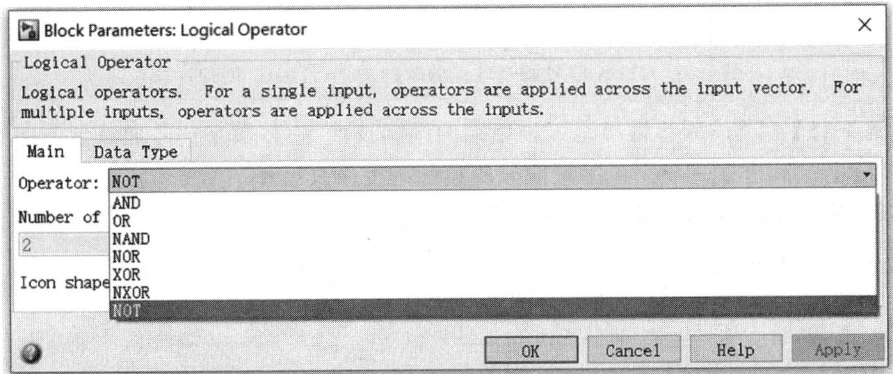

图 7-49 方波反相模块设置

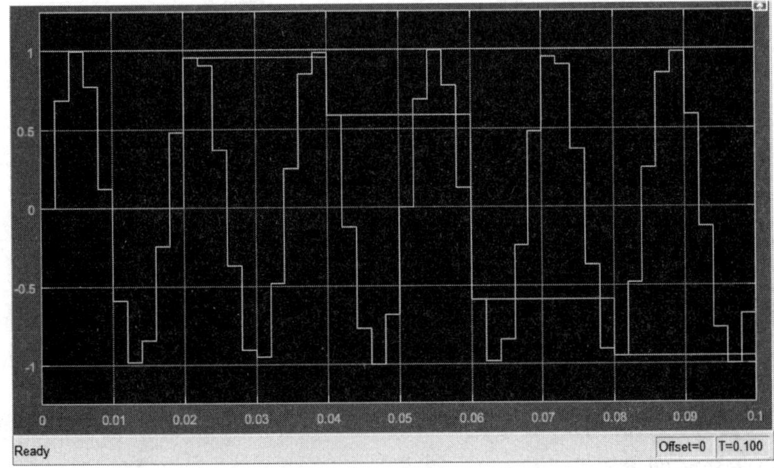

图 7-50 2FSK 信号调制各点的时间波形

由图7-50可看出,经过f1和f2两个载波的调制,2FSK信号有明显的频率上的差别。

另外,用参数f1=10和f2=20再次运行仿真,波形如图7-51所示,2FSK信号有明显的频率上的差别。

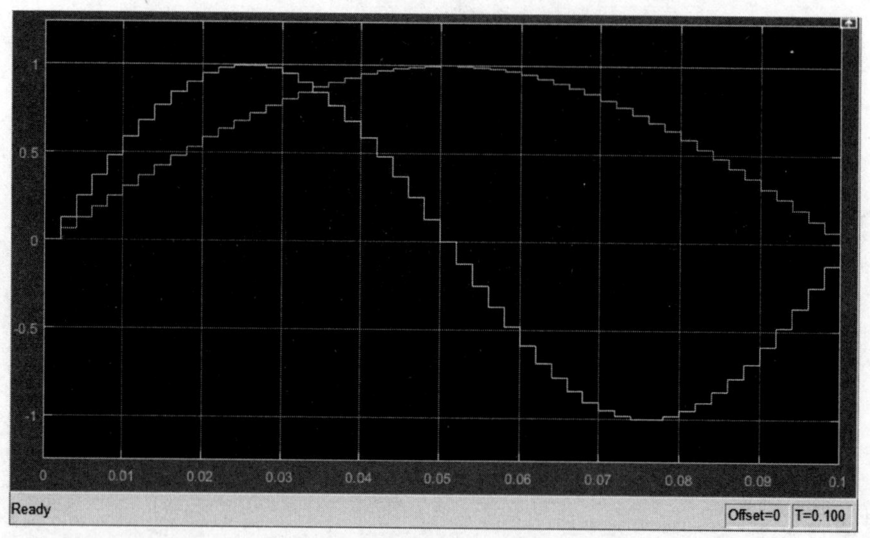

图7-51　2FSK信号调制各点的时间波形(f1=10和f2=20)

【**例7-15**】 FSK频移键控是一种标准的调制技术,它将数字信号加载到不同频率的正弦载波上。试建立一个用于基带信号的频移键控仿真模型。

(1) 根据需要,建立如图7-52所示的频移键控仿真模型。

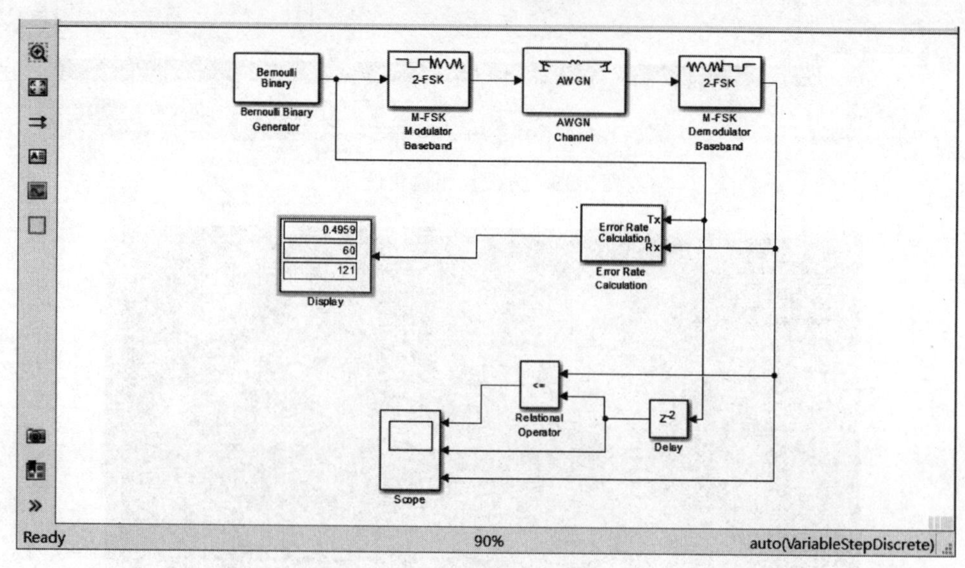

图7-52　频移键仿真框图

(2) 参数设置。双击图7-52中的Bernoulli Binary Generator伯努利二进制信号发生器模块,将采样时间设置为1/1200。双击图7-52中的M-FSK Modulator Baseband模块，将参数 M-ary number 设为 2，Frequency separation 设为 1000Hz，Samples per symbol 设为 1200，效果如图 7-53 所示。

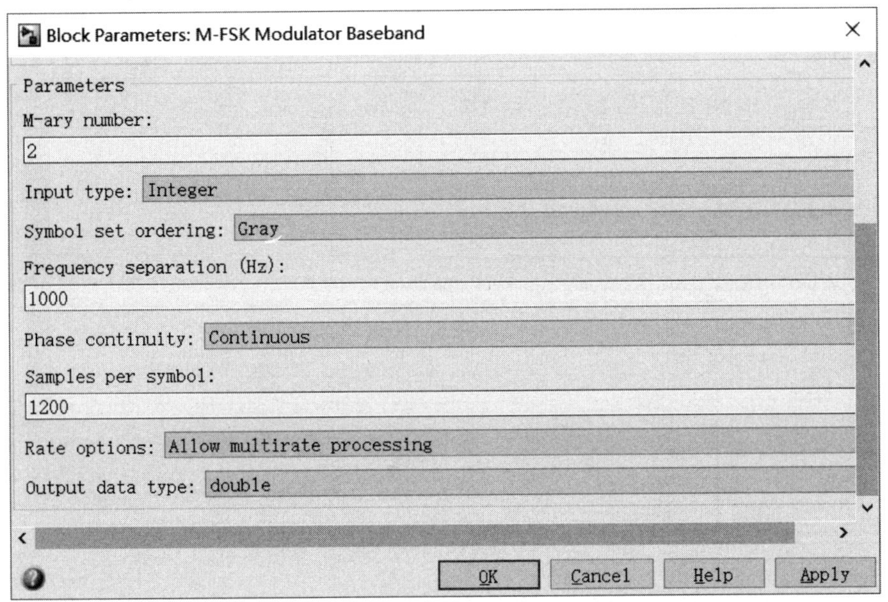

图 7-53　M-FSK Modulator Baseband 模块参数设置

双击图 7-52 中的 M-FSK Demodulator Baseband 模块，参数设置如图 7-54 所示。

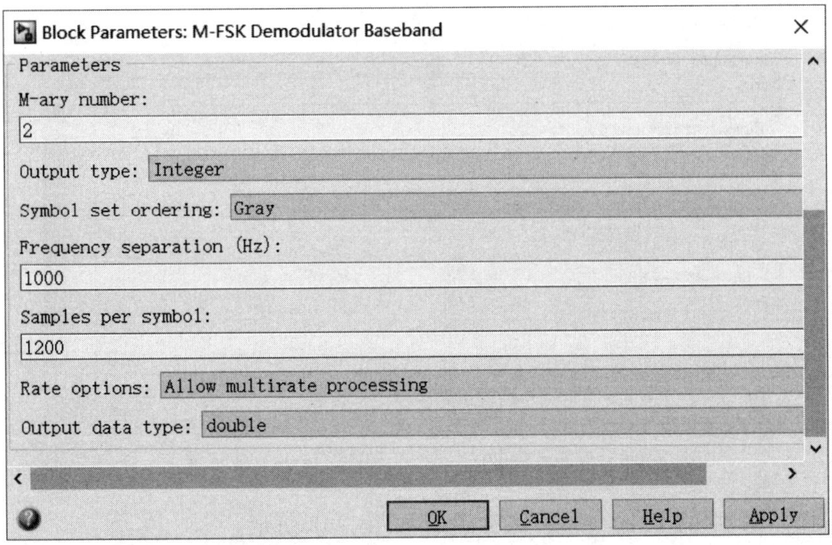

图 7-54　M-FSK Demodulator Baseband 模块参数设置

双击图 7-52 中的 AWGN Channel 高斯白噪声信道模块，设置 Eb/No 为 10dB，Symbol period 为 1/1200，效果如图 7-55 所示。

双击图 7-52 中的 Error Rate Calculation 误码计算模块，设置 Output data 输出数据至 port 端口，效果如图 7-56 所示。

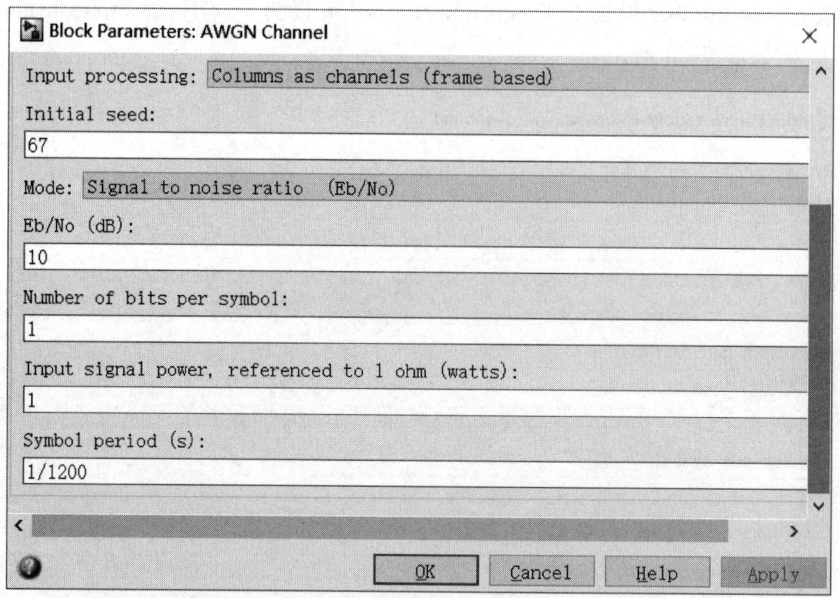

图 7-55 AWGN Channel 模块参数设置

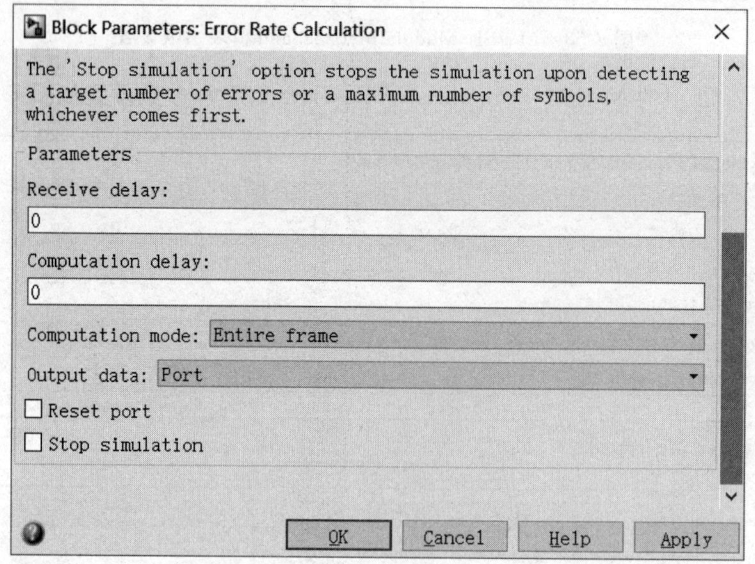

图 7-56 Error Rate Calculation 模块参数设置

双击图 7-52 中的 Delay 模块，参数设置如图 7-57 所示。

(3) 运行仿真。设置仿真时间为 0.1s，运行仿真模型，可看到 Display 模块显示了如图 7-52 所示的数据，即误码率为 0.4959，误码数为 60，总码数为 121。仿真效果如图 7-58 所示。

图 7-58 中，第一行为接收信号与经延时后的源信号的比较结果，第二行为经延时后的源信号波形，第三行为接收到的信号波形。

Block Parameters: Delay
Delay
Delay input signal by a specified number of samples.
Main　State Attributes
Data
Source　Value　Upper Limit
Delay length: Dialog 2
Initial condition: Dialog 0.0
Algorithm
Input processing: Elements as channels (sample based)
Use circular buffer for state
Control
Show enable port
External reset: None
Sample time (-1 for inherited):
-1
OK　Cancel　Help　Apply

图 7-57　Delay 模块参数设置

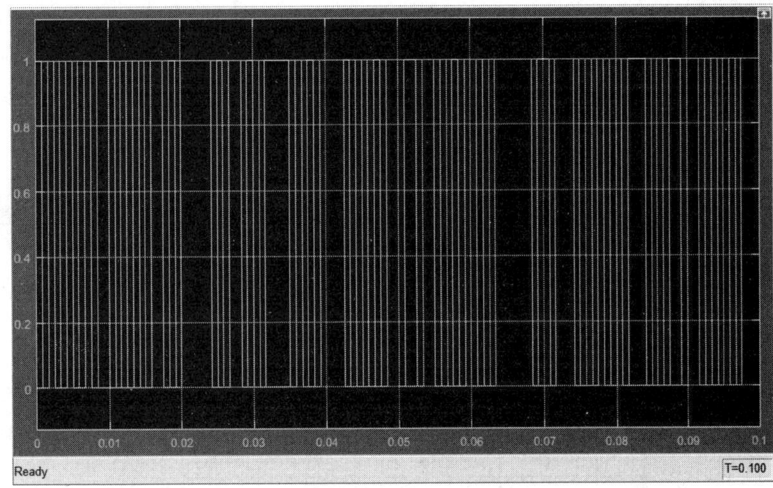

图 7-58　仿真效果

【例 7-16】 多进制的 PSK 能够获得更快的传输速率，但其之间的相关也将随之减小，这同时也说明了其速率的提高是以误码率的增加为代价的。

根据需要，建立 M-PSK 仿真系统框图，如图 7-59 所示。

实现的 M-PSK 仿真程序代码为：

```
>> clc;                                    % 清屏
x = -6:15;                                 % 表示信噪比
BitRate = 10000;                           % 信源产生信号的 bit 率等于 10kbps
SimulationTime = 2;                        % 仿真时间
hold off;
M1 = [2 4 8];                              % 设定 FSK 进制数 M1 向量
y = zeros(length(x),length(M1));           % 初始化二维向量
```

```
%产生在信噪比 x 下的误差率向量 y 的 for 循环
for j = 1:length(M1)
    M = M1(j);
    for i = 1:length(x)
        SNR = x(i);
        sim('M7_16');
        y(i,j) = mean(simout);
    end
end
semilogy(x,y);                                  %x,y 绘出图形
axis([ - 6 16 0.00001 1]);                      %限定图形坐标系的范围
grid on;
title('M 进制移频键控 MPSK 抗噪声性能曲线');
xlabel('SNR(dB)');
ylabel('比特误码率(Pe)');
legend('进制数 M = 2','进制数 M = 4','进制数 M = 8');
```

运行程序,仿真效果如图 7-60 所示。

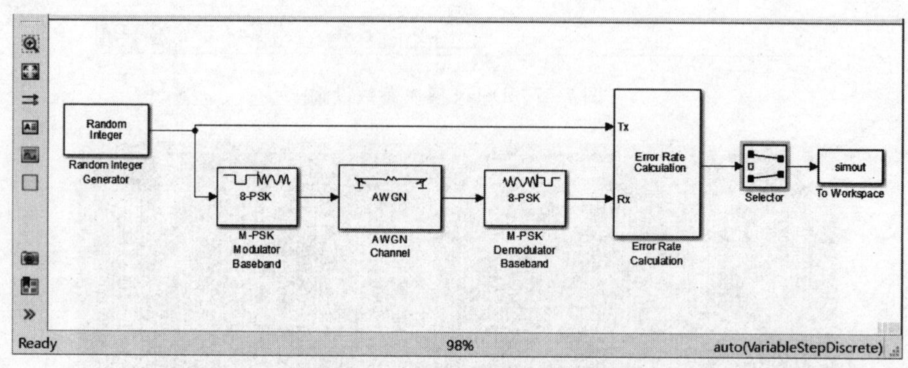

图 7-59　MPSK 仿真系统框图

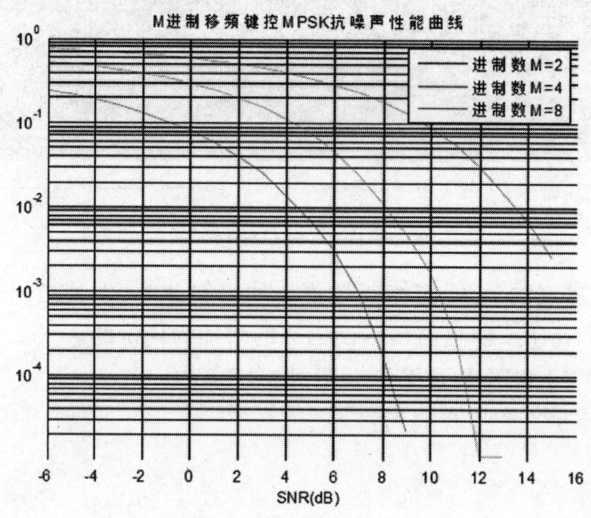

图 7-60　MPSK 仿真效果图

由图 7-60 可看出,进制数 M 分别采用二、四、八三种进制进行了比较,在其他参数不改变的情况下,随着进制的增大,调制解调系统的抗噪声性能随之减弱。

第8章 通信系统的锁相环与扩频

在通信系统中，同步具有非常重要的作用。所谓同步，就是收发双方在时间上步调一致，在频率和相位上也一致。同步是信息传递的前提，通信系统能否有效可靠的工作，在很大程度上依赖于有无良好的同步系统。

系统的锁相环与扩频同属于同步。

8.1 锁相环构建

锁相环(PLL)是一种周期信号的相位反馈跟踪系统。锁相环由鉴相器、环路滤波器以及压控振荡器组成，如图 8-1 所示。鉴相器通常由乘法器来实现，鉴相器输出的相位误差信号经过环路滤波器滤波后，作为压控振荡器的控制信号，而压控振荡器的输出又反馈到鉴相器，在鉴相器中与输入信号进行相位比较。PLL 是一个相位负反馈系统，当 PLL 锁定后，压控振荡器的输出信号相位将跟踪输入信号的相位变化，这时压控振荡器输出信号的频率与输入信号频率相等，而相位保持一个微小误差。

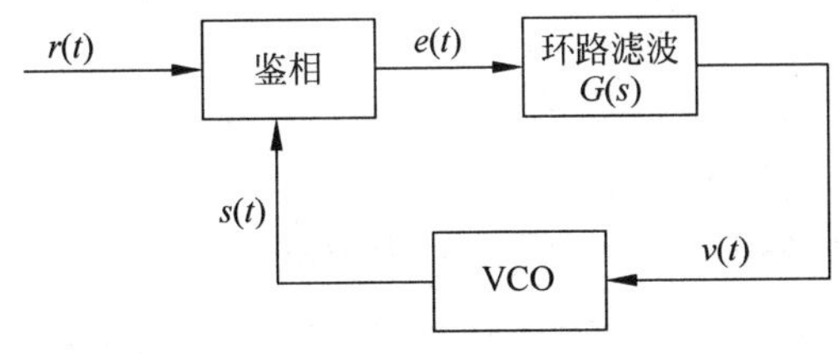

图 8-1 锁相环的构成图

设输入信号为一个正弦信号 $r(t)=\cos(2\pi ft+\phi(t))$，VCO 的输出信号为 $s(t)=\sin(2\pi ft+\hat{\phi}(t))$，其中，$\hat{\phi}(t)$是输入信号相位 $\phi(t)$的估计值。如果鉴相器采用乘法器实现，则鉴相器输出相应误差信号 $e(t)$为：

$$
\begin{aligned}
e(t) &= r(t)s(t) = \cos(2\pi ft+\phi)\sin(2\pi ft+\hat{\phi}) \\
&= \frac{1}{2}\sin(\hat{\phi}-\phi)+\frac{1}{2}\sin(4\pi ft+\hat{\phi}+\phi)
\end{aligned}
$$

环路滤波器将滤除2倍频分量$\frac{1}{2}\sin(4\pi ft+\hat{\phi}+\phi)$。当相位误差$(\hat{\phi}-\phi)$很小时,即$\frac{1}{2}\sin(\hat{\phi}-\phi)\approx\frac{1}{2}(\hat{\phi}-\phi)$,这时可得到锁相环的线性模型。

简单的环路滤波器是一个一阶低通滤波器,其传递函数为:

$$G(s)=\frac{1+\tau_2 s}{1+\tau_1 s}$$

其中,控制环路带宽的参数$\tau_1\gg\tau_2$。环路滤波器的输出信号$v(t)$作为VCO的控制信号,VCO输出的瞬时频率偏移$\frac{\mathrm{d}}{\mathrm{d}t}\hat{\phi}(t)$正比于控制信号$v(t)$,即:

$$\frac{\mathrm{d}}{\mathrm{d}t}\hat{\phi}(t)=Kv(t)$$

或写为积分形式为:

$$\hat{\phi}(t)=K\int_{-\infty}^{t}v(t)\mathrm{d}t$$

其中,K为比例系数,称为环路增益,单位为(rad/s)/V,当环路其他部分增益为1时,K也即VCO的控制灵敏度(Simulink中VCO的控制灵敏度定义为$k_c=K/(2\pi)$,单位为Hz/V)。忽略鉴相器倍频项,并以相位信号$\phi(t)$作为输入变量,可得出锁相环的等效闭环模型以及进一步近似后的线性化模型。

对于线性化的锁环模型,可用线性系统理论进行分析,将$\phi(t)$视为系统输入信号,VCO的相位信号$\hat{\phi}(t)$视为系统输出,则直接根据梅森规则可写出系统的传递函数为:

$$H(s)=\frac{\hat{\Phi}(s)}{\Phi(s)}=\frac{G(s)K/s}{1+G(s)K/s}$$

如果环路滤波器是直通的,即$G(s)=1$,则$G(s)=\frac{K/s}{1+K/s}$是一阶的,这样的锁相环称为一阶锁相环路。若环路滤波器传递函数为一阶低通滤波器传递函数,则此时构成二阶锁相环路,其传递函数为:

$$H(s)=\frac{1+\tau_2 s}{1+(\tau_2+1/K)s+(\tau_1/K)s^2}=\frac{(2\xi\omega_n-\omega_n^2/K)s+\omega_n^2}{s^2+2s\omega_n s+\omega_n^2}$$

其中,$\xi=(\tau_2+1/K)\omega_n^2/2$称为环路阻尼因子,$\xi>1$时为过阻尼系统,$\xi=1$时为临界阻尼系统,$\xi<1$时为欠阻尼系数;$\omega_n=\sqrt{K/\tau_1}$称为环路固有解频率。

工程上,一般将锁相环设计为临界阻尼或过阻尼系统。当系统处于临界阻尼时,锁相环的3dB带宽约为环路固有频率的2.5倍。设计时可根据锁相环的带宽指标估算出环路滤波器参数τ_1和τ_2。

【例8-1】 设计并仿真实现一个用于调频鉴频的二阶锁相环。输入调频信号参数:载波$f_c=4$MHz,最大频偏$\Delta f=80$kHz,被调基带信号频率范围为50~15kHz,输入PLL的调频信号振幅和VCO输出信号振幅均为1V。

首先,根据锁定频率范围来设计VCO控制灵敏度。在乘法鉴相器的两个输入正弦信号幅度均为1的条件下,鉴相器输出信号的最大值为0.5,设环路滤波器在通带内增益为1,则VCO控制信号的取值范围为[-0.5,0.5]。要求VCO的最大频偏大于$\Delta f=$

80kHz,这样才能保证对输入调频信号的锁定范围。因此,VCO 控制灵敏度估算为:

$$k_c = \frac{\Delta f}{|v(t)|_{max}} = 160 \times 10^3\,\text{Hz/V}$$

将环路设计为临界阻尼状态,取 $\xi=1$,则由 $\omega_n=\sqrt{K/\tau_1}$ 和 $\xi=(\tau_2+1/K)\omega_n^2/2$ 可计算出环路滤波器 $G(s)$的参数,其中环路增益 $K=2\pi(0.5\times k_c)$,得:

$$\tau_1 = K/\omega_n^2$$

$$\tau_2 = 2\xi/\omega_n - 1/K$$

其实现的 MATLAB 代码如下:

```
>> clear all;
kc = 160e3;                                   % Hz/V VCO 控制灵敏度
omega_n = 2 * pi * 16e3/2.5;                  % PLL 自然解频率
K = 2 * pi * (0.5 * kc);                      % 估算环路增益
zeta = 1;                                     % 临界阻尼
tau1 = K/((omega_n).^2);
tau2 = 2 * zeta/omega_n - 1/K;
freq = 0:10:100e3;                            % 计算频率范围为 0～100kHz
s = j * 2 * pi * freq;
Gs = (1 + tau2 * s)./(1 + tau1 * s);          % 环路滤波器传递函数
figure(1);semilogx(freq,(abs(Gs)));           % 给出环路滤波器的频率响应
xlabel('频率/Hz'); ylabel('|G(s)|');
grid on;
b = [tau2,1];                                 % 环路滤波器分子系数向量
a = [tau1,1];                                 % 环路滤波器分母系数向量
Hs = (Gs * K./s)./(1 + Gs * K./s);            % 给出闭环频率响应
figure(2);semilogx(freq,20 * log10(abs(Hs)));
xlabel('频率/Hz');ylabel('20log H(s)/dB');
grid on;
```

运行程序,将计算出环路滤波器 G(s)的分子分母系数向量,并给出环路滤波器 G(s)幅频响应以及 PLL 线性相位模型的闭环频率响应曲线,效果如图 8-2 和图 8-3 所示。

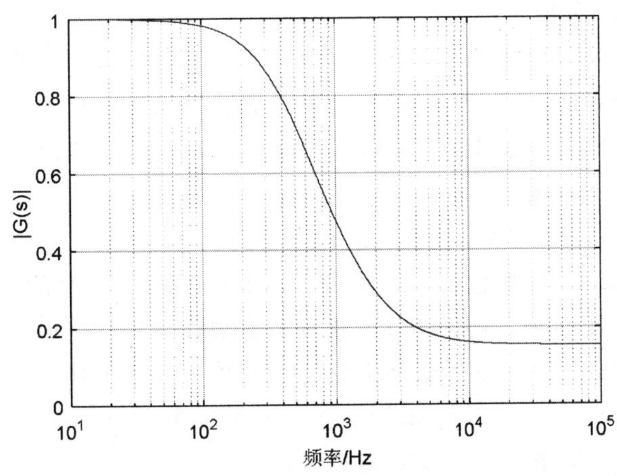

图 8-2 环路滤波器幅频响应曲线效果图

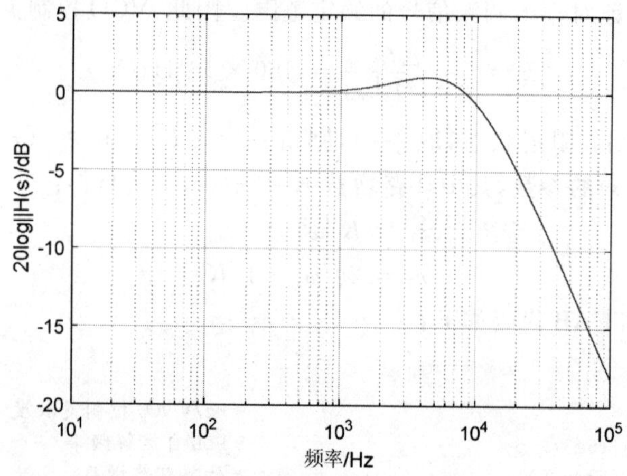

图 8-3　PLL 线性相位模型闭环响应曲线效果图

8.2　锁相环 Simulink 模块

8.2.1　基本锁相环模块

锁相环在同步中应用广泛，利用锁相环的跟踪能力，可以获得具有极小相位差的同步信号；利用锁相环的记忆功能，可以获得足够长的同步保持信号；利用锁相环的窄带滤波特性，可以滤除数据调制带来的白噪声并减小加性噪声的影响。Simulink 中提供了多个锁相环模块，包括 Phase-Locked Loop、Linearized Baseband PLL、Charge Pump PLL、Baseband PLL 等。

Phase-Locked Loop 模块执行锁相环来恢复输入信号的相位。该模块能够自动地修正本地信号的相位来匹配输入信号的相位，最适用于窄带输入信号。

Linearized Baseband PLL 为锁相环线性化等效低通模块。该模块设置参数和输出信号同 Basedband PLL 模块。

Baseband PLL 为锁相环的等效低通模块。其设置参数包括环路滤波器系数和压控灵敏度。该模块的输出信号为鉴相器输出、环路滤波器输出以及 VCO 输出。

Charge Pump PLL 为使用数字鉴相器的充电泵式锁相环模块。设置参数和输出信号同 Phase-Locked Loop 模块。

此处只对 Phase-Locked Loop 模块进行介绍。

Phase-Locked Loop 模块包括三个部分：一个用于相位检测的乘法器、一个滤波器和一个压控振荡器。Phase-Locked Loop 模块及参数设置对话框如图 8-4 所示。

Phase-Locked Loop 模块参数设置对话框包含以下几个参数。

- Lowpass filter numerator：低通滤波器转移函数的分子项，该项为一向量，该向量表示按照 S 降序排列的多项式的系数。
- Lowpass filter denominator：低能滤波器转移函数的分母项，该项为一向量，该向量表示按照 S 降序排列的多项式的系数。

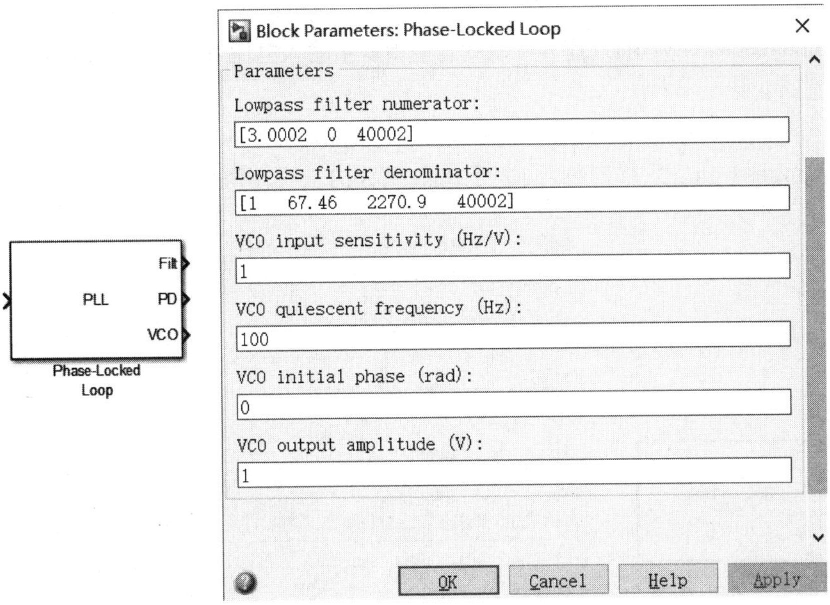

PLL
Filt
PD
VCO
Phase-Locked Loop

Block Parameters: Phase-Locked Loop

Parameters

Lowpass filter numerator:

[3.0002 0 40002]

Lowpass filter denominator:

[1 67.46 2270.9 40002]

VCO input sensitivity (Hz/V):

1

VCO quiescent frequency (Hz):

100

VCO initial phase (rad):

0

VCO output amplitude (V):

1

OK Cancel Help Apply

图 8-4 Phase-Locked Loop 模块及参数设置对话框

- VCO input sensitivity(Hz/V)：该项用于衡量 VCO 的输入，进而衡量 VCO quiescent frequency 值的变化，单位为 Hz/V。
- VCO quiescent frequency(Hz)：电压为 0 时 VCO 信号的频率，该项应该与输入信号的载波频率相同。
- VCO initial phase(rad)：该项表示 VCO 信号的初始相位。
- VCO output amplitude：该项表示 VCO 信号的输出振幅。

8.2.2 压控振荡器模块

压控振荡器 VCO 是指输入信号的频率随着输入信号幅度的变化而发生相应变化的设备，其工作原理可表示为：

$$y(t)=A_c\cos\left(2\pi f_c t+2\pi K_c\int_0^t u(\tau)\mathrm{d}\tau+\varphi\right)$$

其中，$u(\tau)$为输入信号，$y(t)$为输出信号，A_c 为信号幅度，f_c 为振荡频率，K_c 为输入信号灵敏度，φ 为初始相位。输入信号的频率取决于输入信号电压的变化，因此称为“压控振荡器”。

Simulink 中提供了两种压控振荡器，分别为离散压控振荡器和连续时间压控振荡器。两者的差别在于前者对输入信号 $u(\tau)$采用离散方式进行积分，而后者采用连续积分。

1）离散时间压控振荡器模块

离散时间压控振荡器模块及参数设置对话框如图 8-5 所示。

Discrete-Time VCO 模块参数设置对话框包含以下几个参数。

- Output amplitude：输出信号幅度项。

- Quiescent frequency：当输入信号为 0 时，离散时间压控振荡器的输出频率。
- Input sensitivity：输入信号灵敏度。该项衡量输入电压，进而衡量 Quiescent frequency 值的变化。
- Initial phase：离散时间压控振荡器的初始相位。
- Sample time：采样时间项，表示离散积分的采样间隔。

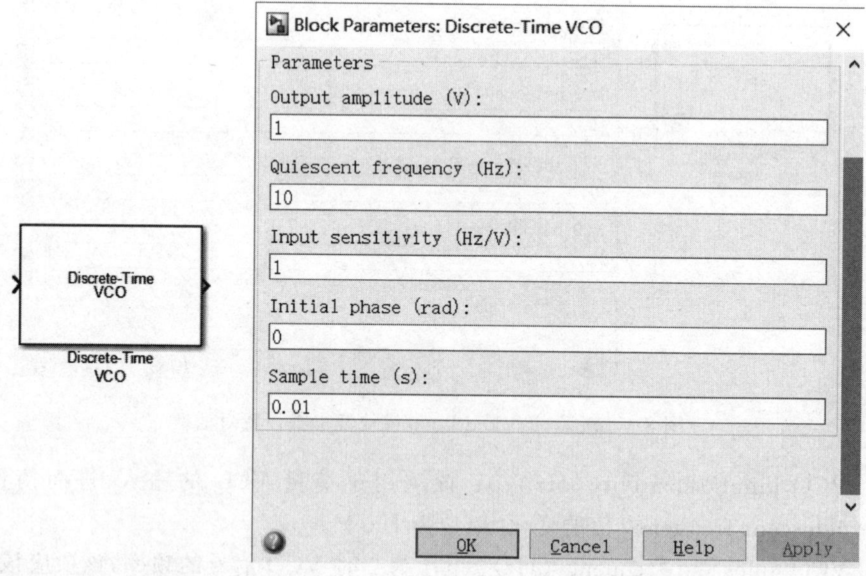

图 8-5　Discrete-Time VCO 模块及参数设置对话框

2）连续时间压控振荡器模块

连续时间压控振荡器(Continuous-Time VCO)模块及参数设置对话框如图 8-6 所示。

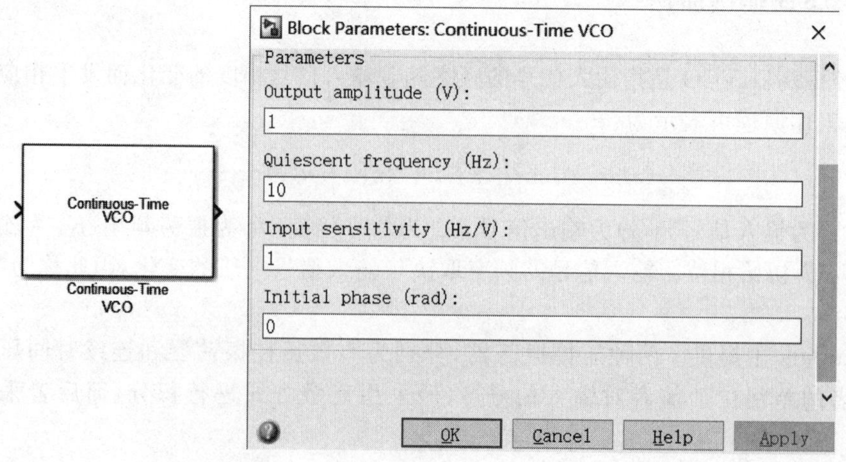

图 8-6　Continuous-Time VCO 模块及参数设置对话框

Continuous-Time VCO 模块参数设置对话框包含以下几个参数。

- Output amplitude：输出信号幅度项。

- Quiescent frequency：当输入信号为 0 时，连续时间压控振荡器的输出频率。
- Input sensitivity：输入信号灵敏度，该项衡量输入电压，进而衡量 Quiescent frequency 值的变化。
- Initial phase：连续时间压控振荡器的初始相位。

【例 8-2】 设参考频率源的频率为 1kHz，要求设计并仿真一个频率合成器，其输出频率为 4kHz。

1）建立仿真框图

根据要求，锁相环内可变分频比 $N=4$，VCO 中心频率设置为 4kHz 左右。据此建立如图 8-7 所示的 Simulink 仿真模型框图。

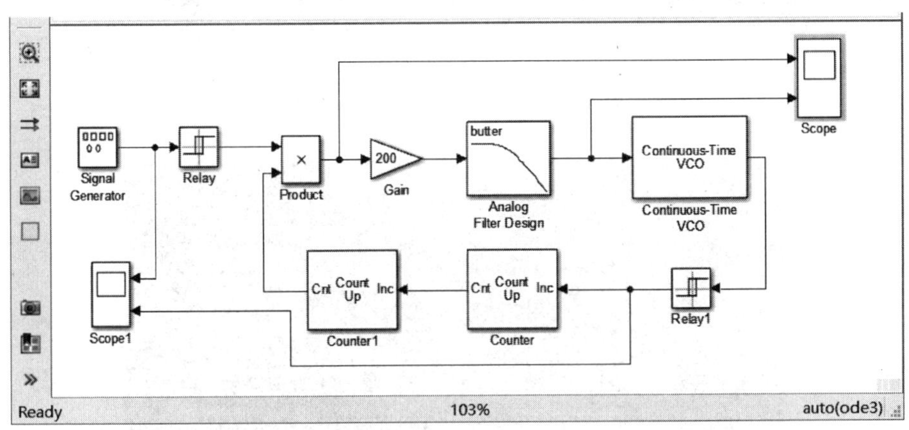

图 8-7 锁相 4 倍频简单频率合成器模型

2）参数设置

图 8-7 中，1kHz 的正弦波信号通过 Relay 模块转换为双极性矩形脉冲。Relay 模块的门限设置为 0，通断时输出分别为±1。锁相环路滤波器为 1 阶的，截止频率在 0.5～1000Hz 内可调。环路增益采用 Gain 模块设置，其设置为 200。VCO 的中心频率设置为 4.02kHz，与 4kHz 之间有一定误差是为了观察锁定过程，VCO 的压控灵敏度为 1Hz/V。Relay1 模块将 VCO 输出的正弦波转换为单极脉冲以便计数器进行计数。两个计数器完成 4 分频功能，且分频输出占空比为 0.5 的矩形脉冲，以满足鉴相器要求。

环路低通滤波器 Analog Filter Design 的截止频率设置越高，锁相环进入锁定的时间就越短，但是输出控制电压上高频成分较多，会导致 VCO 输出信号的频率稳定度下降；反之，如果设置较低的截止频率，则锁相环进入锁定所需的时间较长，而输出控制电压上高频成分相对较小，这时 VCO 输出信号的频率稳定度将提高。

3）运行仿真

系统仿真步长设计为 10^{-5}s。运行仿真将从示波器 Scope1 上观察到 PLL 输入信号和 VCO 输出的 4 倍频率信号，效果如图 8-8 所示。在 Scope1 可观察到鉴相器输出信号以及环路滤波器输出的 VCO 控制信号，效果如图 8-9 所示，分别显示了环路滤波器截止频率为 1Hz 和 20Hz 时的波形。

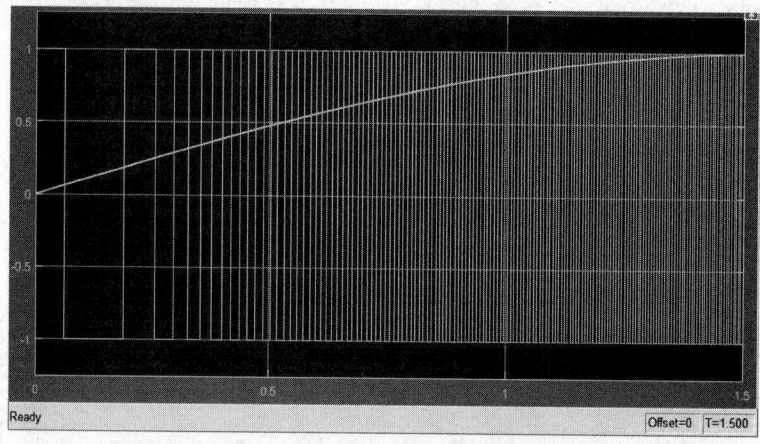

图 8-8 PLL 输入与输出信号波形

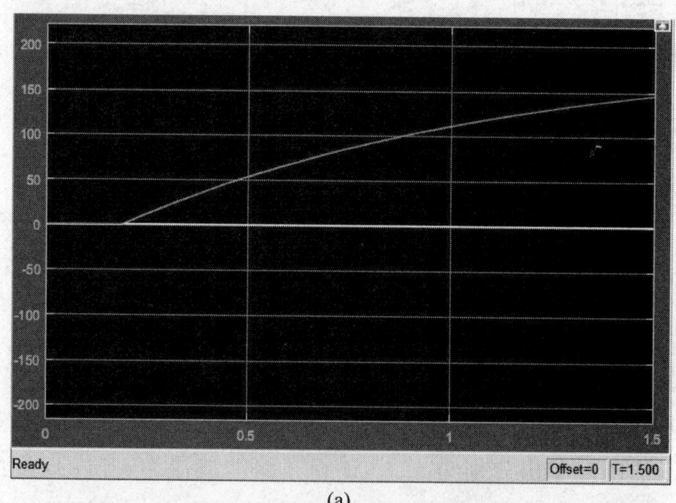

(a)

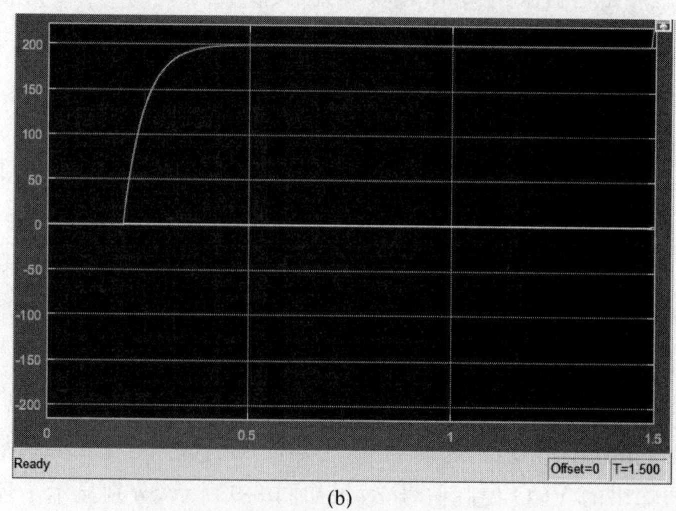

(b)

图 8-9 VCO 控制信号输出效果

8.3 扩频通信系统的仿真

数字扩频通信技术具有抗干扰能力强、信号发送功率低以及多个用户可在同一信道内传输信号等优点，已广泛地应用在移动通信和室内无线通信等各种商用系统中。图 8-10 所示为一个数字扩频通信系统的基本方框图。其中，信道编码器、信道解码器、调制器和解调器是传统数字通信系统的基本构成单元。在扩频通信系统中，除了这些单元外，还应用了两个相同的伪随机序列发生器，分别作用在发送端的调制器与接收端的解调器上。这两个序列发生器产生伪随机噪声(PN)二值序列，在调制端将传送信号在频域进行扩展，在解调端解扩该扩频发送信号。

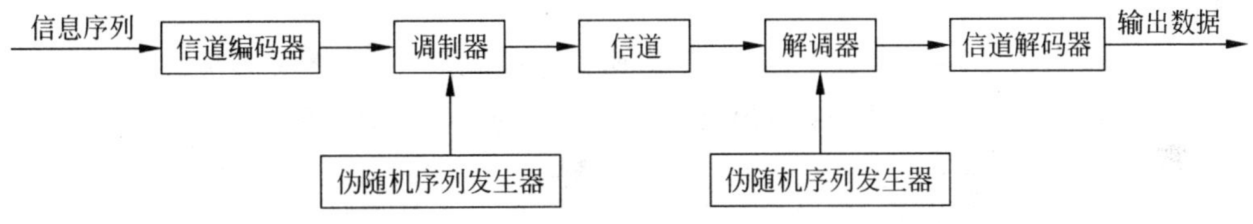

图 8-10 数字扩频通信系统基本方框图

为了正确地进行信号的扩频解扩处理，必须使接收机的本地 PN 序列与接收信号中所包含的 PN 序列建立时间同步。扩频通信系统按其工作方式的不同可分为下列几种：直接序列扩展频谱系统、跳频扩频系统、跳时扩频系统、混合式。

8.3.1 伪随机码产生

在扩频系统中，信号频谱的扩展是通过扩频码实现的。扩频系统的性能与扩频码的性能有很大关系，对扩频码通常提出下列要求：

- 易于产生；
- 具有随机性；
- 扩频码应该具有尽可能长的周期，使干扰者难以从扩频码的一小段中重建整个码序列；
- 扩频码应该具有双键自相关函数和良好的互相关特性，以利于接收时的捕获和跟踪，以及多用户检测。

扩频码中应用最广的是 m 序列，又称最大长度序列，其他的还有 Gold 序列、L 序列和霍尔序列等。

1. m 序列

一个 r 级二进制移位寄存器最多可以取 2^r 个不同的状态。对于线性反馈(模二加运算)，其中全零状态将导致反馈始终为零，成为一个全零状态列循环。若剩余的 2^r-1 个状态构成一个循环，即该循环以 $N=2^r-1$ 为周期，则称该循环输出序列为最大周期线性移位寄存器序列(简称 m 序列)。

不是任意的特征多项式对应的反馈连线都能够生成 m 序列。能够产生 m 序列的充要条件是其特征多项式必须为本原多项式(primitive polynomial),即 r 次特征多项式 $F(x)$同时满足3个条件:

(1) $F(x)$是不可约的(irreducible),即不能再进行因式分解。

(2) $F(x)$可整除 $1+x^N$,其余 $N=2^r-1$。

(3) $F(x)$除不尽 $1+x^q$,其中 $q<N$。

寻找本原多项式的计算较复杂,在MATLAB通信工具箱中提供了计算和判别本原多项式的函数,可计算的多项式次数 r 为2~16。

primpoly函数用于根据次数为 r 的多项式求取原多项式。其调用格式为:

pr=primpoly(r):得出所有 r 次本原多项式。

pr=primpoly(r,'min'):得出反馈抽头数量少(多项式非零系数最少)的 r 次本原多项式。

pr=primpoly(r,…,'max'):得出反馈抽头数量最大的 r 次本原多项式。

pr=primpoly(r,…,'all'):得出反馈所有抽头的 r 次本原多项式。

例如:

```
pr2 = primpoly(5,'min')                          %得出5阶4次本原多项式
Primitive polynomial(s) =
D^5+D^2+1
pr2 =
    37
>> pr2 = primpoly(5,'max')                       %得出5阶4次本原多项式
Primitive polynomial(s) =
D^5+D^4+D^3+D^2+1
pr2 =
    61
>> pr2 = primpoly(5,'all')                       %得出5阶4次本原多项式
Primitive polynomial(s) =
D^5+D^2+1
D^5+D^3+1
D^5+D^3+D^2+D^1+1
D^5+D^4+D^2+D^1+1
D^5+D^4+D^3+D^1+1
D^5+D^4+D^3+D^2+1
pr2 =
    37
    41
    47
    55
    59
    61
```

以上得出的多项式结果pr2的值都是用十进制表示的。如果需要用八进制或二进制表示,可用函数dec2base实现。其调用格式为:

```
str = dec2base(d,base) %base参数为指定进制数,d为指定的参数
```

例如:

```
>> str = dec2base(20,2)
```

```
str =                                          %20 的二进制形式
10100
>> str = dec2base(20,8)                        %20 的八进制形式
str =
24
```

如果给定多项式用整数表示，判别对应的是否为本原多项式，可通过 isprimitive 函数。其调用格式为：

isprimitive(a)：a 为指定多项式十进制系数表示。如果返回 1，则表明判断的多项式 a 为本原多项式；如果返回 0，则表明判断的多项式 a 非本原多项式。

如：

```
>> a = primpoly(3,'all');                      %本原多项式
Primitive polynomial(s) =
D^3+D^1+1
D^3+D^2+1
>> isp1 = isprimitive(a)                       %判断
isp1 =                                         %返回结果
     1
     1
>> isp1 = isprimitive(12)                      %12 为数值
isp1 =                                         %返回结果
     0
```

2. 伪随机数序列相关函数

周期为 N、取值$\{\pm1\}$的两电平序列$\{a|a_1,a_2,\cdots,a_N,a_{N+1},\cdots\}$和$\{b|b_1,b_2,\cdots,b_N,b_{N+1},\cdots\}$的互相关函数定义为：

$$R_{ab}(j)=\sum_{i=1}^{N}a_ib_{i+j}$$

以序列周期进行归一化后得到的互相关函数定义为：

$$\rho_{ab}(j)=\frac{1}{N}\sum_{i=1}^{N}a_ib_{i+j}$$

如果$\{a\}$、$\{b\}$为同一序列，则记 $R_{ab}(j)$为 $R_a(j)$，$\rho_{ab}(j)$为 $\rho_a(j)$，称为自相关函数和自相关系数。计算序列的相关函数时，应注意其周期性质，即对于周期为 N 的序列，有 $a_{N+b}=a_k$。

【例 8-3】 计算特征多项式为：

$$F(x)=x^9+x^6+x^4+x^3+1$$

的 m 序列的自相关函数。

对于周期为 N 的序列，其自相关系数是偶函数，即 $\rho(-j)=\rho(j)$，而且也是以 N 为周期的周期函数。周期为 N 的 m 序列自相关系数理论值为：

$$\rho(j)=\begin{cases}1, & j=kN\\ -\dfrac{1}{N}, & j\neq kN\end{cases},\quad k=0,1,2\cdots$$

其中，k 为整数，本例中 m 序列的周期为 $N=2^9-1=511$。先计算出一个周期的 m 序列，

再根据自相关系数的定义进行计算,计算中应注意将二制输出的m序列转换为取值{±1}的双极性序列,再求相关函数。其实现的MATLAB为:

```
>> clear all;
reg = ones(1,9);                                  %寄存器初始状态:全1,寄存器级数为9
coeff = [1 0 0 1 0 1 1 0 0 1];                    %抽头系数cr,…,c1,c0,取决于特征多项式
N = 2^length(reg) - 1;                            %周期
for k = 1:N                                       %计算一个周期的m序列输出
    a1 = mod(sum(reg.*coeff(1:length(coeff) - 1)),2);   %反馈系数
    reg = [reg(2:length(reg)),a1];                %寄存器位移
    out(k) = reg(1);                              %寄存器最低位输出
end
out = 2 * out - 1;                                %转换为双极性序列
for j = 0:N - 1
    rho(j + 1) = sum(out.*[out(1 + j:N),out(1:j)])/N;
end
j = -N + 1:N - 1;
rho = [fliplr(rho(2:N)),rho];
plot(j,rho);
axis([-10 10 -0.1 1.2]);
```

运行程序,效果如图8-11所示。

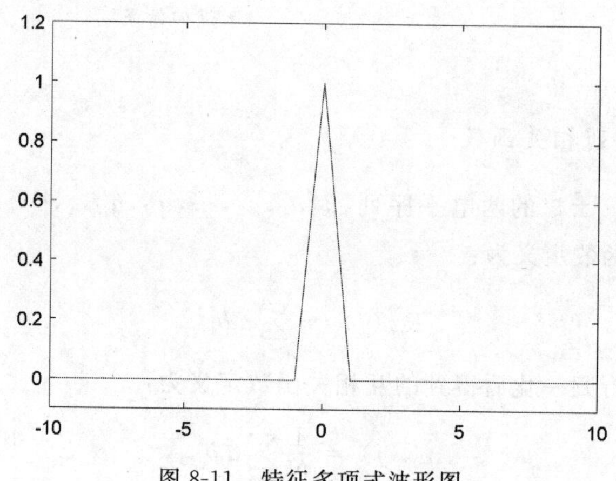

图8-11　特征多项式波形图

【例8-4】　计算$r=6$时本原多项式97和115(八进制表示)对应的两个m序列的互相关函数序列。

八进制97和115转换为二进制分别为1100001和1110011,对应m序列的特征多项式以向量形式表示为[1,1,0,0,0,0,1]和[1,1,1,0,0,1,1]。

其实现的MATLAB代码为:

```
>> clear all;
reg = ones(1,6);                                  %寄存器初始状态:全1,寄存器级数为9
coeff = [1,1,0,0,0,0,1];                          %抽头系数cr,…,c1,c0,取决于特征多项式
N = 2^length(reg) - 1;                            %周期
for k = 1:N                                       %计算一个周期的m序列输出
    a1 = mod(sum(reg.*coeff(1:length(coeff) - 1)),2);   %反馈系数
    reg = [reg(2:length(reg)),a1];                %寄存器位移
    out1(k) = 2 * reg(1) - 1;                     %寄存器最低位输出,转换为双极性序列
```

```
end
reg = ones(1,6);
coeff = [1,1,1,0,0,0,1,1];                          % 抽头系数
for k = 1:N                                          % 计算一个周期的m序列输出
    a1 = mod(sum(reg. * coeff(1:length(coeff) - 1)),2);     % 反馈系数
    reg = [reg(2:length(reg)),a1];                   % 寄存器位移
    out2(k) = 2 * reg(1) - 1;                        % 寄存器最低位输出,转换为双极性序列
end
% 得出两个双极性电平的m序列
for j = 0:N - 1
    R(j + 1) = sum(out1. * [out2(1 + j:N),out2(1:j)]);     % 相关指数计算
end
j = - N + 1:N - 1;                                   % 相关系数自变量
R = [fliplr(R(2:N)),R];                   % 自用相关系数的偶函数特性,计算j为负值的情况
plot(j,R);
axis([ - N N  - 20 20]);
xlabel('j'); ylabel('R(j)')
max(abs(R))                                          % 计算相关函数绝对值的最大值
```

运行程序,输出如下,效果如图8-12所示。

```
ans =
    17
```

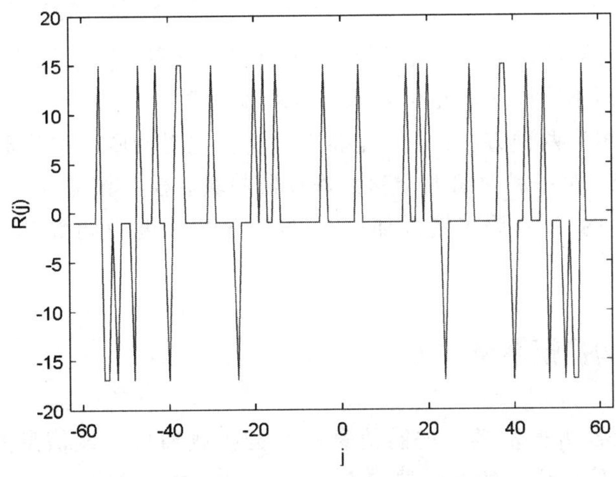

图8-12 两个m序列的互相关函数计算波形图

相同周期的不同m序列间的互相关函数绝对值的最大值$|R_{ab}|_{\max}$是不同的,互相关值越小越好。如果一对同周期的m序列的互相关值满足如下不等式,则称这对m序列构成一优选对:

$$|R_{ab}(j)|_{\max} \leqslant \begin{cases} 2^{\frac{r+1}{2}}+1, & r\text{为奇数} \\ 2^{\frac{r+2}{2}}+1, & r\text{为偶数,但不能被4整除} \end{cases}$$

3. Gold序列

虽然m序列具有良好的伪随机性和相关特性,且使用简单,但是m序列的个数相对

较少,很难满足作为系数地址码的要求。Gold码继承了m序列的许多优点,而可用码的个数又远大于m序列,是一种良好的码型。

Gold码是R. Gold提出的用优选对的复合码。所谓m序列优选对,是指在m序列集中,其互相关函数最大值的绝对值小于某个值的两条m序列。而Gold码是由两个长度相同、速率相同但码字不同的m序列优选对模2加后得到的,具有良好的自相关性及互相关特性。因为一对序列优选对可产生 2^r+1 对Gold码,所以Gold码的条数远远大于m序列。

Gold码具有三值互相关函数,其值为:

$$-\frac{1}{p}t(r),-\frac{1}{p},\frac{1}{p}[t(r)-2]$$

其中,

$$p=2^r-1$$

$$t(r)=\begin{cases}1+2^{\frac{r+1}{2}}, & r\text{为奇数}\\ 2^{\frac{r+2}{2}}+1, & r\text{为偶数,但不能被4整除}\end{cases}$$

当 r 为奇数时,Gold码族中约有50%的码序列归一化相关函数值为 $-\frac{1}{p}$。当 r 为偶数但又不是4的倍数时,约有75%的码序列归一化互相关函数值为 $-\frac{1}{p}$。

Gold码的自相关函数也是三值函数,但是出现的频率不同。另外,同族Gold码的互相关函数为三值,而不同族间的互相关函数是多值函数。

产生Gold码可有两种方法:一种是将对应于优选对的两个移位寄存器串联成 $2r$ 级的线性移位寄存器;另一种是将两个移位寄存器并联后模2相加。

在优选对产生的Gold码末尾添加一个0,使序列长度为偶数,即生成正交Gold码(偶数)。

8.3.2 直接序列扩频系统

假设采用BPSK方式发送二进制信息序列的扩频通信。设信息速率为 Rbps,码元间隔为 $T_b=1/R_s$,传输信道的有效带宽为 $B_c(B_c\gg R)$,在调制器中,将信息序列的带宽扩展为 $W=B_c$,载波相位以每秒 W 次的速率按伪随机序列发生器序列改变载波相位。这就是直接序列扩频。具体实现如下。

信息序列的基带信号表示为:

$$v(t)=\sum_{n=-\infty}^{+\infty}a_n g_T(t-nT_b)$$

其中,$a_n=\pm1$,$-\infty<n<+\infty$,$g_T(t)$为宽度为 T_b 的矩形脉冲。该信号与PN序列发生器输出的信号相乘,得到:

$$c(t)=\sum_{n=-\infty}^{+\infty}c_n p(t-nT_c)$$

其中,c_n 表示取值为±1的二进制PN序列,$p(t)$为宽度为 T_c 的矩形脉冲。

直扩信号的解调方框图如图 8-13 所示。接收信号先与接收端的 PN 序列发生器产生的与之同步的 PN 序列相乘，此过程称为解扩，相乘的结果可表示为：

$$A_c v(t)c^2(t)\cos 2\pi f_c t = A_c v(t)\cos 2\pi f_c t$$

由于 $c^2(t)=1$，因此解扩处理后的信号 $A_c v(t)\cos 2\pi f_c t$ 的带宽约为 R，与发送前信息序列的带宽相同。由于传统的解调器与解扩信号有相同的带宽，这样落在接收信息序列信号带宽的噪声成为加性噪声干扰解调输出。因此，解扩后的解调处理可采用传统的互相关器或匹配滤波器。

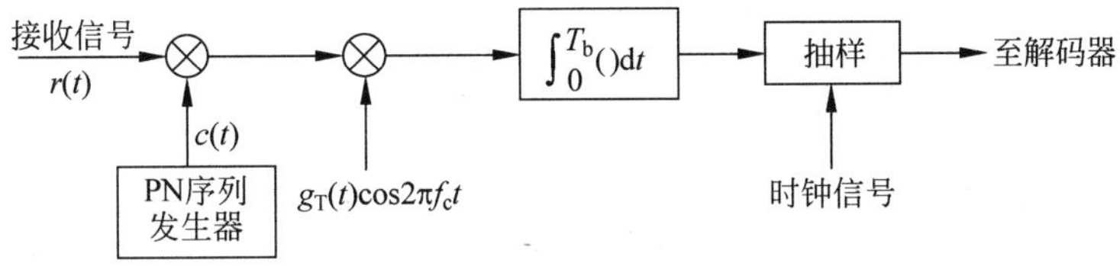

图 8-13　二进制信息序列扩频通信的解调

【**例 8-5**】 利用 MATLAB 仿真演示直扩信号抑制余弦干扰的效果。

1）建立仿真框图

根据直扩原理，采用如图 8-14 所示的系统进行仿真。

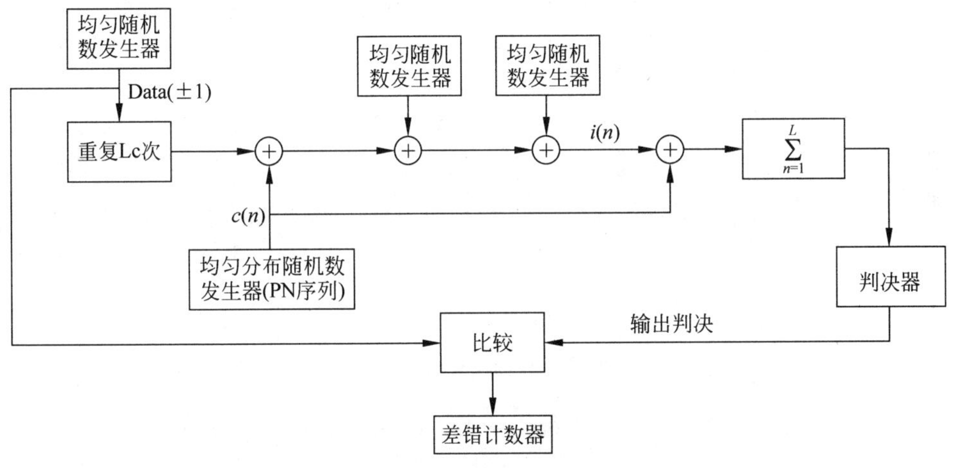

图 8-14　直扩信号抑制余弦干扰系统

首先由随机数发生器产生一系列二进制信息数据(±1)，每个信息比特重复 Lc 次，Lc 对应每个信息比特所包含的伪码片数，包含每一比特 Lc 次重复的序列与另一个随机数发生器产生的 PN 序列 $c(n)$ 相乘。然后在该序列上叠加方差 $\delta^2=N_0/2$ 的高斯白噪声和形式为 $i(n)=A\cos\omega_0 n$ 的余弦干扰，其中 $0<\omega_0<\pi$，且余弦干扰信号的振幅满足条件 $A<\mathrm{Lc}$。在解调器中进行与 PN 序列的互相关运算，并且将组成各信息比特的 Lc 个样本进行求和(积分运算)。加法器的输出送到判决器，将信号与门限值 0 进行比较，确定传送的数据为 +1 还是 −1，计数器用来记录判决器的错判数目。

2）MATLAB 实现

其实现的 MATLAB 程序代码如下：

```
>> clear all;
Lc = 20;                                          % 每比特码片数目
A1 = 3;                                           % 第一个余弦干扰信号的幅度
A2 = 7;                                           % 第二个余弦干扰信号的幅度
A3 = 12;                                          % 第三个余弦干扰信号的幅度
A4 = 0;                                           % 第四种情况,无干扰
w0 = 1;                                           % 以弧度表达的余弦干扰信号频率
SNRindB = 1:2:30;
for i = 1:length(SNRindB)                         % 计算误码率
    s_er_prb1(i) = li8_5_fun(SNRindB(i),Lc,A1,w0);
    s_er_prb2(i) = li8_5_fun(SNRindB(i),Lc,A2,w0);
    s_er_prb3(i) = li8_5_fun(SNRindB(i),Lc,A3,w0);
end
SNRindB4 = 0:1:8;
for i = 1:length(SNRindB4)                        % 计算无干扰情况下的误码率
     s_er_prb4(i) = li8_5fun(SNRindB4(i),Lc,A4,w0);
end
semilogy(SNRindB,s_er_prb1,'p-',SNRindB,s_er_prb2,'o-');
hold on;
semilogy(SNRindB,s_er_prb3,'v-',SNRindB4,s_er_prb4,'+-');
```

运行程序,效果如图 8-15 所示。

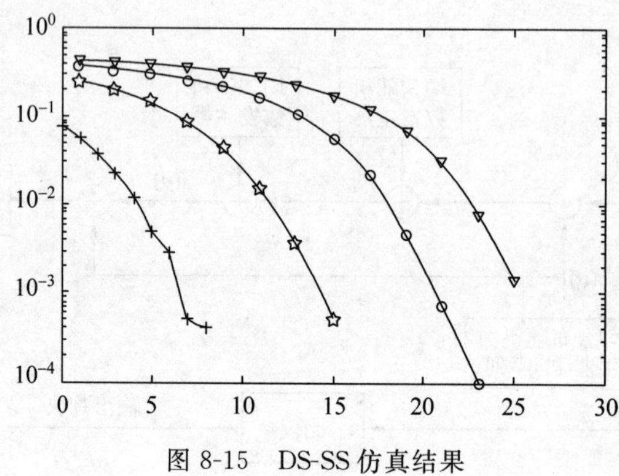

图 8-15　DS-SS 仿真结果

在运行程序过程中调用了自定义编写的 li8_5_fun. m 文件,其源代码如下:

```
function [p] = li8_5_fun(snr_in_dB,Lc,A,w0)
% 运算得出的误码率
snr = 10^(snr_in_dB/10);
sgma = 1;                                         % 噪声的标准方差设置为固定值
Eb = 2 * sgma^2 * snr;                            % 达到设定信噪比所需要的信号幅度
E_c = Eb/Lc;                                      % 每码片的能量
N = 10000;                                        % 传送的比特数目
num_of_err = 0
for i = 1:N
    temp = rand;
    if(temp<0.5),
        data = -1;
    else
        data = 1;
    end
```

```
    for j = 1:Lc                                        % 将其重复 Lc 次
        repeated_data(j) = data;
    end
    for j = 1:Lc                                        % 产生比特传输使用的 PN 序列
        temp = rand;
        if(temp < 0.5)
            pn_seq(j) = - 1;
        else
            pn_seq(j) = 1;
        end
    end
    trans_sig = sqrt(E_c) * repeated_data. * pn_seq;    % 发送信号
    noise = sgma * randn(1,Lc);                         % 方差为 sgma^2 的高斯白噪声
    n = (i - 1) * Lc + 1:i * Lc;                        % 干扰
    interference = A * cos(w0 * n);
    rec_sig = trans_sig + noise + interference;         % 接收信号
    temp = rec_sig. * pn_seq;
    decision_variable = sum(temp);
    if(decision_variable < 0)                           % 进行判决
        decision = - 1;
    else
        decision = 1;
    end
    if(decision~ = data)                                % 如果存在传输中的错误,计数器累加操作
        num_of_err = num_of_err + 1;
    end;
end;
p = num_of_err/N;
```

8.3.3 跳频扩频系统

跳频扩频系统将传输带宽 W 分为很多互不重叠的频率点，按照信号时间间隔在一个或多个频率点上发送信号，根据伪随机发生器的输出，传输的信号选择相应的频率点。即载波的频率在"跳变"，"跳变"的规则由伪随机序列决定。跳频系统发射和接收部分方框图如图 8-16 所示。跳频系统的数字调制方式可选择 B-FSK 或 M-FSK。如果采用 B-FSK 调制方式，调制器在某一时刻选择 f_0 和 f_1 这一对频率中的一个表示"0"和"1"进行传输。合成出的 B-FSK 信号发生器输出的载波频率为 f_c。然后再将这个频率变化的载波调制信号送入信道。从 PN 序列发生器中得到 $m$bit 就可以通过频率合成器产生 2^m-1 个不同频率载波。

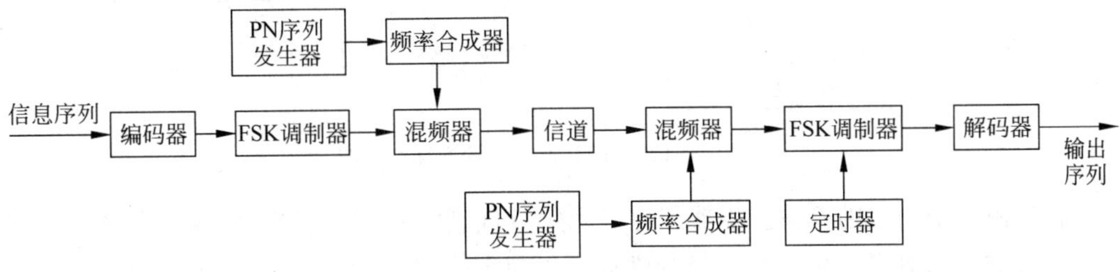

图 8-16 跳频系统发射和接收部分方框图

接收机有一个与发射部分相同的 PN 序列发生器,用于控制频率合成器输出的跳变载波与接收信号的载波同步。在混频器中将信号进行下变频完成跳频的解跳处理。中频信号通过 FSK 解调器解调输出信息序列。在无线信道情况下,要保持跳频频率合成器的频率同步和信道中产生的信号在跳变时的线性相位是很困难的。因此,跳频系统中通常选用非相干解调的 FSK 调制。

对于跳频通信系统的有效干扰之一就是部分边带干扰,设干扰占据信道带宽的比值为 α,干扰机制可以选取一个 α 值以实现最佳干扰,即误码率最大化。对于 BFSK/FH 通信系统,最佳的干扰方案为:

$$\alpha^* = \begin{cases} 2/\rho_b, & \rho_b \geqslant 2 \\ 1, & \rho_b < 2 \end{cases}$$

相应的误码率为:

$$P = \begin{cases} e^{-1}/\rho_b, & \rho_b \geqslant 2 \\ 0.5e^{-1}/\rho_b, & \rho_b < 2 \end{cases}$$

式中,$\rho_b = E_b/J_0$,E_b 为每比特能量,J_0 为干扰的功率谱密度。

【例 8-6】 采用非相干扰解调、平方律判决器(即包络判决器),利用 MATLAB 仿真 B-FSK/FH 系统在最严重的部分边带干扰下的性能。

1) 建立仿真框图

根据跳频通信系统原理及部分边带干扰机制,B-FSK/FH 系统在最严重的部分边带干扰下的性能仿真方框图如图 8-17 所示。

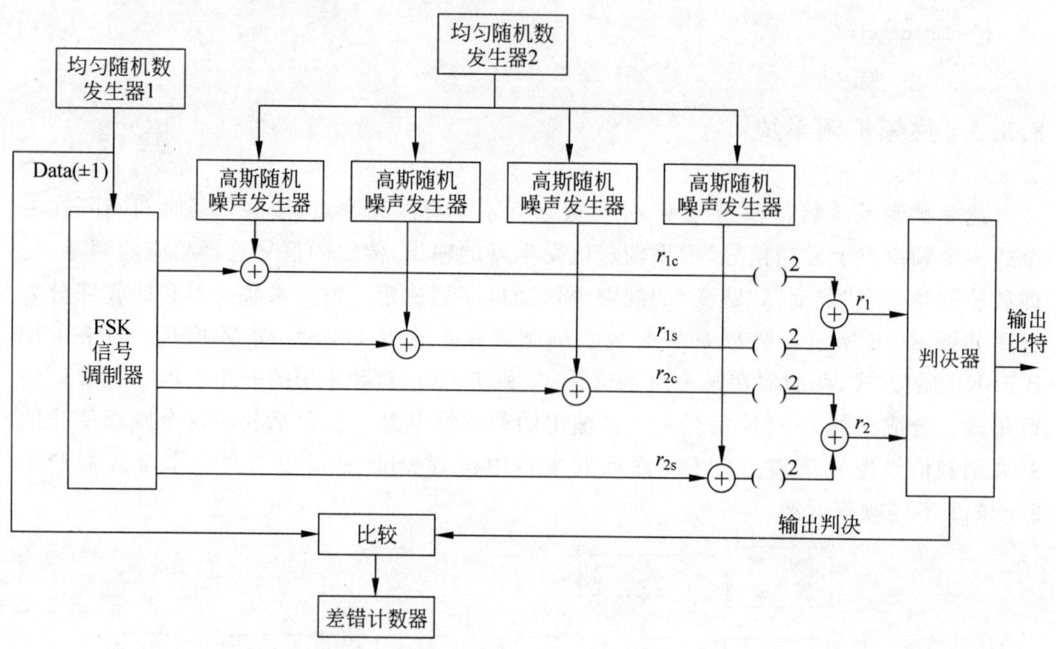

图 8-17　B-FSK/FH 系统性能仿真方框图

首先由一个均匀随机数发生器产生二元(0、1)信息序列作为 FSK 调制的输入。FSK 调制器的输出以概率 α($0<\alpha<1$)被加性高斯噪声干扰,第二个均匀随机数发生器用来确

定何时有噪声干扰信号，何时无干扰信号。

当噪声出现时，检测器的输出为(假设发送0)：

$$r_1 = (\sqrt{E_b}\cos\varphi + n_{1c})^2 + (\sqrt{E_b}\sin\varphi + n_{1s})^2$$

$$r_2 = n_{2c}^2 + n_{2s}^2$$

式中，φ 表示信道相移，E_b 为每比特能量，n_{1c}、n_{1s}、n_{2c}、n_{2c}表示加性噪声分量。当噪声出现时，有

$$r_1 = E_b, \quad r_2 = 0$$

因此，在检测器中无差错产生，每一个噪声分量的方差为 $\delta^2 = J_0/2\alpha$。为了处理方便，可以设 $\varphi=0$ 并且将 J_0 归一化为 $J_0=1$，从而 $\rho_b=E_b/J_0=E_b$。

2) MATLAB 实现

其实现的 MATLAB 程序代码如下：

```
>> clear all;
rho_b1 = 0:5:35;                                    % rho in dB 代表仿真的误码率
rho_b2 = 0:0.1:35;                                  % rho in dB 代表理论计算得出的误码率
for i = 1:length(rho_b1)
    s_err_prb(i) = li8_6_fun(rho_b1(i));            % 仿真误码率
end;
for i = 1:length(rho_b2)
    temp = 10 ^ (rho_b2(i)/10);
    if(temp > 2)
        t_err_rate(i) = 1/(exp(1) * temp);          % rho > 2 的理论误码率
    else
        t_err_rate(i) = (1/2) * exp( - temp/2);     % rho < 2 的理论误码率
    end
end
semilogy(rho_b1,s_err_prb,'rp',rho_b2,t_err_rate,' - ');
```

运行程序，效果如图 8-18 所示。

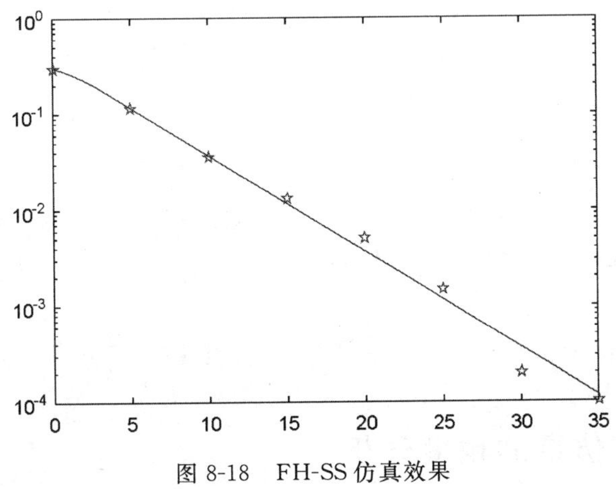

图 8-18 FH-SS 仿真效果

在运行程序过程中调用了用户自定义编写的 li8_6_fun.m 文件，其源代码如下：

```
function [p] = li8_6_fun(rho_in_dB)
% 子程序得出运算误码率，用 dB 值表示的信噪比为子程序的输入变量
```

```
rho = 10 ^ (rho_in_dB/10);
Eb = rho;                                      % 每比特能量
if(rho > 2)                                    % 如果 rho > 2 优化 alpha
    alpha = 2/rho;
else                                           % 如果 rho < 2 优化 alpha 结束
    alpha = 1;
end
sgma = sqrt(1/(2 * alpha));                    % 噪声标准方差
N = 10000;                                     % 传输的比特数
for i = 1:N                                    % 产生数据序列
    temp = rand;
    if(temp < 0.5)
        data(i) = 1;
    else
        data(i) = 0;
    end
end
for i = 1:N                                    % 查找接收信号
    if(data(i) == 0)                           % 传输信号
        r1c(i) = sqrt(Eb);r1s(i) = 0;
        r2c(i) = 0;r2s(i) = 0;
    else
        r1c(i) = 0;r1s(i) = 0;
        r2c(i) = sqrt(Eb);r2s(i) = 0;
    end
    if(rand < alpha)                           % 以概率 alpha 加入噪声并确定接收信号
        r1c(i) = r1c(i) + gngauss(sgma);
        r1s(i) = r1s(i) + gngauss(sgma);
        r2c(i) = r2c(i) + gngauss(sgma);
        r2s(i) = r2s(i) + gngauss(sgma);
    end
end
    num_of_err = 0;                            % 进行判决并计算错误数目
    for i = 1:N
        r1 = r1c(i)^2 + r1s(i)^2;              % 第一判决变量
        r2 = r2c(i)^2 + r2s(i)^2;              % 第二判决变量
        if(r1 > r2)
            decis = 0;
        else
            decis = 1;
        end
        if(decis~ = data(i))                   % 如果存在错误,计数器计数
            num_of_err = num_of_err + 1;
        end
    end
    p = num_of_err/N;                          % 计算误码率
```

8.4 蒙特卡罗仿真的精度分析

8.4.1 蒙特卡罗仿真次数和精度的关系

蒙特卡罗仿真方法本质上是在计算机上进行的随机试验和结果统计分析的过程。

试验次数越多,得到的数据样本就越多,那么根据这些样本所得出的统计结果精度和可信程度就越高。

设系统中某事件 A 在一次随机试验中可能发生,也可能不发生,将其发生概率 $P(A)$ 作为需要通过仿真来估计的参数,可以通过多次独立随机试验,统计这些试验中事件 A 的发生频率,当试验次数足够多时,就可以用频率来近似估计事件发生的概率。

对数据的准确度衡量可以用绝对精度和相对精度两种指标。设数据的准确值(真值)为 x_0,通过仿真得出的估计值为 $\hat{x}$,估计值 $\hat{x}$ 一般是一个服从某种分布的随机变量。如果有 $1-\alpha$ 的概率确认估计值 $\hat{x}$ 在某一区间 $[x_0-\Delta, x_0+\Delta]$,那么就将概率 $1-\alpha$ 称为置信概率或置信度,即对结果的可信程序。将区间 $[x_0-\Delta, x_0+\Delta]$ 称为置信区间,将置信区间长度的一半,即 Δ 称为绝对精度,而将绝对精度与真值之比 Δ/x_0 称为相对精度。

在进行仿真时,往往需要根据对仿真结果的精度和置信度要求来确定仿真次数,因为不合理的仿真次数会导致结果精度过低或过高的计算资源消耗。在使用蒙特卡罗方法进行仿真的一个重要问题是:给定对仿真结果的置信度以及绝对精度或相对精度指标要求,如何确定所需要的仿真次数。

1. 由置信度和绝对精度确定仿真次数

每次蒙特卡罗试验可以看成一次独立的伯努利试验。例如,通信中传输一个数据符号,传输可能是正确的,也可能是错误的;每次电话拨号,可能被接通,也可能占线;通过随机试验法求圆周率或圆面积,每次投下的点可能在圆周以内,也可能在圆外……。设一次独立的伯努利试验中事件 A 的概率为 p,那么 n 次独立的伯努利试验的事件发生次数 k 服从二项分布,其可能取值为 $0,1,\cdots,n$,n 次独立试验中事件 A 出现的次数恰为 k 次的概率是:

$$P_k(n,p)=\binom{n}{k}p^k(1-p)^{n-k}=\frac{n!}{k!(n-k)!}p^k(1-p)^{n-k}$$

如果以频率 k/n 作为概率 p 的估计,设允许绝对误差为 δ,则要求:

$$\left|\frac{k}{n}-p\right|<\delta$$

或:

$$np-n\delta<k<np+n\delta$$

其概率可计算为:

$$p_\delta=P(np-n\delta<k<np+n\delta p)=\sum_{k=\lceil np-n\delta\rceil}^{\lfloor np+n\delta\rfloor}P_k(n,p)$$

因此,给定置信度 p_δ 以及绝对精度 δ,可根据上式计算出需要进行仿真的最少次数 n。

然而,这样计算比较复杂,尤其当需要试验的次数 n 较大时,算式中的组合数计算就难以进行。这种情况下,可通过近似方法进行计算。

根据大数定理,当试验次数 $n\to\infty$ 时,试验中事件发生次数 k 服从均值为 np、方差为 $np(1-p)$ 的正态分布,即:

$$P\left(\left|\frac{k}{n}-p\right|<\delta\right)\approx\frac{1}{\sqrt{2\pi}}\int_a^b\exp\left(-\frac{x^2}{2}\right)\mathrm{d}x=\Phi(b)-\Phi(a)=2\Phi(b)$$

其中，

$$a = \frac{-n\delta}{\sqrt{np(1-p)}}, \quad b = \frac{n\delta}{\sqrt{np(1-p)}}$$

$\Phi(x) = \frac{1}{\sqrt{2\pi}}\int_0^x \exp\left(-\frac{t^2}{2}\right)\mathrm{d}t = \frac{1}{2}\mathrm{erf}(x/\sqrt{2})$ 是拉普拉斯函数。这样，给定置信度 $1-\alpha$ 和绝对精度 δ，以及事件的概率值 p，就可求解方程：

$$\mathrm{erf}\left(\frac{n\delta}{\sqrt{2np(1-p)}}\right) = 1-\alpha \tag{8-1}$$

得出最少仿真次数 n。如果事件的概率值 p 未知，则可用估计频率代替。

【例 8-7】 已知某通信系统的设计传输错误概率为 10^{-3}，为了至少有 95%的把握使仿真计算的传输错误率与错误概率真值之间的落差在 2×10^{-4} 范围之内，问至少需要进行多少次仿真(即传输多少个独立符号)？

求解式(8-1)得最少仿真次数为：

$$n = \frac{2p(1-p)}{\delta^2}(\mathrm{erfinv}(1-a))^2$$

其中，erfinv 是误差函数 erf 的反函数。代入题设参数，得出最少仿真次数为 95 940，发现错误数约为 95 个，此时的置信区间为$10^{-3}\pm2\times10^{-4}$。

实现的 MATLAB 代码为：

```
>> clear all;
del = 2e - 4;                                   %绝对误差
p = 1e - 3;                                     %设计误码率
alp = 0.05;                                     %显著性水平
n = floor(2 * p * (1 - p)/del ^ 2 * (erfinv(1 - alp))^2)
errnum = floor(n * p)
```

运行程序，输出如下：

```
n =
    95940                                       %需要仿真的次数
errnum =
    95                                          %出现误码率
```

除了利用正态分布来进行近似分析之外，还可以采用更精确的方法：泊松定理指出，在随机试验中事件的发生概率很小，而在试验次数很多的情况下，试验中事件的发生次数 k 近似服从参数 $\lambda=np$ 的泊松分布，即：

$$P_k(n,p) \approx \frac{(np)^k}{k!}\exp(-np)$$

因此，

$$P\left(\left|\frac{k}{n}-p\right|<\delta\right) \approx \sum_{k=\lceil np-n\delta\rceil}^{\lfloor np+n\delta\rfloor}\frac{(np)^k}{k!}\exp(-np) = F(np+n\delta)-F(np-n\delta)$$

其中，$F(x)$是参数为 λ 的泊松概率分布函数，定义为：

$$F(x) = P(k<x) = \sum_{i=0}^{\lfloor x\rfloor}\frac{\lambda^i}{i!}\exp(-\lambda)$$

【例 8-8】 在例 8-7 的仿真系统中，设计传输错误率为10^{-3}，置信区间为$10^{-3}\pm 2\times 10^{-4}$，总独立传输符号数为 95 940 次，请问对仿真结果的置信度可达到多少(分别用泊松分布和正态分布对之进行近似)?

其实现的 MATLAB 代码为：

```
>> clear all;
del = 2e - 4;                                    % 绝对误差
p = 1e - 3;                                      % 设计误码率
n = 95940;                                       % 仿真次数
p_del_p = poisscdf(n * p + n * del, n * p) - poisscdf(n * p - n * del, n * p)
p_del_n = normcdf(n * p + n * del, n * p, sqrt(n * p * (1 - p))) - normcdf(n * p - n * del, n * p,
sqrt(n * p * (1 - p)))
```

运行程序，输出如下：

```
p_del_p =
    0.9538
p_del_n =
    0.9500
```

显然，以泊松分布进行计算得出的置信度较高，但用正态分布进行计算得出的结果精度也能满足要求。

2. 由置信度和相对精度确定仿真次数

问题同前，但这里给定仿真的相对精度要求 $r=\delta/p$，即 $\delta=pr$，将之代入式(8-1)，得到相对精度下的最小仿真次数为：

$$n=\frac{2(1-p)}{pr^2}(\mathrm{erfinv}(1-a))^2$$

如果给定仿真次数和置信度，则仿真结果的相对精度也可计算出来，为：

$$r=\sqrt{\frac{2(1-p)}{pn}}\mathrm{erfinv}(1-a)$$

注意，当概率 p 很小(例如对通信传输误码率的仿真情况)时，式(8-1)近似为：

$$r\approx\sqrt{\frac{2}{pn}}\mathrm{erfinv}(1-a) \tag{8-2}$$

其中，pn 的物理意义是 n 次试验中事件出现的平均次数(例如，传输 n 的独立符号后观察到的平均误码出现次数)。在统计误码率时，出现的误码数越多，则统计结果的相对精度就越高。对应的相对精度的置信区间为$[p(1-r),p(1+r)]$。

【例 8-9】 试根据式(8-2)画出置信度为 89%、95%和 99%条件下试验中事件发生次数 pn 与相对精度 r 之间的关系曲线。

其实现的 MATLAB 代码为：

```
>> clear all;
alp = [0.11 0.05 0.01];
pn = [1 10 100 1000 10000 100000]';
for i = 1:3,
    r(:,i) = sqrt(2./pn). * erfinv(1 - alp(i));
```

```
end
loglog(pn,r,'-+');
legend('置信度为 89%','置信度为 95%','置信度为 99%');
xlabel('多试验中事件发生的次数 np');
ylabel('相对精度 r');
```

运行程序,效果如图 8-19 所示。图中上方斜线置信度为 99%,中间斜线置信度为 95%,下方斜线置信度为 89%。由图可知,如果要求试验结果的相对精度提高,那么就要使试验中观察到事件的发生次数呈平方数量级增加。在事件发生概率较小的情况下(如对传输错误率的仿真中),将导致总试验次数过分增多,这种情况下蒙特卡罗法的效果将严重下降。

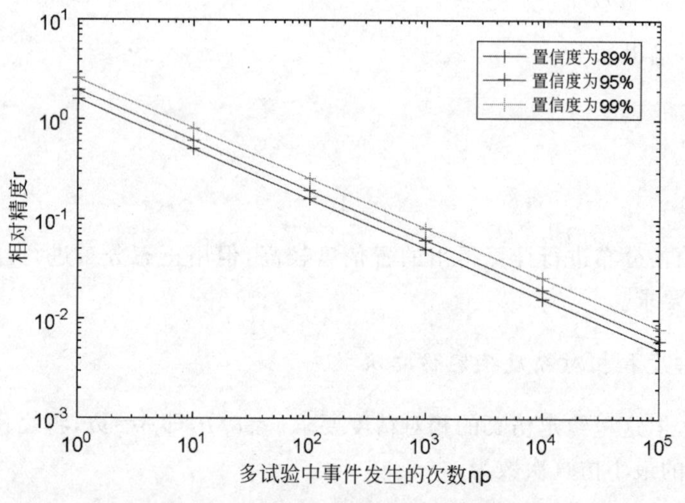

图 8-19　pn 与相对精度 r 之间的曲线

8.4.2　蒙特卡罗仿真次数的序贯算法

设一次伯努利试验中事件 A 发生的概率为 p,随机变量 X 的取值依试验中事件 A 发生与否而取 1 或 0。那么,其均值和方差为:

$$E(X) = p$$

$$\mathrm{Var}(X) = p(1-p)$$

如果将 n 次独立的伯努利试验视为一次蒙特卡罗试验,并将其中事件 A 的发生频率作为试验结果,则试验结果是一个随机变量 $Y = \sum_{i=1}^{n} X_i/n$,其均值和方差为:

$$E(Y) = p$$

$$\mathrm{Var}(Y) = \frac{\mathrm{Var}(X)}{n} = \frac{p(1-p)}{n} \tag{8-3}$$

通常,一次蒙特卡罗试验所得出的试验结果样本 Y 的方差可以计算出来或由试验样本估计出来。那么,如何在给定仿真精度要求和置信度要求的情况下确定仿真所需的最小次数呢?当一次蒙特卡罗试验中含有的独立伯努利试验次数 n 足够大时,根据大数定理,其输出的试验结果样本 Y 可认为服从正态分布。

设 N 次蒙特卡罗试验所得出的试验结果样本是$\{y_1,y_2,\cdots,y_N\}$，则根据这 N 个样本对随机变量 Y 的均值估计问题是一个关于正态分布的期望区间的估计问题，给定置信度 $1-\alpha$ 的置信区间为：

$$\bar{y} \pm \frac{s}{\sqrt{N-1}} t_{\frac{\alpha}{2}} \tag{8-4}$$

其中，$\bar{y}=\frac{1}{N}\sum_{i=1}^{N} y_i$ 是样本平均，$s=\sqrt{\frac{1}{n}\sum_{i=1}^{n}(y_i-\bar{y})^2}$ 是样本标准差，$t_{\frac{\alpha}{2}}$ 为自由度是 $N-1$ 的 t 分布上的 $\alpha/2$ 分位点。由绝对精度和相对精度的定义，样本平均的绝对精度是仿真次数和置信度的函数，为：

$$\delta(N,\alpha)=\frac{s}{\sqrt{N-1}} t_{\frac{\alpha}{2}}$$

相对精度就是：

$$r(N,\alpha)=\frac{\delta(N,\alpha)}{|\bar{y}|}$$

为了得到要求的仿真精度，需要在仿真之前确定所需的最少仿真次数 N。然而，绝对精度和相对精度的计算需要知道样本 Y 的样本平均和样本标准差，一般情况下这在仿真进行之前是无法确定的，因此最少的仿真次数并不能在仿真之前确定。所以，一种实现的办法是：首先设定一个基本的仿真运行次数 N；执行完后检验所得样本分布并计算仿真结果的精度，看是否达到要求；如果不满足要求，则继续执行下一次仿真并再次检验和计算仿真结果的精度，直到精度达到要求时停止仿真。这就是蒙特卡罗仿真次数的序贯算法，具体过程如下。

第一步：确定基本运行次数 N_0、最大运行次数 $N_{\max}$、要求的绝对精度 δ、相对精度 r 以及置信度 $1-\alpha$。

第二步：置仿真次数计数器 $n:=N_0$。执行蒙特卡罗仿真 N_0 次，得到试验样本$\{y_1,y_2,\cdots,y_{N_0}\}$。

第三步：判断所得试验样本是否接近正态分布(可用前述的概率分布检验方法)。如果样本不是正态的，则转第四步；如果判断样本是接近正态分布的，那么计算：

$$A_n=\sum_{i=1}^{n} y_i,\quad B_n=\sum_{i=1}^{n} y_i^2$$

然后跳转至第五步。

第四步：再执行仿真一次，得到一个新的试验样本 y_{n+1}，并使仿真次数计数器加 1，$n:=n+1$，进行判断，若 $n>N_{\max}$，则认为算法失效并终止仿真，否则转第三步。

第五步：计算当前的样本均值、样本方差、绝对精度、相对精度，并与给定的精度要求进行比较。

$$\bar{y}(n)=\frac{A_n}{n}$$

$$s(n)=\sqrt{\frac{B_n-n[\bar{y}(n)]^2}{n}}$$

$$\delta(n,\alpha)=\frac{s}{\sqrt{n-1}} t_{\frac{\alpha}{2}}$$

$$r(n,\alpha) = \frac{\delta(n,\alpha)}{|\ \overline{y}(n)\ |}$$

如果精度满足要求,即 $0<\delta(n,\alpha)\leqslant\delta$ 且 $0<r(n,\alpha)\leqslant r$,或当前仿真次数 $n>N_{\max}$,则终止仿真,并输出计算结果的置信区间 $\overline{y}(n)\pm\delta(n,\alpha)$。否则,执行下一步。

第六步:执行仿真一次,得到一个新的试验样本 y_{n+1},然后计算:

$$A_{n+1} = A_n + y_{n+1},\quad B_{n+1} = B_n + y_{n+1}^2$$

并增加仿真计数器的值:

$$n:= n+1$$

然后转至第五步。

8.5 仿真结果数据处理

实际中,往往需要对试验或实际系统测试得出的数据样本进行进一步研究和分析,以便从这些样本数据中找出某些规律,得出这些规律的经验公式,或通过样本数据对系统的某些理论参数进行估计等。

在仿真或实际系统试验中,往往先改变系统的条件参数(例如激励信号、改变信道噪比等),然后测试得出一系列结果(例如解调波形失真度、信噪比改善、传输错误率等),从而研究系统条件参数与结果之间的关系。这样就可以将测试结果看成条件参数的函数。由于不可能对所有的条件参数都进行试验,因此所得到的测试样本数据结果也就是以输入条件参数为自然变量的函数上的一些离散样值点。为了在这些样本数据的基础上估计出不在样本点位置上的其他条件参数处的函数值,就需要进行数据的插值处理,以得出通过这些样本点的一条连续的函数曲线。

拟合和插值都是根据离散的样本点数据得出连续函数曲线的过程。它们的不同之处在于:插值得出的曲线是经过样本点的,而拟合得到的曲线并不保证每个样本点都在曲线上,而是以保证曲线与样本点之间的整体拟合误差最小为优化目标的。

8.5.1 插值

设函数 $y=f(x)$ 未知,但已知该函数在若干离散点 $x_1,x_2,\cdots,x_n$ 处的取值 $y_1,y_2,\cdots,y_n$,则由这些样本点 (x_i,y_i),$i=1,2,\cdots,n$ 获得该函数在其他点上取值的方法称为插值方法。如果插值点在给定离散点取值范围内,则称为内插,否则称为外插。

插值算法有多种,例如线性插值(linear)、最近点插值(nearest)、三次样条插值(spline)、三次 Hermite 插值(pchip)、FFT 滤波插值等。线性插值方式以相邻样本之间的连线作为近似曲线,最近点插值则直接用最邻近的样值作为插值结果,三次样条插值以样条曲线作为近似,三次 Hermite 插值以三次曲线作为近似,FFT 滤波插值通过对样本值进行 FFT 变换和反变换来得出均匀间隔的离散点样值。一般来说,对于函数是光滑连续曲线的情况,以三次样条插值得到的结果比较理想,对于通信信号滤形,也可以通过 FFT 滤波插值来获得指定采样率的等间隔采样结果。

在 MATLAB 中提供了 interp1 函数实现一维插值,该函数的调用格式为:

yi=interp1(x,Y,xi)：对一组节点(x,Y)进行插值，计算插值点 xi 的函数值。X 为节点向量值，Y 为对应的节点函数值。如果 Y 为矩阵，则对 Y 的每一列进行插值；如果 Y 的维数超过 x 或 xi 的维数，则返回 NaN。

yi=interp1(Y,xi)：默认 x=1:n，n 为 Y 的元素个数值。

yi=interp1(x,Y,xi,method)：method 为指定的插值使用算法，默认为线性算法。其值可以取以下几种类型：nearest，线性最邻近项插值；linear，线性插值(默认项)；spline，三次样条插值；pchip，分段三次埃尔米特(Hermite)插值；cubic：双三次插值。

这几种方法在速度、平滑性、内存使用方面有所区别，在使用时可以根据需要进行选择：

(1) 线性最邻近项插值法是最快的方法，但是利用它得到的结果平滑性最差。

(2) 线性插值法要比线性最邻近项插值法占用更多的内存，运行时间略长。与线性最邻近项插值法不同，它生成的结果是连续的，但在顶点处会有坡度变化。

(3) 双三次插值法需要更多内存，而且运行时间比最邻近法和线性插值法要长。但是，使用此方法时插值数据及其导数都是连续的。

(4) 三次样条插值法的运行时间相对来说最长，内存消耗比双三次插值法略少。它生成的结果平滑性最好。但是，如果输入数据不太均匀，可能会得到意想不到的结果。

所有的插值方法要求 x 的元素是单调的，可不等距。当 x 的元素单调、等距时，使用 * linear、* nearest、* cubic、pchip 或 spline 选项可快速得到插值结果。

yi=interp1(x,Y,xi,method,'extrap')：利用指定的方法对超出范围的值进行外推计算。

yi=interp1(x,Y,xi,method,extrapval)：返回标量 extrapval 为超出范围值。

pp=interp1(x,Y,method,'pp')：利用指定的方法产生分段多项式。

【例 8-10】 已知数据样本来自于函数 $f(x)=\frac{1}{1+16x^2}(x\in[-1,1])$其中一些点：

$$x \in \{-1, -0.5, -0.1, 0, 0.4, 0.8\}$$

上的值。试用各种插值法得出 $x\in[-1,1]$间隔为 0.06 的点上的函数取值，并绘制曲线。

其实现的 MATLAB 代码为：

```
>> clear all;
x = -1:0.01:1;
y = 1./(1 + 16 * x.^2);
plot(x,y,'k');                                   %原始函数曲线
hold on;
xs = [-1 -0.5 -0.1 0 0.4 0.8];                   %样本点
ys = 1./(1 + 16 * xs.^2);
plot(xs,ys,'ro');
xi = -1:0.07:1;                                  %插值位置
yi = interp1(xs,ys,xi,'linear','extrap');        %线性插值,并外插
plot(xi,yi,'-.');
yi = interp1(xs,ys,xi,'nearest');                %邻近点插值
plot(xi,yi,'.');
yi = interp1(xs,ys,xi,'pchip');                  %立方插值
plot(xi,yi,'+');
yi = interp1(xs,ys,xi,'spine');                  %样条插值
plot(xi,yi,'s');
```

```
legend('原始函数 y=f(x)','样本点','线性插值','邻近点插值','立方插值','样条插值');
grid on;
```

运行程序,效果如图 8-20 所示。

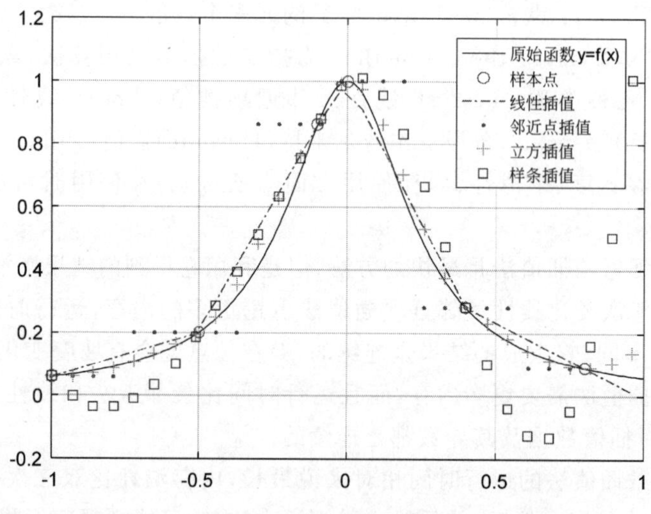

图 8-20　不同插值方法效果图

由图 8-20 可看出,实例中立方插值(三次 Hermite 插值)的结果最好。样条插值在外插部分误差较大,这说明插值结果不能盲目相信,需要根据物理概念和进一步的试验来检验,特别是对于外插所得到的数据,更要小心处理。

8.5.2　拟合

插值函数必须通过所有样本点,然而在某些情况下,样本点的取得本身就包含实验中的测量误差,这一要求无疑保留了这些测量误差的影响,满足这一要求虽然使样本点处"误差"为零,但会使非样本点处的误差变得过大,很不合理。为此,提出了另一种函数逼近方法——数据拟合。数据拟合不要求构造的近似函数全部通过样本点,而是"很好逼近"它们。这种逼近的特点有:需要适当的精度控制;由于一些人为与非人为因素实验数据中存在着小的误差;对于一些问题,存在某些特殊信息能够帮助我们从实验数据中建立数学模型。

1. 多项式拟合

在科学实验与工程实践中,经常进行测量数据$\{(x_i,y_i),i=0,1,\cdots,m\}$的曲线拟合,其中 $y_i=f(x_i),i=0,1,\cdots,m$。要求一个函数 $y=S^*(x)$与所给数据$\{(x_i,y_i),i=0,1,\cdots,m\}$拟合,若记误差 $\delta_i=S^*(x_i)-y_i,i=0,1,\cdots,m,\delta=(\delta_0,\delta_1,\cdots,\delta_m)^{\mathrm{T}}$,设 $\varphi_0,\varphi_1,\cdots,\varphi_n$ 是 $C[a,b]$上的线性无关函数簇,在 $\varphi=\mathrm{span}\{\varphi_0(x),\varphi_1(x),\cdots,\varphi_n(x)\}$中找一函数 $S^*(x)$,使误差平方和:

$$\|\delta\|^2=\sum_{i=0}^{m}\delta_i^2=\sum_{i=0}^{m}[S^*(x_i)-y_i]^2$$

其中，

$$S(x)=a_0\varphi_0(x)+a_1\varphi_1(x)+\cdots+a_n\varphi_n(x),\quad n<m$$

在 MATLAB 中提供了 polyfit 函数用于实现曲线拟合。其调用格式如下：

p=polyfit(x,y,n)：对 x 与 y 进行 n 维多项式的曲线拟合，输出结果 p 为含有 n+1 个元素的行向量，该向量以维数递减的形式给出拟合多项式的系数。

[p,S]=polyfit(x,y,n)：结果中的 S 包括 R、df 与 normr，分别表示对 x 进行 OR 分解的三角元素、自由度、残差。

[p,S,mu]=polyfit(x,y,n)：在拟合过程中，首先对 x 进行数据标准化处理，以在拟合中消除量纲等的影响，mu 包含两个元素，分别是标注化处理过程中使用的 x 的均值与标准差。

【例 8-11】 已知数据点来自函数 $f(x)=1/(1+25x^2)$，$-1\leqslant x\leqslant 1$，根据生成的数据点进行不同阶次的多项式的拟合，观察拟合效果。

其实现的 MATLAB 代码如下，程序运行效果如图 8-21 所示。

```
>> clear all;
x0 = -1 + 2 * [0:10]/10;
y0 = 1./(1 + 25 * x0.^2);
x1 = -1:0.01:1;
y1 = 1./(1 + 25 * x1.^2);
p0 = polyfit(x0,y0,3); f0 = polyval(p0,x1);      % 多项式的 3 次拟合
p1 = polyfit(x0,y0,5);f1 = polyval(p1,x1);       % 多项式的 5 次拟合
p2 = polyfit(x0,y0,7);f2 = polyval(p2,x1);       % 多项式的 7 次拟合
p3 = polyfit(x0,y0,9);f3 = polyval(p3,x1);       % 多项式的 9 次拟合
p4 = polyfit(x0,y0,12);f4 = polyval(p4,x1);      % 多项式的 12 次拟合
plot(x1,y1,'r',x1,f0,'m:',x1,f1,x1,f2,'k-.',x1,f3,'bp',x1,f4,'gs');
legend('原函数','3 次拟合','5 次拟合','7 次拟合','9 次拟合','12 次拟合');
```

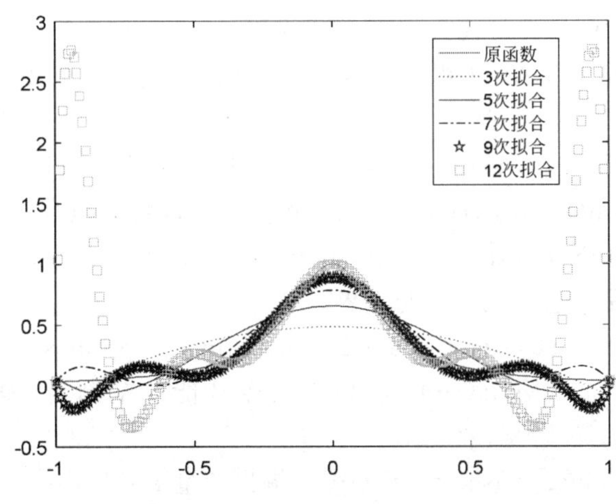

图 8-21 各阶多项式拟合效果

指数函数拟合是利用指数函数 $y=f(x)=e^{ax+b}$ 对观测数据进行拟合，使误差平方和最小。MATLAB 对指数函数拟合没有提供专门的函数支持，通常利用一阶多项式拟合来解决指数函数拟合问题。

2. 最小二乘拟合

设由测量得到函数 $y=f(x)$ 的一组数据为 $x_1,x_2,\cdots,x_n$ 与 $y_1,y_2,\cdots,y_n$。

求一个次数低于 $n-1$ 的多项式为:

$$y=\varphi(x)=a_0+a_1x+a_2x^2+\cdots+a_mx^m,\quad m<n-1$$

其中,$a_1,a_2,\cdots,a_m$ 待定,使其“最好”地拟合这组数据,“最好”的标准是:使得 $\varphi(x)$ 在 x_i 的偏差:

$$\delta_i=\varphi(x_i)-y_i,\quad i=1,2,\cdots,n$$

的平方和:

$$Q=\sum_{i=1}^{n}\delta_i^2=\sum_{i=1}^{n}[\varphi(x_i)-y_i]^2$$

达到最小。

由于拟合曲线 $y=\varphi(x)$ 不一定过点 (x_i,y_i),因此,将点 (x_i,y_i) 代入 $y=\varphi(x)$,便得到以 $a_1,a_2,\cdots,a_m$ 为未知量的矛盾方程组,其矩形形式为:

$$Ax=b$$

其中,

$$A=\begin{bmatrix}1 & x_1 & x_1^2 & \cdots & x_1^m\\ 1 & x_2 & x_2^2 & \cdots & x_2^m\\ \vdots & \vdots & \vdots & \ddots & \vdots\\ 1 & x_n & x_n^2 & \vdots & x_n^m\end{bmatrix},\quad x=\begin{bmatrix}a_0\\ a_1\\ \vdots\\ a_m\end{bmatrix},\quad b=\begin{bmatrix}y_1\\ y_2\\ \vdots\\ y_n\end{bmatrix}$$

那么以上方程的最小二乘解,也就是正则方程组:

$$A^{\mathrm{T}}AX=A^{\mathrm{T}}b$$

的解。

由此方程组得到的唯一解代入拟合多项式 $y=\varphi(x)$,即得所求,以上便称为拟合曲线的最小二乘。在 MATLAB 中提供了 lsqcurvefit 函数用于实现线性曲线的最小二乘拟合。其调用格式如下:

x=lsqcurvefit(fun,x0,xdata,ydata):fun 为拟合函数;(xdata,ydata)为一组观测数据,满足 ydata=fun(xdata,x);以 x0 为初始点求解该数据拟合问题。

x=lsqcurvefit(fun,x0,xdata,ydata,lb,ub):以 x0 为初始点求解该数据拟合问题,lb、ub 为向量,分别是变量 x 的下界与上界。

x=lsqcurvefit(fun,x0,xdata,ydata,lb,ub,options):options 为指定优化参数。

[x,resnorm]=lsqcurvefit(…):在以上命令功能的基础上,输出变量 resnorm= $\|r(x)\|_2^2$。

[x,resnorm,residual]=lsqcurvefit(…):输出变量 residual=r(x)。

[x,resnorm,residual,exitflag]=lsqcurvefit(…):exitflag 为终止迭代的条件信息。

[x,resnorm,residual,exitflag,output]=lsqcurvefit(…):output 为输出关于变量的信息。

[x,resnorm,residual,exitflag,output,lambda]=lsqcurvefit(…):lambda 为输出的 Lagrange 乘子。

[x,resnorm,residual,exitflag,output,lambda,jacobian]=lsqcurvefit(…)：jacobian为输出在解 x 处的 Jacobian 矩阵。

【例 8-12】 已知数据样本来自于函数 $f(x)=\dfrac{1}{1+16x^2}(x\in[-1,1])$其中一些点：

$$x \in \{-1:0.35:1\}$$

上的值。试用最小二乘法拟合得出 $x\in[-1,1]$上的经验公式，并绘制出拟合曲线和原始函数曲线对比。假设已知的函数原型为：

$$\hat{y} = f_1(a,x) = a_1x^5 + a_2x^4 + a_3x^3 + a_4x^2 + a_5x + a_6$$

或：

$$\hat{y} = f_2(a,x) = \frac{a_1}{a_2 + a_3x^2}$$

根据需要建立的函数原型 M 文件为：

```
function yh = fun1(a,x)
yh = a(1) * x.^5 + a(2) * x.^4 + a(3) * x.^3 + a(4) * x.^2 + a(5) * x + a(6);
```

其实现的 MATLAB 代码如下，程序运行效果如图 8-22 所示。

```
>> clear all;
x = -1:0.01:1;
y = 1./(1 + 16 * x.^2);
plot(x,y,'k');                                      %原始函数曲线
hold on;
xs = -1:0.35:1;                                     %样本点
ys = 1./(1 + 16 * xs.^2);
plot(xs,ys,'o');
py = polyfit(xs,ys,5);
yt = polyval(py,x);                                 %多项式拟合曲线
plot(x,yt,'-.');
[aq,Jm] = lsqcurvefit(@fun1,[1,1,1,1,1,1],xs,ys);   %最小二乘法拟合
yt = fun1(aq,x);
plot(x,yt,'.');
legend('原始函数 y = f(x)','样本点','多项式拟合曲线','最小二乘拟合');
grid on;
```

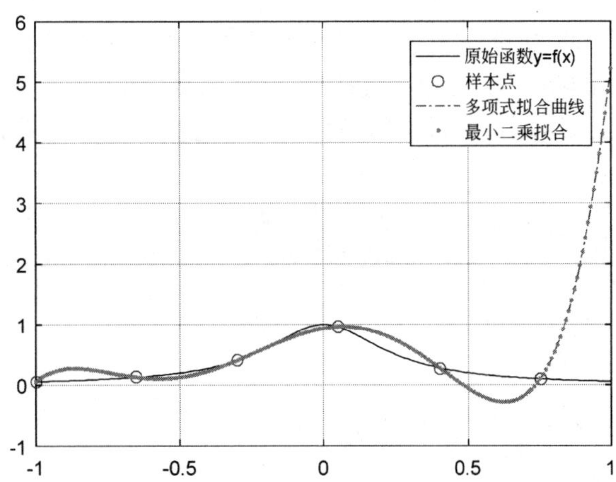

图 8-22 用 5 阶多项式作为拟合原型函数的拟合效果

以另一个函数作为函数原型拟合。根据需要建立的函数原型 M 文件为：

```
function yh = fun2(a,x)
yh = a(1)./(a(2) + a(3). * x.^2);
```

实现的 MATLAB 代码如下,程序运行效果如图 8-23 所示。

```
>> clear all;
x = -1:0.01:1;
y = 1./(1 + 16 * x.^2);
plot(x,y,'k');                                     %原始函数曲线
hold on;
xs = -1:0.35:1;                                    %样本点
ys = 1./(1 + 16 * xs.^2);
plot(xs,ys,'o');
[aq,Jm] = lsqcurvefit(@fun2,[1.1 0.9 8],xs,ys);   %最小二乘法拟合
yt = fun2(aq,x);
plot(x,yt,'.');
legend('原始函数 y = f(x)','样本点','最小二乘拟合');
grid on;
```

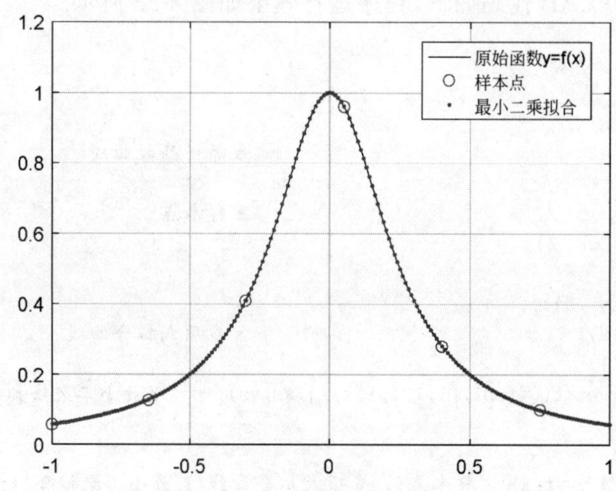

图 8-23　以样本产生函数作为原型的拟合效果图

由图 8-22 和图 8-23 可知,采用多项式作为拟合原型函数时,拟合结果类似于多项式拟合的结果,如果采用与样本产生函数相同的原型函数,则可以得出极为准确的拟合结果。不过,对于多元函数,拟合所得出的函数系数值随初始系数猜测值不同而可能不同,拟合结果不是唯一的。

第9章 通信系统的实际应用

前面已从 MATLAB 及 Simulink 两方面介绍了通信系统，本节概括介绍通信系统在 MATLAB 中的应用。

9.1 设计通信系统

9.1.1 设计通信系统的发射机

1. 利用直接序列扩频技术设计发射机

直接序列扩频通信系统的发射机如图 9-1 所示。

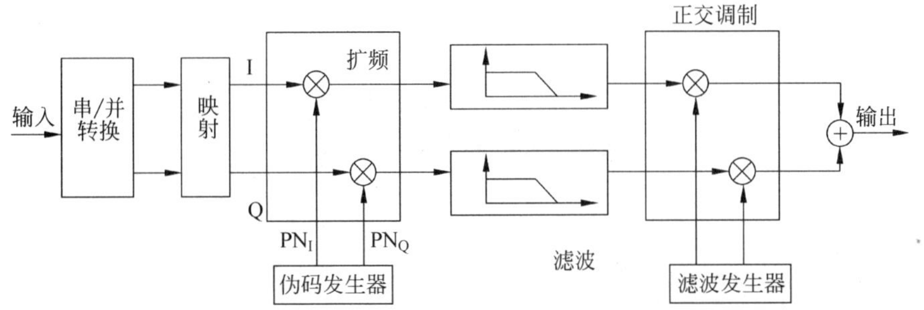

图 9-1 扩频通信系统发射机框图

1）串/并转换

本书采用正交调制方式，所以要进行串/并转换分成 I、Q 两路，同时为了消除相位模糊，可以加入差分编码。

2）映射

差分编码后出来的 I 路和 Q 路数据是由 0 和 1 组成的，需要把 I 路和 Q 路数据联合映射到星座图上的点。

3）扩频

将 I、Q 两路数据分别与伪码产生器的伪码相乘，得到新的数据速率为伪码速率的二进制基带数据，起到扩展频谱的作用。

4）滤波

数字信号在传输时需要一定的带宽。为了经济地利用频带资源，希望信号占用的频带尽可能窄，并且频谱间不应引起码间干扰（ISI），这就需要对数字信号进行频谱成型滤波。

5）正交调制

I 路和 Q 路信号分别与两个正交的载波信号相乘，将频谱搬移到便于传输的中频段，再将两者相加。

2. 利用 IS-95 前向链路技术设计发射机

在 IS-95 CDMA 系统中，信号在信道中是以帧的形式来传送的，帧结构随着信道种类的不同和数据率的不同而变化。

图 9-2 所示是前向业务信道的帧结构。其中，F 表示循环冗余检验帧质量指标器，T 表示编码器拖尾比特。传输速率为 9600bps，在 20ms 的帧持续时间内可以发送 192bit（由 172bit 信息位、12bit 帧质量指示位和 8bit 编码拖尾位组成）。帧质量指标位就是奇偶检验位，应用于循环冗余编码的系统检错方案中。

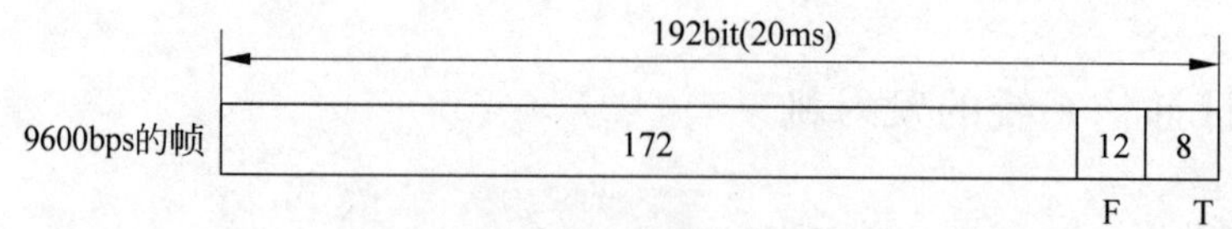

图 9-2　前向业务信道 9600bps 的帧结构

根据 IS-95 前向业务信道结构框图，发射机部分所采用的系统设计框图如图 9-3 所示。

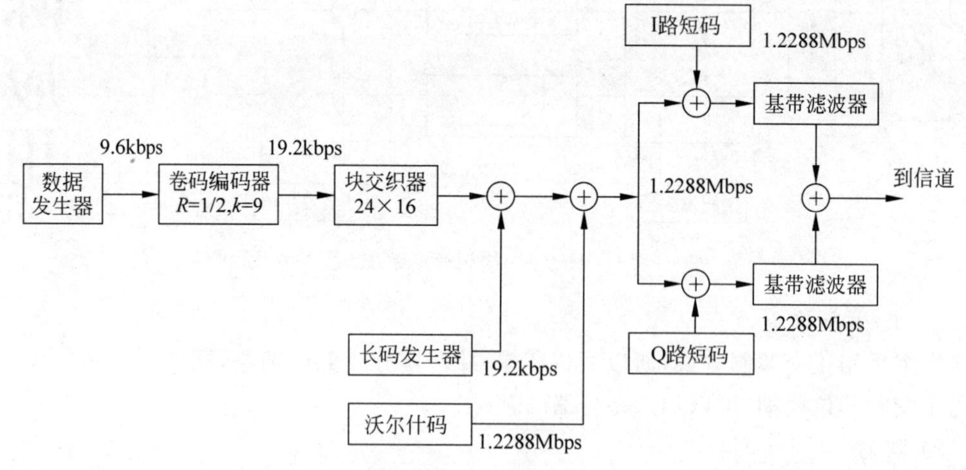

图 9-3　发射机系统框图

1）卷积编码

卷积码是将发送的信息序列通过一个线性的、有限状态的移位寄存器产生的。通常，该移位寄存器由 k 级（每级 $k$bit）和 n 个线性的代数函数构成。二进制数据移位输入到编码器，沿着移位寄存器每次移动 $k$bit。每一个 $k$bit 的输入序列对应一个 $n$bit 的输出序列。因此，其编码效率定义为 $R_c = k/n$，参数 k 称为卷积码的约束长度。

从IS-95前向链路业务信道图中可以看出，前向链路使用的卷积编码率为1/2，约束长度$k=9$。IS-95规定了产生这种码的编码器。这种码的生成函数为：

$$g_0 = (111101011) = (753)_0$$

$$g_1 = (101110001) = (561)_0$$

对输入到编码器的每一数据比特，生成两个码符号。这些码符号应这样输出：由生成函数g_0编码的码符号c_0先输出，由生成函数g_1编码的码符号c_1后输出。初始化时，卷积编码器应该是全零状态。初始化后的第一个码符号应该由生成函数g_0编码。

2）块交织

交织常与编码或重复相结合，是一种防止突发错误的时间分集形成。符号在进入突发信道之前被改变顺序或进行交织。如果传送时发生突发错误，则恢复原序就可以在时间上分散信号。如果交织器设计良好，那么错误将会随机交织，用编码的技术就更容易纠正。

最常用的交织技术有两类。最常见的类型是块交织，这种方式常在数据分块分帧的情况下使用，如IS-95系统。另一种卷积交织是对连续数据流来说比较实用的类型。块交织很容易实现，而卷积交织有很好的性能。

一个(I,J)的块交织器可以看成是一个I行J列的存储矩阵。数据按列写入，按行读出。符号从矩阵的左上角开始写入，从右下角开始读出。连续的数据处理要求有两个矩阵：一个用于数据写入，另一个用于数据读出。解交织过程也要求有两个矩阵，用于反转交织过程。

3）数据加扰

无线通信的一个主要问题是任何传输都可被窃听者轻易地获得。为了加强IS-95传输的保密性，加扰过程中一串密码加到外发数据上。编码过程由称为长码的密钥来完成。只有知道正确的随机数初始值，接收机才能重建长码并解密消息。

长PN码序列的速率为1.2288Mbps，通过对每组64个PN码片进行一次采样，速率降低为19.2kpbs。长PN码是用42阶移位寄存器来产生的，周期是$2^{42}-1\approx 4.4\times 10^{12}$码片（在1.2288Mbps的速率下将持续41天），其线性递归所依据的特征多项式为：

$$p(x) = x^{42} + x^{35} + x^{33} + x^{31} + x^{27} + x^{26} + x^{25} + x^{22} + x^{21} + x^{19} + x^{18} + x^{17} + x^{16} + x^{10} + x^{7} + x^{6} + x^{5} + x^{3} + x^{2} + x + 1$$

4）正交复用

在前向链路中，每个信道通过其专用的正交沃尔什序列来区别于其他信道。前向链路的信道由导频信道、同频信道、寻呼信道和业务信道组成。每条信道由信道特定的沃尔什序列调制，沃尔什序列记为H_i，其中$i=0,1,\cdots,63$。IS-95标准将H_0分配给导频信道，将H_{32}分配给同频信道，$H_1\sim H_7$分配给寻呼信道，其余的H_i分配给业务信道。

沃尔什序列是维数为2的幂的哈达玛矩阵中的某一行，当在一个周期长度上相关时它们是正交的。$2N$阶哈达玛矩阵可以由递推公式产生：

$$H_1 = [1]$$

$$H_2 = \begin{bmatrix} 1 & 1 \\ 1 & -1 \end{bmatrix}$$

$$H_{2N}=\begin{bmatrix} H_N & H_N \\ H_N & \overline{H_N} \end{bmatrix}$$

这里规定$\overline{H_N}$为H_N取负(为其补值)。

在前向业务信道中,19.2kbps的数据流中的每一输入比特与指定的64阶沃尔什序列逐个进行模2加法,映射为64bit输出。因而,这个过程的输出速率为1.2288Mbps。

5)正交扩频

IS-95中使用了两个修正后的短PN序列,用于对QPSK的同相与正交支路进行扩频。两个短PN码是由15阶移位寄存器产生的m序列,并且每个周期在PN序列的特定位置插入一个额外的"0"。因此,修正后的短PN码周期为$2^{15}=32\,768$个码片。该序列称为引导PN序列,作用是识别不同的基站。不同的基站使用相同的引导PN序列,但是各自采用不同的相位偏置。

IS-95中采用在长为$n-1$的行程后面插入一个0的方法,这样做有两个目的:一是使不同的基站使用的PN序列有一部分保持正交;二是使15级PN序列发生器的周期变为$2^{15}=32\,768$个码片,这样当PN序列的时钟频率为1.2288Mbps时,每2s的间隔内序列发生器可以循环75次。

同相支路(I路)所使用的短PN码的特征多项式为:

$$p_{\mathrm{I}}(x)=x^{15}+x^{13}+x^{9}++x^{8}+x^{7}+x^{5}+1$$

正交支路(Q路)所使用的短PN码的特征多项式为:

$$p_{\mathrm{Q}}(x)=x^{15}+x^{11}+x^{11}++x^{10}+x^{6}+x^{5}+x^{4}+x^{3}+1$$

6)基带滤波

在现代数字通信系统中,数字化的数据信号必须通过某种适当波形的连续脉冲成型进行发射,以完成其在信道内的传播。满足频谱在限定的频带内同时减少或消除ISI(符号间干扰)是基带波形设计的核心问题。

IS-95系统中使用的基带成型滤波器满足图9-4限制的频率响应$S(f)$,即通带($0\leqslant f\leqslant f_{\mathrm{p}}=590\mathrm{kHz}$)波纹不大于1.5dB,阻带($f>f_{\mathrm{s}}=740\mathrm{kHz}$)衰减不大于40dB。除了这些频域的限制,IS-95还规定滤波器的冲激响应与响应与$h(k)$的48抽头的FIR滤波器相近。

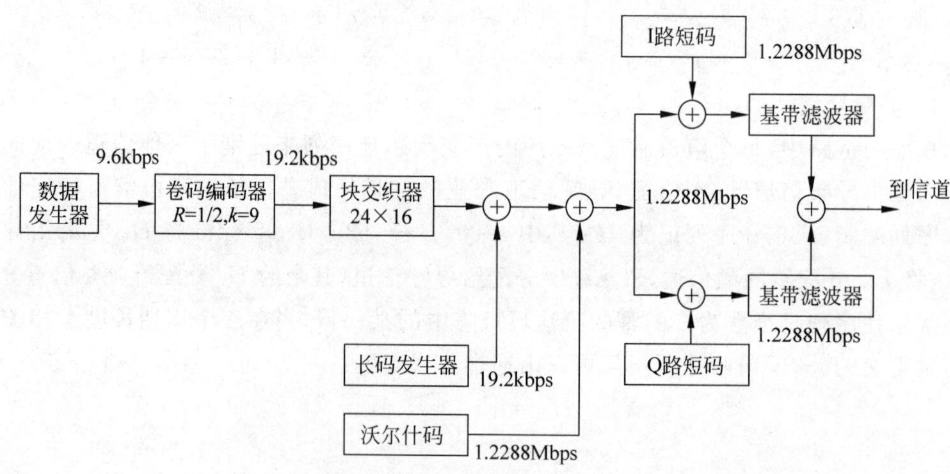

图9-4 基带滤波器频率响应限制

7）信道设计

与其他通信信道相比，移动信道是最为复杂的一种。复杂、恶劣的传播条件是移动信道的特征，这是由在运动中进行无线通信这一方式本身决定的。

数字通信信道中用于分析的最简单的模型是加性高斯白噪声信道（Additive White Gaussian Noise，AWGN）。在加性高斯白噪声信道模型中，假定除了高斯白噪声的加入外，不存在失真和其他影响。高斯白噪声是由接收机中的随机电子运动产生的热噪声。在如图9-5所示的模型中，发送信号 $s(t)$ 被加性高斯白噪声过程 $n(t)$ 恶化，接收信号 $r(t)$ 表示为：

$$r(t)=s(t)+n(t)$$

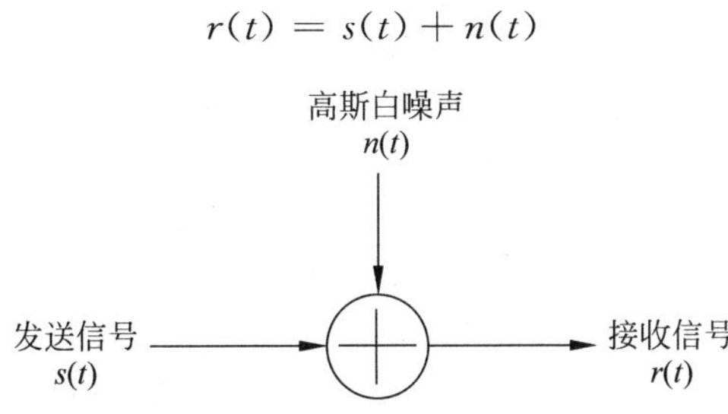

图 9-5　加性高斯白噪声信道

可以使用如下所述的方法产生高斯分布的随机变量作为噪声源。高斯分布的概率密度函数由下式给出：

$$f(C)=\frac{1}{\sqrt{2\pi}\sigma}\mathrm{e}^{-C^2/(2\sigma^2)},\quad -\infty<C<\infty$$

式中，σ^2 是 C 的方差。概率分布函数 $F(C)$ 是在区间 $(-\infty,C)$ 内 $f(C)$ 下所包围的面积，即：

$$F(C)=\int_{-\infty}^{C}f(x)\mathrm{d}x$$

由概率论可知，具有概率分布函数为：

$$F(R)=\begin{cases}0, & R<0\\ 1-\mathrm{e}^{R^2/(2\sigma^2)}, & R\geqslant 0\end{cases}$$

的瑞利分布的随机变量 R 与一对高斯随机变量 C 和 D 是通过如下变换：

$$C=R\cos\theta$$

$$D=R\sin\theta$$

关联的。这里 θ 是 $(0,2\pi)$ 内均匀分布的变量，参数 σ^2 是 C 和 D 的方差。可求出逆函数，令：

$$F(R)=1-\mathrm{e}^{R^2/(2\sigma^2)}=A$$

则

$$R=\sqrt{2\sigma^2\ln\left(\frac{1}{1-A}\right)}$$

式中，A 是在 $(0,1)$ 内均匀分布的随机变量。现在，如果产生了第二个均匀分布的随机变量 B，则定义：

$$\theta=2\pi B$$

可求出两个统计独立的高斯分布随机变量 C 和 D。

3. 利用 OFDM 技术设计发射机

本系统设计的发射机的框图如图 9-6 所示。

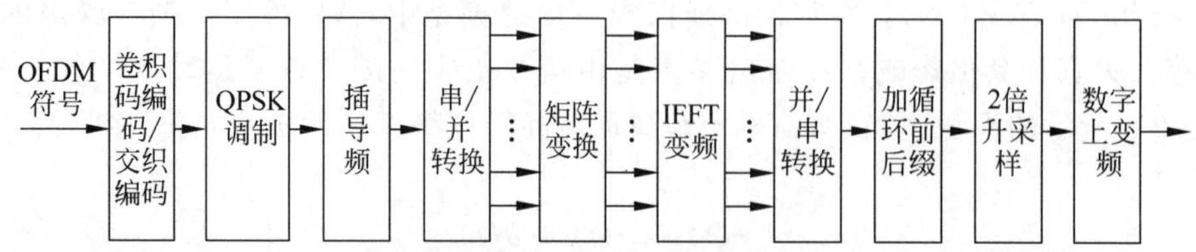

图 9-6　OFDM 通信系统发射机框图

1) 信道编码

信道编码采用卷积编码和交织编码进行信道级联编码。卷积编码率为 1/2,仿真时设置 $k=1$,$G=[1\ 0\ 1\ 1\ 0\ 1\ 1;1\ 1\ 1\ 1\ 0\ 0\ 1]$,将输入的 90 个 0、1 二进制数经过卷积编码后可得到 192 个 0、1 二进制数。交织编码采用 24 行 8 列的矩阵,按行写入,按列读出,交织编码可以有效地抗突发干扰。

2) QPSK 调制

在数字信号的调制方式中,使用了 QPSK(四相移键控),这种调制方式具有较高的频谱利用率以及较强的抗干扰性,在电路上实现也较为简单,而且具有较好的 PAPR 抑制性能。

3) 插导频

导频数据是在进行矩阵变换之前插入有效数据的,在系统设计中每 8 个有效数据插入一个导频,但是数据中间位置不插入导频。96 个复数据插入 10 个导频之后,一帧数据长度为 106。

4) 矩阵变换

矩阵变换模块是为了降低系统的 PAPR,这里的矩阵大小为 106×128,滚降系数 $\alpha=0.22$。通过这种方法可以显著地改善 OFDM 通信系统的 PAPR 分布,大大降低了峰值信号出现的概率以及对功率放大器的要求,节约了成本。在接收端恢复原始信号只需要在 FFT 运算之后乘上一个发端矩阵的逆矩阵即可。

5) IFFT 变换

经过矩阵乘模块后,一帧数据长度为 128,由于子载波个数为 256,所以需要在数据后面补 128 个零。补零之后,考虑到频谱利用率的问题,需要对数据进行搬移(索引为 1～64 的数据搬移到数据最后)。

6) 加循环前后缀与升采样

数字上变频完成的功能是将基带信号进行线性频谱搬移,实质上就是将基带成形信号(I、Q 两个支路)乘以一个载波信号(同样分为 I、Q 两个支路),再把两个支路相加即可。但为了抑制已调信号的带外辐射,在同相和正交支路上再分别增加一个具有线性相位特性的低通滤波成型滤波器 FIR。另外,为了使产生的基带信号与后面的采样速率相匹配,在进行正交调制前还必须通过CIC内插滤波器将基带信号进行20倍升采样处理,整个实现过程如图9-7所示。数字上变频模块中包含了基带成型滤波器、梳状内插滤波器和数控振荡器。

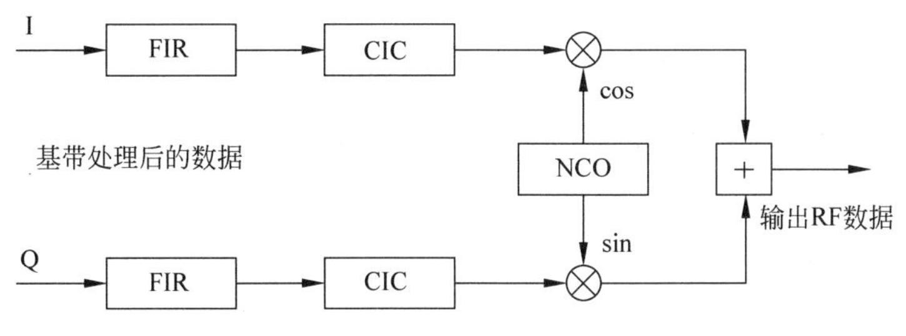

图9-7 数字上变频实现结构

(1) FIR滤波器。

由于在基带信号送往数字上变频器之前,经过2倍升采样,所以频谱产生了两次的镜像,需要用一个基带滤波器除带外的杂散频率。此数字上变频模块中的基带成型滤波器采用FIR低通滤波器来实现。

综合考虑系统的需要和资源的占用,为了达到性能指标(采样截止频率为128kHz,通带截止频率为20kHz,阻带截止频率为40kHz,带内纹波动小于1dB,带外衰减100dB),经MATLAB/Simulink工具箱设置FIR滤波器的阶数为19阶。

(2) CIC内插滤波器。

由于射频的采样频率需要与射频端进行速率匹配,在上变频之前还需要对数据进行20倍升采样。在这个阶段升采样使用的是CIC内插滤波器,它是由E. B. Hogenauer首先提出来的一种级联积分梳状滤波器,也称为Hogenauer滤波器,主要用于高采样率转换的滤波器设计。

整个CIC内插滤波器的传递函数是所有梳状滤波器和积分滤波器共同作用的结果。N级CIC内插滤波器的传递函数为:

$$H(z)=H_I^N(z)H_C^N(z)=\frac{(1-z^{-RM})^N}{(1-z^{-1})^N}=\left(\sum_{k=0}^{RM-1}z^{-k}\right)^N$$

下面设计的CIC内插滤波器的参数取为$R=20$,$M=1$,$N=2$,其幅频特性如图9-8所示。

(3) 直接数字频率合成器。

数控振荡器采用直接数字频率合成器(Direct Digital Synthesis,DDS)来完成。DDS具有超高速的频率转换时间、极高的频率分辨率和较低的相位噪声,在频率改变与调频时,DDS能够保持相位的连续,因此很容易实现频率、相位和幅度调制。

DDS的原理框图如图9-8所示。图中的相位累加器可在每一个时钟周期来临时将频率控制字所决定的相位增量M累加一次,如果计数大于累加器位宽则自动溢出,而只保留后面的N位数字于累加器中。正弦查询表ROM用于实现从相位累加器输出的相位值到正弦幅度值的转换,然后送到D/A中将正弦幅度值的数字量转变为模拟量,最后通过滤波器输出一个很纯净的载波信号。

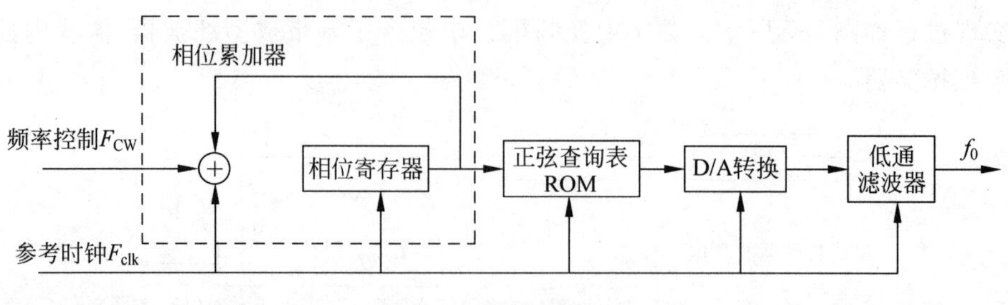

图 9-8　DDS 原理框图

9.1.2　设计通信系统的接收机

1. 利用直接序列扩频技术设计发射机

直接序列扩频通信系统的接收机如图 9-9 所示。

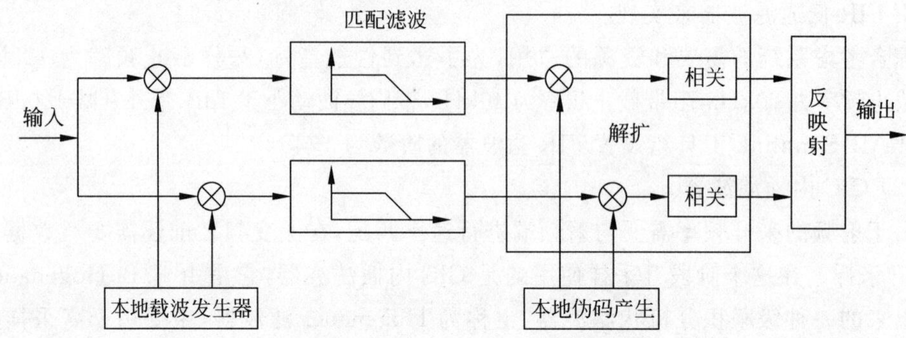

图 9-9　扩频通信系统接收机框图

1）相干解调

数字信号经过两路正交的载波进行下变频之后重新得到基带信号。

2）Nyquist 滤波

该滤波器的作用有两点：经过 A/D 转换和下变频的信号含有许多寄生频谱，因而必须用一个低通滤波器予以消除；对接收到的信号进行匹配滤波。

3）解扩

将接收机的信号与本地伪码进行相关运算，以恢复出原始传输数据。

4）反映射

将解扩后的数据通过符号判决重新对应为星座图上的点，再对应为 0 和 1 表示的二进制数据。

2. 利用 IS-95 前向链路技术设计接收机

接收部分从信道接收信号。经基带滤波、短码解扩、沃尔什解调、解扰、去交织和维特比译码，输出解调后的信号。各通信模块和发射机的相关模块设计类似。

3. 利用 OFDM 技术设计接收机

OFDM 系统设计的接收机的框图如图 9-10 所示。

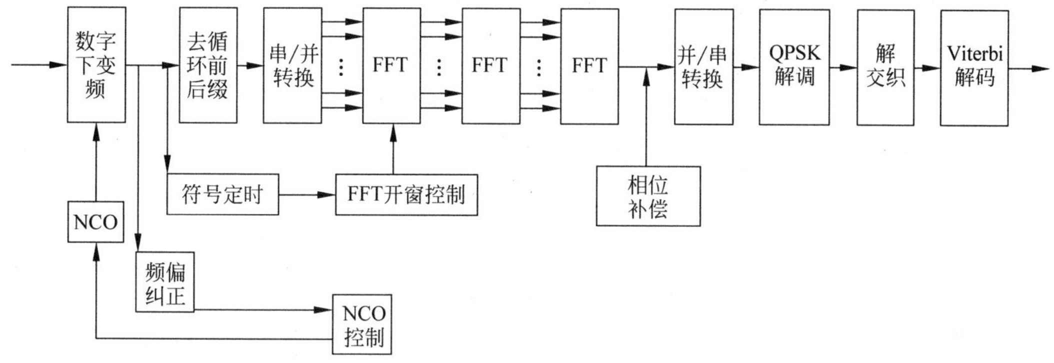

图 9-10 OFDM 系统接收机框图

接收机很多通信处理的模块都与发射机的相关模块功能相似，这里不再一一介绍，接收机主要增加了同频模块。

9.1.3 通信系统的 MATLAB 实现

下面列出 IS-95 前向链路系统的 MATLAB 仿真程序：

```
>> clear all
global Zi Zq Zs show R Gi Gq
show = 0; SD = 0;                          % 选择软/硬判决接收
% 主要的仿真参数设置
BitRate = 9600; ChipRate = 1228800;        % 数据速率 = 9600kbps
N = 184; MFType = 1;                       % 匹配滤波器类型升余弦
R = 5;
% Viterbi 生成多项式
G_Vit = [1 1 1 1 0 1 0 1 1; 1 0 1 1 1 0 0 0 1];
K = size(G_Vit,2);L = size(G_Vit,1);
% Walsh 矩阵代码
WLen = 64;
Walsh = reshape([1;0] * ones(1,WLen/2),WLen,1);
% Walsh = zeros(WLen,1);
% 扩频调制 PN 码的生成多项式
Gi_ind = [15,13,9,8,7,5,0]';
Gq_ind = [15,12,11,10,6,5,4,3,0]';
Gi = zeros(16,1);
Gi(16 - Gi_ind) = ones(size(Gi_ind));
Zi = [zeros(length(Gi) - 1,1); 1];
% I 路信道 PN 码生成器的初始状态
Gq = zeros(16,1);
Gq(16 - Gq_ind) = ones(size(Gq_ind));
Zq = [zeros(length(Gq) - 1,1); 1];
% Q 路信道 PN 码生成器的初始状态
% 扰码生成多项式
```

```
Gs_ind = [42,35,33,31,27,26,25,22,21,19,18,17,16,10,7,6,5,3,2,1,0]';
Gs = zeros(43,1);
Gs(43 - Gs_ind) = ones(size(Gs_ind));
Zs = [zeros(length(Gs) - 1,1); 1];
% 长序列生成器的初始状态
% AWGN 信道
EbEc = 10 * log10(ChipRate/BitRate);
EbEcVit = 10 * log10(L);
EbNo = [ - 2 : 0.5 : 6.5];                              % 仿真信噪比范围(dB)
% 实现主程序
ErrorsB = []; ErrorsC = []; NN = [];
if (SD == 1)
   fprintf('\n SOFT Decision Viterbi Decoder\n\n');
else
   fprintf('\n HARD Decision Viterbi Decoder\n\n');
end
for i = 1:length(EbNo)
   fprintf('\nProcessing % 1.1f (dB)',EbNo(i));
   iter = 0;ErrB = 0; ErrC = 0;
   while (ErrB < 300) & (iter < 150)
      drawnow;
      % 发射机实现
      TxData = (randn(N,1)> 0);
      % 速率为 19.2kbps
      [TxChips,Scrambler] = PacketBuilder(TxData,G_Vit,Gs);
      % 速率为 1.2288Mcps
      [x PN MF] = Modulator(TxChips,MFType,Walsh);
      % 实现信道代码
      noise = 1/sqrt(2) * sqrt(R/2) * ( randn(size(x)) + j * randn(size(x))) * ...
10 ^ ( - (EbNo(i) - EbEc)/20);
      r = x + noise;
      % 实现接收机代码
      RxSD = Demodulator(r,PN,MF,Walsh);        % 软判决,速率为 19.2kbps
      RxHD = (RxSD > 0);                        % 定义接收码片的硬判决
      if (SD)
        [RxData Metric] = ReceiverSD(RxSD,G_Vit,Scrambler);                 % 软判决
      else
        [RxData Metric] = ReceiverHD(RxHD,G_Vit,Scrambler);                 % 硬判决
      end
      if(show)
         subplot(311); plot(RxSD,' - o'); title('Soft Decisions');
         subplot(312); plot(xor(TxChips,RxHD),' - o'); title('Chip Errors');
         subplot(313); plot(xor(TxData,RxData),' - o');
         title(['Data Bit Errors. Metric = ',num2str(Metric)]);
       end
      if(mod(iter,50) == 0)
         fprintf('.');
         save TempResults ErrB ErrC N iter
      end
      ErrB = ErrB + sum(xor(RxData,TxData));
      ErrC = ErrC + sum(xor(RxHD,TxChips));
      iter = iter + 1;
   end
   ErrorsB = [ErrorsB; ErrB];
```

```
    ErrorsC = [ErrorsC; ErrC];
    NN = [NN; N * iter];
    save SimData *
end
% 实现误码率计算
PerrB = ErrorsB./NN; PerrC = ErrorsC./NN;
Pbpsk = 1/2 * erfc(sqrt(10.^(EbNo/10)));
PcVit = 1/2 * erfc(sqrt(10.^((EbNo - EbEcVit)/10)));
Pc = 1/2 * erfc(sqrt(10.^((EbNo - EbEc)/10)));
% 实现性能仿真显示代码
figure;
semilogy(EbNo(1:length(PerrB)),PerrB,'b- * '); hold on;
xlabel('信噪比/dB');
ylabel('误码率');
grid on;
```

运行程序，得到前向链路系统仿真效果图，如图 9-11 所示。

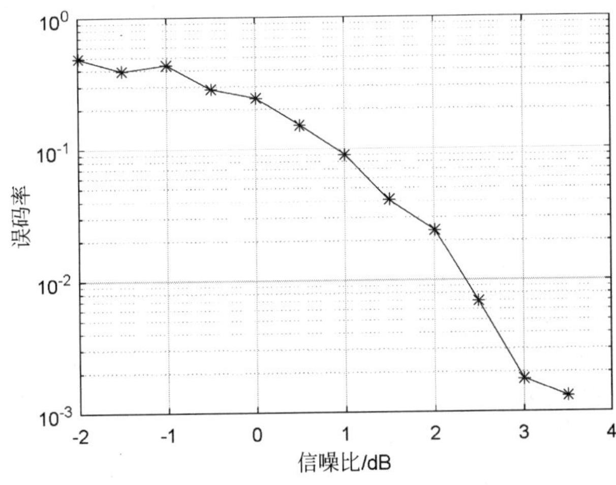

图 9-11　前向链路系统仿真效果图

在运行程序过程中，调用以下用户自定义编写的函数，它们的源代码分别如下：

```
function [ChipsOut,Scrambler] = PacketBuilder(DataBits,G,Gs);
% 此函数用于产生 IS-95 前向链路系统的发送数据包
% DataBits 为发送数据(二进制形式)
% G 为 Viterbi 编码生成多项式
% Gs 为长序列生成多项式(扰码生成多项式)
% ChipsOut 为输入到调制器的码序列(二进制形式)
% Scrambler 为扰码
global Zs
K = size(G,2); L = size(G,1);
N = 64 * L * (length(DataBits) + K - 1);          % 码片数 (9.6kbps -> 1.288Mbps)
chips = VitEnc(G,[DataBits; zeros(K-1,1)]);     % Viterbi 编码
% 实现交织编码
INTERL = reshape(chips,24,16);                   % IN: 列,OUT: 行
chips = reshape(INTERL',length(chips),1);        % 速率 = 19.2kbps
% 产生扰码
[LongSeq Zs] = PNGen(Gs,Zs,N);
```

```
Scrambler = LongSeq(1:64:end);
ChipsOut = xor(chips,Scrambler);
function y = VitEnc(G,x);
% 此函数根据生成多项式进行 Viterbi 编码
% G 为生成多项式的矩阵
% x 为输入数据(二进制形式)
% y 为 Viterbi 编码输出序列
K = size(G,1); L = length(x);
yy = conv2(G,x'); yy = yy(:,1:L);
y = reshape(yy,K*L,1); y = mod(y,2);
function [y,Z] = PNGen(G,Zin,N);
% 此函数根据生成多项式和输入状态产生长度为 N 的伪随机序列
% G 为生成多项式
% Zin 为移位寄存器初始化
% N 为 PN 序列长度
% y 为生成的 PN 码序列
% Z 为移位寄存器的输出状态
L = length(G); Z = Zin;                                   % 移位寄存器的初始化
y = zeros(N,1);
for i = 1:N
   y(i) = Z(L);
   Z = xor(G*Z(L),Z);
   Z = [Z(L); Z(1:L-1)];
end

function [TxOut,PN,MF] = Modulator(chips,MFType,Walsh);
%此函数用于实现 IS-95 前向链路系统的数据调制
% chips 为发送的初始数据
% MFType 为成型滤波器的类型选择
% Walsh 为 walsh 码
% TxOut 为调制输出信号序列
% PN 为用于扩频调制的 PN 码序列
% MF 为匹配滤波器参数
global Zi Zq show R Gi Gq
N = length(chips)*length(Walsh);
% 输入速率 = 19.2kbps,输出速率 = 1.2288Mbps
tmp = sign(Walsh-1/2)*sign(chips'-1/2);
chips = reshape(tmp,prod(size(tmp)),1);
[PNi Zi] = PNGen(Gi,Zi,N);
[PNq Zq] = PNGen(Gq,Zq,N);
PN = sign(PNi-1/2) + j*sign(PNq-1/2);
chips_out = chips.*PN;
chips = [chips_out,zeros(N,R-1)];
chips = reshape(chips.',N*R,1);
%成型滤波器
switch (MFType)
case 1
   %升余弦滤波器
   L = 25; L_2 = floor(L/2);
   n = [-L_2:L_2]; B = 0.7;
   MF = sinc(n/R).*(cos(pi*B*n/R)./(1-(2*B*n/R).^2));
   MF = MF/sqrt(sum(MF.^2));
case 2
   %矩形滤波器
```

```
    L = R; L_2 = floor(L/2);
    MF = ones(L,1);
    MF = MF/sqrt(sum(MF.^2));
case 3
    %汉明滤波器
    L = R; L_2 = floor(L/2);
    MF = hamming(L);
    MF = MF/sqrt(sum(MF.^2));
end
MF = MF(:);
TxOut = sqrt(R) * conv(MF,chips)/sqrt(2);
TxOut = TxOut(L_2 + 1: end - L_2);
if (show)
    figure;
    subplot(211); plot(MF,'-o'); title('Matched Filter'); grid on;
    subplot(212); psd(TxOut,1024,1e3,113); title('Spectrum');
end
function [SD] = Demodulator(RxIn,PN,MF,Walsh);
% 此函数是实现基于 RAKE 接收机的 IS-95 前向信链路系统数据包的解调
% RxIn 为输入信号
% PN 为 PN 码序列(用于解扩)
% MF 为匹配滤波器参数
% Walsh 为用于解调的 walsh 码
% SD 为 RAKE 接收机的软判决输出
global R
N = length(RxIn)/R; L = length(MF);
L_2 = floor(L/2); rr = conv(flipud(conj(MF)),RxIn);
rr = rr(L_2 + 1: end - L_2);
Rx = sign(real(rr(1:R:end))) + j * sign(imag(rr(1:R:end)));
Rx = reshape(Rx,64,N/64);
Walsh = ones(N/64,1) * sign(Walsh' - 1/2);
PN = reshape(PN,64,N/64)'; PN = PN. * Walsh;
% 输入速率 = 1.2288Mbps,输出速率 = 19.2kbps
SD = PN * Rx;
SD = real(diag(SD));
function [DataOut,Metric] = ReceiverSD(SDchips,G,Scrambler);
% 此函数用于实现基于 Viterbi 译码的发送数据的恢复
% SDchips 为软判决 RAKE 接收机输入符号
% G 为 Viterbi 编码生成多项式矩阵
% Scrambler 为扰码序列
% DataOut 为接收数据(二进制形式)
% Metric 为 Viterbi 译码最佳度量
if (nargin == 1)
    G = [1 1 1 1 0 1 0 1 1; 1 0 1 1 1 0 0 0 1];
end
% 速率 = 19.2kbps
SDchips = SDchips. * sign(1/2 - Scrambler);
INTERL = reshape(SDchips,16,24);
SDchips = reshape(INTERL',length(SDchips),1); % 速率 = 19.2kbps
[DataOut Metric] = SoftVitDec(G,SDchips,1);
function [xx,BestMetric] = SoftVitDec(G,y,ZeroTail);
% 此函数是实现软判决输入的 Viterbi 译码
% G 为生成多项式的矩阵
% y 为输入的待译码序列
```

```
% ZeroT 为判断是否包含"0"尾
% xx 为 Viterbi 译码输出序列
% BestMetric 为最后的最佳度量
L = size(G,1);                                   % 输出码片数
K= size(G,2);                                    % 生成多项式的长度
N = 2^(K-1);                                     % 状态数
T = length(y)/L;                                 % 最大栅格深度
OutMtrx = zeros(N,2*L);
for s = 1:N
    in0 = ones(L,1)*[0,(dec2bin((s-1),(K-1)) - '0')];
    in1 = ones(L,1)*[1,(dec2bin((s-1),(K-1)) - '0')];
    out0 = mod(sum((G.*in0)'),2);
    out1 = mod(sum((G.*in1)'),2);
    OutMtrx(s,:) = [out0,out1];
end
OutMtrx = sign(OutMtrx-1/2);
PathMet = [100; zeros((N-1),1)];                 % 初始状态 = 100
PathMetTemp = PathMet(:,1);
Trellis = zeros(N,T); Trellis(:,1) = [0 : (N-1)]';
y = reshape(y,L,length(y)/L);
for t = 1:T
    yy = y(:,t);
    for s = 0:N/2-1
        [B0 ind0] = max( PathMet(1+[2*s,2*s+1]) + [OutMtrx(1+2*s,0+[1:L])...
* yy; OutMtrx(1+(2*s+1),0+[1:L]) * yy] );
        [B1 ind1] = max( PathMet(1+[2*s,2*s+1]) + [OutMtrx(1+2*s,L+[1:L])...
* yy; OutMtrx(1+(2*s+1),L+[1:L]) * yy] );
        PathMetTemp(1+[s,s+N/2]) = [B0; B1];
        Trellis(1+[s,s+N/2],t+1) = [2*s+(ind0-1); 2*s + (ind1-1)];
    end
    PathMet = PathMetTemp;
end
xx = zeros(T,1);
if (ZeroTail)
    BestInd = 1;
else
    [Mycop,BestInd] = max(PathMet);
end
BestMetric = PathMet(BestInd);
xx(T) = floor((BestInd-1)/(N/2));
NextState = Trellis(BestInd,(T+1));
for t=T:-1:2
    xx(t-1) = floor(NextState/(N/2));
    NextState = Trellis( (NextState+1),t);
end
if (ZeroTail)
    xx = xx(1:end-K+1);
end
function [DataOut,Metric] = ReceiverHD(HDchips,G,Scrambler);
% 此函数用于实现基于 Viterbi 译码的硬判决接收机
% SDchips 为硬判决 RAKE 接收机输入符号
% G 为 Viterbi 编码生成多项式矩阵
% Scrambler 为扰码序列
% DataOut 为接收数据(二进制形式)
```

```
% Metric 为 Viterbi 译码最佳度量
if (nargin == 1)
   G = [1 1 1 1 0 1 0 1 1; 1 0 1 1 1 0 0 0 1];
end
% 速率 = 19.2kbps
HDchips = xor(HDchips,Scrambler);
INTERL = reshape(HDchips,16,24);
HDchips = reshape(INTERL',length(HDchips),1);
[DataOut Metric] = VitDec(G,HDchips,1);
function [xx,BestMetric] = VitDec(G,y,ZeroTail);
% 此函数是实现硬判决输入的 Viterbi 译码
% G 为生成多项式的矩阵
% y 为输入的待译码序列
% Zer 为判断是否包含"0"尾
% xx 为 Viterbi 译码输出序列
% BestMetric 为最后的最佳度量
L = size(G,1);                                      % 输出码片数
K= size(G,2);                                       % 生成多项式长度
N = 2^(K-1);                                        % 状态数
T = length(y)/L;                                    % 最大栅格深度
OutMtrx = zeros(N,2*L);
for s = 1:N
    in0 = ones(L,1)*[0,(dec2bin((s-1),(K-1)) - '0')];
    in1 = ones(L,1)*[1,(dec2bin((s-1),(K-1)) - '0')];
    out0 = mod(sum((G.*in0)'),2);
    out1 = mod(sum((G.*in1)'),2);
    OutMtrx(s,:) = [out0,out1];
end
PathMet = [0; 100*ones((N-1),1)];
PathMetTemp = PathMet(:,1);
Trellis = zeros(N,T);
Trellis(:,1) = [0 : (N-1)]';
y = reshape(y,L,length(y)/L);
for t = 1:T
    yy = y(:,t)';
    for s = 0:N/2-1
        [B0 ind0] = min( PathMet(1+[2*s,2*s+1]) + [sum(abs(OutMtrx(1+2*s,0+[1:L]))...
- yy).^2); sum(abs(OutMtrx(1+(2*s+1),0+[1:L]) - yy).^2)] );
        [B1 ind1] = min( PathMet(1+[2*s,2*s+1]) + [sum(abs(OutMtrx(1+2*s,...
L+[1:L]) - yy).^2); sum(abs(OutMtrx(1+(2*s+1),L+[1:L]) - yy).^2)] );
        PathMetTemp(1+[s,s+N/2]) = [B0; B1];
        Trellis(1+[s,s+N/2],t+1) = [2*s+(ind0-1); 2*s + (ind1-1)];
    end
   PathMet = PathMetTemp;
end
xx = zeros(T,1);
if (ZeroTail)
    BestInd = 1;
else
    [Mycop,BestInd] = min(PathMet);
end
BestMetric = PathMet(BestInd);
xx(T) = floor((BestInd-1)/(N/2));
NextState = Trellis(BestInd,(T+1));
for t=T:-1:2
    xx(t-1) = floor(NextState/(N/2));
```

```
    NextState = Trellis( (NextState + 1),t);
end
if (ZeroTail)
    xx = xx(1:end - K + 1);
end
```

9.2 MIMO-OFDM 通信系统设计

OFDM 技术通过将频率选择性多径衰落信道在频域内转换为平坦信道，减小了多径衰落的影响。但用 OFDM 技术提高传输速率，就要增加带宽、发送功率和子载波数目，这对带宽和功率受限的无线通信系统是不现实的，子载波数目的增加也会使系统更为复杂。

MIMO 技术能够在空间中产生独立的并行信道来同时传输多路数据流，对于频率选择性提高了系统的传输速率，即在不增加系统带宽的情况下提高频谱效率，但对于频率选择性深衰落依然无能为力。

将 OFDM 和 MIMO 两种技术相结合，就能兼顾两种效果。一种是实现很高的传输速率；另一种是通过分集实现很强的可靠性，从而很好地解决了两种技术单独使用时所面临的问题。

9.2.1 MIMO 系统

多输入多输出技术(Multiple-Input Multiple-Output，MIMO)是指在发射端和接收端分别使用多个发射天线和接收天线，使信号通过发射端与接收端的多个天线传送和接收，从而改善通信质量。它能充分利用空间资源，通过多个天线实现多发多收，在不增加频谱资源和天线发射功率的情况下，可以成倍地提高系统信道容量，显示出明显的优势。被视为下一代移动通信的核心技术。

假定一个点对点的 MIMO 系统有 n_T 根发射天线、n_R 根接收天线，采用离散时间的复基带线性系统模型描述，系统框图如图 9-12 所示。用 $n_T \times 1$ 的列向量 x 表示每个符号周期内的发射信号，其中第 i 个元素 x_i 表示第 i 根天线上的发射信号。

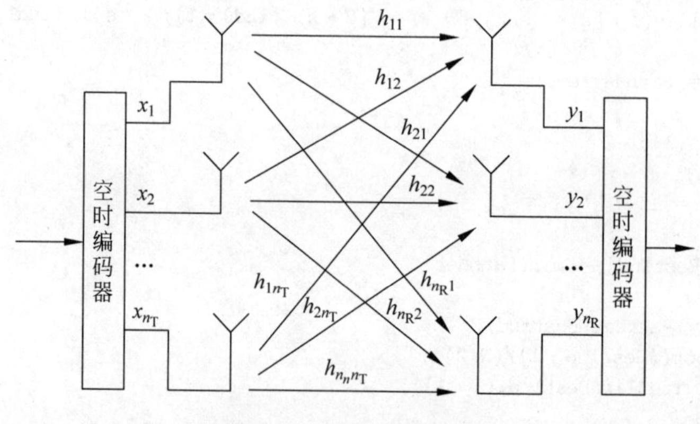

图 9-12 MIMO 系统框图

对于高斯信道，按照信息论，发射信号的最佳分布也是高斯分布。因此，x 的元素是零均值独立同分布的高斯变量。发射信号的协方差矩阵为：

$$R_{xx}=E\{xx^{\mathrm{H}}\}$$

其中，$E\{\}$为均值；A^{H} 表示矩阵的厄米特（Hermitian）转置矩阵，即 A 的复共轭转置矩阵。不管发射天线数 n_{T} 为多少，总的发射功率限制为 P，可表示为：

$$P=\mathrm{tr}(R_{xx})$$

其中，$\mathrm{tr}(A)$代表矩阵 A 的迹，可以通过对 A 的对角元素求和得到。

如果信道状态信息（Channel State Information，CSI）在发射端未知，则假定从各个天线发射的信号都有相等的功率 P/n_{T}。发射信号的协方差矩阵为：

$$R_{xx}=\frac{P}{n_{\mathrm{T}}}I_{n_{\mathrm{T}}}$$

其中，$I_{n_{\mathrm{T}}}$ 为 $n_{\mathrm{T}}\times n_{\mathrm{T}}$ 的单位矩阵。

用 $n_{\mathrm{R}}\times n_{\mathrm{T}}$ 的复矩阵 H 描述信道。h_{ij} 为矩阵 H 的第 $i\times j$ 个元素，代表从第 j 根发射天线到第 i 根接收天线之间的信道衰落系数。用 $n_{\mathrm{R}}\times 1$ 的列向量描述接收端的噪声，表示为 n。它的元素是统计独立的复高斯随机变量，零均值，具有独立的、方差相等的实部和虚部。接收噪声的协方差矩阵为：

$$R_{nn}=\sigma^2 I_{n_{\mathrm{R}}}$$

用 $n_{\mathrm{R}}\times 1$ 的列向量描述接收信号，表示为 y。使用线性模型，可接收向量表示为：

$$y=Hx+n$$

接收信号的协方差矩阵定义为 $E\{yy^{\mathrm{H}}\}$，由上式可得出接收信号的协方差矩阵为：

$$R_{yy}=HR_{xx}H^{\mathrm{H}}+R_{nn}$$

而总接收信号功率可表示为 $\mathrm{tr}(R_{yy})$。

9.2.2 OFDM 技术

OFDM（Orthogonal Frequency Division Multiplexing）即正交频分复用技术，实际上 OFDM 是 MCM（Multi Carrier Modulation，多载波调制）的一种。OFDM 技术是多载波传输方案的实现方式之一，它的调制和解调分别是基于 IFFT 和 FFT 来实现的，是实现复杂度最低、应用最广的一种多载波传输方案。

在通信系统中，信道所能提供的带宽通常比传送一路信号所需的带宽要宽得多。如果一个信道只传送一路信号是非常浪费的，为了能够充分利用信道的带宽，就可以采用频分复用的方法。

一个 OFDM 符号由多个经过调制的子载波信号合成，其中每个子载波可以采用相移键（Phase Shift Keying，PSK）或正交幅度调制（Quadrature Amplitude Modulation，QAM）符号的调制。如果 N 表示子载波的个数，T 表示 OFDM 符号的宽度，$d_i(i=0,1,\cdots,N-1)$是分配给每个子载波的数据符号，f_{c} 是第 0 个子载波的载波频率，$\mathrm{rect}(t)=1$，$|t|\leqslant T/2$，则从 $t=t_{\mathrm{s}}$ 开始的 OFDM 符号可表示为：

$$s(t)=\left\{\mathrm{Re}\left\{\sum_{i=0}^{N-1}d_i\mathrm{rect}\left(t-t_{\mathrm{s}}-\frac{T}{2}\right)\exp\left[\mathrm{j}2\pi\left(f_{\mathrm{c}}+\frac{i}{T}\right)(t-t_{\mathrm{s}})\right]\right\}\right\},\quad t_{\mathrm{s}}\leqslant t\leqslant t_{\mathrm{s}}+T$$

采用复等效基带信号来描述 OFDM 的输出信号,可表示为:

$$s(t)=\begin{cases}\sum_{i=0}^{N-1}d_i\operatorname{rect}\left(t-t_s-\frac{T}{2}\right)\exp\left[\mathrm{j}2\pi\frac{i}{T}(t-t_s)\right], & t_s\leqslant t\leqslant t_s+T\\ 0, \quad t<t_s\wedge t>t+t_s\end{cases}\tag{9-1}$$

图 9-13 给出了 OFDM 系统基本模型框图,其中 $f_i=f_c+\frac{i}{T}$。

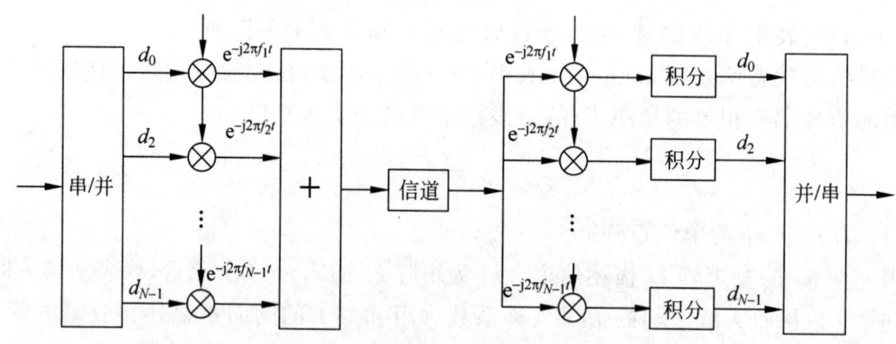

图 9-13 OFDM 系统基本模型图

每个子载波在一个 OFDM 符号周期内都包含整数倍周期,而且各个相邻的子载波之间相差 1 个周期。这一特性可以用来解释子载波之间的正交性,即:

$$\frac{1}{T}\int_0^T e^{\mathrm{j}\omega_n t}\cdot e^{-\mathrm{j}\omega_n t}\,dt=\begin{cases}1, & n=m\\ 0, & n\neq m\end{cases}$$

对式(9-1)中的第 j 个子载波进行解调,然后在时间长度 T 内进行积分,有:

$$\begin{aligned}\hat{d}_j&=\frac{1}{T}\int_{t_s}^{t_s+T}\exp\left(-\mathrm{j}2\pi\frac{i}{T}(t-t_s)\right)\sum_{i=0}^{N-1}d_i\exp\left(\mathrm{j}2\pi\frac{i}{T}(t-t_s)\right)dt\\&=\frac{1}{T}\sum_{i=0}^{N-1}d_i\int_{t_s}^{t_s+T}\exp\left(\mathrm{j}2\pi\frac{i-j}{T}(t-t_s)\right)dt=d_j\end{aligned}\tag{9-2}$$

由式(9-2)可看到,对第 j 个子载波进行解调可以恢复出期望符号。而对其他载波来说,由于在积分间隔内,频率相差$\frac{i-j}{T}$可产生整数倍个周期,所以积分结果为零。

当 N 很大时,需要大量的正弦波发生器、滤波器、调制器和解调器等设备,因此系统非常昂贵。为了降低 OFDM 系统的复杂度和成本,通常考虑用离散傅里叶变换(Discrete Fourier Transform, DFT)和离散傅里叶逆变换(Inverse Discrete Fourier Transform, IDFT)来实现上述功能。对式(9-1)中等效复基带信号以$\frac{T}{N}$的速率进行采样,即 $t=\frac{kT}{N}(k=0,1,\cdots,N-1)$,则可得:

$$s_k=s\frac{kT}{N}=\sum_{i=0}^{N-1}d_i\exp\left(\mathrm{j}2\pi\frac{ik}{N}\right),\quad 0\leqslant k\leqslant N-1$$

可见,s_k 即使对 d_i 进行 IDFT 运算,也可同样在接收端用 DFT 恢复原始的数据信号,在接收端对接收到的 s_k 进行 DFT 变换,有:

$$d_i=\sum_{i=0}^{N-1}s_k\exp\left(-\mathrm{j}2\pi\frac{ik}{N}\right),\quad 0\leqslant i\leqslant N-1$$

在 OFDM 系统的实际运用中，可采用更加方便快捷的 IFFT/FFT。N 点 IDFT 运算需要实施 N^2 次的复数乘法，而 IFFT 可显著降低运算的复杂度。

9.2.3 MIMO-OFDM 系统

利用 MIMO 技术和 OFDM 技术两者各自的特点结合而成的 MIMO-OFDM 系统，将空间分集、时间分集以及频率分集有机地结合起来，能够大大提高无线通信系统的信道容量和传输速率，有效地抗信道衰落和抑制干扰，被业界认为是构建未来宽带无线通信系统最关键的物理层传输方案。

如图 9-14 所示，在 MIMO-OFDM 系统中，每根发射天线的通路上都有一个 OFDM 调制器，每根接收天线的通路上也都有一个 OFDM 的解调器。

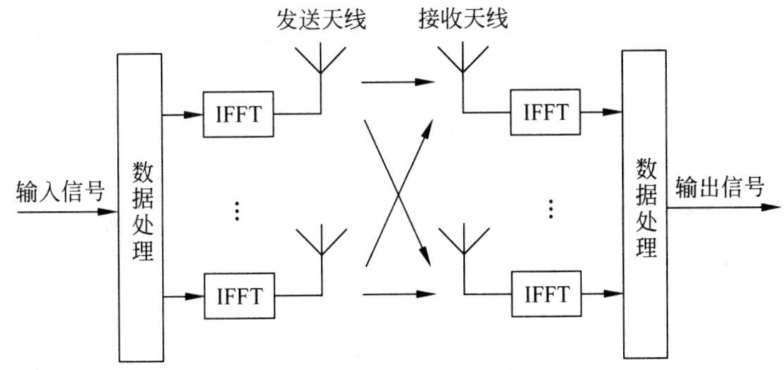

图 9-14 MIMO-OFDM 系统结构图

由于 OFDM 技术能够将频率选择性衰落信道转化为若干个平坦衰落的并行子信道，因此，MIMO-OFDM 系统中任意一个子载波上的输入输出关系相当于一个平坦衰落信道 MIMO 系统，可表示为：

$$y_k[t] = H_k[t]x_k[t] + n_k[t]$$

其中，$y_k[t]$为第 t 个时隙(此处一个时隙指一个 OFDM 符号)，第 k 个 OFDM 子载波上 $N_r \times 1$ 的接收符号向量；N_r 为接收天线数目；$x_k[t]$为第 t 个时隙，第 k 个子载波上 $N_t \times 1$ 的发射符号向量；N_t 为发射天线数目；$H_k[t]$表示第 t 个时隙，第 k 个子载波上 $N_t \times N_r$ 的 MIMO 复信道系数矩阵，在此假定信道系数在每个 OFDM 符号周期内保持不变；$n_k[t]$表示第 t 个时隙，第 k 个子载波上 $N_r \times 1$ 的接收天线的上复高斯噪声向量，其每个元素的均值为 0，方差为 σ^2。这里，向量 $n_k[t]$满足 $E\{n_k[t]n_k[t]^H\}=\sigma^2 I_{N_r}$，$I_{N_r}$ 表示 $N_t \times N_r$ 的单位阵，$E\{\}$表示数学期望，$n_k[t]^{\mathrm{H}}$ 表示 $n_k[t]$的共轭转置。

9.2.4 空间分组编码

为了克服空时格栅译码过于复杂的缺陷，Alamouti 在 1998 年发明了使用两个天线发射的空时分组编码(STBC)。

简单的发送分集方案如图 9-15 所示。

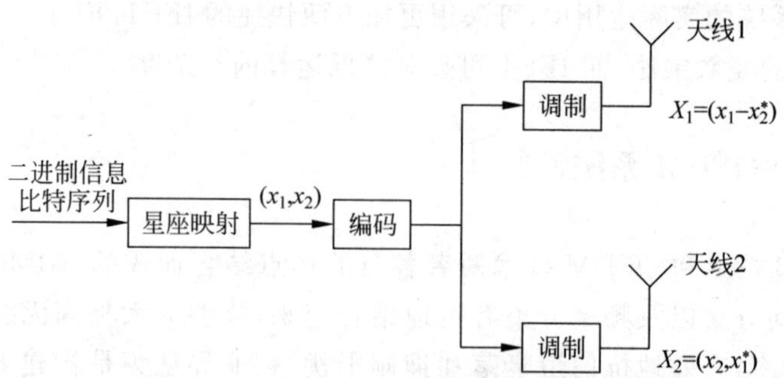

图 9-15　Alamouti 发送分集空时编码方案

信源发送的二进制信息比特首先进行调制(星座映射)。假设采用 M 进制的调制星座,有 $m=\log_2 M$。把从信源来的二进制信息比特每 $m$bit 分一组,对连续的两组比特进行星座映射,得到两个调制符号 x_1、x_2。然后把这两个符号送入编码器,并按照以下方式编码:

$$\begin{bmatrix} x_1 & x_2 \\ -x_2^* & -x_1^* \end{bmatrix} \tag{9-3}$$

经过编码后的符号分别从两副天线上发送出去;第一个发送时刻,符号 x_1 与 x_2 发送天线 1 与发送天线 2 上同时发送出去;第二个发送时刻,符号 $-x_2^*$ 与 $-x_1^*$ 分别从发送天线 1 和发送天线 2 上同时发送出去,如图 9-15 所示。从编码过程可看出,由于在时间和空间域同时进行编码,因此命名为空时编码,从两副发送天线上发送的信号批次存在着一定的关系,因此这种空时码是基于发送分集的。式(9-3)的编码矩阵满足:

$$XX^* = \begin{bmatrix} |x_1|^2+|x_2|^2 & 0 \\ 0 & |x_1|^2+|x_2|^2 \end{bmatrix} = (|x_1|^2+|x_2|^2)I_2 \tag{9-4}$$

因此其是满足列正交的,即同一符号内,从两副发送天线上发送的信号满足正交性。记 X_1 和 X_2 分别为从发送天线 1 和发送天线 2 上发送的符号,则有:

$$\begin{cases} X_1 = (x_1, -x_2^*) \\ X_2 = (x_2, -x_1^*) \\ X_1X_2^* = x_1x_2^* - x_1x_2^* = 0 \end{cases} \tag{9-5}$$

空时分组码也正是由于满足式(9-4)和式(9-5)的正交性才使得译码相对简单,这一点可从后面的验证码方法中看出。

图 9-16 是在接收端有一副接收天线时 Alamouti 空时码的接收机。假设在时刻 t 发送天线 1 和发送天线 2 到接收天线的信道误差系数分别为 $h_1(t)$ 和 $h_2(t)$,再考虑快衰落信道假设,有:

$$h_1(t) = h_1(t+T) = h_1 = |h_1|\,\mathrm{e}^{\mathrm{j}\theta}$$

$$h_2(t) = h_2(t+T) = h_2 = |h_2|\,\mathrm{e}^{\mathrm{j}\theta}$$

$|h_i|$ 和 $\theta_i(i=1,2)$ 为发送天线 i 到接收天线信道的幅度响应与相位偏转,T 表示符号间隔。记接收天线在时刻 t 与 $t+T$ 的接收信号分别为 r_1 和 r_2,有:

$$r_1 = h_1x_1 + h_2x_2 + n_1$$

$$r_2 = -h_1x_2^* + h_2x_1^* + n_2$$

n_1 和 n_2 表示接收天线在时刻 t 与 $t+T$ 的独立复高斯白噪声，假设噪声的均值为 0，每维的方差为$\frac{N_0}{2}$。

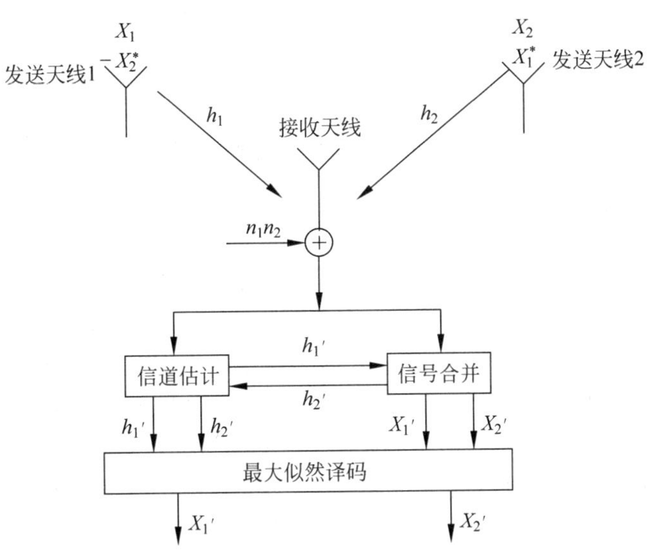

图 9-16 Alamouti 空时码的接收机

9.2.5 STBC 的 MIMO-OFDM 系统设计

下面着重讨论空时编码技术与 OFDM 技术的结合，对其性能进行详细分析，并给出基于 STBC 的 MIMO-OFDM 系统设计。

1. STBC 的 MIMO-OFDM 系统模型

有 N 副发射天线、M 副接收天线的 STBC-OFDM 系统框图如图 9-17 所示。信号经过 MIMO 频率选择性衰落信道。设系统总带宽被划分为 K 个相互重叠的子信道。每个空时码字包含 NK 个码符号，在一个 OFDM 码字持续时间内同时发送，每个码符号用某一发射天线在某一 OFDM 的子载波上发送，假定衰落是准静态的，即在 OFDM 的一帧内衰落保持不变，且不同的发射天线和接收天线对之间的衰落是不相关的。

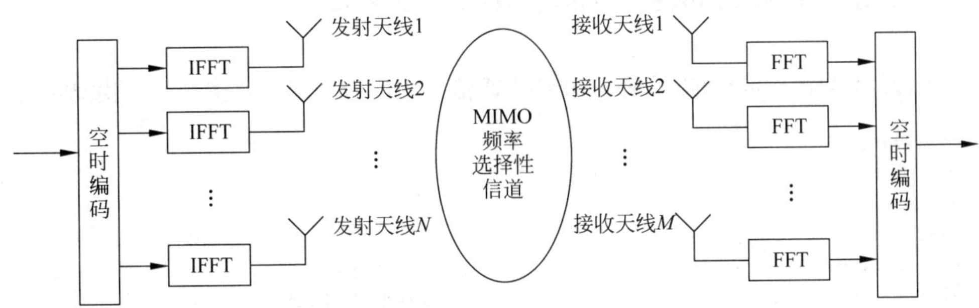

图 9-17 STBC 的 MIMO-OFDM 系统框图

为了消除由于信道时延扩展而引起的发码间干扰 ISI,OFDM 系统中通常引入循环前缀,假定循环前缀长度大于信道最大时延扩展,且系统收发端完全同步,那么,接收天线 $j(j=1,2,\cdots,M)$上的接收信号经符号速率采样、去循环前缀及 FFT、解调后为:

$$R_{jk}^t = \sum_{i=1}^{N} H_{ijk}^t c_{ik}^t + N_{jk}^t, \quad k=0,1,\cdots,K-1 \tag{9-6}$$

其中,H_{ijk}^t为 t 时刻从第 i 副发射天线到第 j 副接收天线之间的信道在第 k 个子载波频率处的频率响应,N_{jk}^t表示接收端噪声和干扰的复高斯随机变量。

2. STBC 的 MIMO-OFDM 系统性能分析

为分析简单起见,把接收信号式(9-6)表示为矩阵形式:

$$Y[k] = H[k]X[k] + Z[k], \quad k=0,1,\cdots,K \tag{9-7}$$

其中,$H[k]\in C^{M\times N}$为第 k 个子载波处的复信道频率响应矩阵,$X[k]\in C^N$ 和 $Y[k]\in C^M$ 分别为第 k 个子载波上的发射信号和接收信号,$Z[k]\in C^M$ 为加性噪声,设其为具有单位方差的复高斯随机变量。

第 j 副发射天线与第 i 副接收天线之间的信号响应,其时域脉冲响应用抽头延时线模拟(仅考虑非零抽头)可表示为:

$$h_{ij}(\tau;t) = \sum_{l=1}^{L} a_{ij}(l;t)\delta\left(\tau - \frac{n_l}{K\Delta f}\right) \tag{9-8}$$

其中,$\delta()$为冲激函数;L 为非零抽头的个数;$a_{ij}(l;t)$为第 l 个非零抽头的复幅值,其延时为$\frac{n_l}{K\Delta f}$,n_l 为一整数;Δf 为 OFDM 系统的各子载波之间的频率间隔。由于已假设信道为准静态的,即在 OFDM 的一帧内衰落保持不变。

由式(9-8)第 j 副发射天线与 i 副接收天线之间的信道在第 k 个子载波处的频率响应,也就是式(9-7)中 $H[k]$的第 i 行第 j 列的元素为:

$$H_{ij}[k] = H_{ij}[k\Delta f] = \sum_{l=1}^{L} h_{ij}(l) e^{-j2\pi k n_l/k} = h_{ij}^* w_f(k)$$

其中,$h_{ij}(l)=a_{ij}(l)$,$h_{ij}(l)=[a_{ij}(1),a_{ij}(2),\cdots,a_{ij}(L)]^*$ 为包含所有非零抽头的时域频率响应的 L 维向量,$w_f(k)=[\mathrm{e}^{-j2\pi k n_1/K},\mathrm{e}^{-j2\pi k n_2/K},\cdots,\mathrm{e}^{-j2\pi k n_L/K}]$则包含相应离散傅里叶变换的系数。

9.2.6 STBC 的 MIMO-OFDM 系统 MATLAB 实现

下面列出基于 STBC 的 MIMO-OFDM 通信系统的 MATLAB 仿真程序代码:

```
>> clear all;
%变量
i = sqrt( - 1);
IFFT_b_l = 512;                              %傅里叶变换采样点数目
carr_c = 100;                                %子载波数目
sb_p_c = 66;                                 %符号数/载波
cp_l = 10;                                   %循环前缀长度
M_p = 4;
```

```
b_p_s = log2(M_p);                              % 位数/符号
O = [1 -2 -3;2 + j 1 + j 0;3 + j 0 1 + j;0 -3 + j 2 + j];
c_t = size(O,1);
Nt = size(O,2);                                 % 发射天线数目
Nr = 2;                                         % 接收天线数目
%发射机
disp('开始:');
n_X = 1;
for c_r = 1:c_t
    for c_o = 1:Nt
        n_X = max(n_X,abs(real(O(c_r,c_o))));
    end
end
c_x = zeros(n_X,1);
for con_r = 1:c_t
    for con_c = 1:Nt                        %用于确定矩阵中O元素的位置、符号以及共轭情况
        if abs(real(O(con_r,con_c)))~ = 0
            delta(con_r,abs(real(O(con_r,con_c)))) = sign(real(O(con_r,con_c)));
            epsilon(con_r,abs(real(O(con_r,con_c)))) = con_c;
            c_x(abs(real(O(con_r,con_c))),1) = c_x(abs(real(O(con_r,con_c))),1) + 1;
            eta(abs(real(O(con_r,con_c))),c_x(abs(real(O(con_r,con_c))),1)) = con_r;
            coj_m(con_r,abs(real(O(con_r,con_c)))) = imag(O(con_r,con_c));
        end
    end
end
eta = eta.';
eta = sort(eta);
eta = eta.';
%坐标 (1 to 100) + 14 = 14(15:114)
carr = (1:carr_c) + (floor(IFFT_b_l/4) - floor(carr_c/2));
%坐标: 256 - (15: 114) + 1 = 257 - (15: 114) = (242: 143)
conj_c = IFFT_b_l - carr + 2;
tx_t_s = t_y(Nt,carr_c);
base_o_l = carr_c * sb_p_c;
snr_min = 3;                                    %最小信噪比
snr_max = 15;                                   %最大信噪比
g_i_b = zeros(snr_max - snr_min + 1,2,Nr);      %绘图信息存储矩阵
g_i_s = zeros(snr_max - snr_min + 1,2,Nr);
for SNR = snr_min:snr_max
    disp('等待 SNR = ');
    disp(snr_max);
    SNR
    n_e_s = zeros(1,Nr);
    n_e_b = zeros(1,Nr);
    p_s = zeros(1,Nr);
    p_b = zeros(1,Nr);
    r_m_s_b = zeros(carr_c,sb_p_c,Nr);
    r_m_b = zeros(base_o_l,b_p_s,Nr);
    %生成随机数用于仿真
    base_o = round(rand(base_o_l,b_p_s));
    %二进制向十进制转换
    d_d = bi2de(base_o);
    %PSK 调制
    d_b = pskmod(d_d,M_p,0);
```

```
carr_m = reshape(d_b,carr_c,sb_p_c);
%取数为空时编码作准备,此处每次取每个载波上连续的两个数
for tt = 1:Nt:sb_p_c
    data = [];
    for ii = 1:Nt
        tx_b_b = carr_m(:,tt + ii - 1);
        data = [data;tx_b_b];
    end
    XX = zeros(c_t * carr_c,Nt);
    for co_r = 1:c_t                                    %进行空时编码
        for co_c = 1:Nt
            if abs(real(O(co_r,co_c)))~= 0
                if imag(O(co_r,co_c)) == 0
                    XX((co_r - 1) * carr_c + 1:co_r * carr_c,co_c) = data((abs(real(O(co_
r,co_c))) - 1) * carr_c + 1:abs(real(O(co_r,co_c))) * carr_c,1) * sign(real(O(co_r,co_c)));
                else
                    XX((co_r - 1) * carr_c + 1:co_r * carr_c,co_c) = conj(data((abs
(real(O(co_r,co_c))) - 1) * carr_c + 1:abs(real(O(co_r,co_c))) * carr_c,1)) * sign(real(O
(co_r,co_c)));
                end
            end
        end                                             %空时编码结束
    end

    XX = [tx_t_s;XX];                                   %添加训练序列
    rx_b = zeros(1,add_l * (c_t + 1),Nr);
    for rev = 1:Nr
        for ii = 1:Nt
            tx_b = reshape(XX(:,ii),carr_c,c_t + 1);
            IFFT_t_b = zeros(IFFT_b_l,c_t + 1);
            IFFT_t_b(care,:) = tx_b(1:carr_c,:);
            IFFT_t_b(conj_c,:) = conj(tx_b(1:carr_c,:));
            t_mat = ifft(IFFT_t_b);
            t_max = [t_mat((IFFT_b_l - c_l + 1):IFFT_b_l,:);t_mat];
            tx = t_mat(:)';
            %信道
            tx_t = tx;
            d = [4 5 6 2;4 5 6 2;4 5 6 2;4 5 6 2];
            a = [0.2 0.3 0.4 0.5;0.2 0.3 0.4 0.5;0.2 0.3 0.4 0.5;0.2 0.3 0.4 0.5];
            for jj = 1:size(d,2)
                copy = zeros(size(tx));
                for kk = 1 + d(ii,jj):length(tx)
                    copy(kk) = a(ii,jj) * tx(kk - d(ii,jj));
                end
                tx_t = tx_t + copy;
            end

            tc = awgn(tx_t,SNR,'measured');             %添加高斯白噪声
            rx_b(1,:,rev) = rx_b(1,:,rev) + tc;
        end
        %接收机
        rx_s = reshape(rx_b(1,:,rev),add_l,c_t + 1);
        rx_s = rx_s(c_l + 1:add_l,:);
        FFT_t_b = zeros(IFFT_b_l,c_t + 1);
```

```
FFT_t_b = fft(rx_s);
sp_mat = FFT_t_b(carr,:);
Y_b = (sp_mat(:,2:c_t + 1));
Y_b = conj(Y_b');
sp_mat = sp_mat(:,1);
Wk = exp(( - 2 * pi/car_c) * i);
L = 10;
p = zeros(L * Nt,1);
for jj = 1:Nt
    for l = 0:L - 1
        for kk = 0:carr_c - 1
            p(1 + (jj - 1) * L + 1,1) = p(1 + (jj - 1) * L + 1,1) + sp_mat(kk + 1,
1) * conj(tx_t_s(kk + 1,jj)) * Wk ^ ( - (kk * l));
        end
    end
end
h = p/carr_c;
H_B = zeros(carr_c,Nt);
for ii = 1:Nt
    for kk = 0:carr_c - 1
        for l = 0:L - 1
            H_b(kk + 1,ii) = H_b(kk + 1,ii) + h(l + (ii - 1) * L + 1,1) * Wk ^ (kk * l);
        end
    end
end
H_b = conj(H_b');
RRR = [];
for kk = 1:carr_c
    Y = Yb(:,kk);
    H = H_b(:,kk);
    for c_ii = 1:n_X
        for c_tt = 1:size(eta,2)
            if eta(c_ii,c_tt)~ = 0
                if coj_m(eta(c_ii,c_tt),c_ii) == 0
                    r_til(eta(c_ii,c_tt),:,c_ii) = Y(eta(c_ii,c_tt),:);
                    a_til(eta(c_ii,c_tt),:,c_ii) = conj(H(epsilon(eta(c_
ii,c_tt),c_ii),:));
                else
                    r_til(eta(c_ii,c_tt),:,c_ii) = conj(Y(eta(c_ii,c_
tt),:));
                    a_til(eta(c_ii,c_tt),:,c_ii) = H(epsilon(eta(c_ii,c_
tt),c_ii),:);
                end
            end
        end
    end
    RR = zeros(n_X,1);
    for iii = 1:n_X                          % 接收数据的判断统计
        for ttt = 1:size(eta,2)
            if eta(iii,ttt)~ = 0
                RR(iii,1) = RR(iii,1) + r_til(eta(iii,ttt),1,iii) * a + til
(eta(iii,ttt),1,iii) * delta(eta(iii,ttt),iii);
            end
        end
```

```
                end
                RRR = [RRR;conj(RR')];
            end
            r_s = pskdemod(RRR,m_PSK,0);
            r_m_s_b(:,tt:tt + Nt - 1,rev) = r_s;
        end
    end
    r_m_s = zeros(base_o_l,1,Nr);
    for rev = 1:Nr
        r_m_s_b = r_m_s_b(:,:,rev);
        r_m_s(:,1,rev) = r_m_s_b(:);
        r_m_b(:,:,rev) = de2bi(r_m_s(:,1,rev));

        for c_d_ro = 1:base_o_l
            if r_m_s(c_d_r,1,rev)~ = d_data(c_d_r,1)
                n_e_s(1,rev) = n_e_s(1,rev) + 1;
                for c_d_c = 1:b_p_s
                    if r_m_b(c_d_r,c_d_c,rev)~ = base_o(c_d_r,c_d_c)
                        n_e_b(1,rev) = n_e_b(1,rev) + 1;
                    end
                end
            end
        end
        %误码率计算
        g_i_s(SNR - s_min + 1,1,rev) = SNR;
        g_i_b(SNR - s_min + 1,1,rev) = SNR;
        P_s(1,rev) = n_e_s(1,rev)/(base_o_l);
        g_i_s(SNR - s_s_min + 1,2,rev) = P_s(1,rev);
        P_b(1,rev) = n_e_b(1,rev)/(base_o_l * b_p_s);
        g_i_b(SNR - s_min + 1,2,rev) = P_b(1,rev);
    end
end

%性能仿真图
for rev = 1:rev
    x_s = g_i_s(:,1,rev);
    y_s = g_i_s(:,2,rev);
    subplot(Nr,1,rev);
    semilogy(x_s,y_s,'b - * ');
    axis([2 16 0.0001 1]);
    xlabel('信噪比/dB');
    ylabel('误码率');
    grid on;
end
disp('结束')
```

参 考 文 献

[1] 黄文梅,等.系统仿真分析与设计——MATLAB 语言工程应用[M].长沙：国防科技大学出版社,2001.

[2] 邓华,等. MATLAB 通信仿真及应用实例详解[M].北京：人民邮电出版社,2003.

[3] 曾兴雯,刘乃安,孙献璞.扩展频谱通信及其多址技术[M].西安：西安电子科技大学出版社,2004.

[4] 王洪元,等. MATLAB 语言及其在电子信息工程中的应用[M].北京：清华大学出版社,2004.

[5] 王正林,等. MATLAB/Simulink 与控制系统仿真[M].2 版.北京：电子工业出版社,2012.

[6] 王华,李有军,刘建存. MATLAB 电子仿真与应用教程[M].3 版.北京：国防工业出版社,2010.

[7] 劭玉斌. MATLAB/Simulink 通信系统建模与仿真实例分析[M].北京：清华大学出版社,2008.

[8] 邵佳,董辰辉. MATLAB/Simulink 通信系统建模与仿真实例精讲[M].北京：电子工业出版社,2009.

[9] MATLAB 技术联盟. MATLAB/Simulink 系统仿真超级学习手册[M].北京：人民邮电出版社,2014.

[10] 谢仕宏. MATLAB R2008 控制系统动态仿真实例教程[M].北京：化学工业出版社,2009.

[11] 葛哲学.精通 MATLAB[M].北京：电子工业出版社,2008.

[12] 夏玮,等.MATLAB 控制系统仿真与实例详解[M].北京：人民邮电出版社,2008.

[13] 姚俊,马松辉. Simulink 建模与仿真[M].西安：西安电子科技大学出版社,2002.

[14] 陈泽,占海明.详解 MATLAB 在科学计算中的应用[M].北京：电子工业出版社,2011.

[15] 王江,等.基于 MATLAB/Simulink 系统仿真权威指南[M].北京：机械工业出版社,2013.

[16] 隋思涟,王岩. MATLAB 语言与工程数据分析[M].北京：清华大学出版社,2009.

[17] 景振毅,张泽兵,董霖. MATLAB 7.0 实用宝典[M].北京：中国铁道出版社,2009.

[18] 刘卫国. MATLAB 程序设计与应用[M].2 版.北京：高等教育出版社,2006.

图书资源支持

感谢您一直以来对清华版图书的支持和爱护。为了配合本书的使用，本书提供配套的资源，有需求的读者请扫描下方的“书圈”微信公众号二维码，在图书专区下载，也可以拨打电话或发送电子邮件咨询。

如果您在使用本书的过程中遇到了什么问题，或者有相关图书出版计划，也请您发邮件告诉我们，以便我们更好地为您服务。

我们的联系方式：

地　　址：北京海淀区双清路学研大厦 A 座 707

邮　　编：100084

电　　话：010－62770175－4604

资源下载：http://www.tup.com.cn

电子邮件：weijj@tup.tsinghua.edu.cn

QQ：883604(请写明您的单位和姓名)

资源下载、样书申请

书圈

用微信扫一扫右边的二维码，即可关注清华大学出版社公众号“书圈”。